实例 001

认识工作界面

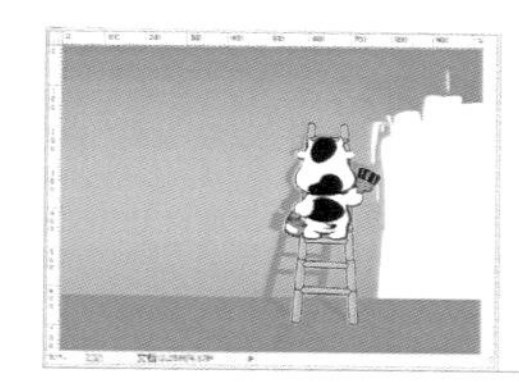

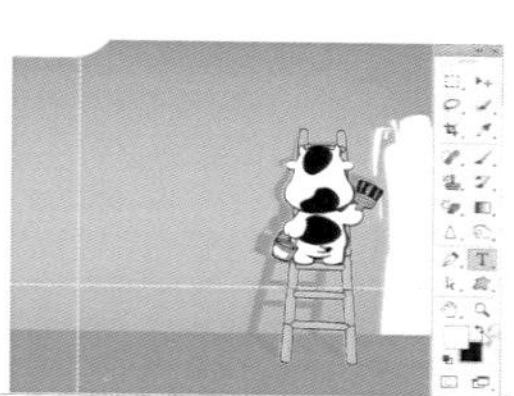

实例 006

改变画布大小

实例 008

了解位图、双色调颜色模式

实例 010

位图、像素以及矢量图

位图放大与矢量图放大后效果

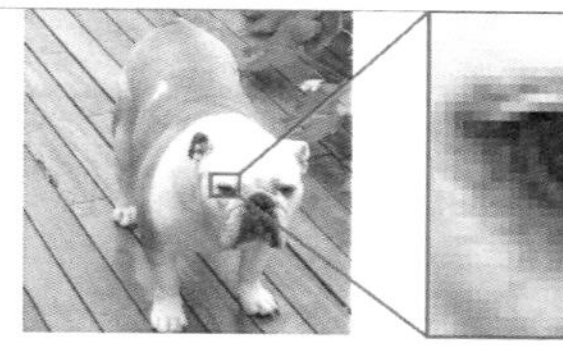

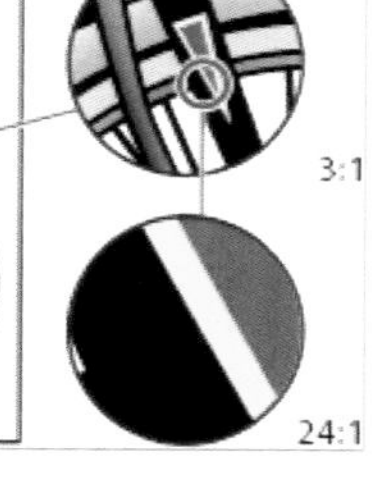

实例 012

矩形选框工具与移动工具

水平翻转拼合图像

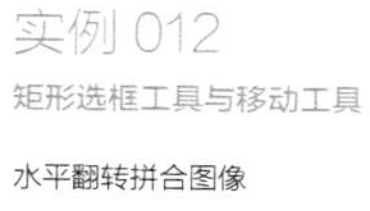

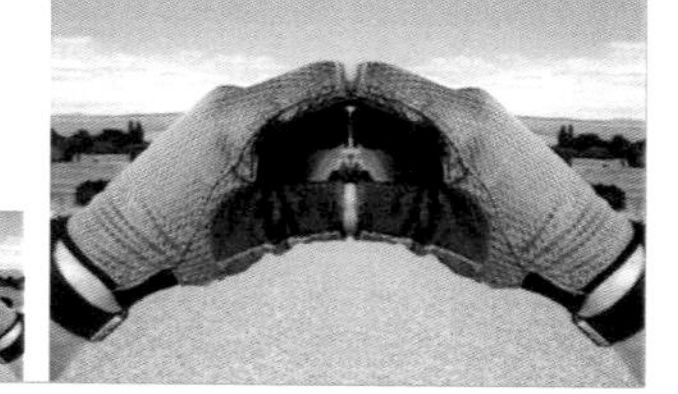

实例 013

椭圆选框工具

创建热气球的椭圆选区并拼合图像

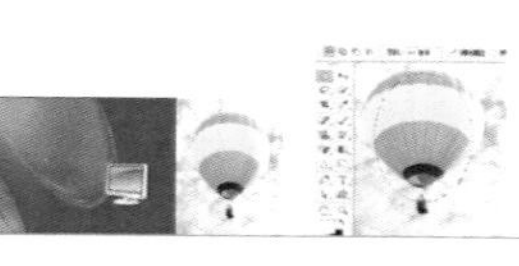

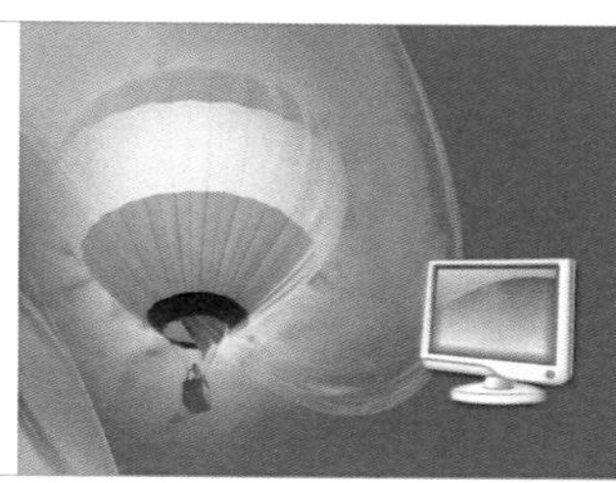

实例 014

套索工具组

创建飞机选区合成图像

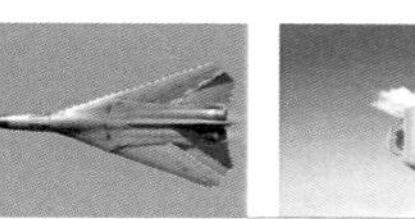

实例 015

魔棒工具

先调出图像中蓝色选区再添加到小门洞的背景选区合成图像

实例 016

快速选择工具

快速选择创建图像楼体部位选区合成图像

实例 018

载入选区与储存选区

应用“载入选区”和“存储选区”命令制作飞舞文字

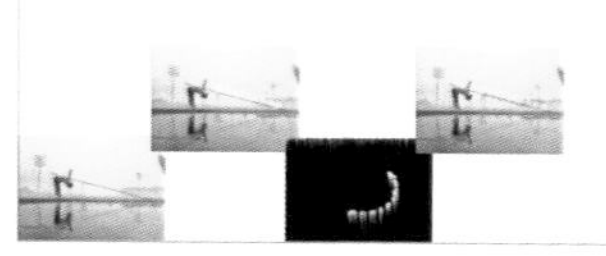

实例 019
使用修改命令羽化图像边界

应用"修改 / 边界"命令制作边框。

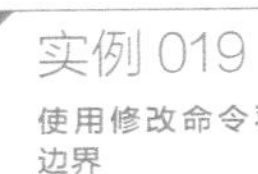

实例 020
选区的变换控制

应用"变换选区"命令合成小猫的影子

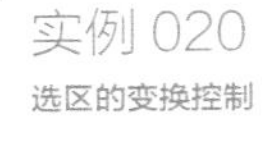

实例 021
选取对象的变换

应用"变换对象"进行文字旋转变化

实例 022
利用色彩范围创建选区

实例 023
画笔工具

使用"散落枫叶"画笔制作枫叶

实例 024
画笔面板

应用"画笔面板"制作邮票效果图

实例 025
载入画笔

使用"云朵"画笔绘制一个橘色笔触

实例 026
颜色替换工具

通过颜色替换工具替换汽车的颜色

实例 027
混合器画笔工具

使用混合器画笔工具涂抹整张画面

实例 028
仿制图章工具 1

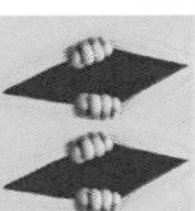

实例 029
仿制图章工具 2

通过仿制源面板仿制镜像图像

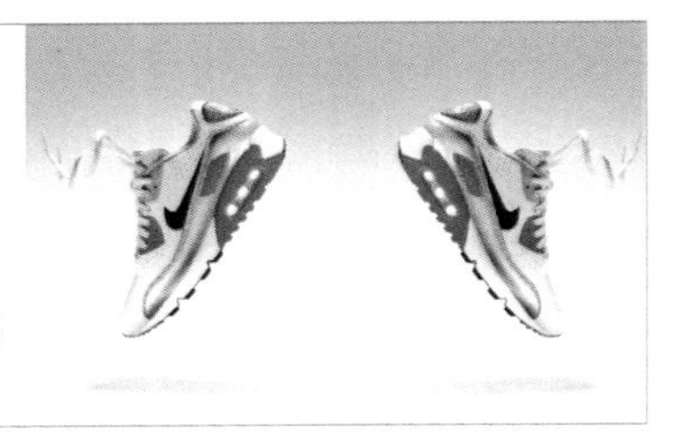

实例 030
图案图章工具

实例 031

历史记录画笔工具

使用历史记录画笔工具恢复颜色

实例 032

历史记录艺术画笔工具

实例 033

设置前景色与应用填充命令

实例 034

填充图案

实例 036

选区描边

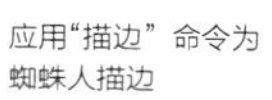

应用“描边”命令为蜘蛛人描边

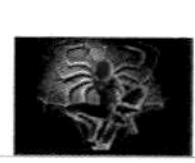

实例 037

渐变工具

为图像填充线性渐变中的色谱效果

实例 040

橡皮擦工具

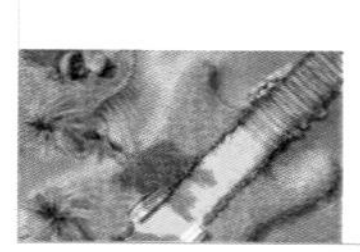

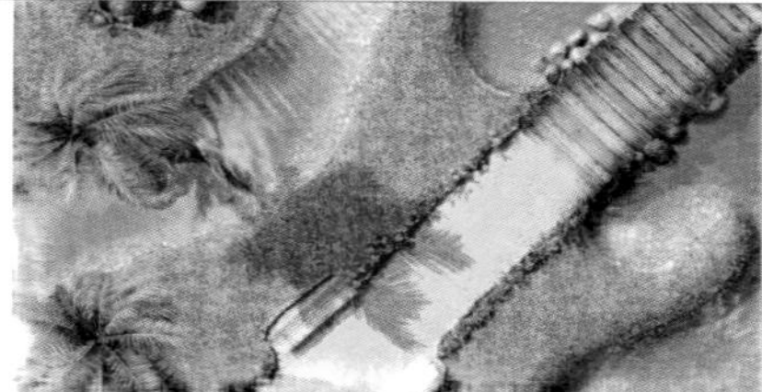

实例 042

背景橡皮擦工具

实例 044

修复画笔工具

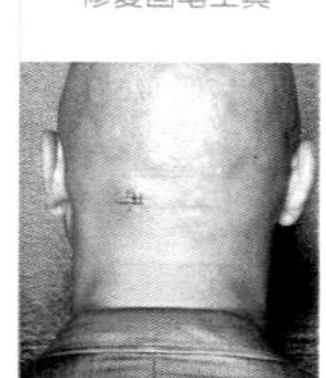

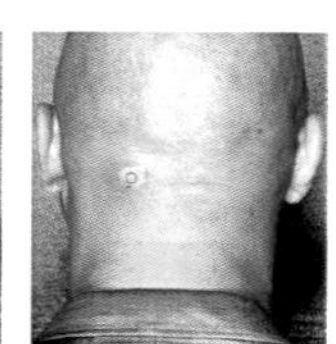

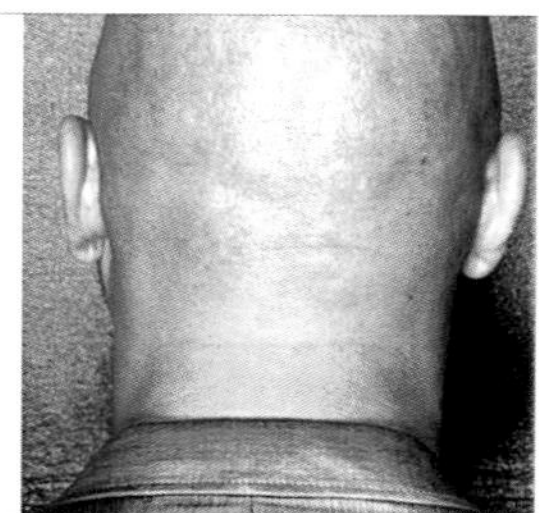

实例 045

污点修复画笔工具

实例 046

修补工具

使用修补工具修复带日期的照片

实例 049

减淡工具

使用减淡工具对小朋友面部进行涂抹修复

实例 050

加深工具

使用加深工具在老鼠两只脚底处进行涂抹加深合成图像

实例 052

海绵工具

使用海绵工具将人物以外的区域涂抹为黑白色

实例 054

自由钢笔工具

使用自由钢笔工具绘制啤酒瓶选区拖动至鱼背景合成图像

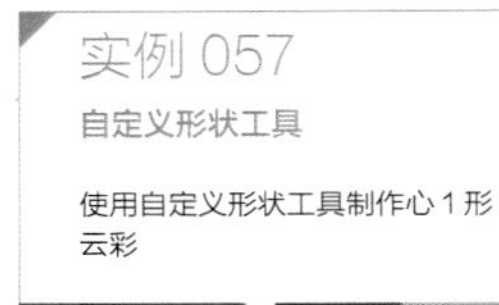

实例 056

路径面板

实例 057

自定义形状工具

使用自定义形状工具制作心1形云彩

实例 058

用画笔描边路径

使用画笔描边路径制作云彩围绕人物的效果

实例 061

颜色减淡模式

通过"混合模式"中的"颜色减淡"制作素描效果

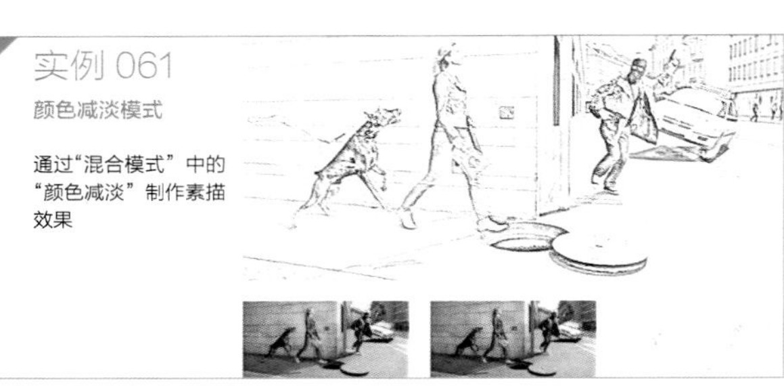

实例 062

变暗模式与图层样式

应用"混合模式"中"强光"以及"投影外发光"图层样式合成图像

实例 065

斜面和浮雕

应用"混合模式"中"强光"和"变亮"以及"斜面和浮雕"图层样式合成木板画

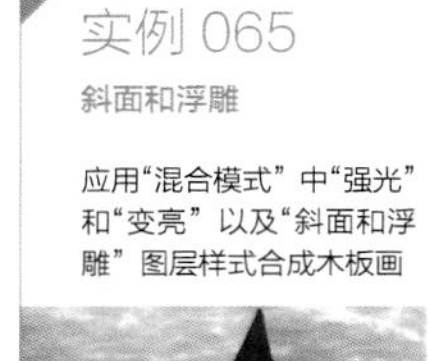

实例 066

图层样式

使用"黑色电镀金属"样式制作画框

实例 067

图案填充

使用“填充”菜单命令填充图案制作壁画效果图片

实例 069

合并图层

在“图层”面板中对文字图层的副本一同选取合并合成桌面

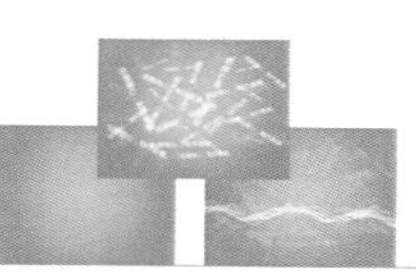

实例 070

调整图层

应用合并图层为科幻图添加光束

实例 071

渐变编辑蒙版

实例 073

快速蒙版

应用快速蒙版为图片添加边框

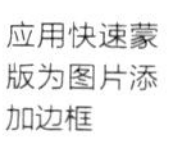

实例 075

橡皮擦编辑蒙版

通过橡皮擦工具编辑“图层蒙版”合成图像

实例 076

选区编辑蒙版

通过选区编辑蒙版进行合成图像

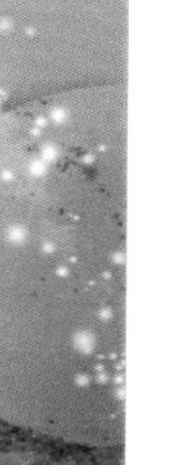

实例 079

通道抠毛绒边缘图

实例 080

通道应用滤镜制作撕纸效果

实例 081

应用通道抠出半透明图像

实例 082

通过蒙版显示局部放大图像

实例 083

使用色相 / 饱和度调整色调

实例 084

使用色阶增加照片层次感

实例 085

使用曲线调整色调

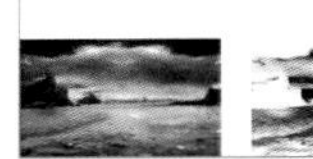

实例 087

使用反相与色阶加强照片中灯光的亮度

实例 089

使用渐变映射添加渐变色调

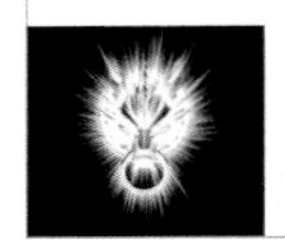

实例 090

使用阈值制作灰度图片

实例 092

使用曝光度调整曝光不足的照片

实例 093

使用匹配颜色统一色调

实例 094

使用灰度图片制作双色调图像

实例 095

使用阴影 / 高光校正背光照片

实例 096

使用设置灰场校正偏色

实例 097

使用照片滤镜制作黄昏效果

实例 098

镜头校正滤镜清除晕影

实例 101

清除透视中的杂物

实例 102

动感模糊制作彩色条纹

实例 104

拼缀图制作墙壁砖效果

实例 105

使用马赛克制作拼贴壁画

实例 106

使用径向模糊制作聚焦视觉效果

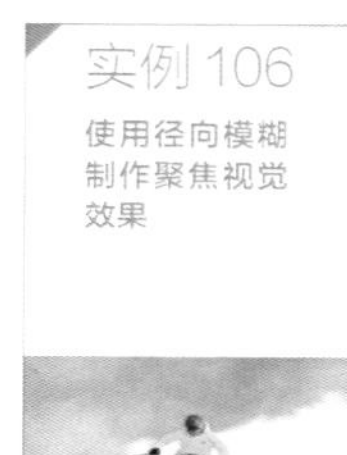

实例 107

铬黄渐变滤镜制作凝结效果

实例 108

智能滤镜制作墨色水乡

实例 109

径向模糊制作光晕特效

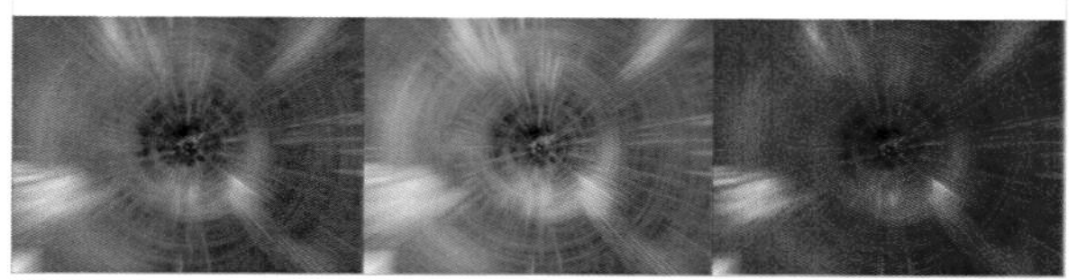

实例 110

分层云彩制作闪电

实例 112

光照效果滤镜制作蓝光色调

实例 113

木刻滤镜制作手绘卡通效果

实例 114

干画笔滤镜制作水彩画

实例 116

置换滤镜制作纹身效果

实例 117

高反差保留滤镜制作装饰画

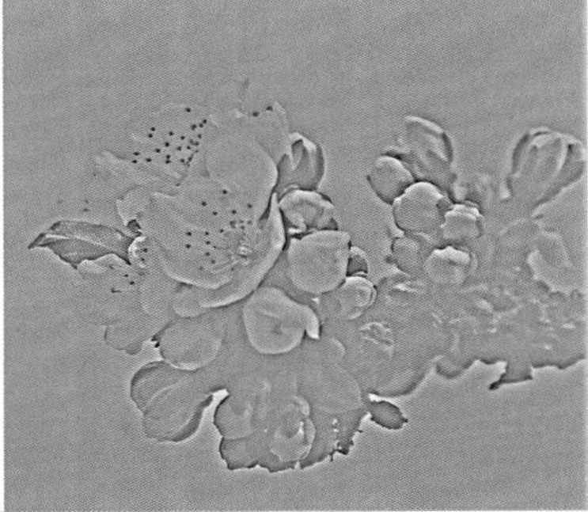

实例 118

粗糙蜡笔滤镜制作蜡笔画

实例 119

特效文字 1

实例 120

特效文字 2

实例 121

特效文字 3

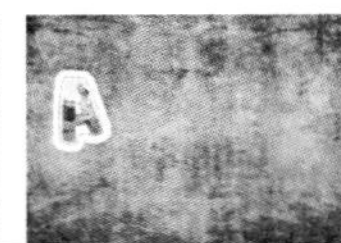

实例 122

特效文字 4

实例 123

特效文字 5

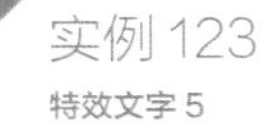

实例 125

特效文字 7

实例 127

特效文字 9

实例 128

特效文字 10

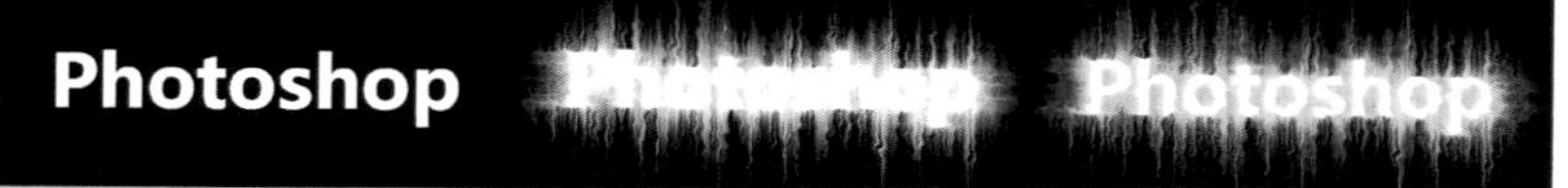

实例 132

特效文字 14

实例 135

特效文字 17

实例 136

特效文字 18

实例 137

特效文字 19

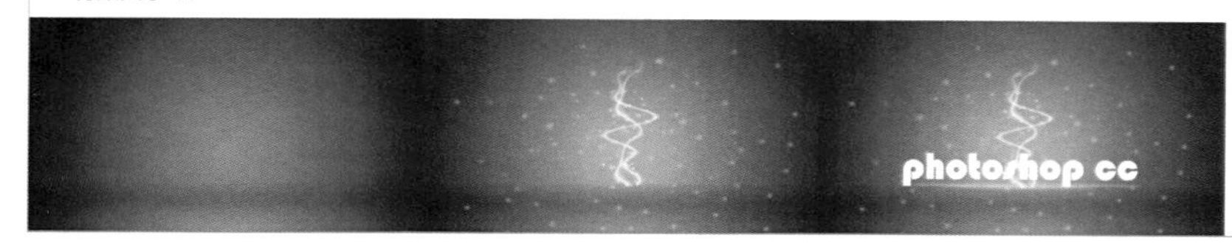

实例 140

特效纹理 2

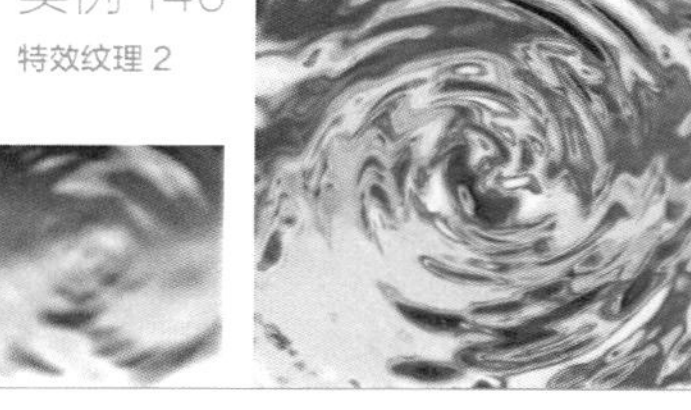

实例 141

特效纹理 3

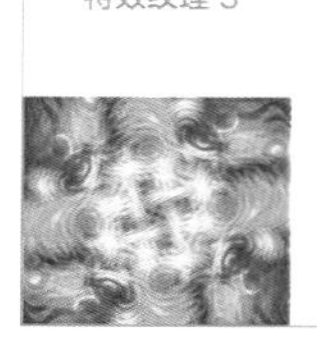
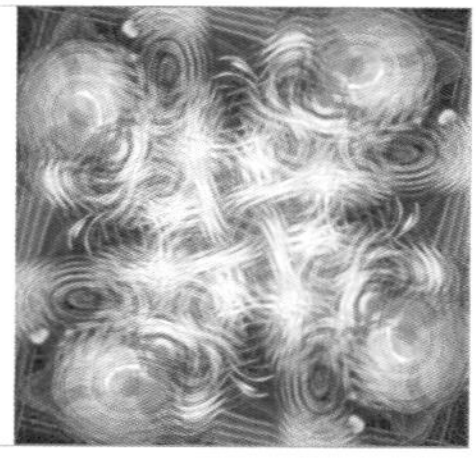

实例 142

特效纹理 4

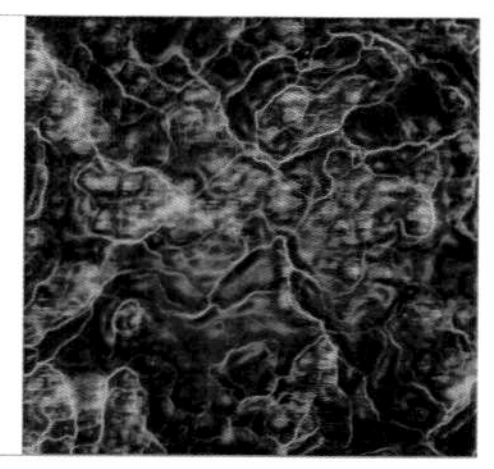

实例 143
特效纹理 5

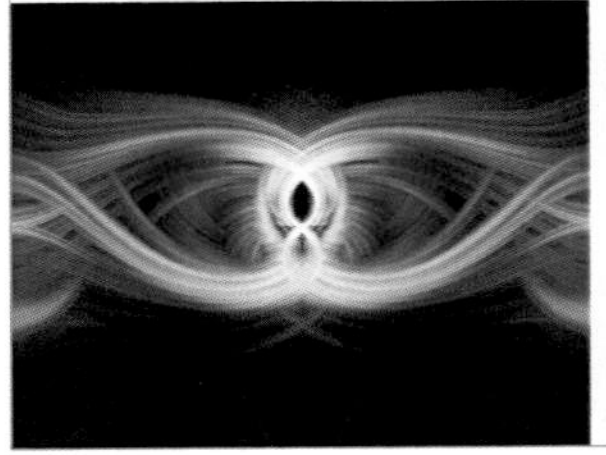
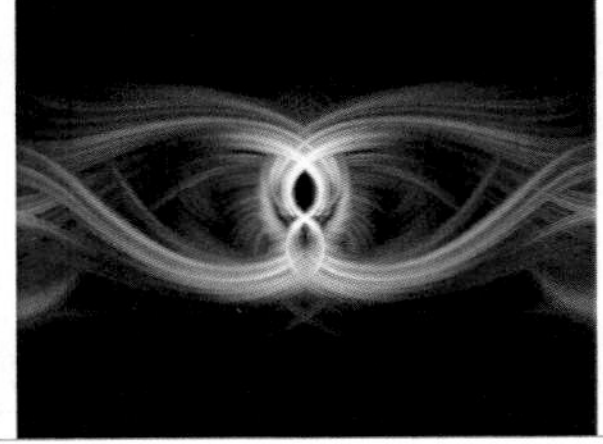
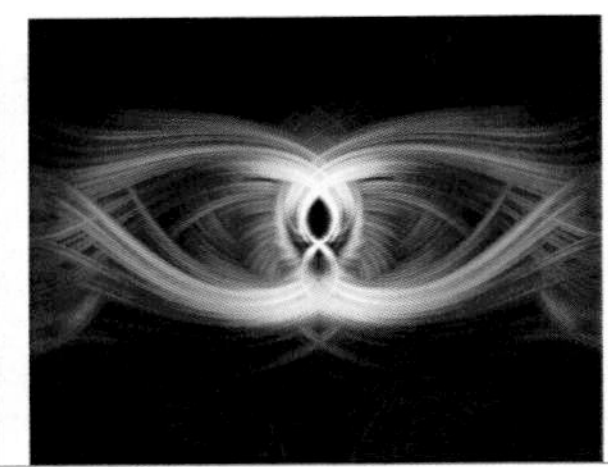
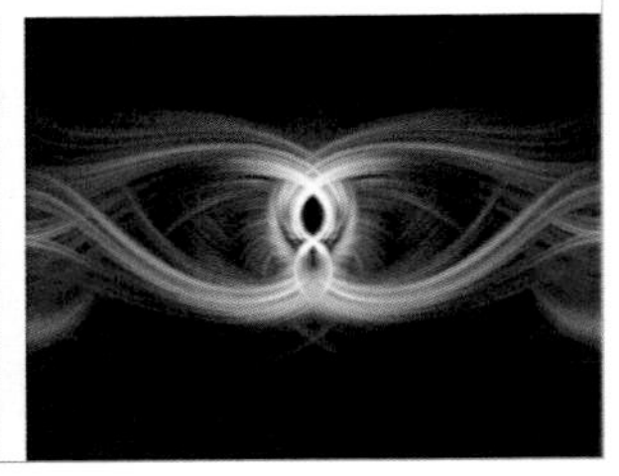

实例 144
特效纹理 6

实例 145
特效纹理 7

实例 146
特效纹理 8

实例 147
特效纹理 9

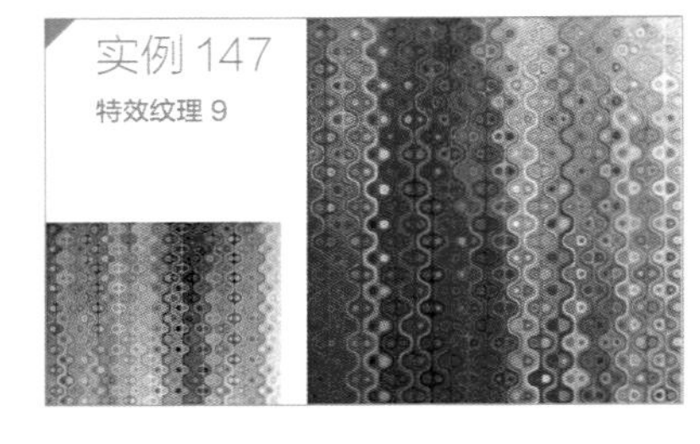

实例 148
特效纹理 10

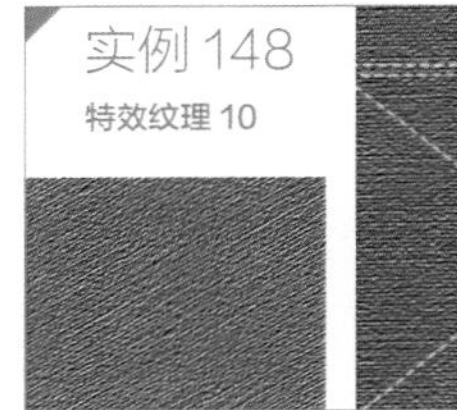
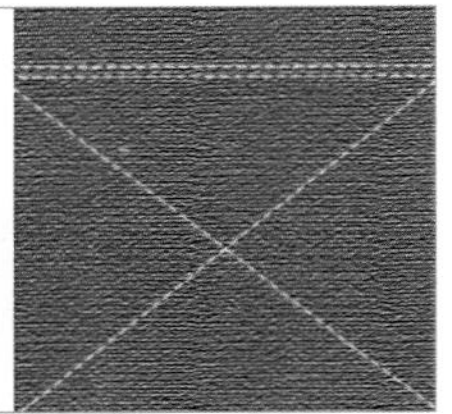

实例 153
特效纹理 15

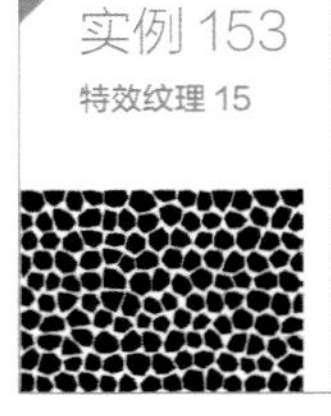
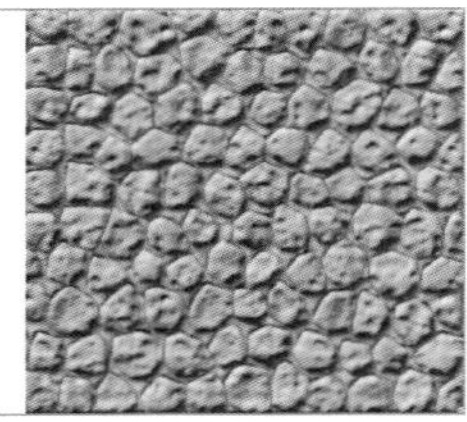

实例 154
按钮 1

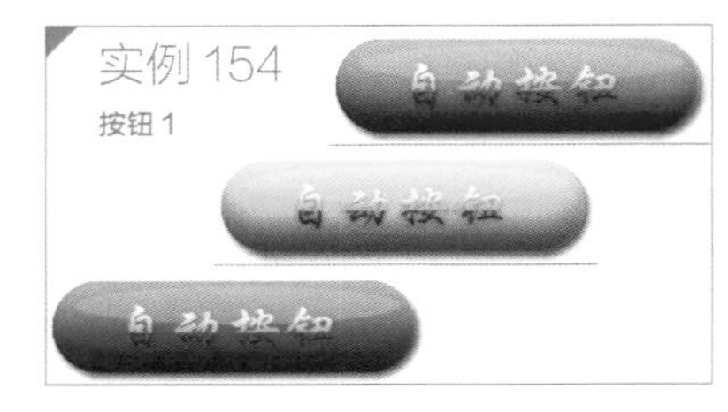

实例 155
按钮 2

实例 158
按钮 5

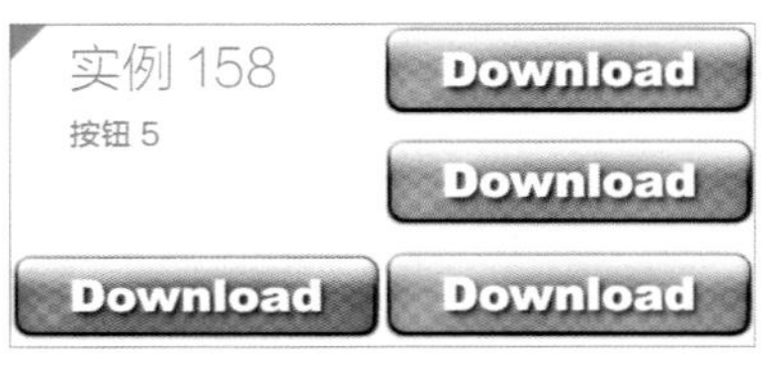

实例 159
按钮 6

实例 160
按钮 7

实例 161
按钮 8

实例 163
按钮 10

实例 164
愤怒的小鸟

实例 165
青蛙

实例 166
水晶甲壳虫

实例 167
高尔夫球

实例 170
溜宠物

实例 171
绿色地球

实例 172
树下学习

实例 174
幼苗

实例 175
幸福生活

实例 176
桌面

实例 177
天使

实例 178
爆炸

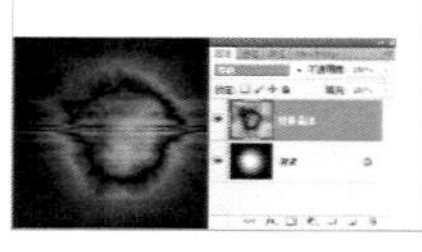

实例 179
色彩背景

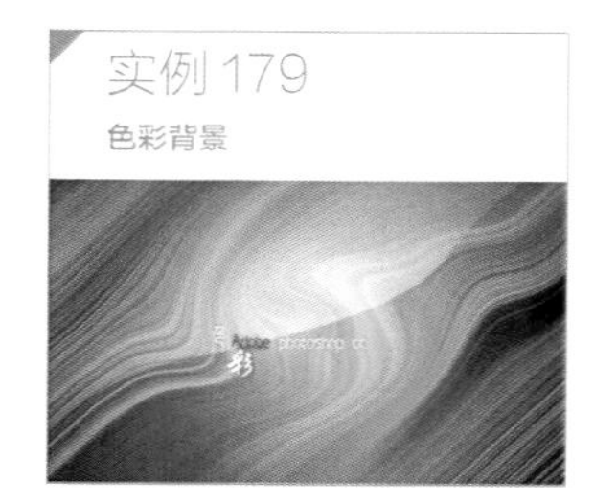

实例 180
拼贴效果

实例 181
彩色头发

实例 182
合成全景照片

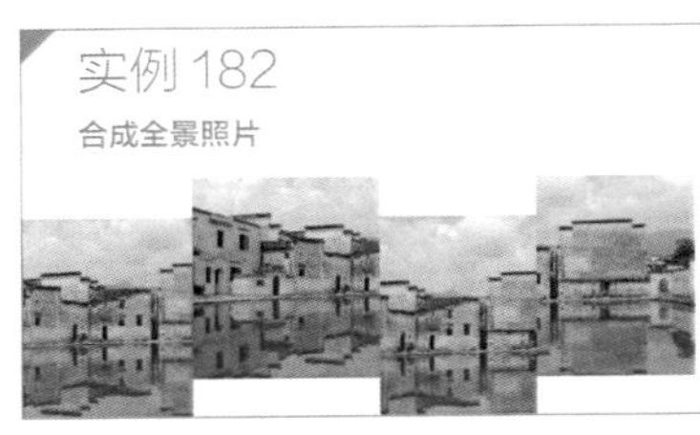

实例 183
蓝色素描

实例 184
将模糊照片调整清晰

实例 185
加强照片颜色鲜艳度

实例 186
单色格调老照片

实例 188
美瞳制作

实例 190
制作人物与背景的景深

实例 192
公益广告

实例 193
插画

实例 195
电影海报

实例 199
房产 3 折页

实例 194
手机广告

实例 196
旅游海报

实例 200
网页设计

实例 197
创意设计

实例 198
啤酒广告

全彩超值版

Photoshop CC 实战从入门到精通

新视角文化行
吴国新 曹培强 ◎编著

人民邮电出版社
北京

图书在版编目（CIP）数据

Photoshop CC实战从入门到精通 : 全彩超值版 / 吴国新，曹培强编著. -- 北京 : 人民邮电出版社，2017.7(2019.8重印)
ISBN 978-7-115-44527-8

Ⅰ. ①P… Ⅱ. ①吴… ②曹… Ⅲ. ①图象处理软件—教材 Ⅳ. ①TP391.413

中国版本图书馆CIP数据核字(2016)第321055号

内 容 提 要

本书是根据使用 Photoshop CC 进行平面设计的特点编写而成的，并精心设计了 200 个实例，循序渐进地讲解了使用 Photoshop CC 设计专业平面作品所需要的知识。全书共分 17 章，依次讲解了掌握 Photoshop CC 软件的基础操作，移动和选择工具的使用，绘图工具的使用，填充、描边与擦除工具的使用，修整工具的使用，路径与图形工具的使用，图层的使用，蒙版与通道的使用，图像色彩的调整，滤镜的使用，文字特效，纹理特效，按钮制作，矢量绘制与实物制作，图像特效，照片修饰与调整，以及平面设计综合应用等内容。本书附带下载资源，包含了书中 200 个案例的全程同步的教学视频、源文件和素材文件。

本书采用“完全案例”的编写形式，兼具技术手册和应用技巧参考手册的特点，技术实用，讲解清晰，不仅可以作为平面设计初、中级读者的学习用书，也可以作为大中专院校相关专业及图像处理培训班的教材。

◆ 编　　著　新视角文化行　吴国新　曹培强
　责任编辑　杨　璐
　责任印制　陈　犇
◆ 人民邮电出版社出版发行　　北京市丰台区成寿寺路 11 号
　邮编　100164　　电子邮件　315@ptpress.com.cn
　网址　http://www.ptpress.com.cn
　北京虎彩文化传播有限公司印刷
◆ 开本：787×1092　1/16
　印张：24.5　　彩插：6
　字数：645 千字　　2017 年 7 月第 1 版
　印数：4 101－4 900 册　　2019 年 8 月北京第 4 次印刷

定价：79.00 元

读者服务热线：(010)81055410　印装质量热线：(010)81055316
反盗版热线：(010)81055315
广告经营许可证：京东工商广登字 20170147 号

前言

PREFACE

本书针对Photoshop进行平面设计的应用方向，从软件基础开始，深入挖掘Photoshop的核心工具、命令与功能，帮助读者在最短的时间内迅速掌握Photoshop，并将其运用到实际操作中。本书作者具有多年的丰富教学经验与实际工作经验，将自己实际授课和项目制作过程中积累下来的宝贵经验与技巧展现给读者，让读者从学习Photoshop软件使用的层次迅速提升到平面设计应用的阶段。本书按照实践案例式教程编写，兼具实战技巧和应用理论参考手册的特点。

内容特点

本书共2篇17章，包括200个实际应用的方法与技巧。

- 完善的学习模式

“实例目的+实例要点+案例制作过程+注意、提示与技巧+课后练习”5大环节保障了可学习性。明确每一阶段的学习目的，做到有的放矢。详细讲解操作步骤，力求让读者即学即会。200个实际案例，涵盖了大部分常见应用。

- 进阶式知识讲解

全书分2篇共17章，每一章都是一个技术专题，从基础入手，逐步进阶到灵活运用。通过精心设计的200个案例，与实战紧密结合，技巧全面丰富，不但能学习到专业的制作方法和技巧，还能提高实际应用的能力。

配套资源

- 全程同步视频教学与案例素材

591分钟全程同步多媒体语音教学视频，由一线讲师亲授，详细记录了每个实例的具体操作过程，边学边做，同步提升操作技能。还提供书中所有案例的素材文件与效果文件。

- 超值赠送素材

超值附赠93个经典动作、423种画笔、20种图案、16种形状、20种样式，提供拓展应用的素材，提高学习效率，提升学习效果。

- 配套PPT教学课件

提供17章PPT教学课件，完全同步书中所讲内容，老师在讲课时可直接使用，也可根据自身课程任意修改PPT课件。

配套资源下载说明

本书正文知识讲解的配套资源已作为学习资料提供下载，扫描右侧二维码即可获得文件下载方式。

如果大家在阅读或使用过程中遇到任何与本书相关的技术问题，或者需要什么帮助，请发邮件至szys@ptpress.com.cn，我们会尽力为大家解答。

本书读者对象

本书主要面向初、中级读者。对于软件每个功能的讲解都从必备的基础操作开始，以前没有接触过Photoshop CC的读者无需参照其他书籍即可轻松入门，接触过Photoshop CC的读者同样可以从中快速了解Photoshop CC的各种功能和知识点，自如地踏上新的台阶。

书中难免有错误和疏漏之处，恳请广大读者批评、指正。

编　者

目录

CONTENTS

第1篇 Photoshop CC功能介绍

第 01 章

掌握Photoshop CC软件的基础操作

实例001 认识工作界面 …… 10
实例002 认识图像处理流程 …… 12
实例003 设置和使用标尺与参考线 …… 14
实例004 设置暂存盘和使用内存 …… 16
实例005 设置显示颜色 …… 16
实例006 改变画布大小 …… 17
实例007 改变照片分辨率 …… 18
实例008 了解位图、双色调颜色模式 …… 19
实例009 了解RGB和CMYK颜色模式 …… 21
实例010 位图、像素以及矢量图 …… 22
实例011 Photoshop中图片编修流程表 …… 22
本章的练习与习题 …… 23

第 02 章

移动和选择工具的使用

实例012 矩形选框工具与移动工具 …… 25
实例013 椭圆选框工具 …… 26
实例014 套索工具组 …… 27
实例015 魔棒工具 …… 29
实例016 快速选择工具 …… 30
实例017 扩大选取与设置容差 …… 31
实例018 载入选区与存储选区 …… 32
实例019 使用修改命令羽化图像边界 …… 34
实例020 选区的变换控制 …… 36
实例021 选取对象的变换 …… 37
实例022 利用色彩范围创建选区 …… 38
本章的练习与习题 …… 40

第 03 章

绘图工具的使用

实例023 画笔工具 …… 43
实例024 画笔面板 …… 44
实例025 载入画笔 …… 45
实例026 颜色替换工具 …… 46
实例027 混合器画笔工具 …… 47
实例028 仿制图章工具1 …… 48
实例029 仿制图章工具2 …… 50
实例030 图案图章工具 …… 50
实例031 历史记录画笔工具 …… 52
实例032 历史记录艺术画笔工具 …… 53
本章的练习与习题 …… 54

第 04 章

填充、描边与擦除工具的使用

实例033 设置前景色与应用填充命令 …… 56
实例034 填充图案 …… 59
实例035 内容识别填充 …… 60
实例036 选区描边 …… 61
实例037 渐变工具 …… 62
实例038 渐变编辑器 …… 64
实例039 油漆桶工具 …… 67
实例040 橡皮擦工具 …… 68
实例041 魔术橡皮擦工具 …… 70
实例042 背景橡皮擦工具 …… 71
本章的练习与习题 …… 73

第 05 章

修整工具的使用

实例043 裁剪工具 …… 75
实例044 修复画笔工具 …… 76
实例045 污点修复画笔工具 …… 77
实例046 修补工具 …… 78
实例047 内容感知移动工具 …… 79
实例048 红眼工具 …… 80
实例049 减淡工具 …… 81
实例050 加深工具 …… 82
实例051 锐化工具与模糊工具 …… 84
实例052 海绵工具 …… 85
本章的练习与习题 …… 86

第 06 章

路径与图形工具的使用

实例053 钢笔工具 …… 88
实例054 自由钢笔工具 …… 90
实例055 转换点工具 …… 92
实例056 路径面板 …… 96
实例057 自定义形状工具 …… 99
实例058 用画笔描边路径 …… 100
实例059 多边形工具 …… 102
实例060 圆角矩形工具 …… 104
本章的练习与习题 …… 105

第 07 章

图层的使用

实例061 颜色减淡模式 …… 107
实例062 变暗模式与图层样式 …… 108
实例063 图层混合 …… 111
实例064 投影 …… 112
实例065 斜面和浮雕 …… 115
实例066 图层样式 …… 117
实例067 图案填充 …… 119
实例068 图层顺序 …… 120
实例069 合并图层 …… 124
实例070 调整图层 …… 127
本章的练习与习题 …… 129

第 08 章

蒙版与通道的使用

实例071 渐变编辑蒙版 …… 131
实例072 贴入 …… 133
实例073 快速蒙版 …… 134
实例074 画笔编辑蒙版 …… 137
实例075 橡皮擦编辑蒙版 …… 138
实例076 选区编辑蒙版 …… 142
实例077 在通道中调出图像选区 …… 144
实例078 分离与合并通道改变图像色调 …… 146
实例079 通道抠毛绒边缘图 …… 147
实例080 通道应用滤镜制作撕纸效果 …… 149
实例081 应用通道抠出半透明图像 …… 151
实例082 通过蒙版显示局部放大图像 …… 153
本章的练习与习题 …… 155

第 09 章

图像色彩的调整

实例083 使用色相/饱和度调整色调 …… 157
实例084 使用色阶增加照片层次感 …… 159
实例085 使用曲线调整色调 …… 160
实例086 使用色彩平衡校正偏色 …… 161
实例087 使用反相与色阶加强照片中灯光的亮度 …… 163
实例088 使用自然饱和度增加颜色鲜艳度 …… 164
实例089 使用渐变映射添加渐变色调 …… 165
实例090 使用阈值制作灰度图片 …… 166
实例091 使用通道混合器将局部变为白色 …… 167
实例092 使用曝光度调整曝光不足的照片 …… 168
实例093 使用匹配颜色统一色调 …… 169
实例094 使用灰度图片制作双色调图像 …… 170
实例095 使用阴影/高光校正背光照片 …… 171

实例096 使用设置灰场校正偏色 172
实例097 使用照片滤镜制作黄昏效果 173
本章的练习与习题 174

第 10 章

滤镜的使用

实例098 镜头校正滤镜清除晕影 177
实例099 Camera Raw滤镜还原白色背景 178
实例100 滤镜库制作特效背景 180
实例101 清除透视中的杂物 183
实例102 动感模糊制作彩色条纹 184
实例103 图章滤镜制作水珠 188
实例104 拼缀图制作墙壁砖效果 190
实例105 使用马赛克制作拼贴壁画 192
实例106 使用径向模糊制作聚焦视觉效果 194
实例107 铬黄渐变滤镜制作凝结效果 196
实例108 智能滤镜制作墨色水乡 198
实例109 径向模糊制作光晕特效 200
实例110 分层云彩制作闪电 202
实例111 晶格化滤镜制作烧破效果 205
实例112 光照效果滤镜制作蓝光色调 207
实例113 木刻滤镜制作手绘卡通效果 208
实例114 干画笔滤镜制作水彩画 209
实例115 彩色半调滤镜制作图像边缘 211
实例116 置换滤镜制作纹身效果 212
实例117 高反差保留滤镜制作装饰画 213
实例118 粗糙蜡笔滤镜制作蜡笔画 214
本章的练习与习题 215

第 2 篇 平面设计实际应用

第 11 章

文字特效

实例119 特效文字1 217
实例120 特效文字2 221
实例121 特效文字3 224
实例122 特效文字4 227
实例123 特效文字5 229
实例124 特效文字6 234
实例125 特效文字7 236
实例126 特效文字8 239
实例127 特效文字9 242
实例128 特效文字10 245
实例129 特效文字11 247
实例130 特效文字12 248
实例131 特效文字13 250
实例132 特效文字14 251
实例133 特效文字15 252
实例134 特效文字16 253
实例135 特效文字17 254
实例136 特效文字18 256
实例137 特效文字19 257
实例138 特效文字20 258
本章的练习与习题 259

第 12 章

纹理特效

实例139 特效纹理1 262
实例140 特效纹理2 263
实例141 特效纹理3 266
实例142 特效纹理4 268
实例143 特效纹理5 271
实例144 特效纹理6 273
实例145 特效纹理7 276
实例146 特效纹理8 277
实例147 特效纹理9 280
实例148 特效纹理10 281
实例149 特效纹理11 283
实例150 特效纹理12 284
实例151 特效纹理13 285
实例152 特效纹理14 287
实例153 特效纹理15 288

第 13 章

按钮制作

实例154 按钮1......291
实例155 按钮2......293
实例156 按钮3......295
实例157 按钮4......298
实例158 按钮5......301
实例159 按钮6......304
实例160 按钮7......306
实例161 按钮8......307
实例162 按钮9......308
实例163 按钮10......309

第 14 章

矢量绘制与实物制作

实例164 愤怒的小鸟......312
实例165 青蛙......314
实例166 水晶甲壳虫......317
实例167 高尔夫球......321
实例168 麻绳......323
实例169 泳圈......324

第 15 章

图像特效

实例170 溜宠物......327
实例171 绿色地球......328
实例172 树下学习......332
实例173 印象......334
实例174 幼苗......336
实例175 幸福生活......338
实例176 桌面......340
实例177 天使......341
实例178 爆炸......343
实例179 色彩背景......344
实例180 拼贴效果......345

第 16 章

照片修饰与调整

实例181 彩色头发......348
实例182 合成全景照片......349
实例183 蓝色素描......352
实例184 将模糊照片调整清晰......353
实例185 加强照片颜色鲜艳度......355
实例186 单色格调老照片......356
实例187 调整照片的色调......359
实例188 美瞳制作......360
实例189 塑身抚平肚腩......361
实例190 制作人物与背景的景深......362

第 17 章

平面设计综合应用

实例191 Logo......365
实例192 公益广告......368
实例193 插画......372
实例194 手机广告......375
实例195 电影海报......379
实例196 旅游海报......384
实例197 创意设计......388
实例198 啤酒广告......389
实例199 房产3折页......390
实例200 网页设计......391

第 1 篇

Photoshop CC 功能介绍

第 01 章

掌握Photoshop CC软件的基础操作

本章内容

- 认识工作界面
- 认识图像处理流程
- 设置和使用标尺与参考线
- 设置暂存盘和使用内存
- 设置显示颜色
- 改变画布大小
- 改变照片分辨率
- 了解位图、双色调颜色模式
- 了解RGB和CMYK颜色模式
- 位图、像素以及矢量图
- Photoshop 中图片编修流程表

本章讲解Photoshop CC的基本操作知识，内容主要涉及文件的基本操作（新建、打开、保存、复制、粘贴），图像基本概念的认识（像素与分辨率、位图与矢量图、颜色模式），标尺网格参考线以及界面模式的设置等。

实例 001 认识工作界面

实例目的

通过打开如图1-1所示的效果图，迅速了解Photoshop CC的工作界面。

图1-1 效果图

实例要点

- “打开”命令的使用
- 界面中各个功能的使用

操作步骤

01 执行菜单中“文件/打开”命令，打开随书下载资源中的“素材文件/第01章/创意广告设计”素材，整个Photoshop CC的工作界面如图1-2所示。

图1-2 工作界面

02 标题栏位于整个窗口的顶端，显示当前应用程序的名称，以及用于控制文件窗口显示大小的窗口最小化、窗口最大化（还原窗口）和关闭窗口等几个快捷按钮。在Photoshop CC中标题栏与菜单在同一行中。

03 Photoshop CC的菜单栏由“文件”“编辑”“图像”“图层”“类型”“选择”“滤镜”“3D”“视

图”“窗口”和“帮助”共11类菜单组成，包含了操作时要使用的所有命令。要使用菜单中的命令，只需将光标指向菜单中的某项并单击，此时将显示相应的下拉菜单。在下拉菜单中上下移动光标进行选择，然后再选择要使用的菜单选项，即可执行此命令。图1-3所示为图像执行“滤镜/锐化”命令后的下拉菜单。

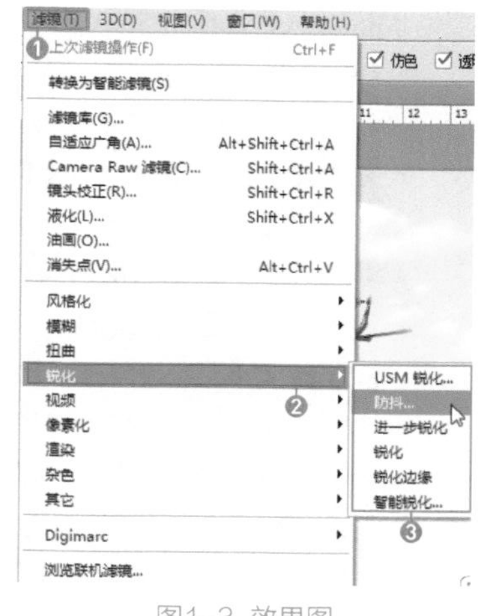

图1-3 效果图

技巧

如果菜单中的命令呈现灰色，则表示该命令在当前编辑状态下不可用；如果在菜单右侧有一个三角符号▸，则表示此菜单包含子菜单，只要将光标移动到该菜单上，即可打开其子菜单；如果在菜单右侧有省略号，则执行此菜单项目时将会打开与之有关的对话框。

04 Photoshop CC的工具箱位于工作界面的左边，所有工具全部放置在工具箱中。要使用工具箱中的工具，只要选择该工具图标即可在文件中使用。如果该图标中还有其他工具，单击鼠标右键即可弹出隐藏工具栏，选择其中的工具单击即可使用，图1-4所示的图像就是Photoshop CC的工具箱。

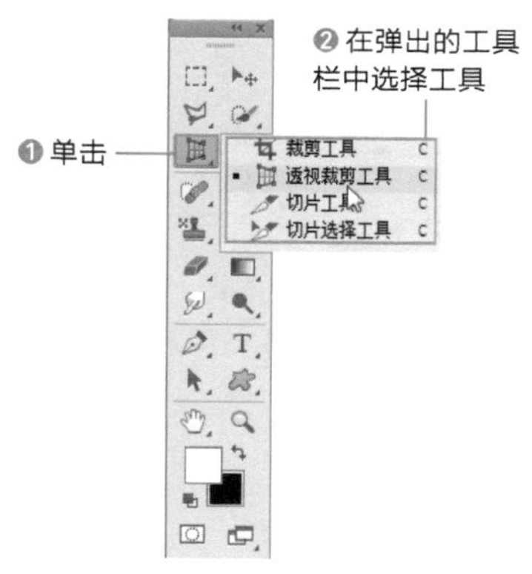

图1-4 工具箱

技巧

Photoshop 从 CS3 版本后，只要在工具箱顶部单击三角形转换符号，就可以将工具箱的形状在单长条和短双条之间变换。

05 Photoshop CC的属性栏（选项栏）提供了控制工具属性的选项，其显示内容根据所选工具的不同而发生变化，选择相应的工具后，Photoshop的属性栏（选项栏）将显示该工具可使用的功能和可进行的编辑操作等，属性栏一般被固定存放在菜单栏的下方。图1-5所示的图像就是在工具箱中选择（矩形选框工具）后，显示的该工具的属性栏。

图1-5 矩形选框工具属性栏

06 工作区域是绘图及处理图像的区域。用户还可以根据需要执行“视图/显示”命令中的适当选项来控制工作区内的显示内容。

07 面板组是放置面板的地方，根据设置工作区的不同会显示与该工作相关的面板，如“图层”面板、“通道”面板、“路径”面板、“样式”面板和“颜色”面板等，它们总是浮动在窗口的上方，用户可以随时切换以访问不同的面板内容。

08 工作窗口可以显示当前图像的文件名、颜色模式和显示比例的信息。

09 状态栏在图像窗口的底部，用来显示当前打开文件的一些信息，如图1-6所示。单击三角符号打开子菜单，即可显示状态栏包含的所有可显示选项。

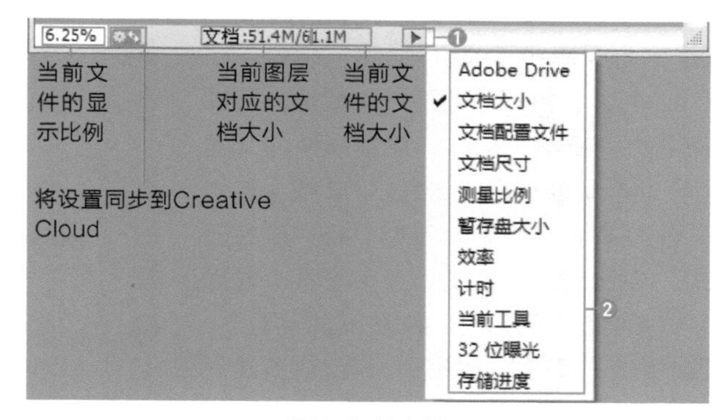

图1-6 状态栏

状态栏中的各项含义如下。

- **Adobe Drive**：用来连接Version Cue服务器中的Version Cue项目，可以让设计人员一起处理公共文件，从而让设计人员轻松地跟踪或处理多个版本的文件。
- **文档大小**：在图像所占空间中显示当前所编辑图像的文档大小情况。
- **文档配置文件**：在图像所占空间中显示当前所编辑图像的图像模式，如RGB颜色、灰度和CMYK颜色等。
- **文档尺寸**：显示当前所编辑图像的尺寸大小。
- **测量比例**：显示当前进行测量时的比例尺。
- **暂存盘大小**：显示当前所编辑图像占用暂存盘的大小情况。
- **效率**：显示当前所编辑图像操作的效率。
- **计时**：显示当前所编辑图像操作所用去的时间。
- **当前工具**：显示当前进行编辑图像时用到的工具名称。
- **32位曝光**：编辑图像曝光只在32位图像中起作用。
- **存储进度**：用来显示后台存储文件时的时间进度。

实例 002 认识图像处理流程

实例目的

通过制作如图1-7所示的效果图，初步了解新建文件、保存文件、关闭文件和打开文件的一些基础知识，以及图像处理的流程。

图1-7 效果图

实例要点

- “新建”“打开”和“保存”命令的使用
- “缩放”命令的使用
- “移动工具”的应用
- 填充前景色

操作步骤

01 执行菜单中“文件/新建”命令或按Ctrl+N键，打开“新建”对话框，将其命名为“新建文档”，设置文件的“宽度”为564像素，“高度”为472像素，“分辨率”为72像素/英寸，在“颜色模式”中选择“RGB颜色”选项，选择“背景内容”为白色，如图1-8所示。

02 单击“确定”按钮后，系统会新建一个白色背景的空白文件，如图1-9所示。

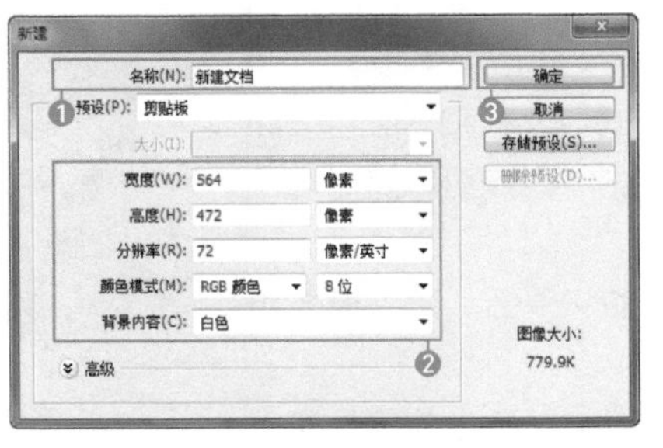

图1-8 “新建”对话框

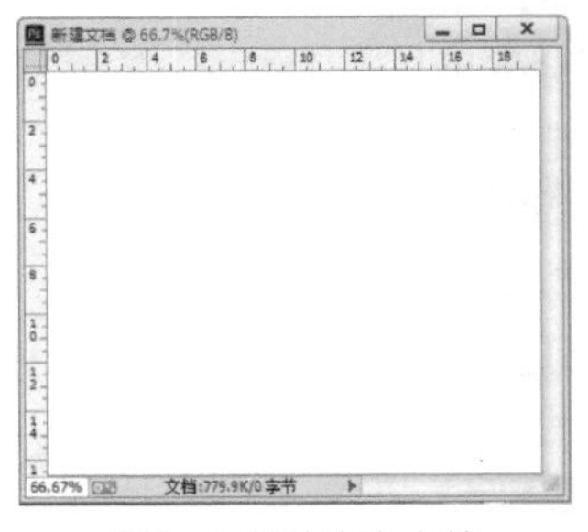

图1-9 新建空白文件

03 执行菜单中“文件/打开”命令，打开随书下载资源中的“素材文件/第01章/汽车”素材，如图1-10所示。

04 在工具箱中选择（移动工具），拖曳树叶文件中的图像到新建的空白文件中，在“图层”面板的新建图层名中的名称上双击鼠标左键并将其命名为“奇怪汽车”，如图1-11所示。

图1-10 素材

图1-11 命名

05 执行菜单中“编辑/变换/缩放”命令，调出缩放变换框，拖曳控制点将图像缩小，如图1-12所示。

技巧

按住 Shift 键并拖曳控制点，将会等比例缩放对象；按 Shift+Alt 键拖曳控制点，将会从变换中心点开始等比例缩放对象。

图1-12 缩小图像

06 按Enter键，确认对图像的变换操作。在“图层”面板中选中“背景”图层，按Alt+Delete键将背景填充为默认的前景色，如图1-13所示。

07 执行菜单中“文件/存储为”命令，打开“另存为”对话框，选择好文件存储的位置，设置“文件名”为“实例2认识图像处理流程”，在“保存类型”中选择需要存储的文件格式（这里选择的格式为PSD格式），如图1-14所示。设置完毕后单击“保存”按钮，文件即被保存。

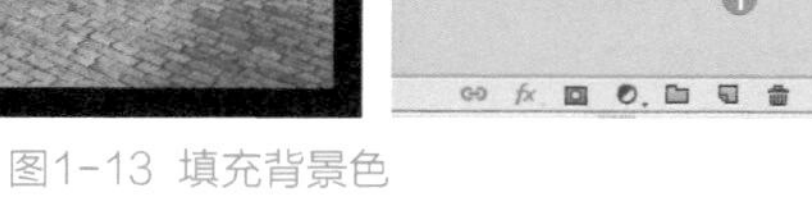

图1-13 填充背景色

图1-14 “另存为”对话框

技巧

在 Photoshop CC 中可以通过“置入”命令将其他格式的图片导入到当前文档中，图层会自动以智能对象的形式进行显示。

实例 003 设置和使用标尺与参考线

实例目的

通过制作如图1-15所示的效果图，了解“标尺”和“参考线”的使用方法。

图1-15 效果图

实例要点

- “打开”命令的使用
- “标尺”的应用与设置
- “参考线”的使用与设置
- “横排文字工具”的使用

操作步骤

01 执行菜单中“文件/打开”命令，打开随书下载资源中的“素材文件/第01章/刷墙”素材，如图1-16所示。

02 执行菜单中“视图/标尺”命令或按Ctrl+R键，可以显示或隐藏标尺，如图1-17所示。

图1-16 素材

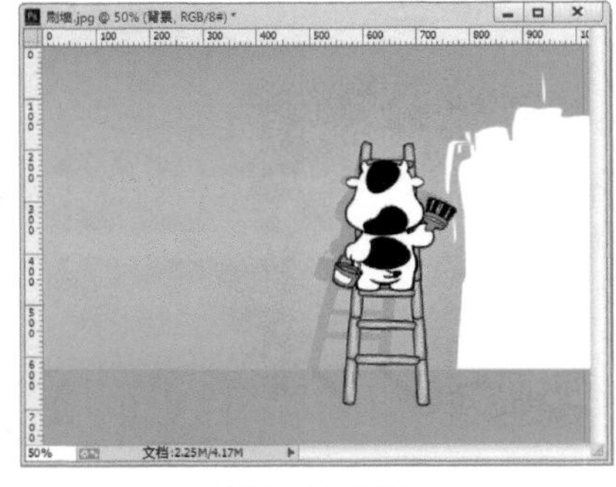

图1-17 标尺

03 执行菜单中“编辑/首选项/单位与标尺”命令，打开“首选项”对话框，在其中可以预置标尺的单位、列尺寸、新文档预设分辨率和点/派卡大小，在此只设置标尺的“单位”为厘米，其他参数不变，如图1-18所示。

04 设置完毕后单击“确定”按钮，标尺的单位改变如图1-19所示。

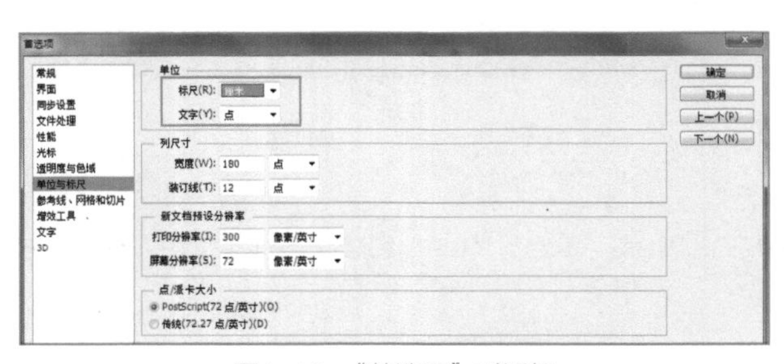

图1-18 “首选项”对话框

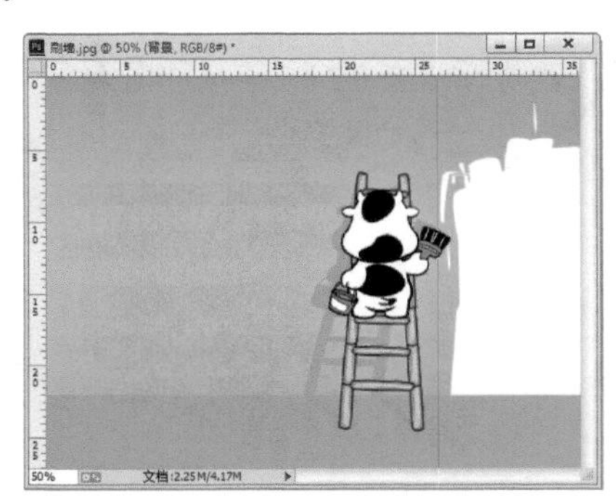

图1-19 改变标尺单位

05 执行菜单中“视图/新建参考线”命令，打开“新建参考线”对话框，选中“垂直”单选按钮，设置“位置”为5厘米，然后单击“确定”按钮，如图1-20所示。

06 执行菜单中“视图/新建参考线”命令，打开“新建参考线”对话框，选中“水平”单选按钮，设置“位置”为18.5厘米，然后单击“确定”按钮，如图1-21所示。

技巧

改变标尺原点时，如果要使标尺原点对齐标尺上的刻度，可在拖曳时按住 Shift 键。如果想恢复标尺的原点，在标尺左上角交叉处双击鼠标左键即可还原。

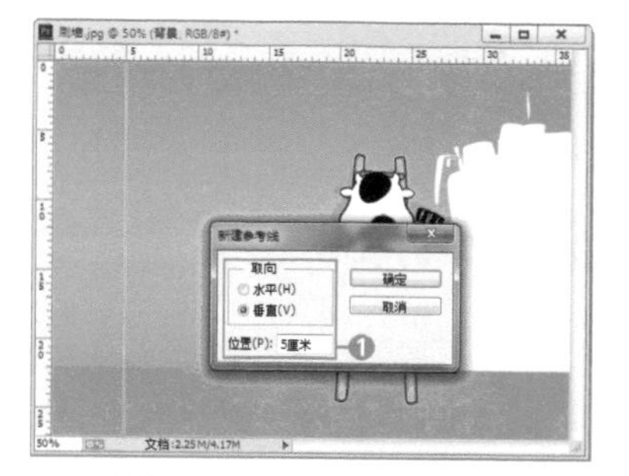

图1-20 设置参考线位置1

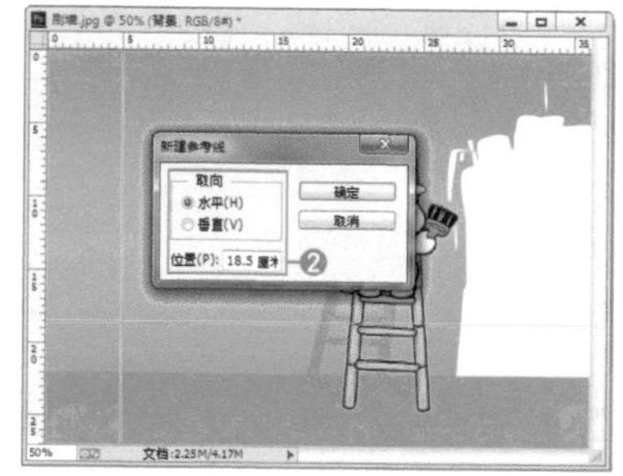

图1-21 设置参考线位置2

技巧

将光标指向标尺处，按住鼠标左键向工作区内水平或垂直拖曳，在目的地释放鼠标左键后，工作区内将会显示参考线；选择（移动工具），当光标指向参考线时，按住鼠标左键便可移动参考线在工作区内的位置；将参考线拖曳到标尺处即可删除参考线。

07 在工具箱中单击“切换前景色与背景色”按钮，将“前景色”设置为白色，“背景色”设置为黑色，如图1-22所示。

08 选项（横排文字工具），设置合适的文字大小和文字字体后，在页面上输入白色文字“步步高升”，如图1-23所示。

09 执行“视图/清除参考线”命令，清除参考线。在“图层”面板中拖曳“步步高升”文字图层到“创建新图层”按钮上，得到“步步高升 拷贝”图层，如图1-24所示。

图1-22 切换前景色与背景色

图1-23 键入文字

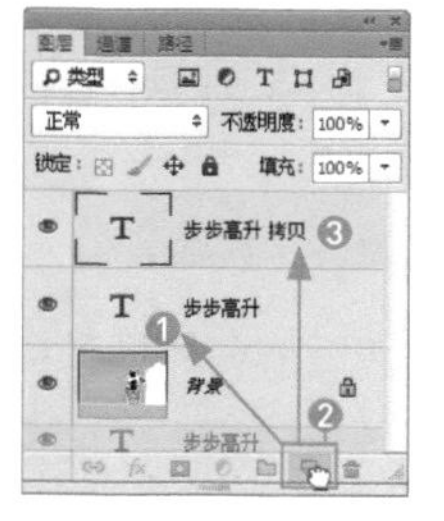

图1-24 复制图层

10 将“步步高升 拷贝”图层中的文字颜色设置为黑色，并选择（移动工具）将其移动到相应的位置，如图1-25所示。

11 在“图层”面板中选择“背景”图层，执行菜单中“图像/调整/自然饱和度”命令，打开“自然饱和度”对话框，设置“自然饱和度”为-54，“饱和度”为+1，如图1-26所示。

12 设置完毕并单击“确定”按钮后，完成本例的最终效果制作，如图1-27所示。

图1-25 移动

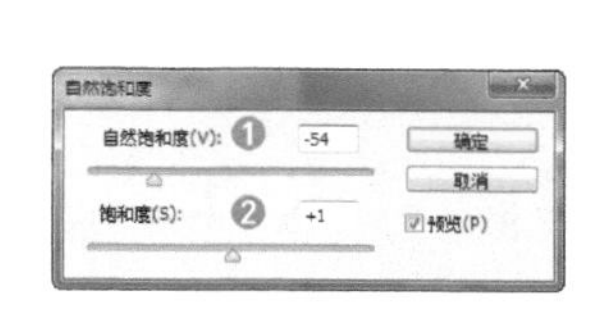

图1-26 “自然饱和度”对话框

图1-27 最终效果

实例 004 设置暂存盘和使用内存

实例目的

使软件的运行速度更高。

实例要点

- 设置软件的暂存盘
- 设置软件的内存

操作步骤

01 执行菜单中“编辑/首选项/性能”命令，打开“首选项”对话框，设置暂存盘1为默认（C）2为D:\，3为E:\，4为F:\，如图1-28所示。

02 设置完毕并单击“确定”按钮后，暂存盘即可应用。

03 执行菜单中“编辑/首选项/性能”命令，打开“首选项”对话框，设置“高速缓存级别”为6，“让Photoshop使用”的最大内存为60%，如图1-29所示。

04 设置完毕并单击“确定”按钮后，在下一次启动该软件时更改即可生效。

> **技巧**
>
> 第一盘符最好设置为软件的安装位置盘，其他的可以按照自己硬盘的大小设置预设盘符。

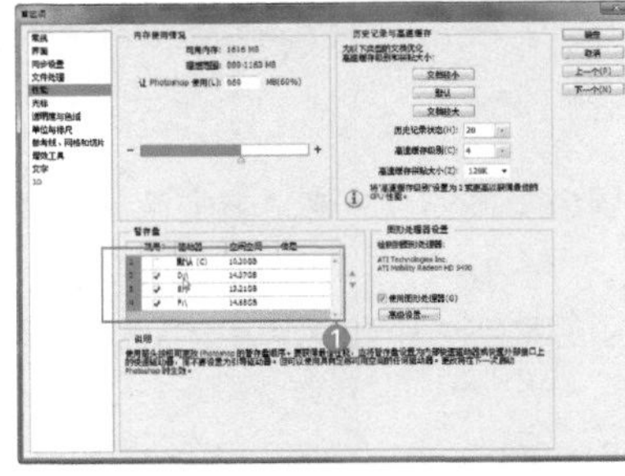

图1-28 性能首选项1

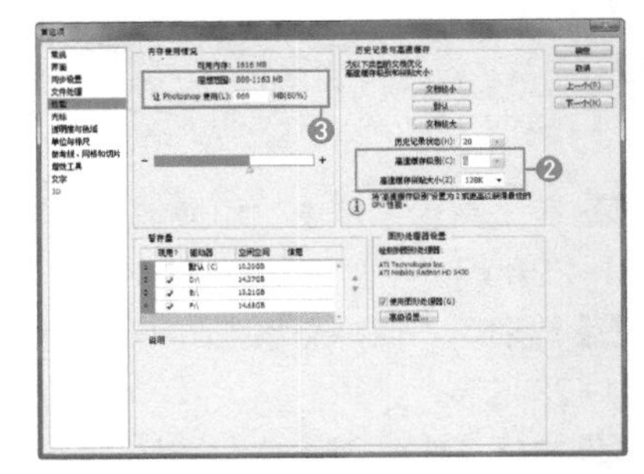

图1-29 性能首选项2

实例 005 设置显示颜色

实例目的

应用最接近需要的显示颜色。

实例要点

- 不同工作环境下的不同颜色设置

操作步骤

01 执行菜单中“编辑/颜色设置”命令，打开“颜色设置”对话框。选择不同的色彩配置，在下面的说明框中则会出现详细的文字说明，如图1-30所示。按照不同的提示，可以自行进行颜色设置。由于每个人使用Photoshop处理的工作不同，因此计算机的配置也不同，这里将其设置为最普通的模式。

02 设置完毕并单击“确定”按钮后，便可使用自己设置的颜色进行工作。

> **技巧**
>
> “颜色设置”命令可以保证用户建立的 Photoshop CC 文件输出稳定而精确的色彩。该命令还提供了将 RGB（红、绿、蓝）标准的计算机彩色显示器显示模式向 CMYK（青色、洋红、黄色、黑色）的转换设置。

图1-30 “颜色设置”对话框

实例 006 改变画布大小

实例目的

通过制作如图1-31所示的效果图，学习如何改变画布大小。

图1-31 效果图

实例要点

- “打开”命令的使用
- “画布大小”命令的使用

操作步骤

01 执行菜单中“文件/打开”命令，打开随书下载资源中的“素材文件/第01章/高空秋千”素材，如图1-32所示。

02 执行菜单中“图像/画布大小”命令，打开“画布大小”对话框，勾选“相对”复选框，设置“宽度”和“高度”都为0.2厘米，如图1-33所示。

03 单击“画布扩展颜色”后面的色块，打开“拾色器”对话框，设置颜色为RGB（94，94，94），如图1-34所示。

图1-32 素材

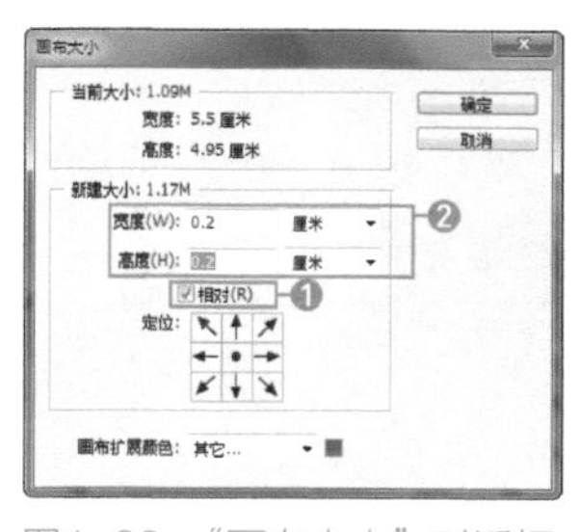

图1-33 “画布大小”对话框

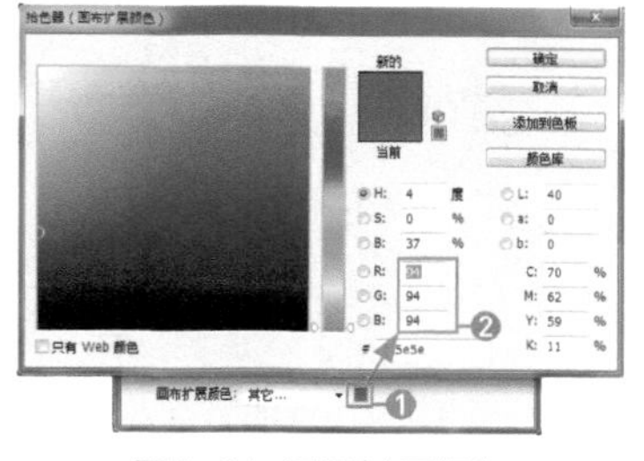

图1-34 设置扩展颜色

04 设置完毕后单击“确定”按钮，返回“画布大小”对话框，再单击“确定”按钮，完成画布大小的修改，效果如图1-35所示。

05 执行菜单中“图像/画布大小”命令，打开“画布大小”对话框，勾选“相对”复选框，设置“宽度”和“高度”都为0.1厘米，将“画布扩展颜色”设置为黑色，如图1-36所示。

06 设置完毕后单击“确定”按钮，至此本例制作完毕，效果如图1-37所示。

图1-35 扩展画布后效果

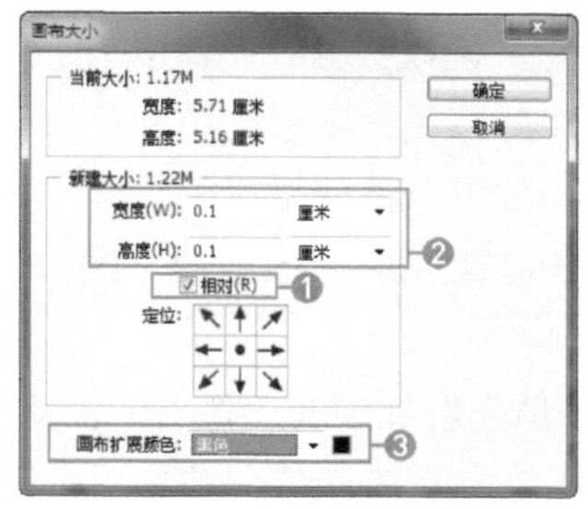

图1-36 “画布大小”对话框

图1-37 最终效果

实例007 改变照片分辨率

实例目的

了解在“图像大小”对话框中改变图像分辨率的方法，如图1-38所示。

图1-38 效果对比图

实例要点

- “图像大小”对话框

操作步骤

01 打开随书下载资源中的“素材文件/第01章/海边玩耍”素材，将其作为背景，如图1-39所示。

02 执行菜单中“图像/图像大小”命令，打开“图像大小”对话框，将“分辨率”设置为300像素/英寸，如图1-40所示。

图1-39 素材

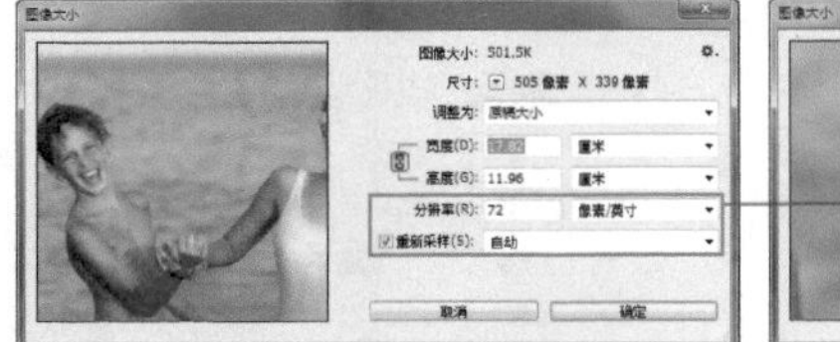
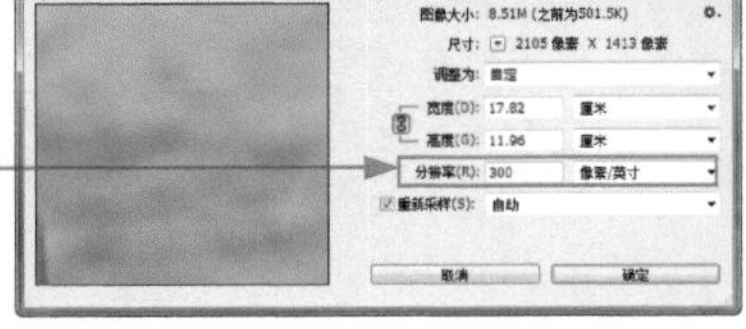

图1-40 “图像大小”对话框

“图像大小”对话框中的各项含义如下。

- **图像大小**：用来显示图像像素的大小。
- **尺寸**：选择尺寸显示单位。
- **调整为**：在下拉列表中可以选择设置的方式。选择“自定”后，可以重新定义图像像素的“宽度”和“高度”，单位包括像素和百分比。更改像素尺寸不仅会影响屏幕上显示图像的大小，还会影响图像品质、打印尺寸和分辨率。
- **约束比例**：对图像的长宽可以进行等比例调整。
- **重新取样**：在调整图像大小的过程中，系统会将原图的像素颜色按一定的内插方式重新分配给新像素。在下拉菜单中可以选择进行内插的方法，包括邻近、两次线性、两次立方、两次立方较平滑和两次立方较锐利。
- **自动**：按照图像的特点，在放大或缩小时系统自动进行处理。
- **保留细节**：在图像放大时可以将图像中的细节部分进行保留。
- **邻近**：不精确的内插方式，以直接舍弃或复制邻近像素的方法来增加或减少像素，此运算方式最快，但会产生锯齿效果。
- **两次线性**：取上下左右4个像素的平均值来增加或减少像素，品质介于邻近和两次立方之间。
- **两次立方**：取周围8个像素的加权平均值来增加或减少像素，由于参与运算的像素较多，运算速度较慢，但是色彩的连续性最好。

- **两次立方较平滑**：运算方法与两次立方相同，但是色彩连续性会增强，适合增加像素时使用。
- **两次立方较锐利**：运算方法与两次立方相同，但是色彩连续性会降低，适合减少像素时使用。

注意

在调整图像大小时，位图图像与矢量图像会产生不同的结果。位图图像与分辨率有关，因此，更改位图图像的像素尺寸可能导致图像品质和锐化程度损失；相反，矢量图像与分辨率无关，可以随意调整其大小而不会影响边缘的平滑度。

技巧

在“图像大小”对话框中，更改像素大小时，文档大小会跟随改变，但分辨率不发生变化；更改文档大小时，像素大小会跟随改变，但分辨率不发生变化；更改分辨率时，像素大小会跟随改变，但文档大小不发生变化。

技巧

像素大小、文档大小和分辨率三者之间的关系可用公式表示，即像素大小 / 分辨率 = 文档大小。

技巧

如果想把原来的小图像变大，最好不要直接调整为最终大小，这样会使图像的细节大量丢失，可以把小图像一点一点地往大调整，这样可以将图像的细节少丢失一点。

03 设置完毕后单击“确定”按钮，效果如图1-41所示。

图1-41　分辨率调整为300

实例 008　了解位图、双色调颜色模式

实例目的

了解将RGB模式的图像转换成位图与双色调颜色模式。

实例要点

- 打开素材
- 转换RGB模式为灰度模式
- 转换灰度模式为位图
- 转换灰度模式为双色调颜色模式

操作步骤

01 打开随书下载资源中的“素材文件/第01章/小猫”素材，将其作为背景，如图1-42所示。

02 通常状况下RGB颜色模式是不能够直接转换成位图与双色调颜色模式的，必须先将RGB颜色模式转换成灰度模式。执行菜单中“图像/模式/灰度”命令，打开如图1-43所示的“信息”对话框。

图1-42　素材

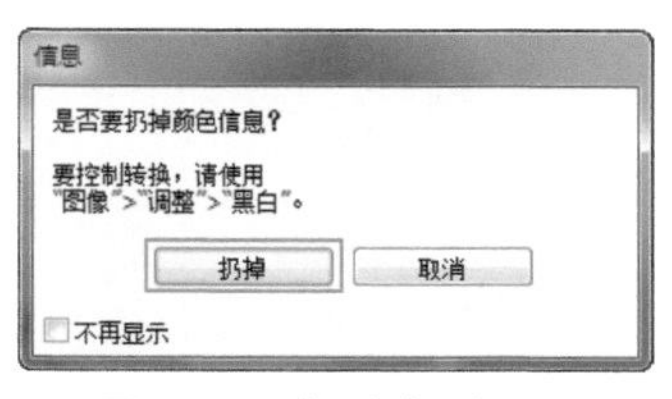

图1-43　“信息”对话框

03 单击“扔掉”按钮，将图像中的彩色信息消除，效果如图1-44所示。

04 执行菜单中“图像/模式/位图”命令，此时会打开如图1-45所示的“位图”对话框。

提示

只有灰度模式才可以转换成位图模式。

图1-44 变为黑白

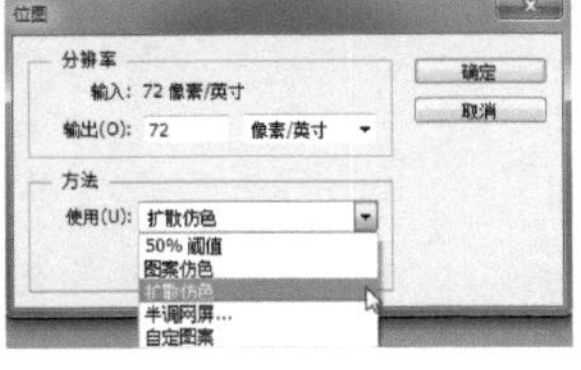

图1-45 “位图”对话框

05 选择不同的使用方法后，会出现相应的位图效果。

- **50%阈值**：将大于50%的灰度像素全部转化为黑色，将小于50%的灰度像素全部转化为白色，选择该选项会得到如图1-46所示的效果。
- **图案仿色**：此方法可以使用图形来处理灰度模式，选择该选项会得到如图1-47所示的效果。
- **扩散仿色**：将大于50%的灰度像素转换成黑色，将小于50%的灰度像素转换成白色。由于转换过程中的误差，会使图像出现颗粒状的纹理。选择该选项会得到如图1-48所示的效果。

图1-46 50%阈值

图1-47 图案仿色

- **半调网屏**：选择该选项转换位图时会打开如图1-49所示的对话框，在其中可以设置频率、角度和形状。选择该选项会得到如图1-50所示的效果。
- **自定图案**：可以选择自定义的图案处理位图的减色效果。选择该选项时，“自定图案”选项会被激活，在其中选择相应的图案即可。选择该选项会得到如图1-51所示的效果。

图1-48 扩散仿色

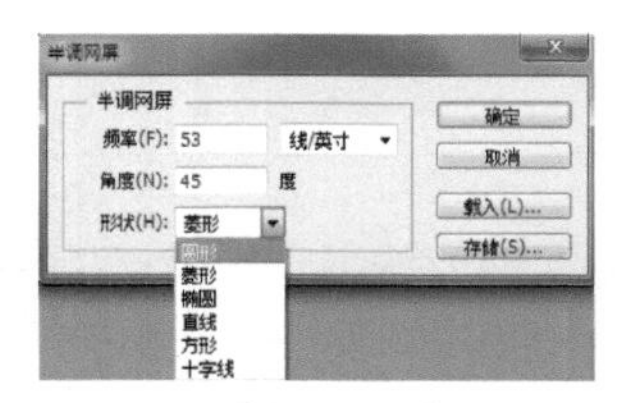

图1-49 “半调网屏”对话框

图1-50 半调网屏

图1-51 自定图案

06 查看转换成双色调颜色模式后的效果。按Ctrl+Z键取消上一步操作，执行菜单中“图像/模式/双色调”命令，打开“双色调选项”对话框，在“类型”下拉列表中选择“双色调”选项，在“油墨”后面的颜色图标上单击，选择需要的颜色，如图1-52所示。

07 设置完毕后单击“确定”按钮，效果如图1-53所示。

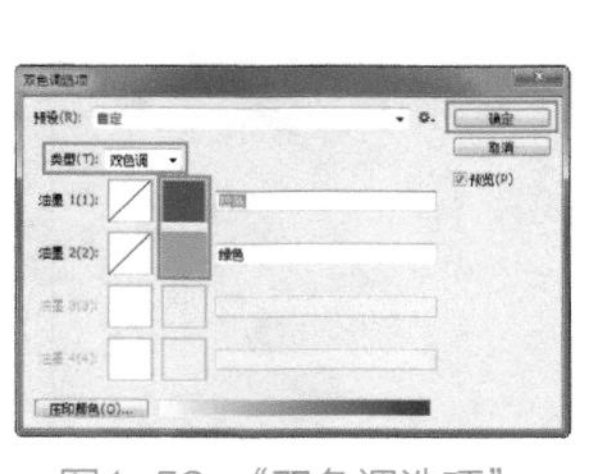

图1-52 “双色调选项”对话框

图1-53 转换为双色调后的效果

实例 009 了解RGB和CMYK颜色模式

实例目的

了解RGB和CMYK颜色模式的作用原理。

实例要点

- 了解RGB颜色模式
- 了解CMYK颜色模式

RGB颜色模式

Photoshop中RGB颜色模式使用RGB模型，并为每个像素分配一个强度值。在8位/通道的图像中，彩色图像中的每个RGB（红色、绿色、蓝色）分量的强度值范围为0（黑色）~255（白色）。例如，亮红色的R值可能为246，G值为20，而B值为50。当所有这3个分量的值相等时，结果是中性灰度级；当所有分量的值均为255时，结果是纯白色；当所有分量的值都为0时，结果是纯黑色。

RGB图像使用3种颜色或通道在屏幕上重现颜色。在8位/通道的图像中，这3个通道将每个像素转换为24（8位×3通道）位颜色信息；对于24位图像，这3个通道最多可以重现1 670万种颜色/像素；对于48位（16位/通道）和96位（32位/通道）图像，每个像素可重现更多的颜色。新建的Photoshop图像的默认模式为RGB，计算机显示器使用RGB模型显示颜色。这意味着在使用非RGB颜色模式（如CMYK）时，Photoshop会将 CMYK图像插值处理为RGB，以便在屏幕上显示。

尽管RGB是标准颜色模型，但是所表示的实际颜色范围仍因应用程序或显示设备而异。Photoshop中的RGB颜色模式会根据“颜色设置”对话框中指定的工作空间的设置而不同。

当彩色图像中的RGB（红色、绿色、蓝色）3种颜色中的两种颜色叠加到一起后，会自动显示出其他的颜色，3种颜色叠加后会产生纯白色，如图1-54所示。

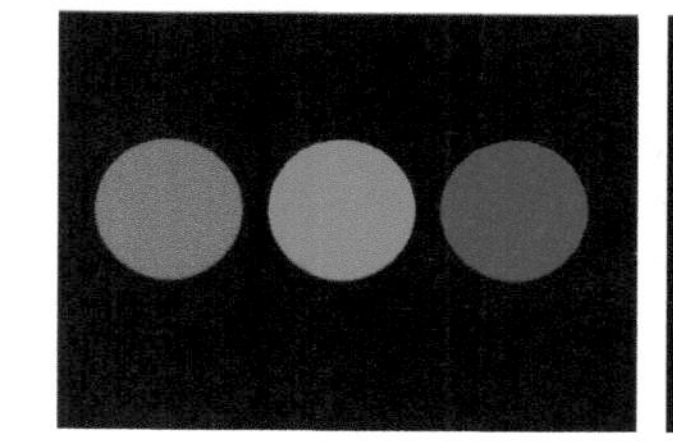
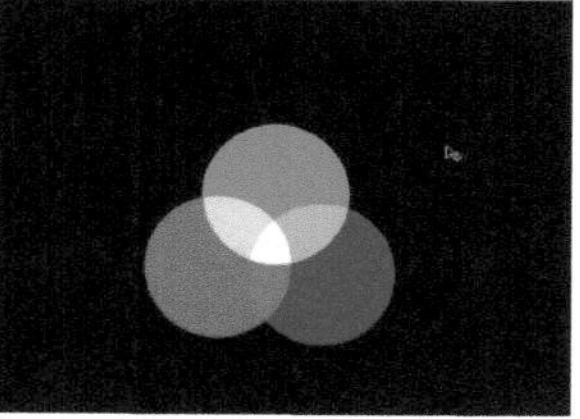

图1-54 RGB色谱

CMYK颜色模式

在CMYK模式下，可以为每个像素的每种印刷油墨指定一个百分比值。为最亮（高光）颜色指定的印刷油墨颜色百分比较低，而为较暗（阴影）颜色指定的百分比较高。例如，亮红色可能包含2%青色、93%洋红、90%黄色和0%黑色。在CMYK图像中，当4种分量的值均为0%时，就会产生纯白色。

在制作要用印刷色打印的图像时，应使用CMYK模式。将RGB图像转换为CMYK图像会产生分色。从处理RGB图像开始，最好先在RGB模式下编辑，然后在处理结束后转换为CMYK模式。在RGB模式下，可以使用“校样设置”命令模拟CMYK转换后的效果，而无需真正更改图像数据，也可以使用CMYK模式直接处理从高端系统扫描或导入的CMYK图像。

尽管CMYK是标准颜色模型，但是其准确的颜色范围随印刷和打印条件而变化。Photoshop中的CMYK颜色模式会根据“颜色设置”对话框中指定的工作空间的设置而不同。

在图像中绘制三个分别为CMYK黄、CMYK青和CMYK洋红的圆形，将两种颜色叠加到一起时会产生另外一种颜色，三种颜色叠加在一起就会显示出黑色，但是此时的黑色不是正黑色，所以在印刷时还要添加一个黑色作为配色，如图1-55所示。

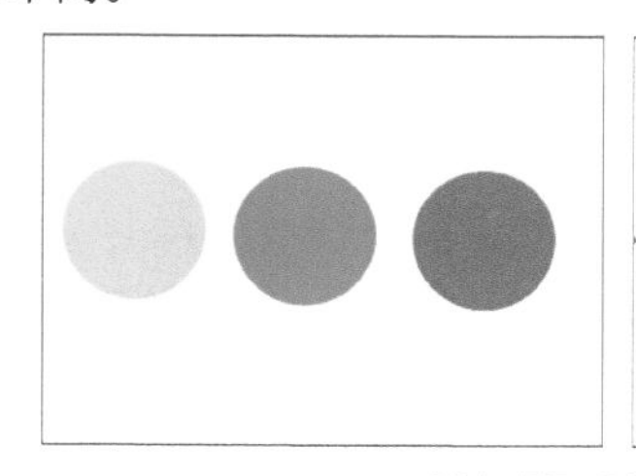
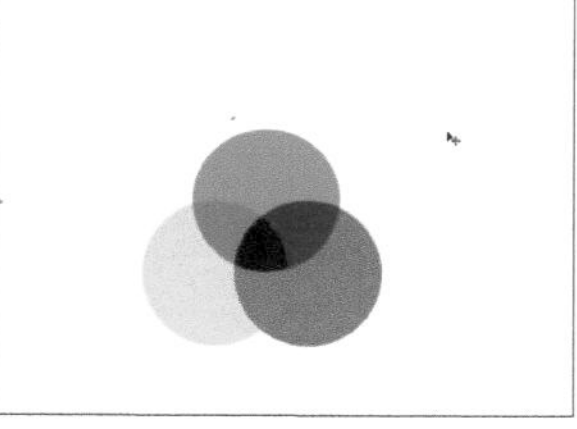

图1-55 CMYK色谱

实例 010 位图、像素以及矢量图

实例目的

了解图像处理中涉及的位图与矢量图的概念。

实例要点

- 什么是位图
- 什么是像素
- 什么是矢量图

什么是位图

位图图像也叫做点阵图，是由许多不同色彩的像素组成的。与矢量图形相比，位图图像可以更逼真地表现自然界的景物。此外，位图图像与分辨率有关，当放大位图图像时，位图中的像素增加，图像的线条将会显得参差不齐，这是像素被重新分配到网格中的缘故。此时可以看到构成位图图像的无数个单色块，因此放大位图或在比图像本身的分辨率低的输出设备上显示位图时，将丢失其中的细节，并会呈现出锯齿，如图1-56所示。

什么是像素

像素（Pixel）是用来计算数码影像的一种单位。数码影像也具有连续性的浓淡色调，若把影像放大数倍，会发现这些连续色调其实是由许多色彩相近的小方点组成的，这些小方点就是构成影像的最小单位——像素（Pixel）。

什么是矢量图

矢量图像是使用数学方式描述的曲线，以及由曲线围成的色块组成的面向对象的绘图图像。矢量图像中的图形元素叫做对象，每个对象都是独立的，具有各自的属性，如颜色、形状、轮廓、大小和位置等。由于矢量图形与分辨率无关，因此无论如何改变图形的大小，都不会影响图形的清晰度和平滑度，如图1-57所示。

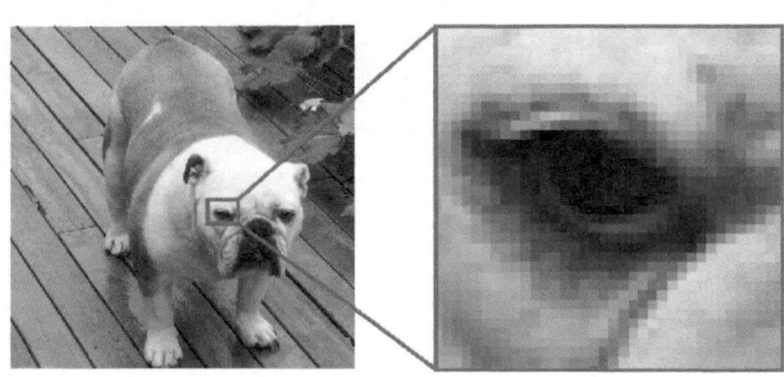

图1-56 位图放大后的效果

图1-57 矢量图放大后的效果

> **注意**
>
> 矢量图进行任意缩放都不会影响分辨率，但缺点是不能表现色彩丰富的自然景观与色调丰富的图像。

> **提示**
>
> 如果希望位图图像放大后边缘保持光滑，就必须增加图像中的像素数目，此时图像占用的磁盘空间就会加大。在Photoshop 中，除了路径外，我们遇到的图形均属于位图一类的图像。

实例 011 Photoshop中图片编修流程表

实例目的

了解图像处理的各个流程。

实例要点

● 图片编修流程表

对于拍摄后的照片，每张存在的问题都是不同的，但在处理时又无外乎进行整体调整、曝光调整、色彩调整、瑕疵修复和清晰度调整等5个主要步骤，通过这几个步骤可以完成对变形图像、过暗、过亮、偏色、模糊和瑕疵修复等问题的调整，具体流程可以参考如图1-58所示的处理图像的基本流程表。

图片编修流程表				
01 摆正、裁剪、调大小	02 曝光调整	03 色彩调整	04 瑕疵修复	05 清晰度
转正横躺的直幅照片与歪斜照片 矫正变形图像 裁剪图像修正构图 调整图像大小 更改画布大小	查看照片的明暗分布状况 调整整体亮度与对比度 修正局部区域的亮度与对比度	移除整体色偏 修复局部区域的色偏 强化图像的色彩 更改图像色调	清除脏污与杂点 去除多余的杂物 人物美容	增强图像锐化度提升照片的清晰效果 改善模糊照片

图1-58　图像编修流程表

本章的练习与习题

练习

打开文档以及存储调整后的文档。

习题

1. 在Photoshop中打开素材的快捷键是。（　　）

A. Alt+Q　　B. Ctrl+O　　C. Shift+O　　D. Tab+O

2. Photoshop中属性栏又称为？（　　）

A. 工具箱　　B. 工作区　　C. 选项栏　　D. 状态栏

3. 画布大小的快捷键是？（　　）

A. Alt+Ctrl+C　　B. Alt+Ctrl+R　　C. Ctrl+V　　D. Ctrl+X

4. 显示与隐藏标尺的快捷键是？（　　）

A. Alt+Ctrl+C　　B. Ctrl+R　　C. Ctrl+V　　D. Ctrl+X

第 02 章

移动和选择工具的使用

本章内容

- 矩形选框工具与移动工具
- 椭圆选框工具
- 套索工具组
- 魔棒工具
- 快速选择工具
- 扩大选取与设置容差
- 载入选区与存储选区
- 使用修改命令羽化图像边界
- 选区的变换控制
- 选取对象的变换
- 利用色彩范围创建选区

本章主要讲解Photoshop CC中最基本的选择和移动工具的使用，内容涉及选框、套索、魔棒工具，以及编辑选区（选择区域的基本操作、选择区域的移动和隐藏、选择区域的羽化、选择区域的修改和变形、选择区域的保存和载入、利用色彩范围选取图像）、移动工具和图像变形操作（图像的移动和复制、图像的变形操作、图像的对齐和分布）。下面通过实例进行全面细致的讲解。

实例 012 矩形选框工具与移动工具

实例目的

通过制作如图2-1所示的流程效果图，了解“移动工具”“矩形选框工具”和“水平翻转”命令的应用。

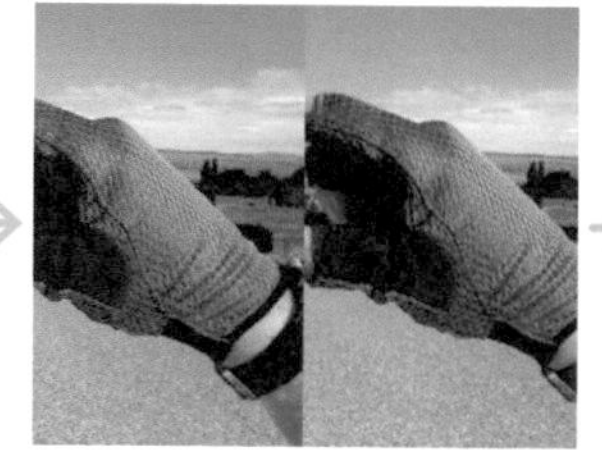

图2-1 流程效果图

实例要点

- “打开”命令的使用
- “移动工具”和“矩形选框工具”的使用
- “水平翻转”命令的应用

操作步骤

01 执行菜单中“文件/打开”命令，打开随书下载资源中的“素材文件/第02章/创意摄影”素材，如图2-2所示。

02 在工具箱中选择（矩形选框工具）在画面上按住鼠标左键向对角处绘制，松开鼠标左键后得到矩形选区，如图2-3所示。

图2-2 素材

图2-3 绘制选区

03 按Ctrl+C键复制图像，再按Ctrl+V键粘贴图像，在“图层”面板中出现“图层1”图层，如图2-4所示。

04 选择（移动工具），按住鼠标左键将“图层1”中的图像拖曳到页面的左侧，如图2-5所示。

图2-4 复制

图2-5 移动

05 执行菜单中“编辑/变换/水平翻转”命令，将“图层1”图层中的图像水平翻转，至此本例制作完成，效果如图2-6所示。

图2-6 最终效果

实例 013 椭圆选框工具

实例目的

通过制作如图2-7所示的流程效果图，了解“椭圆选框工具”在本例中的应用。

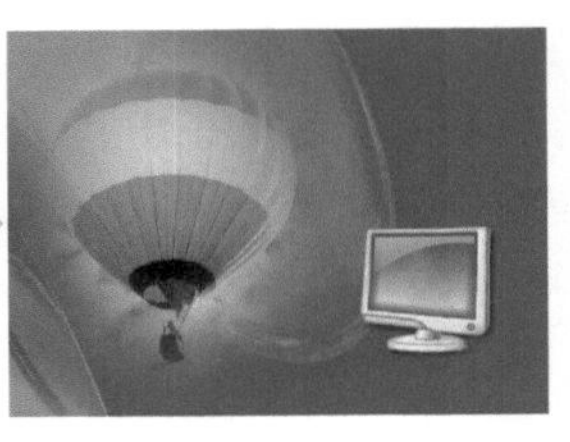

图2-7 流程效果图

实例要点

- 打开两个素材
- “椭圆选框工具”的应用
- 拖动选区内的图像到背景中
- 变换移入的图像
- 裁剪图像

操作步骤

01 打开随书下载资源中的“素材文件/第02章/桌面壁纸”素材，将其作为背景，如图2-8所示。

02 打开随书下载资源中的“素材文件/第02章/热气球”素材，如图2-9所示。

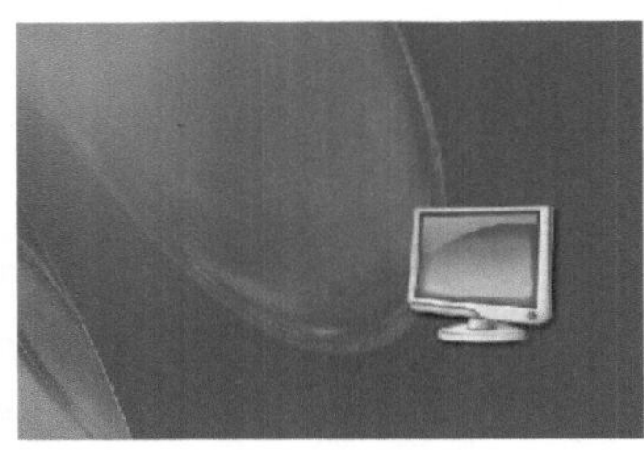

图2-8 素材1

图2-9 素材2

03 选择◯（椭圆选框工具），设置“羽化”值为60像素，在热气球上创建椭圆选区，如图2-10所示。

04 在工具箱中选择▶+（移动工具），拖动选区中的图像到 “桌面壁纸”文件中，得到“图层1”图层，按Ctrl+T键调出变换框，拖动控制点，将图像缩小，如图2-11所示。

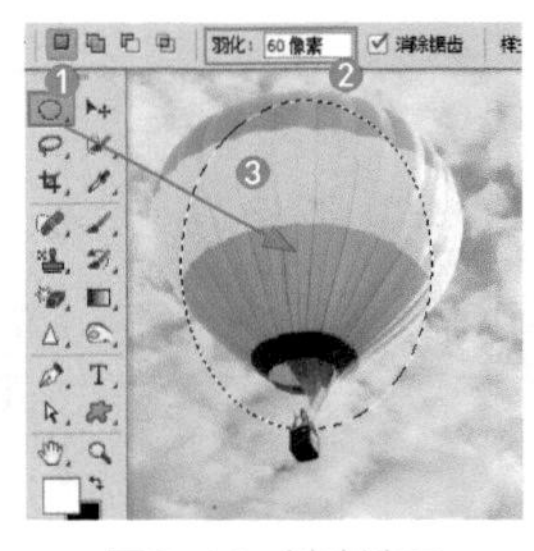

图2-10 创建选区

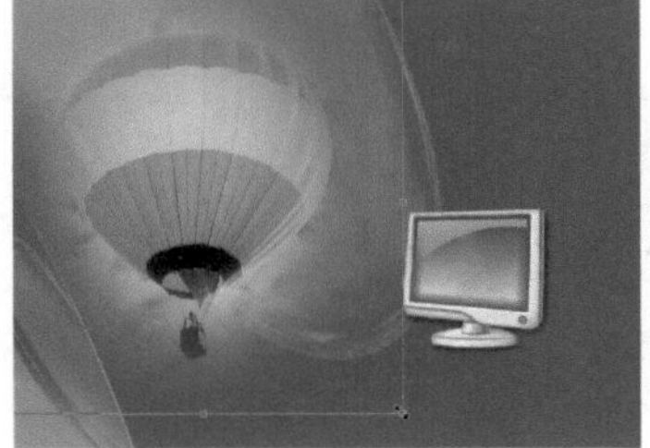

图2-11 变换图像

05 按Enter键确定，设置“混合模式”为“强光”，效果如图2-12所示。

图2-12 混合模式

06 选择（裁剪工具）在图像中绘制裁剪框，如图2-13所示。

07 按Enter键确定，存储本文件。至此本例制作完毕，效果如图2-14所示。

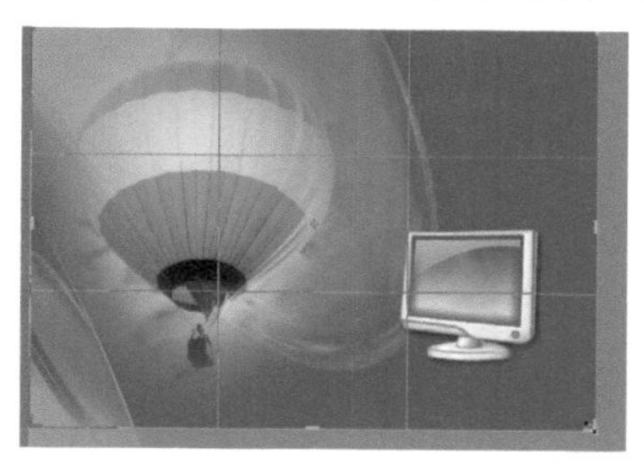

图2-13 创建裁剪框

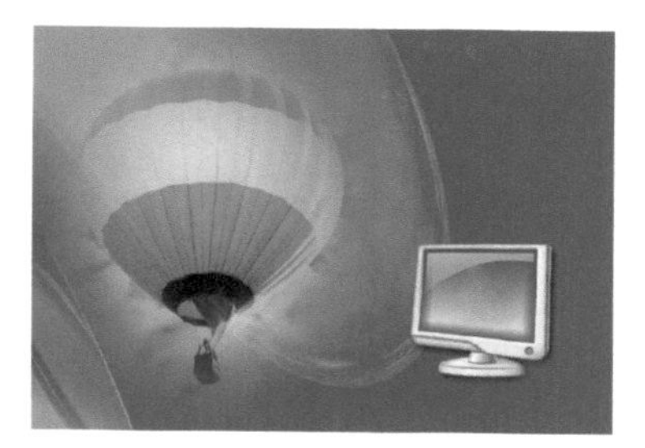

图2-14 最终效果

技巧

按 Shift 键在原有选区上绘制选区时可以添加新选区；按 Alt 键在原有选区上绘制选区时可以减去相交的部分；按 Alt+Shift 键在原有选区上绘制选区时只留下相交的部分。

技巧

属性栏中的“消除锯齿”复选框，在选择（矩形选框工具）时，该功能将不能使用。在勾选该复选框情况下，绘制的椭圆选区无锯齿现象，所以在选区中填充颜色或图案时，边缘具有很光滑的效果。

实例 014 套索工具组

实例目的

通过制作如图2-15所示的流程效果图，了解“多边形套索工具”和“磁性套索工具”的应用。

图2-15 流程效果图

实例要点

- “多边形套索工具”和“磁性套索工具”的应用
- “移动工具”的应用
- “羽化”命令的应用
- “变换”命令的使用

操作步骤

01 执行菜单中“文件/打开”命令，打开随书下载资源中的“素材文件/第02章/飞机”素材，如图2-16所示。

02 执行菜单中“文件/打开”命令，打开随书下载资源中的“素材文件/第02章/创意摄影2”素材，如图2-17所示。

图2-16 素材1

图2-17 素材2

03 选择工具箱中（磁性套索工具），在属性栏中设置“羽化”值为1像素，“宽度”为10像素、“对比度”为15%、“频率”为57，在“飞机”素材图像上单击进行选区创建，如图2-18所示。

04 拖曳光标到缝隙较近的区域时，按Alt键并在飞机边缘单击，此时（磁性套索工具）会转换为（多边形套索工具），沿边缘单击创建选区，如图2-19所示。

图2-18 创建选区1

图2-19 创建选区2

技巧

选择（磁性套索工具）进行选区创建时，按住 Alt 键并单击会将（磁性套索工具）转换为（多边形套索工具），松开 Alt 键后，会将（多边形套索工具）恢复为（磁性套索工具）。

05 在飞机边缘处时松开Alt键将（多边形套索工具）恢复为（磁性套索工具），沿飞机边缘创建选区，使用同样的方法将整个飞机选区创建出来，如图2-20所示。

06 选择（移动工具）将选区内的图像拖曳到“创意摄影2”文档中，此时在“图层”面板中会出现“图层1”图层，按Ctrl+T键调出变换框，拖动控制点将飞机缩小，如图2-21所示。

图2-20 创建选区3

图2-21 变换

技巧

在英文输入法状态下按 L 键，可以选择“套索工具”“多边形套索工具”或“磁性套索工具”；按 Shift+L 键可以在它们之间自由转换。

07 按Enter键完成变换，在“图层”面板中设置“图层1”图层的“不透明度”为80%，如图2-22所示。

08 至此本例制作完毕，最终效果如图2-23所示。

图2-22 不透明度

图2-23 最终效果

实例 015 魔棒工具

实例目的

通过制作如图2-24所示的流程效果图，了解“魔棒工具”在本例中的应用。

图2-24 流程效果图

实例要点

- 打开素材将两个图像移到一个文档中
- 使用“魔棒工具”在背景上单击调出选区
- 设置“魔棒工具”属性
- 清除选区内容

操作步骤

01 打开随书下载资源中的“素材文件/第02章/城门”和“素材文件/第02章/天空”素材，将其作为背景，如图2-25所示。

02 选择（移动工具）将“城门”素材中的图像拖动到“天空”文档中，按Ctrl+T键调出变换框，拖动控制点将图像进行放大，如图2-26所示。

图2-25 素材

图2-26 移动

03 按Enter键完成变换。在工具箱中选择（魔棒工具），在属性栏中设置“容差”为60，不勾选“连续”复选框，再选择（魔棒工具）在图像中的蓝色背景上单击调出选区，如图2-27所示。

04 按Delete键清除选区内容，在属性栏中设置“选区模式”为“添加到选区”并在小门洞的背景处单击，添加选区，如图2-28所示。

图2-27 设置魔棒并调出选区

图2-28 添加选区

05 按Delete键清除选区内容，再按Ctrl+D键取消选区并存储本文件。至此本例制作完毕，效果如图2-29所示。

图2-29 最终效果

实例 016 快速选择工具

实例目的

通过制作如图2-30所示的流程效果图，了解“快速选择工具”在本例中的应用。

图2-30 流程效果图

实例要点

- 打开素材
- 使用“快速选择工具”创建选区
- 应用“复制”命令的快捷键
- 移入素材并对图像进行变换处理

操作步骤

01 打开随书下载资源中的“素材文件/第02章/飞碟”素材，如图2-31所示。

02 选择（快速选择工具），在属性栏中单击“添加到选区”按钮，再选择（快速选择工具）在图像的楼体部位拖动创建选区，如图2-32所示。

03 选区创建完毕后，按Ctrl+C键复制选区内容，再按Ctrl+V键粘贴复制的内容，在“图层”调板中会自动出现“图层1”图层，如图2-33所示。

图2-31 素材

图2-32 创建选区

图2-33 复制选区内容

> **技巧**
>
> 按 Ctrl+C 键复制选区内容，再按 Ctrl+V 键粘贴复制的内容，同样可以复制一个副本，并出现在新图层中。

04 打开随书下载资源中的“素材文件/第02章/镜头”素材，如图2-34所示。

05 选择（移动工具）拖动“飞碟”素材中的“图层1”图像到“镜头”文件中，得到“图层1”图层，按Ctrl+T键调出变换框，拖动控制点，将图像进行缩小，如图2-35所示。

06 按Enter键确定，存储本文件。至此，本例制作完毕，效果如图2-36所示。

图2-34 镜头素材

图2-35 移动并变换

图2-36 最终效果

实例 017 扩大选取与设置容差

实例目的

通过制作如图2-37所示的流程效果图，掌握“扩大选取”命令和“反选”等命令的操作。

图2-37 流程效果图

实例要点

- “椭圆选框工具”的应用
- 执行“扩大选取”命令和“反选”命令改变选区
- 执行“色相/饱和度”命令改变颜色

操作步骤

01 执行菜单中“文件/打开”命令或按Ctrl+O键，打开随书下载资源中的“素材文件/第02章/模特”素材，如图2-38所示。选择（魔棒工具），将“容差”设置为50，如图2-39所示。

02 选择（椭圆选框工具），在“选项栏”中设置“选区类型”为“添加到选区”，之后在画布上绘制几个选区，如图2-40所示。

03 执行菜单中“选择/扩大选取”命令，再执行一次“扩大选取”命令，得到如图2-41所示的效果。

图2-38 素材

图2-39 设置容差值

图2-40 绘制选区

图2-41 扩大选取

> **技巧**
>
> “扩大选取”命令的选取范围与（魔棒工具）中的“容差”成正比。在执行菜单中“扩大选取”命令时，如果相似的颜色范围之间有其他颜色阻隔是不能被扩大到选区内的，只有邻近的相似范围才能被扩大到选区内。

04 执行菜单中“图像/调整/色相/饱和度”命令，打开“色相/饱和度”对话框，设置“色相”为81，其他不变，如图2-42所示。

05 设置完毕后单击“确定”按钮，按Ctrl+D键取消选区，本例的最终效果如图2-43所示。

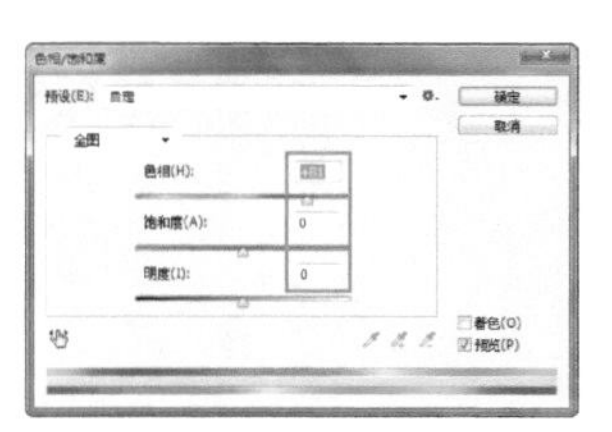

图2-42 “色相/饱和度”对话框

图2-43 最终效果

实例 018 载入选区与存储选区

实例目的

本例通过制作飞舞文字，了解“载入选区”命令和“存储选区”命令的应用，如图2-44所示。

图2-44 流程效果图

实例要点

- “横排文字工具”的应用
- “载入选区”和“存储选区”命令的应用
- “极坐标”命令的应用
- “风”命令的应用
- “图像旋转”命令的应用

操作步骤

01 执行菜单中“文件/打开”命令或按Ctrl+O键，打开随书下载资源中的“素材文件/第02章/晨练”素材，如图2-45所示。

02 选择T（横排文字工具），设置合适的文字字体及文字大小后，在画布中单击输入文本，按Ctrl+T键调出变换框，拖动控制点移动文字方向并调整位置，按Enter键完成，如图2-46所示。

图2-45 素材

图2-46 键入文字

03 执行菜单中“选择/载入选区”命令，打开“载入选区”对话框，其中参数值设置如图2-47所示。

04 设置完毕后单击“确定”按钮，选区被载入，效果如图2-48所示。

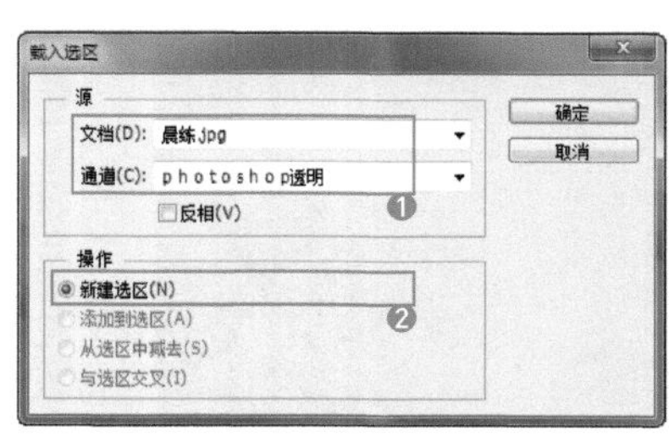

图2-47 “载入选区”对话框

图2-48 载入选区

技巧

在“载入选区”对话框中，只有被存储的选区多于一个的时候，在“操作”复选框中其他选项才会被激活。

05 执行菜单中“选择/存储选区”命令，打开“存储选区”对话框，其中参数值设置如图2-49所示。

06 设置完成后，单击“确定”按钮，执行菜单中“窗口/通道”命令，打开“通道”面板，选择新建的“Alpha 1”通道，效果如图2-50所示。

07 按Ctrl+D键，取消选区，执行菜单中“滤镜/扭曲/极坐标”命令，打开“极坐标”对话框，选中“平面坐标到极坐标”单选按钮，如图2-51所示。

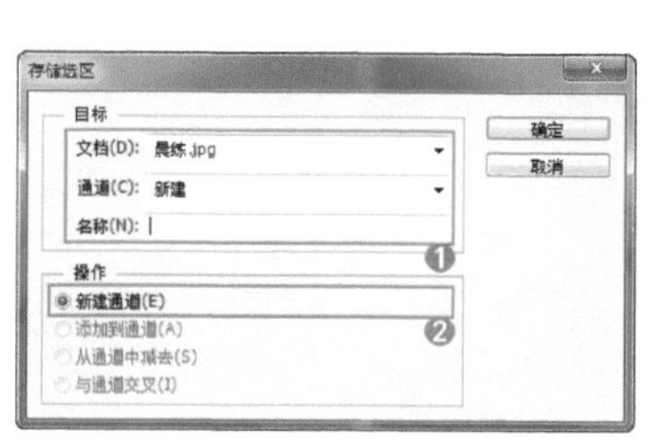

图2-49　“存储选区”对话框

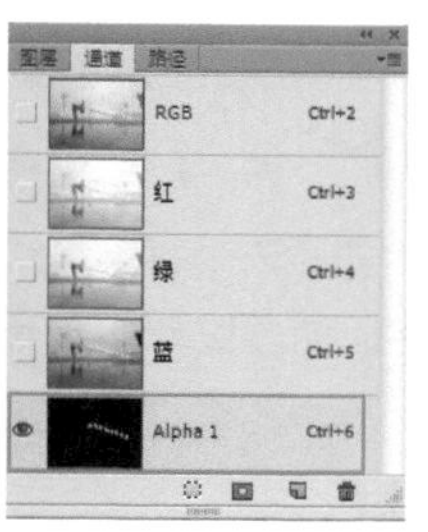

图2-50　通道

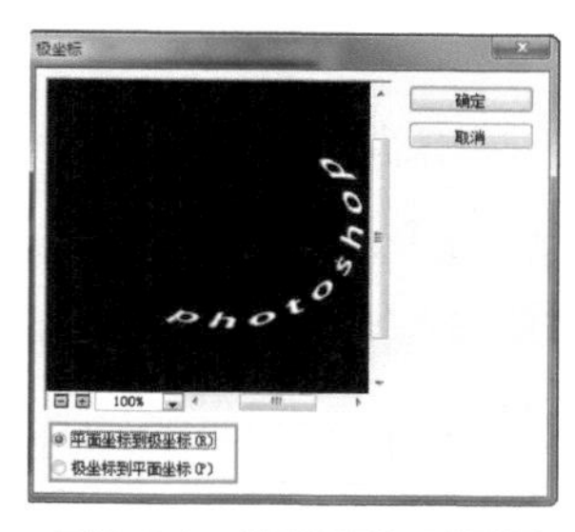

图2-51　“极坐标”对话框

08 设置完成后，单击“确定”按钮，执行菜单中“图像/旋转图像/顺时针90度”命令，效果如图2-52所示。

09 执行菜单中“滤镜/风格化/风”命令，打开“风”对话框，其中的参数值设置如图2-53所示。

10 设置完成后，单击“确定”按钮，再按Ctrl+F键两次，为图像再应用两次“风”滤镜，效果如图2-54所示。

图2-52　极坐标旋转后图像

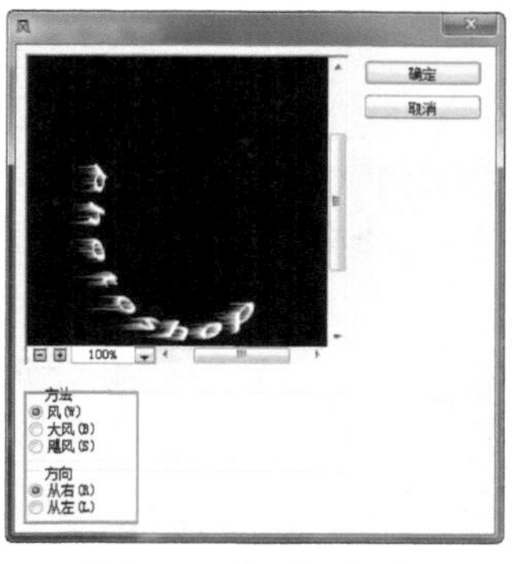

图2-53　“风”对话框

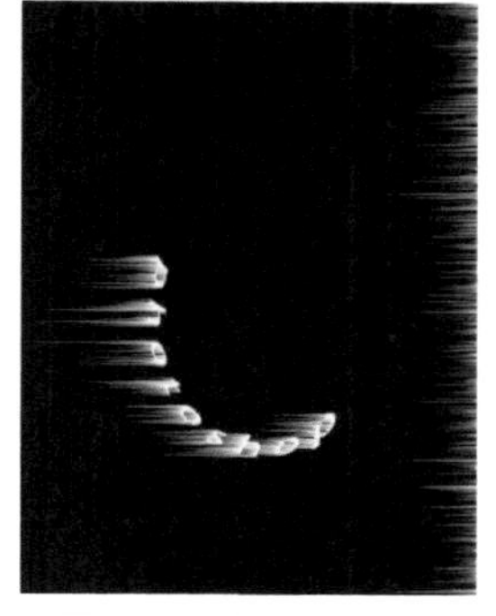

图2-54　应用风滤镜后

技巧

应用“滤镜”命令后，按 Ctrl+F 键可以再次应用上次使用的滤镜。

11 执行菜单中“图像/图像旋转/逆时针90度”命令，效果如图2-55所示。

12 执行菜单中“滤镜/扭曲/极坐标”命令，打开“极坐标”对话框，选中“极坐标到平面坐标”单选按钮，效果如图2-56所示。

13 设置完毕后单击“确定”按钮，效果如图2-57所示。

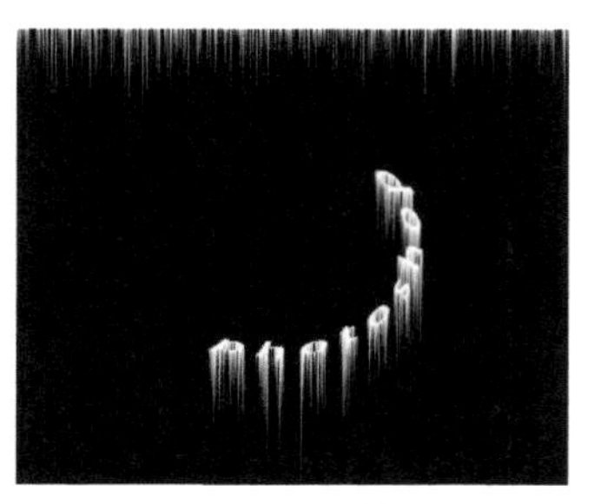

图2-55　旋转

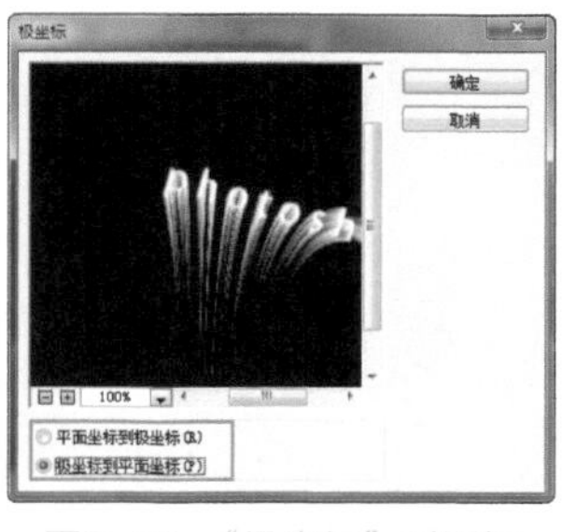

图2-56　“极坐标”对话框

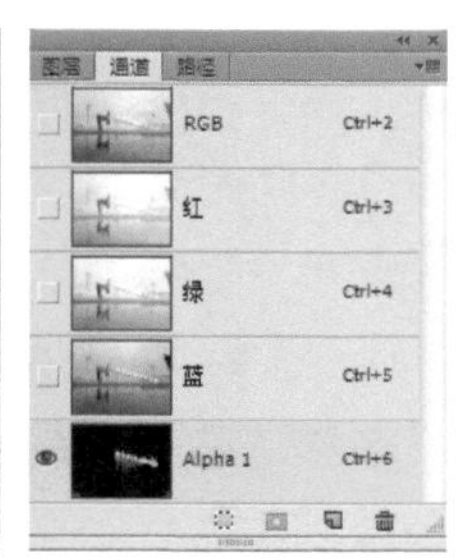

图2-57　极坐标后

14 选择“复合”通道，执行菜单中“选择/载入选区”命令，打开“载入选区”对话框，其中的参数值设置如图2-58所示。

15 设置完毕后单击“确定”按钮，转换到“图层”面板，新建“图层1”图层，如图2-59所示。

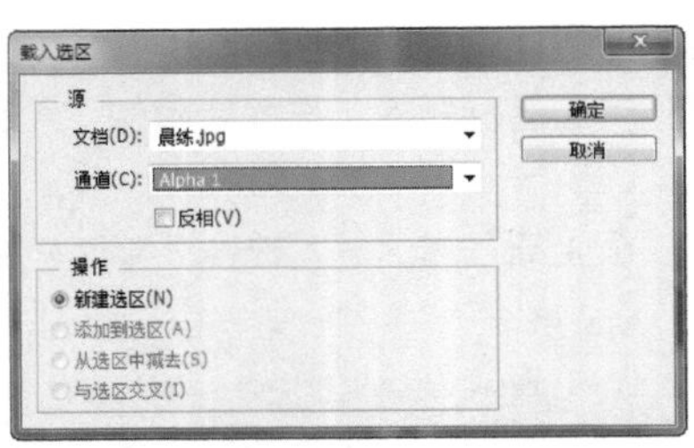

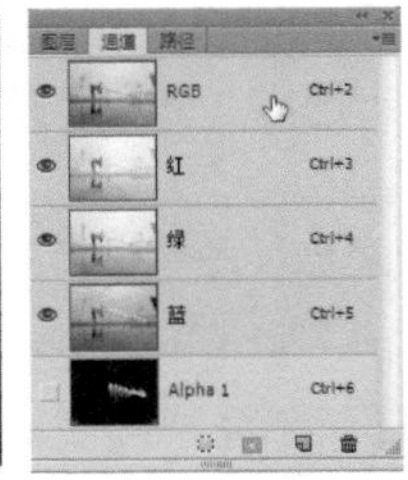

图2-58 载入选区

图2-59 新建图层

16 将“前景色”设置为灰色，如图2-60所示。

17 按Alt+Delete键填充前景色，如图2-61所示。

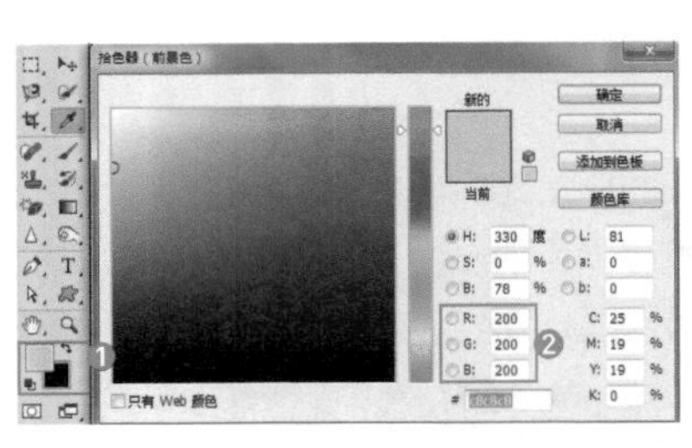

图2-60 设置前景色

图2-61 填充前景色

18 按Ctrl+D键去掉选区，设置“混合模式”为正片叠底，效果如图2-62所示。

19 选择⬚（矩形选框工具）在上下各绘制一个矩形选区并将其填充为黑色，至此本例制作完毕，最终效果如图2-63所示。

图2-62 设置混合模式

图2-63 最终效果

实例 019 使用修改命令羽化图像边界

实例目的

本例通过制作边框，了解“修改”命令的应用，如图2-64所示。

图2-64 流程效果图

实例要点

- “打开”命令的使用
- “水彩画纸”对话框
- “修改”命令的应用

操作步骤

01 执行菜单中“文件/打开”命令，打开随书下载资源中的“素材文件/第02章/香肠”素材，如图2-65所示。

02 执行菜单中“滤镜/滤镜库”命令，在对话框中选择“素描/水彩画纸”命令，打开“水彩画纸”对话框，其中的参数值设置如图2-66所示。

03 设置完成后，单击“确定”按钮，效果如图2-67所示。

图2-65 素材

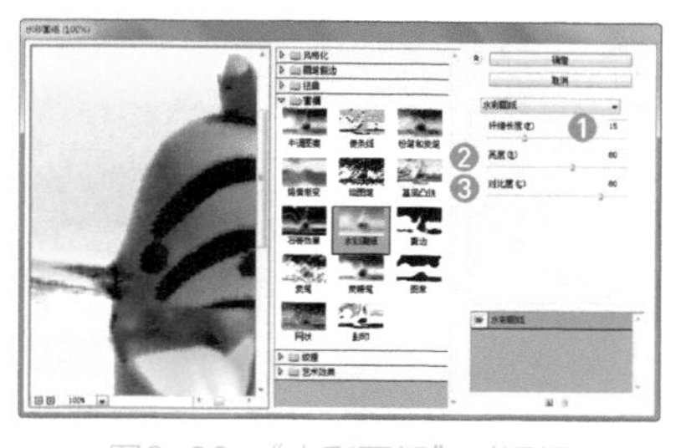

图2-66 “水彩画纸”对话框

图2-67 应用水彩画纸后效果

04 新建一个图层并将其重命名为“边框”，选择(矩形选框工具)，在画布上绘制一个矩形选区，如图2-68所示。

05 执行菜单中“选择/修改/边界”命令，打开“边界选区”对话框，设置“宽度”值为30像素，单击“确定”按钮后，效果如图2-69所示。

06 执行菜单中“选择/修改/羽化”命令，打开“羽化选区”对话框，设置“宽度”值为5像素，单击“确定”按钮后，效果如图2-70所示。

图2-68 绘制选区

图2-69 设置边界

图2-70 设置羽化

07 在工具箱中设置“前景色”颜色值为RGB（0，0，0），按Alt+Delete键，填充前景色，效果如图2-71所示。

08 按Ctrl+D键，取消选区，执行菜单中“图层/图层样式/斜面和浮雕”命令，打开“斜面和浮雕”对话框，其中的参数值设置如图2-72所示。

09 设置完成后，单击“确定”按钮，本例的最终效果如图2-73所示。

图2-71 填充选区

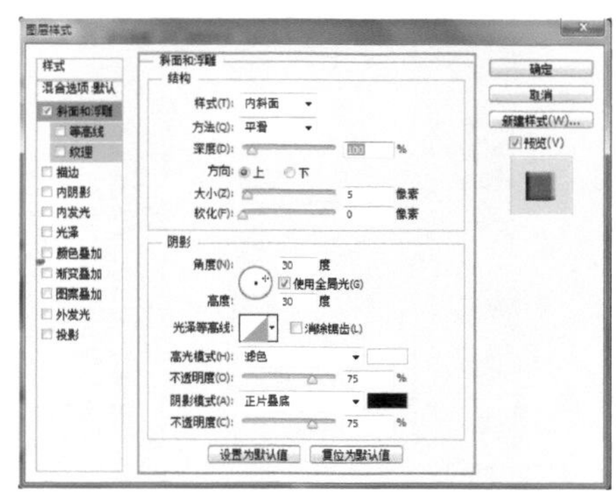

图2-72 “斜面和浮雕”对话框

图2-73 最终效果

实例 020 选区的变换控制

实例目的

通过制作如图2-74所示的流程效果图，了解“变换选区”命令的应用。

图2-74 流程效果图

实例要点

- “移动工具”的应用
- “载入选区”和“变换选区”命令的应用
- “高斯模糊”命令的应用
- 不透明度

操作步骤

01 执行菜单中“文件/打开”命令或按Ctrl+O键，打开随书下载资源中的“素材文件/第02章/小猫”和“素材文件/第05章/桌面壁纸2”素材，如图2-75所示。

02 选择（移动工具）将“小猫”素材中的图像拖曳到“桌面壁纸2”文档中，按Ctrl+T键调出变换框，改变图像的大小并将其移动到相应的位置，再将新建的图层重命名为“小猫”，如图2-76所示。

03 按Enter键完成变换，执行菜单中“选择/载入选区”命令，打开“载入选区”对话框，其中的参数值设置如图2-77所示。

图2-75 素材

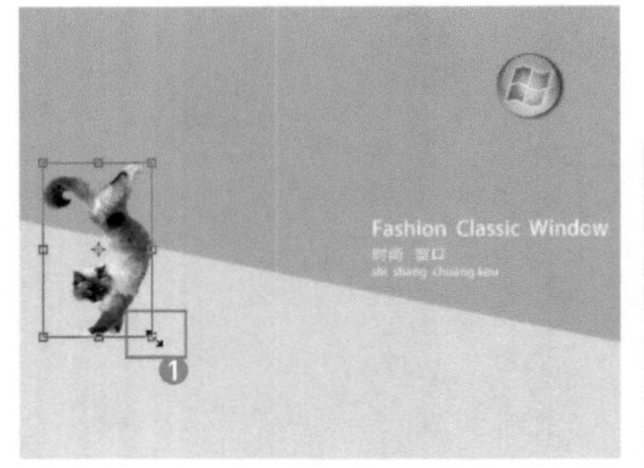

图2-76 移动

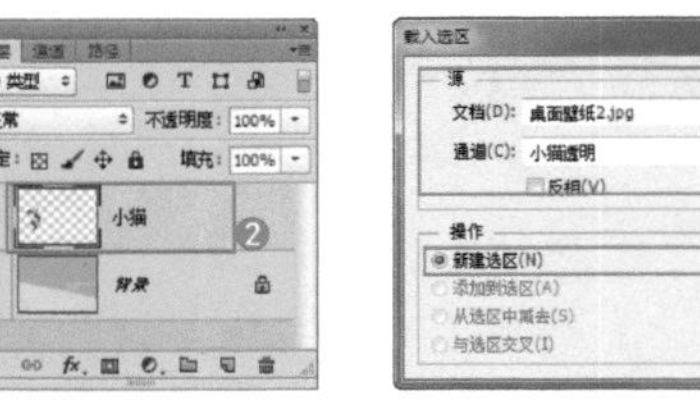

图2-77 “载入选区”对话框

04 设置完成后，单击“确定”按钮，“小猫”图层的选区被调出，在“图层”面板上单击“创建新图层”按钮，新建一个图层并将其重命名为“影”，如图2-78所示。

05 执行菜单中“选择/变换选区”命令，调出“变换选区”变化框，按住Ctrl键并拖曳控制点改变选区的形状，如图2-79所示。

图2-78 调出选区

图2-79 变换选区

06 按Enter键后按Alt+Delete键为选区填充默认的黑色，在“图层”面板中将“影”图层拖曳到“小猫”图层的下方，如图2-80所示。

> **技巧**
>
> 使用“变换选区”变换框时，按住 Alt 键，同时按住鼠标左键拖曳选取的变化点，就可以随意变换选区。

图2-80　更改图层顺序

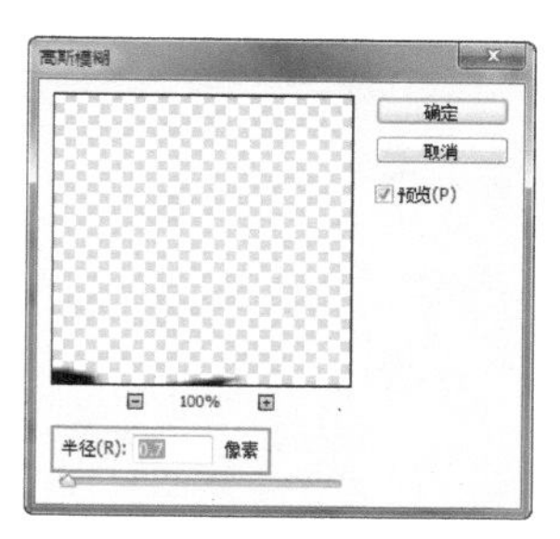

图2-81　“高斯模糊”对话框

07 按Ctrl+D键取消选区，执行菜单中“滤镜/模糊/高斯模糊”命令，打开“高斯模糊”对话框，设置“半径”值为0.7像素，如图2-81所示。

08 设置完毕后，单击“确定”按钮，并在“图层”面板上设置“不透明度”值为17%，效果如图2-82所示。

09 至此本例制作完成，效果如图2-83所示。

图2-82　模糊后并设置不透明度

图2-83　最终效果

实例 021　选取对象的变换

实例目的

通过制作如图2-84所示的流程效果图，了解“变换”命令的应用。

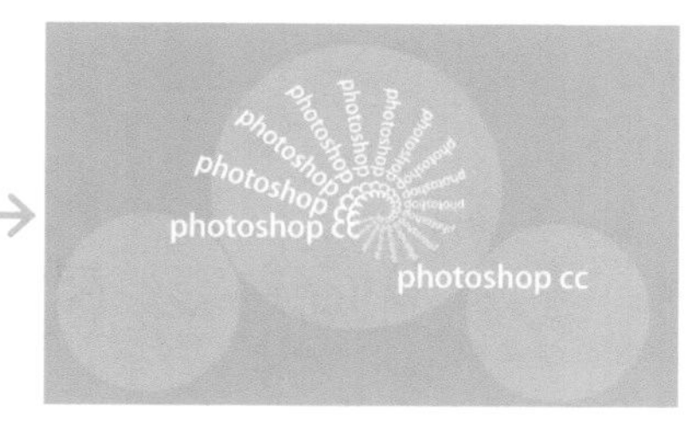

图2-84　流程效果图

实例要点

- “横排文字工具”的应用
- “变换”命令的应用

操作步骤

01 执行菜单中“文件/打开”命令或按Ctrl+O键，打开随书下载资源中的“素材文件/第02章/背景圈”素材，如图2-85所示。

02 选择T（横排文字工具），设置合适的文字字体及文字大小后，在画布中单击并输入文本“photoshop cc”，如图2-86所示。

03 按Ctrl+J键复制一个文字图层，再按Ctrl+T键调出变换框，将旋转中心点拖动到变换框的外面，设置“旋转角度”为20°、“缩放”为90%，如图2-87所示。

图2-85 素材

图2-86 键入文本

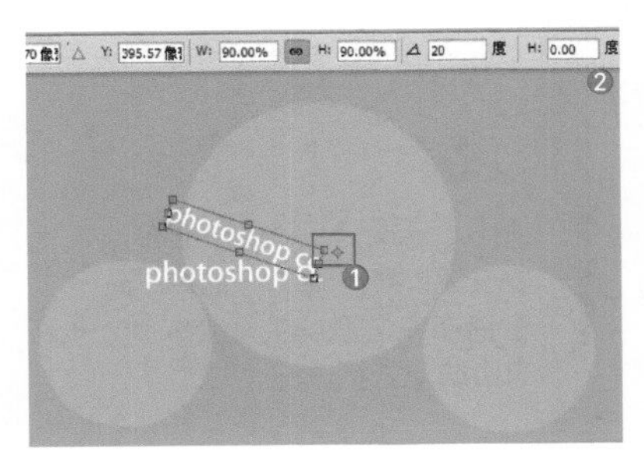
图2-87 变换

04 按Ctrl+Alt+Shift+T键，对图层中的对象进行复制变换，效果如图2-88所示。

图2-88 变换

05 复制文字图层，将文字向右下角移动，完成最终效果的制作，如图2-89所示。

技巧

在对已经应用了“旋转”变换框旋转变换过的对象，只要复制它，按Ctrl+Shift+T键，就可以重复前一步的变化效果，按Ctrl+Alt+Shift+T键可以复制图像并重复前一步的变化效果。

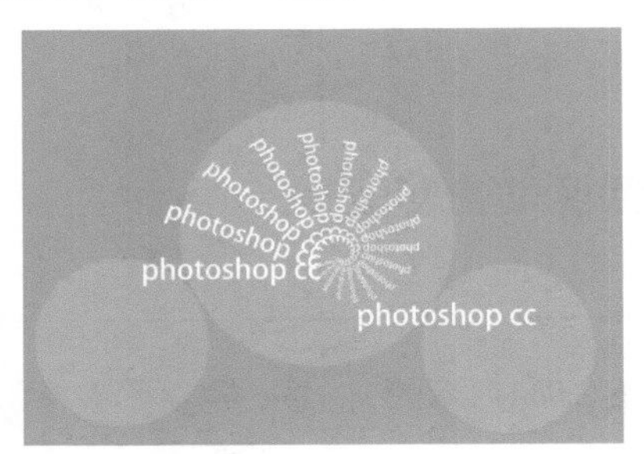
图2-89 变换

实例 022 利用色彩范围创建选区

实例目的

通过制作如图2-90所示的效果图，了解“色彩范围”命令的应用。

图2-90 效果图

实例要点

- 打开文档
- “色彩范围”命令在实例中的应用
- “图层”面板中“创建新的填充或调整图层”按钮

操作步骤

01 执行菜单中“文件/打开”命令或按Ctrl+O键，打开随书下载资源中的“素材文件/第02章/飞包”素材，如图2-91所示。

02 执行菜单中“选择/色彩范围”命令，打开“色彩范围”对话框，在“选择”下拉菜单中选择“取样颜色”选项，设置“颜色容差”值为57，选中“选择范围”单选按钮，然后单击“颜色选择器”按钮 在预览区上选取作为选区的颜色，如图2-92所示。

技巧

在“色彩范围”对话框中，如果选中“图像”单选按钮，在对话框中就可以看到图像。

图2-91　素材

图2-92　“色彩范围”对话框

03 单击“添加到取样”按钮 ，然后在对话框中单击人物以外的灰色区域，如图2-93所示。

04 设置完成后，单击“确定”按钮，调出选取的选区，如图2-94所示。

05 在“图层”面板上单击“创建新的填充或调整图层”按钮 ，在打开的下拉菜单中选择“图案”选项，如图2-95所示。

图2-93 单击灰色区域

图2-94　调出选区

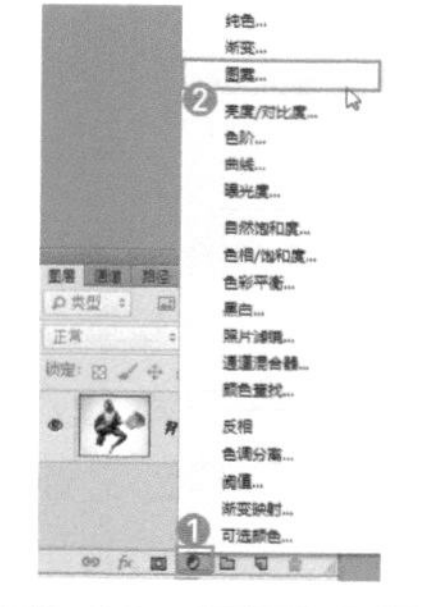

图2-95　“图层”面板

06 选择“图案”选项后，会打开“图案填充”对话框，选择合适的图案，设置“缩放”值为100%，如图2-96所示。

07 设置完成后，单击“确定”按钮，设置“混合模式”为颜色加深，“不透明度”为50%，效果如图2-97所示。

08 此时最终效果制作完成，效果如图2-98所示。

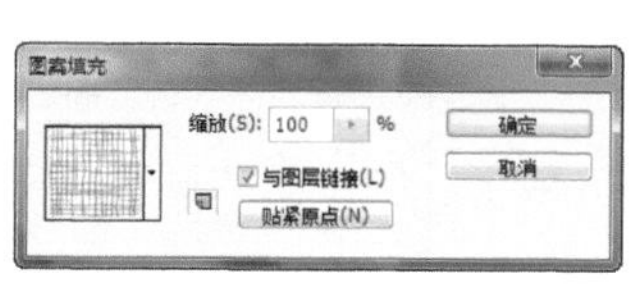

图2-96　图案填充

图2-97　填充后效果

图2-98　最终效果

技巧

在“填充”对话框中进行填充时，可以勾选“脚本图案”复选框对选区进行填充，效果如图 2-99 所示。

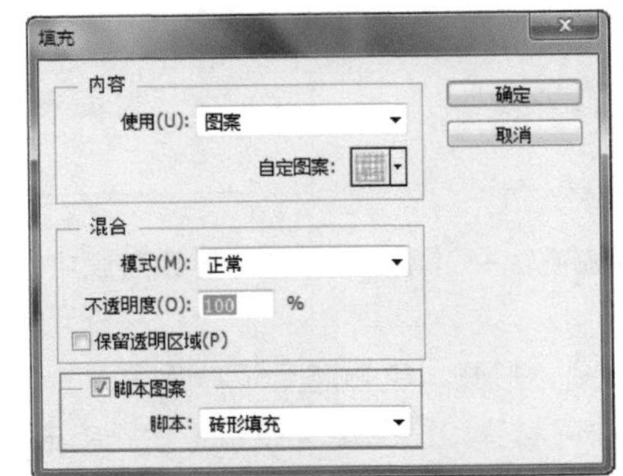

图2-99 填充图案

本章的练习与习题

练习

不同模式创建选区的方法。

用于设置选区间的创建模式主要包含：新选区、添加到选区、从选区中减去和与选区交叉。

· 新选区

当文档中存在选区时，再创建选区会将之前的选区替换，如图2-100所示。

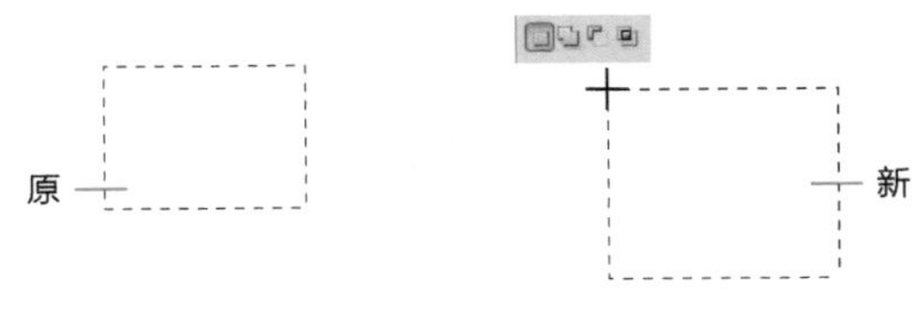

图2-100 新选区

· 添加到选区

在已存在选区的图像中拖曳光标绘制新选区，如果与原选区相交，则组合成新的选区；如果选区不相交，则新创建另一个选区。创建方法如下。

1. 新建一个空白文档，选择（矩形选框工具）在图像中创建一个选区。

2. 选择（矩形选框工具），在属性栏中单击“添加到选区”❶按钮后，在页面中已经存在的选区上创建另一个交叉选区❷，创建后效果如图2-101所示。

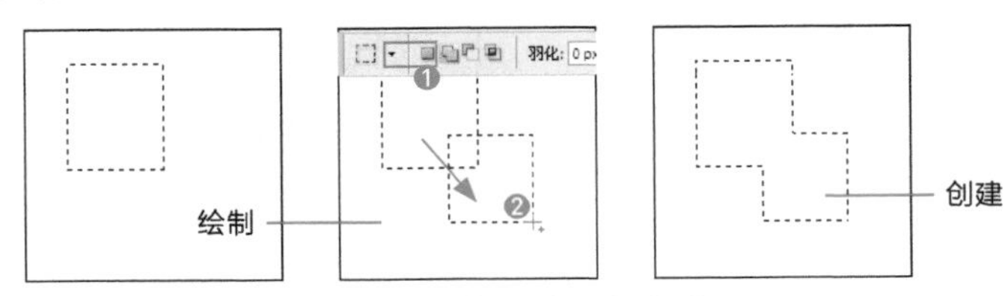

图2-101 创建添加到选区(相交时)

3. 按Ctrl+Z键返回到上一步，再选择（矩形选框工具），在属性栏中单击“添加到选区”❶按钮后，在页面中重新拖曳光标创建另一个不相交的选区❷，创建后的效果如图2-102所示。

技巧

当在已经存在选区的图像中创建第二个选区时，按住 Shift 键进行绘制时，会自动完成添加到选区功能，相当于单击属性栏中“添加到选区”按钮。

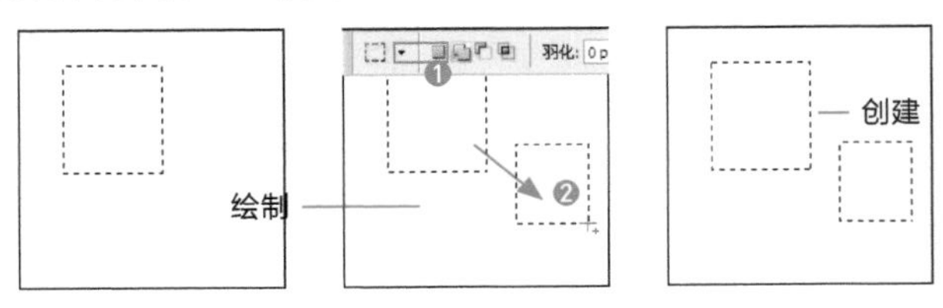

图2-102 创建添加到选区(不相交时)

· 从选区中减去

在已存在选区的图像中拖曳光标绘制新选区，如果选区相交，则合成的选择区域会删除相交的区域；如果选区不相交，则不能绘制出新选区。创建方法如下。

1. 新建一个空白文档。选择（矩形选框工具）在图像中创建一个选区。

2. 选择（矩形选框工具），在属性栏中单击“从选区中减去”❶按钮后，在页面中已经存在的选区上创建另一个交叉选区❷，创建后的效果，如图2-103所示。

技巧

当在已经存在选区的图像中创建第二个选区时，按住Alt键进行绘制时，会自动完成从选区中减去功能，相当于单击属性栏中“从选区中减去”按钮。

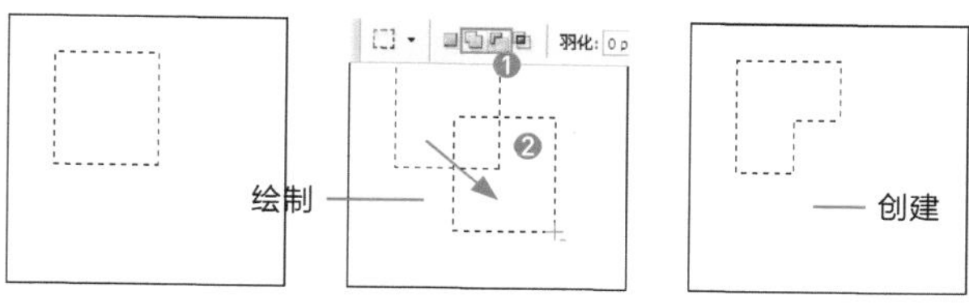

图2-103 创建从选区中减去

· 与选区交叉

在已存在选区的图像中拖曳光标绘制新选区，如果选区相交，则合成的选区会只留下相交的部分；如果选区不相交，则不能绘制出新选区。创建方法如下。

1. 新建一个空白文档。选择（矩形选框工具）在图像中创建一个选区。

2. 选择（矩形选框工具），在属性栏中单击“与选区交叉”❶按钮 后，在页面中已经存在的选区上创建另一个交叉选区❷，创建后的效果如图2-104所示。

技巧

当在已经存在选区的图像中创建第二个选区时，按住Alt+Shift键进行绘制时，会自动完成与区相交功能，相当于单击属性栏中“与选区相交”按钮。

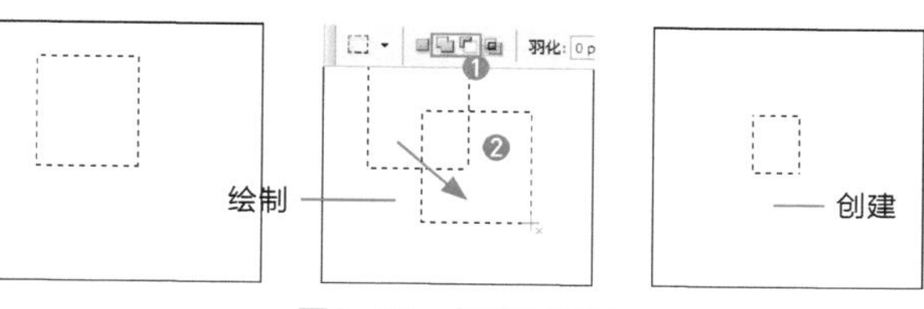

图2-104 与选区交叉

习题

1. 将选区进行反向的快捷键是？（　　）

A. Ctrl+A　　B. Ctrl+Shift+I　　C. Alt+Ctrl+R　　D. Ctrl+ I

2. 打开“调整边缘”对话框的快捷键是？（　　）

A. Ctrl+U　　B. Ctrl+Shift+I　　C. Alt+Ctrl+R　　D. Ctrl+E

3. 剪切的快捷键是？（　　）

A. Ctrl+A　　B. Ctrl+C　　C. Ctrl+V　　D. Ctrl+X

4. 使用以下哪个命令可以选择现有选区或整个图像内指定的颜色或颜色子集。（　　）

A. 色彩平衡　　B. 色彩范围　　C. 可选颜色　　D. 调整边缘

5. 使用以下哪个工具可以选择图像中颜色相似的区域。（　　）

A. 移动工具　　B. 魔棒工具　　C. 快速选择工具　　D. 套索工具

第03章

绘图工具的使用

本章内容

- 画笔工具
- 画笔面板
- 载入画笔
- 颜色替换工具
- 混合器画笔工具
- 仿制图章工具
- 图案图章工具
- 历史记录画笔工具
- 历史记录艺术画笔工具

本章主要讲解绘图工具的使用，包括绘画工具（画笔工具和铅笔工具）、画笔面板、图章工具（仿制图章工具和图案图章工具）、历史记录面板、历史记录工具（历史记录画笔工具和历史记录艺术画笔工具）等，将通过实例进行全面细致的讲解。

实例 023 画笔工具

实例目的

通过制作如图3-1所示的流程效果图，了解“画笔工具”的应用。

图3-1 流程效果图

实例要点

- “打开”命令的使用
- “画笔工具”的使用
- 创建新图层
- “混合模式”中“正片叠底”的应用

操作步骤

01 执行菜单中“文件/打开”命令或按Ctrl+O键，打开随书下载资源中的“素材文件/第03章/林间背影”素材，如图3-2所示。

02 在工具箱中选择(画笔工具)，在属性栏中单击“画笔选项”按钮，在打开的选项面板中选择笔尖为“散布枫叶”，如图3-3所示。

03 在工具箱中设置“前景色”为橙色，在“图层”面板中单击“创建新图层”按钮，新建一个图层并将其命名为“枫叶”，如图3-4所示。

图3-2 素材

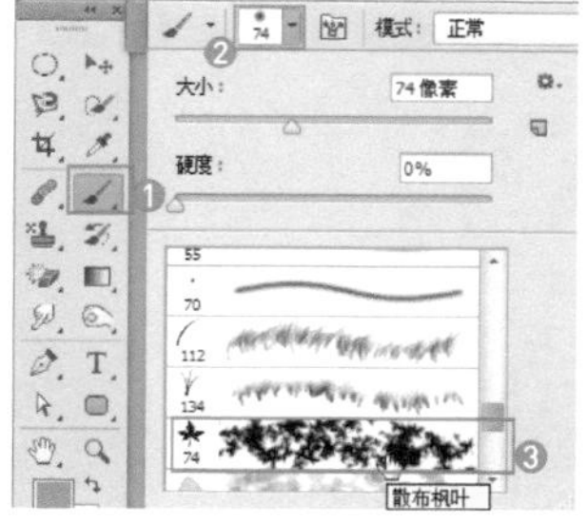

图3-3 画笔选项

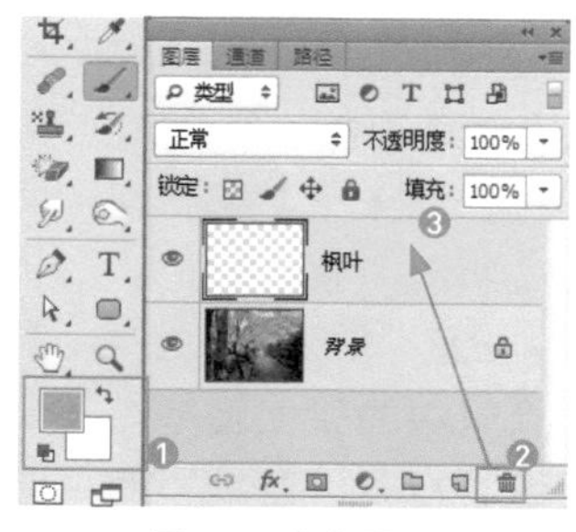

图3-4 命名图层

04 在工具箱中选择(画笔工具)，设置不同的“笔尖大小”，并在页面中涂抹，效果如图3-5所示。

05 在“图层”面板中设置“枫叶”图层的“混合模式”为正片叠底，如图3-6所示。

06 至此本例制作完毕，效果如图3-7所示。

图3-5 绘画

图3-6 混合模式

图3-7 最终效果

技巧

在英文输入法状态下按 B 键，可以选择“画笔工具”“铅笔工具”“颜色替换工具”和“混合器画笔工具”，按 Shift+B 键可以在四者之间进行切换。

技巧

在英文输入法状态下按数字键可以快速改变画笔的不透明度。1 代表不透明度为 10%，0 代表不透明度为 100%；按 F5 键，可以打开“画笔”面板。

实例 024 画笔面板

实例目的

通过制作如图3-8所示的邮票流程效果图，了解“画笔”面板的应用。

图3-8 流程效果图

实例要点

- “打开”命令的使用
- “画笔工具”的使用
- “画笔”面板的应用
- “裁剪工具”的使用

操作步骤

01 打开随书下载资源中的“素材文件/第03章/城堡”素材，将其作为背景，如图3-9所示。

02 在工具箱中设置“前景色”为白色，选择工具箱中的（画笔工具），按F5键，打开“画笔”面板，在“画笔预设”中选择“画笔笔尖形状”选项，然后设置如图3-10所示的参数值。

图3-9 素材

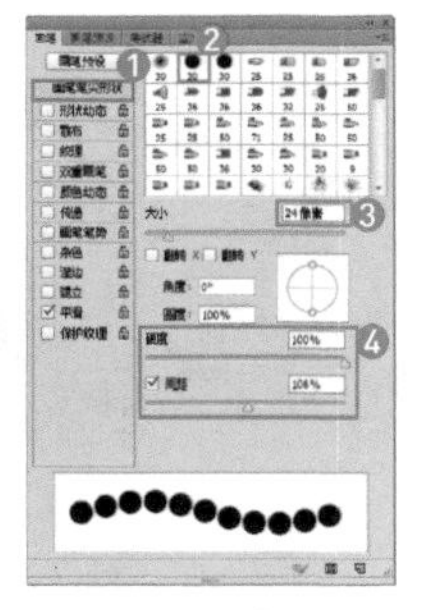

图3-10 画笔面板

03 按住Shift键在素材图像左上角向右拖动光标，绘制如图3-11所示的图像。

04 将光标放在右上角最后一个画笔上，再次按住Shift键并向下拖动，画出右边一排圆点来，如图3-12所示。

图3-11 绘制上边的圆点

图3-12 绘制右边的圆点

技巧

在 Photoshop 中画点或线时，按 Shift 键可以保持水平、垂直或斜 45° 角；而在使用选框工具时，按住 Shift 键可以画出正方形和正圆形。

05 使用相同的制作方法，可以制作出另外两边的圆点，如图3-13所示。

06 使用工具箱中的（裁剪工具），按住鼠标左键，在图像上拖出一个裁切框，将其调整到合适的大小，如图3-14所示。

07 双击裁切框，或按Enter键，对图像进行裁切操作，效果如图3-15所示。

08 选择工具箱中的（横排文字工具），在图像上输入相应的文字，完成邮票效果的制作。执行菜单中"文件/存储为"命令，将处理后的图像保存，至此本例制作完成，效果如图3-16所示。

图3-13 绘制底边和左边的圆点

图3-14 调整裁切区域

图3-15 图像效果

图3-16 最终效果

实例 025 载入画笔

实例目的

通过制作如图3-17所示的流程效果图，了解"载入画笔"命令在实例中的应用。

图3-17 流程效果图

实例要点

- "打开"命令的使用
- "载入画笔"命令的使用
- "画笔工具"的使用
- 混合模式

操作步骤

01 打开随书下载资源中的"素材文件/第03章/剪影"素材，将其作为背景，如图3-18所示。

02 新建"图层1"图层，选择（画笔工具），在"画笔拾色器"中单击"弹出"按钮，执行"载入画笔"命令，如图3-19所示。

图3-18 素材

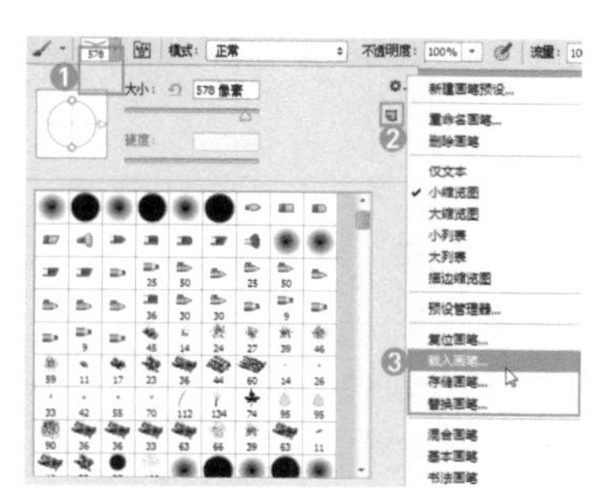
图3-19 载入画笔

03 执行“载入画笔”命令后选择“云朵”画笔，单击“载入”按钮，如图3-20所示。

04 载入画笔后，在“画笔拾色器”中选择画笔笔触，如图3-21所示。

05 选择(画笔工具)在新建的“图层1”图层中绘制白色画笔，如图3-22所示。

图3-20 载入画笔

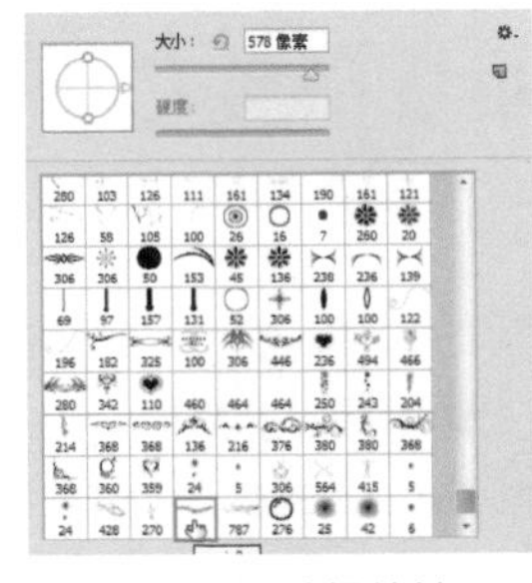

图3-21 选择笔触

图3-22 绘制画笔

06 新建“图层2”图层，选择(画笔工具)绘制一个橘色笔触，如图3-23所示。

07 设置“混合模式”为亮光，如图3-24所示。

08 执行菜单中“文件/存储为”命令，将处理后的图像保存，至此本例制作完成，效果如图3-25所示。

图3-23 绘制画笔

图3-24 混合模式

图3-25 最终效果

实例 026 颜色替换工具

实例目的

通过制作如图3-26所示的改变汽车颜色的流程效果图来了解“颜色替换工具”的应用。

图3-26 流程效果图

实例要点

- “打开”命令的使用
- “颜色替换工具”的使用

操作步骤

01 执行菜单中的“文件/打开”命令或按Ctrl+O键，打开随书下载资源中的“素材文件/第03章/汽车.jpg”素材，如图3-27所示。

02 在工具箱中选择(颜色替换工具)，设置“前景色”为(R:143，G:220，B:101)的绿色，在选项栏中单击“取样：一次”按钮、设置“模式”为颜色，“容差”为40%，如图3-28所示。

03 设置相应的画笔直径在汽车的黄色车身上单击鼠标左键，如图3-29所示。

图3-27　素材

图3-28 设置颜色替换工具

图3-29　选择替换点

04 在整个车身上进行涂抹，如图3-30所示。

05 此时会发现还有没被替换的位置，松开鼠标左键后，到没有被替换的黄色部位，单击鼠标左键并继续拖动，直到完全替换为止，至此本例制作完毕，效果如图3-31所示。

图3-30　替换过程

图3-31　最终效果

技巧

在选择（颜色替换工具）替换图像中的颜色时，在替换过程中如果有没被替换的部位，只要将选项栏中的“容差”设置得大一些，就可以完成一次性替换。

技巧

在选择（颜色替换工具）替换颜色时，纯白色的图像不能进行颜色替换。

实例 027 混合器画笔工具

实例目的

通过制作如图3-32所示的流程效果图，了解“混合器画笔工具”在本例中的应用。

图3-32 流程效果图

实例要点

- 设置“混合器画笔工具”属性
- 使用“混合器画笔工具”涂抹图像

操作步骤

01 打开随书下载资源中的“素材文件/第03章/船”素材，将其作为背景，如图3-33所示。

02 选择（混合器画笔工具），在属性栏中单击“每次描边后载入画笔”按钮和“每次描边后清除画笔”按钮，然后在它们右侧的下拉列表中选择“湿润，深混合”选项，其他参数采用默认值，如图3-34所示。

图3-33 素材

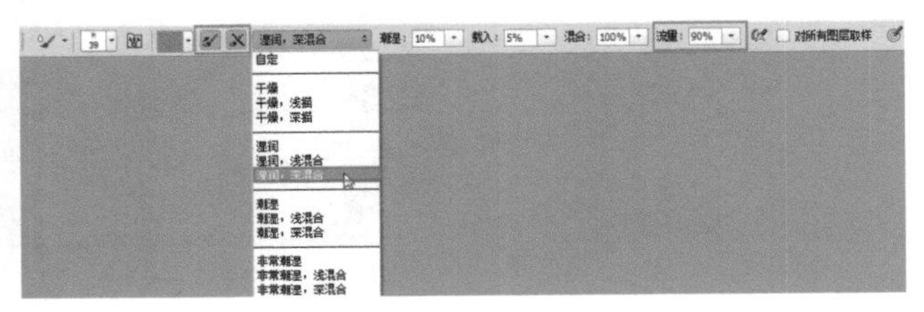

图3-34 设置属性

03 选择（混合器画笔工具）后，在“画笔选项”面板中选择“干画笔”笔尖，如图3-35所示。

04 新建“图层1”图层，在属性栏中勾选“对所有图层取样”复选框，如图3-36所示。

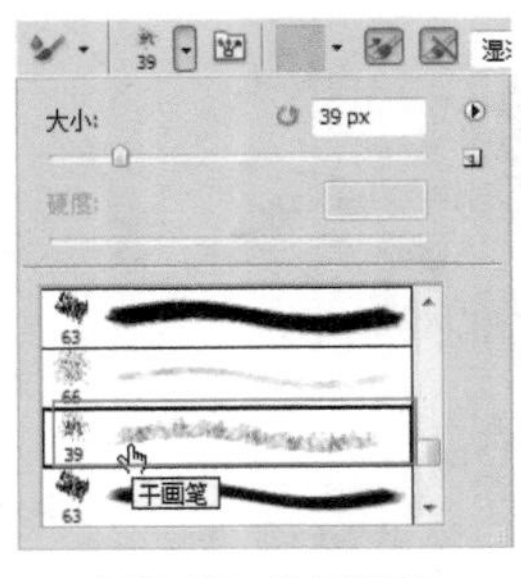

图3-35 选择画笔

图3-36 新建图层

05 选择（混合器画笔工具），在图像中进行涂抹，效果如图3-37所示。注意，涂抹时要尽量调整画笔大小。

06 选择（混合器画笔工具），在整张画面中进行涂抹，至此本例制作完成，效果如图3-38所示。

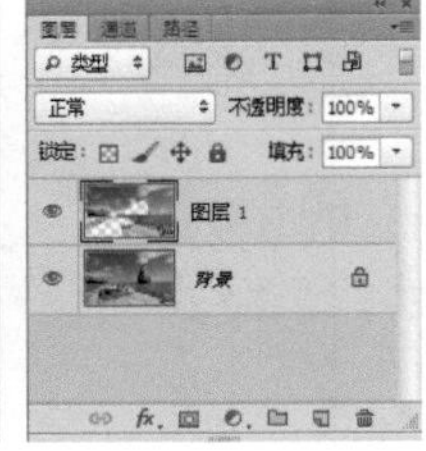

图3-37 涂抹

图3-38 最终效果

实例 028 仿制图章工具1

实例目的

通过制作如图3-39所示的流程效果图来了解“仿制图章工具”的应用。

→

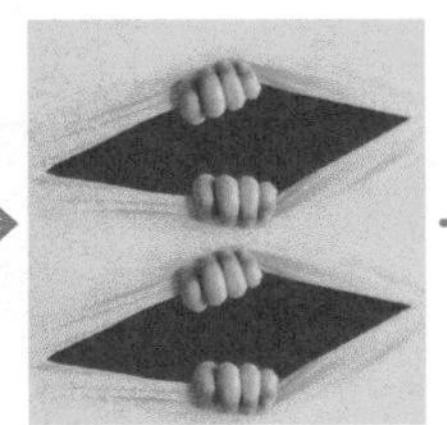

→

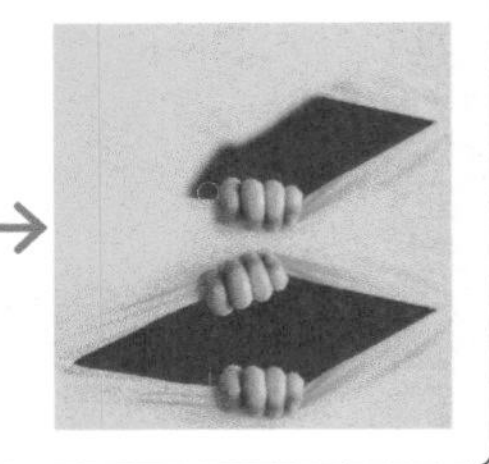

图3-39 流程效果图

实例要点

- 打开素材
- 设置“仿制图章工具”的属性
- 使用“仿制图章工具”修改图像

操作步骤

01 执行菜单中“文件/打开”命令或按Ctrl+O键，打开随书下载资源中的“素材文件/第03章/手掌”素材，如图3-40所示。

02 选择工具箱中的（仿制图章工具），设置画笔“大小”为21像素，“硬度”为0%，“不透明度”为100%，“流量”为100%，勾选“对齐”复选框，如图3-41所示。

图3-40 素材

图3-41 设置属性

> **技巧**
>
> 在属性栏中勾选“对齐”复选框，只能修复一个固定的图像位置，反之，可以连续修复多个相同区域的图像。

> **技巧**
>
> 在属性栏中的“样本”下拉菜单中选择“当前图层”选项，则只对当前图层取样；选择“所有图层”选项，可以在所有可见图层上取样；选择“当前和下方图层”选项，可以在当前和下方所有图层中取样；默认为“当前图层”选项。

03 按住Alt键，在图像相应的位置单击鼠标左键选取图章点，如图3-42所示。

04 松开Alt键，在图像上有文字的地方涂抹覆盖文字，如图3-43所示。

05 在整个文字上涂抹，将文字覆盖，效果如图3-44所示。

06 按住Alt键在图像的边角上单击鼠标左键选取图章点，如图3-45所示。

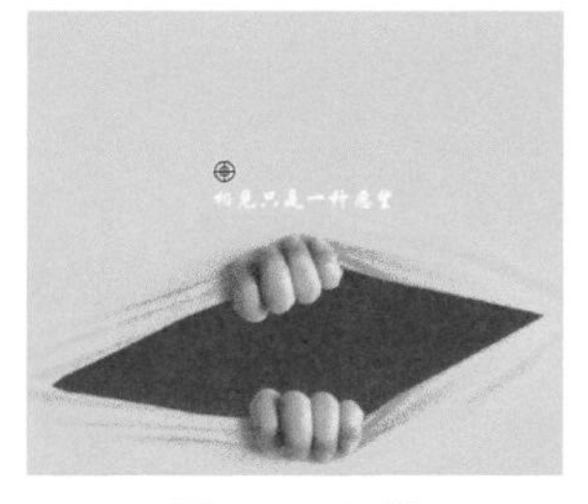

图3-42 取样

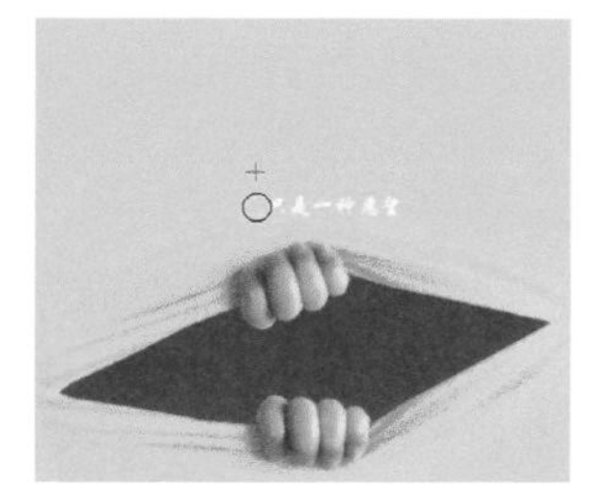

图3-43 仿制

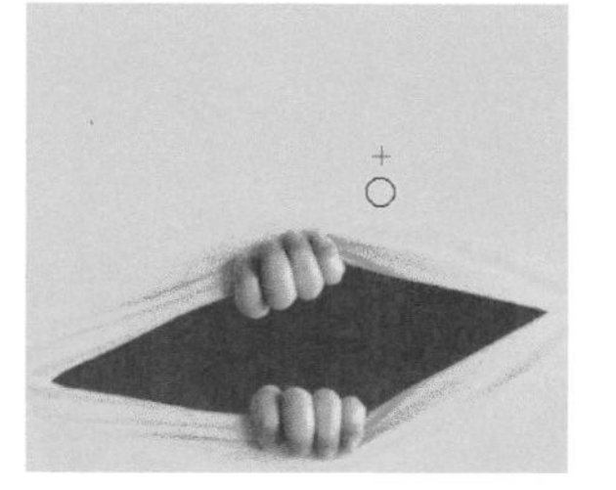

图3-44 仿制

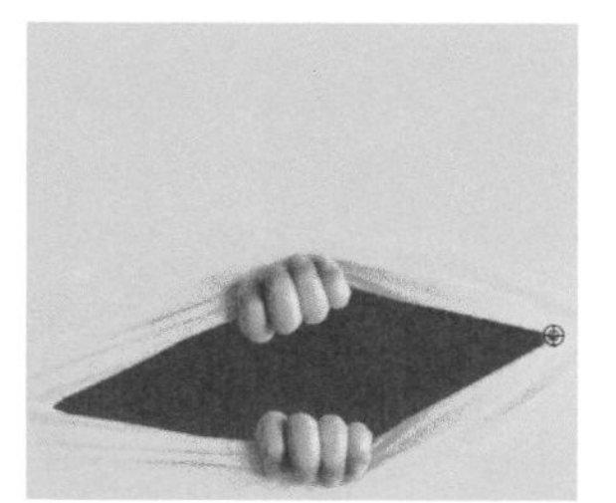

图3-45 取样

07 在图像空白处涂抹，将手撕开的缝隙覆盖在空白处，效果如图3-46所示。

08 上下对照将整个手区域覆盖到空白处，至此本例制作完成，效果如图3-47所示。

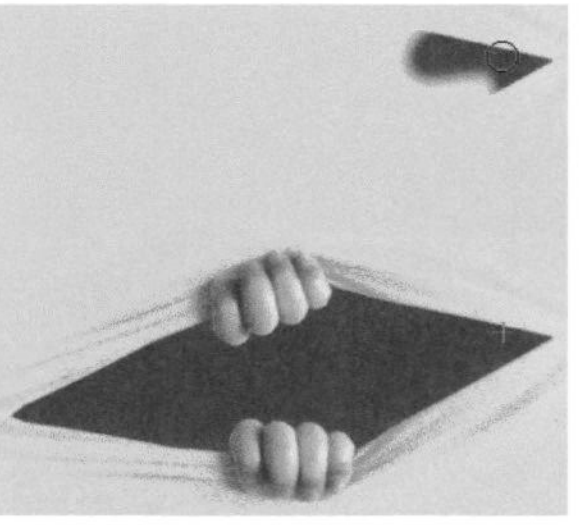

图3-46 仿制

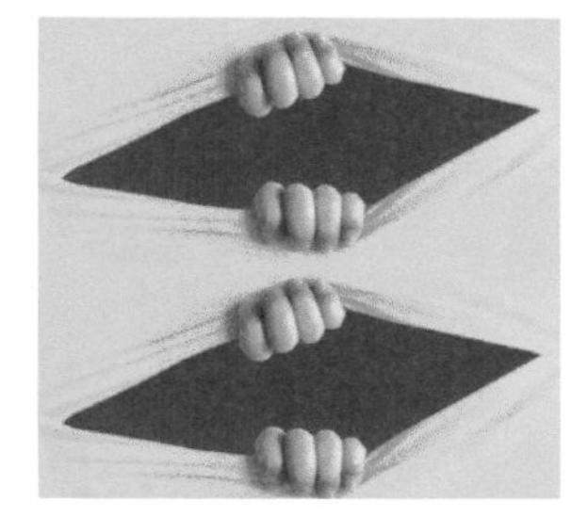

图3-47 最终效果

实例 029 仿制图章工具2

实例目的

通过制作如图3-48所示的流程效果图来了解“仿制源”面板对“仿制图章工具”的应用。

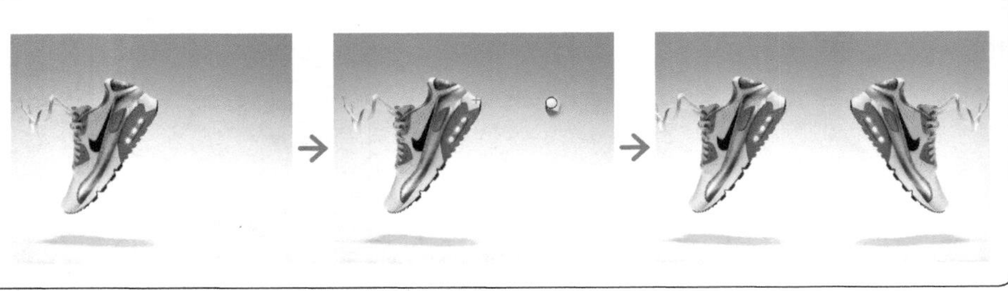

图3-48 流程效果图

实例要点

- 打开素材
- “仿制图章工具”的使用
- 设置“仿制源”面板

操作步骤

01 执行菜单中“文件/打开”命令或按Ctrl+O键，打开随书下载资源中的“素材文件/第03章/鞋子”素材，如图3-49所示。

02 选择工具箱中的（仿制图章工具），设置相应的画笔大小和硬度后，执行菜单中“窗口/仿制源”命令，打开“仿制源”面板，单击“水平翻转”按钮，按住Alt键在鞋跟处进行取样，如图3-50所示。

03 松开Alt键，在鞋子右侧相应距离处按住鼠标左键进行仿制，如图3-51所示。

图3-49 素材

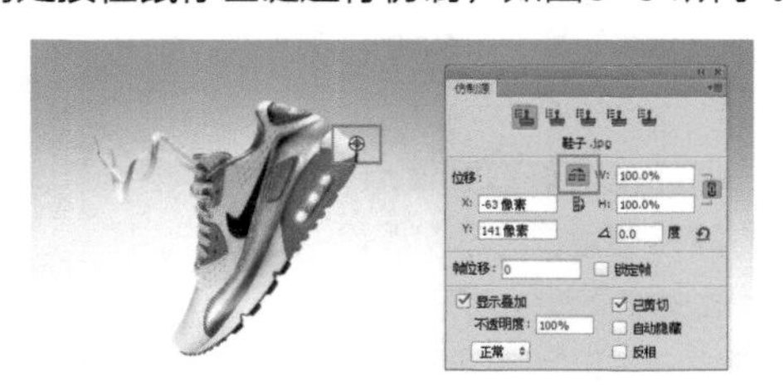

图3-50 设置属性

图3-51 仿制

04 根据取样十字线，在右侧按住鼠标左键进行仿制，效果如图3-52所示。

05 将整个鞋子仿制出来，至此本例制作完成，选择（裁剪工具）进行裁剪，效果如图3-53所示。

图3-52 仿制

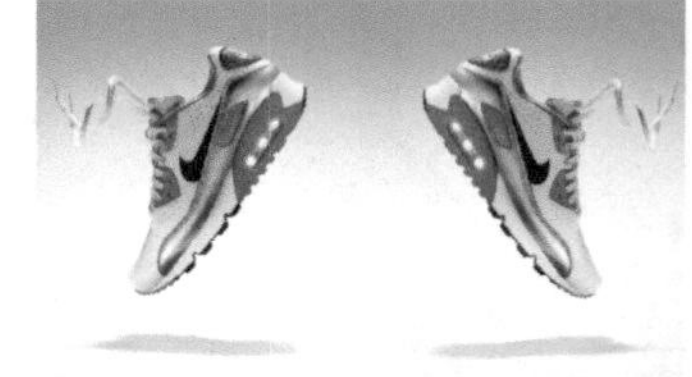

图3-53 最终效果

实例 030 图案图章工具

实例目的

通过制作如图3-54所示的背景图案流程效果图来了解“图案图章工具”的应用。

图3-54 流程效果图

实例要点

- “打开”与“新建”命令的使用
- “图案图章工具”的应用
- “定义图案”命令的使用

操作步骤

01 执行菜单中“文件/打开”命令或按Ctrl+O键，打开随书下载资源中的“素材文件/第03章/台球达人”素材，如图3-55所示。

02 执行菜单中“文件/新建”命令或按键盘上的Ctrl+N键，打开“新建”对话框，设置文件的“名称”为“图案”，“宽度”为920像素，“高度”为900像素，“分辨率”为300像素/英寸，在“颜色模式”中选择“RGB颜色”选项，选择“背景内容”为白色，如图3-56所示。

03 设置完毕后单击“确定”按钮，此时，系统会新建一个白色背景的空白文件，转换到打开的素材文件中，选择工具箱中的□（矩形选框工具），在页面中绘制矩形选区，如图3-57所示。

图3-55 素材

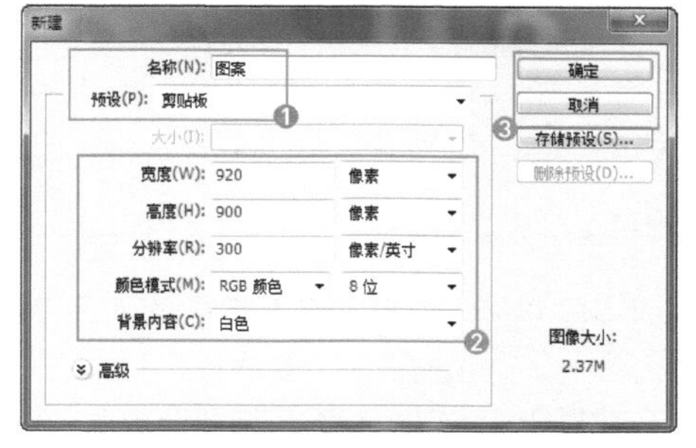

图3-56 “新建”对话框

图3-57 绘制选区

04 执行“编辑/定义图案”菜单命令，打开“图案名称”对话框，设置“名称”为“图案1”，如图3-58所示。

05 设置完毕后单击“确定”按钮，转换到新建的“图案”文件中，单击工具箱中的“图案图章工具”按钮，在属性栏中设置如图3-59所示的参数。

图3-58 “图案名称”对话框

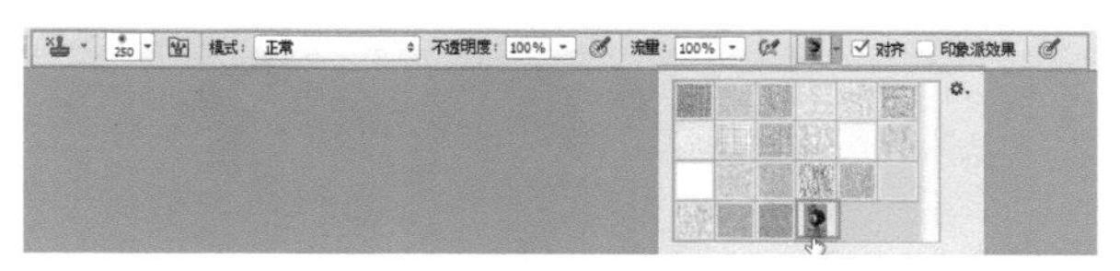

图3-59 设置图案

技巧

在属性栏中勾选“印象派效果”复选框后，可以使复制的图像效果类似于印象派艺术画效果。

06 在“图案”文件的空白处按住鼠标左键并拖曳，将图案覆盖到白色背景上，如图3-60所示。

07 在整个背景中涂抹，完成图像最终效果的制作，如图3-61所示。

图3-60 复制图案

图3-61 最终效果

实例 031 历史记录画笔工具

实例目的

通过制作如图3-62所示的图像流程效果图来了解“历史记录画笔工具”的应用。

图3-62 流程效果图

实例要点

- “图像/调整/去色”命令的使用
- 设置“历史记录画笔工具”的属性
- 使用“历史记录画笔工具”恢复颜色

操作步骤

01 执行菜单中“文件/打开”命令或按Ctrl+O键，打开随书下载资源中的“素材文件/第03章/模特”素材，如图3-63所示。

02 执行菜单中“图像/调整/去色”命令或按Shift+Ctrl+U键，将图像去色，效果如图3-64所示。

图3-63 素材

图3-64 去色

03 选择工具箱中的（历史记录画笔工具），在属性栏上设置如图3-65所示的参数。

04 在素材图像中人物的嘴唇处，选择（历史记录画笔工具）进行涂抹，如图3-66所示。

图3-65 设置属性

图3-66 涂抹嘴部

> **技巧**
>
> 选择（历史记录画笔工具）时，如果已经操作了多步，可以在“历史记录”面板中找到需要恢复的步骤，再使用“历史记录画笔工具”对这一步进行复原。

05 调整合适的笔尖大小，涂抹整个嘴部。执行“文件/存储为”菜单命令，将文件存储，至此本例制作完成，效果如图3-67所示。

图3-67 最终效果

实例 032 历史记录艺术画笔工具

实例目的

通过制作如图3-68所示的图像流程效果图来了解“历史记录艺术画笔工具”的应用。

图3-68 流程效果图

实例要点

- 设置“历史记录艺术画笔工具”的属性
- “历史记录艺术画笔工具”的使用
- “混合模式”在图层中的应用

操作步骤

01 执行菜单中“文件/打开”命令，打开随书下载资源中的“素材文件/第3章/牵狗”素材，如图3-69所示。

02 选择工具箱中的 （历史记录艺术画笔工具），打开“画笔选项”面板，选择笔尖为“散布枫叶”，设置“大小”值为74像素，如图3-70所示。

图3-69 素材

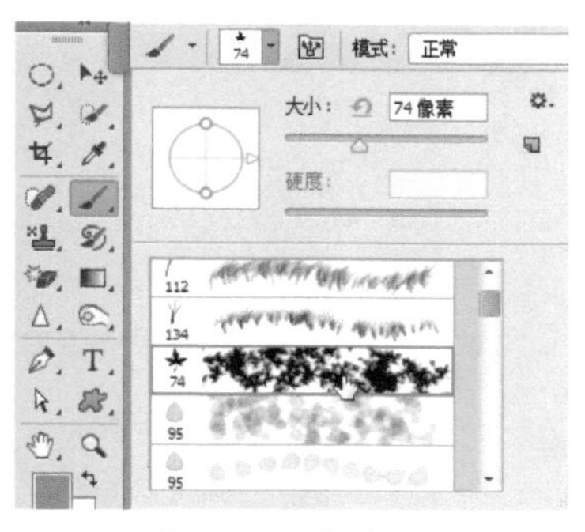

图3-70 画笔选项

03 在属性栏中设置“模式”为正常，“不透明度”为100%，“样式”为绷紧卷曲，“区域”为50像素，“容差”值为0%，如图3-71所示。

04 将“前景色”设置为黄色，在“图层”面板中单击“创建新图层”按钮 ，新建一个图层并将其命名为“艺术”，按Alt+Delete键填充前景色，如图3-72所示。

图3-71 设置属性

技巧

在属性栏中设置“容差”值，可以控制图像的色彩保留程度，输入的数值越大与原图的色彩越相似。

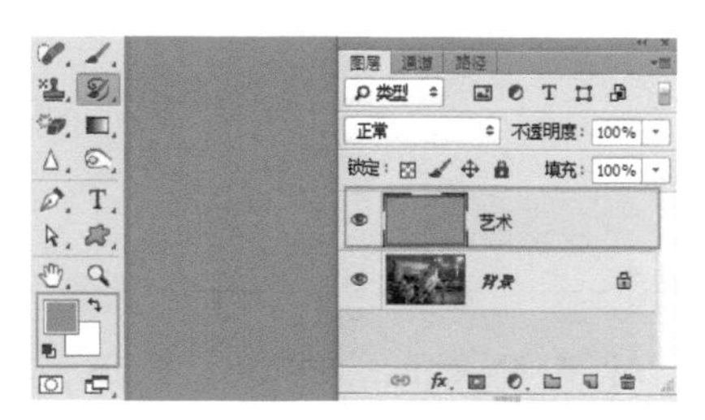

图3-72 填充

05 选择 （历史记录艺术画笔工具）在图像文档中绘制图形，如图 3-73所示。

06 在“图层”面板中设置“艺术”图层的“混合模式”为柔光，如图3-74所示。

07 至此本例制作完毕，效果如图3-75所示。

图3-73 绘图

图3-74 混合模式

图3-75 最终效果

本章的练习与习题

练习

1. 使用“仿制源”面板仿制缩小图像。
2. 通过“画笔”面板设置云彩画笔。

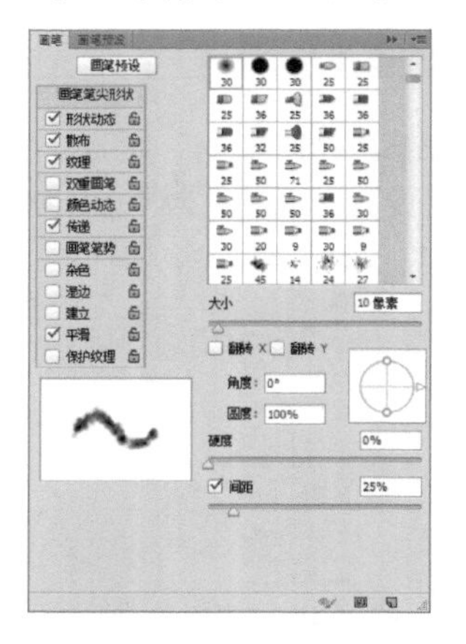

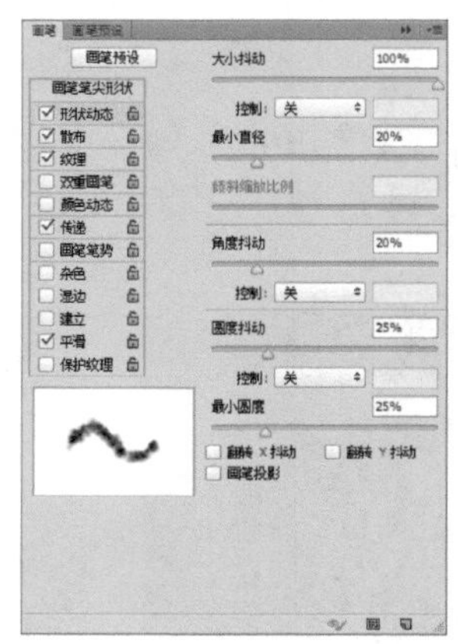

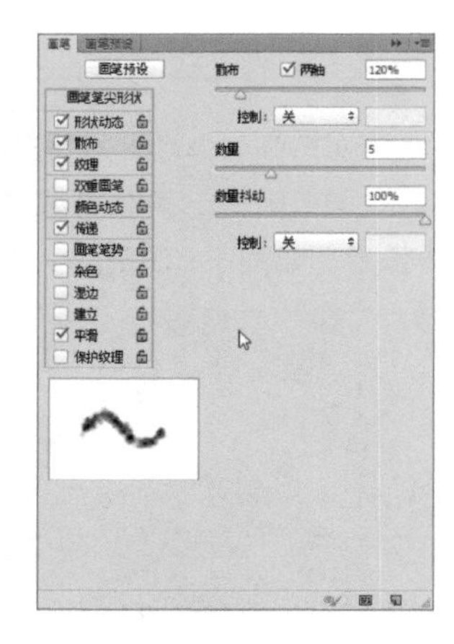

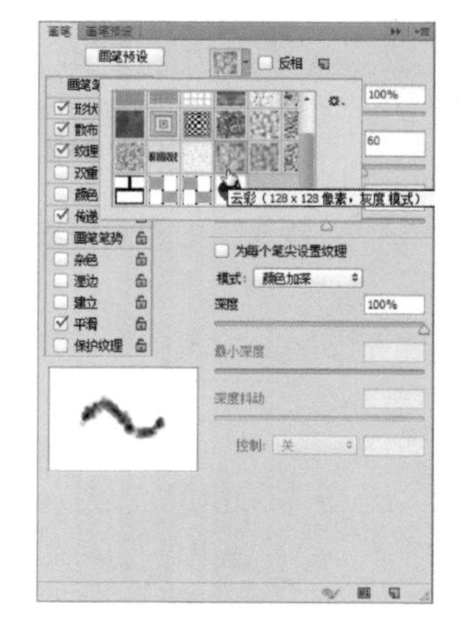

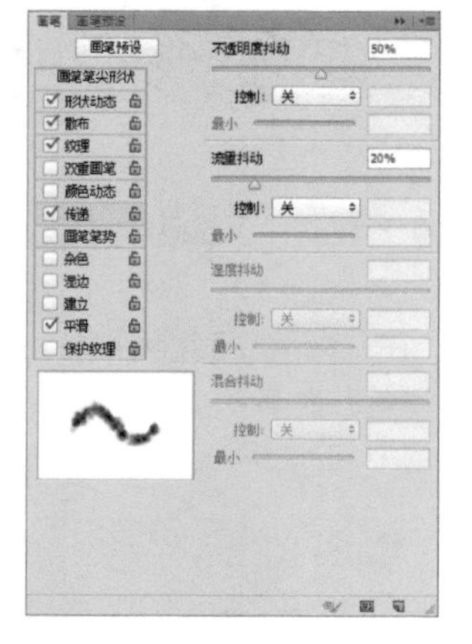

习题

1. 下面哪个工具绘制的线条较硬？（　　）

A. 铅笔工具　　B. 画笔工具　　C. 颜色替换工具　　D. 图案图章工具

2. “仿制源”面板中不能对仿制图像进行的操作是？（　　）

A. 改变颜色　　B. 水平镜像　　C. 旋转角度　　D. 缩放图像

3. 自定义的图案可以用于以下哪个工具？（　　）

A. 历史记录画笔工具　　B. 修补工具　　C. 图案图章工具　　D. 画笔工具

第04章

填充、描边与擦除工具的使用

本章内容

设置前景色与应用填充命令
填充图案
内容识别填充
选区描边
渐变工具
渐变编辑器
油漆桶工具
橡皮擦工具
魔术橡皮擦工具
背景橡皮擦工具

在Photoshop中的填充指的是在用于被编辑的文件中，可以对整体或局部使用单色、多色或复杂的图像进行覆盖，而擦除正好与之相反是用于将图像的整体或局部进行清除。本章主要介绍关于Photoshop填充、描边与擦除工具的使用方法。

实例 033 设置前景色与应用填充命令

实例目的

本实例通过更精确的颜色设置来学习如何设置“前景色”和应用“填充”命令。实例流程效果图如图4-1所示。

图4-1 流程效果图

实例要点

- 设置“前景色”
- 使用“填充”对话框
- 使用“云彩”滤镜
- “画笔”画板在实例中的应用
- “描边”命令的使用

操作步骤

01 执行菜单中“文件/新建”命令或按Ctrl+N键，打开“新建”对话框，其中的参数设置如图4-2所示。

02 在工具箱中单击“前景色”按钮，打开“拾色器”对话框，将“前景色”设置为RGB（5，5，138），如图4-3所示。

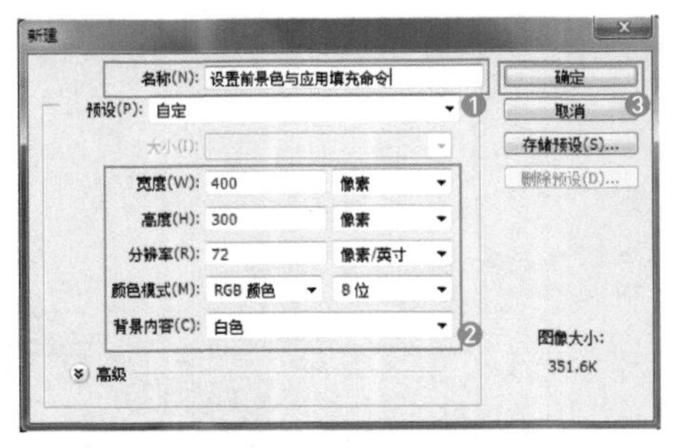

图4-2 “新建”对话框

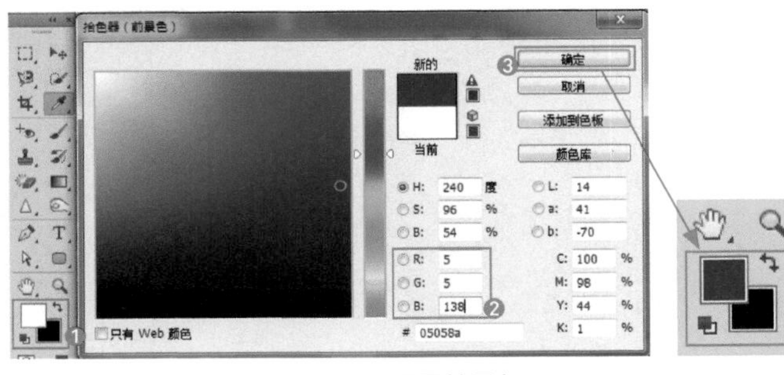

图4-3 设置前景色

03 设置完毕后单击“确定”按钮，执行“编辑/填充”菜单命令，打开“填充”对话框，在“使用”下拉菜单中选择“前景色”选项，然后单击“确定”按钮，如图4-4所示。

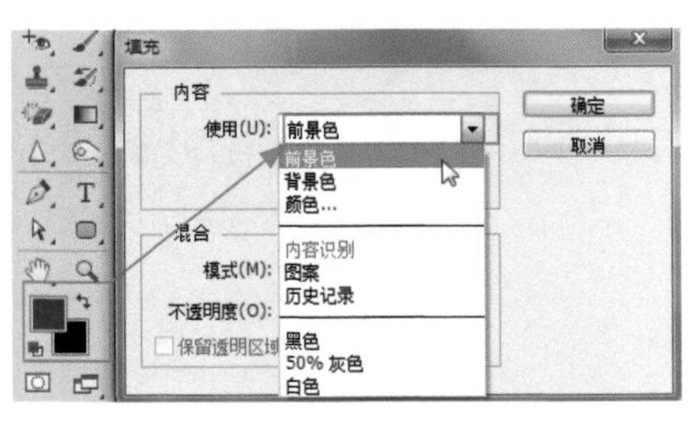

图4-4 “填充”对话框

> **技巧**
>
> 在填充颜色时按 Alt+Delete 键也可以填充前景色；按 Ctrl+Delete 键可以填充背景色。

04 此时“背景”图层被填充为蓝色，如图4-5所示。

05 单击“图层”面板中的“创建新图层”按钮，新建一个图层并将其命名为“云彩”，如图4-6所示。

06 单击工具箱中的“默认前景色和背景色”按钮，再执行菜单中的“滤镜/渲染/云彩”命令，效果如图4-7所示。

图4-5 填充后效果

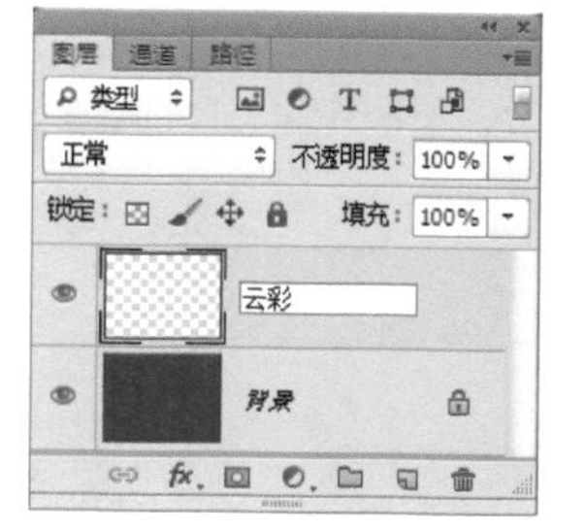

图4-6 新建图层并命名

图4-7 云彩

07 将“前景色”设置为白色，“背景色”设置为黑色，单击“图层”面板中的“添加图层蒙版”按钮 ，为图层添加蒙版，选择（渐变工具），在选项栏中选择“线性渐变”和“从前景色到背景色渐变”，如图4-8所示。

08 选择（渐变工具）在图层蒙版中从左上角到右下角拖曳光标绘制渐变蒙版，再设置“不透明度”为37%，效果如图4-9所示。

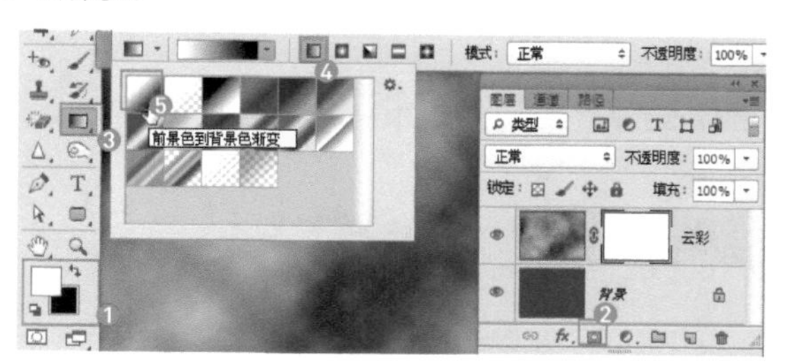

图4-8 设置渐变

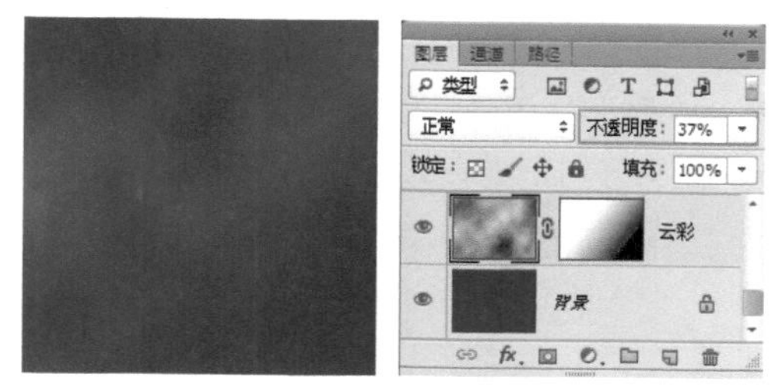

图4-9 填充渐变蒙版设置不透明

09 新建一个图层并命名为“月亮”。选择（椭圆选框工具），设置“羽化”为2像素，按住Shift键绘制圆形选区，按Alt+Delete键填充前景色，效果如图4-10所示。

10 拖曳“月亮”图层到“新建图层”按钮 上，得到“月亮 副本”图层，将“月亮 副本”图层拖曳到“月亮”图层下方，执行菜单中“选择/修改/羽化”命令，打开“羽化选区”对话框，设置“羽化半径”为10像素，如图4-11所示。

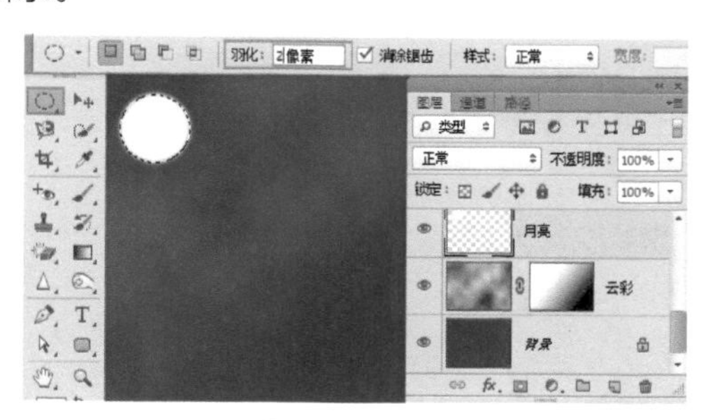

图4-10 填充

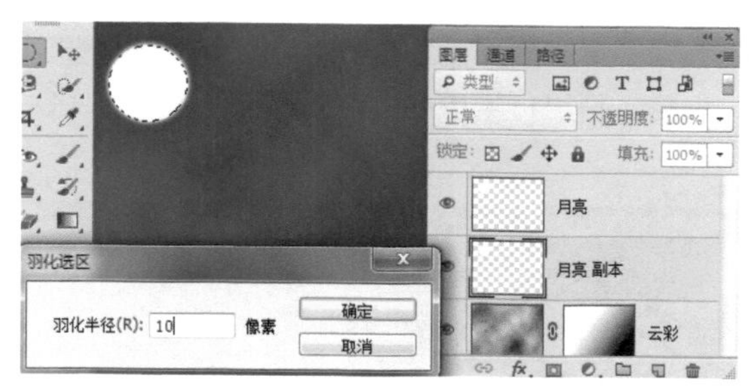

图4-11 “羽化选区”对话框

11 设置完毕后单击“确定”按钮，按Alt+Delete键填充前景色，效果如图4-12所示。

12 将“前景色”设置为黑色，新建一个图层并命名为“竹子”。选择（矩形选框工具），在页面中绘制矩形选区并填充为黑色，再选择（椭圆选框工具）在矩形上绘制椭圆选区并按Delete键清除选区，效果如图4-13所示。

图4-12 填充

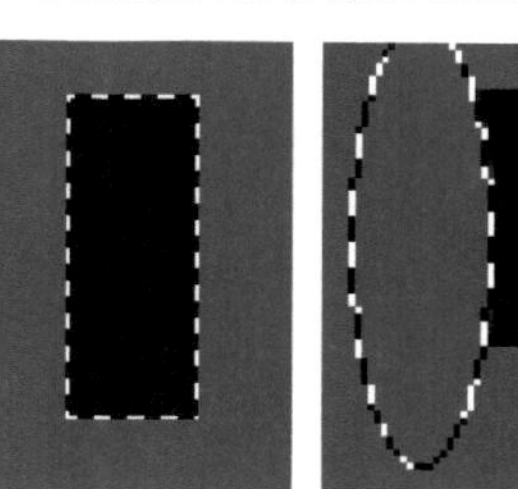

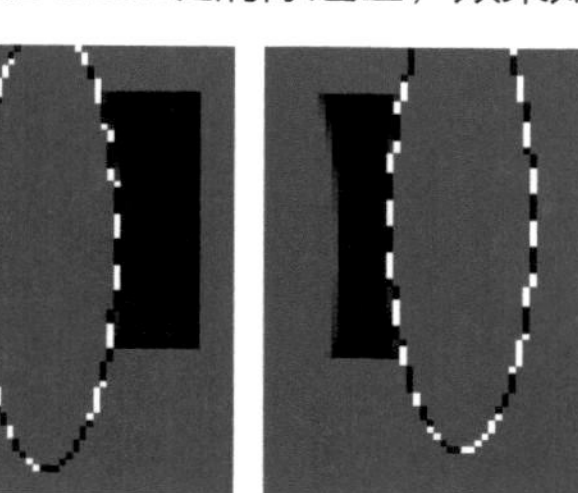

图4-13 绘制竹子

13 选择◯（椭圆选框工具）绘制选区后填充黑色，绘制竹节部位，使用同样的方法制作出整根竹子，如图4-14所示。

14 绘制竹叶，选择工具箱中的🖌（画笔工具），按F5键打开“画笔”面板，其中的参数值设置如图4-15所示。

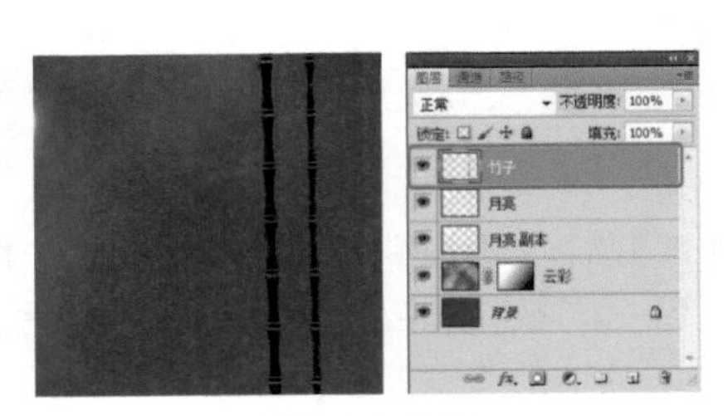

图4-14 竹子

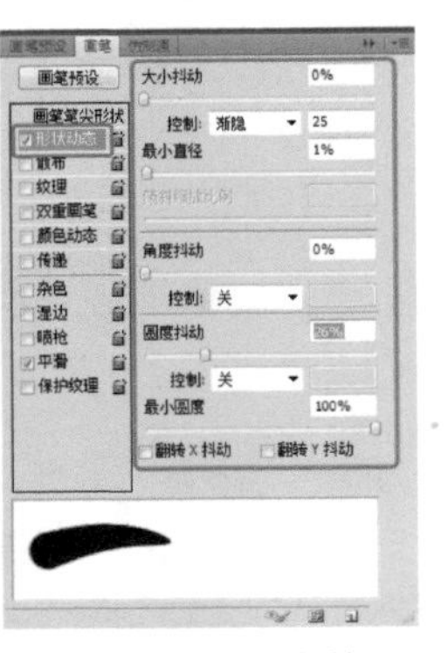

图4-15 设置参数

15 在页面中绘制大小不等的竹叶，效果如图4-16所示。

16 新建一个图层并重命名为“描边”，执行菜单中“选择/全部”命令或按Ctrl+A键，再执行菜单中“编辑/描边”命令，打开“描边”对话框，设置参数如图4-17所示。

图4-16 竹叶

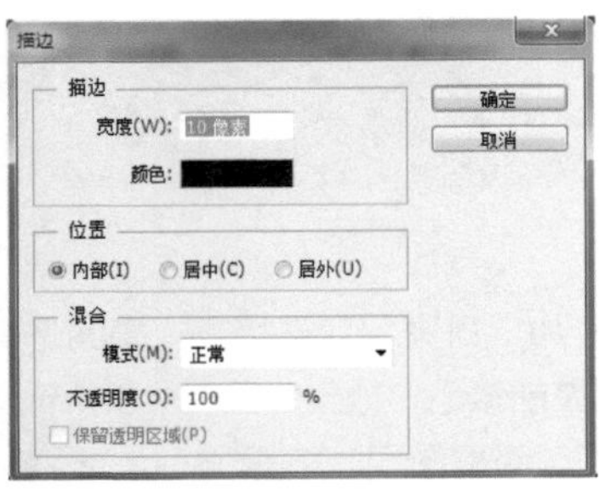

图4-17 “描边”对话框

17 设置完毕后单击“确定”按钮，描边后的效果如图4-18所示。

18 按住Ctrl键并单击“描边”图层的缩略图，调出选区，复制“描边”图层，得到“描边 副本”图层，并将选区填充为白色。再执行菜单中“编辑/变换/缩放”命令，调出变换框将图像缩小，按Enter键确定，效果如图4-19所示。

图4-18 描边后效果

图4-19 缩小

19 执行“选择/取消选择”菜单命令，取消选区。选择IT（直排文字工具），在页面中输入相应的文字，完成本例效果的制作，如图4-20所示。

图4-20 最终效果

实例 034 填充图案

实例目的

通过填充图案，进一步掌握“填充”命令的应用，实例流程效果图如图4-21所示。

图4-21 流程效果图

实例要点

- 创建选区
- “填充”对话框的设置
- 替换图案

操作步骤

01 执行菜单中“文件/打开”命令或按Ctrl+O键，打开随书下载资源中的“素材文件/第04章/酒杯.jpg”素材，如图4-22所示。

02 在工具箱中选择（魔棒工具），在选项栏中单击“添加到选区”按钮、设置“容差”为20、勾选“连续”复选框，在素材图像中的背景处单击，如图4-23所示。

03 此时会发现选区创建得并不完整，这时再在没有创建选区的位置上单击，调出选区，只留下酒水部分，效果如图4-24所示。

图4-22 素材

图4-23 调出选区

图4-24 添加选区

04 执行菜单中“编辑/填充”命令或按Shift+F5键，打开“填充”对话框，在“使用”下拉列表中选择“图案”选项，再打开“自定图案”列表，单击“弹出菜单”按钮，在弹出菜单中选择“填充纹理2”选项，如图4-25所示。

05 选择“填充纹理2”选项后，会打开如图4-26所示的提示对话框。

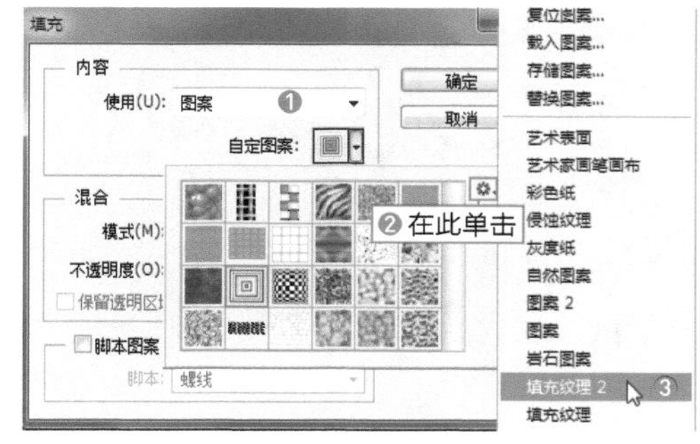

图4-25 “填充”对话框

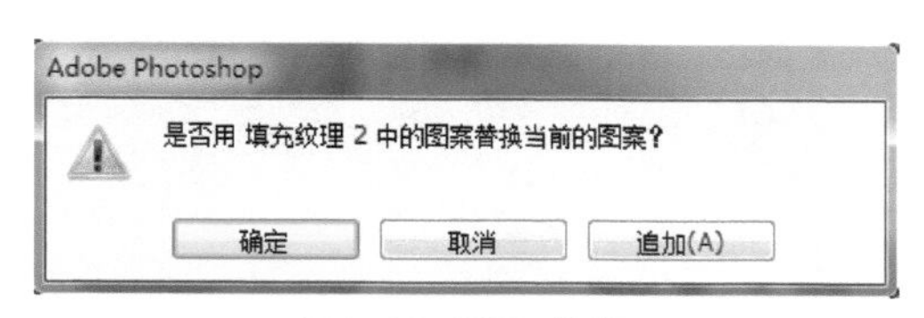

图4-26 提示对话框

06 单击“确定”按钮，“自定图案”列表中将会用“填充纹理2”中的图案替换原来的图案，然后选择“砂石”图案，如图4-27所示。

07 设置“模式”为“颜色加深”“不透明度”为30%，如图4-28所示。

08 设置完毕后单击“确定”按钮，按Ctrl+D键去掉选区，至此完成通过“填充选区”命令制作艺术照片案例，效果如图4-29所示。

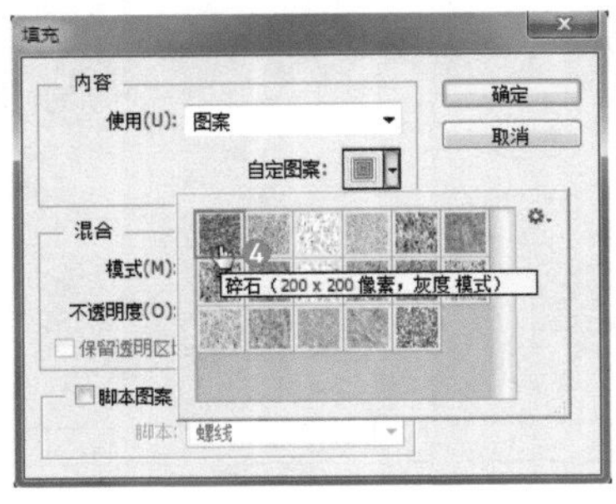

图4-27 “填充”对话框1

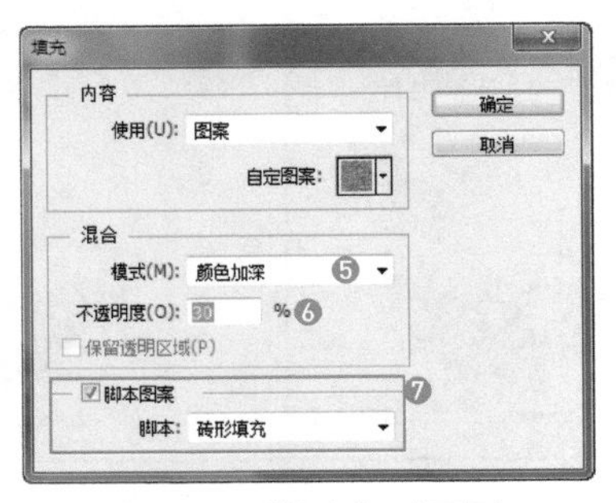

图4-28 “填充”对话框2

图4-29 最终效果

实例 035 内容识别填充

实例目的

通过制作如图4-30所示的流程效果图，了解“填充”命令中的“内容识别”选项在本例中的应用。

图4-30 流程效果图

实例要点

- 打开素材
- 设置“填充”对话框

操作步骤

01 执行菜单中 “文件/打开”命令或按Ctrl+O键，打开随书下载资源中的“素材/第04章/积木”素材，效果如图4-31所示，然后通过“填充”命令将素材中的几个积木进行清除。

02 选择◯（椭圆选框工具）在素材中小马积木处创建一个椭圆选区，如图4-32所示。

图4-31 素材

图4-32 在图像中创建选区

03 在菜单中执行“编辑/填充”命令，打开“填充”对话框，在“使用”下拉列表中选择“内容识别”选项，如图4-33所示。

04 设置完毕后单击“确定”按钮，完成操作后按Ctrl+D键去掉选区，效果如图4-34所示。

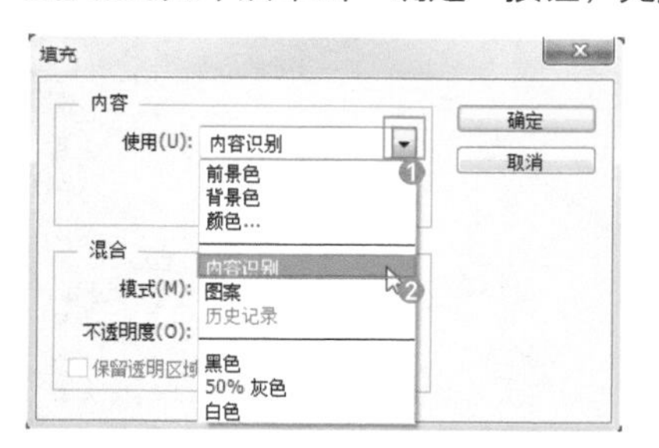

图4-33 “填充”对话框

图4-34 内容识别后

05 使用同样的方法还可以将图像中小孩下面的积木清除，效果如图4-35所示。

图4-35 最终效果

实例 036 选区描边

实例目的

通过制作如图4-36所示的流程效果图，了解“描边”命令在本例中的应用。

图4-36 流程效果图

实例要点

- 打开素材
- 创建选区
- 设置“描边”对话框
- 高斯模糊

操作步骤

01 执行菜单中 “文件/打开”命令或按Ctrl+O键，打开随书下载资源中的“素材/第04章/蜘蛛人”素材，效果如图4-37所示。

02 选择（椭圆选框工具）在素材中蜘蛛人上创建选区，如图4-38所示。

图4-37 素材

图4-38 在图像中创建选区

03 将“前景色”设置为粉色，新建“图层1”图层，如图4-39所示。

04 执行菜单中“编辑/描边”命令，打开“描边”对话框，其中的参数值设置如图4-40所示。

05 设置完毕后单击“确定”按钮，按Ctrl+D键去掉选区，效果如图4-41所示。

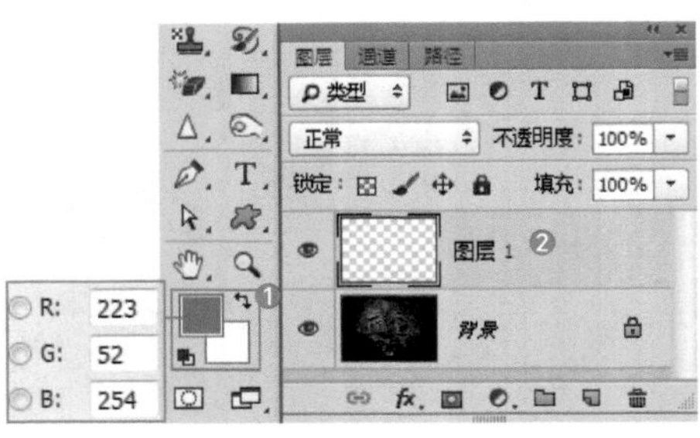

图4-39 设置前景色并新建图层

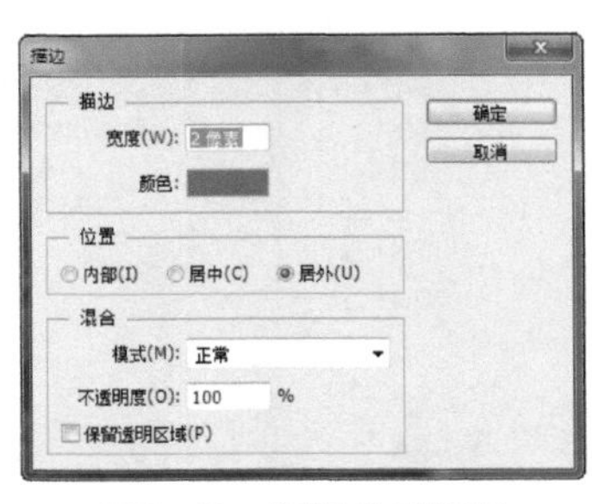

图4-40 “描边”对话框

图4-41 描边后

06 执行菜单中“滤镜/模糊/高斯模糊”命令，打开“高斯模糊”对话框，其中的参数值设置如图4-42所示。

07 设置完毕后单击“确定”按钮，至此本例制作完毕，效果如图4-43所示。

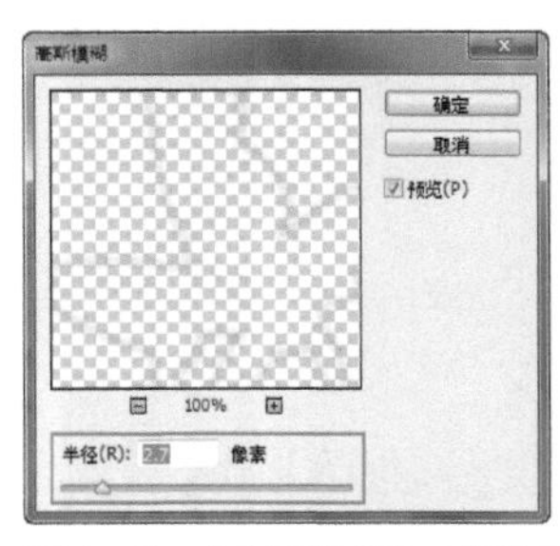

图4-42 “高斯模糊”对话框

图4-43 最终效果

实例 037 渐变工具

实例目的

通过制作如图4-44所示的流程效果图，了解“渐变工具”的应用。

图4-44 流程效果图

实例要点

- “打开”命令
- 高斯模糊
- 混合模式
- “渐变工具”的使用

操作步骤

01 执行菜单中的“文件/打开”命令或按Ctrl+O键，打开随书下载资源中的“素材文件/第04章/风景图.jpg”素材，如图4-45所示。

02 按Ctrl+J键复制背景图层，如图4-46所示。

03 执行菜单中“滤镜/模糊/高斯模糊”命令，打开“高斯模糊”对话框，其中的参数值设置如图4-47所示。

图4-45　素材

图4-46　复制图层

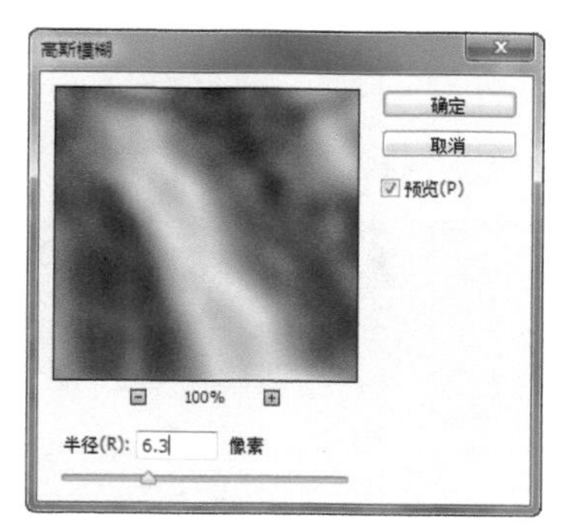

图4-47　“高斯模糊”对话框

04 设置完毕后单击“确定”按钮，设置“混合模式”为浅色，效果如图4-48所示。

05 新建“图层1”图层，选择工具箱中的（渐变工具），设置“渐变样式”为线性渐变、“渐变类型”为色谱，如图4-49所示。

图4-48　混合模式

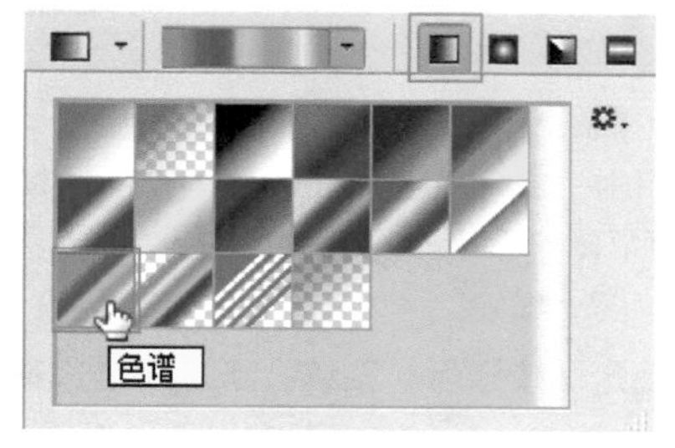

图4-49　设置渐变

06 选择（渐变工具）在新建的图层中按住鼠标左键从左上角向右下角拖曳，松开鼠标左键后页面就被填充为线性的色谱效果，如图4-50所示。

技巧

“渐变工具”不能用于位图或索引颜色模式的图像；执行渐变操作时，在图像中或选区内按住鼠标左键单击起点，然后拖曳光标确定终点，松开鼠标左键即可。若要限制方向（45° 的倍数），则在拖曳时按住 Shift 键即可。

图4-50　绘制渐变

07 设置“混合模式”为柔光，“不透明度”为39%，如图4-51所示。

08 至此本例制作完毕，效果如图4-52所示。

图4-51　混合模式

图4-52 最终效果

实例 038 渐变编辑器

实例目的

通过制作如图4-53所示的流程效果图，了解“渐变编辑器”的应用。

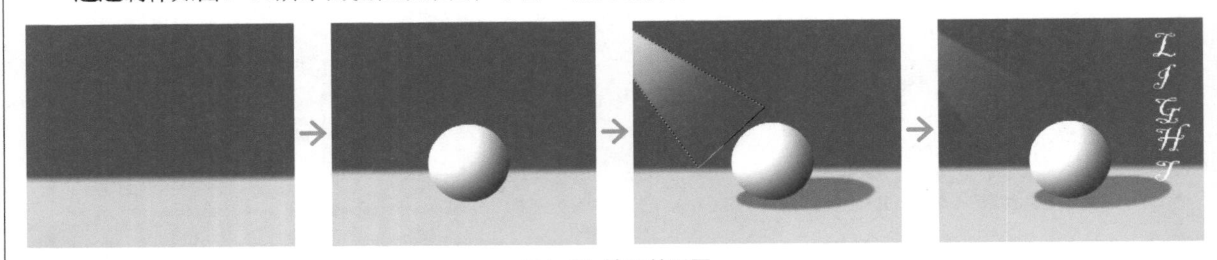

图4-53 流程效果图

实例要点

- 使用“新建”菜单命令新建文件
- 使用“渐变工具”创建背景
- 使用“渐变编辑器”绘制小球

操作步骤

01 执行菜单中“文件/新建”命令或按Ctrl+N键，打开“新建”对话框，新建文件并将其命名为“渐变编辑器”，设置文件的“宽度”为12厘米，“高度”为9厘米，“分辨率”为300像素/英寸，“颜色模式”为RGB颜色，“背景内容”为白色。

02 单击“确定”按钮后，系统会新建一个背景为白色的空白文件，在工具箱中选择▣（渐变工具），设置“渐变样式”为线性渐变，然后在“渐变类型”上单击鼠标左键，如图4-54所示。

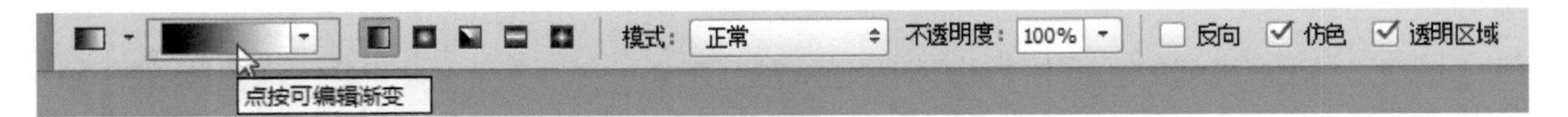

图4-54 属性栏

03 打开“渐变编辑器”对话框，从左至右分别设置渐变颜色值为RGB（216，216，216）、RGB（216，216，216）、RGB（0，0，255）、RGB（0，0，255），其他设置如图4-55所示。

04 设置完毕后单击“确定”按钮，选择▣（渐变工具）并在页面中按住鼠标左键从下向上拖曳，松开鼠标左键后背景就被填充为“渐变编辑器”预设的渐变色，如图4-56所示。

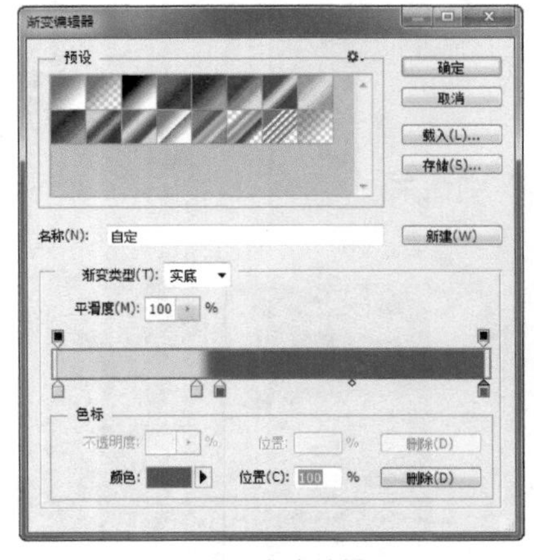

图4-55 渐变编辑器

图4-56 填充渐变色

技巧

在渐变编辑器的色标上按鼠标左键并向色条的上方拖动，松开鼠标左键后即可将色标删除。

05 在“图层”面板中单击“创建新图层”按钮 ，新建一个图层并将其命名为“球”，如图4-57所示。

06 选择（椭圆选框工具），按住Shift键并在页面相应的位置中绘制圆形选区，如图4-58所示。

07 在工具箱中选择（渐变工具），设置“渐变样式”为径向渐变，然后在“渐变类型”上单击鼠标左键，打开“渐变编辑器”对话框，从左至右分别设置渐变颜色值为RGB（255，255，255）、RGB（255，255，255）、RGB（2，2，98）和RGB（1，1，43），其他的参数值设置如图4-59所示。

图4-57 新建图层并命名

图4-58 绘制圆形选区

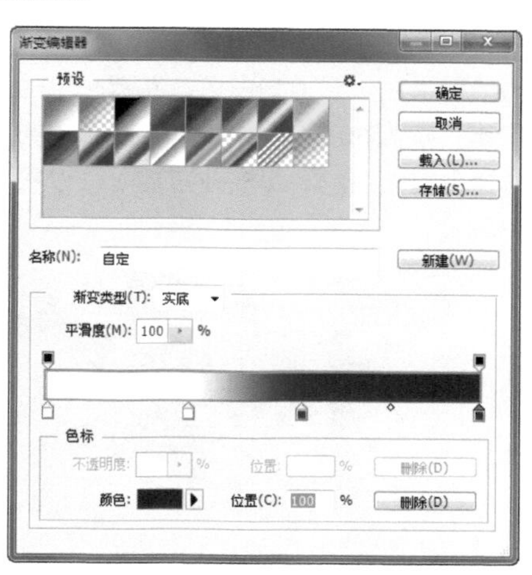

图4-59 设置渐变编辑器

技巧

在渐变编辑器色标上单击，可在“颜色”复选框中改变色标的颜色；在渐变编辑器色标上方单击调出不透明度色标，可在“不透明度”复选框中更改不透明度。

08 设置完毕后单击“确定”按钮，使用“渐变工具”在圆形选区内按住鼠标左键从左上角向右下角拖曳，松开鼠标左键后背景就被填充为“渐变编辑器”预设的渐变色，如图4-60所示。

09 新建一个图层并将其命名为“投影”，再将其选区填充为“黑色”，如图4-61所示。

10 按Ctrl+T键调出变换框，按住Ctrl键并拖曳控制点改变“投影”图层的图像形状，如图4-62所示。

图4-60 填充渐变色

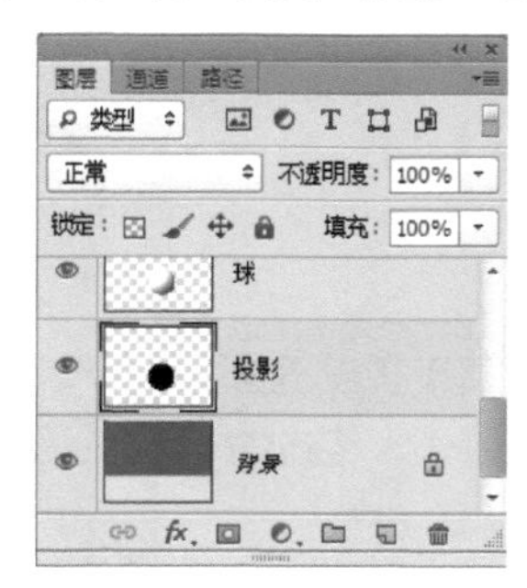

图4-61 新建图层并命名

图4-62 变换图像

11 按Enter键确定调整，再按Ctrl+D键取消选区，执行菜单中“滤镜/模糊/高斯模糊”命令，打开“高斯模糊”对话框，设置“半径”值为4.4像素，如图4-63所示。

12 设置完毕后单击“确定”按钮，在“图层”面板中设置“不透明度”为44%，如图4-64所示。

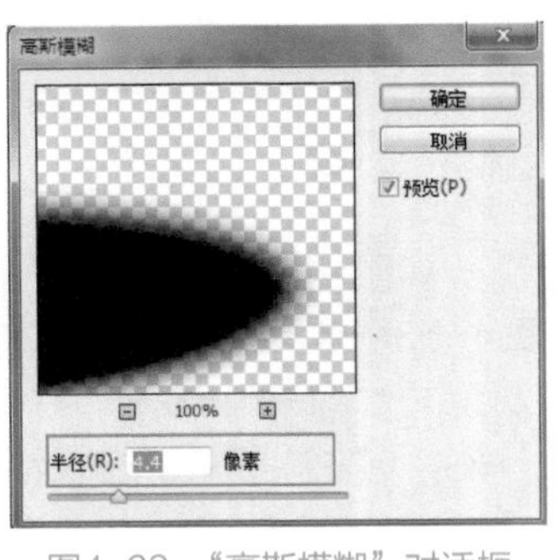

图4-63 “高斯模糊”对话框

图4-64 调整不透明度

13 将“前景色”设置为白色，新建一个图层并将其命名为“光”，选择（多边形套索工具），设置“羽化”值为5像素，在画布上绘制如图4-65所示的选区。

14 选择工具箱中的（渐变工具），设置“渐变样式”为线性渐变，“渐变类型”为从前景色到透明渐变，如图4-66所示。

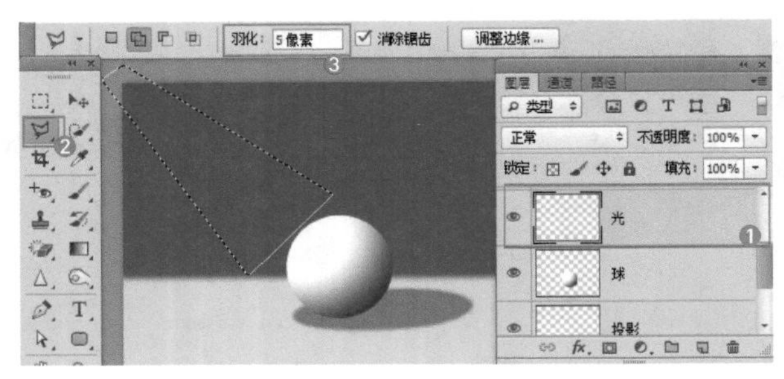

图4-65 绘制选区

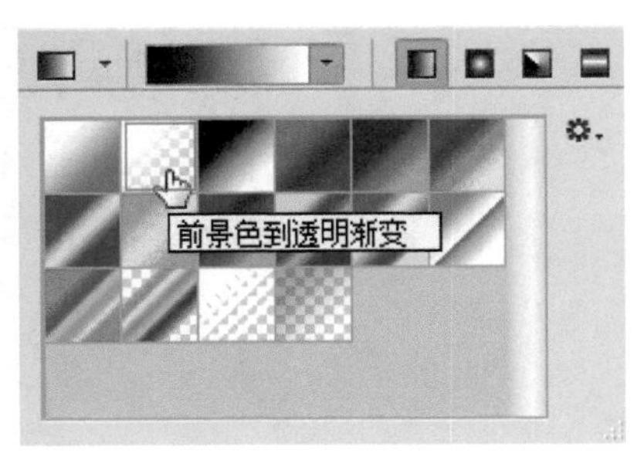

图4-66 设置渐变

15 选择（渐变工具）在选区内按住鼠标左键从左上角向右下角拖曳，填充渐变色，效果如图4-67所示。

16 在“图层”面板中设置“不透明度”为55%，如图4-68所示。

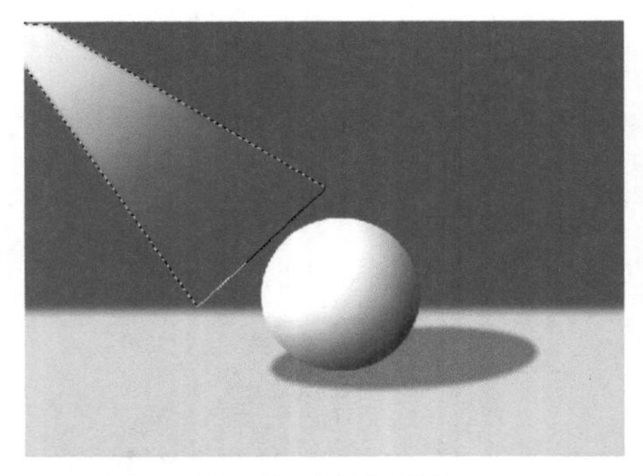

图4-67 填充渐变色

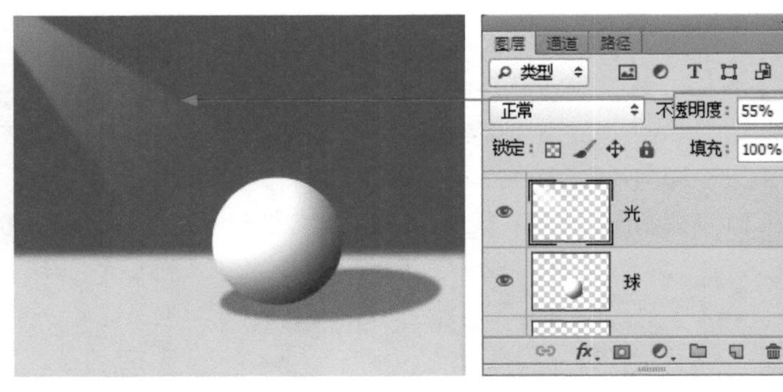

图4-68 设置不透明度

17 按Ctrl+D键去除选区，选择（横排文字工具），设置合适的文字字体和文字大小后，在页面相应的位置输入相应的文字内容，至此本例制作完毕，效果如图4-69所示。

图4-69 最终效果

实例 039 油漆桶工具

实例目的

通过制作如图4-70所示的流程效果图，了解“油漆桶工具”的应用。

图4-70 流程效果图

实例要点

- 打开素材
- 替换图案
- 更改“填充图案”并填充
- 使用“混合模式”让图层之间更加融合

操作步骤

01 执行菜单中“文件/打开”命令或按Ctrl+O键，打开随书下载资源中的“素材文件/第04章/腿模”素材，如图4-71所示。

02 在工具箱中选择（油漆桶工具），在选项栏中打开“填充”下拉列表选择“图案”选项，单击右边的倒三角形按钮，打开“图案拾色器”选项面板，如图4-72所示。

图4-71 素材

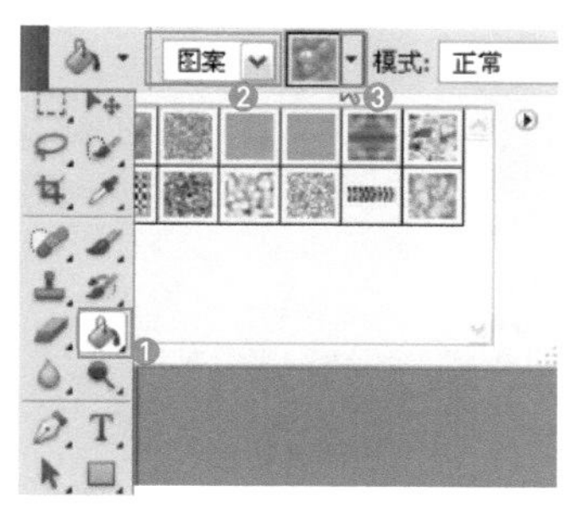

图4-72 图案拾色器

03 设置“模式”为变暗，在“图案拾色器”选项面板中单击“弹出菜单”按钮，再在弹出的菜单中选择“彩色纸”选项，如图4-73所示。

04 选择“彩色纸”选项后，系统会打开如图4-74所示对话框，单击“确定”按钮即可。

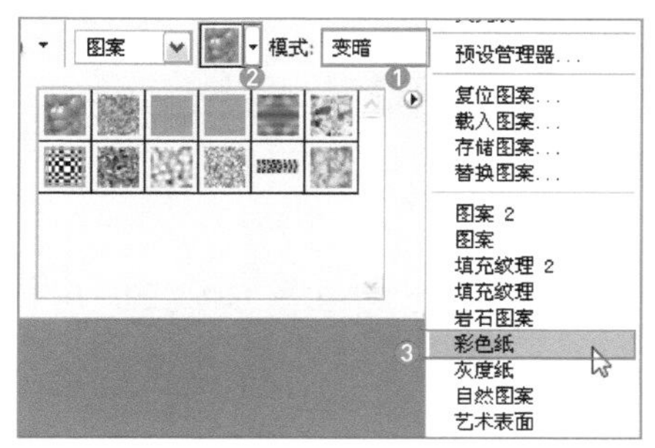

图4-73 添加选区

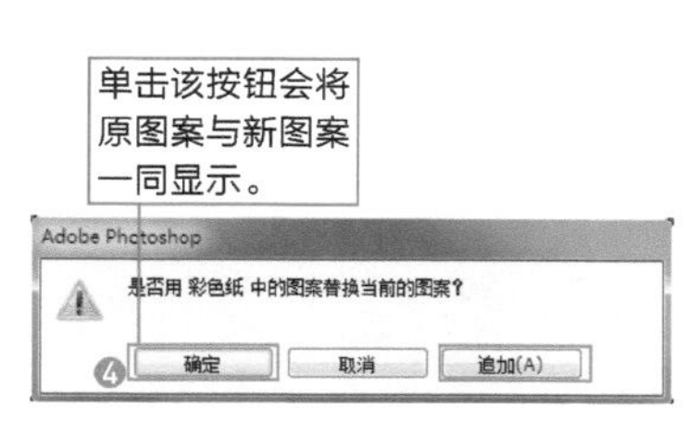

图4-74 替换对话框

05 单击“确定”按钮后，在“图案拾色器”选项面板中选择“树叶图案纸”，如图4-75所示。

06 选择图案后，选择（油漆桶工具）在打开的素材中选择不同位置单击几次，但不要在图中人物的腿部单击，至此本例制作完毕，效果如图4-76所示。

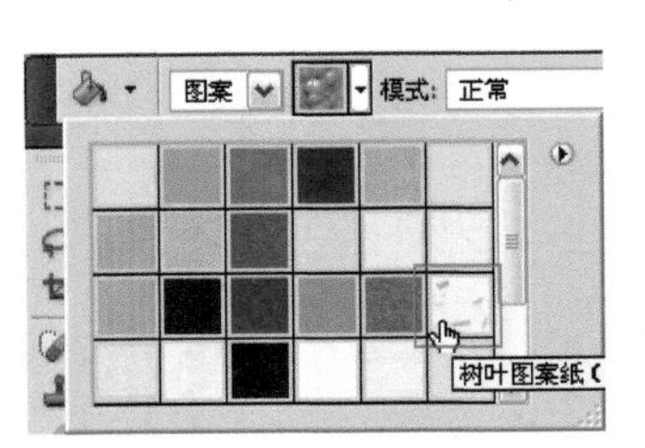

图4-75 选择图案

图4-76 最终效果

技巧

如果感觉填充的图案范围太小，可以通过加大“容差”值，来增加图案填充的范围。

技巧

输入法处于英文状态时，按 G 键可以选择（渐变工具）或（油漆桶工具）；按 Shift+G 键可以在（渐变工具）和（油漆桶工具）之间转换。

技巧

如果在图上工作且不想填充透明区域，可在“图层”面板中锁定该图层的透明区域。

技巧

在属性栏中勾选“消除锯齿”复选框，可平滑填充选区边缘；勾选“连续的”复选框，可只填充与单击像素连续的像素，反之则填充图像中的所有相似像素；勾选“所有图层”复选框，可以将所有可见图层看作一个单一图层进行填充。

实例 040 橡皮擦工具

实例目的

通过制作如图4-77所示的图像效果流程效果图来了解“橡皮擦工具”的应用。

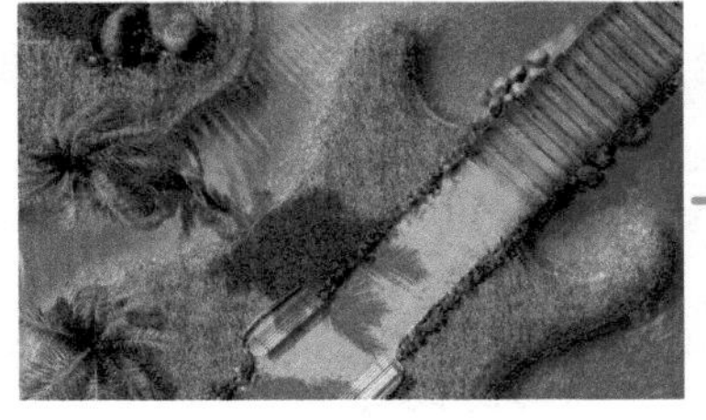
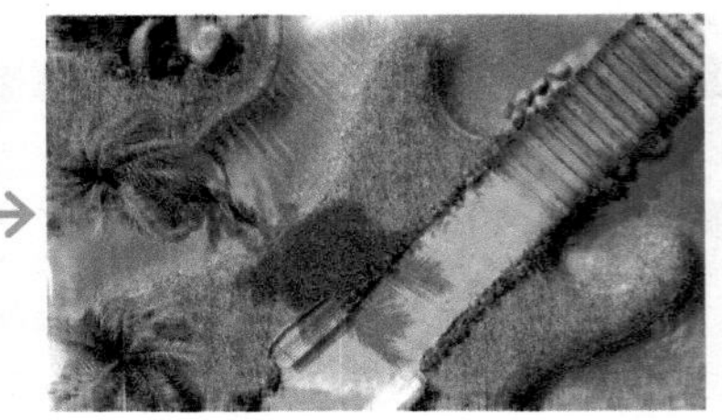
图4-77 流程效果图

实例要点

- “背景”图层的复制
- “水彩画纸”命令及“橡皮擦工具”的应用
- “去色”命令和“色阶”命令的应用

操作步骤

01 执行菜单中“文件/打开”命令或按Ctrl+O键，打开随书下载资源中的“素材文件/第04章/景色”素材，如图4-78所示。

02 在“图层”面板中拖动“背景”图层至“创建新图层”按钮上，得到“背景 副本”图层，如图4-79所示。

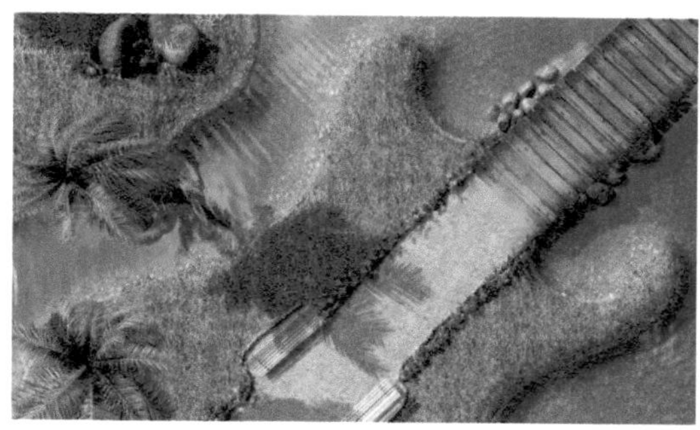

图4-78 素材

图4-79 复制

03 执行菜单中“滤镜/滤镜库”命令，在其中选择“素描/水彩画纸”命令，打开“水彩画纸”对话框，设置参数如图4-80所示。

04 完成“水彩画纸”对话框的设置，单击“确定”按钮，图像效果如图4-81所示。

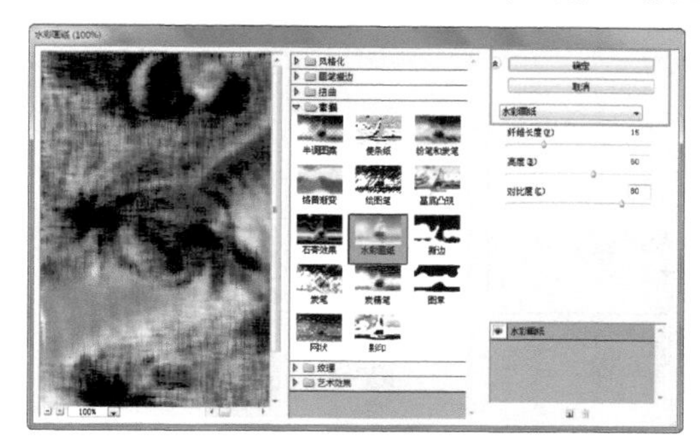

图4-80 “水彩画纸”对话框

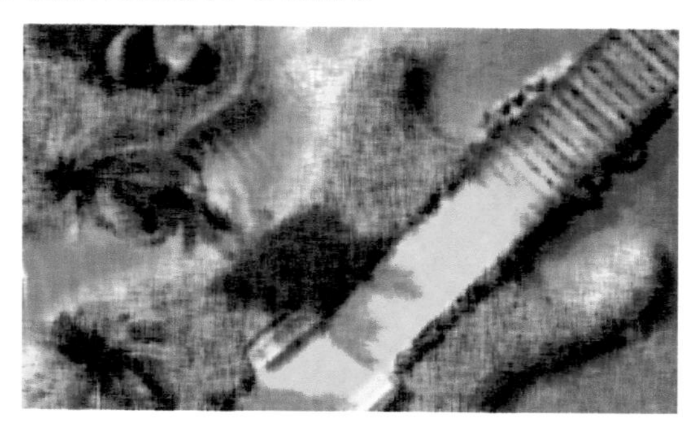

图4-81 水彩画纸效果

05 选择工具箱中的（橡皮擦工具），设置“笔尖”为绒毛球，“大小”值为192像素，如图4-82所示。

06 在属性栏中设置“模式”为画笔，“不透明度”为97%，“流量”为98%，如图4-83所示。

图4-82 设置橡皮擦

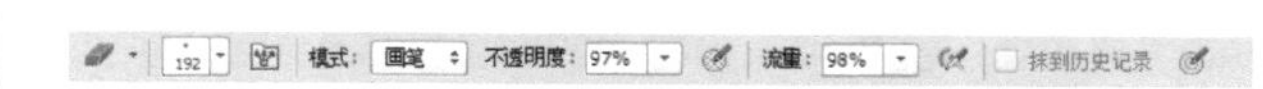

图4-83 设置属性

07 选择（橡皮擦工具）在页面中擦除相应的位置，效果如图4-84所示。

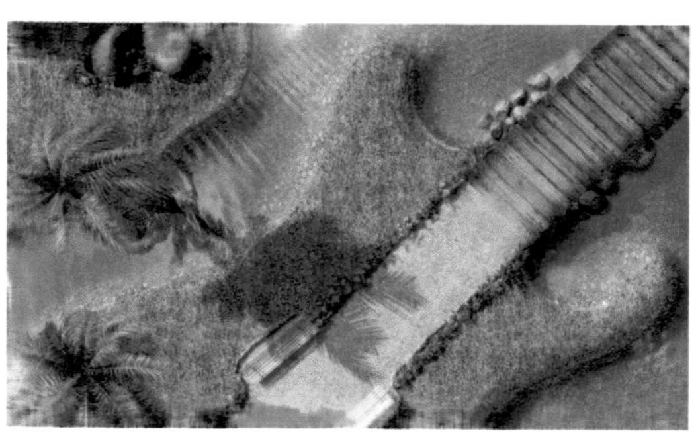

图4-84 擦除

技巧

按住 Shift 键可以强迫“橡皮擦工具”以直线方式擦除；按住 Ctrl 键可以暂时将“橡皮擦工具”转换为“移动工具”；按住 Alt 键系统将会以相反的状态进行擦除。

08 执行菜单中“图像/调整/去色”命令或按Shift+Ctrl+U键，将“背景 副本”图层中的图像去色，效果如图4-85所示。

09 执行菜单中“图像/调整/色阶”命令，打开“色阶”对话框，在“色阶”对话框中设置参数如图4-86所示。

10 设置完毕后单击“确定”按钮，至此本例制作完成，效果如图4-87所示。

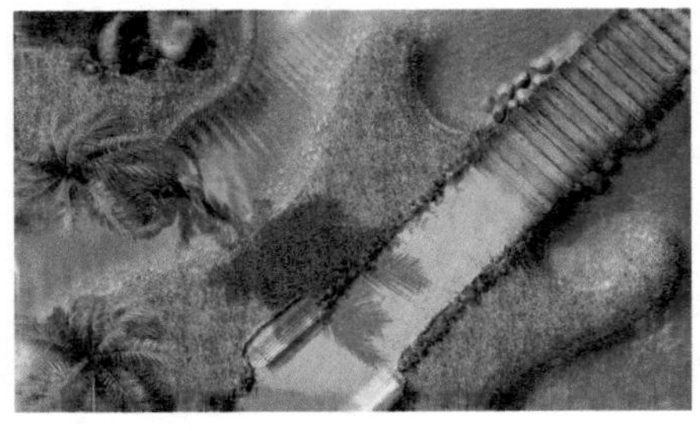

图4-85 去色

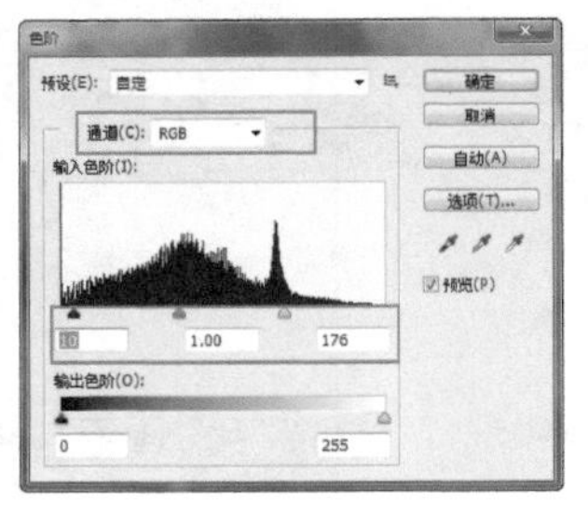

图4-86 “色阶”对话框

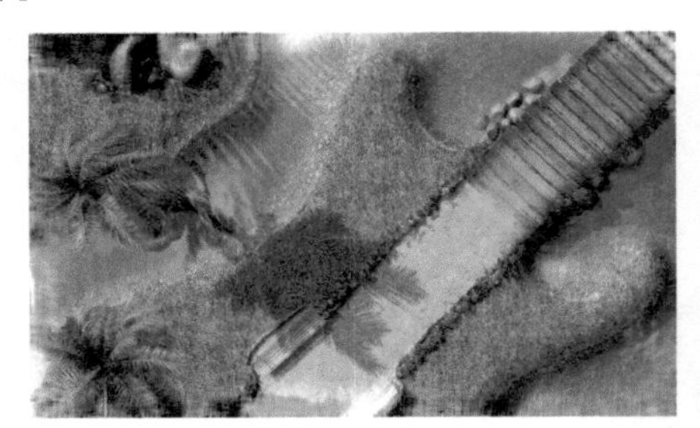

图4-87 最终效果

实例 041 魔术橡皮擦工具

实例目的

通过制作如图4-88所示的图像流程效果图来了解“魔术橡皮擦工具”的应用。

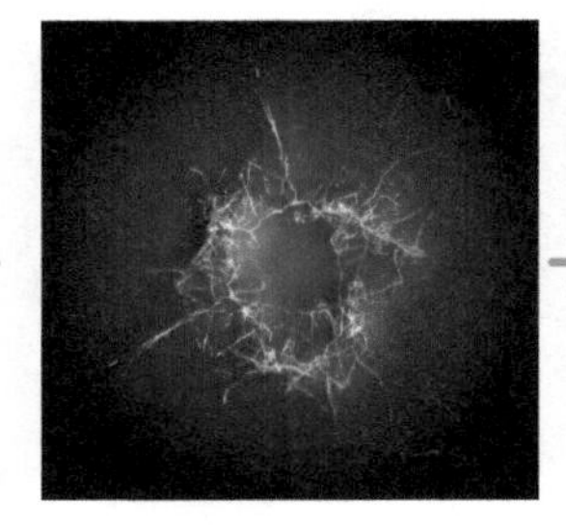

图4-88 流程效果图

实例要点

- 打开文档
- 移动图像
- “魔术橡皮擦工具”的应用

操作步骤

01 执行菜单中“文件/打开”命令或按Ctrl+O键，打开随书下载资源中的“素材文件/第04章/羽绒服”和“素材文件/第04章/纹理”素材，如图4-89所示。

02 选择（移动工具）将“羽绒服”素材中的图像拖曳到“纹理”文件中，在“图层”面板中会出现“图层1”图层，按Ctrl+T键调出变换框，拖动控制点将图像缩小，如图4-90所示。

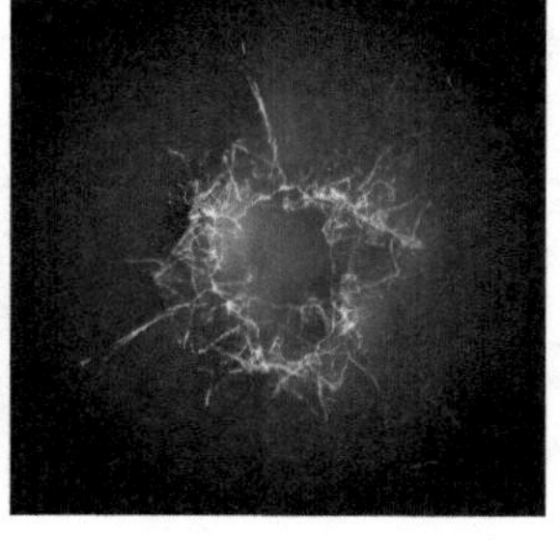

图4-89 素材

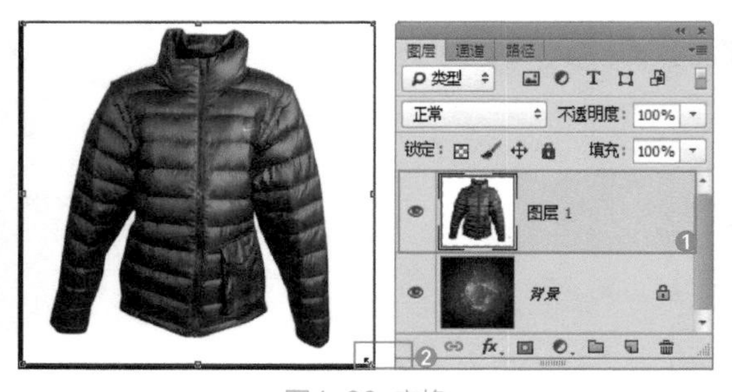

图4-90 变换

03 按Enter键确定，在工具箱中选择（魔术橡皮擦工具），设置“容差”为30，勾选“连续”复选框，如图4-91所示。

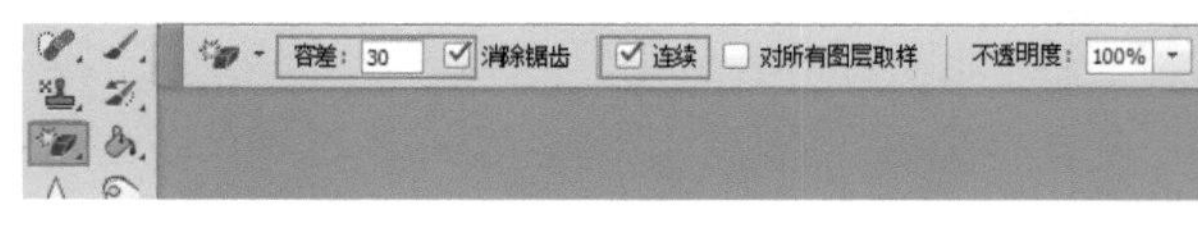

图4-91 设置参数

04 选择（魔术橡皮擦工具）在白色背景上单击，效果如图4-92所示。

05 至此本例制作完毕，最终效果如图4-93所示。

图4-92 擦除

图4-93 最终效果

实例 042 背景橡皮擦工具

实例目的

通过制作如图4-94所示的图像流程效果图来了解“背景橡皮擦工具”的应用。

图4-94 流程效果图

实例要点

- 设置“背景橡皮擦工具”的属性
- 使用“移动工具”和“图层/新建”命令
- 在“图层”面板中设置“混合模式”

操作步骤

01 执行菜单中“文件/打开”命令或按Ctrl+O键，打开随书下载资源中的“素材文件/第04章/饮料”素材，如图4-95所示。

02 选择工具箱中的（背景橡皮擦工具），在属性栏中单击“取样：一次”按钮，设置“限制”为查找边缘，“容差”值为35%，如图4-96所示。

图4-95 素材

图4-96 属性

技巧

在“取样”下拉菜单中，选择“连续”可以将光标经过处的所有颜色擦除；选择“一次”选项，在选区内单击处的颜色将会被作为背景色，只要不松手就可以一次擦除这种颜色；选择“背景色板”可以擦除与前景色同样的颜色。

技巧

在英文输入法状态下，按 Shift+E 键可以选择（橡皮擦工具）或（魔术橡皮擦工具）或（背景橡皮擦工具）。

技巧

在选择（背景橡皮擦工具）时，在属性栏中勾选“保护前景色”复选框，可以在擦除颜色的同时保护前景色不被擦除。

03 选择（背景橡皮擦工具）在背景图像上按住鼠标左键拖曳擦除背景，如图4-97所示。

04 按住鼠标左键在整个图像上拖曳擦除所有的背景，效果如图4-98所示。

05 执行菜单中“文件/打开”命令或按Ctrl+O键，打开随书下载资源中的“素材文件/第04章/发光”素材，如图4-99所示。

图4-97 擦除背景

图4-98 擦除背景

图4-99 素材

06 选择工具箱中的（移动工具），将被擦除背景的饮料图像拖曳到素材图像中，并新建“图层1”图层，如图4-100所示。

07 按Ctrl+T键调出变换框，拖曳控制点将“图层1”图层中的图像放大，如图4-101所示。

图4-100 移动

图4-101 变换

08 按Enter键确定，在“图层”面板中设置“图层1”图层的“混合模式”为强光，如图4-102所示。

09 至此本例制作完毕，效果如图4-103所示。

图4-102 混合模式

图4-103 最终效果

本章的练习与习题

练习

1. 找一张自己喜欢的图片将局部定义成图案，再选择（油漆桶工具）填充自定义图案。

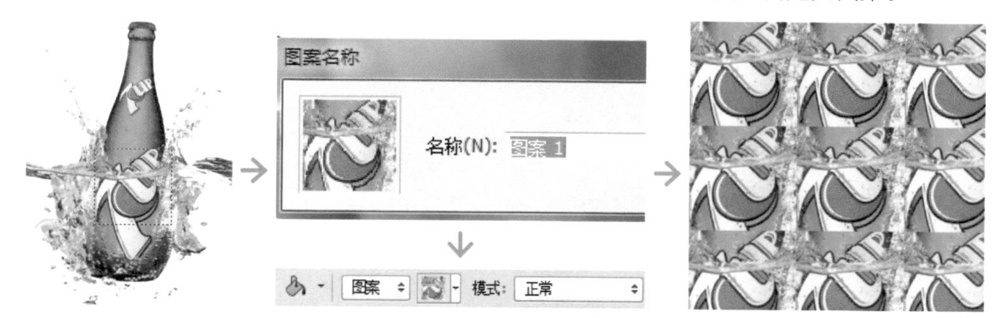

2. 为矩形选区定义图案后，在新建文档中选择（油漆桶工具）填充图案。

习题

1. 下面哪个渐变填充为角度填充？（　　）

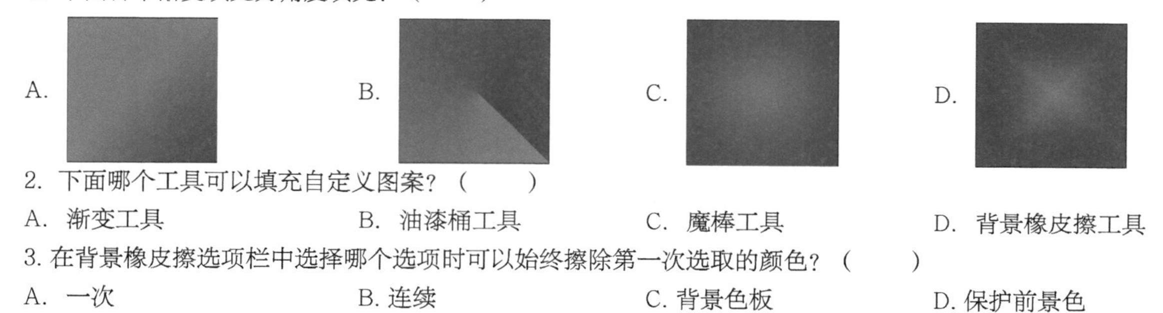

2. 下面哪个工具可以填充自定义图案？（　　）

A. 渐变工具　　B. 油漆桶工具　　C. 魔棒工具　　D. 背景橡皮擦工具

3. 在背景橡皮擦选项栏中选择哪个选项时可以始终擦除第一次选取的颜色？（　　）

A. 一次　　B. 连续　　C. 背景色板　　D. 保护前景色

第 05 章

修整工具的使用

本章内容

- 裁剪工具
- 修复画笔工具
- 污点修复画笔工具
- 修补工具
- 内容感知移动工具
- 红眼工具
- 减淡工具
- 加深工具
- 锐化工具与模糊工具
- 海绵工具

本章全面讲解Photoshop修整工具的使用，内容涉及裁切工具、修复画笔工具、污点修复画笔工具、修补工具、红眼工具、模糊工具、锐化工具、减淡工具、加深工具和海绵工具等。

实例 043 裁剪工具

实例目的

通过制作如图5-1所示的背景图案流程效果图来了解“裁剪工具”的效果应用。

图5-1 流程效果图

实例要点

- “打开”命令的使用
- “裁剪工具”的应用
- “描边”的应用

操作步骤

01 执行菜单中“文件/打开”命令或按Ctrl+O键，打开随书下载资源中的“素材文件/第05章/秋千”素材，如图5-2所示。

02 选择（裁剪工具）后，在图像中会出现一个裁剪框，拖动控制点，将裁剪框缩小，如图5-3所示。

图5-2 素材

图5-3 创建裁剪框

技巧

在 Photoshop CC 中创建裁剪框后，可以直接调整图像在裁剪框中的位置来制作最终的裁剪效果图。

03 按Enter键确定，此时会将图像进行裁剪，效果如图5-4所示。

04 按Ctrl+A键调出整个图像的选区，执行菜单中“编辑/描边”命令，打开“描边”对话框，其中的参数值设置如图5-5所示。

05 设置完毕后单击“确定”按钮，效果如图5-6所示。

06 按Ctrl+D键去掉选区，至此本例制作完毕，最终效果如图5-7所示。

图5-4 裁剪后效果

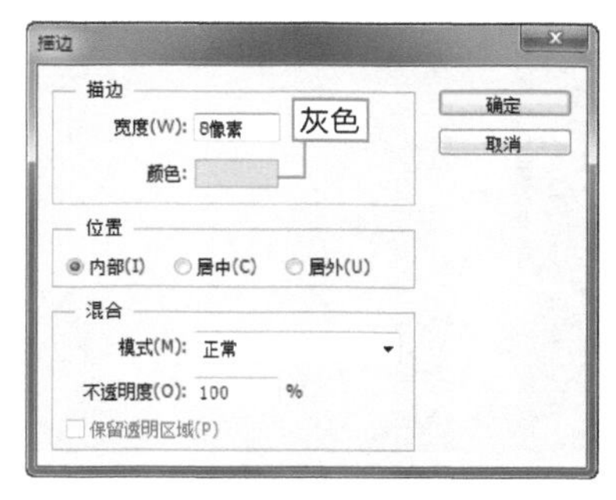

图5-5 “描边”对话框

图5-6 描边后效果

图5-7 最终效果

实例 044 修复画笔工具

实例目的

通过制作如图5-8所示的流程效果图，了解“修复画笔工具”的应用。

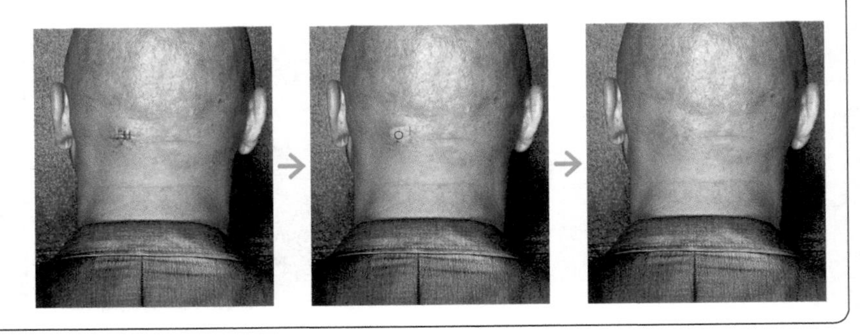

图5-8 流程效果图

实例要点

- 打开文件
- “修复画笔工具”的使用

操作步骤

01 执行菜单中“文件/打开”命令，打开随书下载资源中的“素材文件/第05章/头上伤口”素材，如图5-9所示。

02 选择工具箱中的（修复画笔工具），设置画笔“直径”为19像素、“硬度”为100%、“间距”为25%、“角度”为0°、“圆度”为100%、“模式”为正常、选中“取样”单选按钮，在伤口附近的位置，按住Alt键并单击鼠标左键选取取样点，如图5-10所示。

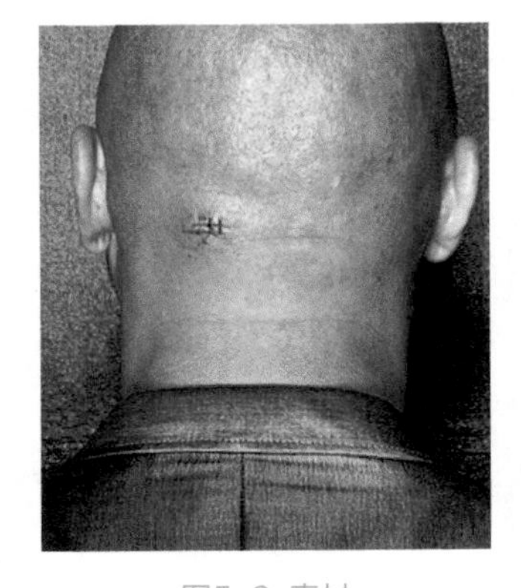

图5-9 素材

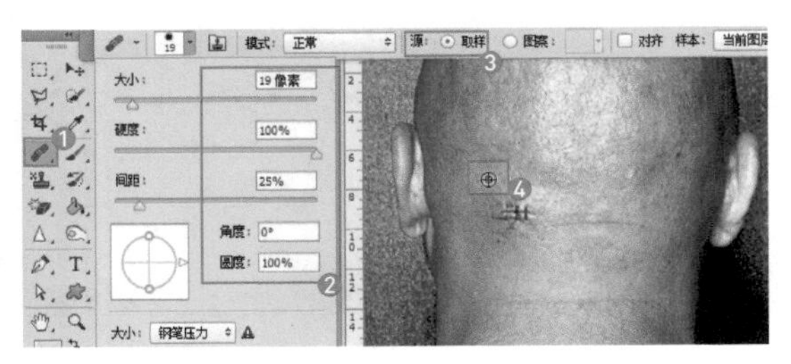

图5-10 取样

> **技巧**
>
> 在选项栏中选中“取样”单选按钮，在图像中必须按住 Alt 键才能采集样本；选中“图案”单选按钮，可以在右侧的下拉菜单中选择图案来修复图像。

03 取完点后松开Alt键，在图像中有伤口的地方涂抹覆盖伤口，效果如图5-11所示。

04 反复选取取样点后，将整个伤口去除，效果如图5-12所示。

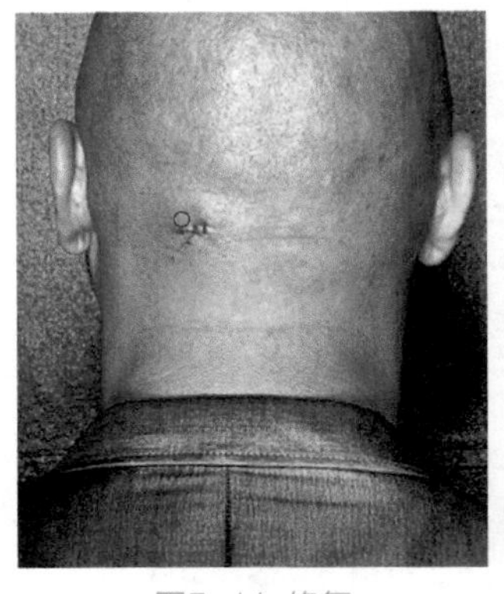

图5-11 修复

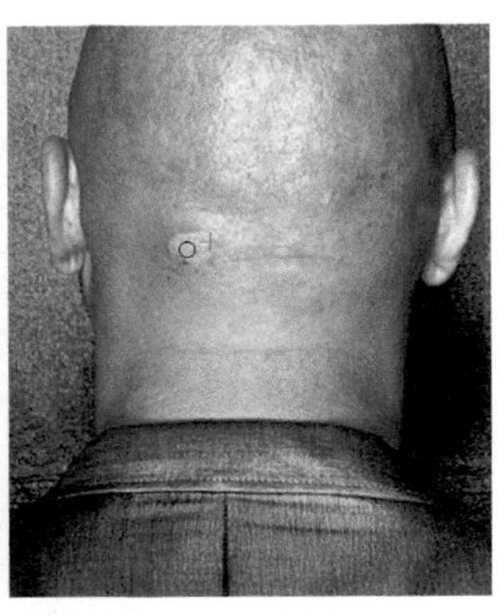

图5-12 修复

05 整个伤口修复完成后，本例制作完成，效果如图5-13所示。

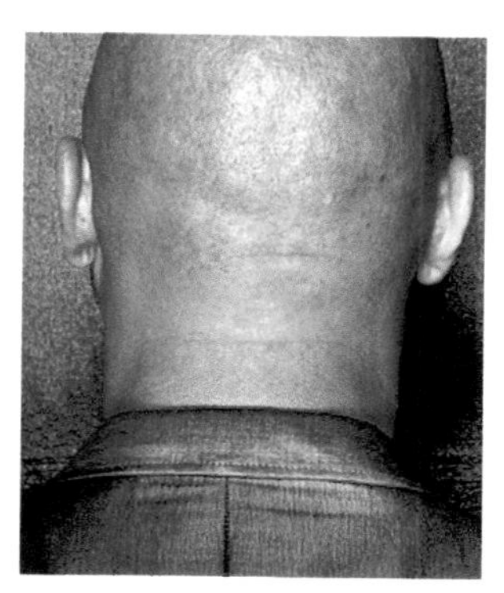
图5-13 最终效果

> **技巧**
>
> 在选择（修复画笔工具）修复图像时，画笔的直径和硬度是非常重要的，硬度越小，边缘的羽化效果越明显。

实例 045 污点修复画笔工具

实例目的

通过制作如图5-14所示的流程效果图，了解“污点修复画笔工具”的应用。

图5-14 流程效果图

实例要点

- 打开文件
- 设置“污点修复画笔工具”的属性
- 选择“污点修复画笔工具”去除污点

操作步骤

01 执行菜单中“文件/打开”命令，打开随书下载资源中的“素材文件/第05章/污渍毛绒玩具”文件，如图5-15所示。

02 选择工具箱中的（污点修复画笔工具），设置画笔“直径”为20像素、“硬度”为50%、“间距”为25%、“角度”为0°、“圆度”为100%、“模式”为正常，选中“内容识别”单选按钮，如图5-16所示。

03 在图像上有污渍的地方涂抹，如图5-17所示。

图5-15 素材

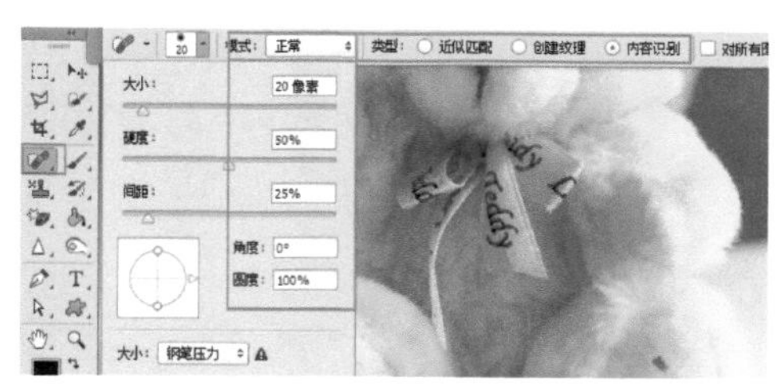

图5-16 设置属性

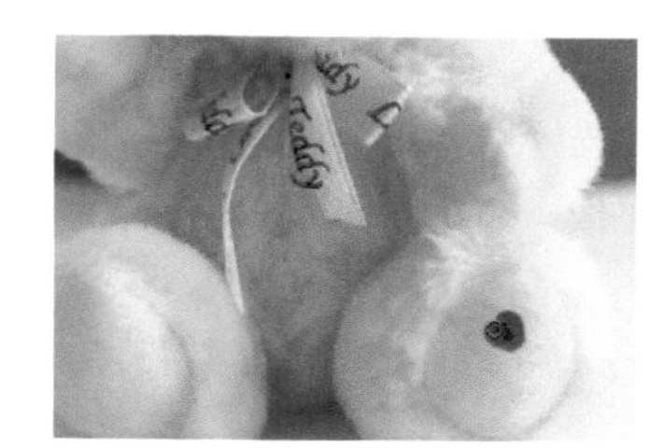
图5-17 涂抹

04 松开鼠标左键后，此处污渍就会被去除，如图5-18所示。

05 在有污点的地方反复涂抹，直到去除污渍为止，至此本例制作完成，效果如图5-19所示。

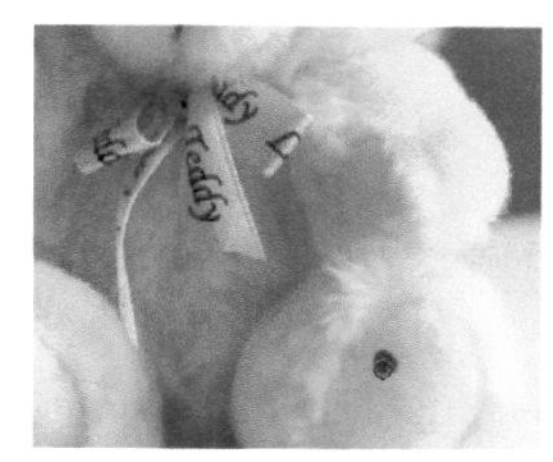
图5-18 修复

图5-19 最终效果

技巧

选择“污点修复画笔工具”去除图像上的污点时，画笔的大小是非常重要的，稍微大一点则会将边缘没有污点的图像也添加到其中。

实例 046 修补工具

实例目的

通过制作如图5-20所示的流程效果图，了解“修补工具”在本例中的应用。

图5-20 流程效果图

实例要点

- 打开素材
- 选择“修补工具”修补斑点

操作步骤

01 打开随书下载资源中的“素材文件/第05章/带日期的照片”素材，将其作为背景，如图5-21所示。

02 选择（修补工具），在属性栏中设置“修补”为内容识别，再选择（修补工具）在斑点的位置创建选区，如图5-22所示。

图5-21 素材

图5-22 设置修补工具

03 选择（修补工具）直接拖动刚才创建的选区到没有文字的沙滩上，效果如图5-23所示。

04 松开鼠标左键完成修补，效果如图5-24所示。

图5-23 移动

图5-24 修补

技巧

选择（修补工具）时，在选项栏中选中“源”单选按钮，将会用采集来的图像替换当前选区内容的图像。

技巧

选择（修补工具）时，在选项栏中选中“目标”单选按钮，可以将选区内的图像移动到目标图像上，二者将会融合在一起，达到修复图像的效果。

技巧

选择（修补工具）时，在选项栏中勾选“透明”复选框，修复后的图像采集点在前面会出现透明效果，与背景之间更加融合。

技巧

选择（修补工具）绘制选区后，“应用图案”按钮才处于激活状态，在“图案”下拉菜单中选择一个图案进行修补。

技巧

在英文输入法(状态下，按 J 键可以选择(修复画笔工具）或（修补工具），按 Shift+J 键可以在它们之间进行切换。

05 按Ctrl+D键去掉选区，至此本例制作完毕，最终效果如图5-25所示。

图5-25 最终效果

实例 047 内容感知移动工具

实例目的

通过制作如图5-26所示的流程效果图，了解“内容感知移动工具”在本例中的应用。

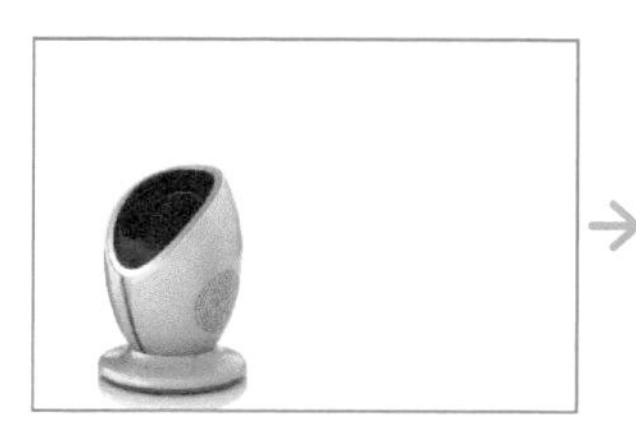

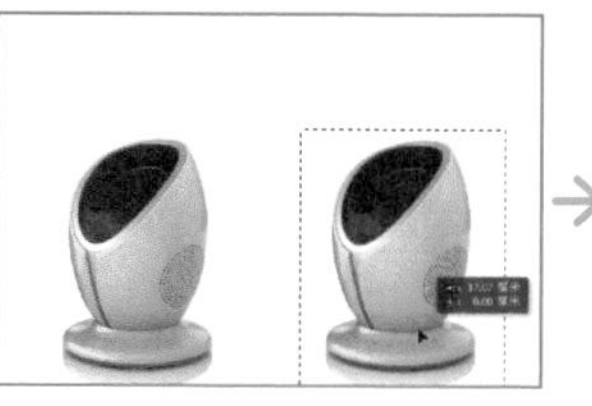

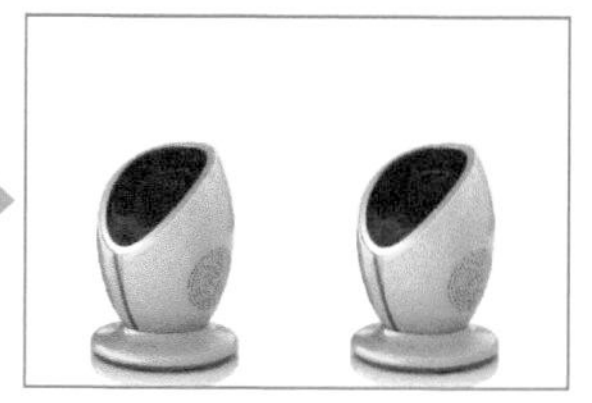

图5-26 流程效果图

实例要点

- 打开素材
- 选择“矩形选框工具”创建选区
- 选择“内容感知移动工具”扩展图像

操作步骤

01 打开随书下载资源中的“素材文件/第05章/小音箱”素材，将其作为背景，如图5-27所示。

02 选择（矩形选框工具）在音箱上创建一个矩形选区，如图5-28所示。

03 选择（内容感知移动工具）在属性栏中设置“模式”为扩展，“适应”为中，如图5-29所示。

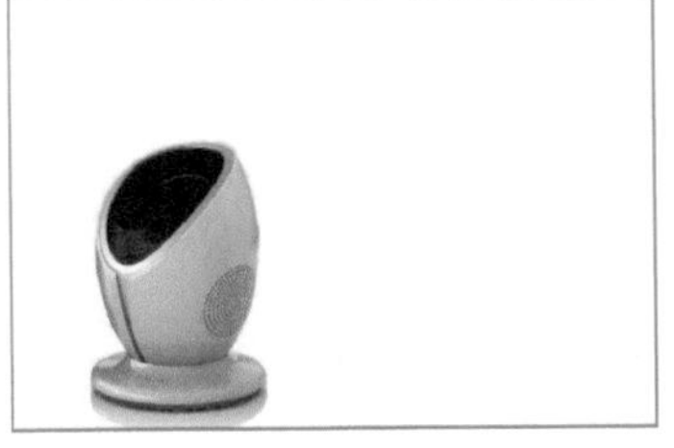

图5-27 素材

图5-28 创建选区

图5-29 属性栏

04 选择（内容感知移动工具）向右水平拖动，如图5-30所示。

05 松开鼠标左键，按Ctrl+D键去掉选区，完成本例的制作，最终效果如图5-31所示。

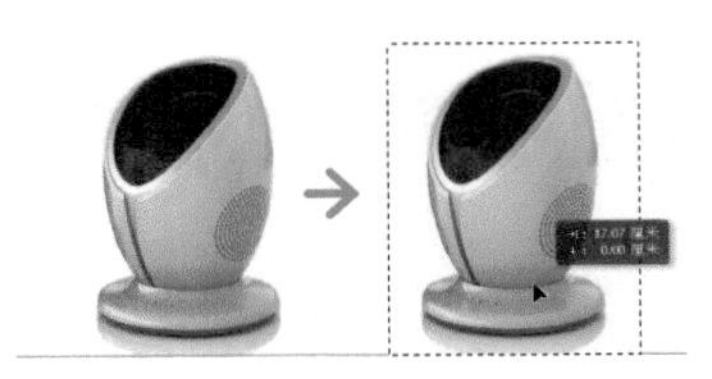

图5-30 移动

图5-31 最终效果

实例 048 红眼工具

实例目的

通过制作如图5-32所示的流程效果图，了解“红眼工具”在本例中的应用。

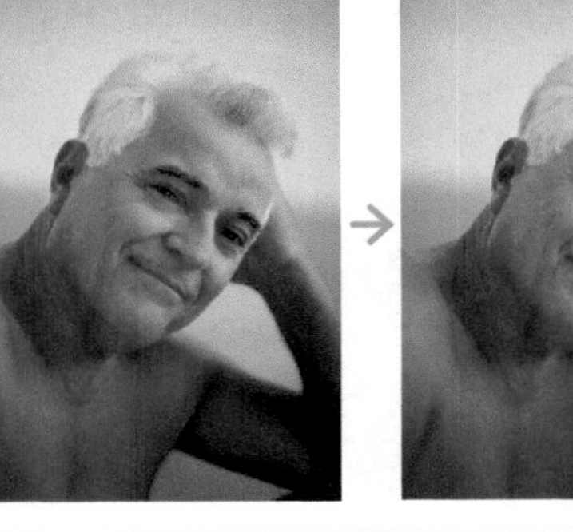

图5-32 流程效果图

实例要点

- 打开素材
- 设置“红眼工具”属性
- 选择“红眼工具”在红眼睛处单击即可去除红眼效果

操作步骤

01 打开随书下载资源中的“素材文件/第05章/红眼”素材，将其作为背景，如图5-33所示。

02 选择（红眼工具），在属性栏中设置“瞳孔大小”为50%，设置“变暗量”为50%，再选择（红眼工具）在红眼睛上单击，如图5-34所示。

图5-33 素材

图5-34 设置红眼工具

技巧

在处理不同大小照片的红眼效果时，可按照片的要求设置“瞳孔大小”和“变暗量”，然后再在红眼处单击。

03 松开鼠标左键后，系统会自动按照属性设置对红眼睛进行清除，效果如图5-35所示。

04 使用同样的方法在另一只眼睛上单击消除红眼，至此本例制作完毕，效果如图5-36所示。

图5-35 消除红眼

图5-36 最终效果

实例 049 减淡工具

实例目的

通过制作如图5-37所示的流程效果图，了解“减淡工具”在本例中的应用。

图5-37 流程效果图

实例要点

- 打开素材
- 设置“减淡工具”的属性
- 选择“减淡工具”对人物面部进行减淡处理

操作步骤

01 打开随书下载资源中的“素材文件/第05章/小朋友”素材，将其作为背景，如图5-38所示。

02 选择（减淡工具），设置“大小”为90像素、“硬度”为0%，设置“范围”为中间调，设置“曝光度”为34%，勾选“保护色调”复选框，再选择（减淡工具）在素材中人物面部进行反复涂抹，效果如图5-39所示。

图5-38 素材

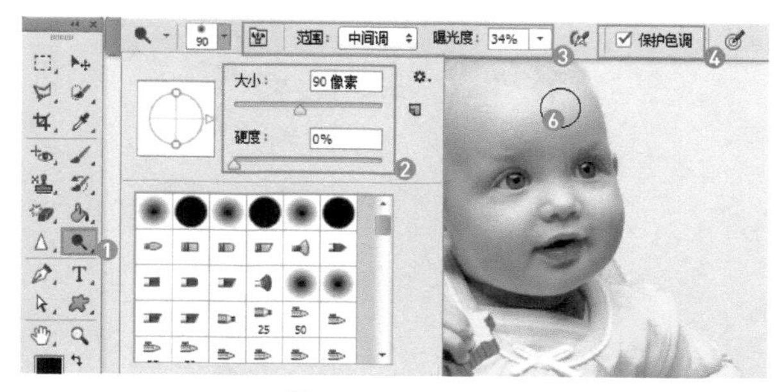

图5-39 设置工具

03 反复调整画笔的大小，其他参数不变，选择（减淡工具）在素材中人物面部进行反复涂抹，效果如图5-40所示。

04 整个面部涂抹后，得到最终效果，如图5-41所示。

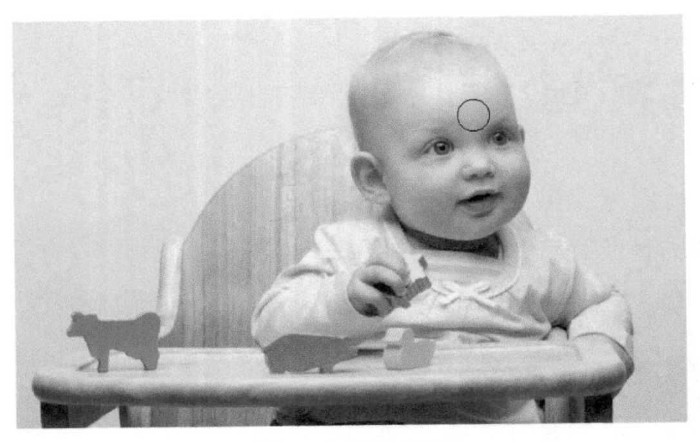
图5-40 再次减淡

图5-41 最终效果

实例 050 加深工具

实例目的

通过制作如图5-42所示的流程效果图，了解“加深工具”的应用。

图5-42 流程效果图

实例要点

- 打开文件
- 选择“多边形套索工具”创建选区
- 选择“加深工具”对图像进行局部加深处理

操作步骤

01 执行在菜单中“文件/打开”命令或按Ctrl+O键，打开随书下载资源中的“素材文件/第05章/卡通鼠”素材，如图5-43所示。

02 在工具箱中选择（多边形套索工具），设置属性栏中的“羽化”为1像素，在老鼠头上单击创建选区的第一点，如图5-44所示。

图5-43 素材

图5-44 编辑选区

03 沿老鼠的边缘单击创建选区，过程如图5-45所示。

图5-45 创建选区

04 整个选区创建完成后，效果如图5-46所示。

05 执行菜单中“文件/打开”命令或按Ctrl+O键，打开随书下载资源中的“素材文件/第05章/过山车.jpg”素材，如图5-47所示。

06 选择（移动工具）将选区内的图像拖动到“过山车”文件中，将老鼠移到相应位置，效果如图5-48所示。

图5-46 选区

图5-47 素材

图5-48 移动

07 选择（加深工具），设置画笔“大小”为23、“范围”为中间调、“曝光度”为50%，效果如图5-49所示。

08 选择“背景”图层，选择（加深工具）在老鼠脚底处进行涂抹，如图5-50所示。

图5-49 设置属性

图5-50 加深

09 在两只脚底处进行涂抹，完成本例的制作，最终效果如图5-51所示。

> **技巧**
>
> 在“范围”下拉列表中可以选择“中间调”“暗调”和“高光”选项，分别代表更改灰色的中间区域、更改深色区域和更改浅色区域。

图5-51 最终效果

技巧

选择 （加深工具），在图像的某一点进行涂抹后，会使此处变得比原图稍暗一些。此工具主要用于两个图像衔接的地方，使其看起来更加融合。

实例 051 锐化工具与模糊工具

实例目的

通过制作如图5-52所示的流程效果图，了解“锐化工具”和“模糊工具”的应用。

图5-52 流程效果图

实例要点

- 打开文件
- 选择“锐化工具”对图像局部进行锐化处理
- 选择“模糊工具”对图像局部进行模糊处理

操作步骤

01 执行菜单中“文件/打开”命令，打开随书下载资源中的“素材文件/第05章/毛毛熊”素材，将其作为背景，如图5-53所示。

02 选择工具箱中的 （锐化工具），设置“大小”为50像素，“硬度”为0%，如图5-54所示。

图5-53 素材

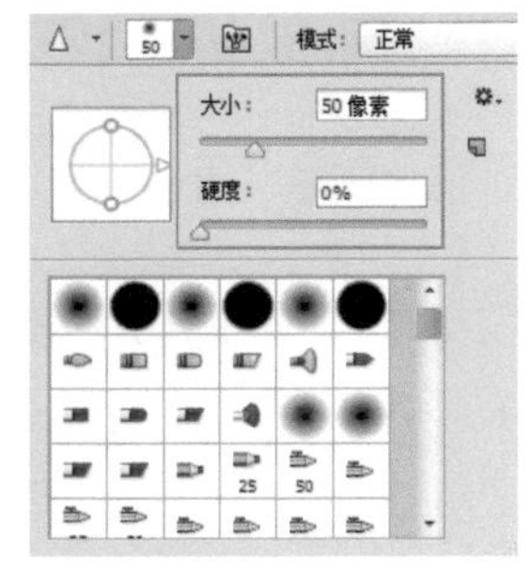

图5-54 设置参数

03 在属性栏中设置“模式”为正常，“强度”为50%，勾选“保护细节”复选框，如图5-55所示。

04 选择 （锐化工具）在图像中两只小熊的部位进行涂抹，效果如图5-56所示。

模式：正常　强度：50%　对所有图层取样　保护细节

图5-55 属性栏

图5-56 涂抹

05 选择工具箱中的（模糊工具），设置“大小”为60像素，“硬度”为0%，如图5-57所示。

06 在属性栏中设置“模式”为正常，“强度”为87%，如图5-58所示。

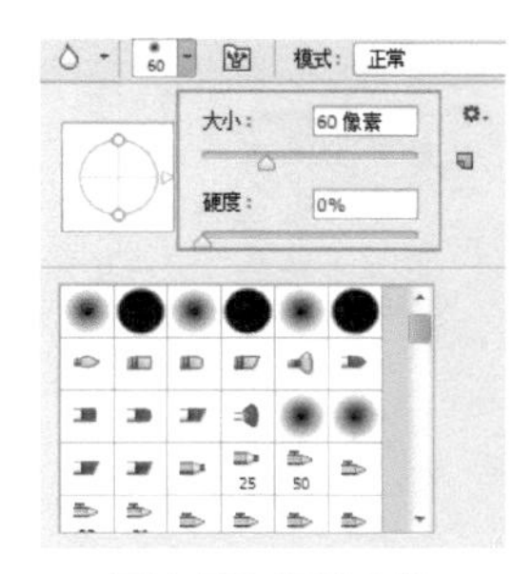

图5-57 设置参数

图5-58 属性栏

07 选择（模糊工具）在图像中两只小熊以外的部位进行涂抹，至此本例制作完毕，效果如图5-59所示。

> **技巧**
>
> 选择（锐化工具），在比较模糊的图像上来回涂抹后，会使模糊图像变得清晰一些，它的功能与（模糊工具）正好相反。

图5-59 涂抹

实例 052 海绵工具

实例目的

通过制作如图5-60所示的流程效果图，了解“海绵工具”的应用。

图5-60 流程效果图

实例要点

- 打开文件
- 使用“海绵工具”对图像局部进行模糊处理

操作步骤

01 执行菜单中“文件/打开”命令，打开随书下载资源中的“素材文件/第05章/飞人”素材，将其作为背景，如图5-61所示。

02 选择工具箱中的（海绵工具），设置“模式”为去色、“流量”为50%、勾选“自然饱和度”复选框，如图5-62所示。

图5-61 素材

图5-62 设置工具

03 选择（海绵工具）随时调整画笔大小，在人物以外的区域进行涂抹，将涂抹的区域变为黑白色，如图5-63所示。

04 在整个人物以外的区域涂抹，完成本例的制作，最终效果如图5-64所示。

图5-63 涂抹

图5-64 涂抹

本章的练习与习题

练习

选择（涂抹工具）对素材局部进行液化涂抹，选择工具后设置相应“强度”，直接在素材中涂抹即可。

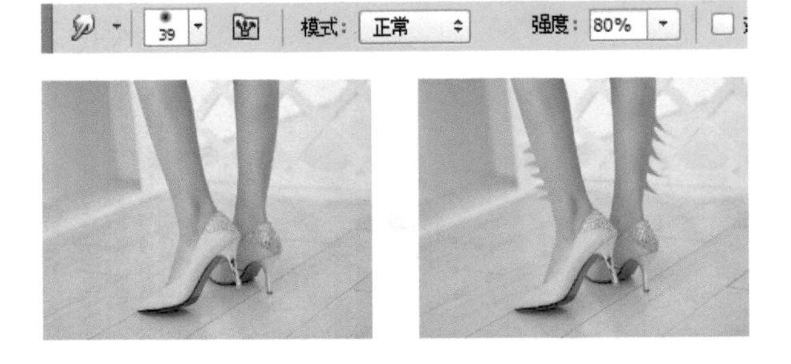

习题

1. 下面哪个工具可以对图像中的污渍进行修复？（　　）

A. 铅笔工具　　B. 修补工具　　C. 修复画笔工具　　D. 图案图章工具

2. 减淡工具和下面的哪个工具是基于调节照片特定区域的曝光度的传统摄影技术，可使图像区域变亮或变暗？（　　）

A. 渐变工具　　B. 加深工具　　C. 锐化工具　　D. 海绵工具

3. 在涂抹图像时可以将光标经过的区域进行加色与去色处理的是以下哪个工具？（　　）

A. 加深工具　　B. 减淡工具　　C. 涂抹工具　　D. 海绵工具

第 06 章

路径与图形工具的使用

本章内容

- 钢笔工具
- 自由钢笔工具
- 转换点工具
- 路径面板
- 自定义形状工具
- 用画笔描边路径
- 多边形工具
- 圆角矩形工具

本章主要对Photoshop中的核心部分，即路径部分进行讲解，通过实例的操作让大家更轻松地掌握Photoshop中路径与图形的使用。

实例 053 钢笔工具

实例目的

通过制作如图6-1所示的流程效果图，了解“钢笔工具”的应用。

图6-1 流程效果图

实例要点

- 选择“钢笔工具”在页面中绘制路径
- 建立选区并设置羽化
- 混合模式

操作步骤

01 执行菜单中“文件/打开”命令，打开随书下载资源中的“素材文件/第06章/马丁靴”素材，如图6-2所示。

图6-2 素材

02 选择工具箱中的（钢笔工具），然后在属性栏上选择“路径”选项，在图像上创建路径，如图6-3所示。

路径

图6-3 创建路径

> **技巧**
>
> 选择（钢笔工具）创建直线路径时，只单击但不要按住鼠标左键，当光标移动到另一点时单击鼠标左键即可创建直线路径；按住鼠标左键并拖动即可创建曲线路径。

技巧

在创建路径时，为了能更够更好地控制路径的走向，可以通过按 Ctrl+“+”键和 Ctrl+“-”键来放大和缩小图像。

03 路径创建完毕后，在属性栏中单击“建立选区”按钮，如图6-4所示。

04 单击“建立选区”按钮后，系统会打开“建立选区”对话框，在其中设置“羽化半径”为10像素，其他参数不变，如图6-5所示。

图6-4 属性栏

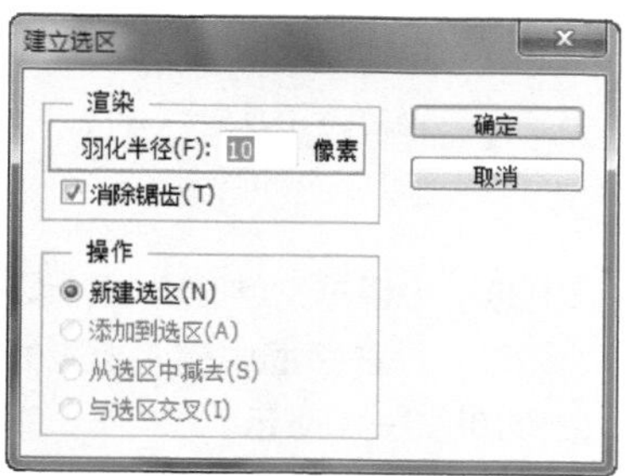

图6-5 转换路径为选区

技巧

选择（钢笔工具）时，选择属性栏上的“形状”选项时，在图像中依次单击鼠标左键可以创建具有“填充”和“描边”功能形状图层。

技巧

选择（钢笔工具）时，选择属性栏上的“路径”选项时，在图像中单击鼠标左键就可以创建普通的工作路径。

技巧

选择（钢笔工具）时，勾选属性栏中的“自动添加 / 删除”复选框，“钢笔工具”就具有了“添加锚点”和“删除锚点”的功能。

05 设置完毕后单击“确定”按钮，此时会将路径转换为具有羽化效果的选区，如图6-6所示。

06 在“图层”面板中新建“图层1”图层，将选区填充为白色，如图6-7所示。

图6-6 转换为选区

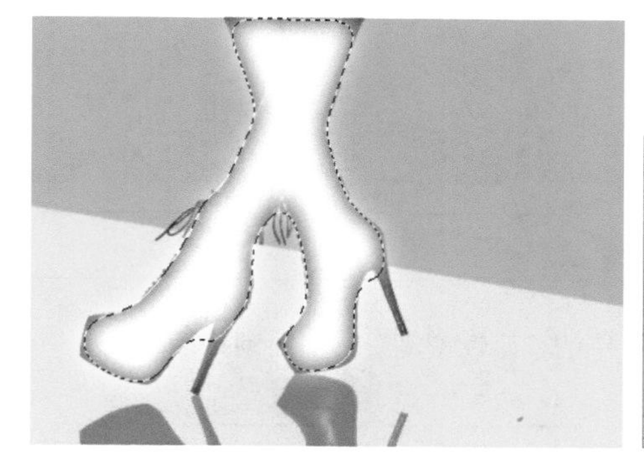

图6-7 填充选区

07 设置“混合模式”为叠加、“不透明度”为74%，此时发现黑色的裤子和鞋子都比之前亮得多，如图6-8所示。

08 按Ctrl+D键去掉选区，如图6-9所示。

图6-8 混合模式

图6-9 变亮

09 选择工具箱中的T（横排文字工具），设置文本颜色为RGB（255，255，255），在页面中输入相应的文字内容，至此本例制作完毕，效果如图6-10所示。

图6-10 最终效果

实例 054 自由钢笔工具

实例目的

通过制作如图6-11所示的流程效果图，了解“自由钢笔工具”的应用。

图6-11 流程效果图

实例要点

- 选择“自由钢笔工具”中的“磁性钢笔”选项绘制路径
- 将路径转换为选区
- 移动图像

操作步骤

01 执行菜单中“文件/打开”命令或按Ctrl+O键，打开随书下载资源中的“素材文件/第06章/啤酒”素材，如图6-12所示。

02 在工具箱中选择（自由钢笔工具），在属性栏中选择“工具模式”为路径，单击“设置选项”按钮，打开“选项”列表菜单，其中的参数值设置如图6-13所示。

图6-12 素材

图6-13 设置参数

03 在啤酒瓶左边缘处取一点单击鼠标左键确定起点，如图6-14所示。

04 沿边缘拖动鼠标，（磁性钢笔工具）会自动在啤酒边缘创建锚点和路径，在拖动中可以按照自己的意愿单击鼠标添加控制锚点，这样会将路径绘制得更加贴切，如图6-15所示。

图6-14 定义起点

图6-15 创建路径过程

05 当光标回到第一个锚点上时，光标右下角会出现一个小圆圈，如图6-16所示。

06 此时只要单击鼠标左键，即可完成路径的绘制，效果如图6-17所示。

07 路径绘制完成后，按Ctrl+Enter键将路径转换为选区，如图6-18所示。

图6-16 起点与终点相交

图6-17 完成路径绘制

图6-18 转换为选区

08 执行菜单中“文件/打开”命令或按Ctrl+O键，打开随书下载资源中的“素材文件/第06章/鱼”素材，如图6-19所示。

09 选择（移动工具）将选区内的图像拖动到“鱼”文件中，至此本例制作完毕，效果如图6-20所示。

图6-19 素材

图6-20 最终效果

> **技巧**
>
> 选择（磁性钢笔工具）绘制路径时，按Enter键可以结束路径的绘制；在最后一个锚点上双击可以与第一锚点自动封闭路径；按Alt键可以暂时转换成钢笔工具。

> **提示**
>
> 选择（磁性钢笔工具）绘制路径，当路径发生偏移时，只要按Delete键即可将最后一个锚点删除，以此类推可以向前删除多个锚点。

实例 055 转换点工具

实例目的

通过制作如图6-21所示的流程效果图，了解“转换点工具”的应用。

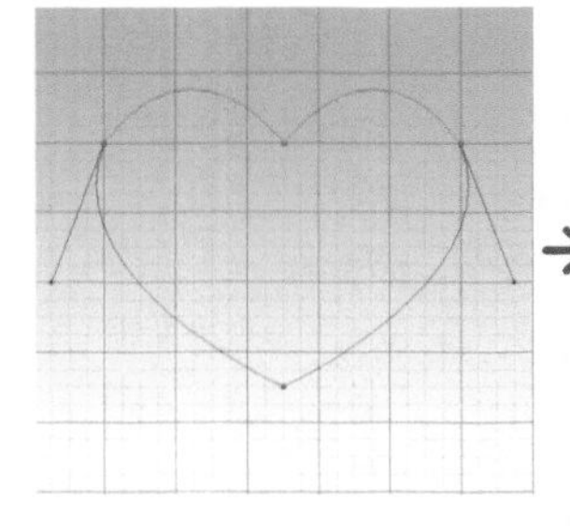

图6-21 流程效果图

实例要点

- 新建文档
- 选择“转换点工具”将直线调整为曲线
- 将路径转换为选区
- 高斯模糊
- 图层蒙版

操作步骤

01 执行菜单中“文件/新建”命令，打开“新建”对话框，设置“名称”为转换点工具，“宽度”和“高度”都设置为500像素，“分辨率”为72像素/英寸，如图6-22所示。

02 选择工具箱中的▣（渐变工具），单击属性栏中的“点按可编辑渐变”颜色条，打开“渐变编辑器”对话框，如图6-23所示。

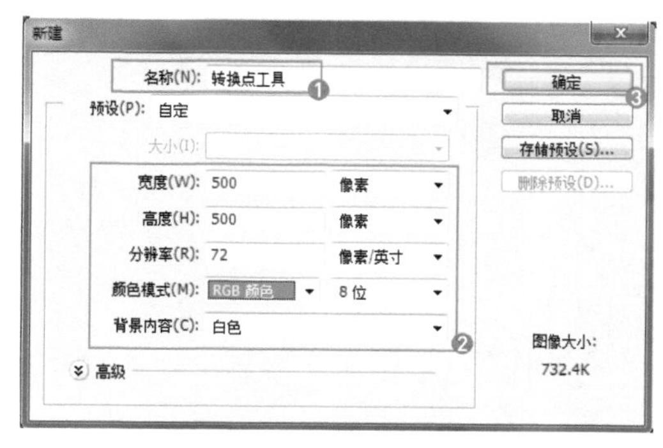

图6-22　“新建”对话框

图6-23　“渐变编辑器”对话框

03 将渐变设置为从RGB（255，255，255）到RGB（95，200，255）的渐变效果，如图6-24所示。

04 在画布中按住鼠标左键从下向上拖曳填充，得到渐变效果如图6-25所示。

图6-24　设置颜色

图6-25　填充渐变色

05 执行菜单中“视图/显示/网格”命令，在画布上显示网格，如图6-26所示。

06 选择工具箱中的▣（钢笔工具），在画布中依次单击绘制一个如图6-27所示的三角形路径。

图6-26　显示网格

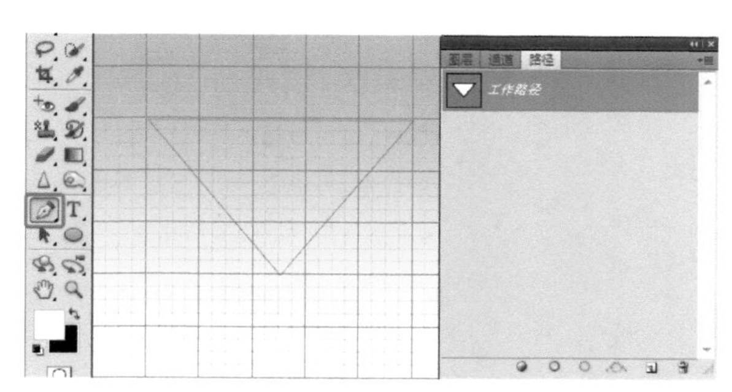
图6-27　绘制路径

技巧

添加锚点除了可以选择▣（添加锚点工具）外，还可以选择▣（钢笔工具）直接在路径上添加，但前提是要勾选钢笔工具属性栏上的“自动添加/删除”复选框。

07 选择工具箱中的 (添加锚点工具)，在如图6-28所示的路径位置单击，添加一个锚点。

08 选择工具箱中的 (转换点工具)，在路径左上角的锚点上单击并拖动，调整路径效果如图6-29所示。

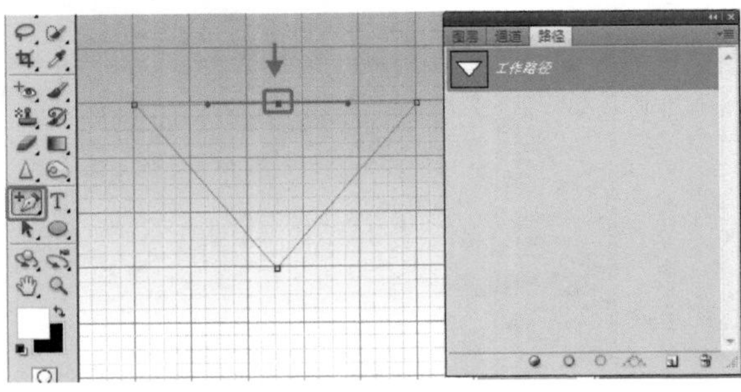

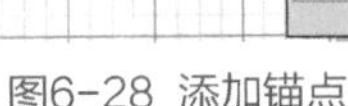

图6-28 添加锚点

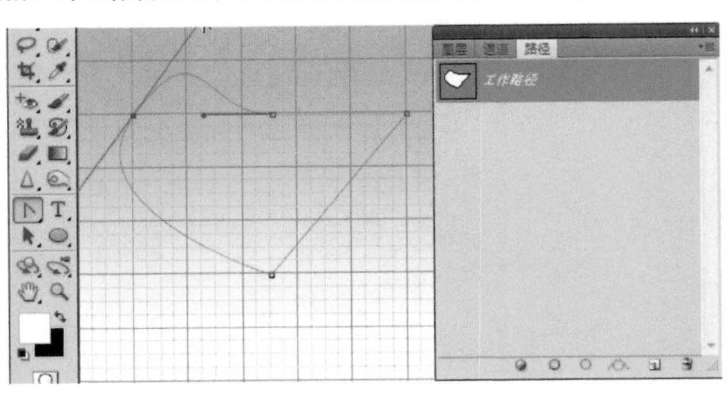

图6-29 转换

09 使用同样的方法，依次调整其他几个锚点，得到路径效果如图6-30所示。

10 同时按Ctrl+Enter键，将路径转换为选区。设置工具箱中的“前景色”为RGB（255，0，0），执行菜单中“窗口/图层”命令，单击打开的“图层”面板下部的“创建新图层”按钮，新建“图层1”图层。此时，按Alt+Delete键，为选区填充颜色，效果如图6-31所示。

> **技巧**
>
> 在调整路径时，每个锚点都由两个控制轴控制，在按 Alt 键的同时操作单个控制轴，可以实现对单个控制轴的控制。

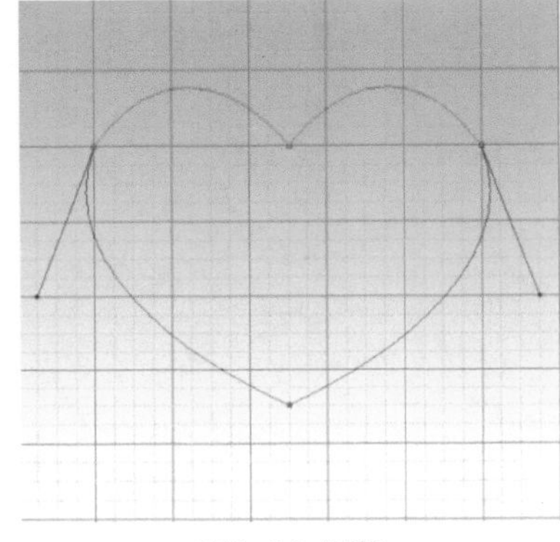

图6-30 调整

图6-31 填充

11 执行菜单中“视图/显示/网格”命令，将网格隐藏。在按住Ctrl键的同时单击“图层1”图层，将选区调出。选择工具箱中的 (渐变工具)，单击“点按可编辑渐变”颜色条，在打开的“渐变编辑器”对话框中设置从白色到透明的渐变，如图6-32所示。

12 新建“图层2”图层，并在该图层上从上向下拖曳，效果如图6-33所示。

图6-32 “渐变编辑器”对话框

图6-33 填充渐变

13 执行菜单中“编辑/自由变换路径”菜单命令，按住Shift键和Alt键对图形进行缩放，效果如图6-34所示。

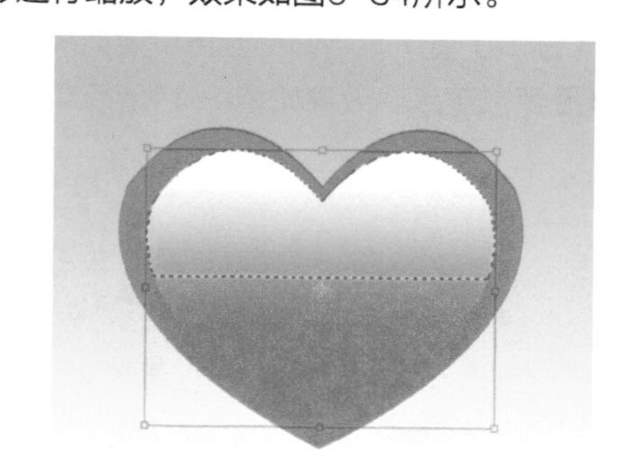

图6-34 变换

技巧

按住 Shift 键缩放对象，可以保证是按照比例缩放。按住 Alt 键缩放对象，可以保证是中心缩放。

14 在控制框内双击，完成缩放。执行菜单中“滤镜/模糊/高斯模糊”命令，设置打开的“高斯模糊”对话框中“半径”值为15像素，如图6-35所示。

15 执行“高斯模糊”命令后的效果如图6-36所示。

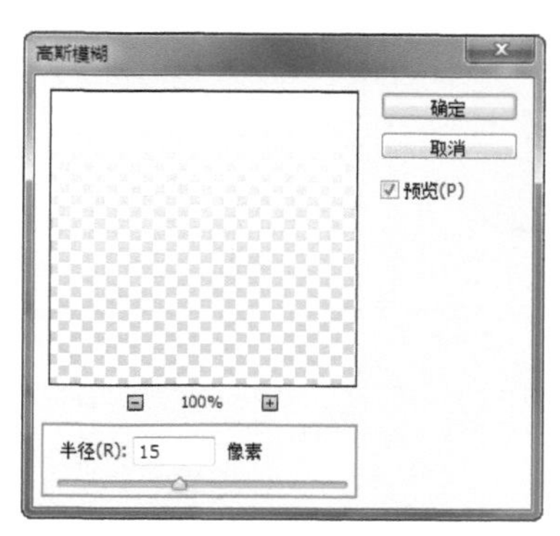

图6-35 “高斯模糊”对话框

图6-36 模糊后效果

16 选择工具箱中的（椭圆工具），单击属性栏上的“像素”命令，新建“图层3”图层，在画布中绘制一个如图6-37所示的椭圆。

17 执行菜单中“滤镜/模糊/高斯模糊”命令，设置“半径”值为46像素，模糊效果如图6-38所示。

18 执行两次“图层/向下合并”菜单命令，选择工具箱中的（移动工具），按住Alt键拖动图形，复制一个图形，执行菜单中“编辑/自由变换路径”命令，单击鼠标右键，在快捷菜单中选择“垂直翻转”选项，效果如图6-39所示。

图6-37 绘制椭圆

图6-38 模糊后效果

图6-39 垂直翻转

19 单击“图层”面板下面的“添加图层蒙版”按钮，为“图层1副本”图层添加图层蒙版，选择工具箱中的（渐变工具），将渐变颜色设置为从白色到黑色的渐变，在蒙版上从上向下拖曳，如图6-40所示。

20 添加蒙版，效果如图6-41所示。

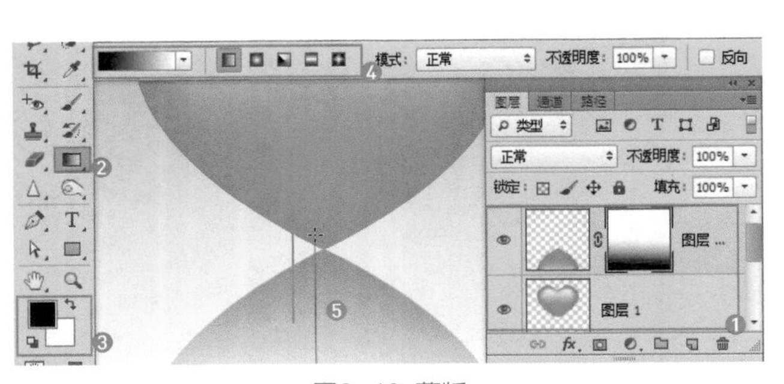

图6-40 蒙版

图6-41 蒙版

21 此时的“图层”面板如图6-42所示。

22 执行菜单中“文件/打开”命令或按Ctrl+O键，打开随书下载资源中的“素材文件/第06章/心形背景”素材，如图6-43所示。

23 选择（移动工具）将“心形背景”内的图像拖动到“转换点工具”文件中，至此本例制作完毕，如图6-44所示。

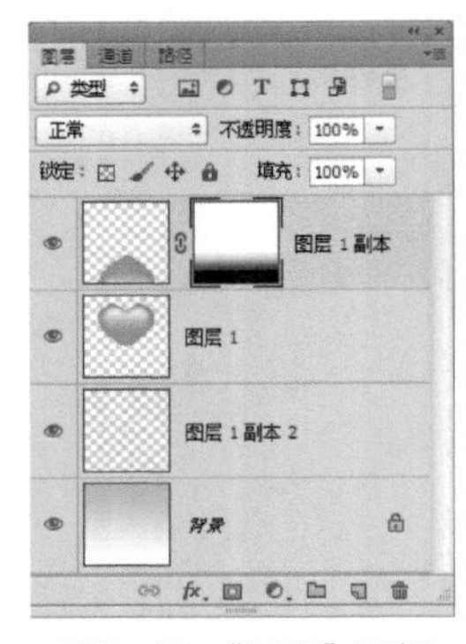

图6-42 “图层”面板

图6-43 素材

图6-44 最终效果

实 例 **056**

路径面板

实例目的

通过制作如图6-45所示的流程效果图，了解“路径”面板的使用方法。

图6-45 流程效果图

实例要点

- 打开素材
- 选择“钢笔工具”绘制直线路径
- 在“路径”面板中为路径描边
- 通过“画笔”面板为画笔设置基本属性

操作步骤

01 打开随书下载资源中的“素材文件/第06章/夜空”素材，将其作为背景，如图6-46所示。

02 选择工具箱中的（钢笔工具），在属性栏上选择“路径”选项，如图6-47所示。

图6-46 素材

图6-47 设置属性

03 在图像上单击一点后移到另一点再单击，创建一个如图6-48所示的路径。

04 选择工具箱中的（画笔工具），执行菜单中“窗口/画笔”命令或按F5键，打开“画笔”面板，如图6-49所示。

图6-48 创建路径

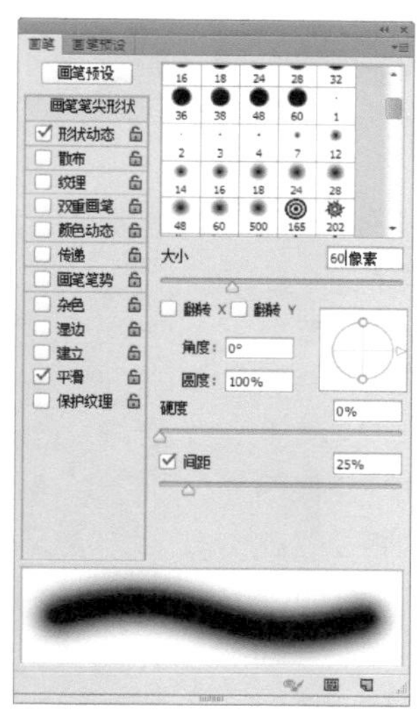

图6-49 “画笔”面板

> **技巧**
>
> 这里绘制路径的方向很重要，直接取决于最后制作的流星的方向。注意按照提示进行绘制。

05 勾选“传递”复选框，在“不透明度抖动”选项下的“控制”下拉菜单中选择“渐隐”选项，设置“渐隐”值为60，再勾选“形状动态”复选框，在“大小抖动”选项下拉菜单中选择“渐隐”选项，设置“渐隐”值为60，如图6-50所示。

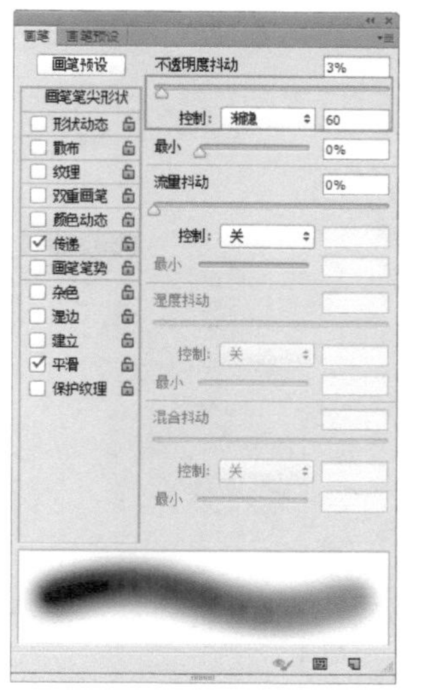

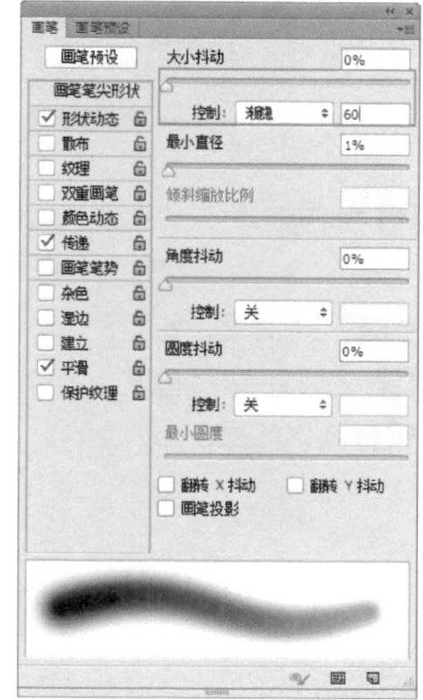

图6-50 “画笔”面板

06 选择（画笔工具）的“前景色”为白色，“大小”值为50像素，执行菜单中“窗口/路径”命令，打开“路径”面板，如图6-51所示。

07 单击“路径”面板下面的“用画笔描边路径”按钮，如图6-52所示。

08 描边路径效果如图6-53所示。

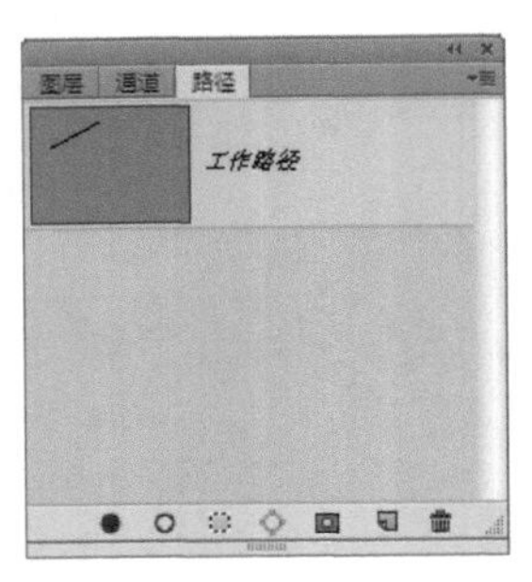

图6-51 “路径”面板

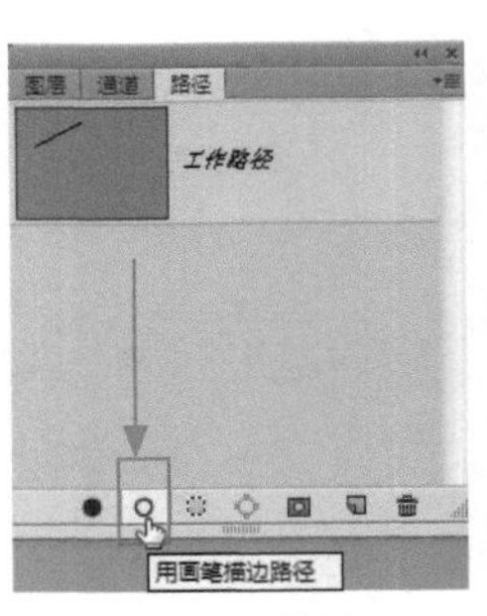

图6-52 描边

图6-53 描边效果

技巧

在“路径”面板中单击右上角的小三角形按钮，在打开的菜单中选择“描边路径”或“填充路径”选项，都会打开一个对话框，可在其中根据需要进行设置。

09 重新设置“画笔”面板中“不透明度抖动”选项下的“控制”下拉菜单中“渐隐”值为40，如图6-54所示。

10 设置“画笔工具”的“大小”值为70，再次单击“路径”面板上的“用画笔描边路径”按钮，得到描边路径效果如图6-55所示。

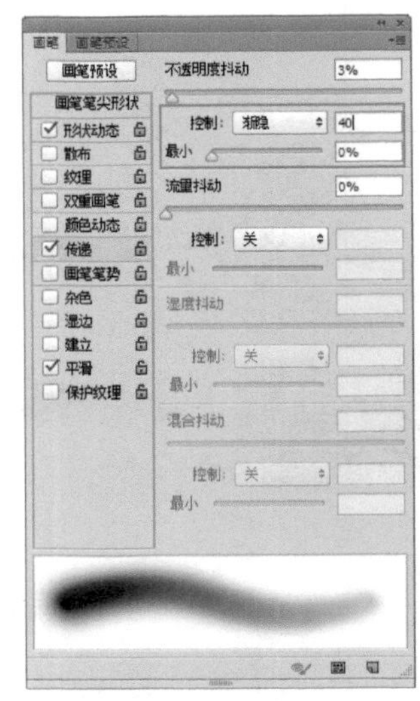

图6-54 “画笔”面板

图6-55 描边效果

11 执行菜单中“滤镜/渲染/镜头光晕”命令，设置打开的“镜头光晕”对话框，如图6-56所示。

12 设置完毕后单击“确定”按钮，效果如图6-57所示。

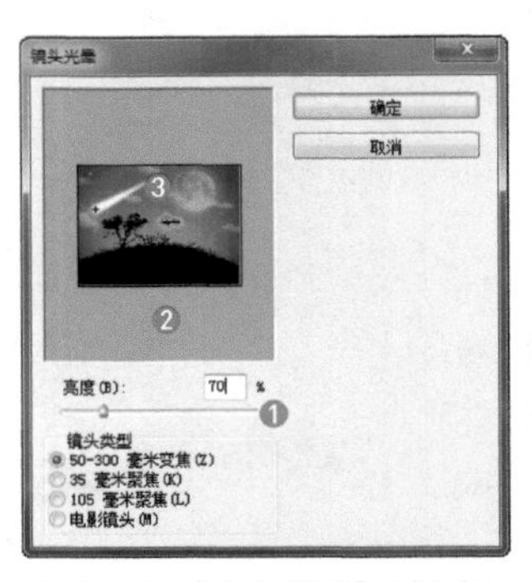

图6-56 “镜头光晕”对话框

图6-57 最终效果

实例 057 自定义形状工具

实例目的

通过制作如图6-58所示的流程效果图，了解“自定义形状工具”及“用画笔描边路径”按钮的使用方法。

图6-58 流程效果图

实例要点

- 打开素材
- 绘制自行定义形状路径
- 设置“画笔”面板中的笔触
- 在“路径”面板中为路径描边

操作步骤

01 在菜单中执行“文件/打开”命令或按Ctrl+O键，打开随书下载资源中的“素材文件/第06章/天空.jpg”素材，如图6-59所示。

图6-59 素材

02 在工具箱中选择（画笔工具）后，按F5键打开“画笔”面板，分别设置画笔的各项功能，如图6-60所示。

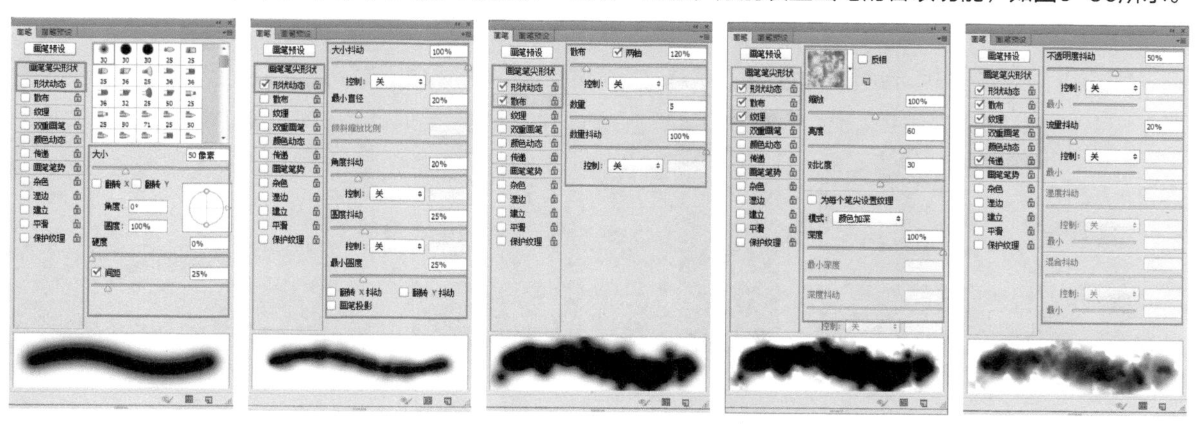

图6-60 设置画笔

03 新建“图层1”图层，将“前景色”设置为白色，选择（自定义形状工具）在素材中绘制心形路径，如图6-61所示。

04 打开“路径”面板，单击“用画笔描边路径”按钮，此时会在心形路径上描上一层白色的云彩，如图6-62所示。

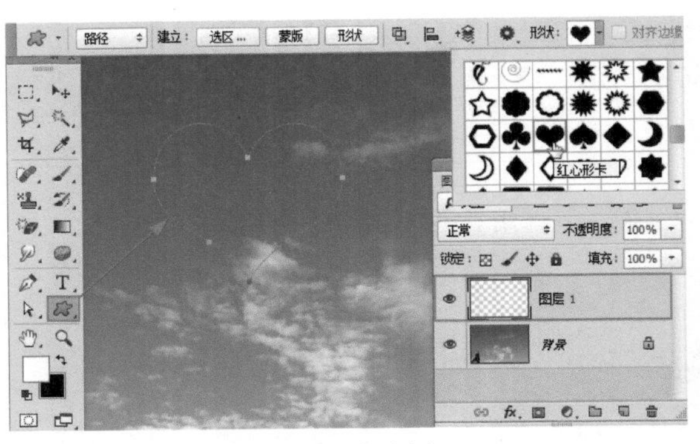

图6-61 绘制路径

图6-62 描边路径

05 在"路径"面板的空白处单击隐藏路径，回到"图层"面板中按Ctrl+J键复制"图层1"得到"图层1副本"图层，按Ctrl+T键调出变换框，拖动控制点将云彩图像缩小，如图6-63所示。

06 按Enter键完成本次操作实战，最终效果如图6-64所示。

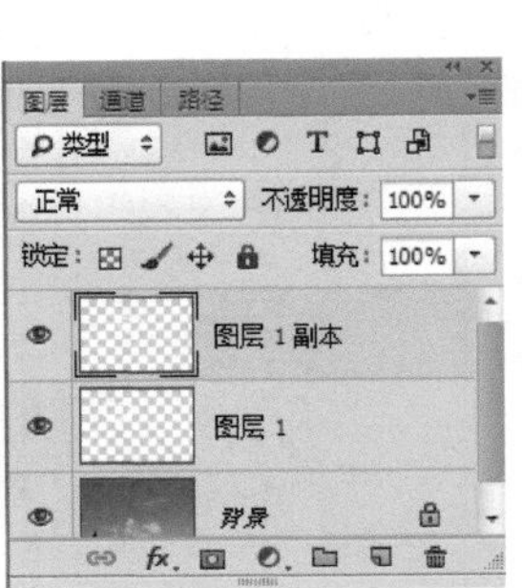

图6-63 复制并变换

图6-64 最终效果

实例058 用画笔描边路径

实例目的

通过制作如图6-65所示的流程效果图，了解"用画笔描边路径"按钮的使用方法。

图6-65 流程效果图

实例要点

- 打开素材
- 选择"钢笔工具"绘制路径
- 设置描边路径
- 为路径描边
- 调整明度

操作步骤

01 在菜单中执行"文件/打开"命令或按Ctrl+O键，打开随书下载资源中的"素材文件/第06章/相拥.jpg"素材，如图6-66所示。

02 在工具箱中选择（画笔工具）后，按F5键打开"画笔"面板，设置的过程与实战057相同，不同的是在"形状动态"部分将"大小抖动"处的"控制"设置为钢笔压力，在弹出菜单的中选择"描边路径"，在对话框中勾选"模拟压力"复选框，如图6-67所示。

图6-66 素材

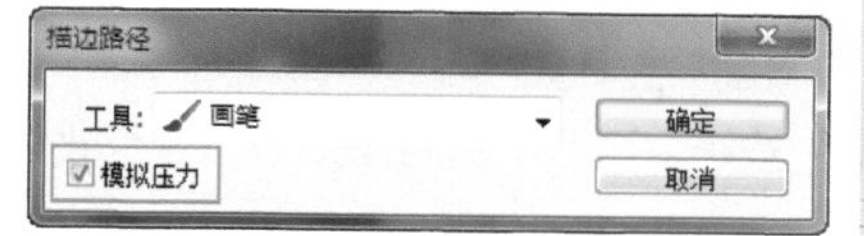

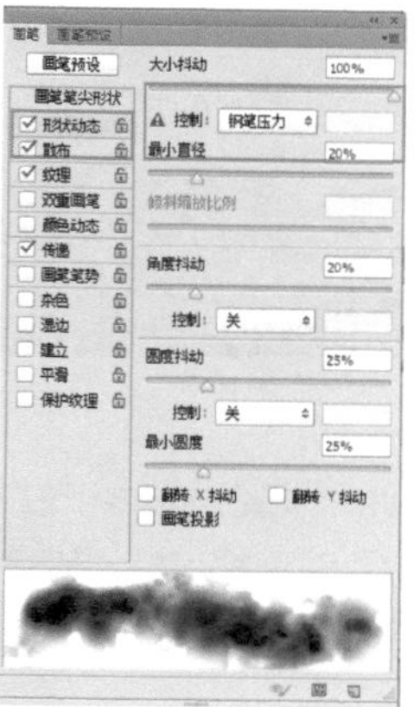

图6-67 设置画笔

03 选择（钢笔工具）在素材中绘制如图6-68所示的路径。

04 新建"图层1"图层，将"前景色"设置为白色，打开"路径"面板，单击"用画笔描边路径"按钮，此时会在路径上描上一层白色的云彩，如图6-69所示。

图6-68 绘制路径

图6-69 描边路径

温馨提示

由于设置了"钢笔压力"所以描边的云彩两头会越来越细。

05 在"路径"面板空白处单击隐藏路径，回到"图层"面板，选择（橡皮擦工具）在相应位置的云彩上进行擦除，如图6-70所示。

图6-70 擦除

06 选择 （橡皮擦工具）在围绕人物的云彩上进行涂抹，将蒙版进行编辑，如图6-71所示。

07 将云彩制作成围绕人物的效果，如图6-72所示。

图6-71 擦除

图6-72 围绕效果

08 此时发现云彩过于白亮，下面将其进行一下调整，执行菜单中“图像/调整/色相/饱和度”命令，打开“色相/饱和度”对话框，将“明度”调低一点，如图6-73所示。

09 设置完毕后单击“确定”按钮，至此本例制作完毕，最终效果如图6-74所示。

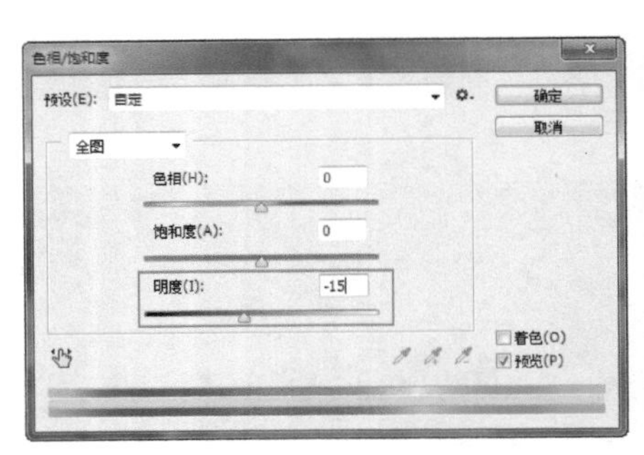

图6-73 “色相/饱和度”对话框

图6-74 最终效果

实例 059 多边形工具

实例目的

通过制作如图6-75所示的流程效果图，了解使用“多变形工具”绘制星形的方法。

 →  →  → 

图6-75 流程效果图

实例要点

- 打开素材
- 设置多边形属性
- 绘制星形

操作步骤

01 执行菜单“文件/打开”命令，打开随书下载资源中的“素材文件/第06章/插画.jpg”素材，将其作为背景，如图6-76所示。

02 选择工具箱中的（多边形工具），设置“前景色”为RGB（255，255，255），在属性栏中选择“像素”选项，再单击“几何选项”按钮，打开“多边形选项”面板，勾选“星形”复选框，设置“缩进边依据”为80%，再设置属性栏上的“边”数为4，如图6-77所示。

图6-76 素材

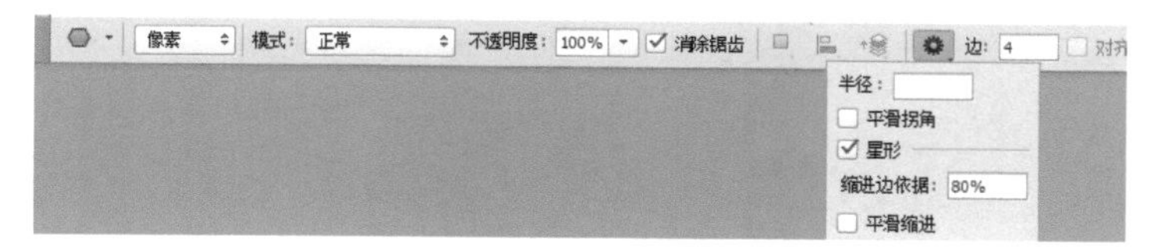

图6-77 设置参数

技巧

选择（多边形工具）可以绘制多边形和星形。在属性栏上的“边”选项中填入要绘制多边形的边数，在页面绘制时便可以绘制出预设的多边形。在属性栏中打开“多边形选项”对话框，勾选“星形”复选框后，在页面中绘制的多边形便是星形。

03 单击“图层”面板上的“创建新图层”按钮，新建一个图层并将其命名为“星星”，将“前景色”设置为白色，在图像中相应的位置绘制图形，如图6-78所示。

04 选中“星星”图层，执行菜单中“滤镜/模糊/高斯模糊”命令，打开“高斯模糊”对话框，设置“半径”值为0.8像素，如图6-79所示。

05 设置完毕后单击“确定”按钮，图像效果如图6-80所示。

图6-78 在新建图层中绘制星形

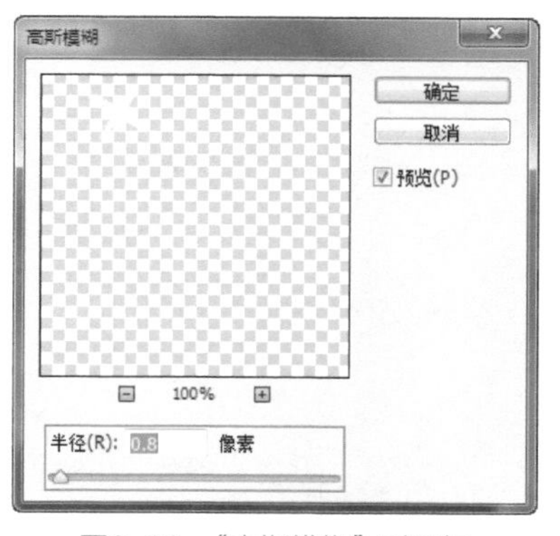

图6-79 “高斯模糊”对话框

图6-80 模糊后效果

06 选择工具箱中的（椭圆选框工具），在属性栏上设置“羽化”值为5像素，在图像上星形中间位置绘制椭圆形选区，并填充前景色，效果如图6-81所示。

07 按Ctrl+D键，取消选区，使用同样的方法绘制另外的星形，至此本例制作完毕，效果如图6-82所示。

图6-81图像效果

图6-82 最终效果

实例 060 圆角矩形工具

实例目的

通过制作如图6-83所示的流程效果图，了解“圆角矩形工具”的使用方法。

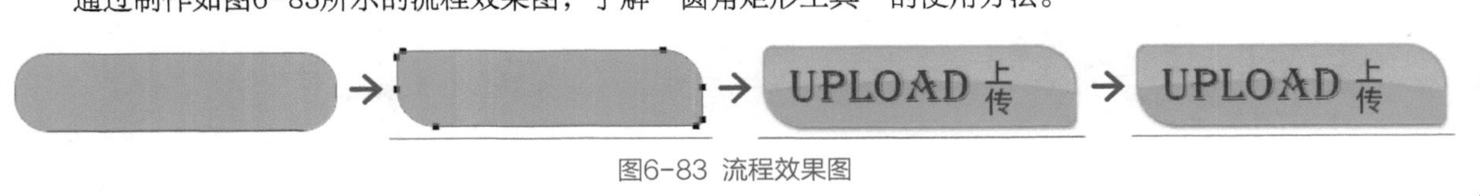

图6-83 流程效果图

实例要点

- 新建文档
- 绘制圆角矩形
- 添加投影和描边样式

操作步骤

01 新建一个空白文档，使用▭（矩形工具）在页面中绘制一个矩形，在“属性”面板中设置圆角值。设置和效果如图6-84所示。

02 单击◙ “进入快速蒙版模式编辑”按钮，进入快速蒙版编辑状态，设置和效果如图6-85所示。

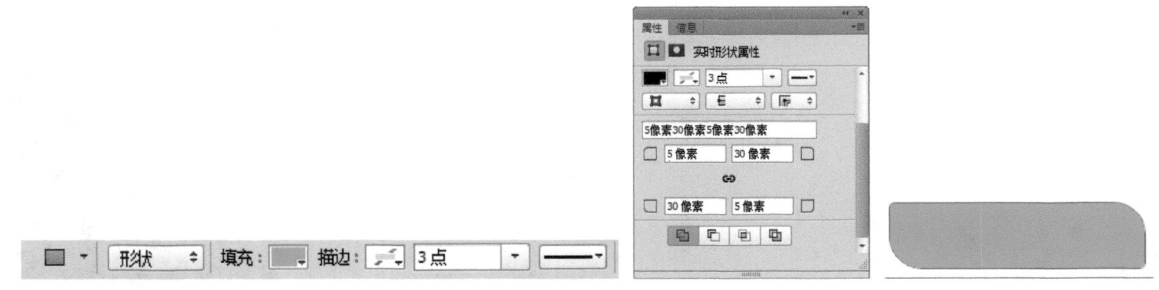

图6-84 创建选区

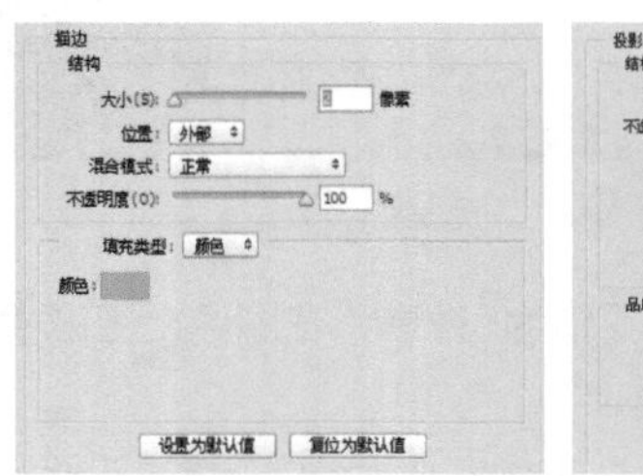
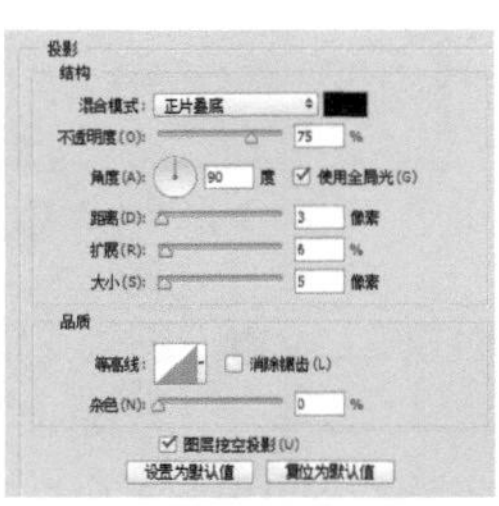

图6-85 添加图层样式

03 新建一个图层，绘制选区后填充为黄色，设置“不透明度”，再创建剪贴蒙版，并添加“投影”图层样式，设置和效果如图6-86所示。

04 在按钮上键入合适的文字，至此本例制作完毕，效果如图6-87所示。

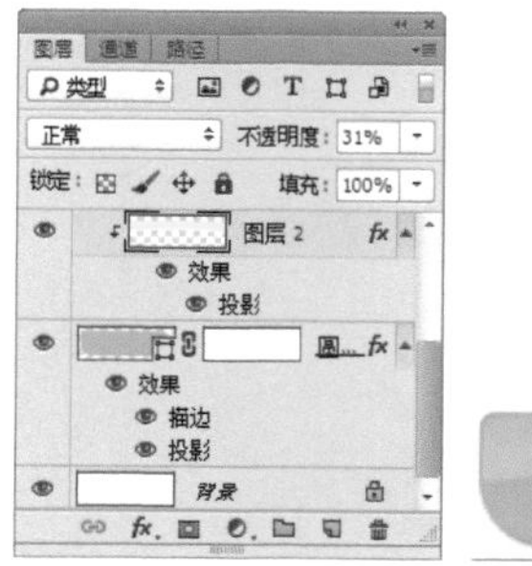

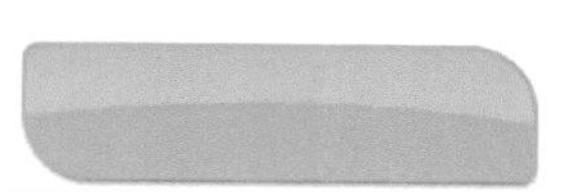

图6-86 添加“投影”

图6-87 最终效果

本章的练习与习题

练习

选择（钢笔工具）创建路径后，在“路径”面板中将路径转换为选区，对选区内的图像进行抠图替换背景操作。

习题

1. 按哪个快捷键可以快速将路径转换为选区？（　　）

A. Ctrl+Enter键　　B. Ctrl+ C键　　C. Ctrl+J键　　D. Shift+Ctrl+X键

2. 对已经绘制的封闭路径进行填充时以下哪种选项可以填充？（　　）

A. 图案　　B. 混合模式　　C. 背景色　　D. 前景色

3. 多边形工具除了可以绘制多边形以外还可以绘制？（　　）

A. 星形　　B. 直线　　C. 圆角矩形　　D. 圆形

4. 路径类工具包括以下哪两类工具？（　　）

A. 钢笔工具　　B. 矩形工具　　C. 形状工具　　D. 多边形工具

5. 以下哪个工具可以选择一个或多个路径？（　　）

A. 直接选择工具　　B. 路径选择工具　　C. 移动工具　　D. 转换点工具

6. 以下哪个工具可以激活“填充像素”？（　　）

A. 多边形工具　　B. 钢笔工具　　C. 自由钢笔工具　　D. 圆角矩形工具

7. 使用以下哪个命令可以制作无背景图像。（　　）

A. 描边路径　　B. 填充路径　　C. 剪贴路径　　D. 储存路径

第07章

图层的使用

本章内容

- 颜色减淡模式
- 变暗模式与图层样式
- 图层混合
- 投影
- 斜面和浮雕
- 图层样式
- 图案填充
- 图层顺序
- 合并图层
- 调整图层

本章主要对Photoshop中核心部分的图层部分进行讲解，通过实例的操作让大家更轻松地掌握Photoshop的核心内容。

实例 061

颜色减淡模式

实例目的

通过“混合模式”中的“颜色减淡”制作如图7-1所示的流程效果图。

图7-1 流程效果图

实例要点

- 执行“打开”菜单命令打开文件
- 执行“去色”命令将彩色照片去掉颜色
- 复制图层及执行“反相”命令
- 使用“高斯模糊”及“颜色减淡”制作素描效果

操作步骤

01 执行菜单中“文件/打开”命令，打开随书下载资源中的“素材文件/第07章/剧情”素材，如图7-2所示。

02 执行菜单中“图像/调整/去色”命令或按Ctrl+Shift+U键，将彩色图像去掉颜色，如图7-3所示。

图7-2 素材

图7-3 去色

03 在“图层”面板中拖曳“背景”图层到“创建新图层”按钮上，得到“背景 拷贝”图层，执行菜单中“图像/调整/反相”命令或按Ctrl+I键，将图片变为底片效果，如图7-4所示。

图7-4 反相

04 在“图层”面板中设置“混合模式”为颜色减淡，此时的画布将会变成如图7-5所示的效果。

图7-5 混合模式

05 执行菜单中“滤镜/模糊/高斯模糊”命令，打开“高斯模糊”对话框，设置“半径”值为1.8像素，如图7-6所示。

06 设置完成后，单击“确定”按钮，至此本例制作完成，效果如图7-7所示。

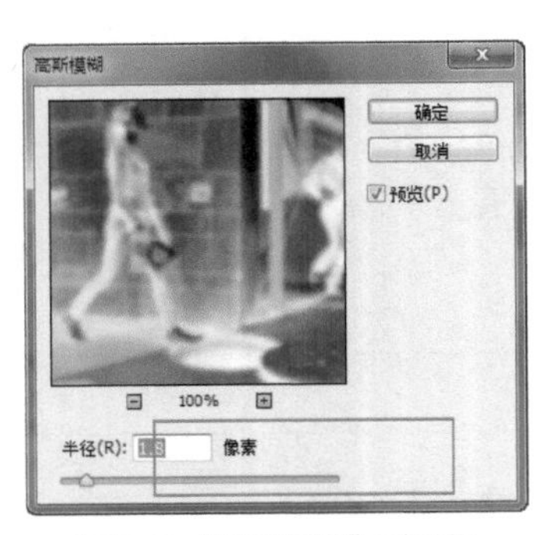

图7-6 “高斯模糊”对话框

图7-7 最终效果

技巧

将图片应用“去色”命令后，再复制并将副本应用“反相”命令，然后在“混合模式”中设置“颜色减淡”或“线性减淡”两种模式中的一个可以出现比较好的素描效果。前提必须要在上层图片应用“高斯模式”命令或“最小值”命令。如果想要最佳素描效果。可以通过调整对话框中“半径”值来产生。

技巧

在“滤镜”中通过“风格化”菜单里的“查找边缘”菜单命令去色后，再对其进行适当的调整也可以出现素描的效果。

技巧

通过执行“滤镜 / 模糊 / 特殊模糊”菜单命令，在“特殊模糊”对话框中设置相应的参数也可以出现素描效果。

实例 062 变暗模式与图层样式

实例目的

通过制作如图7-8所示的流程效果图，了解“混合模式”中“强光”以及“投影和外发光”图层样式在实例中的应用。

图7-8 流程效果图

实例要点

- 执行“打开”菜单命令打开素材图像
- 复制图像，并将图像多余部分删除
- 使用快速蒙版编辑方式创建选区
- 通过“混合模式”中的“强光”选项将两个图像更好地融合在一起

操作步骤

01 执行菜单中“文件/打开”命令，打开随书下载资源中的“素材文件/第07章/树叶”素材，如图7-9所示。

02 单击工具箱中的“以快速蒙版模式编辑”按钮，进入快速蒙版编辑模式，选择（画笔工具），在其属性栏上设置相应的画笔大小和笔触，在画布中进行涂抹，如图7-10所示。

图7-9 素材

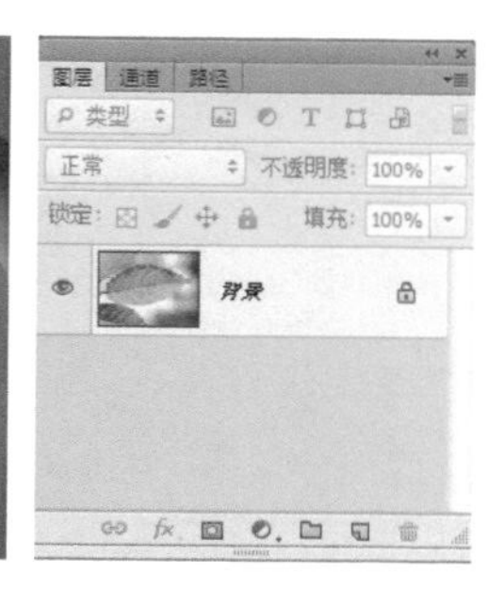

图7-10 快速蒙版

03 使用相同的方法，通过修改画笔的大小和笔触，在画布上继续将树叶涂抹出来，如图7-11所示。

04 单击工具箱中的“以标准模式编辑”按钮，返回标准模式编辑状态，自动创建树叶图形的选区，如图7-12所示。

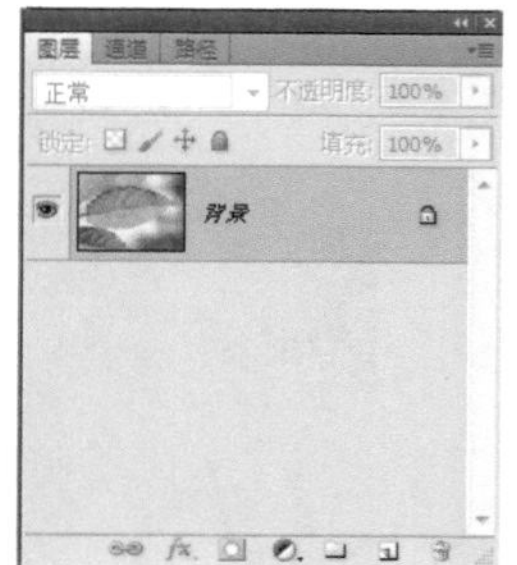

图7-11 编辑快速蒙版

图7-12 创建选区

05 按Ctrl+C键复制选区中的图形，再按Ctrl+V键粘贴图像，图像会自动新建一个图层来放置复制的图形，如图7-13所示。

06 选中“图层1”图层，单击“图层”面板上的“添加图层样式”按钮，打开“图层样式”对话框，在左侧的“样式”列表中勾选“投影”复选框，设置如图7-14所示。

图7-13 复制

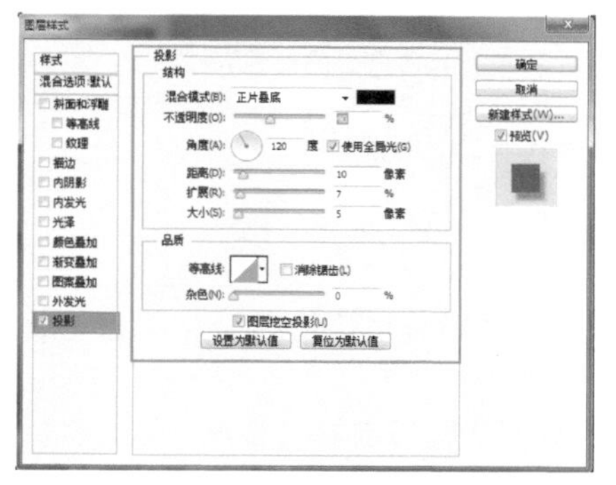

图7-14 “图层样式”对话框

技巧

在“图层样式”对话框中的投影选项设置中，在“混合模式”的下拉列表中选择相应模式，可以出现不同的投影效果。在“品质”复选框中设置不同的“等高线”，可以出现不同的投影样式，单击“等高线”样式图标，可以打开“等高线编辑器”对话框，拖动其中的曲线可以自定义等高线的样式。

07 在“图层样式”对话框左侧的“样式”列表中勾选“外发光”复选框，转换到外发光选项设置，设置如图7-15所示。

08 单击“确定”按钮，完成“图层样式”对话框的设置，图像效果如图7-16所示。

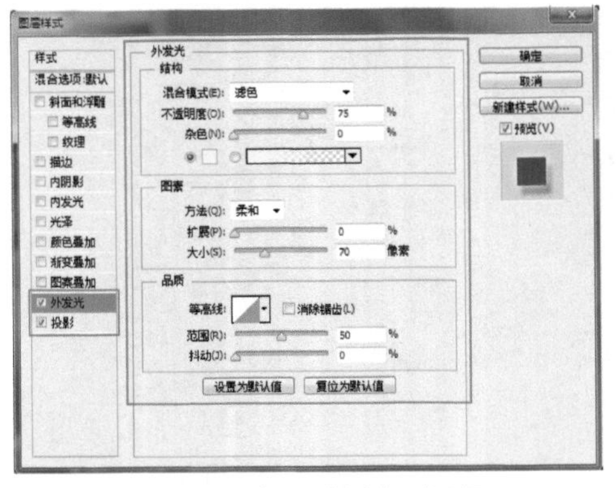

图7-15 “图层样式”对话框

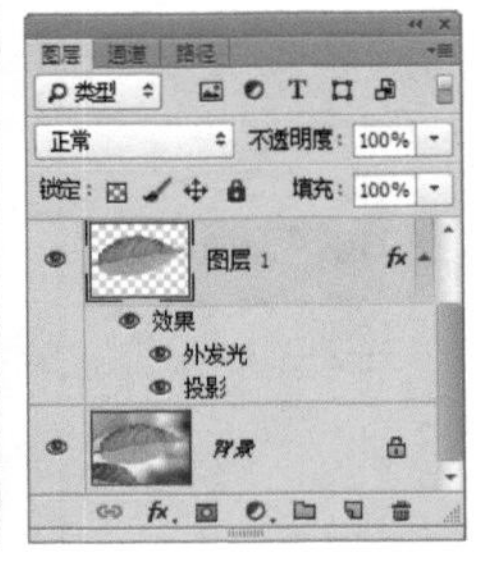

图7-16 添加样式

09 执行菜单中“文件/打开”命令，打开随书下载资源中的“素材文件/第07章/汽车创意”素材，如图7-17所示。

10 选择工具箱中的（移动工具），拖动素材图像至刚制作的图像文件中，如图7-18所示。

图7-17 素材

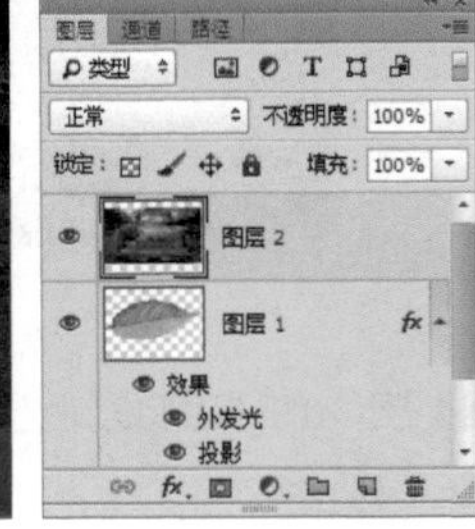

图7-18 移动

技巧

将一个文件中的图像转移到另一个文件中，除了（移动工具）拖动外，还可以使用复制和粘贴命令来实现图像在文件间的转移。

11 按Ctrl+T键调出自由变换框，拖动控制点对图像进行适当的调整和旋转，如图7-19所示。

图7-19 变换

12 按Enter键确认操作，再按Ctrl键，单击“图层1”图层缩览图，调出“图层1”图层选区，执行菜单中“选择/反向”命令，反向选择选区，按Delete键删除选区中的内容，如图7-20所示。

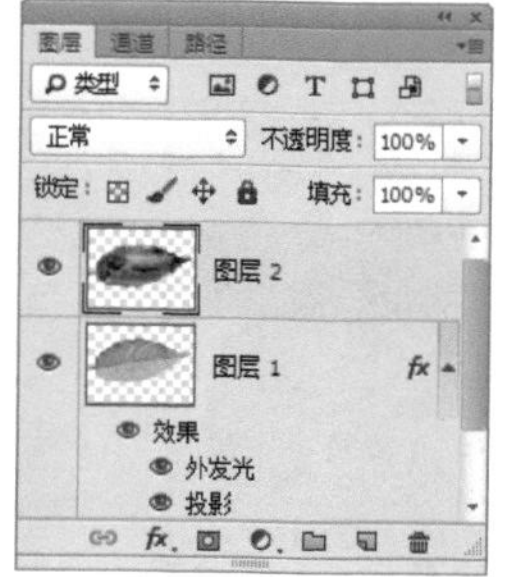

图7-20 删除

技巧

执行“选择/载入选区”菜单命令，载入“图层 1 ”图层选区，同样可以调出该图层的选区。

13 按Ctrl+D键取消选区，在“图层”面板中设置“混合模式”为强光，如图7-21所示。

14 至此本例制作完毕，最终效果如图7-22所示。

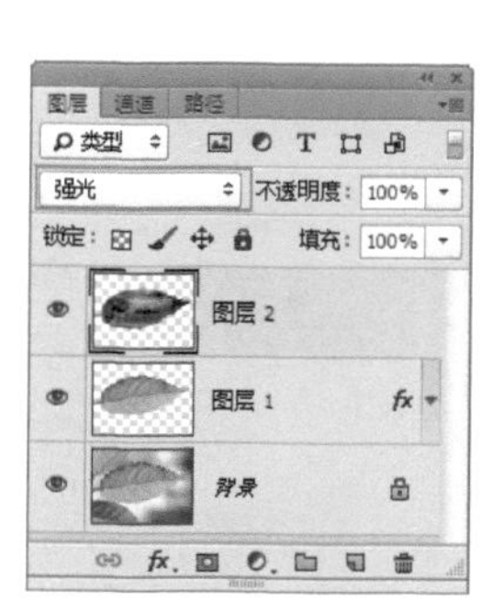

图7-21 混合模式

图7-22 最终效果

实例 063 图层混合

实例目的

通过制作如图7-23所示的流程效果图，了解“混合模式”命令在本例中的应用。

图7-23 流程效果图

实例要点

- 打开素材
- 设置“混合模式”
- 应用“色相/饱和度”命令调整图像的色调

操作步骤

01 打开随书下载资源中的“素材文件/第07章/T恤”和“素材文件/第07章/卡通小人”素材，如图7-24和图7-25所示。

02 选择（移动工具）拖动“卡通小人”素材中的图像到“T恤”文件中，在“图层”面板中会自动得到一个“图层1”图层，如图7-26所示。

图7-24 T恤素材

图7-25 头像素材

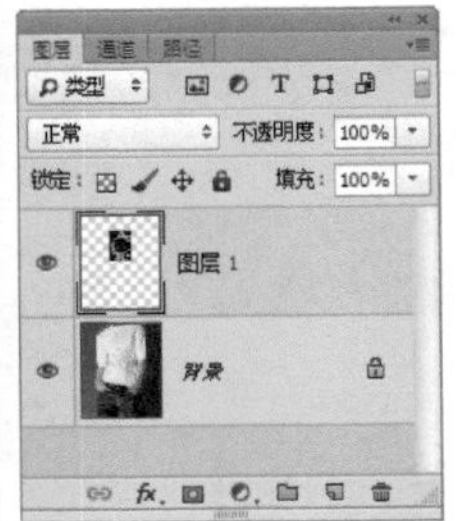

图7-26 移动图像

03 按Ctrl+T键调出变换框，拖动控制点将图像缩小并旋转，设置“混合模式”为差值，效果如图7-27所示。

04 按Enter键完成变换，至此本例制作完毕，效果如图7-28所示。

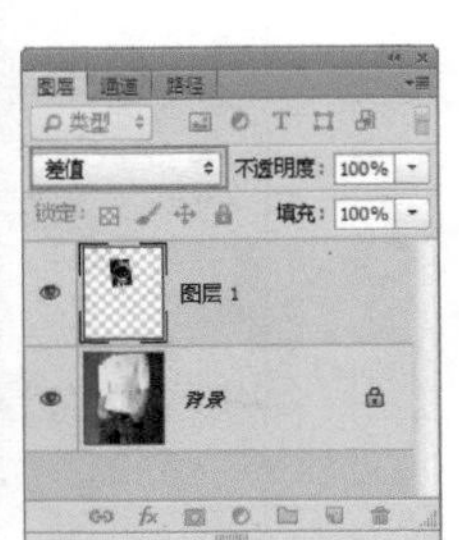

图7-27 设置混合模式

图7-28 最终效果

实例 064 投影

实例目的

通过制作如图7-29所示的流程效果图，了解“投影”图层样式在实例中的应用。

图7-29 流程效果图

实例要点

- 执行“新建”菜单命令新建文件
- 使用“投影”和“渐变叠加”图层样式
- 使用“椭圆工具”绘制正圆形
- 应用文本工具

操作步骤

01 执行菜单中“文件/新建”命令，打开“新建”对话框，新建一个“宽度”为200像素、“高度”为200像素、“分辨率”为150像素/英寸的空白文档，选择（椭圆选框工具）在文档中绘制一个正圆选区，如图7-30所示。

02 新建“图层1”图层，将“前景色”设置为RGB(9，163，185)、“背景色”为RGB(10，70，111)，选择（渐变工具）从上向下拖动鼠标填充从前景色到背景色的线性渐变，如图7-31所示。

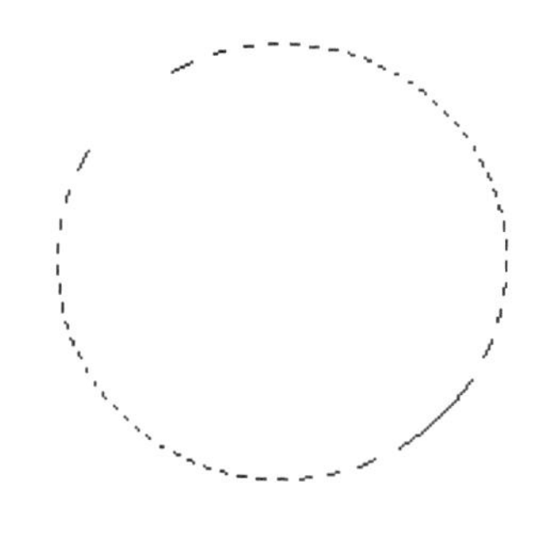

图7-30 绘制正圆选区

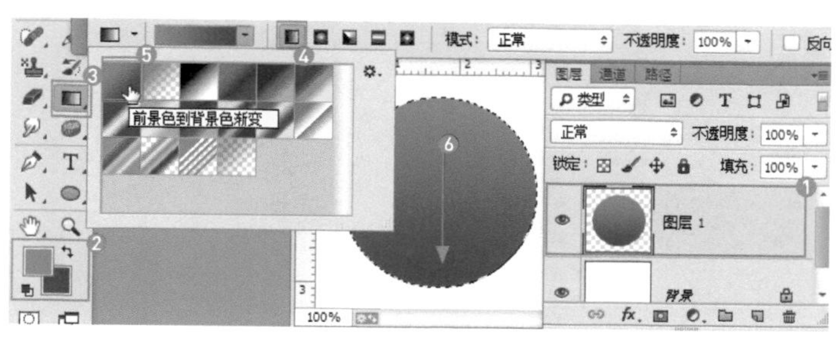

图7-31 填充渐变色1

03 新建“图层2”图层，绘制一个椭圆选区，将“前景色”设置为白色，选择（渐变工具）在选区内从上向下拖动鼠标填充从前景色到透明色的线性渐变，如图7-32所示。

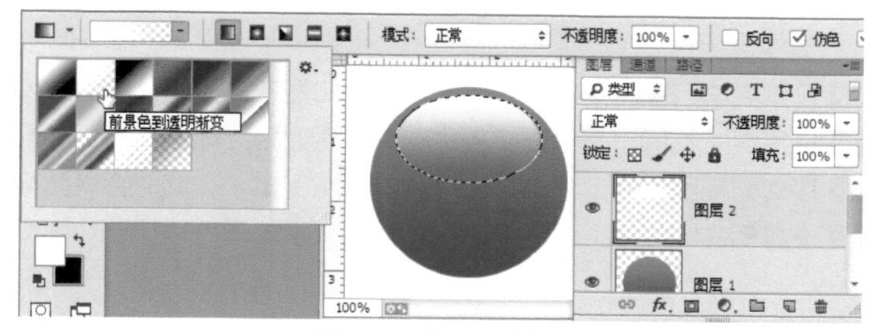

图7-32 填充渐变色2

04 按Ctrl+D键去掉选区，在“图层”面板中设置“不透明度”为49%，效果如图7-33所示。

05 按住Ctrl键单击“图层1”图层的缩略图，调出选区，在“图层1”图层的下面新建一个“图层3”图层，如图7-34所示。

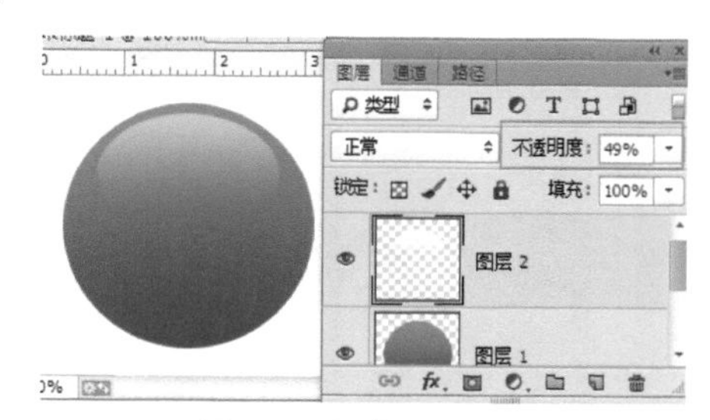

图7-33 调整不透明度

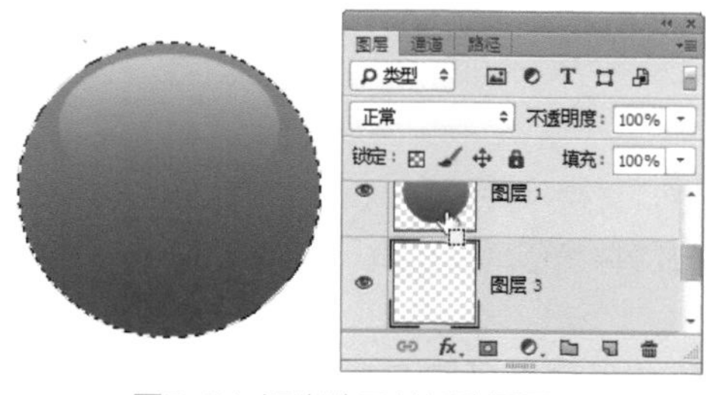

图7-34 调出选区并新建图层

06 执行菜单中“编辑/描边”命令，打开“描边”对话框，其中的参数值设置如图7-35所示。

07 设置完毕后单击“确定”按钮，图像效果如图7-36所示。

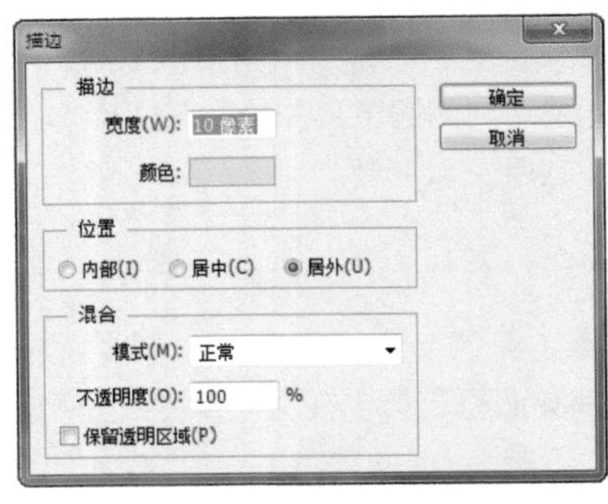

图7-35 “描边”对话框

图7-36 添加描边

08 按Ctrl+D键去掉选区。执行菜单中“图层/图层样式/描边、内发光和投影”命令，分别打开“描边、内发光和投影”对话框，其中的参数值设置如图7-37所示。

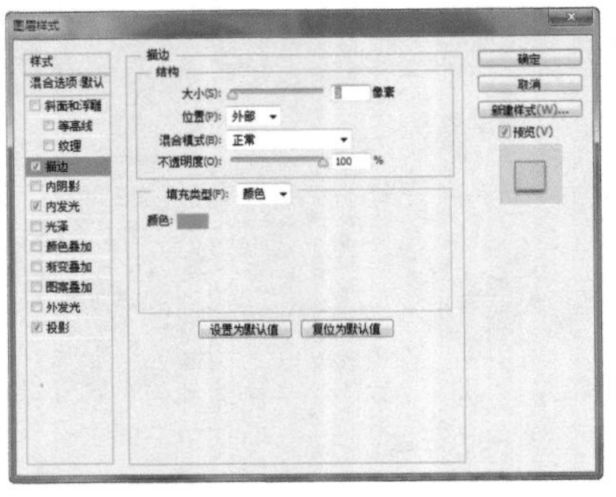

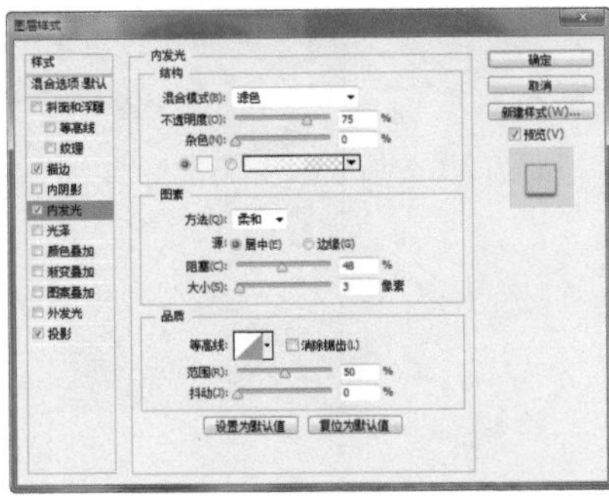

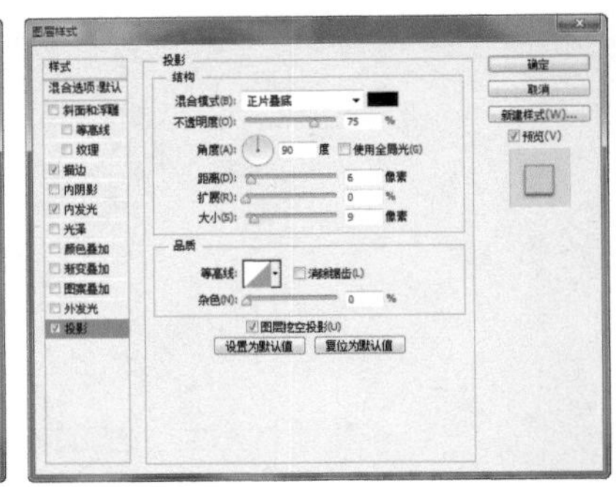

图7-37 图层样式

09 设置完毕后单击“确定”按钮，效果如图7-38所示。

10 选择（椭圆工具）在文档中绘制正圆路径，如图7-39所示。

11 移动光标到路径上，选择（横排文字工具），此时会将图标将变为如图7-40所示的效果。

12 设置相应的文字字体和大小后，键入文字如图7-41所示。

图7-38 添加样式

图7-39 绘制路径

图7-40 光针对正路径

图7-41 键入文字

13 执行菜单中“文件/打开”命令，打开随书下载资源中的“素材文件/第07章/鲨鱼”素材，如图7-42所示。

14 选择（移动工具）拖动“鲨鱼”素材中的图像到“徽章”文件，按Ctrl+T键调出变换框，如图7-43所示。

图7-42 素材

图7-43 填充

15 按Enter键确定，设置“混合模式”为正片叠底，效果如图7-44所示。

16 至此本例制作完毕，效果如图7-45所示。

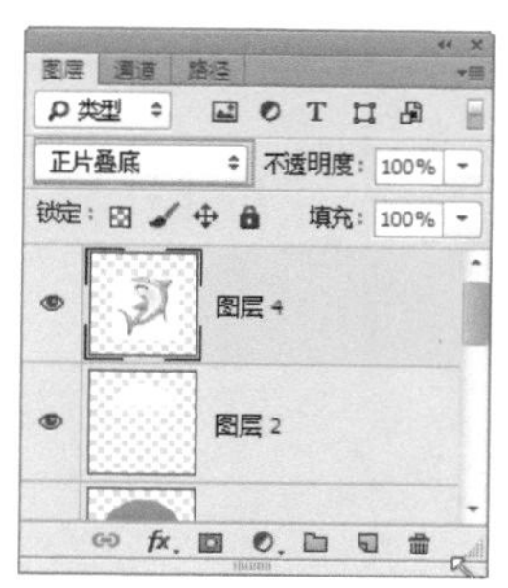

图7-44 混合模式

图7-45 最终效果

实例 065 斜面和浮雕

实例目的

通过制作如图7-46所示的流程效果图，了解“混合模式”中“强光”和“变亮”以及“斜面和浮雕”图层样式在实例中的应用。

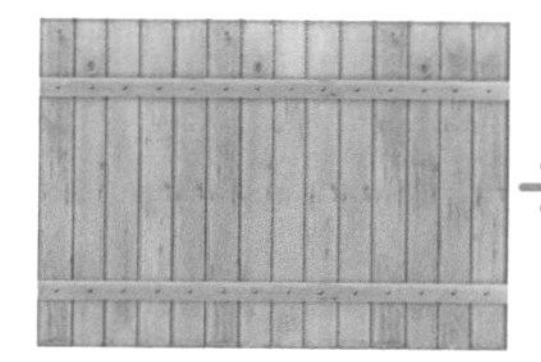

图7-46 流程效果图

实例要点

- 执行“打开”菜单命令打开文件
- 设置“混合模式”中的“强光”和“变亮”
- 使用“斜面和浮雕”图层样式制作文字的立体化效果

操作步骤

01 打开随书下载资源中的“素材文件/第07章/木栅栏.jpg”素材，将其作为背景，如图7-47所示。

02 打开随书下载资源中的“素材文件/第07章/鱼.jpg”素材，如图7-48所示。

图7-47 素材

图7-48 素材

03 将“鱼”图像拖至“木栅栏”图像上，并在“图层”面板上设置“图层1”图层的“混合模式”为强光，设置“不透明度”为52%，效果如图7-49所示。

图7-49 混合模式

技巧

在图层与图层之间调整“混合模式”中不同的模式后，两个图层之间的图像会出现非常惊奇的融合现象。

04 在工具箱中设置“前景色”为黑色，选择工具箱中的（横排文字工具），在画布上输入文字，执行菜单中“图层/图层样式/斜面和浮雕”命令，在打开的“斜面和浮雕”选项板中，对其中的各项参数进行相应的设置如图7-50所示。

05 单击“确定”按钮，完成“图层样式”对话框的设置，文字效果如图7-51所示。

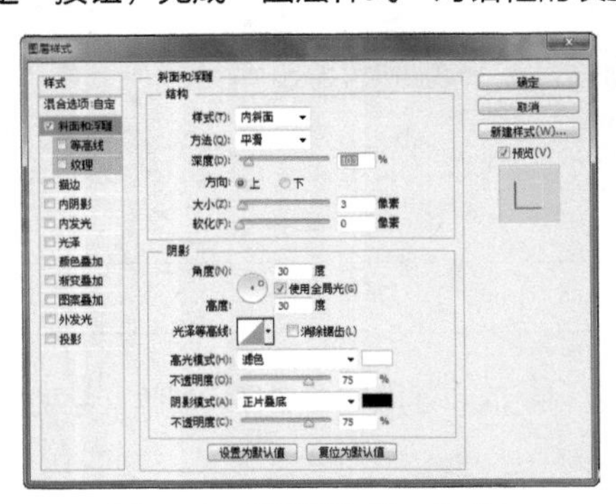

图7-50 “图层样式”对话框

图7-51 添加浮雕

06 在“图层”面板上设置文本图层的“混合模式”为变亮，至此本例制作完毕，效果如图7-52所示。

图7-52 最终效果

技巧

浮雕文字在设置为“混合模式”中的变亮模式后，会出现好似在背景上出现浮雕的现象。

实例 066 图层样式

实例目的

通过制作如图7-53所示的流程效果图，了解添加样式在本例中的应用。

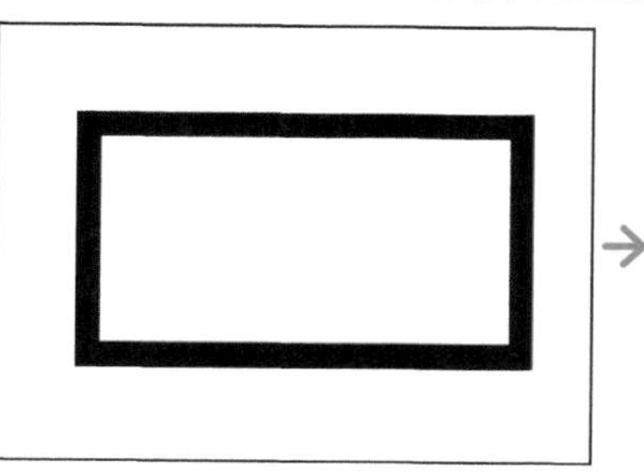

图7-53 流程效果图

实例要点

- 新建文件
- 为图层添加“黑色电镀金属”样式
- 绘制矩形并缩小选区
- 导入素材并对其进行缩放变换
- 清除选区内容
- 为背景图层填充渐变色

操作步骤

01 执行菜单中“文件/新建”命令或按Ctrl+N键，打开“新建”对话框。设置文件的“宽度”为18厘米，“高度”为13.5厘米，“分辨率”为150像素/英寸，选择“颜色模式”为RGB颜色，选择“背景内容”为白色，然后单击“确定”按钮，如图7-54所示。

02 新建“图层1”图层，设置“前景色”为黑色，选择▭（矩形工具）在页面中绘制一个黑色矩形，如图7-55所示。

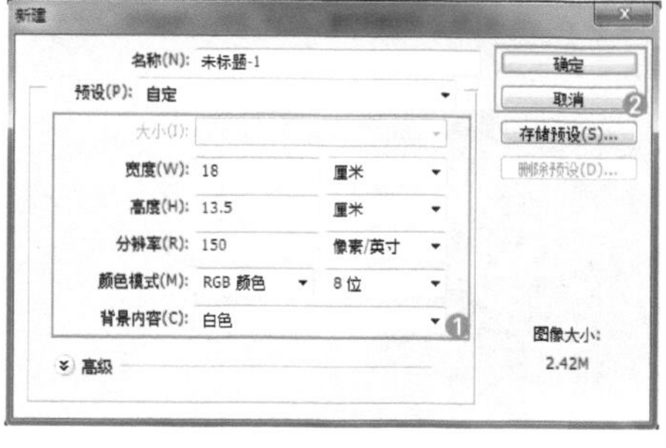

图7-54 “新建”对话框

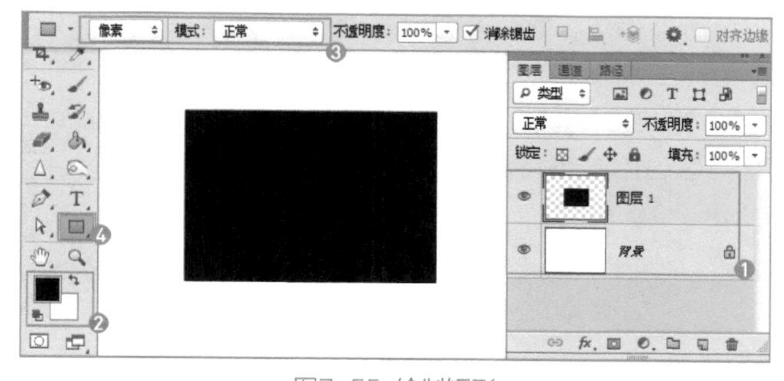

图7-55 绘制矩形

03 按住Ctrl键的同时单击“图层1”图层的缩略图，调出选区，执行菜单中“选择/修改/收缩”命令，打开“收缩选区”对话框，设置“收缩量”为45像素，设置完毕后单击“确定”按钮，效果如图7-56所示。

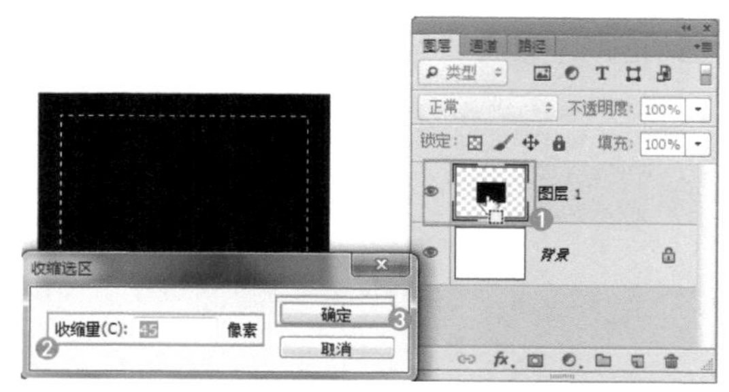

图7-56 “收缩选区”对话框

04 按Delete键删除选区内容，再按Ctrl+D键取消选区，效果如图7-57所示。

05 执行菜单中“窗口/样式”命令，打开“样式”面板，选择“黑色电镀金属”样式，效果如图7-58所示。

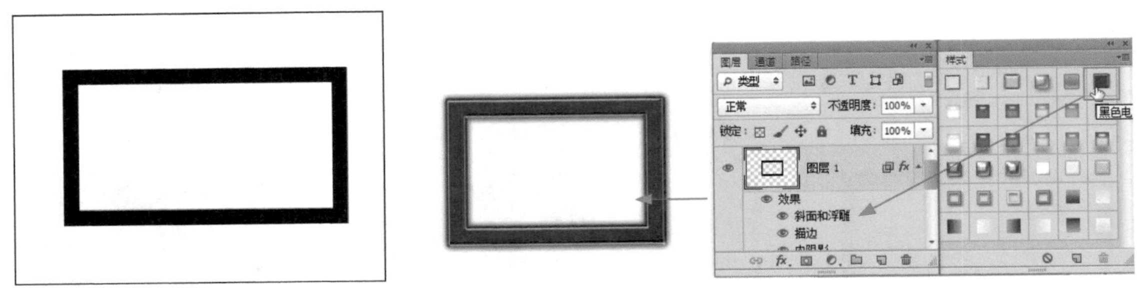

图7-57 清除　　图7-58 添加样式

06 打开随书下载资源中的“素材文件/第07章/汽车广告”素材，如图7-59所示。

07 选择（移动工具）拖动“插画”文件中的图像到新建文件中，在“图层”面板中会自动得到一个“图层2”图层，按Ctrl+T键调出变换框，拖动控制点将图像缩小，效果如图7-60所示。

图7-59 素材

图7-60 移动并变换

08 按Enter键确定，新建“图层3”图层，选择（矩形工具）在页面中绘制一个黑色矩形，选择“图层2”图层，再按Ctrl+T键调出变换框，拖动控制点将图像缩小，效果如图7-61所示。

图7-61 变换

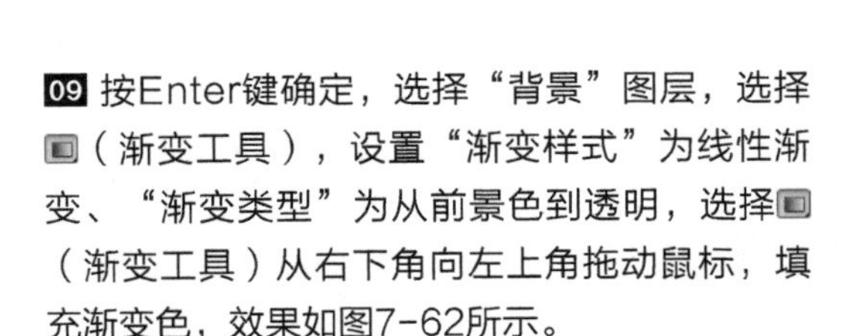

09 按Enter键确定，选择“背景”图层，选择（渐变工具），设置“渐变样式”为线性渐变、“渐变类型”为从前景色到透明，选择（渐变工具）从右下角向左上角拖动鼠标，填充渐变色，效果如图7-62所示。

图7-62 填充渐变色

10 至此本例制作完毕，效果如图7-63所示。

图7-63 最终效果

实例 067 图案填充

实例目的

通过制作如图7-64所示的流程效果图，了解“图案填充”命令在本例中的应用。

图7-64 流程效果图

实例要点

- 执行“打开”菜单命令打开素材图像
- 设置“混合模式”为“正片叠底”
- 执行“填充”菜单命令填充图案

操作步骤

01 打开随书下载资源中的“素材文件/第07章/骑车”素材，如图7-65所示。

02 单击“创建新的填充或调整图层”按钮，在弹出的菜单中选择“图案”选项，如图7-66所示。

图7-65 素材

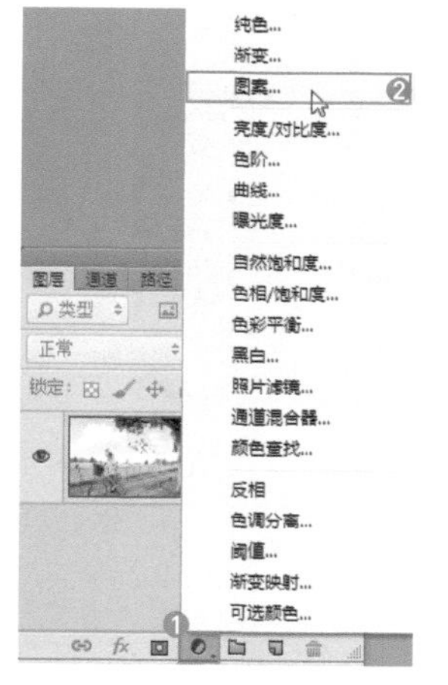

图7-66 选择“图案”选项

03 选择“图案”选项后，打开“图案填充”对话框，选择相对应的图案，如图7-67所示。

04 单击“确定”按钮，完成“填充”对话框的设置，图像效果如图7-68所示。

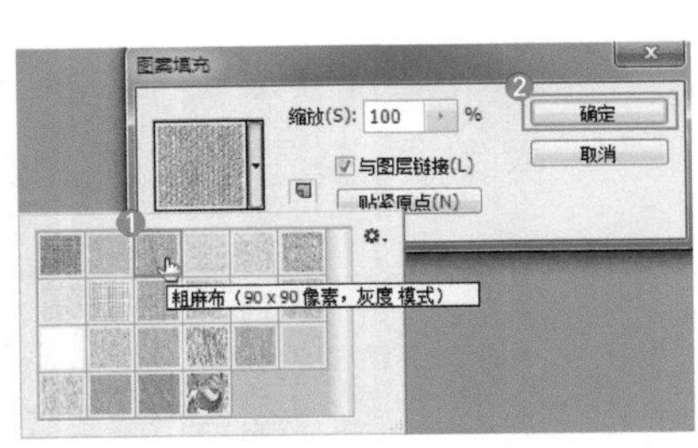

图7-67 “图案填充”对话框

图7-68 填充

05 在“图层”面板上设置“图层1”图层的“混合模式”为正片叠底、“不透明度”为60%，效果如图7-69所示。

06 至此本例制作完毕，效果如图7-70所示。

图7-69 混合模式

图7-70 最终效果

实例 068 图层顺序

实例目的

通过制作如图7-71所示的流程效果图，了解“图层顺序”在本例中的应用。

图7-71 流程效果图

实例要点

- 新建文档
- 通过渐变制作背景
- 选择图层顺序
- 添加图层样式
- 绘制自定义形状
- 复制与粘贴图层样式

操作步骤

01 新建一个“宽度”为10厘米，“高度”为6.5厘米，“分辨率”为150像素/英寸，“颜色模式”为RGB颜色，“背景内容”为白色的空白文档，设置“前景色”为RGB(101，166，230)、“背景色”为RGB（68，117，166），选择（渐变工具）在文档中填充一个从前景色到背景色的“径向渐变”，效果如图7-72所示。

02 按Ctrl+J键，复制背景得到“图层1”图层，按Ctrl+T键调出变换框。拖动控制点，将图像向下变换，如图7-73所示。

图7-72 新建文档并填充渐变色

图7-73 复制并变换

03 按Enter键完成变换，执行菜单中“文件/打开”命令，打开随书下载资源中的“素材文件/第07章/灯.psd”素材，如图7-74所示。

04 选择（移动工具）拖动“灯”素材中的图像到“新建”文档中，在“图层”面板中会自动得到与图像相对应的图层，将图层进行命名，如图7-75所示。

图7-74 转换路径为选区

图7-75 移动图像

05 执行菜单中“文件/打开”命令，打开随书下载资源中的“素材文件/第07章/叶子.png”素材，如图7-76所示。

06 选择（移动工具）拖动“叶子”素材中的图像到“新建”文档中，在“图层”面板中会自动得到与图像相对应的图层，将图层进行命名，如图7-77所示。

图7-76 叶子

图7-77 移动

07 在树叶下方新建一个图层命名为“树叶影”，如图7-78所示。

图7-78 新建图层

08 按住Ctrl键并单击“树叶”图层的缩略图，调出选区后，选择“树叶影”图层，将选区填充为“黑色”，如图7-79所示。

图7-79 填充黑色

09 按Ctrl+D键去掉选区，选择（移动工具）后，单击键盘上的向下方向键，将阴影向下移动一个像素距离，如图7-80所示。

图7-80 移动

10 选择（橡皮擦工具）设置笔触大小和硬度，然后在树叶下面的阴影边缘上进行擦除，如图7-81所示。

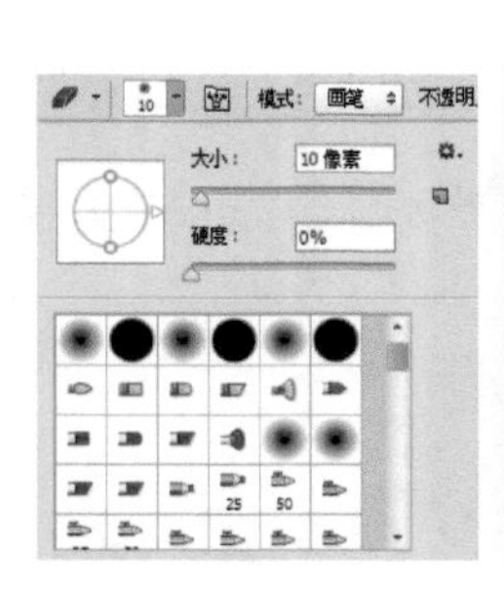

图7-81 设置橡皮擦擦除

11 选择（横排文字工具）设置合适的文字大小和文字字体后，在文档的上面键入文字，如图7-82所示。

12 选择（自定形状工具）在文字下面绘制倒三角像素图形标志，如图7-83所示。

图7-82 键入文字

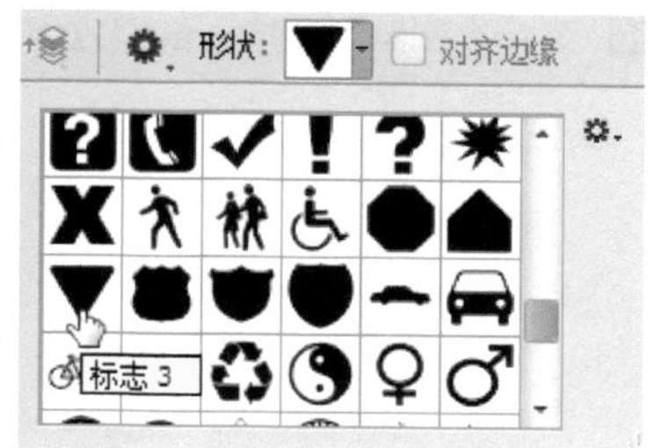

图7-83 绘制图形

13 选择（矩形选框工具）在标志上绘制一个矩形选区，按Delete键删除选区内容，如图7-84所示。

14 向下移动选区，删除选区内的图像，如图7-85所示。

图7-84 删除选区内容

图7-85 删除

15 按Ctrl+D键去掉选区，执行菜单中“图层/图层样式/描边、外发光和投影”命令，分别打开“描边、外发光和投影”对话框，其中的参数值设置如图7-86所示。

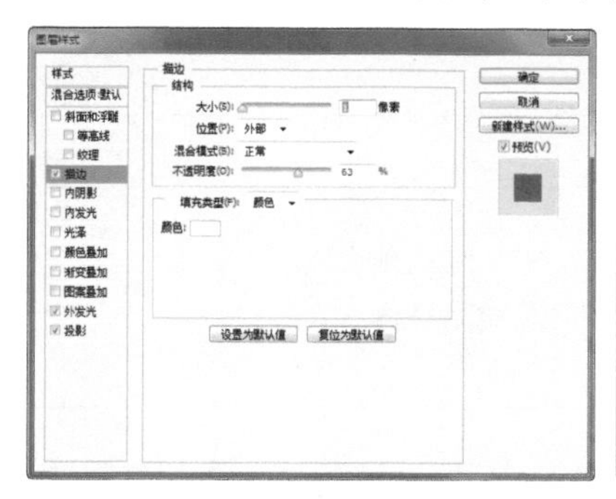

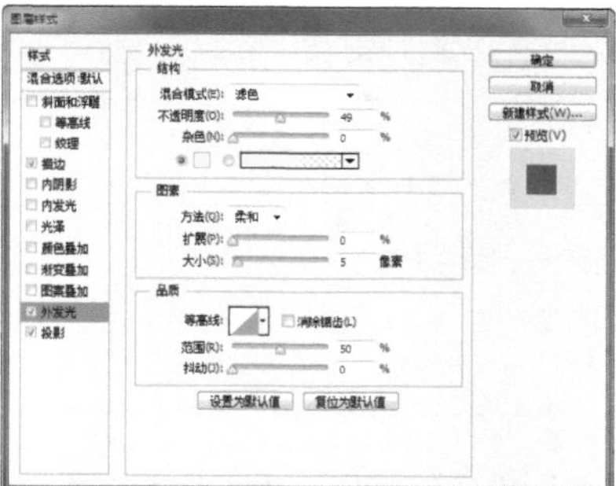

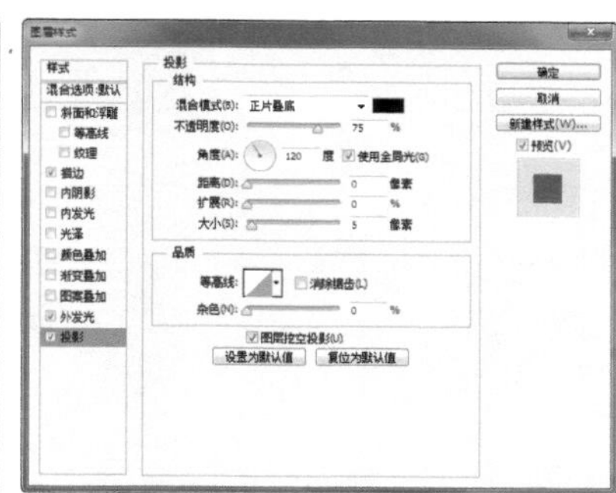

图7-86 图层样式

16 设置完毕后单击“确定”按钮，效果如图7-87所示。

17 选择添加图层样式的图层单击鼠标右键，在弹出的菜单中选择“拷贝图层样式”命令，再在文字图层上单击鼠标右键，选择“粘贴图层样式”，如图7-88所示。

图7-87 添加图层样式

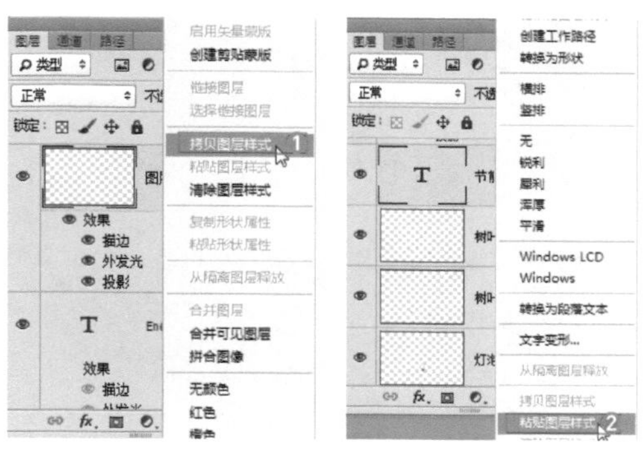

图7-88 粘贴图层样式

18 至此本例制作完毕，最终效果如图7-89所示。

图7-89 最终效果

实例 069 合并图层

实例目的

通过制作如图7-90所示的流程效果图，了解“合并图层”命令的应用。

→

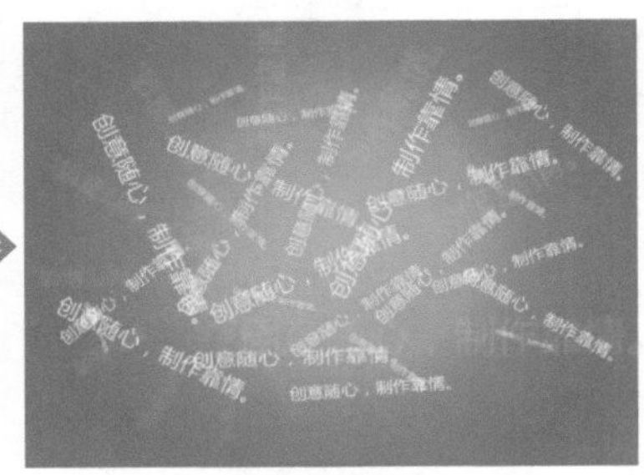

→

图7-90 流程效果图

实例要点

- 新建文档
- 通过渐变制作背景
- 定义画笔预设
- 变换文字
- 合并图层
- 添加图层样式

操作步骤

01 新建一个“宽度”为10厘米，“高度”为6.5厘米，“分辨率”为150像素/英寸，“颜色模式”为RGB颜色，“背景内容”为白色的空白文档，设置“前景色”为RGB(101，166，230)、“背景色”为RGB（68，117，166），选择■（渐变工具）在文档中填充一个从前景色到背景色的“径向渐变”，效果如图7-91所示。

02 选择T（横排文字工具）设置合适的文字大小和文字字体后，在文档中键入黑色文字，如图7-92所示。

图7-91 新建文档并填充渐变色

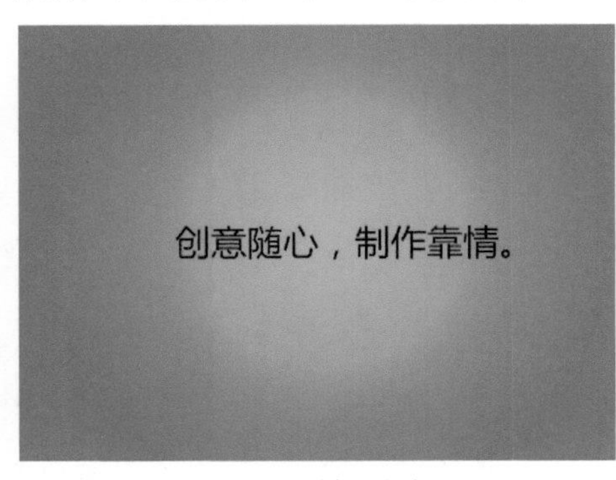

图7-92 键入文字

03 复制文字图层，得到一个文字图层的副本，选择副本图层隐藏文字图层，如图7-93所示。

04 再复制一个“副本2”图层，按Ctrl+T键调出变换框，将旋转中心点进行改变，设置旋转角度和变换大小，如图7-94所示。

05 按Ctrl+Shift+Alt+T键，对图像进行复制并变换，按Enter键完成变换，再按Ctrl+Shift+Alt+T键直到复制一周为止，如图7-95所示。

图7-93 “图层”面板

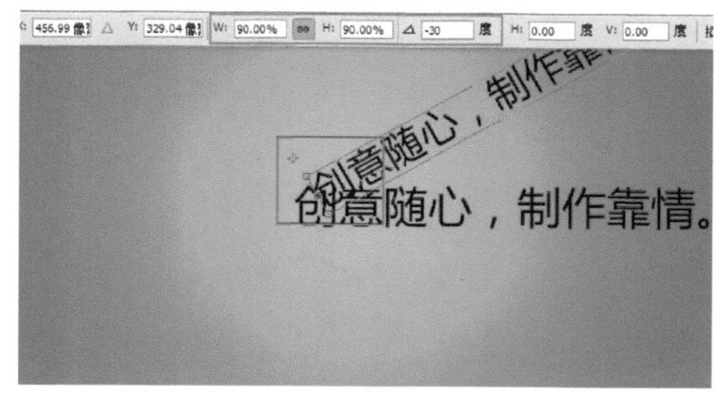

图7-94 变换

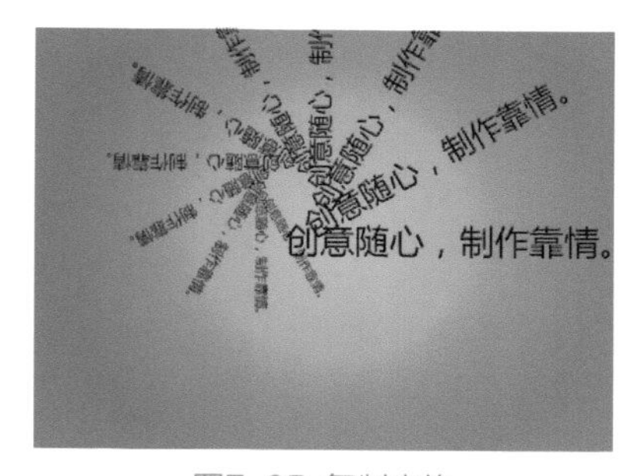

图7-95 复制变换

06 在“图层”面板中将文字图层的副本一同选取，按Ctrl+E键将图层合并，如图7-96所示。

07 按住Ctrl键并单击合并后的图层缩略图，调出选区后将其填充为白色，效果如图7-97所示。

08 按Ctrl+D键去掉选区，执行菜单中“滤镜/模糊/高斯模糊”命令，打开“高斯模糊”对话框，其中的参数值设置如图7-98所示。

图7-96 合并图层

图7-97 填充

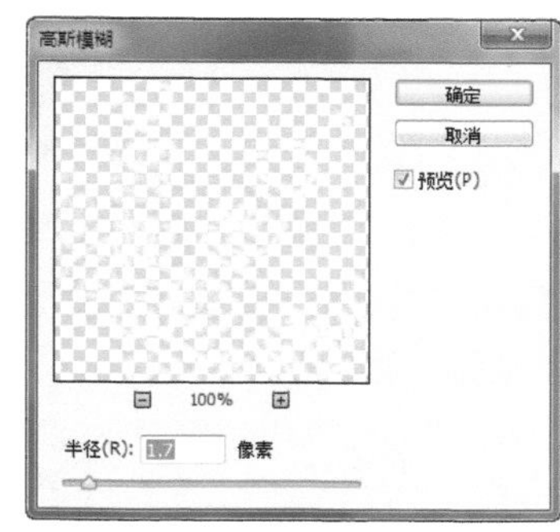

图7-98 “高斯模糊”对话框

09 设置完毕后单击“确定”按钮，设置“不透明度”为21%，效果如图7-99所示。

10 显示黑色文字图层，按住Ctrl键单击文字缩略图，调出选区，执行菜单中“编辑/定义画笔预设”命令，打开“画笔名称”对话框，如图7-100所示。

图7-99 模糊后效果

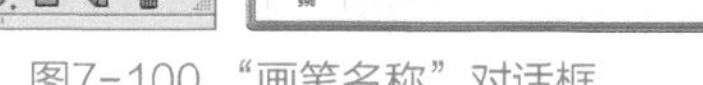

图7-100 “画笔名称”对话框

11 设置完毕单击“确定”按钮，选择（画笔工具）后按F5键打开“画笔”面板，设置其中的各项参数，如图7-101所示。

12 隐藏文字图层，新建“图层1”图层，选择（画笔工具）绘制白色画笔，设置“不透明度”为21%，效果如图7-102所示。

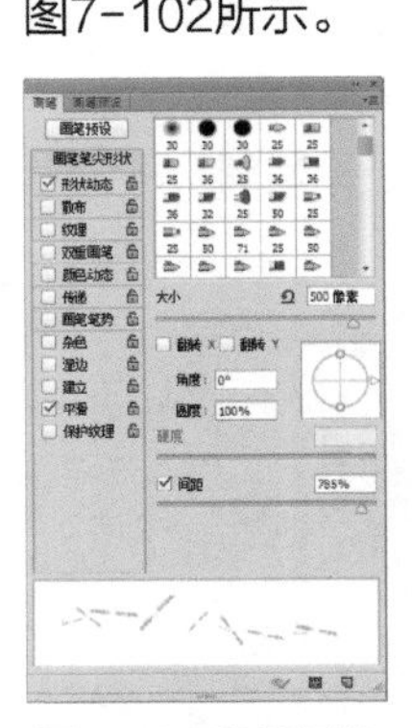

图7-101 设置画笔

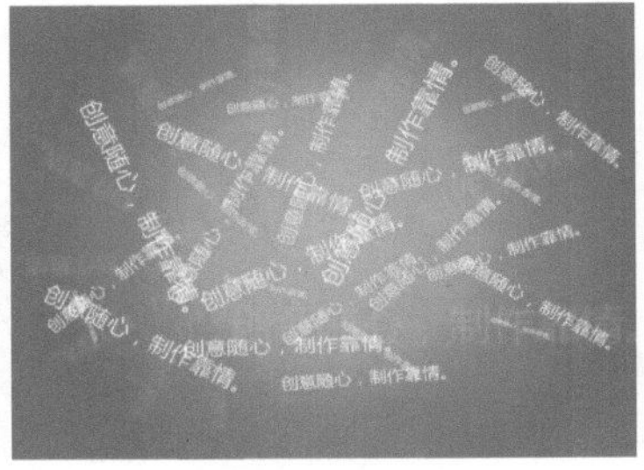

图7-102 绘制画笔

13 选择（画笔工具）后在“画笔拾色器”中，选择之前载入的“云朵”画笔，在其中找到与之对应的笔触，如图7-103所示。

14 绘制不同颜色的画笔笔触，调整不透明度，效果如图7-104所示。

15 显示文字图层，将文字改为白色，设置“不透明度”为53%，效果如图7-105所示。

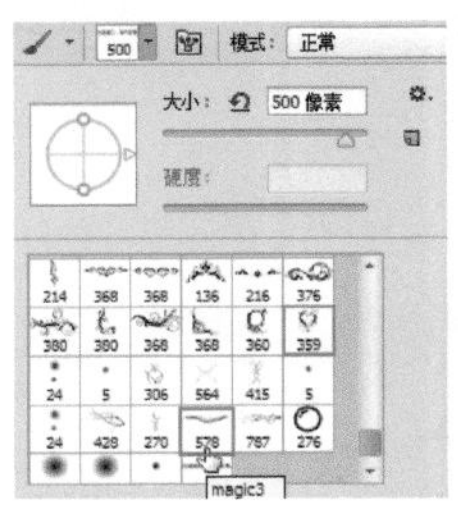

图7-103 选择画笔

图7-104 绘制画笔

图7-105 改变文字颜色

16 执行菜单中“图层/图层样式/描边、外发光和投影”命令，分别打开“描边、外发光和投影”对话框，其中的参数值设置如图7-106所示。

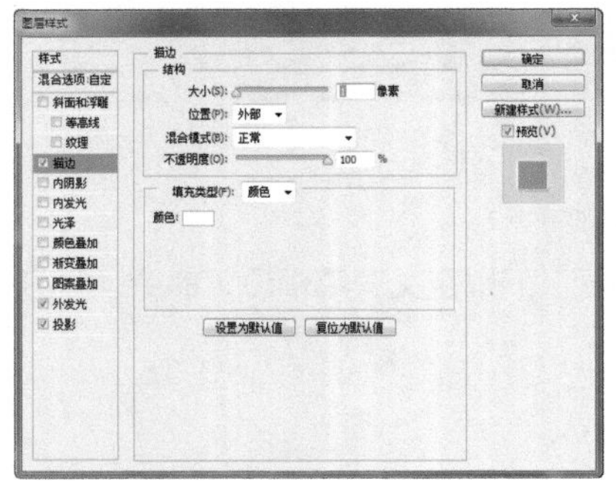

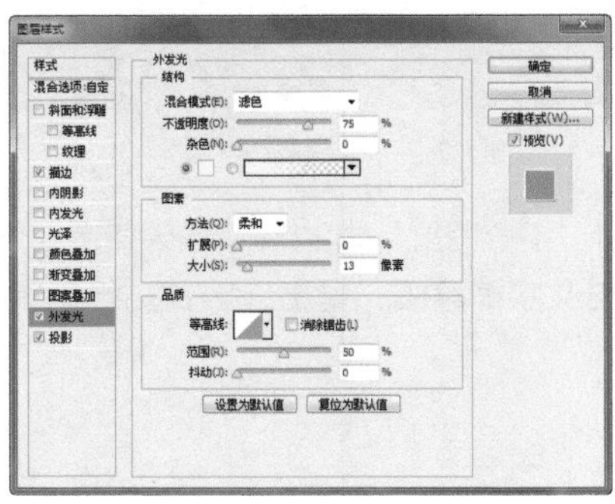

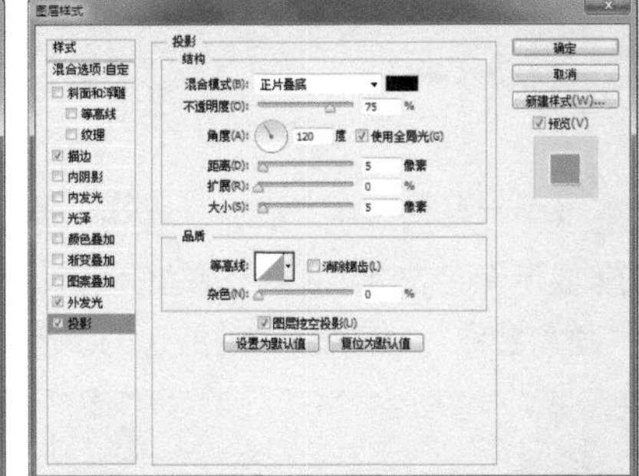

图7-106 图层样式

17 设置完毕单击“确定”按钮，至此本例制作完毕，最终效果如图7-107所示。

图7-107 最终效果

实例 070 调整图层

实例目的

通过制作如图7-108所示的流程效果图，了解“合并图层”的应用。

图7-108 流程效果图

实例要点

- 执行“打开”菜单命令打开素材图像
- 载入通道选区添加填充和调整图层
- 绘制选区并将选区存储为通道并使用“高斯模糊”滤镜
- 反向选区添加填充和调整图层

操作步骤

01 打开随书下载资源中的“素材文件/第07章/科幻图.jpg”素材，如图7-109所示。

02 选择工具箱中的（多边形套索工具），在画布上绘制选区，如图7-110所示。

图7-109 素材

图7-110 绘制选区

03 在“图层”面板中单击“创建新的填充或调整图层”按钮，在弹出菜单中选择“色阶”选项，如图7-111所示。

04 选择“色阶”命令后，系统会在“属性”面板中打开“色阶调整”选项，其中的参数值设置如图7-112所示。

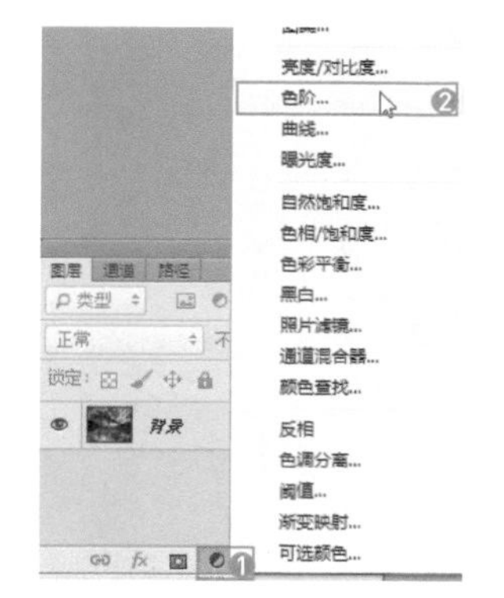

图7-111 弹出菜单

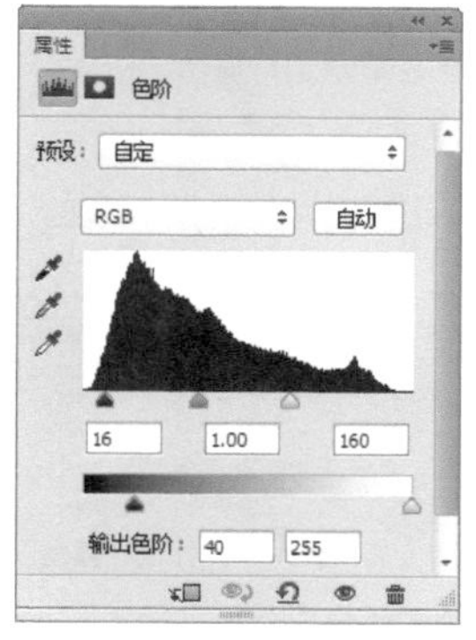

图7-112 属性

05 调整完毕后的效果，如图7-113所示。

图7-113 调整后效果

技巧

添加填充和调整图层时，如果图像中有选区，那么添加的填充和调整图层只会对选区中的图像起作用，反之，则对整个图像起作用。

06 选择“色阶”蒙版缩略图，执行菜单中“滤镜/模糊/高斯模糊”命令，打开“高斯模糊”对话框，其中的参数值设置如图7-114所示。

07 设置完毕单击“确定”按钮，效果如图7-115所示。

08 按住Ctrl键单击蒙版缩略图，调出选区后，按Ctrl+Shift+I键反选选区，如图7-116所示。

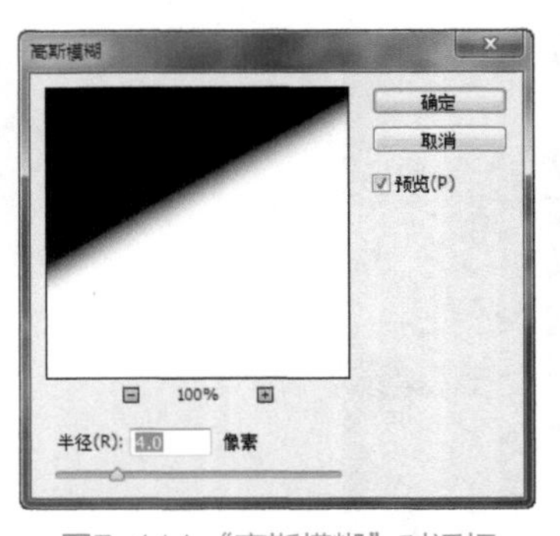

图7-114 “高斯模糊”对话框

图7-115 模糊后效果

图7-116 反选选区

09 在“图层”面板中单击“创建新的填充和调整图层”按钮，在弹出菜单中选择“色阶”选项，打开“属性”面板，在其中设置参数值如图7-117所示。

10 调整完毕，至此本例制作完毕，效果如图7-118所示。

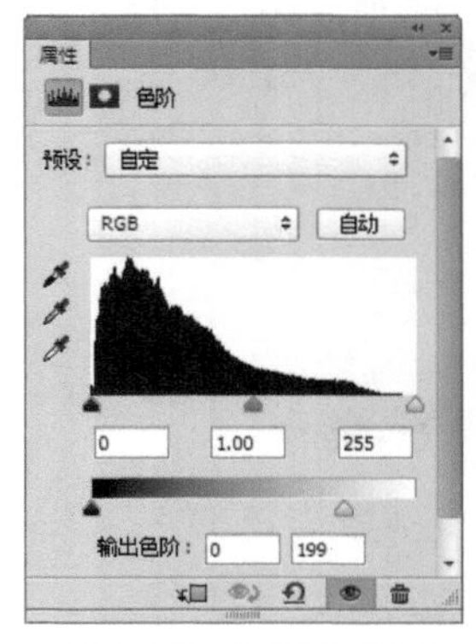

图7-117 “属性”面板

图7-118 最终效果

本章的练习与习题

练习

1. 创建“渐变填充”图层，选择渐变色后，设置“混合模式”。

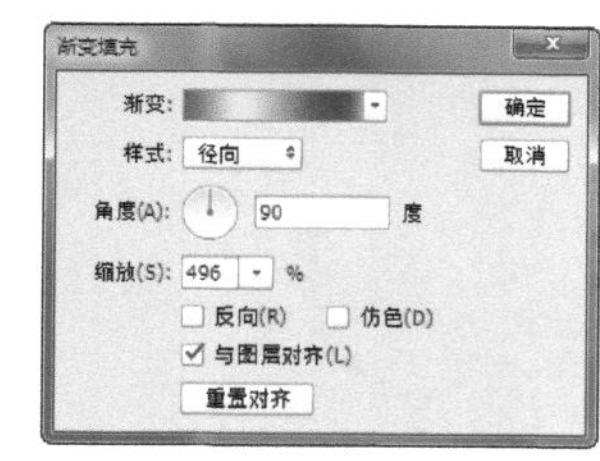

2. 定义选区内的图像，创建“图案填充”图层并设置参数，再设置“混合模式”和“不透明度”。

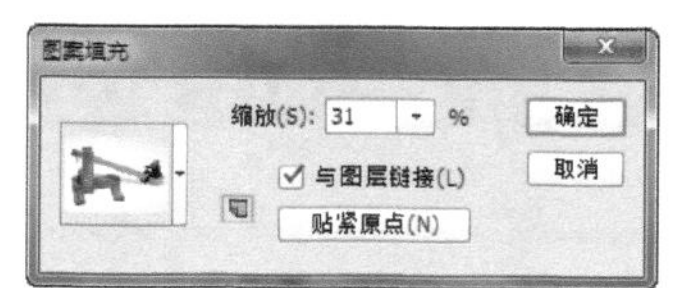

3. 使用“操控变形”改变像素。

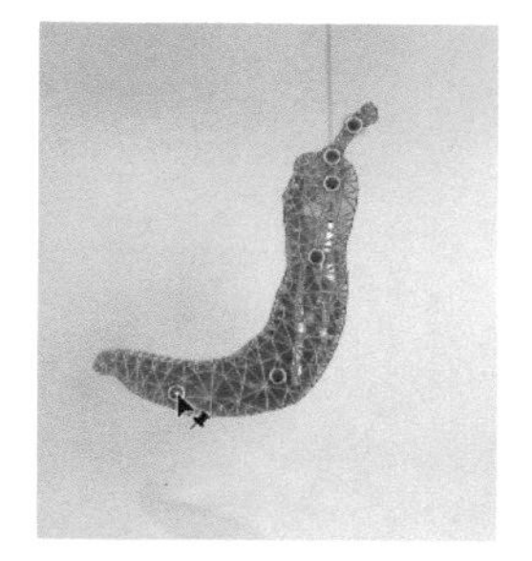

习题

1. 按哪个快捷键可以通过复制新建一个图层？（ ）

A. Ctrl+L　　B. Ctrl+ C　　C. Ctrl+J　　D. Shift+Ctrl+X

2. 填充图层和调整图层具有以下哪两种相同选项？（ ）

A. 不透明度　　B. 混合模式　　C. 图层样式　　D. 颜色

3. 下面哪几个功能不能应用于智能对象？（ ）

A. 绘画工具　　B. 滤镜　　C. 图层样式　　D. 填充颜色

4. 以下哪几个功能可以将文字图层转换成普通图层？（ ）

A. 栅格化图层　　B. 栅格化文字　　C. 栅格化/图层　　D. 栅格化/所有图层

第08章

蒙版与通道的使用

本章内容

渐变编辑蒙版
贴入
快速蒙版
画笔编辑蒙版
像皮擦编辑蒙版
选区编辑蒙版
在通道中调出图像选区
分离与合并通道改变图像色调
通道抠毛绒边缘图
通道应用滤镜制作撕纸效果
应用通道抠出半透明图像
通过蒙版显示局部放大图像

本章为大家讲解Photoshop中最为核心的内容蒙版和通道。作为Photoshop的学习者来说，掌握“蒙版和通道”的知识是自己在该软件中进阶的保证，本章将通过实例的方式为大家讲解关于“蒙版和通道”在实际应用中的具体操作。

实例 071 渐变编辑蒙版

实例目的

通过制作如图8-1所示的流程效果图，了解“渐变编辑蒙版”的应用。

图8-1 流程效果图

实例要点

- “打开”菜单命令的使用
- “添加图层蒙版”的应用
- “渐变工具”的应用

操作步骤

01 打开随书下载资源中的“素材文件/第08章/景1”和“素材文件/第08章/景2 ”素材，如图8-2和图8-3所示。

图8-2 素材1

图8-3 素材2

02 选择（移动工具）将“景2”素材中的图像拖动到“景1”素材中，如图8-4所示。

03 单击“图层”面板上的“添加图层蒙版”按钮，为“图层1”图层添加图层蒙版，如图8-5所示。

图8-4 移动

图8-5 添加图层蒙版

技巧

在蒙版状态下可以反复地修改蒙版，以产生不同的效果。渐变的范围决定了遮挡的范围，黑白的深浅决定了遮挡的程度。按住 Shift 键，单击图层蒙版，可以临时关闭图层蒙版，再次单击图层蒙版则可重新打开图层蒙版。

04 选择工具箱中的（渐变工具），设置“前景色”为白色，“背景色”为黑色，设置“渐变样式”为线性渐变，“渐变类型”为从前景色到背景色，在图层蒙版上按住鼠标左键由下到上拖动填充渐变，如图8-6所示。

图8-6 编辑蒙版

技巧

在图层蒙版上应用了渐变效果，其实填充的并不是颜色，而是遮挡范围。

05 渐变编辑蒙版效果，如图8-7所示。

图8-7 渐变编辑蒙版效果

技巧

在蒙版中选择（渐变工具）进行编辑时，渐变距离越远，过渡效果也就越平缓。

06 在“图层”面板中单击“创建新的填充或调整图层”按钮，在弹出的菜单中选择“亮度/对比度”选项，打开“属性”面板，其中的“亮度/对比度”参数设置如图8-8所示。

图8-8 “属性”对话框

技巧

在“属性”面板中单击“此调整剪切到此图层（单击可影响下面的所有图层）”按钮，调整时会只针对调整层下面的基底图层，如图8-9所示。

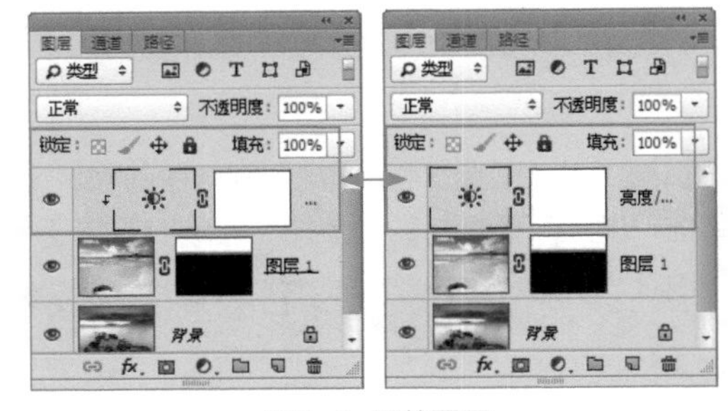

图8-9 调整图层

07 至此本例制作完毕，效果如图8-10所示。

图8-10 最终效果

实例 072 贴入

实例目的

通过制作如图8-11所示的流程效果图，了解“贴入”命令的应用。

图8-11 流程效果图

实例要点

- “打开”菜单命令的应用
- “拷贝”菜单命令的应用
- 调出图像选区
- “贴入”菜单命令的应用

操作步骤

01 打开随书下载资源中的“素材文件/第08章/卡通背景.jpg”素材，如图8-12所示。

02 执行菜单中“选择/全部”命令，调出整个图像的选区，将图像全部选中，如图8-13所示。

图8-12 素材

图8-13 创建选区

03 执行菜单中“编辑/拷贝”命令，打开随书下载资源中的“素材文件/第08章/捣蛋猪.jpg”素材，如图8-14所示。

04 选择（快速选择工具）在捣蛋猪背景上创建选区，如图8-15所示。

图8-14 素材

图8-15 创建选区

05 执行菜单中“编辑/选择性粘贴/贴入”命令，此时会将捣蛋猪的背景进行替换，最终效果如图8-16所示。

图8-16 最终效果

技巧

在文档中使用“贴入”菜单命令后的效果与在图像上绘制选区后添加图层蒙版的效果一致。

06 此时绘制“图层”面板中得到一个蒙版，如图8-17所示。

07 选择蒙版图层后，在“通道”面板中会出现一个“蒙版通道”，如图8-18所示。

图8-17 蒙版

图8-18 “通道”面板

实例 073 快速蒙版

实例目的

通过制作如图8-19所示的流程效果图，了解“快速蒙版”的应用。

图8-19 流程效果图

实例要点

- 打开文档绘制选区
- “以标准模式编辑”状态下填充图案
- 在“以快速蒙版模式编辑”状态应用滤镜
- 为文字添加图层样式
- 绘制画笔

操作步骤

01 打开随书下载资源中的“素材文件/第08章/抱月”素材，如图8-20所示。

02 选择（矩形选框工具）在图像上绘制一个矩形选区，单击“以快速蒙版模式编辑”按钮，进入快速蒙版状态，如图8-21所示。

图8-20 素材

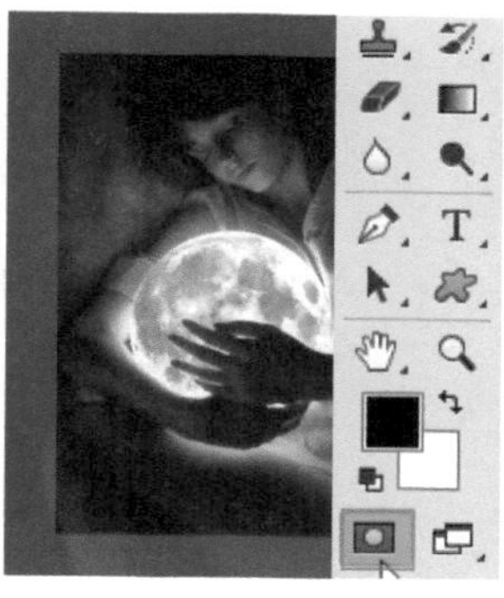

图8-21 创建选区进入快速蒙版

03 执行菜单中“滤镜/滤镜库”命令，在打开的“滤镜库”对话框中选择“画笔描边/喷溅”选项，打开“喷溅”对话框，其中的参数值设置如图8-22所示。

04 设置完毕单击“确定”按钮，效果如图8-23所示。

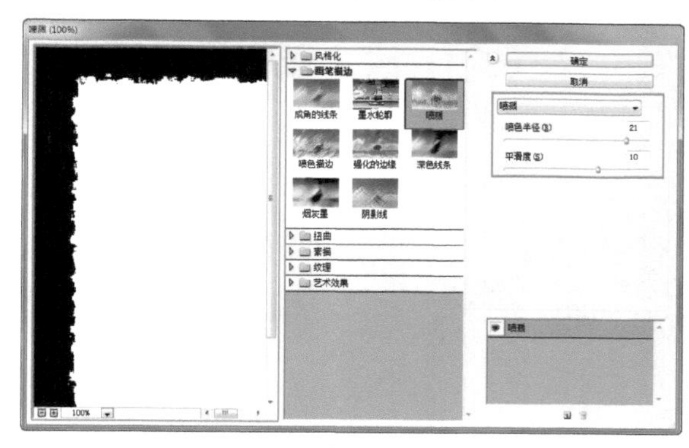

图8-22 “喷溅”对话框

图8-23 应用喷溅

05 选择（画笔工具），在“画笔预设”选取器中单击“弹出”按钮，在下拉列菜单中选择“特殊效果画笔”选择，如图8-24所示。

06 选择“特殊效果画笔”命令后，系统会弹出如图8-25所示警告对话框。

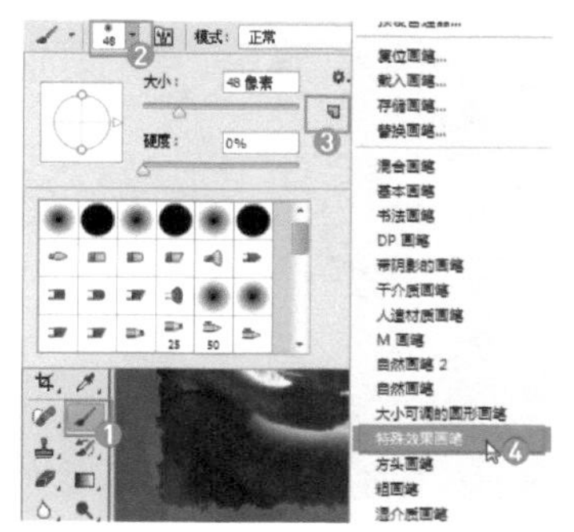

图8-24 画笔选取器

图8-25 警告对话框

07 单击“确定”按钮，会替换之前的画笔笔触列表，选择其中的一个花朵笔触，如图8-26所示。

08 按F5键打开“画笔”面板，其中的参数值设置如图8-27所示。

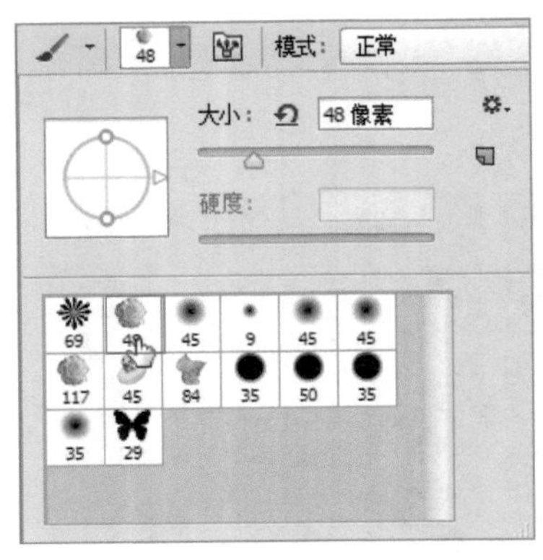

图8-26 选择笔触

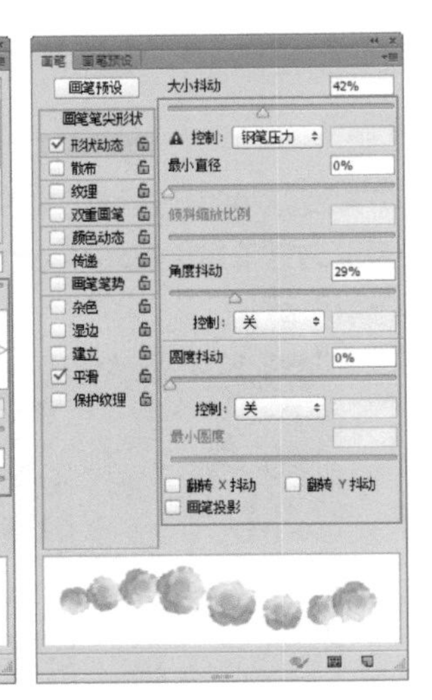

图8-27 “画笔”面板

09 设置完毕后，在快速蒙版的边缘处绘制画笔，如图8-28所示。

10 单击“以标准模式编辑”按钮，调出蒙版的选区，如图8-29所示。

图8-28 绘制画笔

图8-29 调出选区

11 按Ctrl+Shift+I键将选区反选，新建“图层1”图层，执行菜单中“编辑/填充”命令，打开“填充”对话框，其中的参数值设置如图8-30所示。

12 设置完毕单击“确定”按钮，设置“混合模式”为强光、“不透明度”为30%，如图8-31所示。

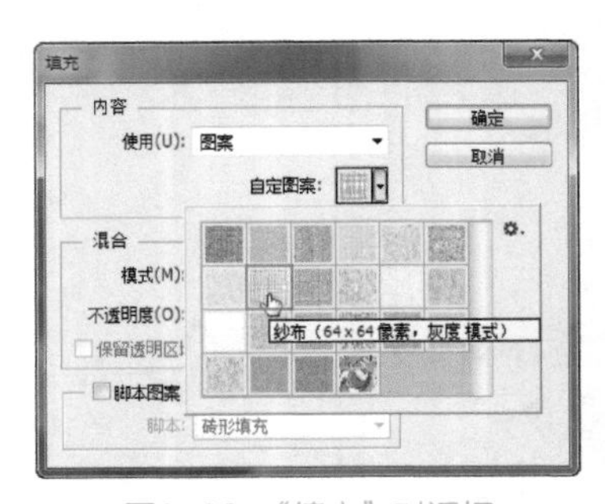

图8-30 “填充”对话框

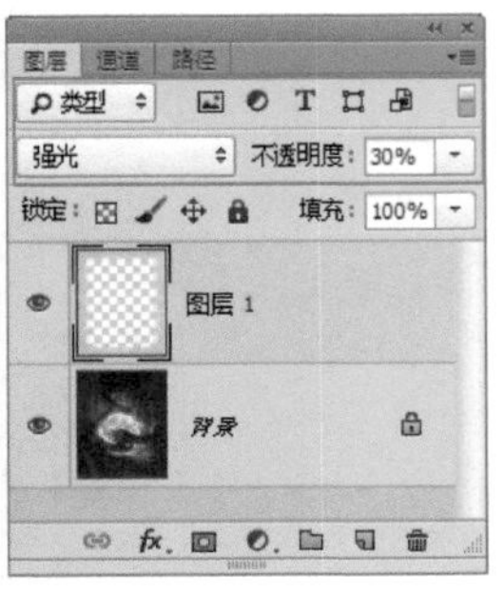

图8-31 填充后设置混合模式

13 选择T.（横排文字工具）键入文字“梦想”，如图8-32所示。

14 执行菜单中“图层/图层样式/外发光”命令，打开“图层样式”对话框，其中的“外发光”参数值设置如图8-33所示。

图8-32 键入文字

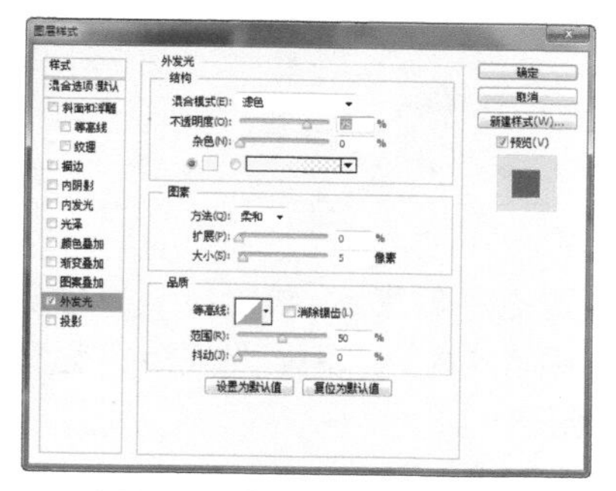

图8-33 “图层样式”对话框

15 设置完毕单击“确定”按钮，复制文字图层如图8-34所示。

16 选择“梦想”图层，执行菜单中“滤镜/模糊/动感模糊”命令，打开“动感模糊”对话框，其中的参数值设置如图8-35所示。

17 设置完毕单击“确定”按钮，调整文字的位置和不透明度，完成本例的制作，效果如图8-36所示。

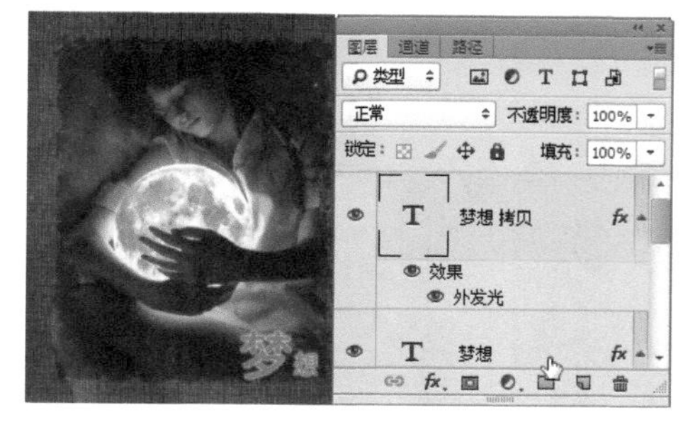

图8-34 外发光后效果

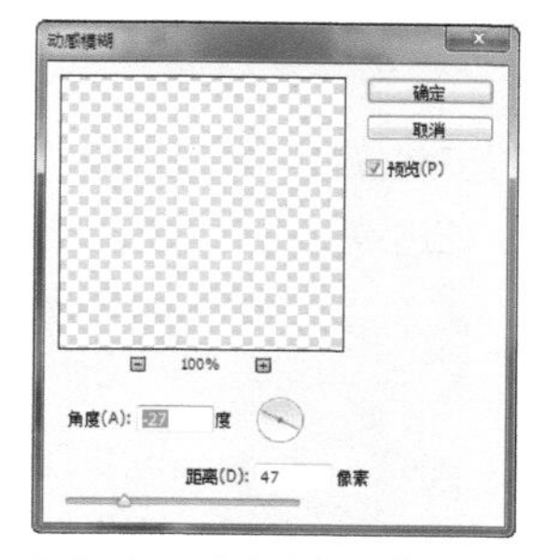

图8-35 “动感模糊”对话框

图8-36 最终效果

实例 074 画笔编辑蒙版

实例目的

通过制作如图8-37所示的流程效果图，了解选择（画笔工具）编辑“图层蒙版”在本例中的应用。

图8-37 流程效果图

实例要点

- 打开素材
- 在图像中创建封闭选区并将其移动到另一个文件中
- 为图层添加蒙版并选择“画笔工具”对蒙版进行编辑

操作步骤

01 打开随书下载资源中的“素材文件/第08章/金字塔”和“素材文件/第08章/景2”素材，如图8-38所示。

02 选择（移动工具）拖动“金字塔”素材中的图像到“景2”文档中，在“图层”调板中会自动得到一个“图层1”图层，按Ctrl+T键调出变换框，拖动控制点将图像缩小，如图8-39所示。

图8-38 “金字塔”素材和“景2”素材

图8-39 移动

03 按Enter键确定，单击“添加图层蒙版”按钮，“图层1”图层会被添加一个空白蒙版，设置“混合模式”为“线性加深”，选择（画笔工具），设置“前景色”为黑色，在“图层1”图层中的金字塔周围进行涂抹为其添加蒙版效果，如图8-40所示。

图8-40 添加蒙版

04 选择（画笔工具）在边缘处进行反复涂抹，如图8-41所示。

05 调整（画笔工具）的笔触大小，在边缘处细心涂抹，至此本例制作完毕，效果如图8-42所示。

图8-41 涂抹边缘

图8-42 最终效果

实例 075 橡皮擦编辑蒙版

实例目的

通过制作如图8-43所示的流程效果图，了解使用“橡皮擦工具”编辑“图层蒙版”在本例中的应用。

图8-43 流程效果图

实例要点

- 打开素材
- 为图层添加蒙版
- 在图像中创建封闭选区并将其移动到另一个文件中
- 使用“橡皮擦工具”对蒙版进行编辑

操作步骤

01 执行菜单中 “文件/打开”命令或按Ctrl+O键，打开随书下载资源中的“素材文件/第08章/瓶子.jpg”和“素材文件/第08章/帆船.jpg”素材，如图8-44所示。

02 选择“瓶子”素材，单击“创建新的填充和调整图层”按钮，在弹出的菜单中选择“阈值”选项，在弹出的“属性”面板中设置参数后，在设置“混合模式”为颜色，得到如图8-45所示的效果。

图8-44 瓶子和帆船

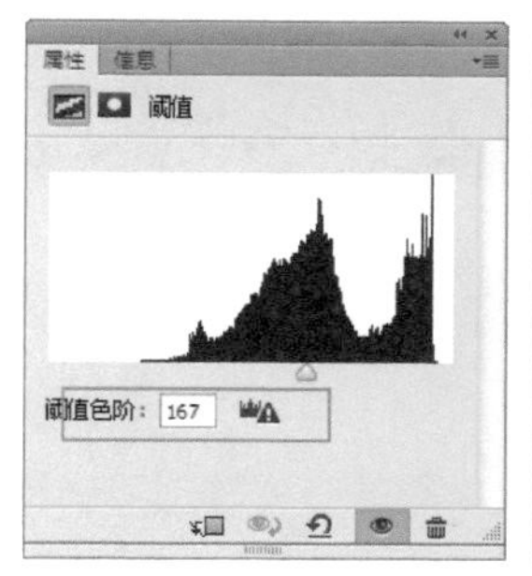

图8-45 调整阈值后效果

03 选择“阈值”的蒙版缩略图，选择（渐变工具）在文档中绘制一个从黑色到白色的“径向渐变”，效果如图8-46所示。

图8-46 编辑蒙版

04 单击“创建新的填充或调整图层”按钮，选择“渐变”选项，在打开的“渐变填充”对话框中设置参数，如图8-47所示。

05 设置完毕单击“确定”按钮，设置“混合模式”为色相，效果如图8-48所示。

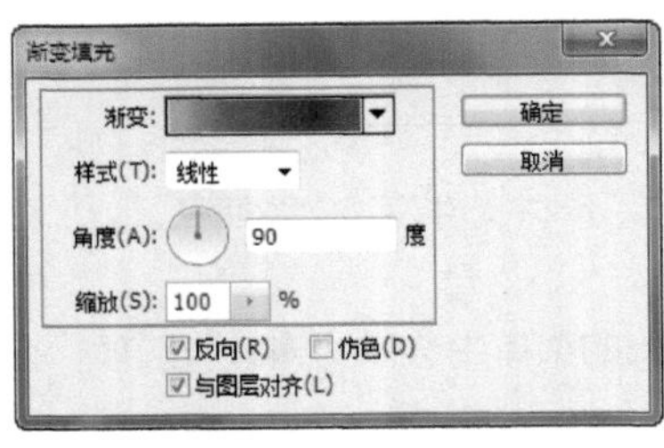

图8-47 “渐变填充”对话框

图8-48 调整

06 新建一个图层填充“黑色”，单击“添加图层蒙版”按钮 为图层创建一个蒙版，选择 （渐变工具）在文档中绘制一个从黑色到白色的“径向渐变”，效果如图8-49所示。

07 新建一个图层，选择 （钢笔工具）绘制一条曲线路径，如图8-50所示。

图8-49 编辑蒙版

图8-50 绘制路径

08 选择 （画笔工具）载入“梦幻烟雾.abr”画笔，选择一个烟雾笔触后，将“前景色”设置白色，在“路径”面板中，执行“画笔描边”命令，效果如图8-51所示。

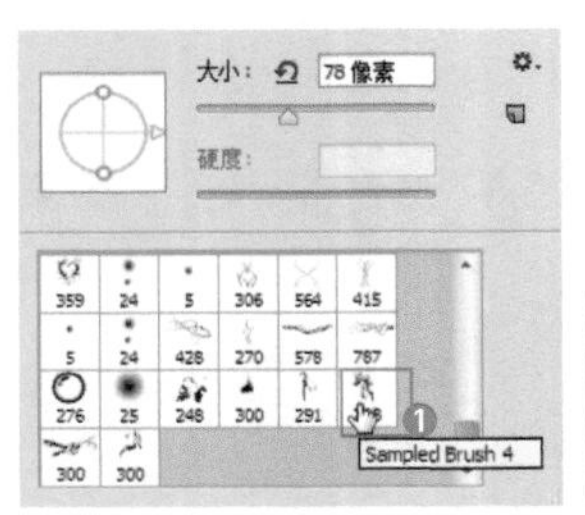

图8-51 画笔描边路径

09 在“路径”面板空白处隐藏路径，在“图层”面板中新建一个图层蒙版，将“背景色”设置为黑色，选择 （橡皮擦工具）设置“不透明度”为40%，在蒙版中对描边的烟雾进行编辑，效果如图8-52所示。

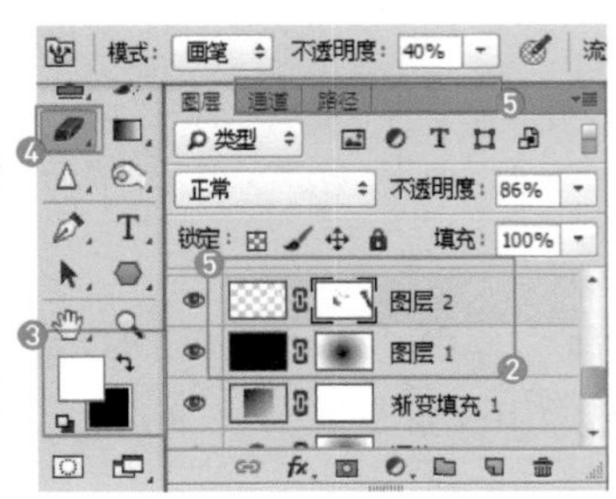

图8-52 画笔描边路径

10 执行菜单中“图层/图层样式/外发光”命令，打开“外发光”选项，其中的参数值设置如图8-53所示。

11 设置完毕单击“确定”按钮，效果如图8-54所示。

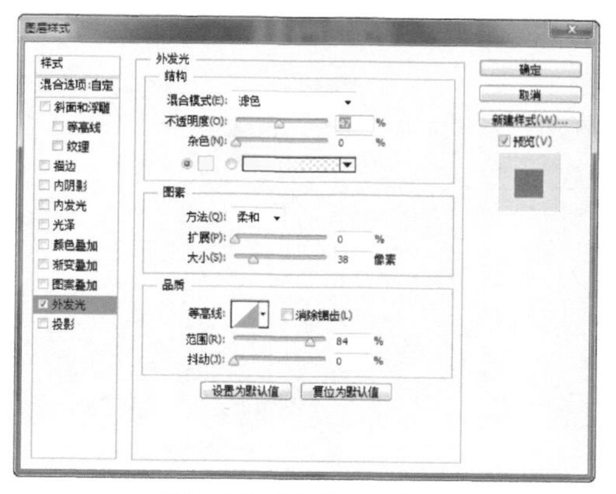

图8-53 “外发光”选项

图8-54 外发光后

12 按住Ctrl键单击“图层2”图层的缩略图，调出选区后，新建“图层3”图层，选择（渐变工具）在选区内填充“橘、黄、橘渐变”的线性渐变色，设置“混合模式”为叠加，效果如图8-55所示。

13 按住Ctrl键单击“图层2”图层的蒙版缩略图，调出选区后，选择“图层3”图层后单击“添加图层蒙版”按钮，为选区添加一个蒙版，效果如图8-56所示。

图8-55 填充渐变色

图8-56 添加蒙版

14 新建一个图层，选择（画笔工具）绘制相应颜色圆点画笔笔触，效果如图8-57所示。

15 将“帆船”素材中的图像拖动到“瓶子”文档中，按Ctrl键调出变换框拖动控制点调整大小，设置“混合模式”为明度，效果如图8-58所示。

图8-57 绘制画笔

图8-58 调整大小

16 按Enter键完成变换，为图层添加一个图层蒙版，将“背景色”设置为黑色，选择（橡皮擦工具）在帆船边缘进行涂抹，效果如图8-59所示。

17 在文档中间位置键入文字，为文字添加“描边和外发光”效果，至此本例制作完成，效果如图8-60所示。

图8-59 编辑蒙版

图8-60 最终效果

实例 076 选区编辑蒙版

实例目的

通过制作如图8-61所示的流程效果图，了解通过选区编辑蒙版进行“图像合成”的应用。

图8-61 流程效果图

实例要点

- 打开素材
- 复制背景应用“径向模糊”
- 设置混合模式
- 绘制白色圆形并制作黄色发光
- 移入素材创建选区添加图层蒙版
- 通过“高斯模糊”制作发光

操作步骤

01 打开随书下载资源中的“素材文件/第08章/飞机”和“素材文件/第08章/黎明”素材，如图8-62所示。

02 选择“黎明”图像，复制背景得到一个“背景 拷贝”图层，执行菜单中“滤镜/模糊/径向模糊”命令，打开“径向模糊”对话框，其中的参数值设置如图8-63所示。

图8-62 素材

图8-63 “径向模糊”对话框

03 设置完毕单击“确定”按钮，设置“混合模式”为颜色加深、“不透明度”为74%，如图8-64所示。

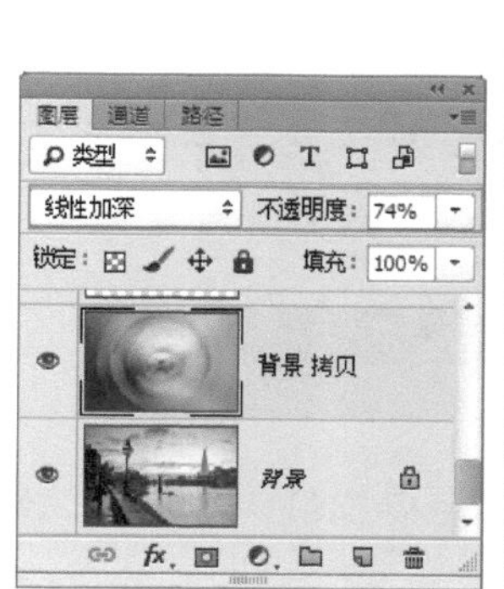

图8-64 模糊后设置混合模式

04 新建一个图层，选择（椭圆工具）绘制一个白色的圆，设置“混合模式”为柔光，效果如图8-65所示。

05 复制“图层1”图层，得到一个“图层1拷贝”图层，效果如图8-66所示。

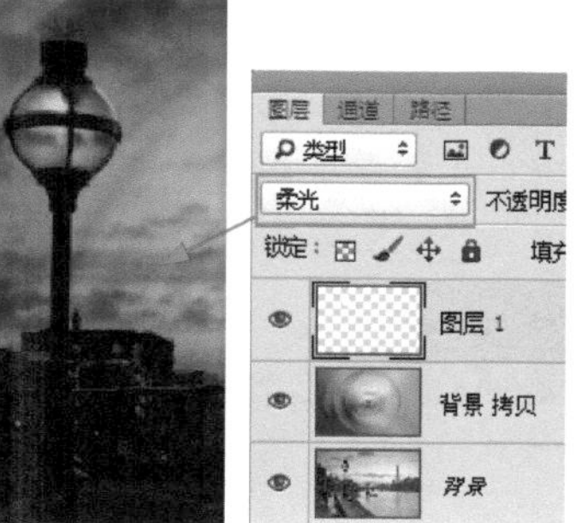

图8-65 混合模式

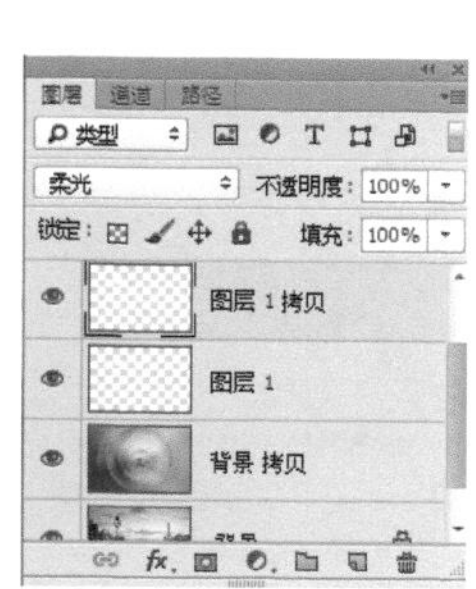

图8-66 复制

06 新建一个图层，绘制一个黄色的圆，如图8-67所示。

07 执行菜单中“滤镜/模糊/高斯模糊”命令，打开“高斯模糊”对话框，设置“半径”为19.6像素，如图8-68所示。

08 设置完毕单击“确定”按钮，设置“不透明度”为75%，效果如图8-69所示。

图8-67 绘制黄色的圆

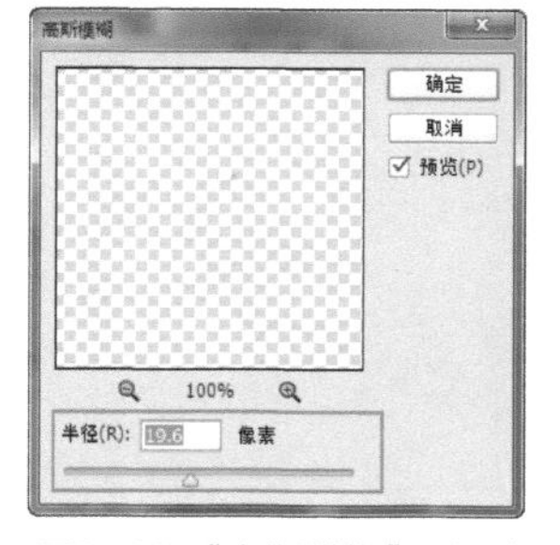

图8-68 “高斯模糊”对话框

图8-69 模糊后效果

09 选择（移动工具）将“飞机”素材中的图像拖动到“黎明”素材中，选择（椭圆选框工具）在月亮上创建一个选区，如图8-70所示。

10 选区创建完毕后单击“添加图层蒙版”按钮，为图层添加一个蒙版效果，按Ctrl+T键调出变换框后拖动控制点，将图像缩小并设置“混合模式”为叠加、“不透明度”为64%，如图8-71所示。

图8-70 移入素材创建选区

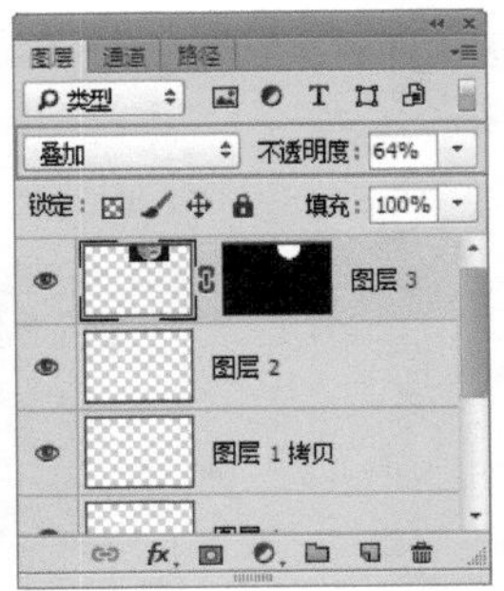

图8-71 添加蒙版

11 选择图像缩略图，执行菜单中“图层/调整/色相/饱和度”命令，打开“色相/饱和度”对话框，勾选“着色”复选框，再设置其他参数值，如图8-72所示。

12 设置完毕单击“确定”按钮，效果如图8-73所示。

13 在月亮上绘制一个白色的圆，执行菜单中“滤镜/模糊/高斯模糊”命令，打开“高斯模糊”对话框，其中单色参数值设置如图8-74所示。

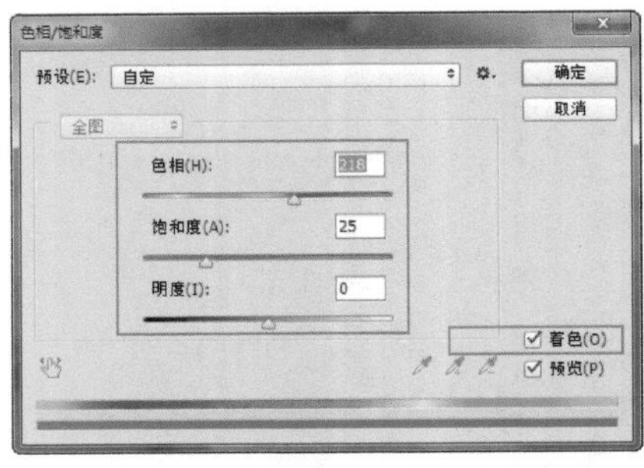

图8-72 “色相/饱和度”对话框

图8-73 调整后效果

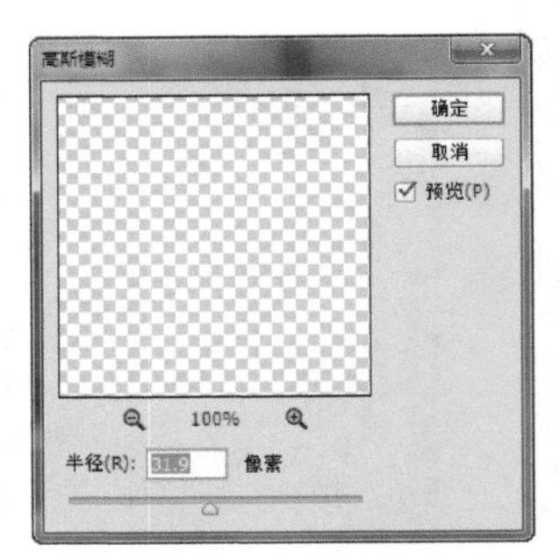

图8-74 “高斯模糊”对话框

14 设置完毕单击“确定”按钮，设置“混合模式”为柔光，至此本例制作完毕，效果如图8-75所示。

图8-75 最终效果

实例 077 在通道中调出图像选区

实例目的

通过制作如图8-76所示的流程效果图，了解“在通道中调出图像选区”的应用。

图8-76 流程效果图

实例要点

- 打开素材
- 调出通道中的选区
- 在通道中复制通道
- 返回图层填充选区

操作步骤

01 打开随书下载资源中的“素材文件/第08章/奶牛”素材，如图8-77所示。

02 在“通道”面板中复制“红”通道得到“红拷贝”通道，如图8-78所示。

03 执行菜单中“图像/调整/色阶”命令，打开“色阶”对话框，其中的参数设置如图8-79所示。

图8-77 素材

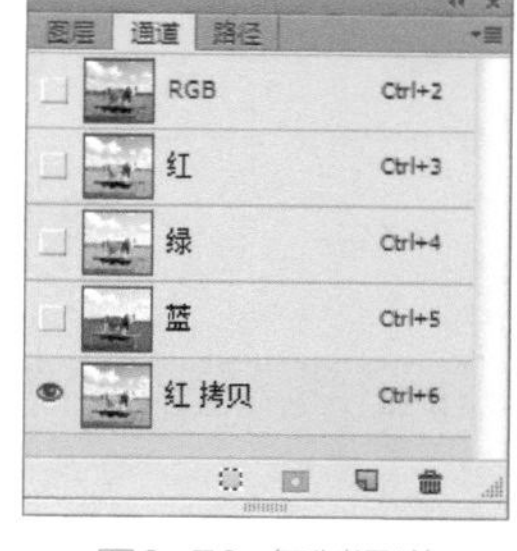

图8-78 复制通道

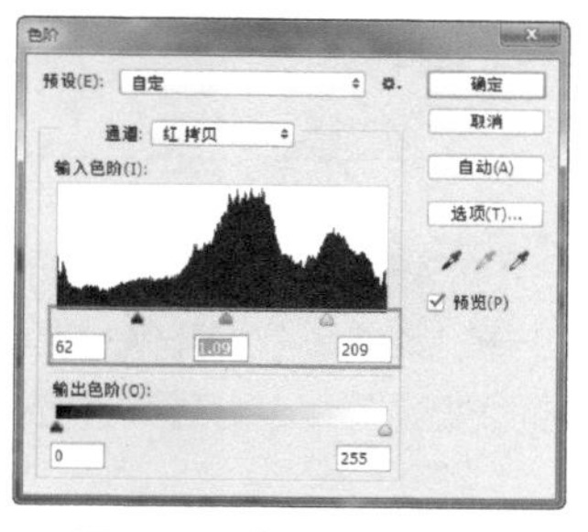

图8-79 “色阶”对话框

04 设置完毕单击“确定”按钮，按Ctrl键单击“红拷贝”通道的缩略图，调出选区，如图8-80所示。

05 转换到“图层”面板中，新建一个图层，将选区填充为白色，效果如图8-81所示。

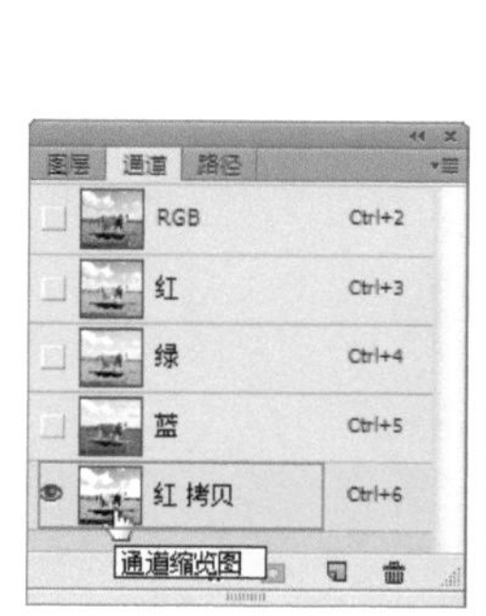

图8-80 调出选区

图8-81 填充选区

06 按Ctrl+D键去掉选区，为“图层1”图层添加一个蒙版，使用黑色画笔在天空处进行涂抹，如图8-82所示。

07 至此本例制作完毕，效果如图8-83所示。

图8-82 编辑蒙版

图8-83 最终效果

实例 078 分离与合并通道改变图像色调

实例目的

通过制作如图8-84所示的流程效果图，了解如何在通道中对图像进行调整。

图8-84 流程效果图

实例要点

- 执行“打开”菜单命令打开素材图像
- 执行“分离通道”命令对通道进行分离
- 执行“合并通道”命令对通道进行合并

操作步骤

01 打开随书下载资源中的“素材文件/第08章/出门”素材，如图8-85所示。

02 执行菜单中“窗口/通道”命令，打开“通道”面板，单击其右上角下拉按钮，在打开的下拉菜单中选择“分离通道”选项，如图8-86所示。

图8-85 素材

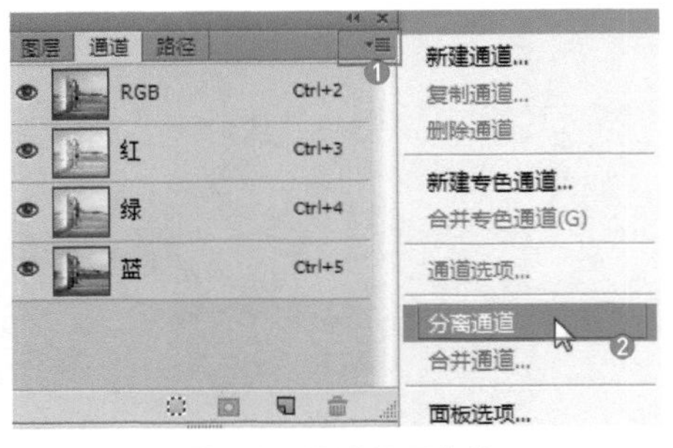

图8-86 通道打开菜单

03 执行“分离通道”命令后，将图像分离成红、绿、蓝3个单独的通道，效果如图8-87所示。

“红”通道

“绿”通道

“蓝”通道

图8-87 分离通道

04 在“通道”面板中，单击其右上角下拉按钮，在打开的下拉菜单中选择“合并通道”选项，如图8-88所示。

05 选择“合并通道”选项后，打开“合并通道”对话框，在“模式”下拉列表框中选择“RGB颜色”选项，设置“通道”数为3，如图8-89所示。

06 设置完毕单击“确定”按钮，打开“合并RGB通道”对话框，其中的各项参数设置如图8-90所示。

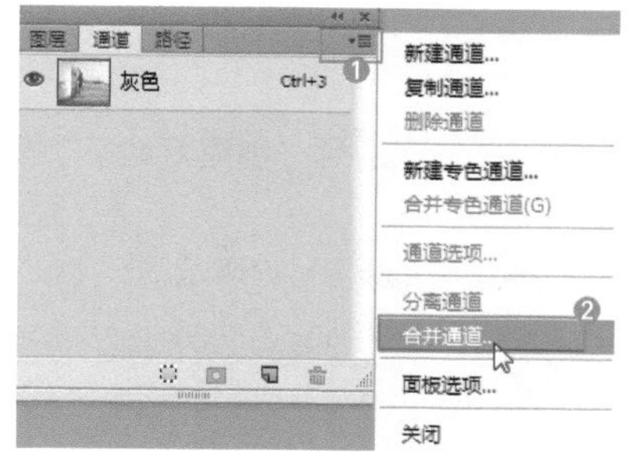

图8-88 “通道”面板

图8-89 “合并通道”对话框

图8-90 “合并RGB通道”对话框

07 设置完毕单击“确定”按钮，完成通道的合并，效果如图8-91所示。在“合并RGB通道”对话框中的3个指定通道的顺序是可以任意设置的，顺序不同，图像颜色合并效果也不尽相同，如图8-92所示。分别存储本文件。至此本例制作完毕。

图8-91 最终效果

图8-92 最终效果

技巧

执行“分离通道”与“合并通道”命令更改图像颜色信息的方法相对比较简单，并且变化也较少。若图像本身模式为 RGB，则能产生的效果数量为 3^3；如果图像模式为 CMYK，则产生的效果数量为 4^4，以此类推。

实例 079

通道抠毛绒边缘图

实例目的

通过制作如图8-93所示的流程效果图，了解通道在本例中的应用。

图8-93 流程效果图

实例要点

- 打开素材
- 复制通道
- 应用“色阶”命令调整黑白对比度
- 调出选区并转换到“图层”调板中复制选区内容
- 使用“套索工具”和“亮度/对比度”命令调亮图像局部

操作步骤

01 打开随书下载资源中的“素材文件/第08章/猫咪”素材，如图8-94所示。

02 执行菜单中“窗口/通道”命令，打开“通道”面板，拖动白色较明显的“红”通道到“创建新通道”按钮上，得到“红副本”通道，如图8-95所示。

03 执行菜单中“图像/调整/色阶”命令，打开“色阶”对话框，其中的参数值设置如图8-96所示。

图8-94 素材

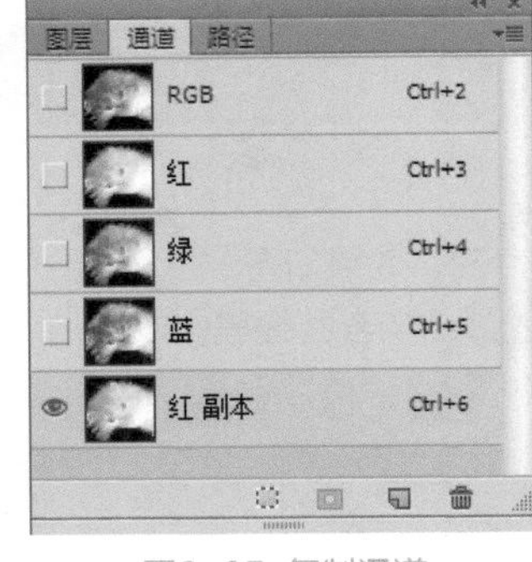

图8-95 复制通道

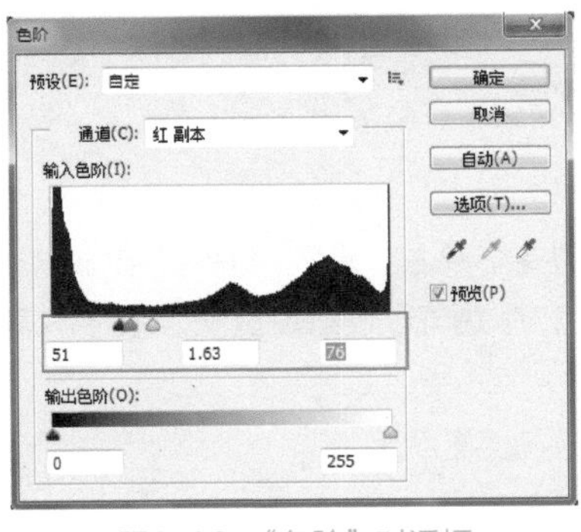

图8-96 “色阶”对话框

04 设置完毕后单击“确定”按钮，效果如图8-97所示。

05 选择（套索工具）在猫咪的眼睛处和猫咪趴着的位置创建选区，并填充白色，效果如图8-98所示。

06 按住Ctrl键的同时单击“红副本”通道，调出选区，转换到“图层”面板中，按Ctrl+J键得到一个“图层1”图层，效果如图8-99所示。

图8-97 色阶调整后效果

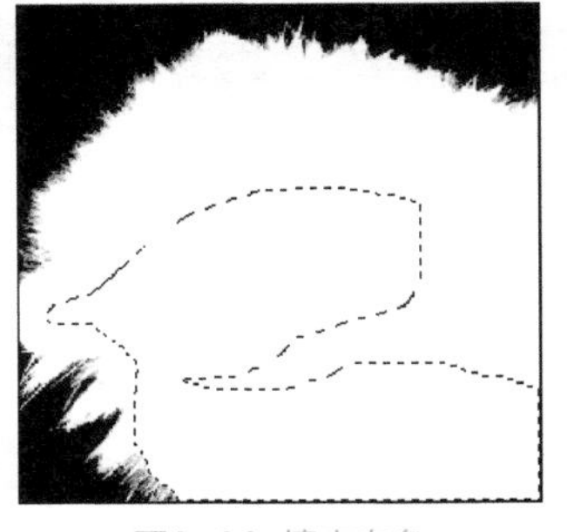

图8-98 填充白色

图8-99 调出选区并复制

07 在“图层1”图层的下面新建“图层2”图层，并将其填充为淡蓝色，效果如图8-100所示。

08 选择“图层1”图层，选择（套索工具），设置“羽化”为15像素，在猫咪的边缘创建选区，如图8-101所示。

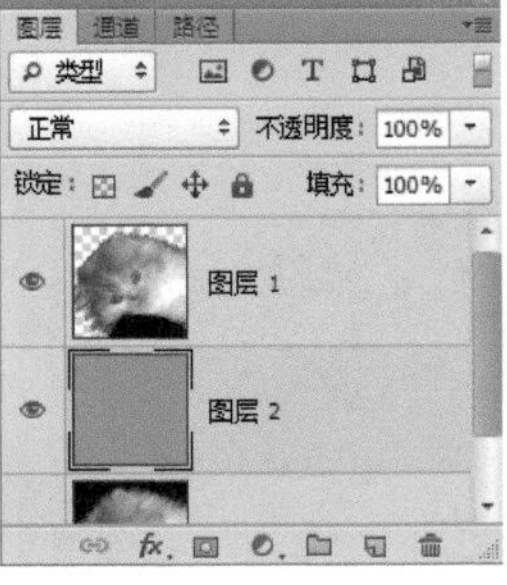

图8-100 填充

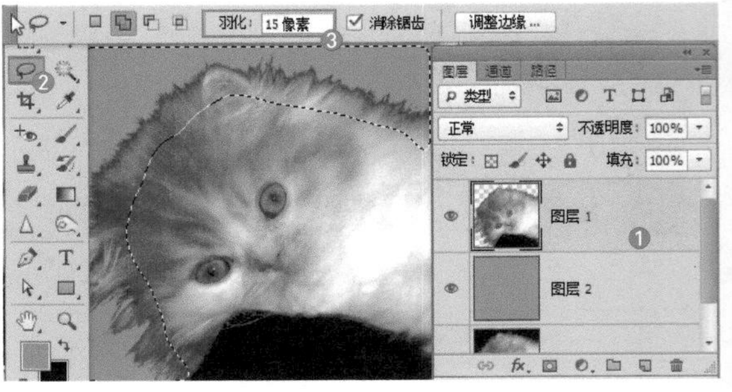

图8-101 创建选区

09 执行菜单“图像/调整/亮度/对比度”命令，打开“亮度/对比度”对话框，设置“亮度”为150、“对比度”为-41，如图8-102所示。

10 设置完毕后单击“确定”按钮，此时会发现边缘效果还是不理想，所以选择 （套索工具）在猫咪的边缘创建选区，效果如图8-103所示。

11 执行菜单中“图像/调整/亮度/对比度”命令，打开“亮度/对比度”对话框，设置“亮度”为95、“对比度”为23，如图8-104所示。

图8-102 “亮度/对比度”对话框

图8-103 创建选区

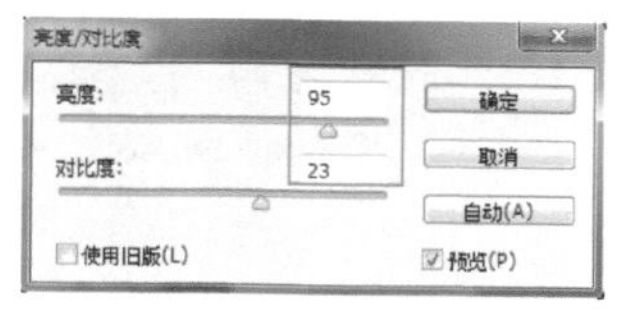

图8-104 “亮度/对比度”对话框

12 设置完毕后单击“确定”按钮，依次在边缘上创建选区并将其调亮，存储本文件。至此，本例制作完毕，效果如图8-105所示。

图8-105 最终效果

实例 080 通道应用滤镜制作撕纸效果

实例目的

通过制作如图8-106所示的流程效果图，了解如何在通道中运用滤镜。

图8-106 流程效果图

实例要点

- 应用“打开”菜单命令打开素材图像
- 新建通道并创建选区
- 使用“喷溅”滤镜制作撕边效果

操作步骤

01 打开随书下载资源中的“素材文件/第08章/云门”素材，如图8-107所示。

02 在工具箱中设置“前景色”为白色，执行菜单中“窗口/通道”命令，打开“通道”面板，单击“通道”面板上的“创建新通道”按钮，新建“Alpha1”通道，选择工具箱中的（画笔工具），在“Alpha1”通道中进行涂抹，如图8-108所示。

图8-107 素材

图8-108 编辑通道

03 执行菜单中“滤镜/滤镜库”命令，在对话框中选择“画笔描边/喷溅”选项，在打开的“喷溅”对话框中，设置“喷色半径”值为5，“平滑度”为4，如图8-109所示。

04 设置完毕后单击“确定”按钮，效果如图8-110所示。

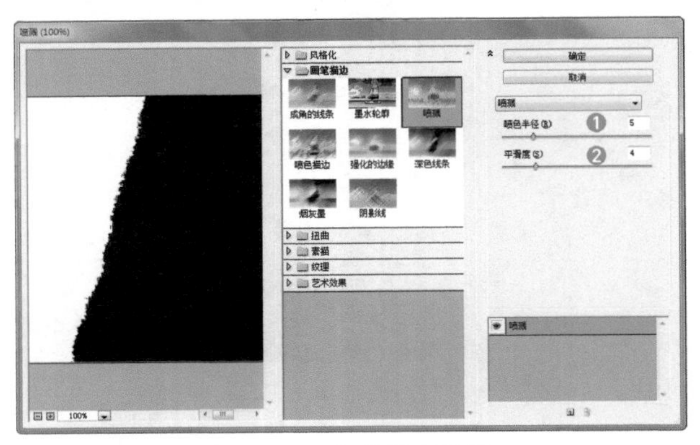

图8-109 “喷溅”对话框

图8-110 喷溅后

05 按住Ctrl键，单击“Alpha1”通道缩览图，调出该通道选区，转换到“图层”面板中，拖动“背景”图层至“创建新图层”按钮上，复制“背景”图层得到“背景 拷贝”图层，按Delete键清除选区中的图像，如图8-111所示。

图8-111 删除

> **技巧**
>
> 在“通道”面板中，新建“Alpha1”通道后，将“前景色”设置为白色，使用“画笔工具”绘制白色区域，白色区域就是图层中的选区范围。

06 按Ctrl+D键，取消选区，选择“背景”图层，按Alt+Delete键，为“背景”图层填充前景色，选择“背景 副本”图层，执行菜单中“图层/图层样式/投影”命令，在打开的“图层样式”对话框中，对“投影”图层样式进行相应的设置，如图8-112所示。

07 设置完毕后单击“确定”按钮。至此本例制作完毕，效果如图8-113所示。

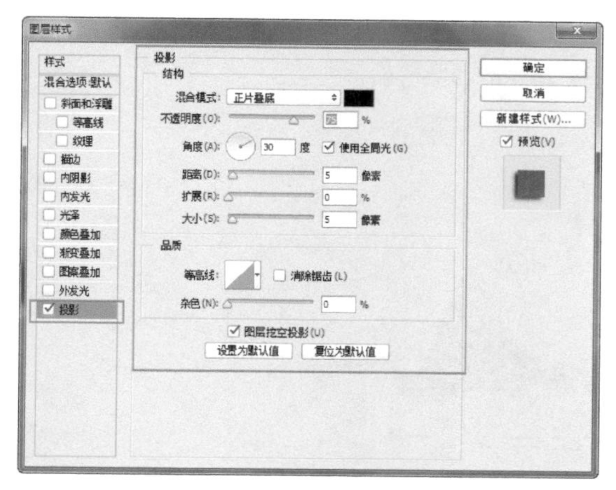

图8-112 “图层样式”对话框

图8-113 最终效果

技巧

进入快速蒙版模式，使用“画笔工具”绘制撕掉的部分，然后返回到标准模式再执行“图层蒙版”命令同样可以出现上面的效果。

实例 081 应用通道抠出半透明图像

实例目的

通过制作如图8-114所示的流程效果图，了解如何在通道中抠取半透明图像的方法。

图8-114 流程效果图

实例要点

- 打开文档
- 在通道中使用画笔进行编辑
- 在通道中调出选区
- 移动选区内的图像到新文档中
- 变换大小

操作步骤

01 执行菜单中“文件/打开”命令或按Ctrl+O键，打开随书下载资源中的“素材文件/第08章/婚纱”素材，如图8-115所示。

图8-115 素材

02 转换到“通道”面板，拖动“蓝”通道到“创建新通道”按钮上，得到“蓝副本”通道，如图8-116所示。

03 在菜单中执行“图像/调整/色阶”命令，打开“色阶”对话框，其中的参数值设置如图8-117所示。

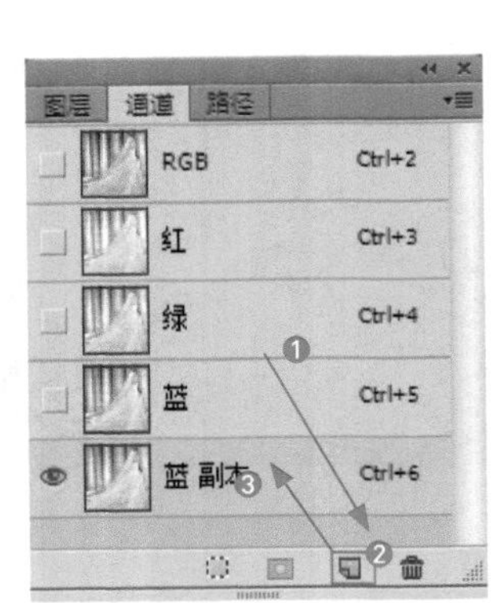

图8-116 复制通道

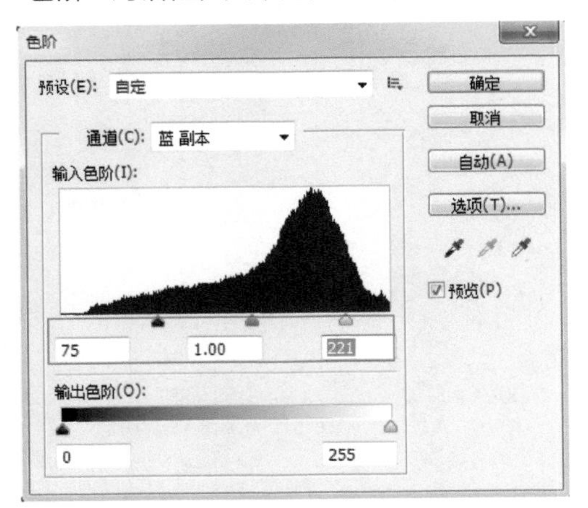

图8-117 “色阶”对话框

04 设置完毕单击“确定”按钮，效果如图8-118所示。

05 将“前景色”设置为黑色，选择（画笔工具）在人物上以外的位置拖动，将周围填充黑色，效果如图8-119所示。

06 将“前景色”设置为白色，选择（画笔工具）在人物上拖动（切忌不要在透明的位置上涂抹），效果如图8-120所示。

图8-118 调整色阶后效果

图8-119 编辑通道1

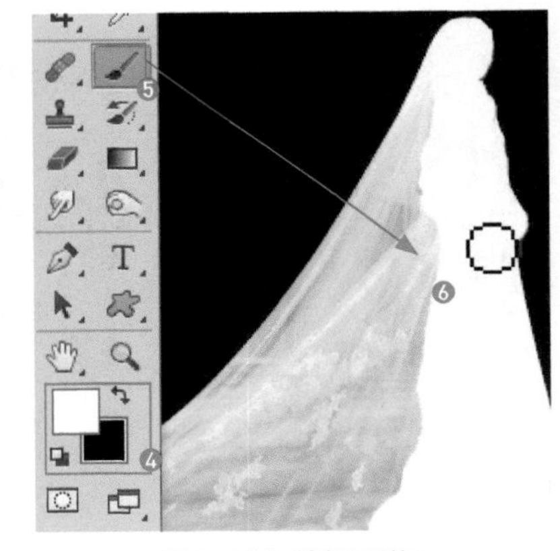

图8-120 编辑通道2

07 选择复合通道，按住Ctrl键单击“绿副本”通道，调出图像的选区，如图8-121所示。

08 按Ctrl+C键复制选区内的图像，再在菜单中执行“文件/打开”命令或按Ctrl+O键，打开随书下载资源中的“素材文件/第08章/铁路”素材，如图8-122所示。

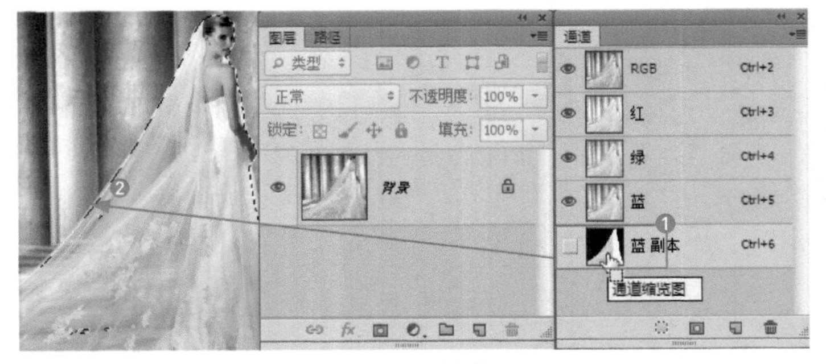

图8-121 调出选区

图8-122 素材

09 打开素材后，按Ctrl+V键粘贴复制的内容，按Ctrl+T键调出变换框，拖动控制点将图像进行适当的缩放，效果如图8-123所示。

10 按Enter键完成变换后，再键入一些文字，最终效果如图8-124所示。

图8-123 变换

图8-124 最终效果

实例 082 通过蒙版显示局部放大图像

实例目的

通过制作如图8-125所示的流程效果图，了解如何在剪贴蒙版中得到局部放大的方法。

图8-125 流程效果图

实例要点

- 打开文档
- 绘制圆形
- 创建剪贴蒙版
- 链接图层

操作步骤

01 打开随书下载资源中的“素材文件/第08章/海报.jpg”素材，如图8-126所示。

02 在“图层”面板中拖动“背景”图层至“创建新图层”按钮 上，复制“背景”图层得到“背景 拷贝”图层，如图8-127所示。

图8-126 素材

图8-127 复制“背景”图层

03 隐藏“背景 拷贝”图层，选中“背景”图层，执行菜单中“滤镜/模糊/高斯模糊”命令，打开“高斯模糊”对话框，设置其“半径”值为5.5像素，如图8-128所示。

04 设置完毕后单击“确定”按钮，效果如图8-129所示。

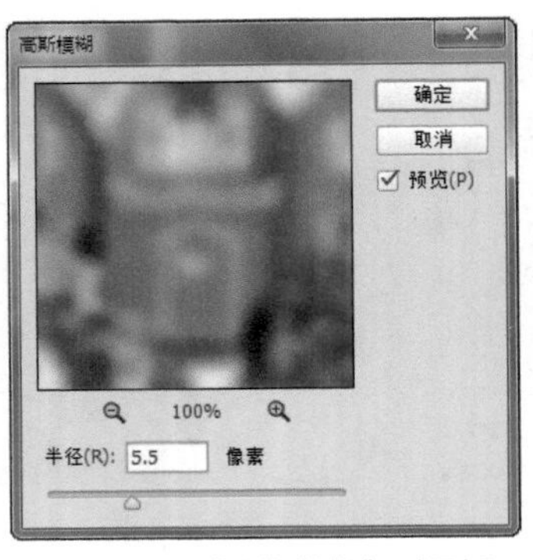

图8-128 “高斯模糊”对话框

图8-129 模糊后效果

05 单击“创建新图层”按钮，新建“图层1”图层，将“图层1”图层命名为“蒙版”，选择（椭圆工具），按住Shift键，在画布上绘制一个圆形，如图8-130所示。

06 选择并显示“背景 拷贝”图层，执行菜单中“图层/创建剪贴蒙版”命令，为图层创建剪贴蒙版，如图8-131所示。

图8-130 新建图层并绘制圆形

图8-131 创建剪贴蒙版

> **技巧**
>
> 按住 Alt 键，单击两个图层的相交处，即可创建剪贴蒙版。

07 打开随书下载资源中的“素材文件/第08章/透镜.png”素材，如图8-132所示。

08 将透镜拖至海报图像中，并调整其位置，按住Ctrl键，选中“图层1”图层，单击“图层”面板上的“链接图层”按钮，将两个图层链接，如图8-133所示。

09 此时移动透镜所在图层的图像会将黑色圆形一同移动。至此本例制作完毕，效果如图8-134所示。

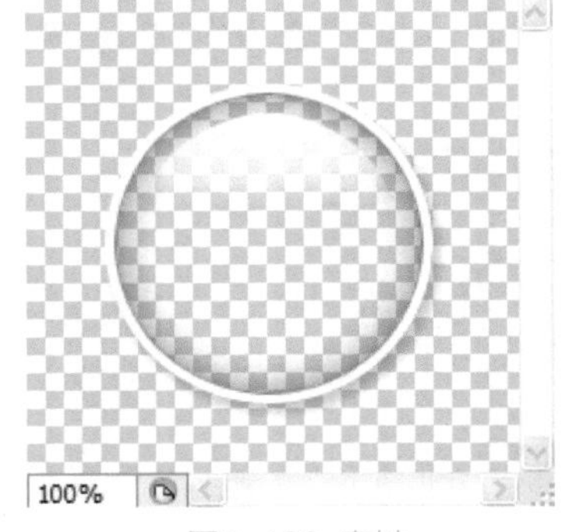

图8-132 素材

图8-133 移动并链接

图8-134 最终效果

本章的练习与习题

练习

1. 使用“通道”制作降雪效果，在通道中复制“绿”通道，然后调整“色阶”调出选区，在“图层”面板中新建图层并填充选区为白色，新建通道应用“铜版雕刻”滤镜，调出选区后在“图层”面板中新建图层并填充白色，制作出雪花。

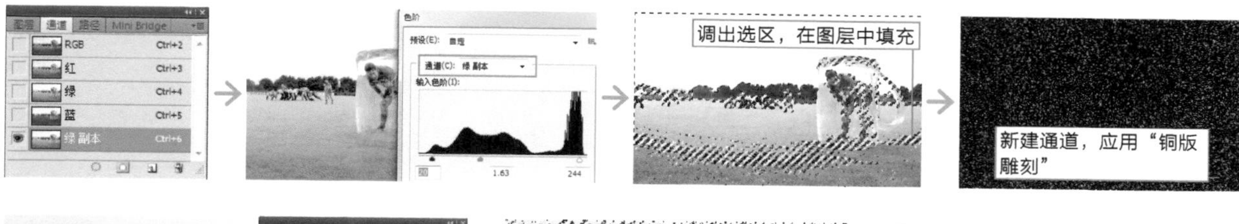

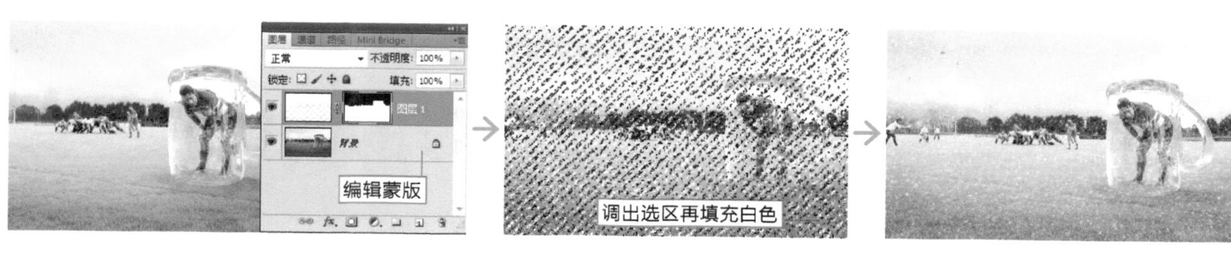

2. 通过蒙版合成多图像。

习题

1. Photoshop中存在下面哪几种不同类型的通道？（　　）

A. 颜色信息通道　　B. 专色通道　　C. Alpha通道　　D. 蒙版通道

2. 向根据Alpha通道创建的蒙版中添加区域，用下面哪个颜色在绘制时更加明显？（　　）

A. 黑色　　B. 白色　　C. 灰色　　D. 透明色

3. 图像中的默认颜色通道数量取决于图像的颜色模式，如一个RGB图像至少存在几个颜色通道？（　　）

A. 1　　B. 2　　C. 3　　D. 4

4. 在图像中创建选区后，单击“通道”面板中的按钮，可以创建一个什么通道？（　　）

A. 专色　　B. Alpha　　C. 选区　　D. 蒙版

第09章

图像色彩的调整

本章内容

通过色相/饱和度调整色调
使用色阶增加照片层次感
使用曲线调整色调
使用色彩平衡校正偏色
使用反相与色阶加强照片中灯光的亮度
使用自然饱和度增强颜色鲜艳度
使用渐变映射添加渐变色调
使用阈值制作灰度图片
使用通道混合器将局部变为白色
使用曝光度调整曝光不足的照片
使用匹配颜色统一色调
使用灰度图片制作双色调图像
使用阴影/高光校正背光照片
使用设置灰场校正偏色
使用照片滤镜制作黄昏效果

本章全面讲解Photoshop中图像色彩的调整，内容涉及图像色相与饱和度的调整、平衡图像色彩、通道混合器和曲线等。

实例 083 使用色相/饱和度调整色调

实例目的

通过制作如图9-1所示的流程效果图，了解“色相/饱和度”命令在实例中的应用。

图9-1 流程效果图

实例要点

- 打开素材文档
- 使用“马赛克拼贴”滤镜
- 使用“色相/饱和度”调整色调
- 应用“描边”命令
- 清除选区内图像

操作步骤

01 执行菜单中“文件/打开”命令，打开随书下载资源“素材文件\第09章\ 海边创意图”，如图9-2所示。

02 复制一个背景图层，选择“背景”图层，执行菜单中“滤镜/滤镜库”命令，选择“纹理”中的“马赛克拼贴”选项，在打开的“马赛克拼贴”对话框中，设置“拼贴大小”为64，“缝隙宽度”为2，“加亮缝隙”为4，如图9-3所示。

图9-2 素材

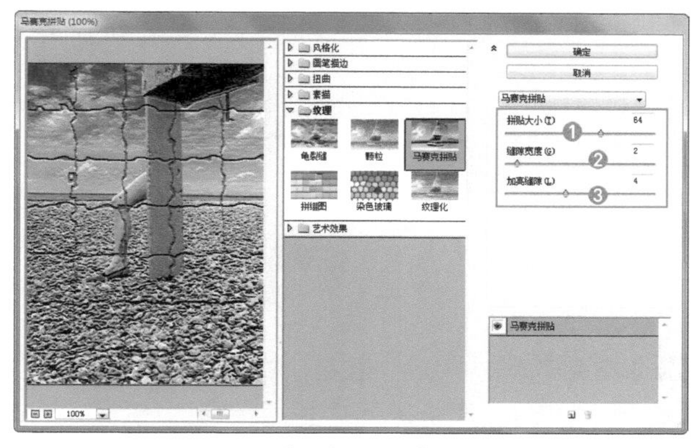

图9-3 “马赛克拼贴”对话框

03 设置完毕单击“确定”按钮，隐藏“背景 拷贝”图层，效果如图9-4所示。

图9-4 马赛克拼贴后

04 在“背景”上面新建一个图层并填充白色，设置“不透明度”为65%，效果如图9-5所示。

05 选择“背景 拷贝”图层复制一个“背景 拷贝2”图层，显示“背景拷贝”图层。执行菜单中“图像/调整/色相/饱和度”命令，打开“色相/饱和度”对话框，首先勾选“着色”复选框，再设置“色相”为76、“饱和度”为26、“明度”为0，如图9-6所示。

图9-5 设置不透明度

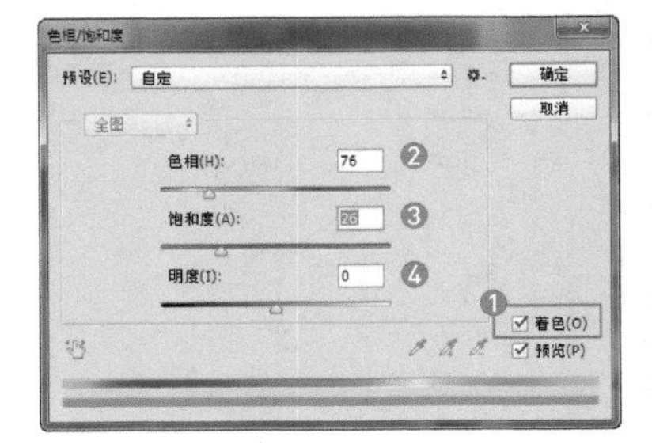

图9-6 “色相/饱和度”对话框

技巧

在“色相 / 饱和度”对话框中，如果想调整黑白图片，必须要将“着色”复选框勾选。

06 设置完毕单击“确定”按钮，设置“不透明度”为64%，效果如图9-7所示。

07 执行菜单中“编辑/描边”命令，打开“描边”对话框，其中的参数值设置如图9-8所示。

图9-7 调整后效果

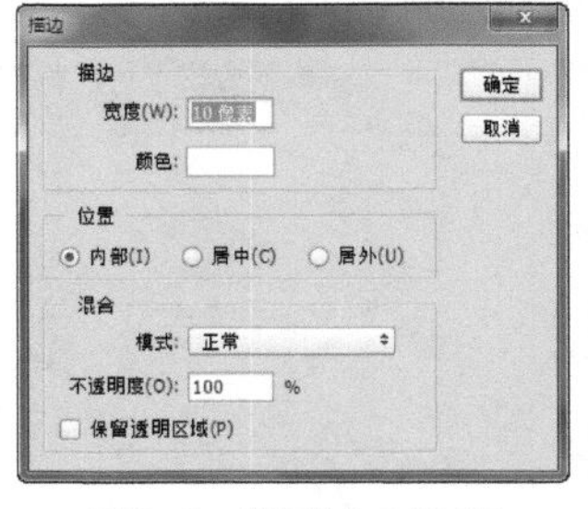

图9-8 “描边”对话框

08 设置完毕单击“确定”按钮，效果如图9-9所示。

09 显示并选择“背景 拷贝2”图层，按Ctrl+T键调出变换框，拖动控制点将图像缩小，如图9-10所示。

图9-9 描边后效果

图9-10 变换

10 按Enter键完成变换，再使用与制作“背景 拷贝”图层描边一样的方法制作当前图像的描边，效果如图9-11所示。

11 按住Ctrl键并单击“背景 拷贝2”图层的缩略图，调出选区再新建一个图层将其填充为黑色，如图9-12所示。

图9-11 描边

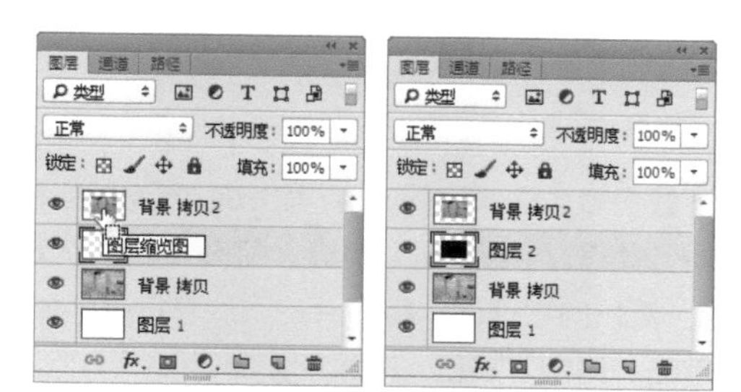

图9-12 调出选区并填充黑色

12 按Ctrl+D键去掉选区，执行菜单中“滤镜/模糊/高斯模糊”命令，打开“高斯模糊”对话框，其中的参数值设置如图9-13所示。

13 设置完毕单击“确定”按钮，再选择（椭圆选框工具）绘制一个“羽化”为20像素的椭圆形，效果如图9-14所示。

14 按Delete键清除选区内容，效果如图9-15所示。

图9-13 “高斯模糊”对话框

图9-14 绘制选区

图9-15 清除选区内容

15 使用同样的方法，将另外三边进行编辑，至此本例制作完毕，效果如图9-16所示。

图9-16 最终效果

实例 084 使用色阶增加照片层次感

实例目的

通过制作如图9-17所示的流程效果图，了解“色阶”命令在本例中的应用。

图9-17 流程效果图

实例要点

- 打开素材
- 使用“色阶”命令调整图片，使图像更具有层次感
- 使用“亮度/对比度”增加亮度

操作步骤

01 打开随书下载资源中的“素材文件/第09章/奔跑”素材，如图9-18所示。

02 执行菜单中“图像/调整/色阶”命令，打开“色阶”对话框，将“高光”滑块向中间有像素分布的区域进行拖动，将“阴影”滑块向右拖动，将照片的层次感增强，如图9-19所示。

03 设置完毕单击“确定”按钮，效果如图9-20所示。

图9-18 素材

图9-19 “色阶”对话框

图9-20 调整色阶后效果

04 执行菜单中“图像/调整/亮度/对比度”命令，打开“亮度/对比度”对话框，其中的参数值设置如图9-21所示。

05 设置完毕单击“确定”按钮。至此本例制作完毕，效果如图9-22所示。

图9-21 “亮度/对比度”对话框

图9-22 最终效果

实例 085 使用曲线调整色调

实例目的

通过制作如图9-23所示的流程效果图，了解“曲线”和“反相”命令在本例中的应用。

图9-23 流程效果图

实例要点

- 打开文档
- 使用“曲线”命令调整色调
- 使用“反相”命令

操作步骤

01 执行菜单中“文件/打开”命令，打开随书下载资源中的“素材文件\第09章\ 古堡”素材，如图9-24所示。

02 复制“背景”图层，得到“背景 拷贝”图层。执行菜单中“图像/调整/曲线”命令，打开“曲线”对话框，在“预设”下拉列表中选择“彩色负片”选项，如图9-25所示。

图9-24 素材

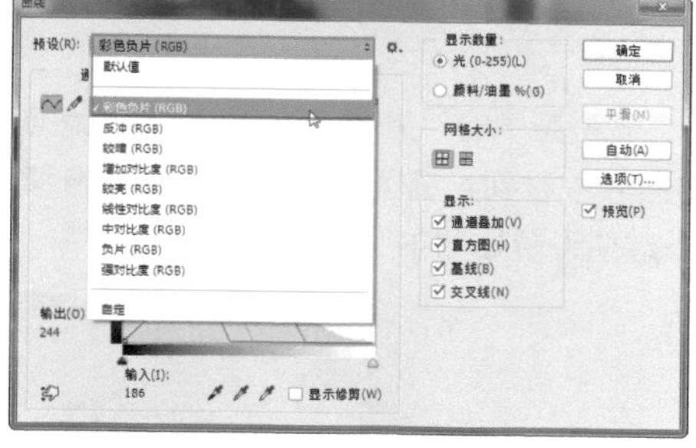

图9-25 “曲线”对话框

03 设置完毕单击“确定”按钮，效果如图9-26所示。

04 执行菜单中“图像/调整/反相”命令或按Ctrl+I键，效果如图9-27所示。

图9-26 曲线调整

图9-27 反相

05 在“图层”面板中设置“混合模式”为颜色、“不透明度”为85%，效果如图9-28所示。

06 至此本例制作完毕，效果如图9-29所示。

图9-28 混合模式

图9-29 最终效果

实例 086 使用色彩平衡校正偏色

实例目的

通过制作如图9-30所示的流程效果图，了解“色彩平衡”命令在实例中的应用。

图9-30 流程效果图

实例要点

● 打开素材图像　　● 使用“色彩平衡”调整偏色

操作步骤

01 打开随书下载资源中的“素材文件/第09章/偏色照片”素材，如图9-31所示。

02 在打开的图像中看到当前图片缺少红色，执行菜单中“图像/调整/色彩平衡”命令，打开“色彩平衡”对话框，其中的参数值设置如图9-32所示。

图9-31 素材

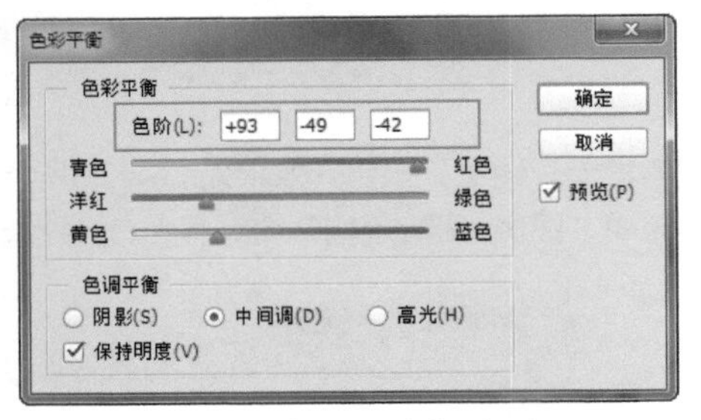

图9-32 “色彩平衡”对话框

> **提示**
>
> 色调平衡：可以分别选择在阴影、中间调或高光中调整图像的色彩平衡。

03 设置完毕单击“确定”按钮，效果如图9-33所示。

04 执行菜单中“图像/调整/色阶”命令，打开“色阶”对话框，参数设置如图9-34所示。

图9-33 调整偏色后效果

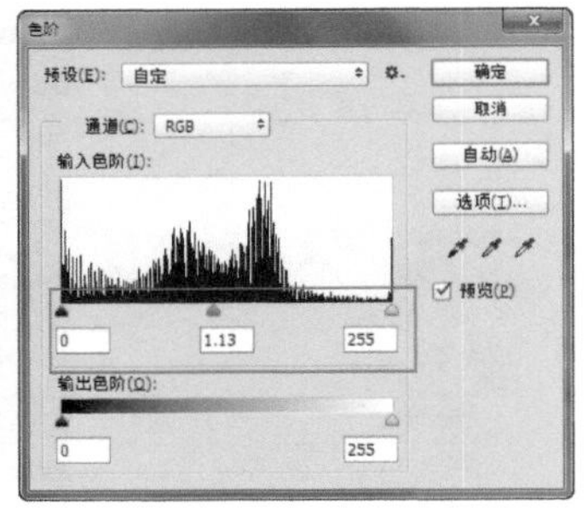

图9-34 “色阶”对话框

> **技巧**
>
> 在“色阶”对话框中，拖动滑块改变数值后，可以将较暗的图像变得亮一些。勾选“预览”复选框，可以在调整的同时看到图像的变化。

05 设置完毕单击“确定”按钮。至此本例制作完毕，效果如图9-35所示。

图9-35 最终效果

实例 087 使用反相与色阶加强照片中灯光的亮度

实例目的

通过制作如图9-36所示的流程效果图，了解“色彩平衡”在实例中的应用。

图9-36 流程效果图

实例要点

- 打开素材图像
- 使用“色阶”命令调整图像的亮度
- 使用“反相”命令和“叠加”模式设置图像亮度

操作步骤

01 打开随书下载资源中的“素材文件/第09章/夜景”素材，如图9-37所示。

02 拖动“背景”图层至“创建新图层”按钮 上，复制“背景”图层得到“背景 拷贝”图层，如图9-38所示。

图9-37 素材

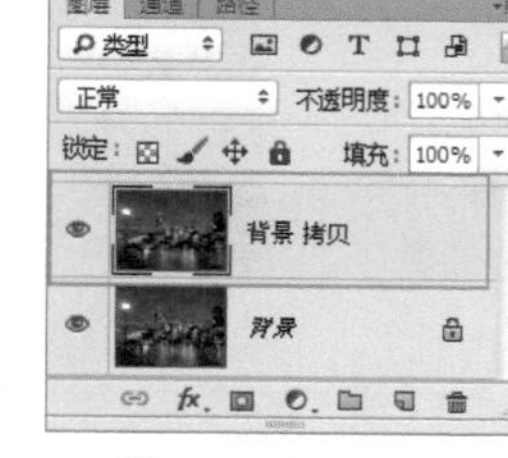

图9-38 复制图层

03 选中“背景 拷贝”图层，执行菜单中“图像/调整/反相”命令，将图像反相，在“图层”面板中设置“背景 拷贝”图层的“混合模式”为叠加，效果如图9-39所示。

04 执行菜单中“图像/调整/色阶”命令，打开“色阶”对话框，参数设置如图9-40所示。

图9-39 反相并设置混合模式

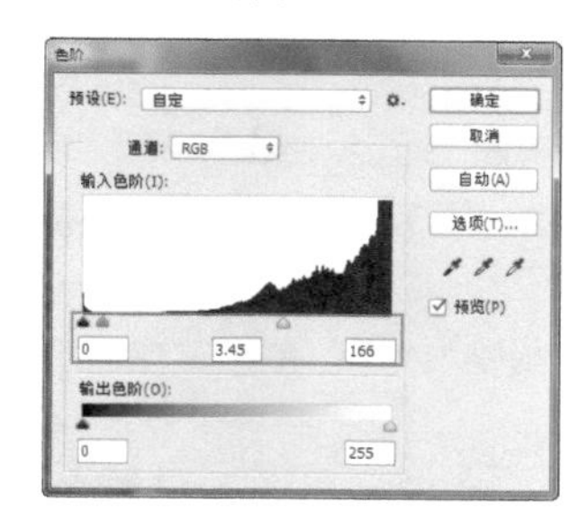

图9-40 “色阶”对话框

05 设置完毕单击“确定”按钮。至此本例制作完毕，效果如图9-41所示。

图9-41 最终效果

实例 088 使用自然饱和度增加颜色鲜艳度

实例目的

通过制作如图9-42所示的流程效果图，了解“自然饱和度”命令在实例中的应用。

图9-42 流程效果图

实例要点

- 打开素材图像
- 使用“自然饱和度”命令
- 使用“亮度/对比度”命令

操作步骤

01 打开随书下载资源中的“素材文件/第09章/墙”素材，将其作为背景，如图9-43所示。

02 执行菜单中“图像/调整/自然饱和度”命令，打开“自然饱和度”对话框，设置“自然饱和度”为100、“饱和度”为26，如图9-44所示。

图9-43 素材

图9-44 “自然饱和度”对话框

技巧

在“自然饱和度”对话框中：

自然饱和度：可以将图像进行从灰色调到饱和色调的调整，用于提升饱和度不够的图片，或调整出非常优雅的灰色调，取值范围在是－100～100之间，数值越大色彩越浓烈。

饱和度：通常指的是一种颜色的纯度，颜色越纯，饱和度就越大；颜色纯度越低，相应颜色的饱和度就越小，取值范围在－100～100之间，数值越小颜色纯度越小，越接近灰色。

03 设置完毕单击“确定”按钮，效果如图9-45所示。

04 执行菜单中“图像/调整/亮度/对比度”菜单命令，打开“亮度/对比度”对话框，其中的参数值设置如图9-46所示。

05 设置完毕单击“确定”按钮，存储本文件。至此本例制作完毕，效果如图9-47所示。

图9-45 调整后效果

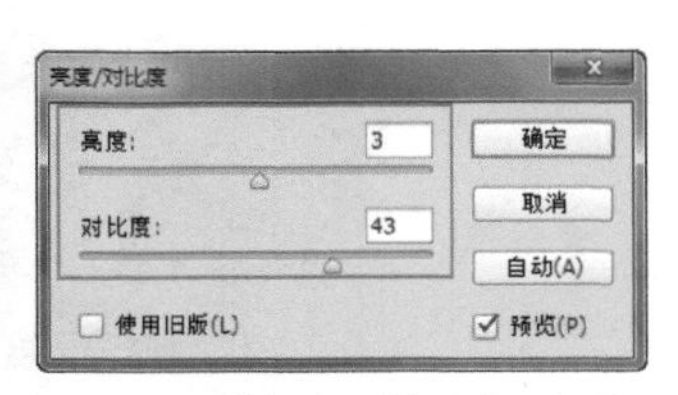

图9-46 “亮度/对比度”对话框

图9-47 最终效果

实例 089 使用渐变映射添加渐变色调

实例目的

通过制作如图9-48所示的流程效果图，了解“渐变映射”命令在实例中的应用。

图9-48 流程效果图

实例要点

- 打开素材图像
- 使用“渐变映射”调整命令
- 使用“渐变填充”命令

操作步骤

01 打开随书下载资源中的“素材文件/第09章/狼头”素材，将其作为背景，如图9-49所示。

02 单击“创建新的填充或调整图层”按钮，在弹出的菜单中选择“渐变映射”选项，如图9-50所示。

图9-49 素材

图9-50 选择“渐变映射”选项

03 选择“渐变映射”选项后，打开“属性”面板，单击渐变条，打开“编辑渐变器”对话框，设置从左向右的RGB颜色依次为（0，0，0；255，110，2；255，255，0），如图9-51所示。

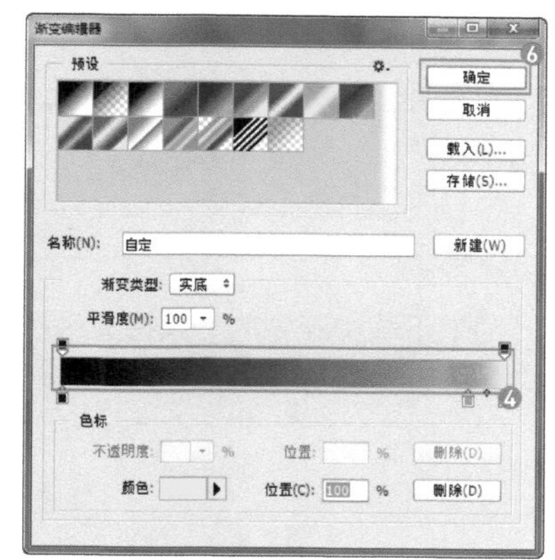

图9-51 编辑渐变

> **技巧**
>
> 在“渐变映射”对话框中，勾选“仿色”复选框用于添加随机杂色以平滑渐变填充的外观并减少带宽效果，勾选“反相”复选框则可切换渐变相反的填充方向。

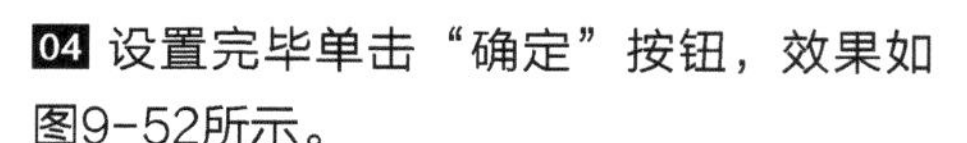

04 设置完毕单击“确定”按钮，效果如图9-52所示。

05 单击“创建新的填充或调整图层”按钮，在弹出的菜单中选择“渐变”选项，打开“渐变填充”对话框，其中的参数值设置如图9-53所示。

图9-52 渐变映射后效果

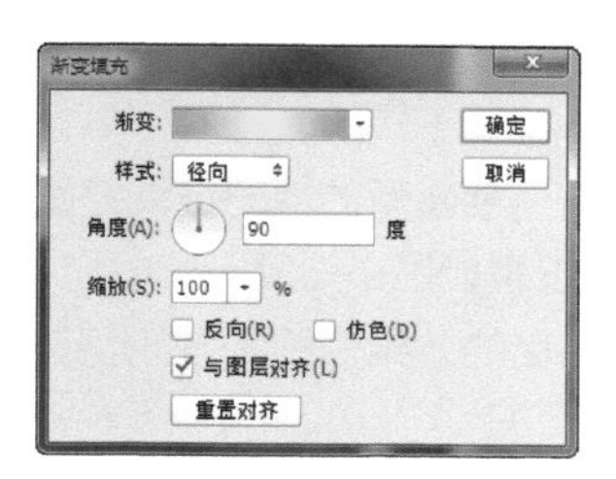

图9-53 “渐变填充”对话框

06 设置完毕单击“确定”按钮，设置“混合模式”为“色相”，如图9-54所示。

07 至此本例制作完毕，最终效果如图9-55所示。

图9-54 混合模式

图9-55 最终效果

实例090 使用阈值制作灰度图片

实例目的

通过制作如图9-56所示的流程效果图，了解“阈值”在实例中的应用。

图9-56 流程效果图

实例要点

- 打开文档
- 使用“阈值”调整命令
- 使用“混合模式”制作黑白效果

操作步骤

01 打开随书下载资源中的“素材文件/第09章/小孩子”素材，将其作为背景，如图9-57所示。

图9-57 素材

02 单击“创建新的填充或调整图层”按钮，在弹出的菜单中选择“阈值”选项，打开“阈值”对话框，其中的参数值设置如图9-58所示。

03 调整后的效果如图9-59所示。

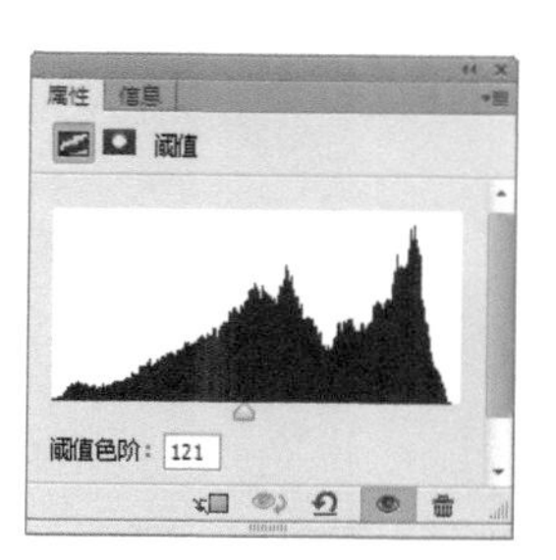

图9-58 阈值

图9-59 调整后效果

04 设置“混合模式”为“颜色”，如图9-60所示。

05 至此本例制作完毕，效果如图9-61所示。

图9-60 混合模式

图9-61 最终效果

实例 091 使用通道混合器将局部变为白色

实例目的

通过制作如图9-62所示的流程效果图，了解“通道混合器”命令在本例中的应用。

图9-62 流程效果图

实例要点

- 打开素材图像并复制背景图层
- 使用“通道混合器”命令
- 设置图层的“混合模式”为“变亮”

操作步骤

01 打开随书下载资源中的“素材文件/第09章/瓶子”素材，将其作为背景，如图9-63所示。

图9-63 素材

02 拖动“背景”图层至“创建新图层”按钮 上，复制背景图层得到“背景 拷贝”图层，如图9-64所示。

03 选中“背景 拷贝”图层，执行菜单中“图像/调整/通道混合器”命令，打开“通道混合器”对话框，参数设置如图9-65所示。

图9-64 复制图层

> **技巧**
>
> 在“背景”图层中按 Ctrl+J 键可以快速复制一个图层副本，只是名称上会按图层顺序进行命名。

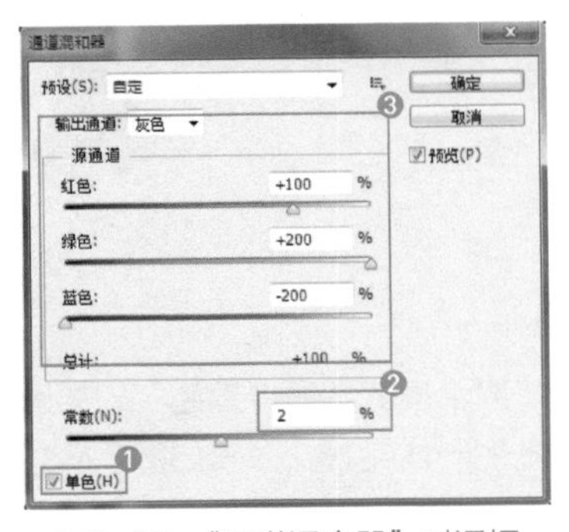

图9-65 “通道混合器”对话框

> **技巧**
>
> 在“通道混合器”对话框中，如果先勾选“单色”复选框，再取消，则可以单独修改每个通道的混合模式，从而创建一种手绘色调外观。

04 单击“确定”按钮，完成“通道混合器”对话框的设置，图像效果如图9-66所示。

05 设置“混合模式”为变亮，效果如图9-67所示。

06 至此本例制作完毕，效果如图9-68所示。

图9-66 通道混合器调整后

图9-67 混合模式

图9-68 最终效果

实例 092 使用曝光度调整曝光不足的照片

实例目的

通过制作如图9-69所示的流程效果图，了解“曝光度”命令在本例中的应用。

图9-69 流程效果图

实例要点

- 打开文件
- 使用“曝光度”命令调整曝光
- 使用“色阶”命令增强层次感

操作步骤

01 打开随书下载资源中的“素材文件/第09章/曝光不足的照片”素材，将其作为背景，如图9-70所示。

02 执行菜单中“图像/调整/曝光度”命令，打开“曝光度”对话框，其中的参数值设置如图9-71所示。

图9-70 素材

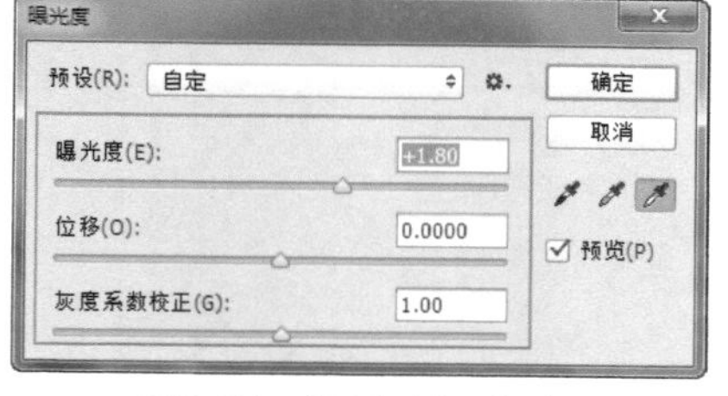

图9-71 “曝光度”对话框

03 设置完毕单击“确定”按钮，效果如图9-72所示。

04 执行菜单中“图像/调整/色阶”命令，打开“色阶”对话框，其中的参数值设置如图9-73所示。

05 设置完毕单击“确定”按钮，至此本例制作完毕，效果如图9-74所示。

图9-72 调整曝光

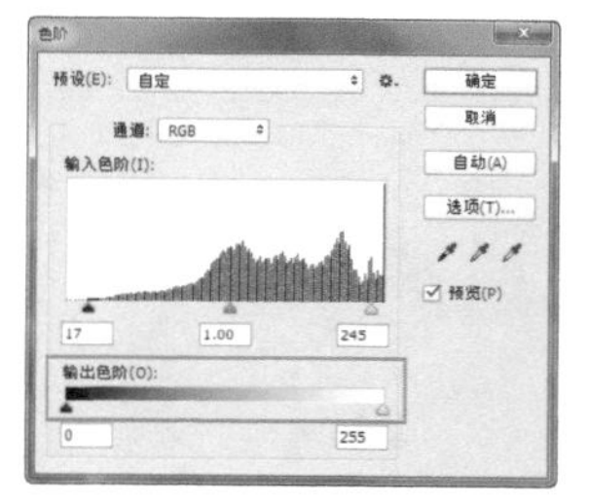

图9-73 “色阶”对话框

图9-74 最终效果

实例 093 使用匹配颜色统一色调

实例目的

通过制作如图9-75所示的流程效果图，了解“匹配颜色”命令在实例中的应用。

图9-75 流程效果图

实例要点

- 使用“打开”菜单命令打开素材图像
- 使用“匹配颜色”菜单命令调整图像的颜色

操作步骤

01 打开随书下载资源中的“素材文件/第09章/树根人”素材，如图9-76所示。

图9-76 素材

02 打开随书下载资源中的“素材文件/第09章/花”素材，如图9-77所示。

03 选中树根人图像，执行菜单中“图像/调整/匹配颜色”命令，打开“匹配颜色”对话框，设置如图9-78所示。

04 单击“确定”按钮，至此本例制作完毕，效果如图9-79所示。

图9-77 素材

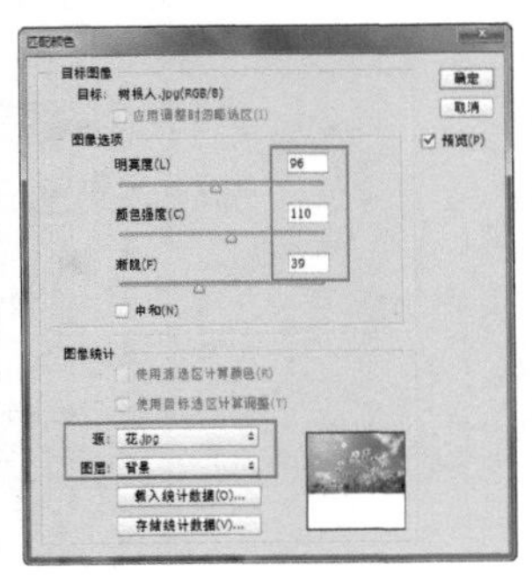

图9-78 “匹配颜色”对话框

图9-79 最终效果

实例 094 使用灰度图片制作双色调图像

实例目的

通过制作如图9-80所示的流程效果图，了解“双色调”命令在实例中的应用。

图9-80 流程效果图

实例要点

- 打开素材图像
- 转换为灰度模式
- 转换为“双色调模式”
- 使用“双色调”命令调整双色图像

操作步骤

01 在菜单中执行“文件/打开”命令或按Ctrl+O键，打开随书下载资源中的“素材文件/第09章/花（2）”素材，将其作为背景，如图9-81所示。

02 此时发现打开的图像为“RGB颜色模式”，在菜单中执行“图像/模式/灰度”命令，系统会弹出如图9-82所示的“信息”对话框。

图9-81 素材

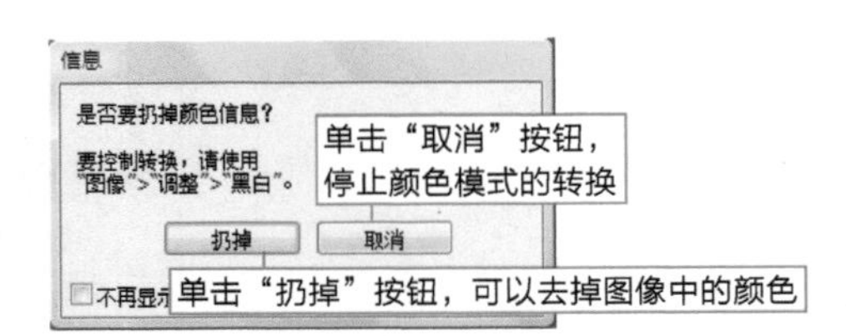

图9-82 “信息”对话框

03 单击“扔掉”按钮，系统会自动将当前图片转换成灰度模式下的单色图像，如图9-83所示。

04 在菜单中执行“图像/模式/双色调”命令，打开“双色调选项”对话框，设置“类型”为双色调，分别单击“油墨1和油墨2”后面的颜色图标，在弹出的“拾色器”中将其设置为“蓝色”和“绿色”，如图9-84所示。

05 设置完毕单击“确定”按钮，至此本例制作完毕，效果如图9-85所示。

图9-83 灰度模式

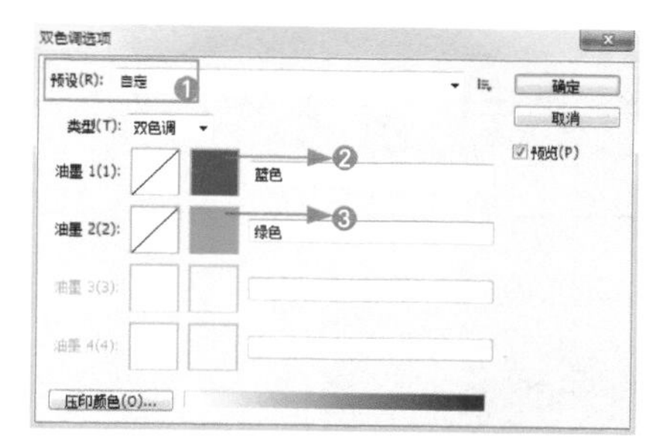

图9-84 “双色调选项”对话框

图9-85 双色调图像

实例095 使用阴影/高光校正背光照片

实例目的

通过制作如图9-86所示的流程效果图，了解“阴影/高光”命令在实例中的应用。

图9-86 流程效果图

实例要点

- 打开素材图像
- 使用“阴影/高光”命令调整图像

操作步骤

01 执行菜单中的“文件/打开”命令或按Ctrl+O键，打开随书下载资源中的“素材文件/第09章/背光照片.jpg”素材，如图9-87所示。

02 打开素材后发现照片中人物面部较暗，此时只要执行菜单中的“图像/调整/阴影/高光”命令，打开“阴影/高光”对话框，设置默认值即可，如图9-88所示。

图9-87 素材

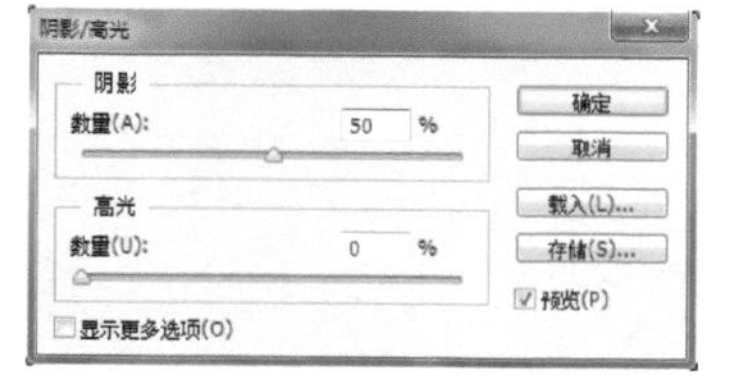

图9-88 “阴影/高光”对话框

03 设置完毕单击“确定”按钮，调整背光照片后的效果，如图9-89所示。

图9-89 调整背光后

实例 096 使用设置灰场校正偏色

实例目的

通过制作如图9-90所示的流程效果图，了解“色阶”命令中“设置灰场”在实例中的应用。

图9-90 流程效果图

实例要点

- 打开文档
- 创建“纯色”图层
- 设置“差值”混合模式
- “阈值”调整
- “色阶”对话框中的“设置灰场”

操作步骤

01 打开随书下载资源中的“素材文件/第09章/偏色照片（2）”素材，效果如图9-91所示。

02 单击“创建新的填充或调整图层”按钮，在弹出的菜单中选择“纯色”命令，打开“拾色器（纯色）”对话框，将颜色设置为“灰色”，如图9-92所示。

03 设置“混合模式”为“差值”，效果如图9-93所示。

图9-91 素材

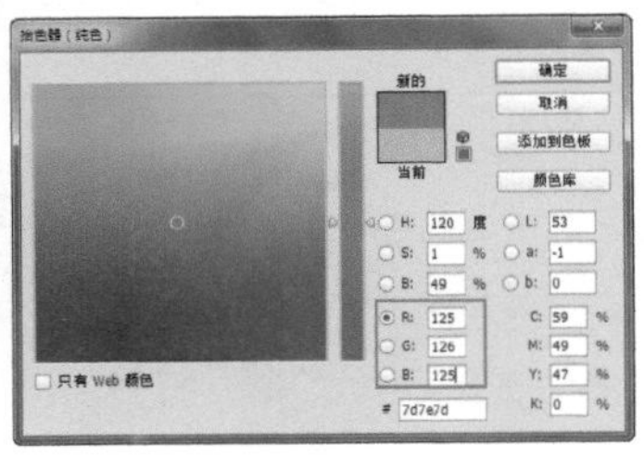

图9-92 “拾色器”对话框

图9-93 混合模式

04 单击“创建新的填充或调整图层”按钮，在弹出的菜单中选择“阈值”选项，打开“属性”面板，设置“阈值色阶”为25，如图9-94所示。

05 此时再选择（颜色取样工具）在图像中黑色位置上单击，进行取样，如图9-95所示。

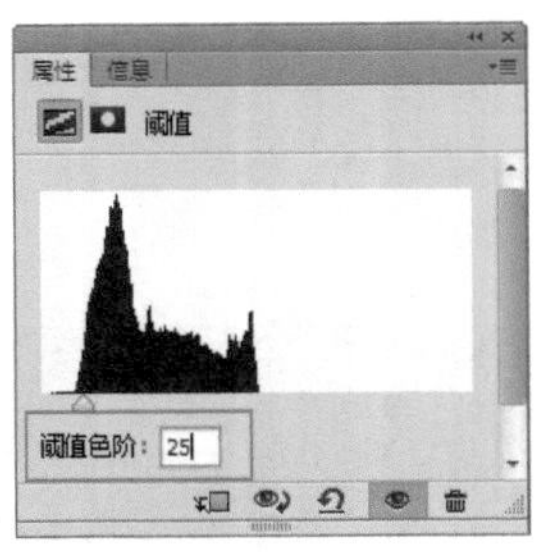

图9-94 设置“阈值”属性

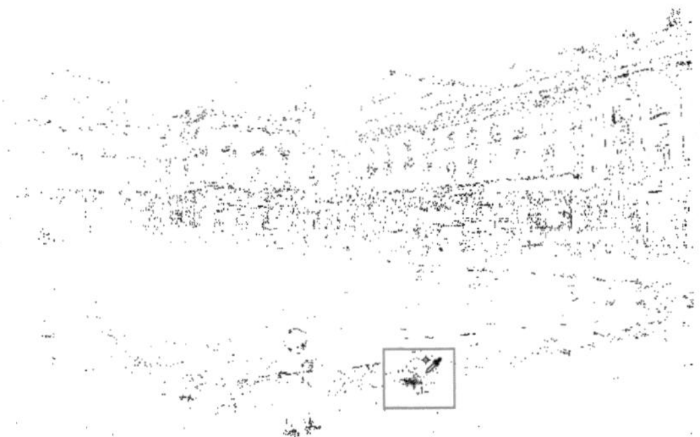

图9-95 取样

技巧

在黑色上取样的目的是为了将图像进行更加准确的颜色校正。此处的黑色就是原图像中的灰色区域。

06 将两个调整图层隐藏，选择“背景”图层，如图9-96所示。

图9-96 隐藏图层

07 在菜单中执行“图像/调整/色阶”命令，打开“色阶”对话框，单击“设置灰点”按钮，此时将光标移到图像中的取样点上点击，如图9-97所示。

08 此时偏色已经被校正过来，最终效果如图9-98所示。

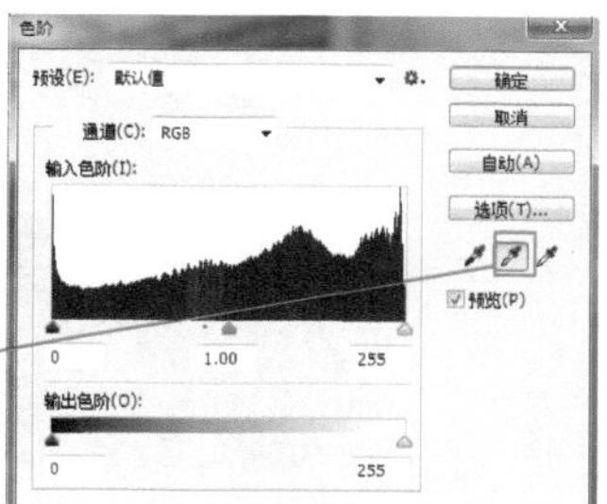

图9-97 校正

图9-98 最终效果

实例 097 使用照片滤镜制作黄昏效果

实例目的

通过如图9-99所示的流程效果图，了解“照片滤镜”在实例中的应用。

图9-99 流程效果图

实例要点

- 打开文档
- 复制图层
- “照片滤镜”调整
- “色阶”调整
- 调整“不透明度”

操作步骤

01 打开随书下载资源中的“素材文件/第09章/风景.jpg”素材，如图9-100所示。

02 打开素材后，按Ctrl+J键复制背景得到“图层1”图层，隐藏“图层1”图层，选择“背景”图层。执行菜单中的“图像/调整/照片滤镜”命令，打开“照片滤镜”对话框，设置参数如图9-101所示。

03 设置完毕单击“确定”按钮，再执行菜单中“图像/调整/色阶”命令，打开“色阶”对话框，其中的参数值设置如图9-102所示。

图9-100 素材

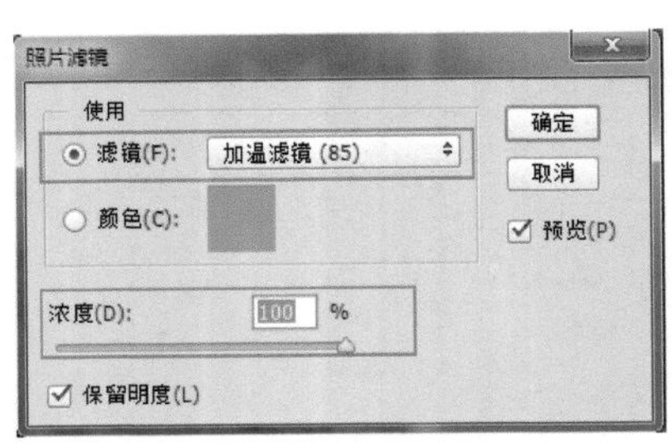

图9-101 “照片滤镜”对话框

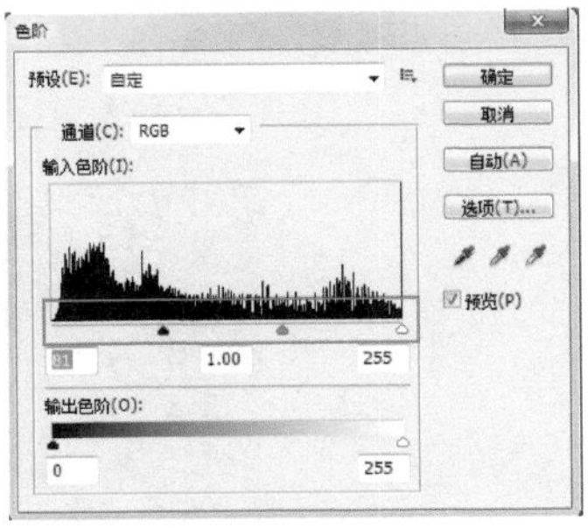

图9-102 “色阶”对话框

04 设置完毕单击“确定”按钮，效果如图9-103所示。

05 显示“图层1”图层并设置“不透明度”为28%，如图9-104所示。

06 至此本例制作完毕，最终效果如图9-105所示。

图9-103 调整后效果

图9-104 图层

图9-105 黄昏效果

本章的练习与习题

练习

1. 通过“替换颜色”命令替换汽车的颜色。

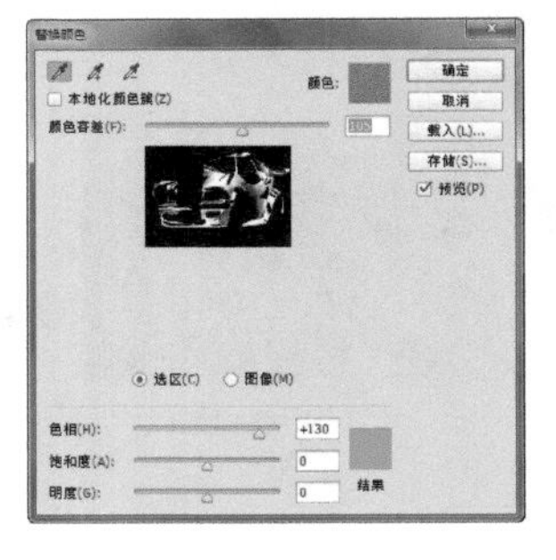

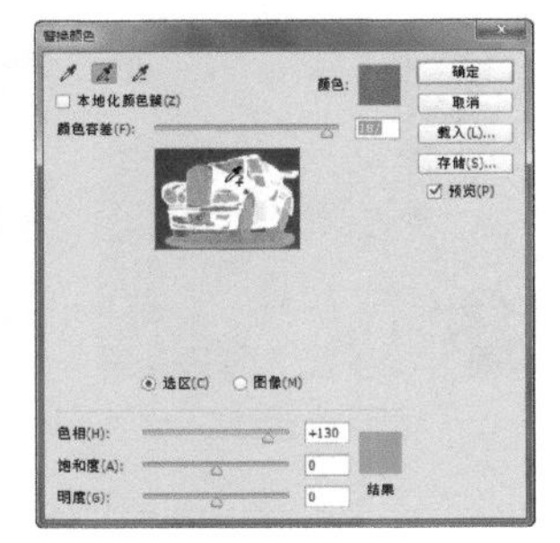

2. 通过“阈值”命令制作艺术图片。

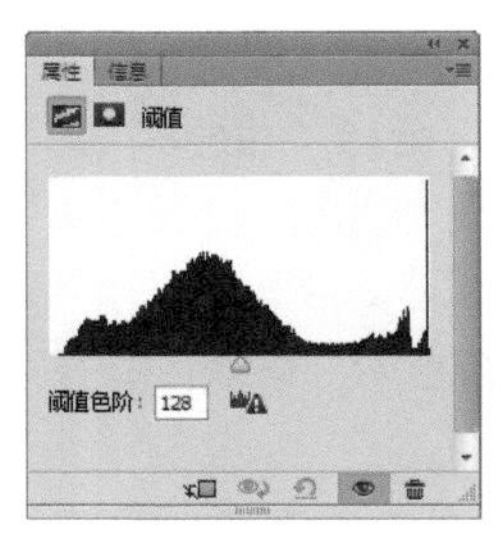

习题

1. 下面哪个是打开“色阶”对话框的快捷键？（　　）

A. Ctrl+L键　　B. Ctrl+U键　　C. Ctrl+A键　　D. Shift+Ctrl+L键

2. 下面哪个是打开“色相/饱和度”对话框的快捷键？（　　）

A. Ctrl+L键　　B. Ctrl+U键　　C. Ctrl+B键　　D. Shift+Ctrl+U键

3. 下面哪几个功能可以调整色调？（　　）

A. 色相/饱和度　　B. 亮度/对比度　　C. 自然饱和度　　D. 通道混合器

4. 可以得到底片效果的命令是？（　　）

A. 色相/饱和度　　B. 反相　　C. 去色　　D. 色彩平衡

第10章

滤镜的使用

本章内容

镜头校正滤镜清除晕影
Camera Raw滤镜还原白色背景
滤镜库制作特效背景
清除透视中的杂物
动感模糊制作彩色条纹
图章滤镜制作水珠
拼缀图制作墙壁砖效果
使用马赛克制作拼贴壁画
使用径向模糊制作聚焦视觉效果
铬黄渐变滤镜制作凝结效果
智能滤镜制作墨色水乡
径向模糊制作光晕特效
分层云彩制作闪电
晶格化滤镜制作烧破效果
光照效果滤镜制作蓝光色调
木刻滤镜制作手绘卡通效果
干画笔滤镜制作水彩画
彩色半调滤镜制作图像边缘
置换滤镜制作纹身效果
高反差保留滤镜制作装饰画
粗糙蜡笔滤镜制作蜡笔画

本章全面讲解Photoshop中各个滤镜在实例中的具体应用，包括镜头校正滤镜清除晕影，Camera Raw滤镜还原白色背景及滤镜制作特效背景等内容。

实例098 镜头校正滤镜清除晕影

实例目的

通过制作如图10-1所示的流程效果图，了解“镜头校正”滤镜在实例中的应用。

图10-1 流程效果图

实例要点

- 打开素材文档
- 使用“镜头校正”滤镜
- 使用“亮度/对比度”调整对比

操作步骤

01 执行菜单中“文件/打开”命令或按Ctrl+O键，打开随书下载资源中的“素材文件/第10章/植物-花1”素材，如图10-2所示。

02 打开素材后，可以发现照片的周围有一圈黑色的晕影，下面就对晕影进行清除。执行菜单中“滤镜/镜头校正”命令，打开“镜头校正”对话框，在对话框中设置“晕影”的参数值，如图10-3所示。

图10-2 素材

图10-3 “镜头校正”对话框

03 设置完毕单击“确定”按钮，效果如图10-4所示。

04 执行菜单中“图像/调整/亮度/对比度”命令，打开“亮度/对比度”对话框，其中的参数值设置如图10-5所示。

05 设置完毕单击“确定”按钮，至此本例制作完毕，效果如图10-6所示。

图10-4 镜头校正后效果

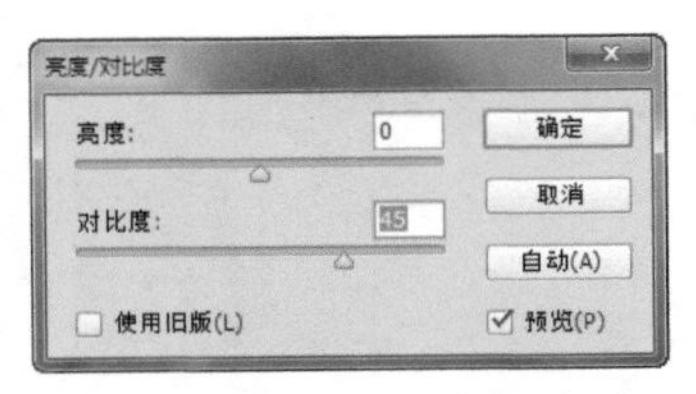

图10-5 “亮度/对比度”对话框

图10-6 最终效果

实例 099 Camera Raw滤镜还原白色背景

实例目的

通过制作如图10-7所示的流程效果图，了解“Camera Raw滤镜”命令在本例中的应用。

图10-7 流程效果图

实例要点

- 打开素材
- 使用“Camera Raw滤镜”调整图像

操作步骤

01 打开随书下载资源中的“素材文件/第10章/网拍鞋子”素材，如图10-8所示。

02 执行菜单中“滤镜/Camera Raw滤镜”命令，打开“Camera Raw滤镜”对话框，在“基本”标签中调整“高光、白色和清晰度”参数值，将背景恢复为白色，如图10-9所示。

图10-8 素材

图10-9 基本调整

03 此时发现照片的左上角还有一些晕影效果，选择“镜头校正”标签，在其中调整“镜头晕影数量值”，如图10-10所示。

图10-10 镜头校正调整

04 选择（污点去除工具）将鞋子里面的瑕疵修复，方法是在瑕疵处拖动鼠标再将目标移到与之相近像素的区域内即可，如图10-11所示。

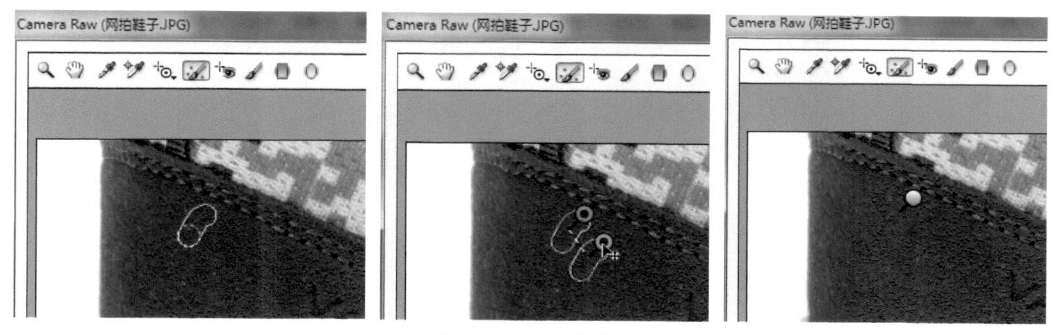

图10-11 污点修复

05 设置完毕单击“确定”按钮，此时的照片已经调整完毕，效果如图10-12所示。

图10-12 最终效果

实例 100 滤镜库制作特效背景

实例目的

通过制作如图10-13所示的流程效果图，了解“曲线”和“反相”命令在本例中的应用。

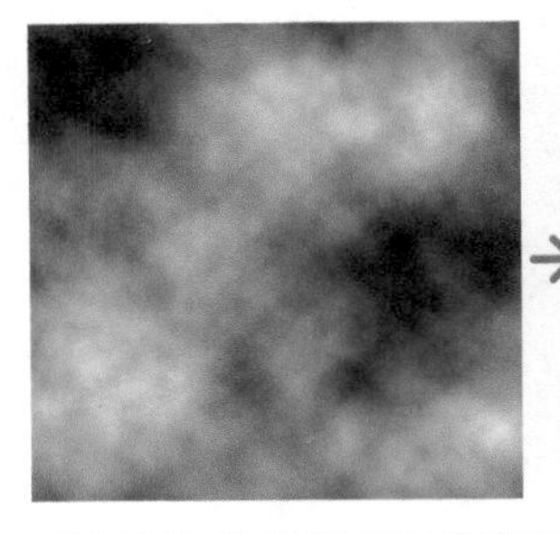
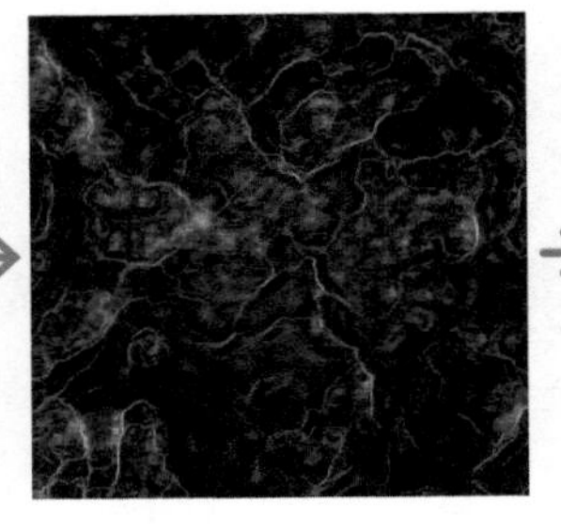
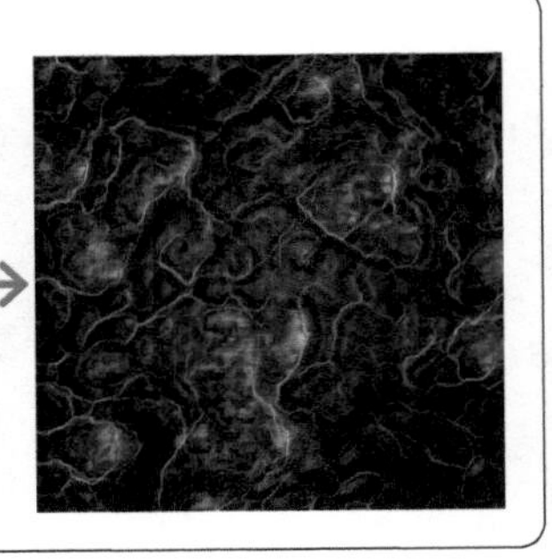

图10-13 流程效果图

实例要点

- 新建文档
- 使用“云彩”滤镜
- 使用“调色刀”和“粗糙蜡笔”滤镜制作背景纹理
- 使用“照亮边缘”“扩散亮光”和“塑料包装”滤镜

操作步骤

01 新建一个“宽度”与“高度”都为600像素、“分辨率”为72像素/英寸的空白文档，按D键，将工具箱中的“前景色”设置为黑色，“背景色”设置为白色，执行菜单中“滤镜/转换为智能滤镜”命令，转换为智能对象后，再执行菜单中“滤镜/渲染/云彩”命令，效果如图10-14所示。

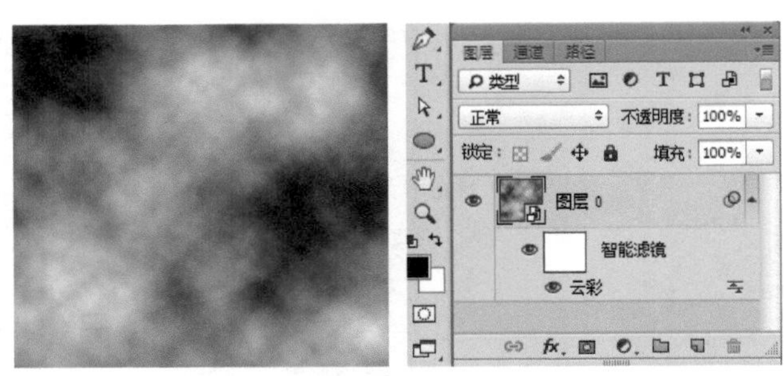

图10-14 云彩滤镜

02 执行菜单中“滤镜/滤镜库”命令，打开“滤镜库”对话框，在其中选择“艺术效果/调色刀”选项，打开“调色刀”对话框，设置“描边大小”为41，“描边细节”为3，“软化度”为0，如图10-15所示。

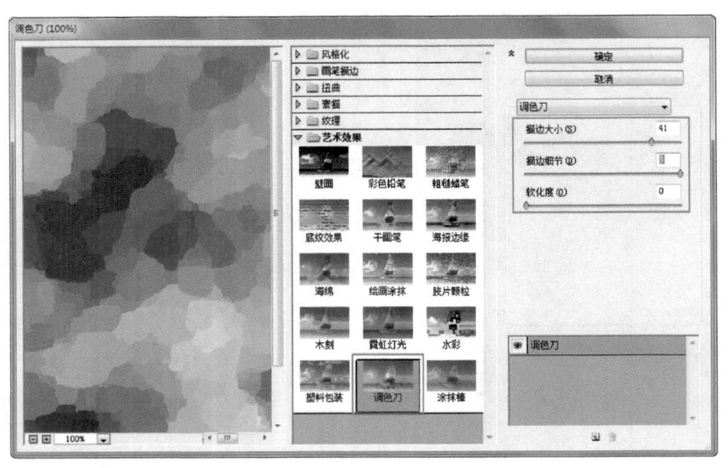

图10-15 “调色刀”对话框

技巧

在“调色刀”对话框中，设置各项参数后，应用“调色刀”滤镜后的图像与前景色和背景色无关。

03 完成“调色刀”对话框的设置。在“滤镜库”对话框中单击“新建效果图层”按钮 ，再选择“艺术效果/粗糙蜡笔”命令，打开“粗糙蜡笔”对话框，设置“描边长度”为2，“描边细节”为7，“纹理”设置为画布，“缩放”设置为100%，“凸现”设置为20，“光照”设置为下，如图10-16所示。

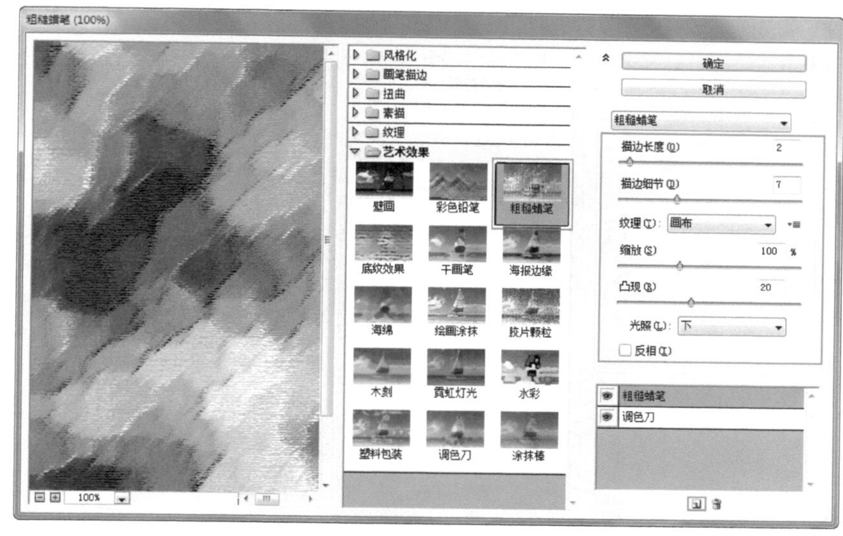

图10-16 “粗糙蜡笔”对话框

04 完成“粗糙蜡笔”对话框的设置。在“滤镜库”对话框中单击“新建效果图层”按钮 ，再选择“风格化/照亮边缘”命令，打开“照亮边缘”对话框，设置“边缘宽度”为1，“边缘亮度”为11，“平滑度”为10，如图10-17所示。

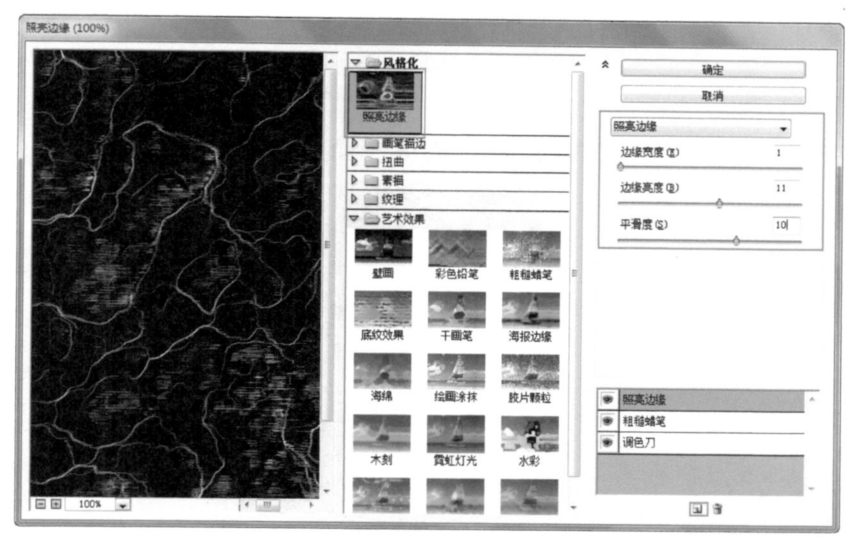

图10-17 “照亮边缘”对话框

05 完成“照亮边缘”对话框的设置。在“滤镜库”对话框中单击“新建效果图层”按钮 ，再选择“扭曲/扩散亮光”命令，打开“扩散亮光”对话框，设置“粒度”为0，“发光量”为14，“清除数量”为6，如图10-18所示。

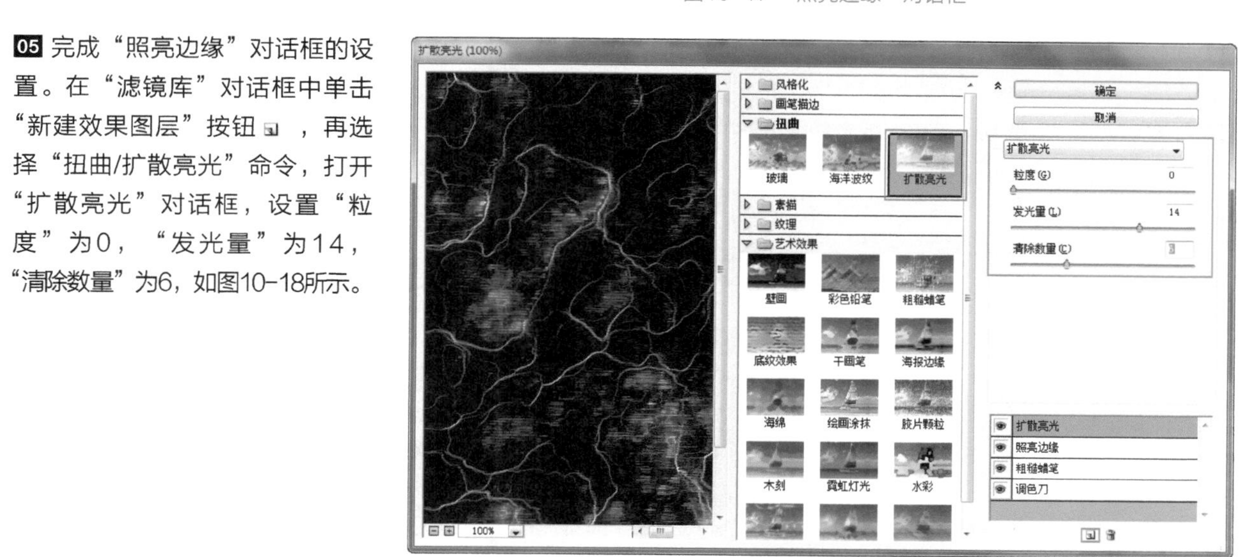

图10-18 “扩散亮光”对话框

06 完成“扩散亮光”对话框的设置。在“滤镜库”对话框中单击“新建效果图层”按钮 ，在选择“艺术效果/塑料包装”命令，打开“塑料包装”对话框，设置“高光强度”为6，“细节”为1，“平滑度”为6，如图10-19所示。

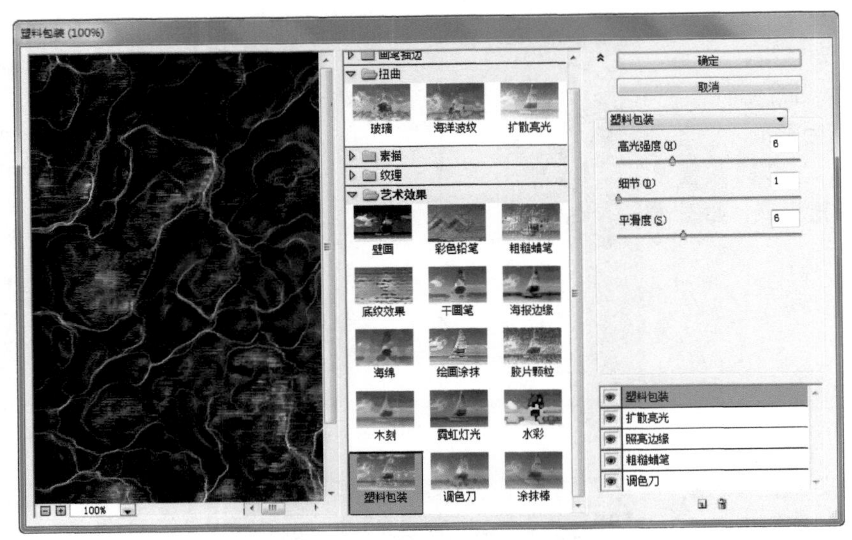

图10-19 “塑料包装”对话框

07 单击“确定”按钮，完成“滤镜库”对话框的设置，效果如图10-20所示。

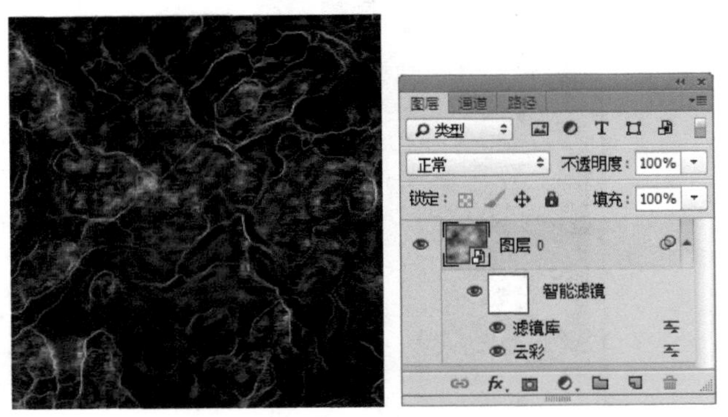

图10-20 应用滤镜库

08 单击“图层”面板上的“创建新的填充或调整图层”按钮 ，在弹出的下拉菜单中选择“色相/饱和度”选项，打开“属性”面板，在其中调整“色相/饱和度”参数，如图10-21所示。

09 调整完毕后，本例制作完成，效果如图10-22所示。

图10-21 调整面板

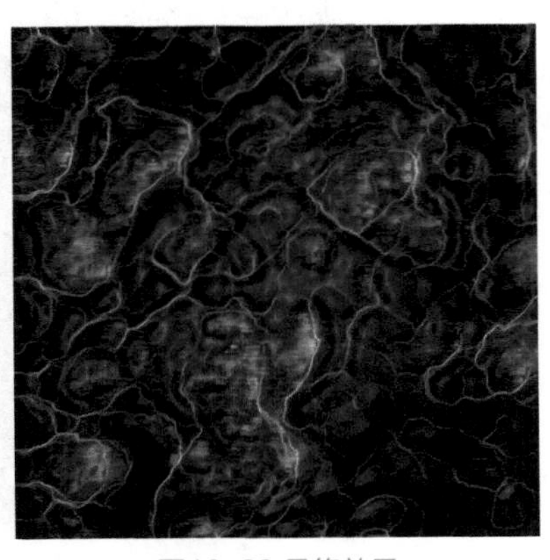

图10-22 最终效果

实例 101 清除透视中的杂物

实例目的

通过制作如图10-23所示的流程效果图，了解“消失点”滤镜在实例中的应用。

图10-23 流程效果图

实例要点

- 打开素材
- 在“消失点”滤镜中创建平面
- 应用“消失点”滤镜中的“图章工具”对图像进行透视仿制修复

操作步骤

01 打开随书下载资源中的“素材文件/第10章/地板”素材，将其作为背景，如图10-24所示。

图10-24 素材

02 执行菜单中“滤镜/消失点”命令，打开“消失点”对话框，选择（创建平面工具）在页面中沿楼体创建一个透视平面，如图10-25所示。

图10-25 创建透视平面

03 在“消失点”滤镜中选择 （图章工具），设置相应的属性参数值，按住Alt键在没有杂物位置进行取样，如图10-26所示。

图10-26 取样

04 松开按键后，移动光标到有杂物的地方，单击鼠标左键并进行涂抹，图像会自动套用透视效果对图像进行仿制，如图10-27所示。

05 反复在有杂物的位置上进行涂抹，将其进行仿制，再在地板中破坏较大的位置进行仿制，仿制完毕后，单击“确定”按钮。存储本文件。至此本例制作完毕，效果如图10-28所示。

图10-27 仿制

图10-28 最终效果

实例 102 动感模糊制作彩色条纹

实例目的

通过制作如图10-29所示的流程效果图，了解“动感模糊”滤镜在实例中的应用。

→

→

图10-29 流程效果图

实例要点

- 打开素材图像
- 清除图像背景
- 使用“动感模糊”滤镜
- 移动图像到另一文档中
- 使用“USM锐化”滤镜
- 绘制画笔

操作步骤

01 打开随书下载资源中的“素材文件/第10章/矢量花”素材，如图10-30所示。

02 执行菜单中“滤镜/模糊/动感模糊”命令，打开“动感模糊”对话框，其中的参数值设置如图10-31所示。

图10-30 素材

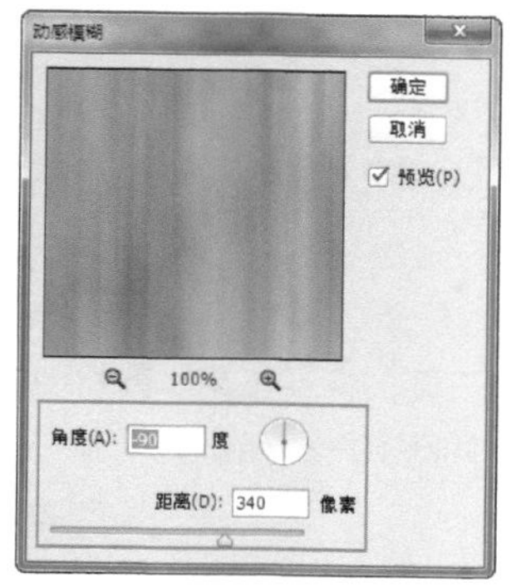

图10-31 “动感模糊”对话框

03 设置完毕单击“确定”按钮，在文档的上方绘制一个矩形选区，效果如图10-32所示。

04 按Ctrl+T键调出变换框，拖动控制点将选区内的图像放大，如图10-33所示。

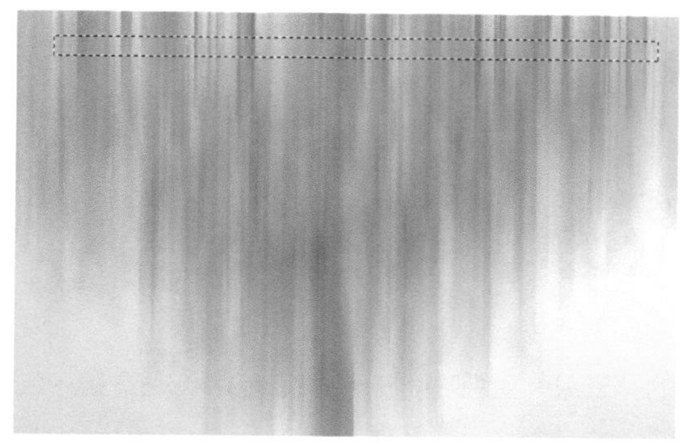

图10-32 模糊后绘制矩形选区

图10-33 变换

05 按Enter键和Ctrl+D键去掉选区完成变换，执行菜单中“滤镜/锐化/USM锐化”命令，打开“USM锐化”对话框，其中的参数值设置如图10-34所示。

06 设置完毕单击“确定”按钮，效果如图10-35所示。

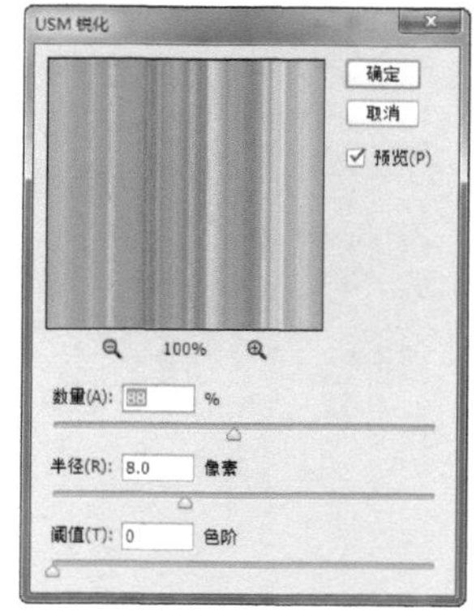

图10-34 “USM锐化”对话框

图10-35 锐化后效果

07 打开随书下载资源中的“素材文件/第10章/布花”素材，选择（魔术橡皮擦工具）在背景上单击去掉背景，如图10-36所示。

图10-36 去掉素材背景

08 选择（移动工具）将“布花”素材中的图像拖动到“矢量花”文档中，再使用“色相/饱和度”将其中的一个改变一下色相，如图10-37所示。

图10-37 移入素材

09 新建一个图层，选择（画笔工具）选择一个之前载入的“云朵”画笔中的一个气泡笔触，在文档中绘制几个不同大小的白色气泡，如图10-38所示。

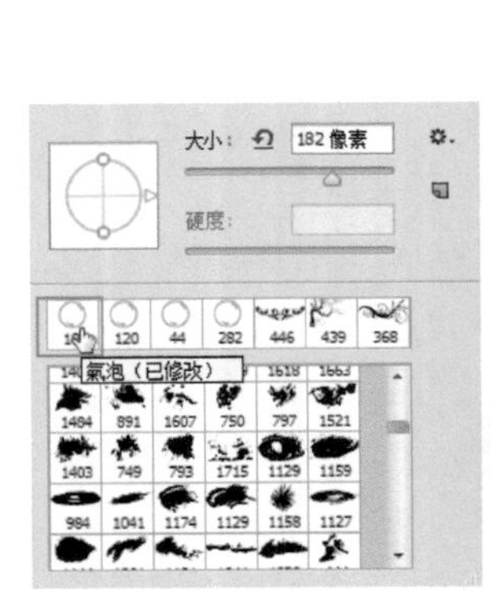

图10-38 绘制气泡

10 设置“混合模式”为柔光，效果如图10-39所示。

图10-39 混合模式

11 选择 T（横排文字工具）在文档的左上方键入文字，如图10-40所示。

12 执行菜单中“图层/图层样式/投影、外发光和描边”命令，分别打开“投影、外发光和描边”对话框，其中的参数值设置如图10-41所示。

图10-40 键入文字

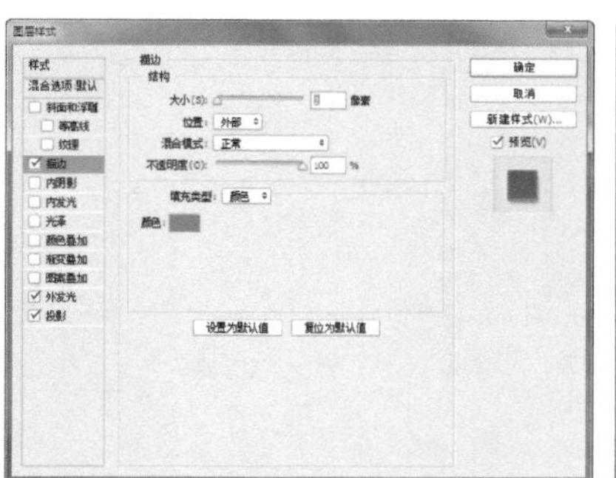

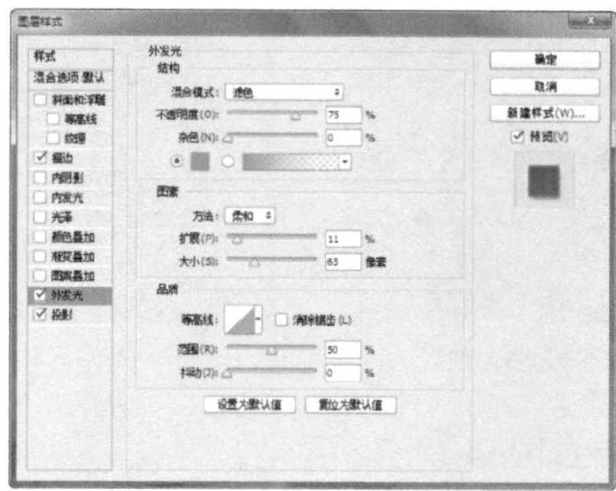

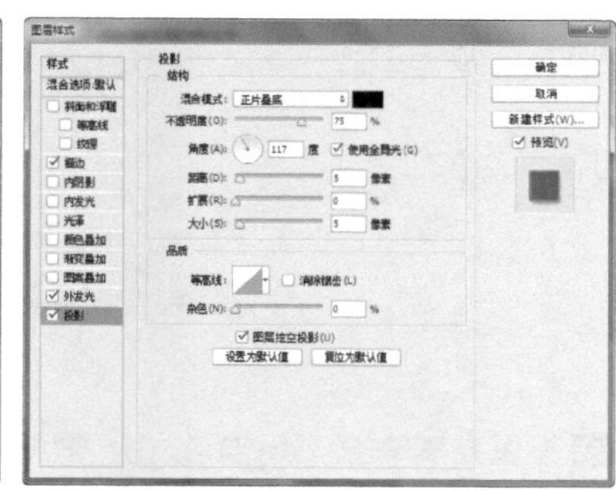

图10-41 图层样式

13 设置完毕单击“确定”按钮，至此本例制作完毕，效果如图10-42所示。

图10-42 最终效果

实例 103 图章滤镜制作水珠

实例目的

通过制作如图10-43所示的流程效果图，了解“图章”滤镜在实例中的应用。

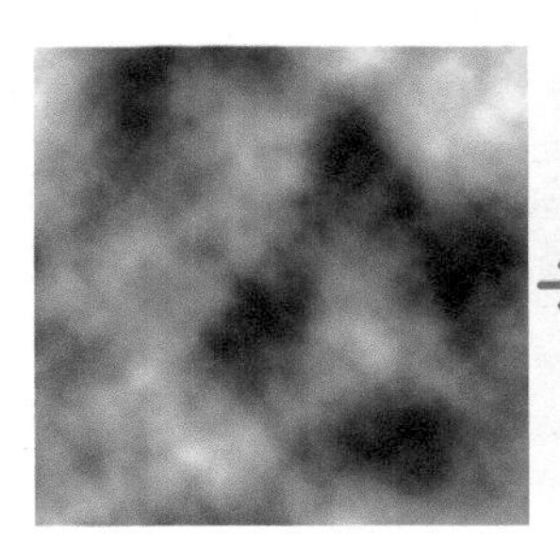
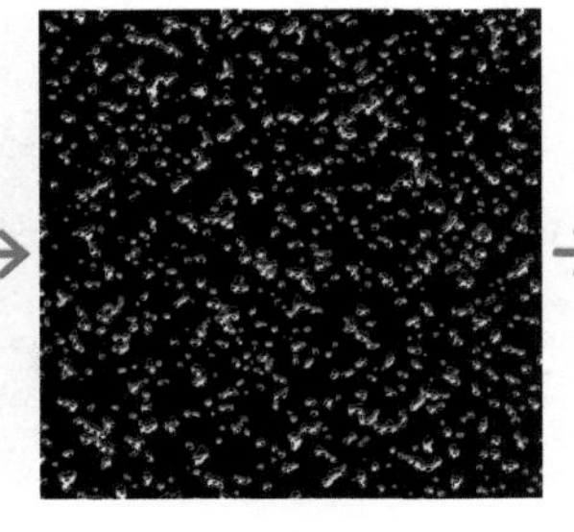
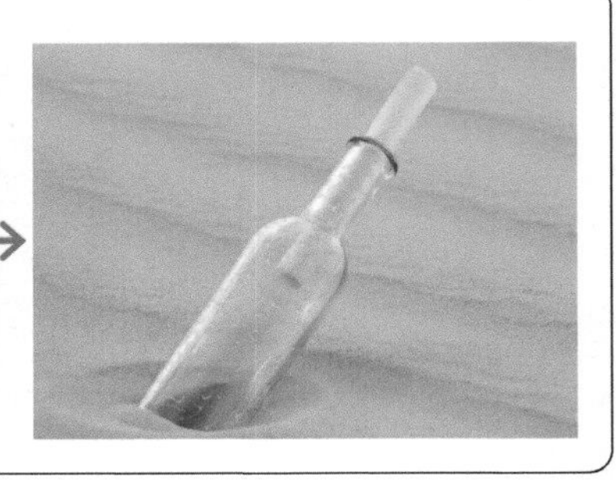

图10-43 流程效果图

实例要点

- 打开素材图像
- 使用“自然饱和度”命令
- 使用“亮度/对比度”命令

操作步骤

01 新建一个“宽度”与“高度”都为600像素、“分辨率”为72像素/英寸的空白文档，按D键，将工具箱中的“前景色”设置为黑色，“背景色”设置为白色，在“通道”面板中新建一个“Alpha1”通道。再执行菜单中“滤镜/渲染/云彩”命令，效果如图10-44所示。

02 执行菜单中“滤镜/其他/高反差保留”命令，打开“高反差保留”对话框，其中的参数值设置如图10-45所示。

图10-44 云彩滤镜

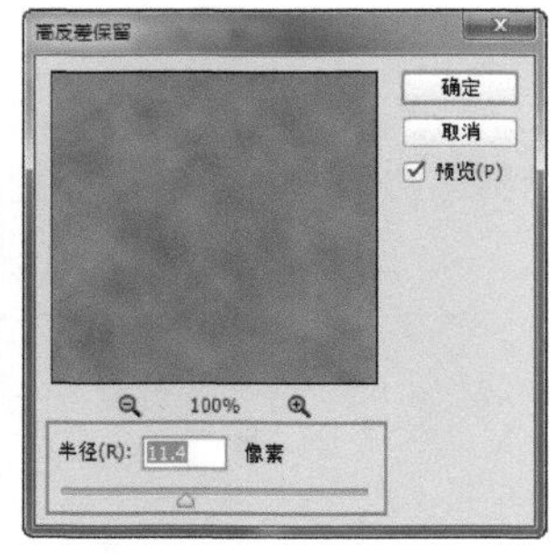

图10-45 “高反差保留”对话框

03 设置完毕单击“确定”按钮，效果如图10-46所示。

04 执行菜单中“滤镜/滤镜库”命令，打开“滤镜库”对话框，选择“素描/图章”命令，在“图章”对话框中设置参数值，如图10-47所示。

图10-46 高反差保留后效果

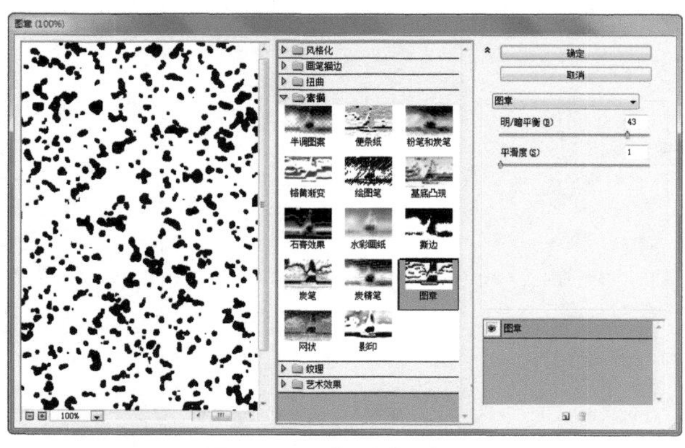

图10-47 “图章”对话框

05 设置完毕单击“确定”按钮，再执行菜单中“图像/调整/反相”命令或按Ctrl+I键，效果如图10-48所示。

06 执行菜单中“滤镜/滤镜库”命令，打开“滤镜库”对话框，选择“素描/石膏效果”命令，在“石膏效果”对话框中设置参数值，如图10-49所示。

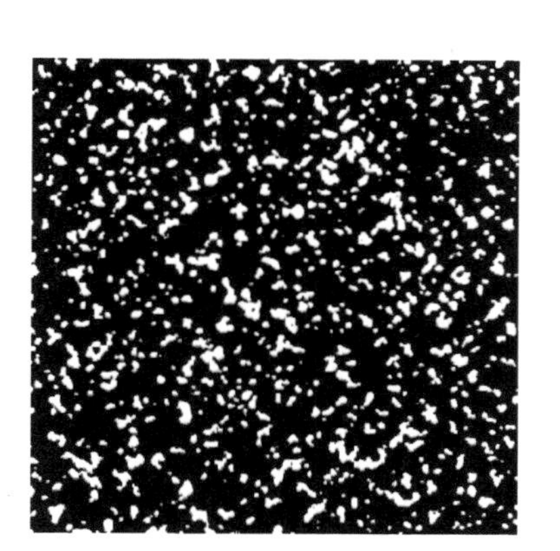

图10-48 应用图章并反相后

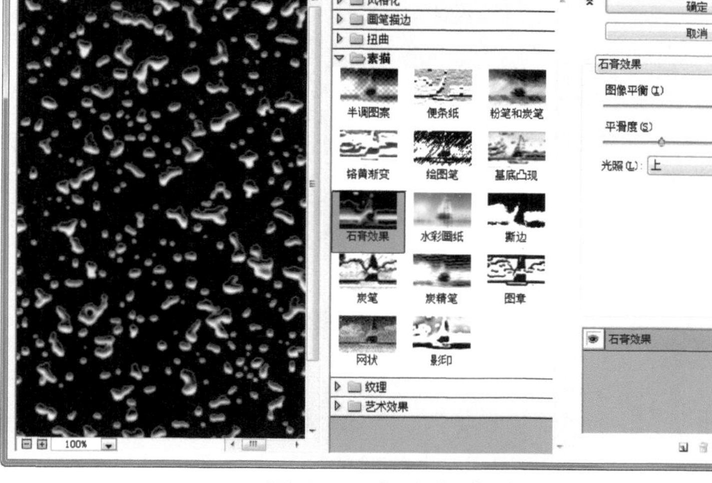

图10-49 “石膏效果”对话框

07 设置完毕单击“确定”按钮，单击“将通道作为选区载入”按钮 ，调出选区，如图10-50所示。

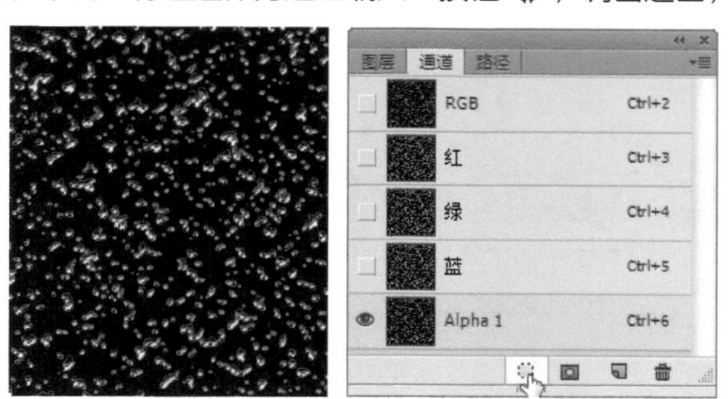

图10-50 调出选区

08 按Ctrl+C键复制选区内的图像，打开随书下载资源中的“素材文件/第10章/许愿瓶”，再按Ctrl+V键粘贴图像，如图10-51所示。

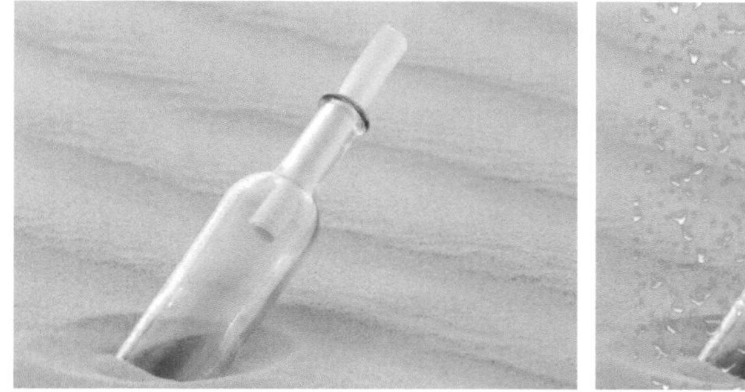

图10-51 在素材中粘贴图像

09 将图像缩小后，添加一个图层蒙版，选择 （画笔工具）将“前景色”设置为黑色后，在蒙版中进行编辑，效果如图10-52所示。

10 对蒙版进行细心地编辑，直到只留下瓶子上的水珠为止，至此本例制作完毕，效果如图10-53所示。

图10-52 编辑蒙版

图10-53 最终效果

实例 104 拼缀图制作墙壁砖效果

实例目的

通过制作如图10-54所示的流程效果图，了解“拼缀图”在实例中的应用。

图10-54 流程效果图

实例要点

- 使用“打开”菜单命令打开素材文件
- 使用“拼缀图”滤镜制作图像效果
- 使用“曲线”命令将图像调亮
- 设置“混合模式”使图像更加融合

操作步骤

01 打开随书下载资源中的“素材文件/第10章/钓鱼”素材，如图10-55所示。

02 按Ctrl+J键复制背景图层，选中“图层1”图层，执行菜单中“图像/调整/曲线”命令，打开“曲线”对话框，其中的参数值设置如图10-56所示。

图10-55 素材

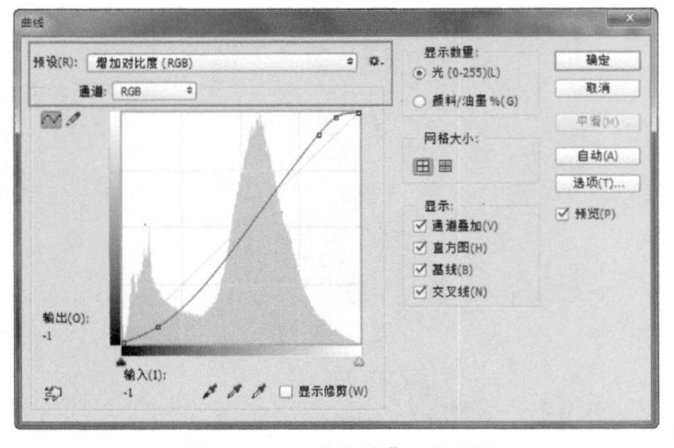

图10-56 “曲线”对话框

03 设置完毕单击“确定”按钮，效果如图10-57所示。

图10-57 曲线调整后

技巧

在“曲线”对话框中，单击“选项”按钮后，会打开“自动颜色校正选项”对话框，在该对话框中可以按照自己的需求重新设置各项参数。

04 执行菜单中“滤镜/纹理/拼缀图”命令，打开“拼缀图”对话框，设置“方形大小”为1，“凸现”为2，如图10-58所示。

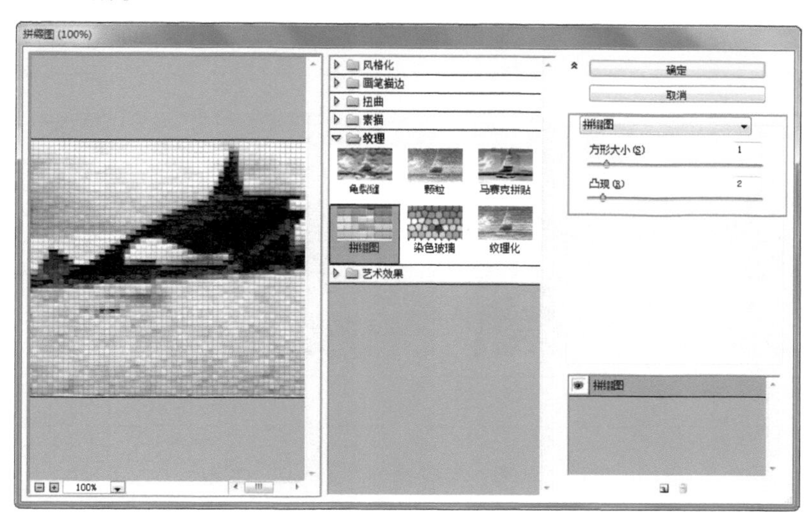

图10-58 “拼缀图”对话框

技巧

打开的素材图像的大小和分辨率的大小不同，在“拼缀图”对话框中，设置“方形大小”和“凸现”的参数可以出现不同的效果。

05 单击“确定”按钮，完成“拼缀图”对话框的设置，图像效果如图10-59所示。

06 在“图层”面板中设置“背景 副本”图层的“混合模式”为正片叠底，效果如图10-60所示。

图10-59 拼缀图后效果

图10-60 混合模式

07 至此本例制作完毕，效果如图10-61所示。

图10-61 最终效果

> **技巧**
>
> 在“图层”面板中，设置“混合模式”为“正片叠底”，可以将图像的纹理和整体图像变得更清晰。

实例 105 使用马赛克制作拼贴壁画

实例目的

通过制作如图10-62所示的流程效果图，了解“马赛克”滤镜在实例中的应用。

图10-62 流程效果图

实例要点

- 打开文档
- 应用“纤维”滤镜
- 应用“马赛克”滤镜与“晶格化”滤镜
- 应用“进一步锐化”滤镜
- 添加图层样式

操作步骤

01 打开随书下载资源中的“素材文件/第10章/夜景”素材，如图10-63所示。

02 在“图层”面板中拖动“背景”图层到“创建新图层”按钮上得到“背景拷贝”图层，再单击“添加图层蒙版”按钮，为“背景 拷贝”图层添加一个空白蒙版，如图10-64所示。

图10-63 月夜背影素材

图10-64 复制图层添加图层蒙版

03 将“前景色”设置为黑色、“背景色”设置为白色，选择蒙版缩略图，执行菜单中“滤镜/渲染/纤维”命令，打开“纤维”对话框，其中的参数值设置如图10-65所示。

04 设置完毕单击“确定”按钮。执行菜单中“滤镜/像素化/马赛克”命令，打开“马赛克”对话框，设置“单元格大小”为42，如图10-66所示。

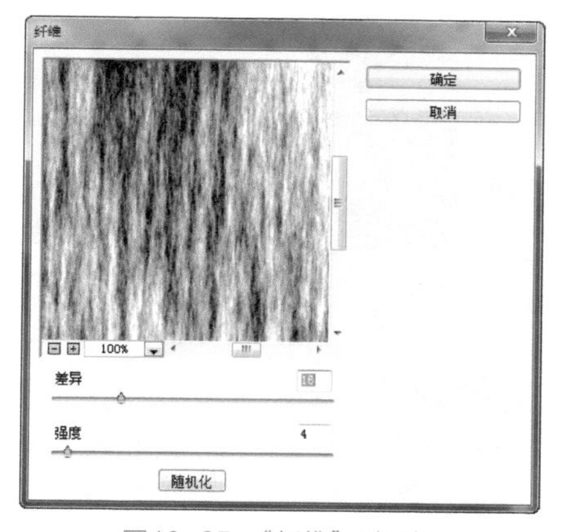

图10-65 “纤维”对话框

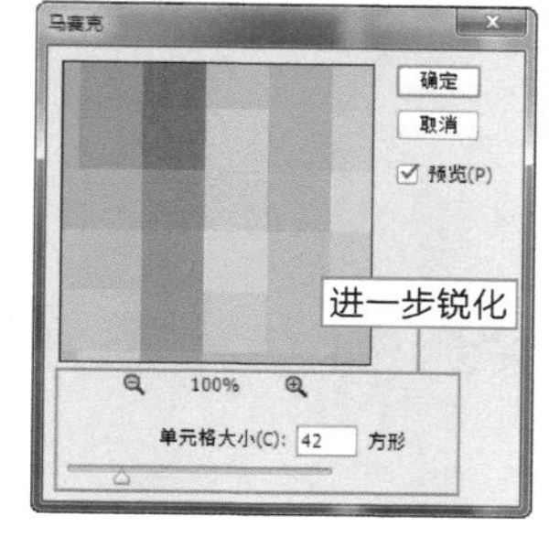

图10-66 “马赛克”滤镜

05 单击“确定”按钮后，再执行菜单中“滤镜/像素化/晶格化”命令，打开“晶格化”对话框，设置“单元格大小”为4，如图10-67所示。

06 单击“确定”按钮后，再执行菜单中“滤镜/锐化/进一步锐化”命令，效果如图10-68所示。

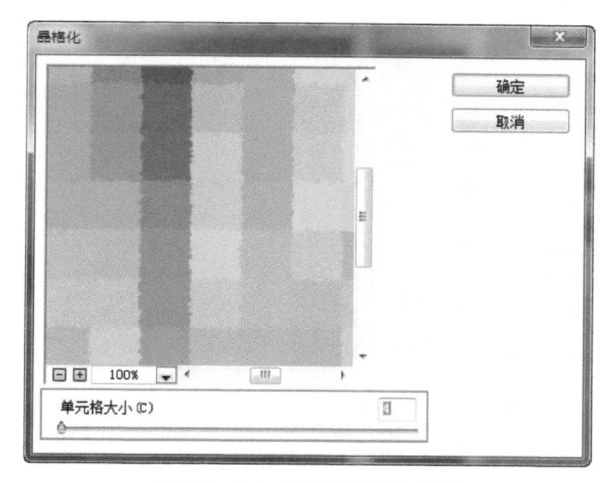

图10-67 “晶格化”滤镜

图10-68 应用滤镜后效果

07 执行菜单中“图层/图层样式/斜面和浮雕”命令，打开“斜面和浮雕”对话框，设置参数值，在“斜面和浮雕”图层样式对话框中，勾选“渐变叠加”复选框，打开“渐变叠加”对话框，设置参数，如图10-69所示。

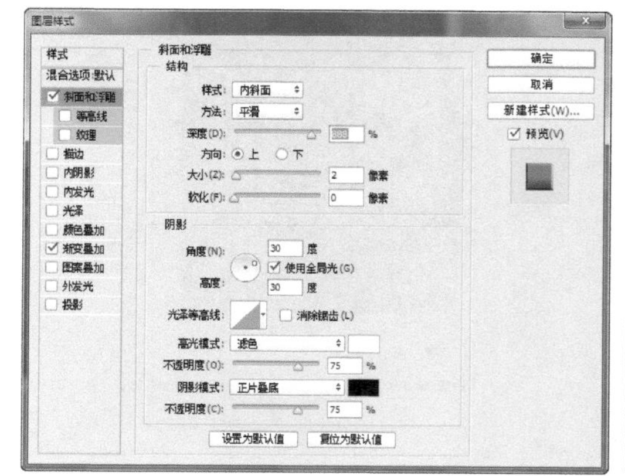

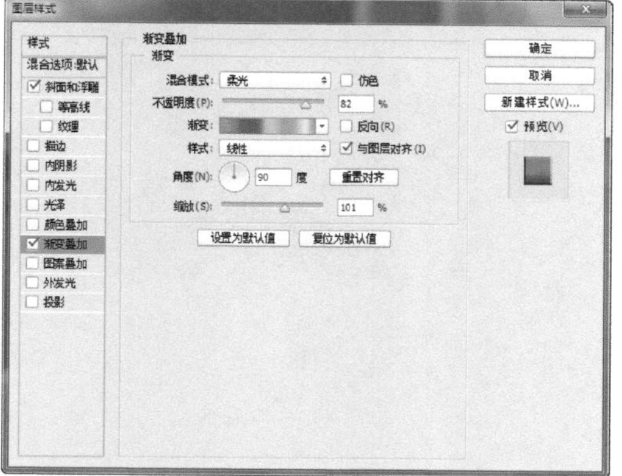

图10-69 应用图层样式

08 设置完毕单击“确定”按钮，完成本例的制作，效果如图10-70所示。

图10-70 最终效果

实例106 使用径向模糊制作聚焦视觉效果

实例目的

通过制作如图10-71所示的流程效果图，了解“径向模糊”命令在本例中的应用。

图10-71 流程效果图

实例要点

- 打开素材图像
- 新建“Alpha1”通道
- 使用“铜版雕刻”滤镜
- 使用“径向模糊”滤镜

操作步骤

01 打开随书下载资源中的“素材文件/第10章/滑雪”素材，将其作为背景，如图10-72所示。

02 转换到“通道”面板中，新建一个“Alpha1”通道，执行菜单中“滤镜/像素化/铜版雕刻”命令，打开“铜版雕刻”对话框，其中的参数值设置如图10-73所示。

图10-72 素材

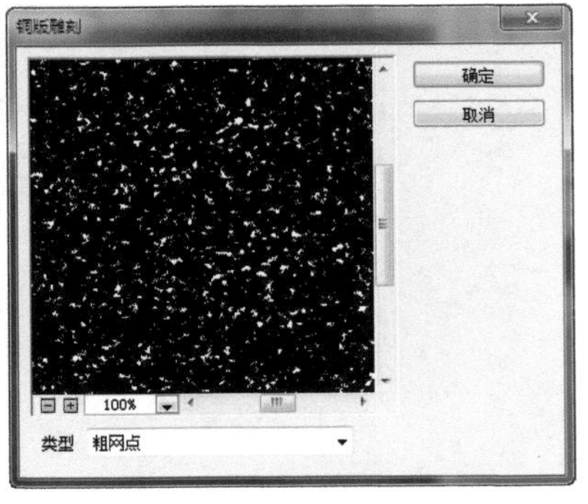

图10-73 “铜版雕刻”对话框

03 设置完毕单击“确定”按钮，效果如图10-74所示。

04 执行菜单中“滤镜/模糊/径向模糊”命令，打开“径向模糊”对话框，其中的参数值设置如图10-75所示。

图10-74 应用铜版雕刻后效果

图10-75 “径向模糊”对话框

05 设置完毕单击“确定”按钮，再单击“将通道作为选区载入”按钮，效果如图10-76所示。

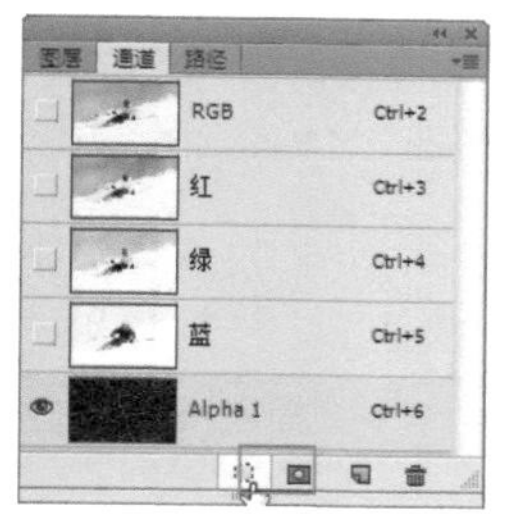

图10-76 调出选区

06 转换到“图层”面板中，新建一个图层，将选区填充为白色，效果如图10-77所示。

07 单击“添加图层蒙版”按钮，为“图层1”图层添加一个白色蒙版，如图10-78所示。

图10-77 填充

图10-78 添加蒙版

08 选择（渐变工具）在蒙版中绘制一个从黑色到白色的径向渐变，蒙版如图10-79所示。

09 至此本例制作完毕，效果如图10-80所示。

图10-79 蒙版

图10-80 最终效果

实例 107 铬黄渐变滤镜制作凝结效果

实例目的

通过制作如图10-81所示的流程效果图，了解“铬黄滤镜”命令在本例中的应用。

图10-81 流程效果图

实例要点

- 打开文件
- 使用“铬黄渐变”滤镜
- 创建路径
- 使用“色相/饱和度”调整色相

操作步骤

01 打开随书下载资源中的“素材文件/第10章/蜘蛛侠”素材，将其作为背景，使用（快速选择工具）创建选区，如图10-82所示。

图10-82 素材

02 按Ctrl+J键复制选区内容到“图层1”图层中。执行菜单中“滤镜/滤镜库”命令，打开“滤镜库”对话框，选择“素描/铬黄渐变”选项，在“铬黄渐变”对话框中设置其中的参数值，如图10-83所示。

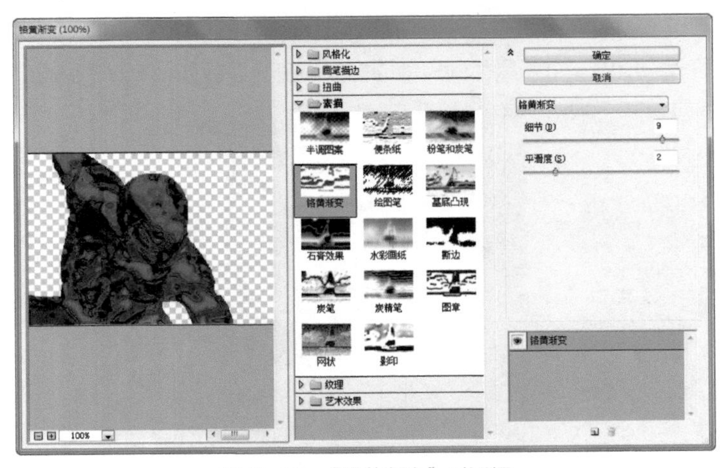

图10-83 “铬黄渐变”对话框

03 设置完毕单击“确定”按钮，效果如图10-84所示。

04 设置“混合模式”为“滤色”、“不透明度”为96%，效果如图10-85所示。

图10-84 铬黄渐变

图10-85 图层

05 单击“图层”面板上的“创建新的填充或调整图层”按钮，在弹出的下拉菜单中选择“色阶”选项，打开“属性”面板，在其中调整“色阶”参数，如图10-86所示。

06 调整完毕后，设置“不透明度”72%，效果如图10-87所示。

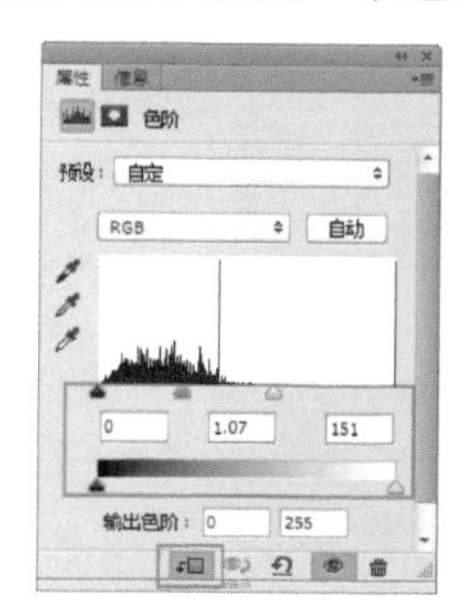

图10-86 色阶调整

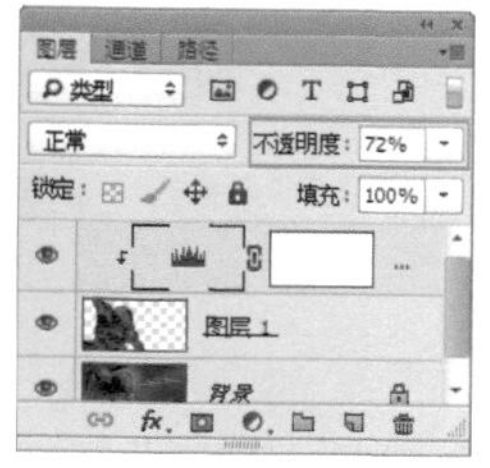

图10-87 色阶调整后效果

07 单击“图层”面板上的“创建新的填充或调整图层”按钮，在弹出的下拉菜单中选择“色相/饱和度”选项，打开“属性”面板，在其中调整“色相/饱和度”参数，如图10-88所示。

08 调整后，效果如图10-89所示。

图10-88 色相/饱和度

图10-89 调整后

09 新建图层并选择（画笔工具）绘制载入的“梦幻烟雾”画笔笔触，设置“不透明度”为48%，效果如图10-90所示。

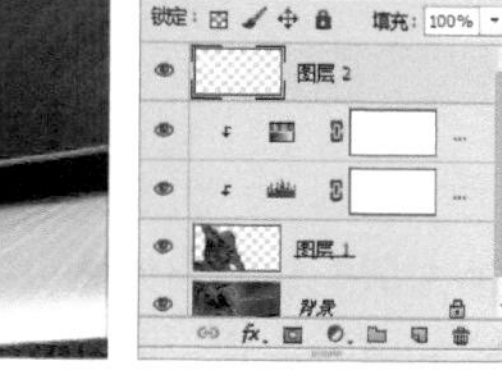

图10-90 绘制烟雾

10 按住Ctrl键单击“图层2”图层的缩略图，调出烟雾的选区，新建“图层3”图层，选择（渐变工具）填充“橘色、黄色、橘色”的线性渐变，“混合模式”为“划分”、“不透明度”为23%，去掉选区，效果如图10-91所示。

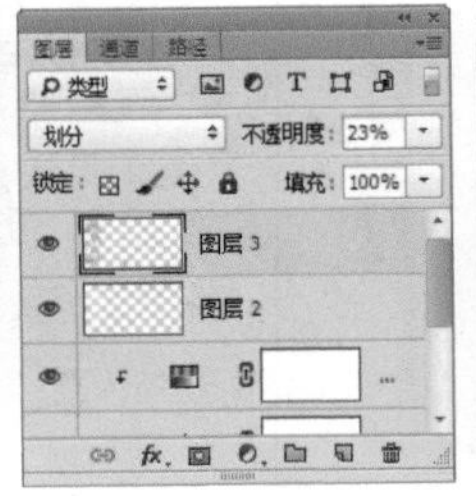

图10-91 填充渐变

11 选择“图层1”图层，单击“添加图层蒙版”按钮，为“图层1”图层添加一个白色蒙版，选择（画笔工具）在蒙版中涂抹黑色，如图10-92所示。

12 至此本例制作完毕，效果如图10-93所示。

图10-92 编辑蒙版

图10-93 最终效果

实例 108 智能滤镜制作墨色水乡

实例目的

通过制作如图10-94所示的流程效果图，了解“成角的线条”和“烟灰墨”滤镜在本例中的应用。

图10-94 流程效果图

实例要点

- 打开素材
- 应用“成角的线条”命令制作线条
- 应用“烟灰墨”命令制作水墨效果
- 设置滤镜“混合模式”

操作步骤

01 打开随书下载资源中的“素材文件/第10章/水上船家”素材，将其作为背景，执行菜单中“滤镜/转换为智能滤镜”命令，将背景层转换为智能对象，如图10-95所示。

02 执行菜单中“滤镜/滤镜库”命令，打开“滤镜库”对话框，选择“画笔描边/成角的线条”命令，在“成角的线条”对话框中设置“方向平衡”为33、“描边长度”为6、“锐化程度”为6，如图10-96所示。

图10-95 素材

图10-96 “成角的线条”对话框

03 设置完毕单击“确定”按钮，效果如图10-97所示。

04 执行菜单中“滤镜/滤镜库”命令，打开“滤镜库”对话框，选择“画笔描边/烟灰墨”选项，在“烟灰墨”对话框中设置“描边宽度”为6、“描边压力”为2、“对比度”为1，如图10-98所示。

图10-97 成角的线条

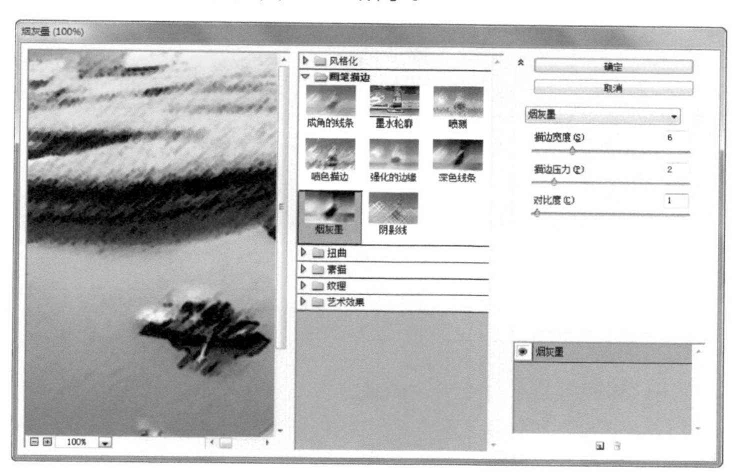

图10-98 “烟灰墨”对话框

05 设置完毕单击“确定”按钮，效果如图10-99所示。

06 单击智能滤镜最上面的“滤镜库”右面的“滤镜混合选项”按钮，在打开的“混合选项”对话框中，设置“模式”为变暗，如图10-100所示。

图10-99 烟灰墨后效果

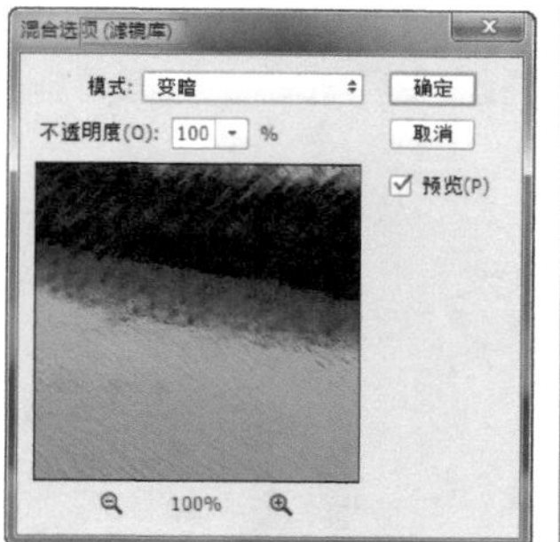

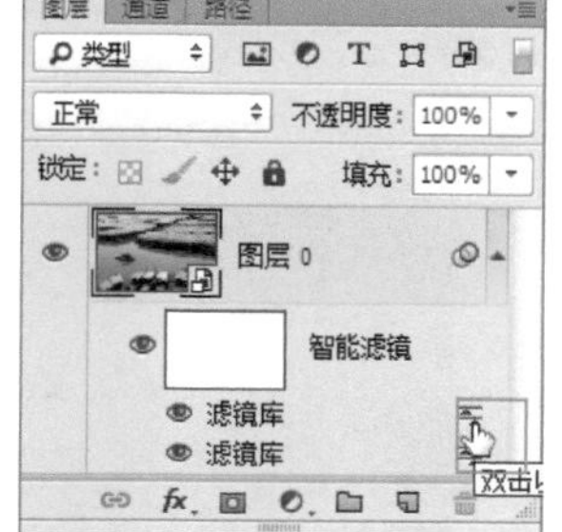

图10-100 混合模式

07 至此本例制作完毕，效果如图10-101所示。

图10-101 最终效果

实例 109 径向模糊制作光晕特效

实例目的

通过制作如图10-102所示的流程效果图，了解“径向模糊”滤镜在实例中的应用。

图10-102 流程效果图

实例要点

- 使用“新建”菜单命令新建图像文件
- 使用“云彩”“分层云彩”和“铜板雕刻”滤镜制作特殊的背景效果
- 使用“径向模糊”和“高斯模糊”滤镜制作光晕特效

操作步骤

01 新建一个“宽度”为600像素、“高度”为450像素、“分辨率”为72像素/英寸，按D键，将工具箱中的“前景色”设置为黑色，“背景色”设置为白色，执行菜单中“滤镜/渲染/云彩”命令，图像效果如图10-103所示。

02 执行菜单中“滤镜/渲染/分层云彩”命令，效果如图10-104所示。

03 执行菜单中“滤镜/像素化/铜板雕刻”命令，打开“铜板雕刻”对话框，在“类型”下拉菜单中选择“中等点”选项，如图10-105所示。

图10-103 云彩滤镜

图10-104 分成云彩

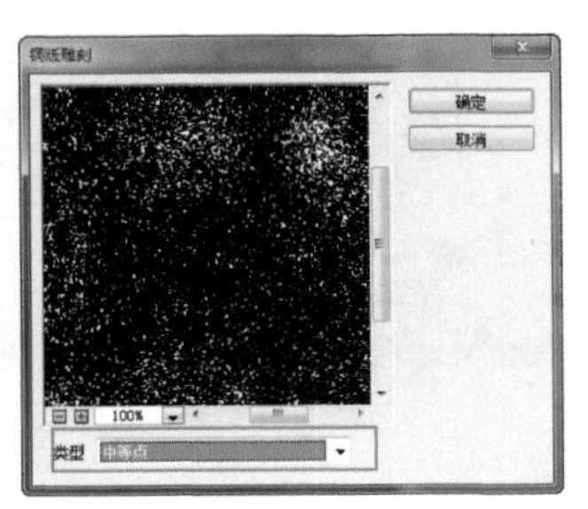

图10-105 “铜版雕刻”对话框

04 单击“确定”按钮，完成“铜板雕刻”对话框的设置，效果如图10-106所示。

05 按Ctrl+J键复制背景图层得到“图层1”图层，如图10-107所示。

06 选中“图层1”图层，执行菜单中“滤镜/模糊/径向模糊”命令，打开“径向模糊”对话框，设置如图10-108所示。

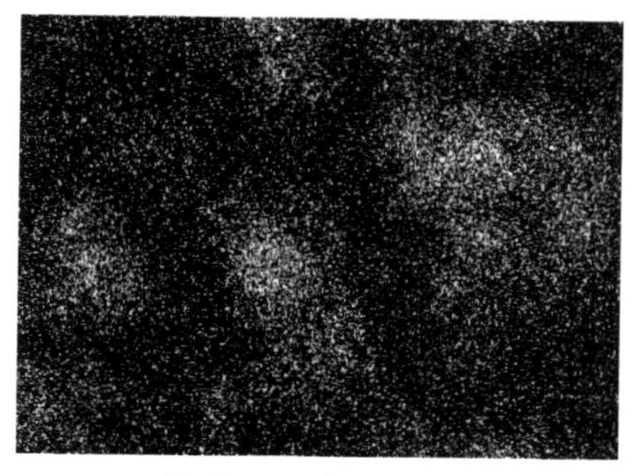

图10-106 应用滤镜后

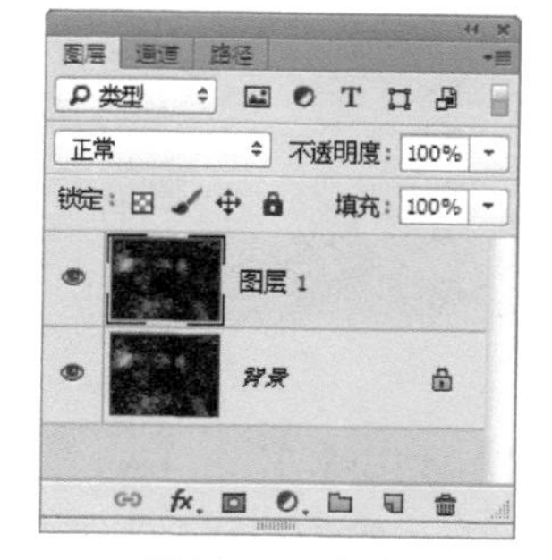

图10-107 复制

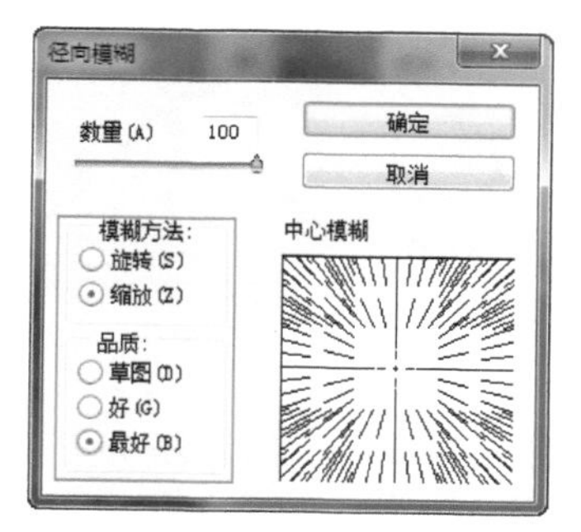

图10-108 “径向模糊”对话框

07 单击“确定”按钮，完成“径向模糊”对话框的设置，效果如图10-109所示。

08 选中“背景”图层，执行菜单中“滤镜/模糊/径向模糊”命令，打开“径向模糊”对话框，设置如图10-110所示。

图10-109 模糊后效果

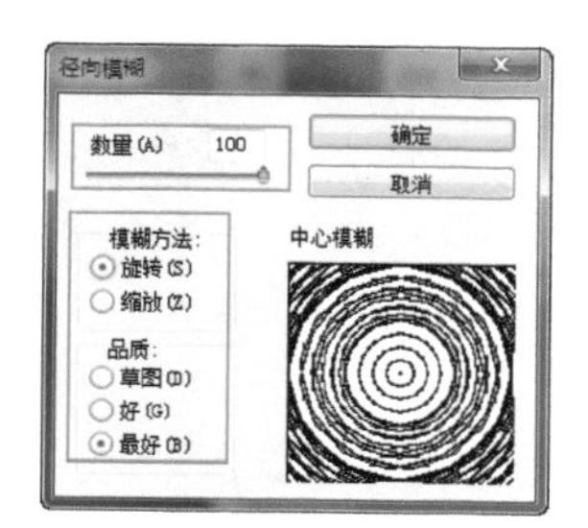

图10-110 “径向模糊”对话框

09 单击“确定”按钮，完成“径向模糊”对话框的设置；然后选中“图层1”图层，设置该图层的“混合模式”为变亮，效果如图10-111所示。

10 按Ctrl+E键合并图层，复制“背景”图层，得到一个“背景 拷贝”图层，执行菜单中“滤镜/模糊/高斯模糊”命令，打开“高斯模糊”对话框，设置如图10-112所示。

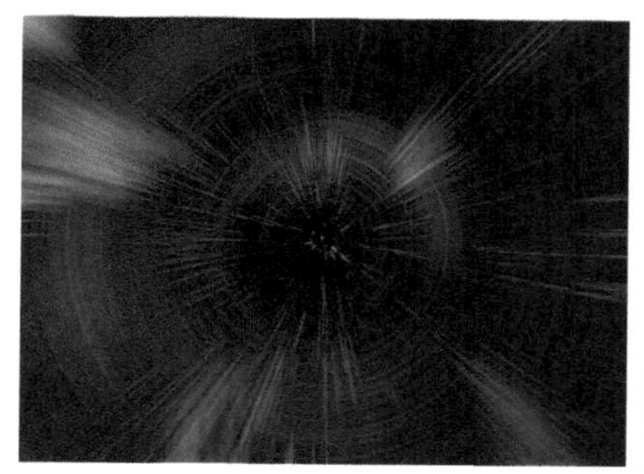

图10-111 混合模式

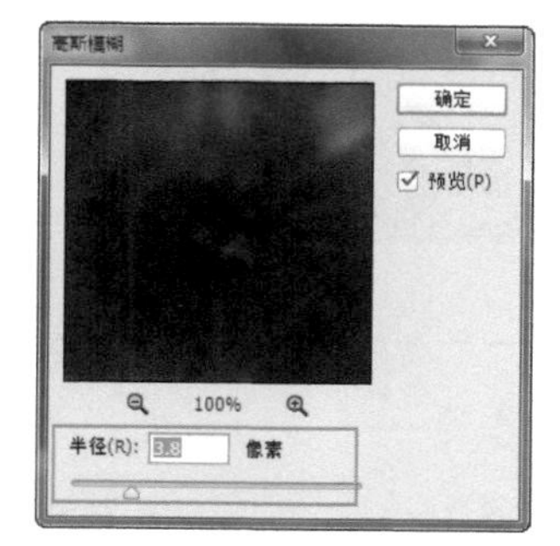

图10-112 “高斯模糊”对话框

11 单击“确定”按钮，完成“高斯模糊”对话框的设置，设置该图层的“混合模式”为滤色，如图10-113所示。

12 单击“图层”面板上的“创建新的填充或调整图层”按钮，在打开菜单中选择“色相/饱和度”选项，打开“色相/饱和度”面板，其中的参数值设置如图10-114所示。

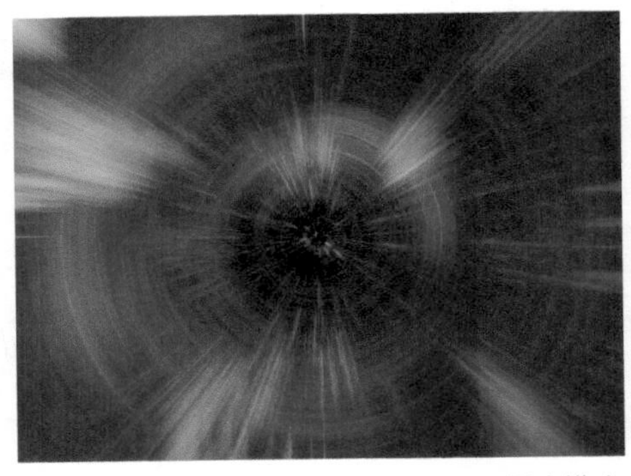

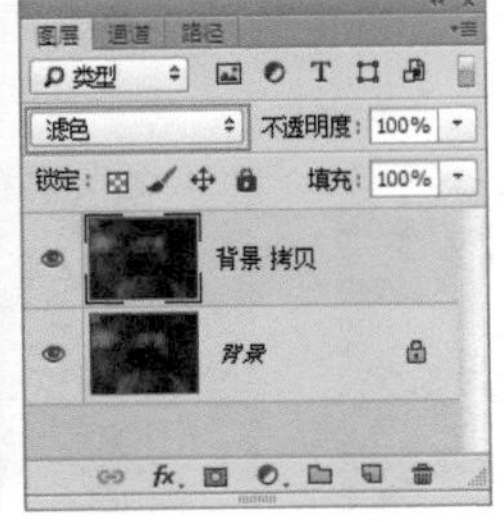

图10-113 混合模式

图10-114 调整面板

13 调整完毕后，完成本例的制作，如图10-115所示。

14 应用不同的色相，会得到相应的颜色效果，如图10-116和图10-117所示。

图10-115 最终效果

图10-116 图像效果1

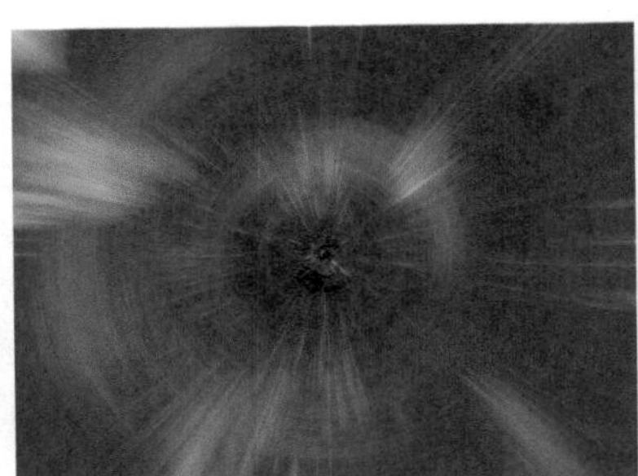

图10-117 图像效果2

实例110 分层云彩制作闪电

实例目的

通过制作如图10-118所示的流程效果图，了解“云彩”和“分层云彩”滤镜在实例中的应用。

图10-118 流程效果图

实例要点

- 打开素材图像
- 新建通道应用“云彩”滤镜
- 应用“分层云彩”滤镜
- 应用色阶调整
- 应用“曲线”
- 编辑蒙版

操作步骤

01 执行菜单中的“文件/打开”命令或按Ctrl+O键，打开随书下载资源中的“素材文件/第10章/皮卡”素材，如图10-119所示。

02 单击“图层”面板上的“创建新的填充或调整图层”按钮，在打开菜单中选择“曲线”选项，打开“曲线”属性面板，其中的参数值设置如图10-120所示。

图10-119 素材

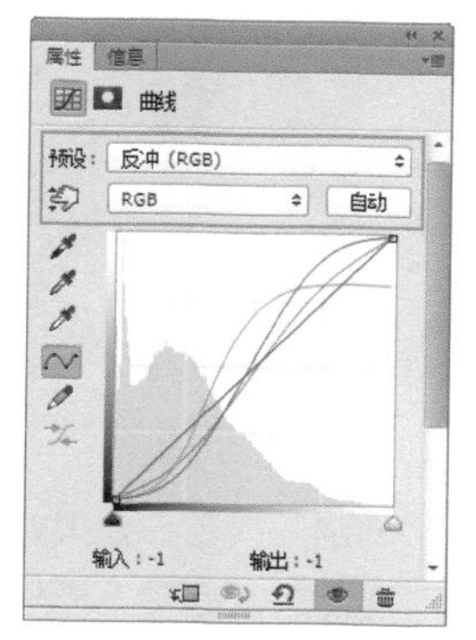

图10-120 “属性”面板

03 设置“混合模式”为正片叠底，单击“图层”面板上的“创建新的填充或调整图层”按钮，在打开的菜单中选择“色阶”选项，打开“色阶”属性面板，其中的参数值设置如图10-121所示。

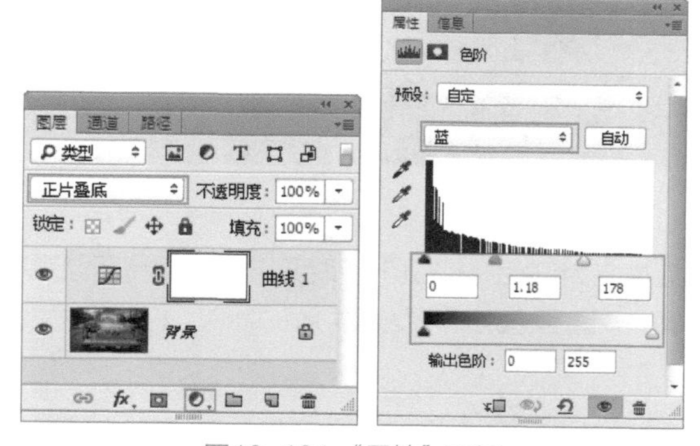

图10-121 “属性”面板

04 调整后的效果，如图10-122所示。

05 新建一个图层后，转换到“通道”面板中，新建一个“Alpha1”通道，执行菜单中“滤镜/渲染/云彩”命令，效果如图10-123所示。

图10-122 调整后

图10-123 通道中应用云彩

06 执行菜单中“滤镜/渲染/分层云彩”命令，效果如图10-124所示。

07 执行菜单中“图像/调整/反相”命令或按Ctrl+I键，再执行菜单中“图像/调整/色阶”命令，打开“色阶”对话框，其中的参数值设置如图10-125所示。

图10-124 通道中应用分成云彩

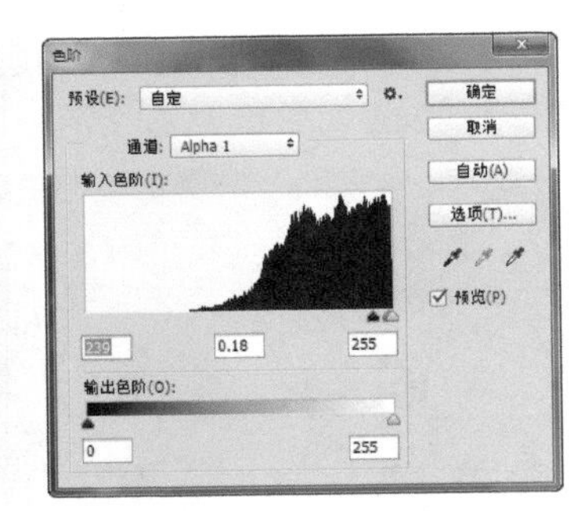

图10-125 “色阶”对话框

08 设置完毕单击“确定”按钮，效果如图10-126所示。

09 使用黑色画笔对通道进行编辑，再按住Ctrl键单击Aplha1通道缩略图，调出选区，如图10-127所示。

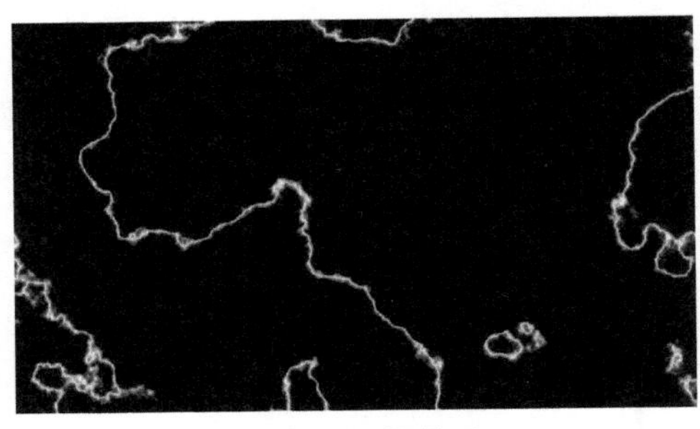

图10-126 调整后

图10-127 编辑

10 转换到“图层”面板中，将选区填充为白色，按Ctrl+T键调出变换框将图像进行变换，如图10-128所示。

11 按Enter键完成变换，执行菜单中“图层/图层样式/外发光”命令，打开“外发光”对话框，其中的参数值设置如图10-129所示。

图10-128 变换

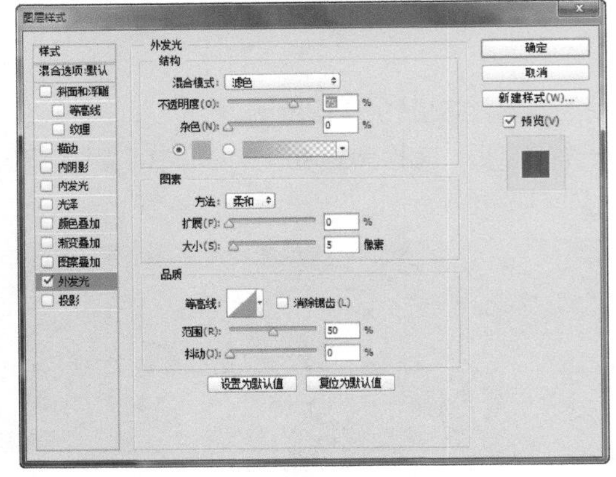

图10-129 “图层样式”对话框

12 设置完毕单击“确定”按钮，复制图层调整大小和位置，效果如图10-130所示。

图10-130 添加外发光

13 为图层添加蒙版后，在边缘处使用黑色画笔进行编辑，效果如图10-131所示。

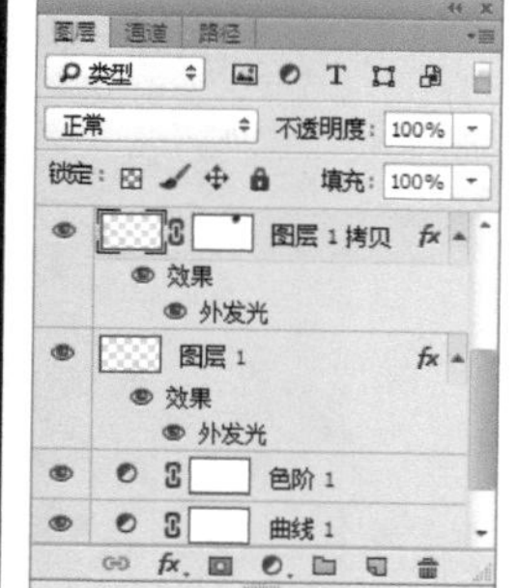

图10-131 编辑

14 再复制一个闪电将其移到左上角处，至此本例制作完毕，效果如图10-132所示。

图10-132 最终效果

提示

由于本书篇幅有限，本章的以下实例只为大家提供精细流程图，具体操作可以参考本书下载资源中的视频文件。

实例 111　晶格化滤镜制作烧破效果

实例目的

通过制作如图10-133所示的流程效果图，了解“晶格化”滤镜以及“快速蒙版”在实例中的应用。

图10-133 流程效果图

实例目的

图10-133 流程效果图（续）

实例要点

- 打开文档
- 复制背景图层，得到背景拷贝图层，隐藏背景图层
- 使用“套索工具”创建选区
- 创建快速蒙版
- 使用“晶格化”滤镜创建边缘
- 进入快速编辑状态调出选区
- 应用“扩展”命令对选区进行扩展
- 新建图层填充黑色去掉选区后，应用“高斯模糊”滤镜
- 调整不透明度，调出选区再新建图层并填充红色，然后应用“添加杂色”滤镜
- 调整混合模式为“变暗”，设置不透明度

操作步骤

01 打开“汽车广告”素材，使用（套索工具）在图片中创建一个选区，再复制一个背景图层，设置和效果如图10-134所示。

图10-134 创建选区

02 单击“进入快速蒙版模式编辑”按钮，进入快速蒙版编辑状态，效果如图10-135所示。

03 执行菜单中的“滤镜/像素化/晶格化”命令，打开“晶格化”对话框，参数值设置如图10-136所示。

图10-135 快速蒙版

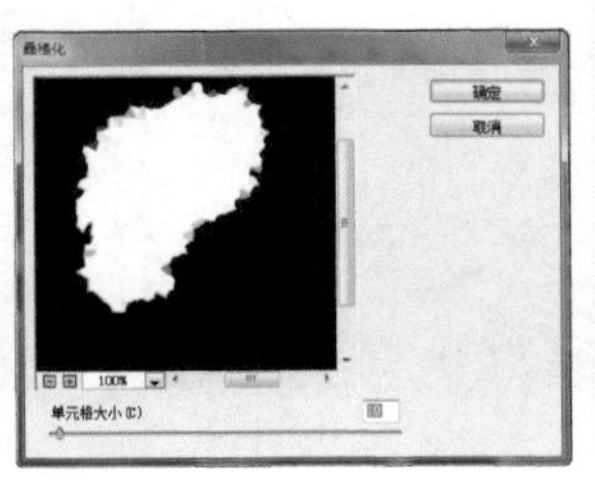

图10-136 应用“晶格化”滤镜

04 单击“以标准模式编辑”按钮，调出选区，再执行菜单中的“选择/调整/扩展”命令，将选区进行5个像素大小的扩展，效果如图10-137所示。

05 选择（移动工具）后，单击键盘上的方向键一次，将选区变为有像素区域的图像部分，新建图层填充为黑色，再新建图层填充为深红色，并为填充的区域应用“高斯模糊”滤镜，效果如图10-138所示。

图10-137 扩展选区

图10-138 填充并应用“高斯模糊”

06 选择“背景拷贝”图层，为其添加一个“投影”图层样式，至此本例制作完毕。设置和最终效果如图10-139所示。

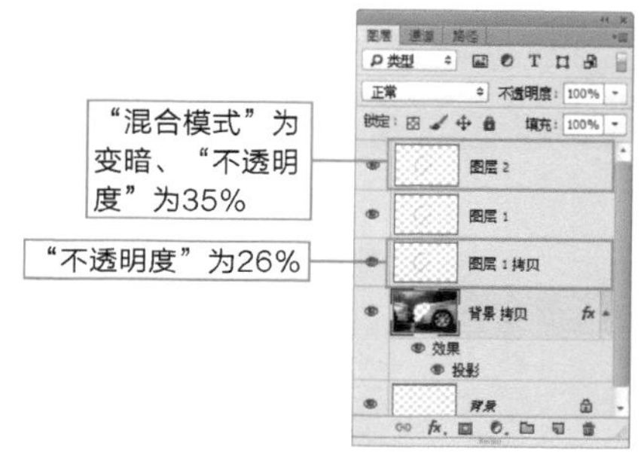

图10-139 设置和最终效果

实例 112 光照效果滤镜制作蓝光色调

实例目的

通过制作如图10-140所示的流程效果图，了解“光照效果”滤镜在实例中的应用。

图10-140 流程效果图

实例要点

- 打开文档
- 使用“色阶”调整图像，增强层次感
- 使用“光照效果”滤镜调整图像光照

操作步骤

01 打开“墙头人生”素材，执行菜单中的“图像/调整/色阶”命令，打开“色阶”对话框，其中的参数值设置如图10-141所示。

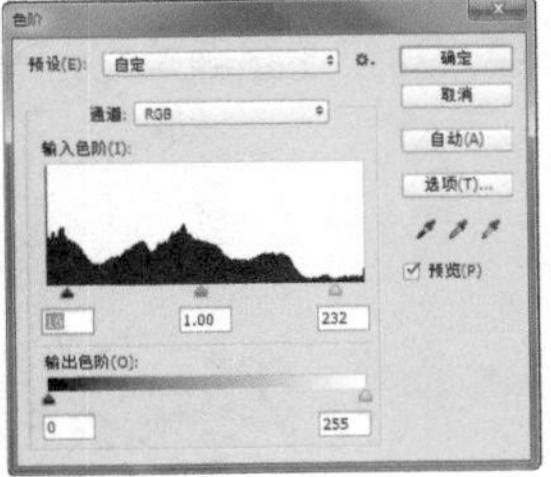

图10-141 调整色阶

02 设置完毕单击“确定”按钮，效果如图10-142所示。

03 执行菜单中的“滤镜/渲染/光照效果”命令，打开“光照效果”对话框，其中的参数值设置如图10-143所示。

图10-142 调整色阶后

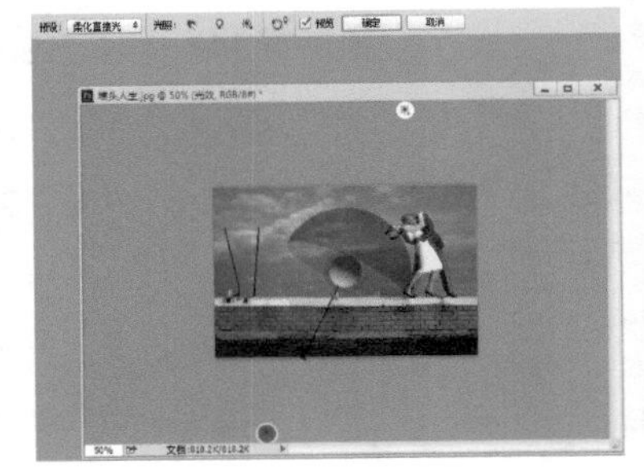

图10-143 调整光照效果

04 设置完毕单击“确定”按钮，至此本例制作完毕，效果如图10-144所示。

图10-144 最终效果

实例 113 木刻滤镜制作手绘卡通效果

实例目的

通过制作如图10-145所示的流程效果图，了解“木刻”滤镜在实例中的应用。

图10-145 流程效果图

实例要点

- 打开文档
- 复制背景图层得到背景复制层
- 使用“亮度/对比度”命令调整图像亮度
- 使用“木刻”滤镜调整图像
- 使用“海报边缘”滤镜调整图像
- 设置“混合模式”为变亮

操作步骤

01 打开“手表广告”素材，复制一个背景图层，执行菜单中的“图像/调整/亮度/对比度”命令，打开“亮度/对比度”对话框。素材和参数值设置如图10-146所示。

02 设置完毕单击“确定”按钮，效果如图10-147所示。

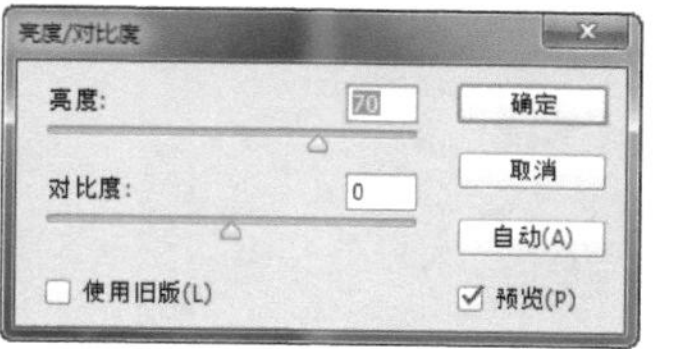

图10-146 调整亮度

图10-147 调整后

03 执行菜单中的“滤镜/滤镜库”命令，打开“滤镜”对话框，在对话框中分别选择“艺术效果”标签下的“木刻”和“海报边缘”，其中的参数值设置如图10-148所示。

04 设置完毕单击“确定”按钮，再设置“混合模式”为变亮，至此本例制作完毕，效果如图10-149所示。

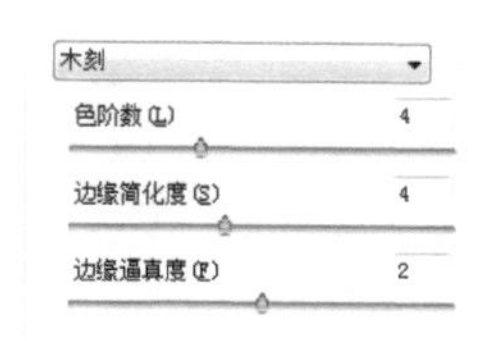

图10-148 调整光照效果

图10-149 最终效果

实例 114 干画笔滤镜制作水彩画

实例目的

通过制作如图10-150所示的流程效果图，了解“干画笔”滤镜在实例中的应用。

图10-150 流程效果图

实例要点

- 打开文档
- 复制3次背景图层
- 设置“混合模式”为明度
- 设置“混合模式”为滤色
- 设置“混合模式”为柔光
- 隐藏上面的两个图层，选择背景复制层应用“木刻”滤镜
- 选择“背景拷贝2”图层，使用“干画笔”滤镜调整图像
- 选择“背景拷贝3”图层，使用“中间值”滤镜调整图像

操作步骤

01 打开“花”素材，复制3个背景图层，隐藏上面的两个图层，选择背景拷贝层设置“混合模式”为明度。执行菜单中的“滤镜/滤镜库”命令，打开“滤镜”对话框，在对话框中选择“艺术效果”标签下的“木刻”，其中的参数值设置如图10-151所示。

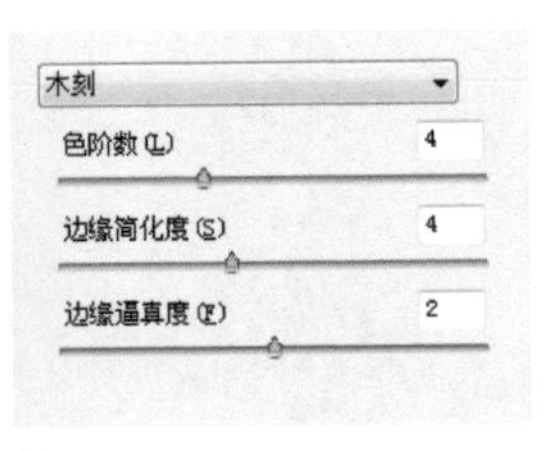

图10-151 应用“木刻”滤镜

02 设置完毕单击“确定”按钮，效果如图10-152所示。

03 显示并选择“背景拷贝2”图层，设置“混合模式”为滤色，执行菜单中的“滤镜/滤镜库”命令，打开“滤镜”对话框，在对话框中分别选择“艺术效果”标签下的“干画笔”，其中的参数值设置如图10-153所示。

图10-152 应用木刻后

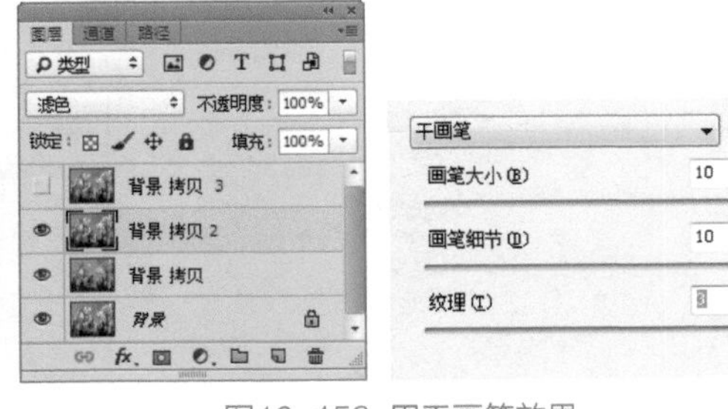

图10-153 用干画笔效果

04 设置完毕单击“确定”按钮，显示并选择“背景拷贝3”图层，设置“混合模式”为柔光，执行菜单中的“滤镜/杂色/中间值”命令，打开“中间值”对话框，设置参数值，单击“确定”按钮。至此本例制作完毕。设置和最终效果如图10-154所示。

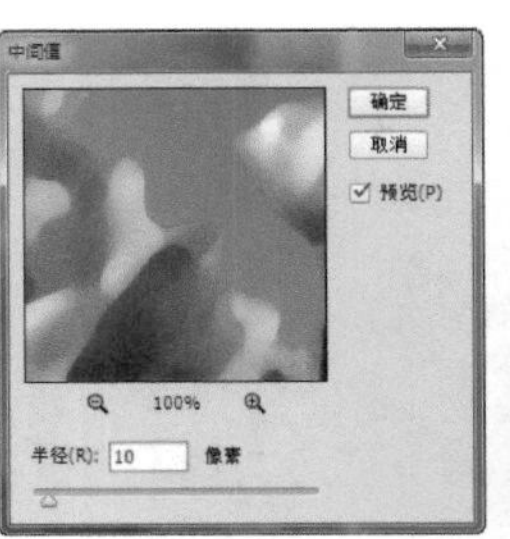

图10-154 设置和最终效果

实例 115　彩色半调滤镜制作图像边缘

实例目的

通过制作如图10-155所示的流程效果图，了解“彩色半调”滤镜在实例中的应用。

图10-155 流程效果图

实例要点

- 打开文档
- 使用“扩展”命令扩展选区
- 去掉选区应用“高斯模糊”滤镜
- 创建选区
- 新建一个白色图层，在选区内填充黑色
- 应用“彩色半调”滤镜

操作步骤

01 打开“模特”素材，使用（快速选择工具）创建人物选区，执行菜单中的“选择/调整/扩展”命令，打开“扩展”对话框，设置“扩展量”为15像素，如图10-156所示。

02 新建一个白色图层，将选区填充为黑色，执行菜单中的“滤镜/模糊/高斯模糊”命令，设置合适的半径值，效果如图10-157所示。

03 执行菜单中的“滤镜/像素化/彩色半调”命令，打开“彩色半调”对话框，其中的参数值设置如图10-158所示。

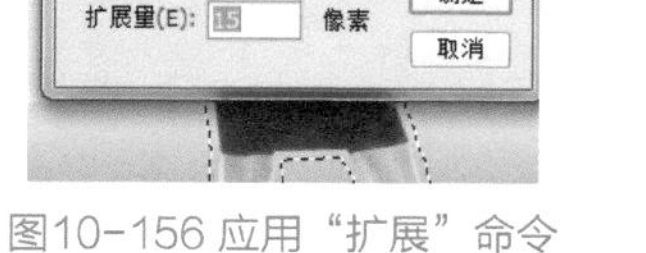

图10-156 应用“扩展”命令

图10-157 应用模糊后

彩色半调
最大半径(R): 8 (像素)
网角(度):
通道 1(1): 108
通道 2(2): 162
通道 3(3): 90
通道 4(4): 45
确定
取消

图10-158 彩色半调

04 设置完毕单击“确定”按钮，显示显示人物。至此本例制作完毕，效果如图10-159所示。

图10-159 最终效果

实例 116 置换滤镜制作纹身效果

实例目的

通过制作如图10-160所示的流程效果图，了解“置换”滤镜与“光照效果”滤镜在实例中的应用。

图10-160 流程效果图

实例要点

- 打开文档移动图像到一个文档中
- 去色后将图像存储为psd格式
- 应用“置换”滤镜
- 设置混合模式
- 应用“光照效果”滤镜

操作步骤

01 打开“纹身背景”和“纹身图案”素材，将两个素材移到同一文档中，调出纹身区域将其去色，将其储存为PSD格式文件，如图10-161所示。

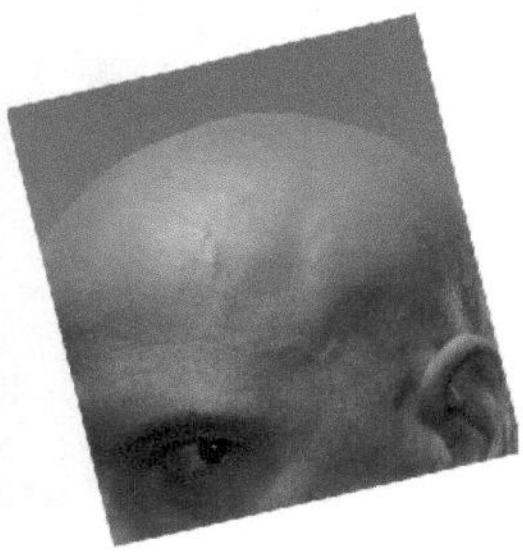

图10-161 移入素材并局部去色

02 执行菜单中的“滤镜/扭曲/置换”命令，打开“置换”对话框，单击“确定”按钮后，找到储存的PSD文件，如图10-162所示。

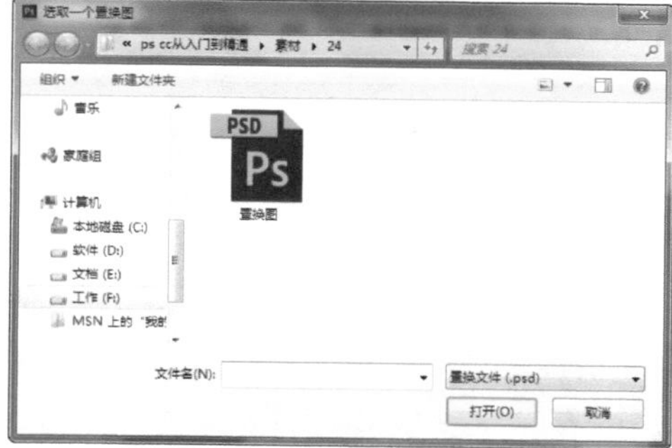

图10-162 应用“置换”命令

03 设置“混合模式”为正片叠底，选择背景图层，执行菜单中的“滤镜/渲染/光照效果”命令，打开“光照效果”对话框，其中的参数值设置如图10-163所示。

04 设置完毕单击“确定”按钮，至此本例制作完毕，效果如图10-164所示。

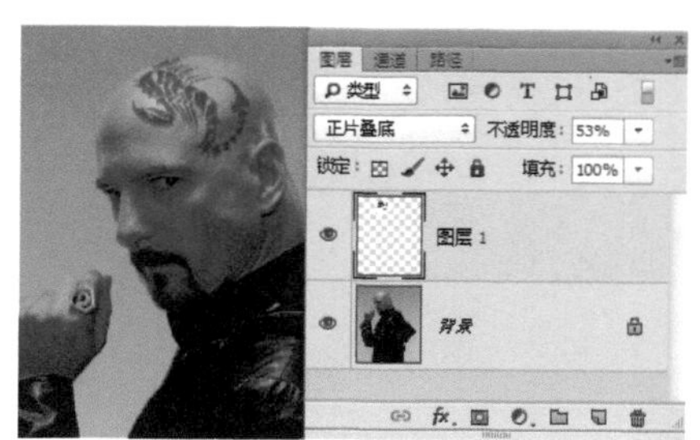

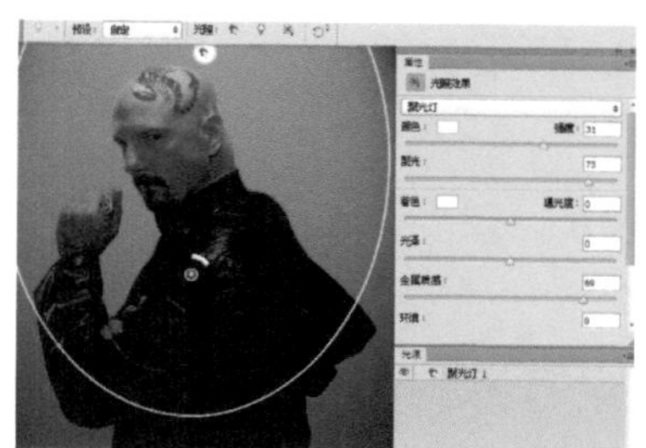

图10-163 应用“光照效果”命令

图10-164 最终效果

实例 117 高反差保留滤镜制作装饰画

实例目的

通过制作如图10-165所示的流程效果图，了解“高反差保留”滤镜在实例中的应用。

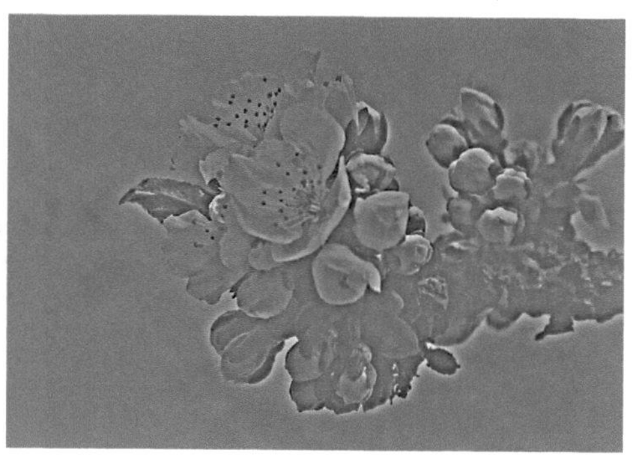

图10-165 流程效果图

实例要点

- 打开文档
- 应用“高反差保留”滤镜
- 应用“转换为智能滤镜”滤镜

操作步骤

01 打开“植物-花2”素材，执行菜单中的“滤镜/其他/高反差保留”命令，打开“高反差保留”对话框，其中的参数值设置如图10-166所示。

02 设置完毕单击“确定”按钮，效果如图10-167所示。

03 执行菜单中的“滤镜/锐化/智能锐化”命令，打开“智能锐化”对话框，其中的参数值设置如图10-168所示。

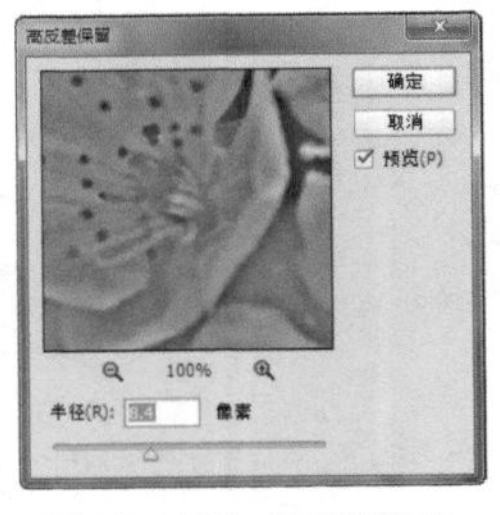

图10-166 “高反差保留”对话框

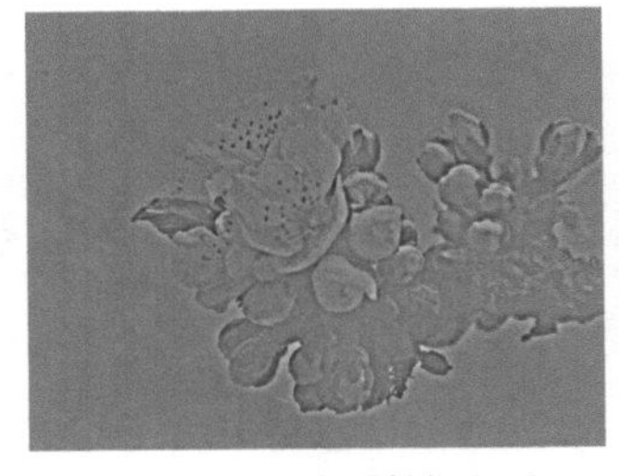

图10-167 高反差保留后

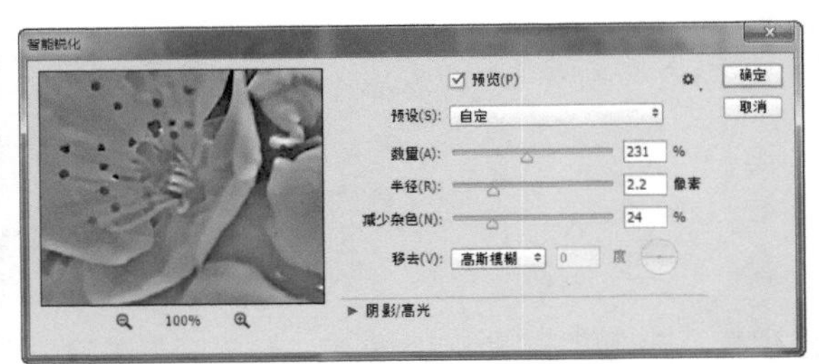

图10-168 “智能锐化”对话框

04 设置完毕单击“确定”按钮，至此本例制作完毕，效果如图10-169所示。

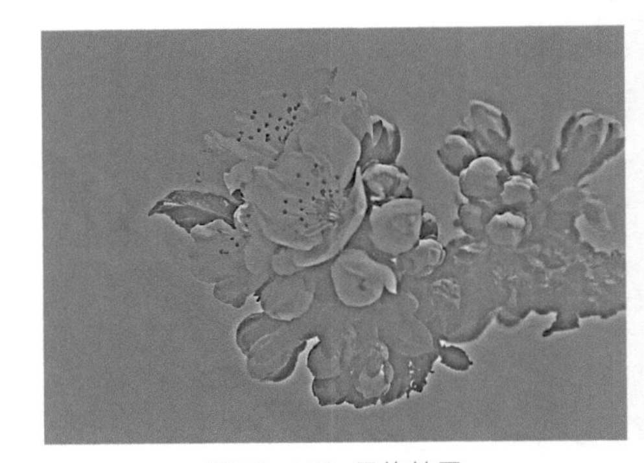

图10-169 最终效果

实例 118 粗糙蜡笔滤镜制作蜡笔画

实例目的

通过制作如图10-170所示的流程效果图，了解“粗糙蜡笔”滤镜在实例中的应用。

图10-170 流程效果图

实例要点

- 打开文档
- 应用“自动颜色”命令调整颜色
- 应用“粗糙蜡笔”滤镜制作蜡笔画风格
- 绘制矩形选区进入快速蒙版模式
- 应用“喷溅”滤镜
- 进入标准编辑模式调出选区
- 填充颜色

操作步骤

01 打开“创意房屋”素材，为素材应用“自动颜色”命令调整颜色，执行菜单中的“滤镜/滤镜库”命令，打开“滤镜”对话框，在对话框中选择“艺术效果”标签下的“粗糙蜡笔”。素材和参数值设置如图10-171所示。

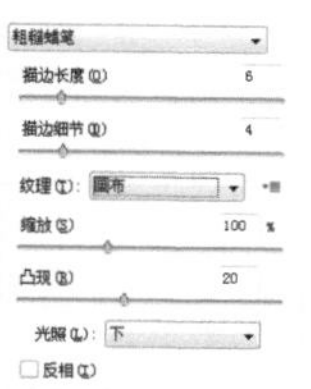

图10-171 应用“粗糙蜡笔”滤镜

02 设置完毕单击“确定”按钮，效果如图10-172所示。

03 绘制矩形选区，然后进入快速蒙版模式，执行菜单中的“滤镜/滤镜库”命令，打开“滤镜”对话框，在对话框中选择“画笔描边”标签下的“喷溅”，其中的参数值设置如图10-173所示。

图10-172 应用后效果

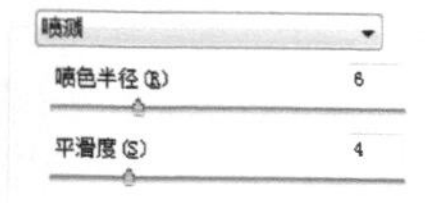

图10-173 应用“喷溅”滤镜

04 设置完毕单击“确定”按钮，转换到标准模式，再填充选区，至此本例制作完毕。填充前后效果如图10-174所示。

图10-174 最终效果

本章的练习与习题

习题

1. Photoshop中哪个滤镜能够将图像的局部进行放大？（　　）

A. 消失点　　B. 像素化　　C. 液化　　D. 风格化

2. 以下哪个滤镜可以对图像进行柔化处理？（　　）

A. 素描　　B. 像素化　　C. 模糊　　D. 渲染

3. 哪个滤镜可以在空白图层中创建效果？（　　）

A. 云彩　　B. 分层云彩　　C. 添加杂色　　D. 扭曲

4. 下面哪个滤镜可以在图像添加杂点？（　　）

A. 模糊　　B. 添加杂色　　C. 铜版雕刻　　D. 喷溅

5. 下面哪个滤镜可以模拟强光照射在摄像机上所产生的眩光效果？（　　）

A. 纹理　　B. 添加杂色　　C. 光照效果　　D. 镜头光晕

第 11 章

文字特效

本章内容

特效文字1~20

通过对前面章节的学习，大家已经对Photoshop软件绘制与编辑图像的强大功能有了初步了解，下面带领大家使用Photoshop对文字特效部分进行编辑与应用，使大家了解平面设计中文字的魅力。

实例 119　特效文字1

实例目的

通过制作如图11-1所示的流程效果图，了解“混合模式”以及“涂抹工具”在本例中的应用。

图11-1 流程效果图

实例要点

- 新建文件并填充黑色背景
- 键入文字添加外发光样式
- 复制背景图层
- 应用“高斯模糊”模糊图像
- 设置涂抹笔触对模糊图像进行涂抹
- 填充渐变色并设置混合模式
- 盖印图层设置倒影

操作步骤

01 新建一个“宽度”为18厘米、“高度”为9.5厘米、“分辨率”为150像素/英寸的空白文档，将文档填充为黑色，选择T（横排文字工具）在页面中键入文字，如图11-2所示。

02 执行菜单中“图层/图层样式/外发光”命令，打开“外发光”对话框，其中的参数值设置如图11-3所示。

图11-2 在黑色背景中键入文字

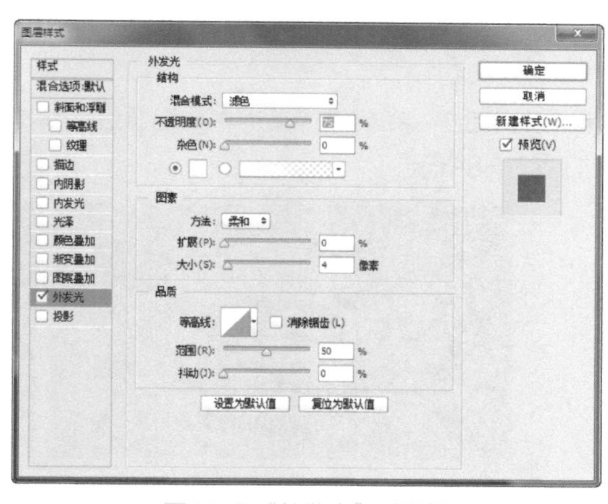

图11-3 “外发光”对话框

03 设置完毕单击“确定”按钮，复制文字图层，将文字复制层的“填充”设置为0%，如图11-4所示。

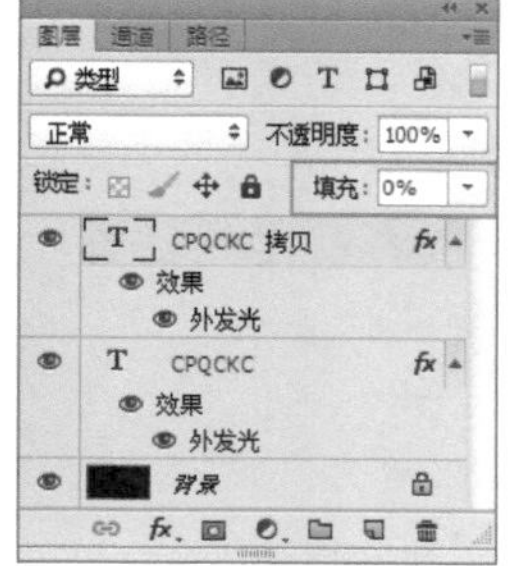

图11-4 外发光后效果

04 选择文字图层，执行菜单中“滤镜/模糊/高斯模糊”命令，打开“高斯模糊”对话框，其中的参数值设置如图11-5所示。

05 设置完毕单击“确定”按钮，效果如图11-6所示。

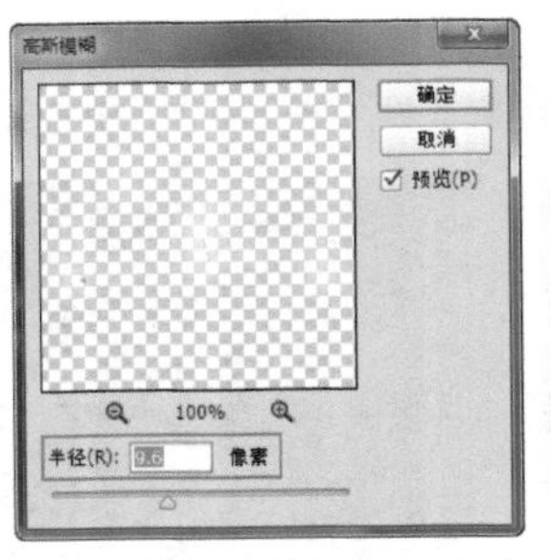

图11-5 “高斯模糊”对话框

图11-6 模糊后效果

06 选择（涂抹工具）并按F5键打开“画笔”面板，设置涂抹画笔的各项参数，如图11-7所示。

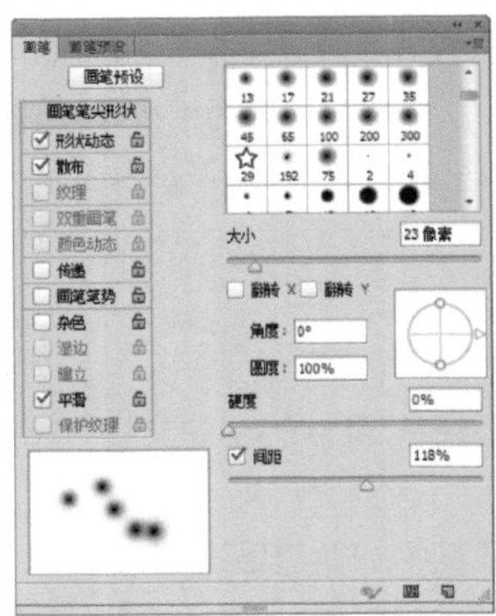

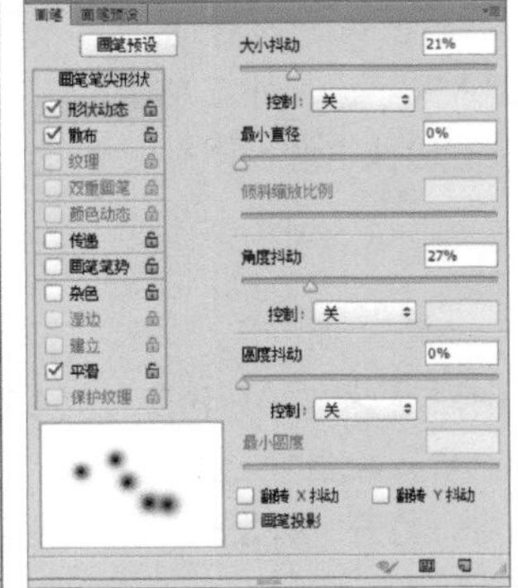

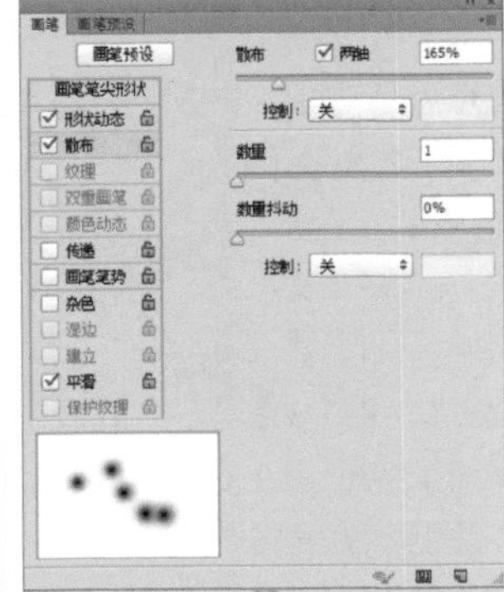

图11-7 设置涂抹工具笔触

07 笔触设置完毕，在模糊的图层中对图像进行涂抹，再将“画笔”面板中的复选框取消，在文字上面向上涂抹，效果如图11-8所示。

图11-8 涂抹

08 新建“图层1”图层，选择（渐变工具）填充一个径向渐变的色谱，设置“混合模式”为柔光，如图11-9所示。

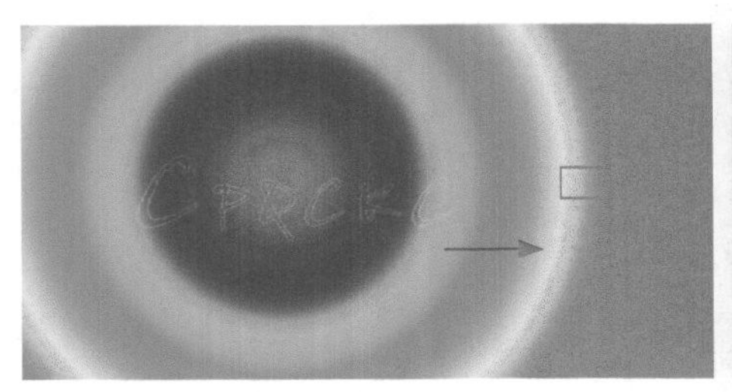

图11-9 填充渐变色并设置混合模式

09 新建3个图层并选择（画笔工具）绘制白色和黄色等不同颜色的画笔圆点，将“图层2”图层的“混合模式”设置为“柔光”，使画笔只对彩色字部分起作用，另外两个图层则分别降低“不透明度”即可，效果如图11-10所示。

图11-10 绘制画笔

10 按Ctrl+Shift+Alt+E键为图层盖印一个图层，如图11-11所示。

图11-11 填充选区

技巧

按 Ctrl+Shift+Alt+E 键可以将图像中所有可见图层合并成一个整体图层，其他图层仍然存在；按 Ctrl +Alt+E 键可以将选中的图层合并为一个图层，备选的图层仍然存在。

11 将盖印的图层选区局部复制到新图层中并隐藏盖印图层，将复制的局部选取，执行菜单中“编辑/变换/垂直翻转”命令，将其进行垂直翻转，效果如图11-12所示。

图11-12 复制图像垂直翻转

12 按Enter键完成变换，单击“添加图层蒙版”按钮，为图层添加一个空白蒙版，选择（渐变工具）在蒙版中从上向下拖动填充一个从白色到黑色的线性渐变，如图11-13所示。

图11-13 编辑蒙版

13 调整图层的不透明度使倒影更加逼真，效果如图11-14所示。

图11-14 编辑不透明度

14 新建一个图层，填充从灰色到透明的线性渐变，如图11-15所示。

15 为中间的线条添加一个图层蒙版，选择（渐变工具）在蒙版中从左向右填充一个黑色、白色、黑色的渐变，如图11-16所示。

图11-15 渐变色

图11-16 蒙版

16 至此本例特效文字制作完毕，效果如图11-17所示。

图11-17 特效文字

17 制作的特效文字可以应用到大多数的图片中，只要将“混合模式”设置为线性减淡即可，如图11-18和图11-19所示。

图11-18 应用文字1

图11-19 应用文字2

技巧

制作的特效文字只要是黑色背景，就可以通过“混合模式”中的“线性减淡”将黑色隐藏。

实例 120　特效文字2

实例目的

通过制作如图11-20所示的流程效果图，了解“滤镜与样式”在本例中的应用。

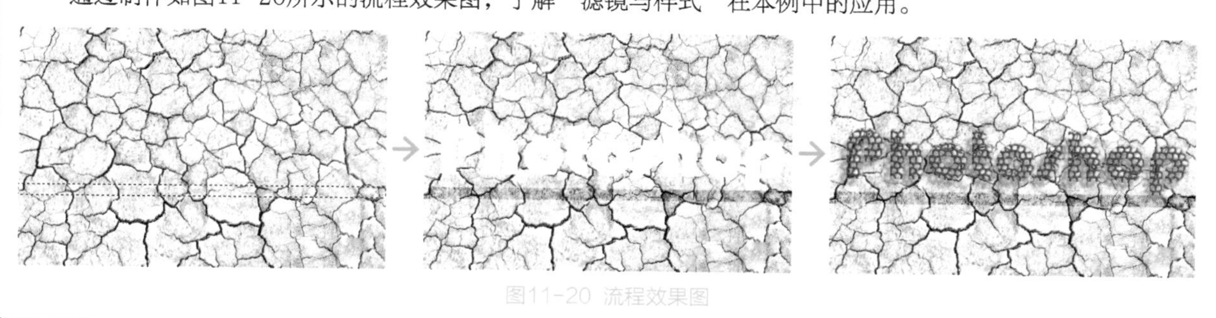

图11-20 流程效果图

实例要点

- 打开文档使用“色阶”调整背景
- 键入文字复制文字图层
- 为文字图层应用“斜面和浮雕”和“描边”样式
- 新建通道应用“染色玻璃”滤镜
- 为文字复制层应用“斜面和浮雕”“颜色叠加”和“投影”图层样式

操作步骤

01 执行菜单中“文件/打开”命令，打开随书下载资源中“素材文件/第11章/干旱”素材，如图11-21所示。

02 选择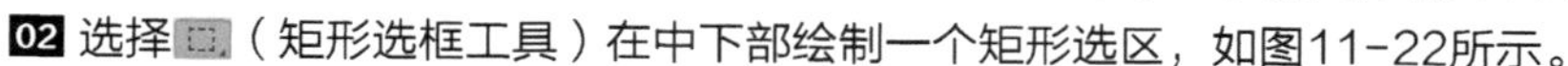（矩形选框工具）在中下部绘制一个矩形选区，如图11-22所示。

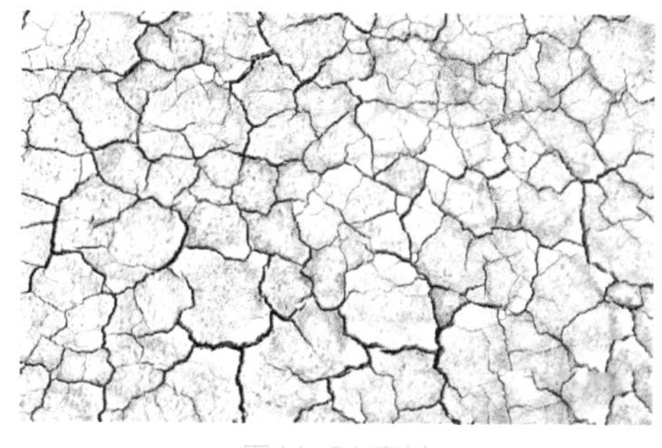

图11-21 素材

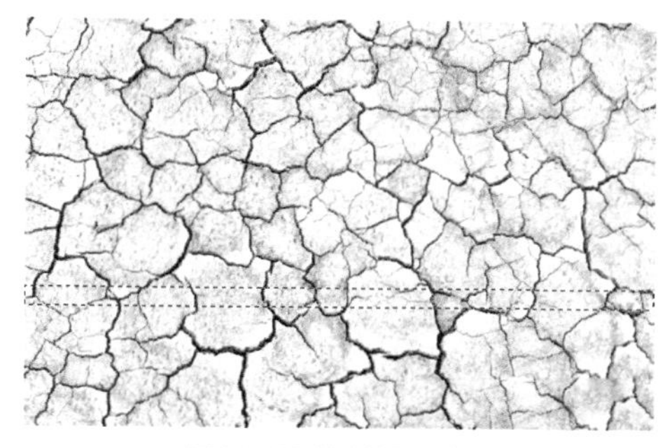

图11-22 绘制矩形选区

03 执行菜单中“图像/调整/色阶”命令，打开“色阶”对话框，其中的参数值设置如图11-23所示。

04 设置完毕单击“确定”按钮，按Ctrl+D键去掉选区，效果如图11-24所示。

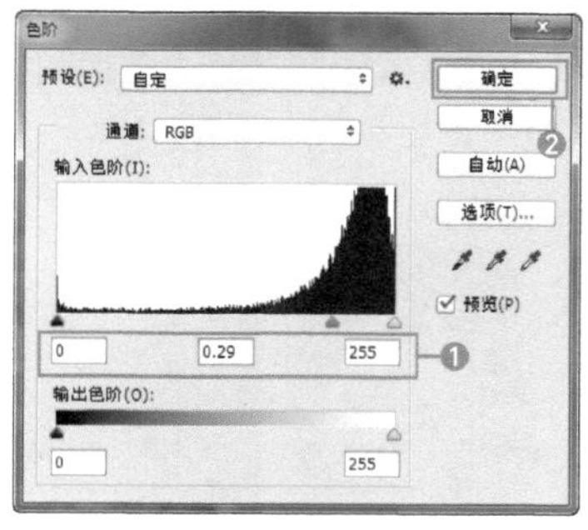

图11-23 “色阶”对话框

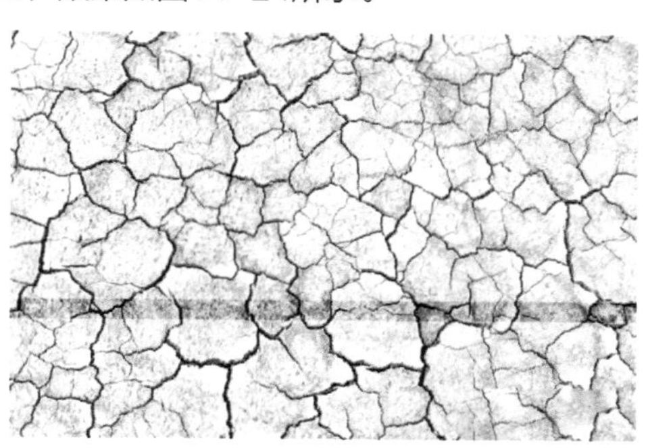

图11-24 色阶调整后效果

05 选择T（横排文字工具）在页面中键入文字，复制文字图层，如图11-25所示。

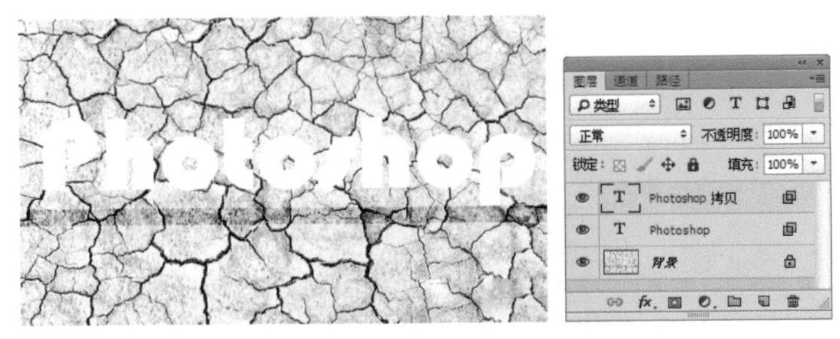

图11-25 键入文字并复制图层

06 选择“通道”面板，单击“创建新通道”按钮 ，新建一个“Alpha1”通道，执行菜单中“滤镜/滤镜库”命令，在打开的“滤镜库”面板中，选择“纹理/染色玻璃”命令，打开“染色玻璃”对话框，其中的参数值设置如图11-26所示。

07 设置完毕单击“确定”按钮，效果如图11-27所示。

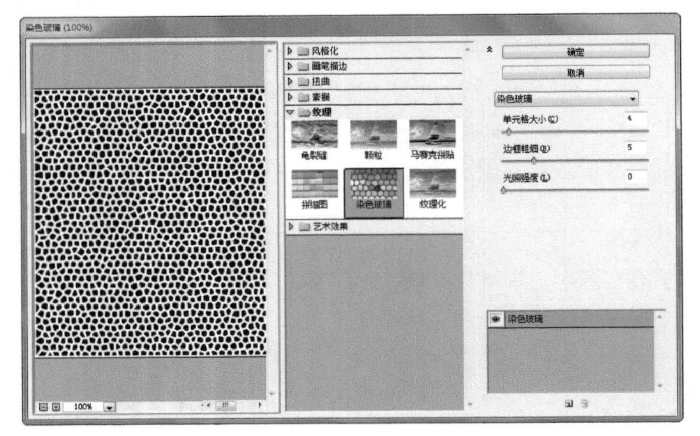

图11-26 “染色玻璃”对话框

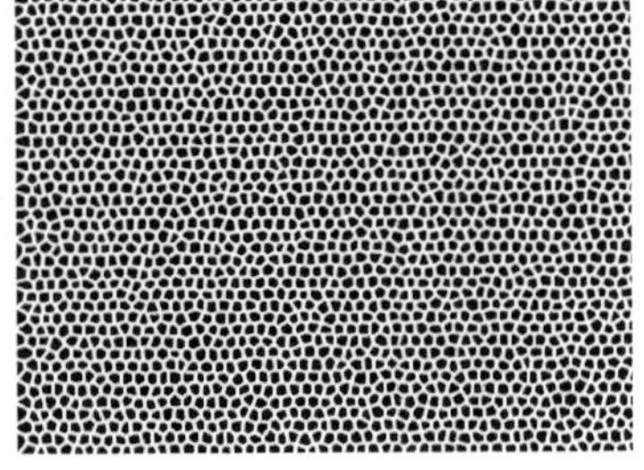

图11-27 通道中应用染色玻璃后

08 按住Ctrl键单击“Alpha1”通道的缩略图，调出通道选区，转换到“图层”面板中，如图11-28所示。

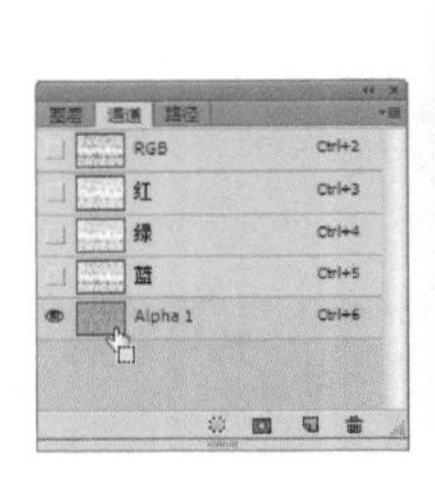

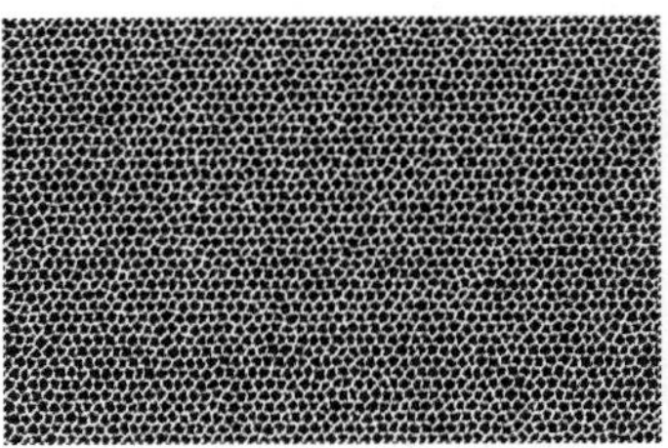

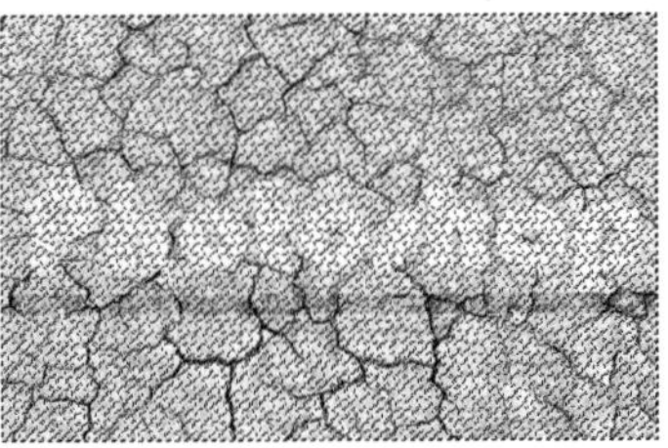

图11-28 调出选区

09 按Ctrl+Shift+I键将选区反选，执行菜单中“图层/栅格化/文字”命令，将文字转换为普通图层，按Delete键将选区内的像素删除，隐藏文字图层，如图11-29所示。

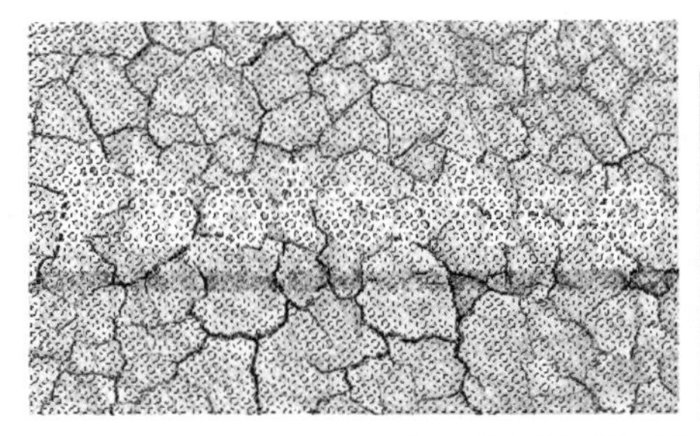

图11-29 删除选区内容

10 按Ctrl+D键去掉选区，执行菜单中“图层/图层样式”命令，在弹出的子菜单中分别选择“斜面和浮雕”“颜色叠加”和“投影”命令，在打开的对话框中分别设置各个参数值，如图11-30所示。

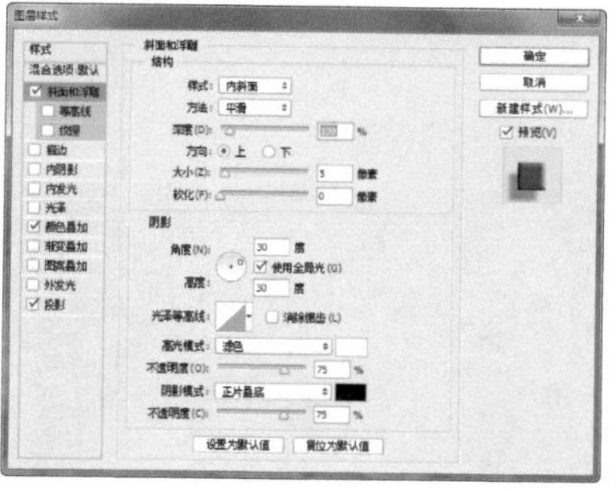
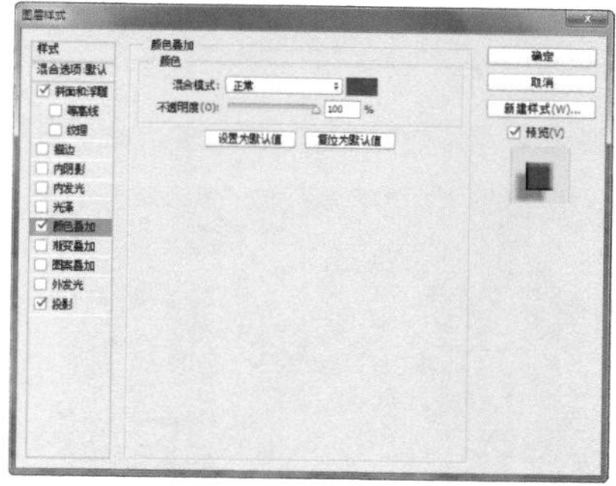
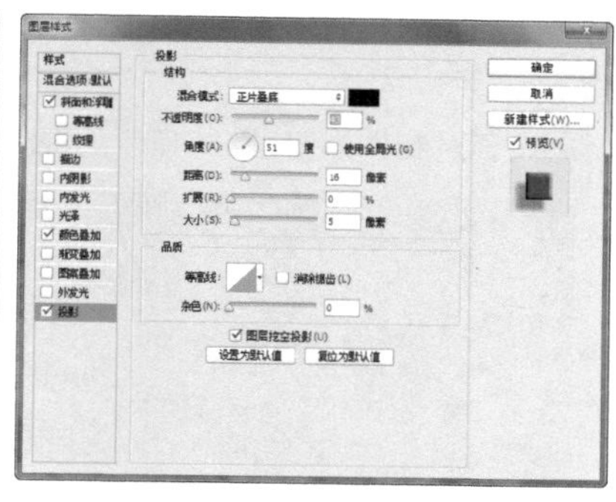

图11-30 设置样式

11 设置完毕单击“确定”按钮，效果如图11-31所示。

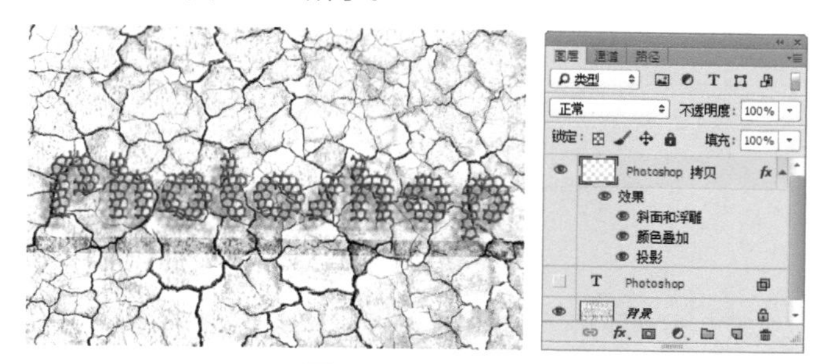

图11-31 添加样式

12 选择“Photoshop”图层并显示该图层，执行菜单中“图层/图层样式”命令，在弹出的子菜单中分别选择“斜面和浮雕”和“描边”命令，在打开的对话框中分别设置各个参数值，如图11-32所示。

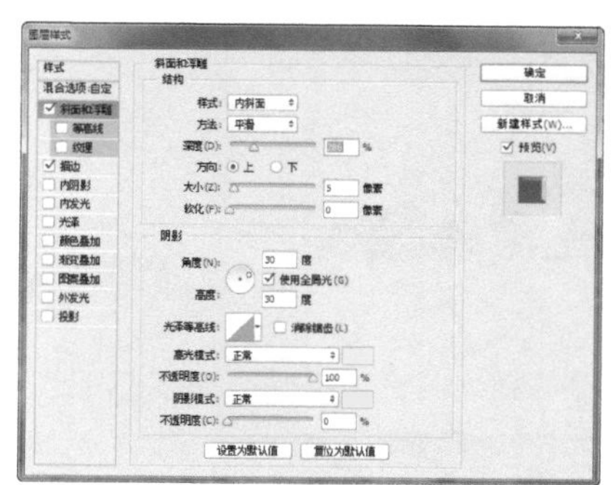
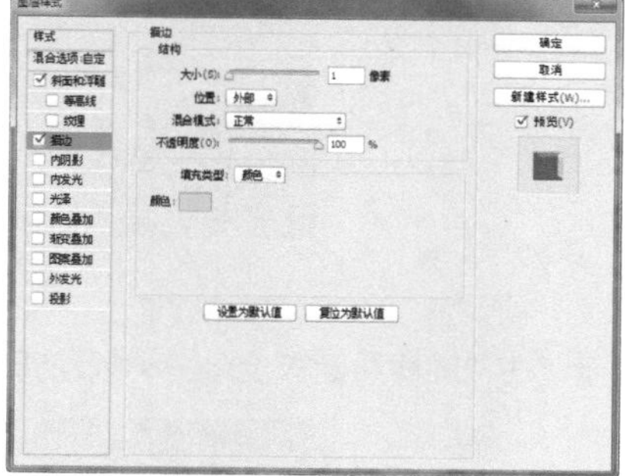

图11-32 图层样式

13 设置完毕单击“确定”按钮，再在“图层”面板中设置“填充”为0%，效果如图11-33所示。

14 至此本例制作完毕，最终效果如图11-34所示。

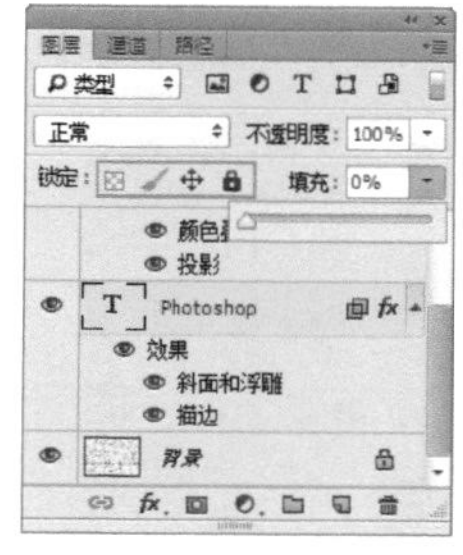

图11-33 “图层”面板

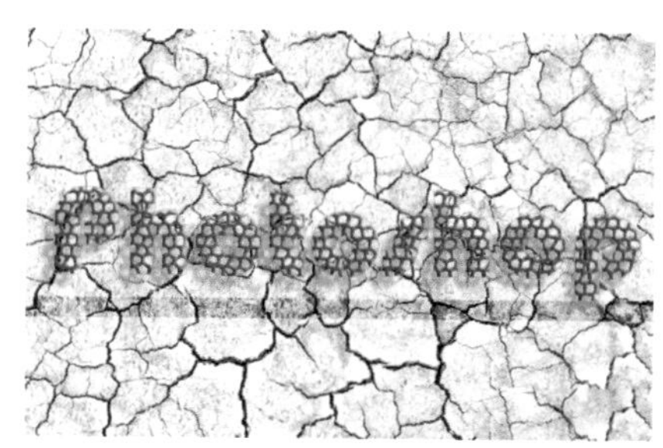

图11-34 最终效果

实例121 特效文字3

实例目的

通过制作如图11-35所示的流程效果图，了解“扩展与收缩”命令在文字特效中的应用。

图11-35 流程效果图

实例要点

- 打开文档新建图层组
- 键入文字并新建图层
- 应用“扩展”与“收缩”命令
- 应用“剪贴蒙版”
- 分别添加“投影”和“外发光”样

操作步骤

01 执行菜单中“文件/打开”命令，打开随书下载资源中“素材文件/第11章/牛皮纸”素材，如图11-36所示。

图11-36 素材

02 打开“图层”面板，在“图层”面板上单击“创建新组”按钮，在组内键入文字“A”，如图11-37所示。

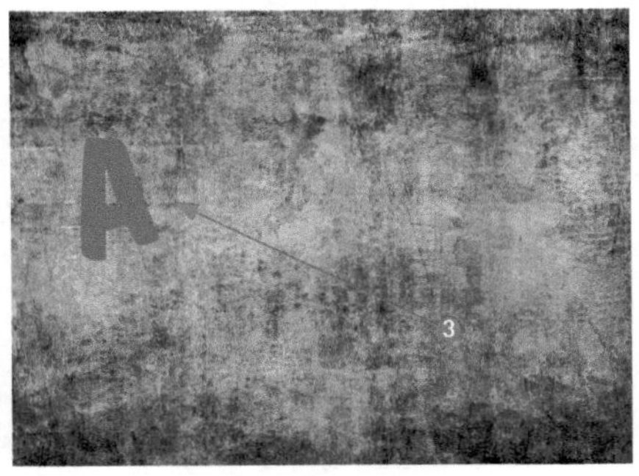

图11-37 新建图层组并键入文字

03 按住Ctrl键单击“A”图层的缩略图调出选区，在“A”图层的下方新建一个“图层1”图层，执行菜单中“选择/修改/扩展”命令，设置“扩展量”为20像素，效果如图11-38所示。

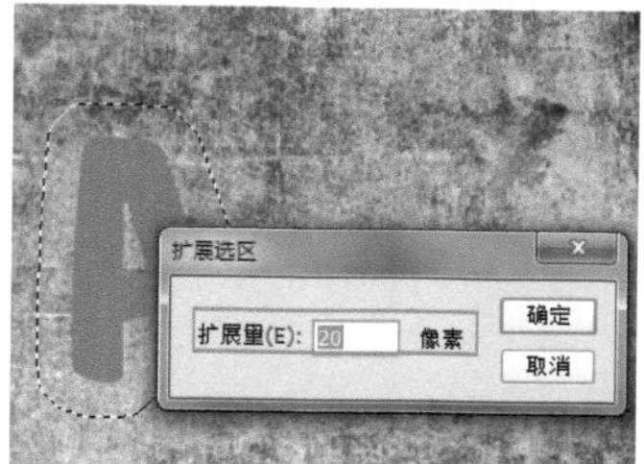

图11-38 调出选区扩展选区

04 将“前景色”设置为白色，按Alt+Delete键将选区填充为白色，如图11-39所示。

05 执行菜单中“选择/修改/收缩”命令，设置“收缩量”为15像素，如图11-40所示。

06 将“前景色”设置为橘色，转换到“路径”面板中，单击“从选区生成工作路径”按钮，如图11-41所示。

图11-39 填充白色

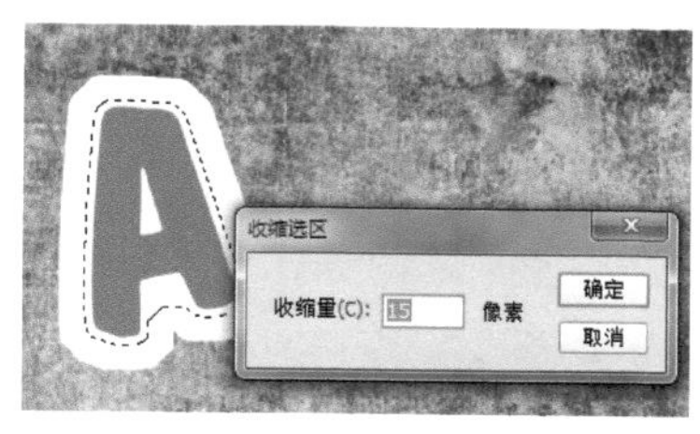

图11-40 收缩选区

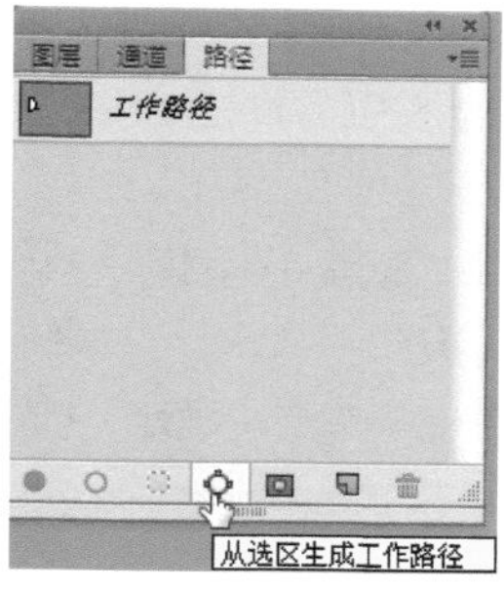

图11-41 转换选区为路径

07 选择 （画笔工具）并按F5键打开“画笔”面板，其中的参数值设置如图11-42所示。

08 单击“用画笔描边路径”按钮，效果如图11-43所示。

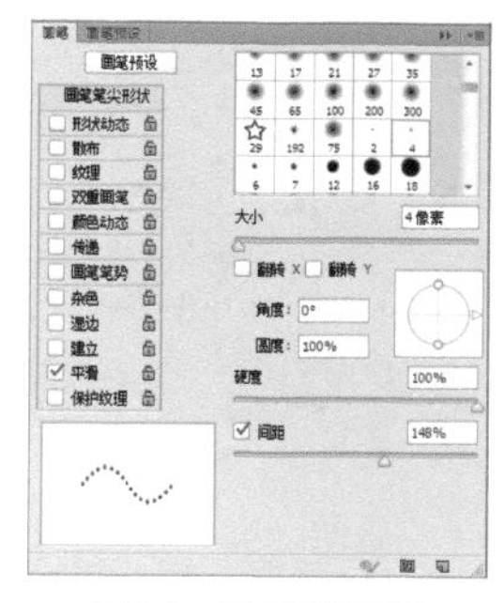

图11-42 画笔面板

图11-43 复制

09 打开随书下载资源中“素材文件/第11章/蜜蜂”素材，如图11-44所示。

10 选择 （移动工具）将“蜂蜜”素材移动到“牛皮纸”文档中的组1中，如图11-45所示。

图11-44 素材

图11-45 移动图像

11 执行菜单中“图层/创建剪贴蒙版”命令，即可看到如图11-46所示的效果。

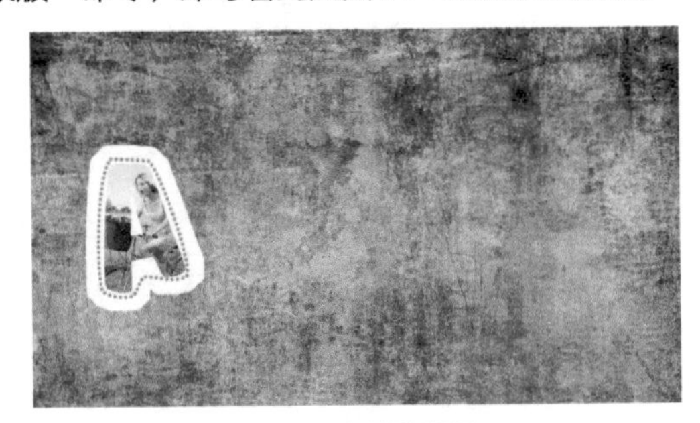

图11-46 剪贴蒙版

技巧

在“图层”面板中两个图层之间按住 Alt 键，此时光标会变成↲□形状，单击即可转换上面的图层为剪贴蒙版图层。在剪贴蒙版的图层间单击此时光标会变成↖□形状，单击可以取消剪贴蒙版设置。

12 选择“图层 1”图层，执行菜单中“图层/图层样式/投影”命令，打开“投影”对话框，其中的参数值设置如图11-47所示。

13 设置完毕单击“确定”按钮，效果如图11-48所示。

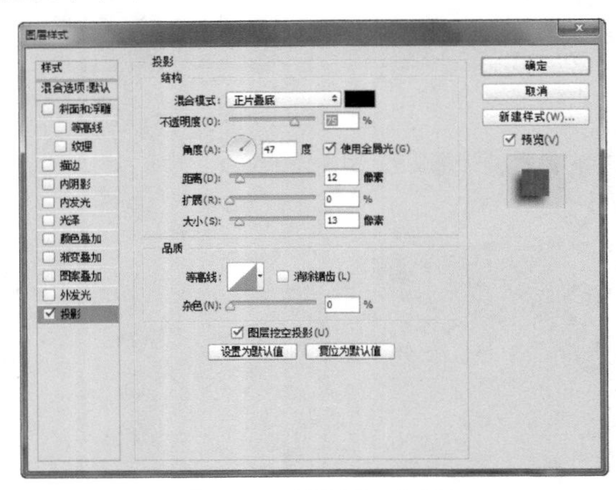

图11-47 “投影”对话框

图11-48 添加投影

14 选择文字A图层，执行菜单中“图层/图层样式/外发光”命令，打开“外发光”对话框，其中的参数值设置如图11-49所示。

15 设置完毕单击“确定”按钮，效果如图11-50所示。

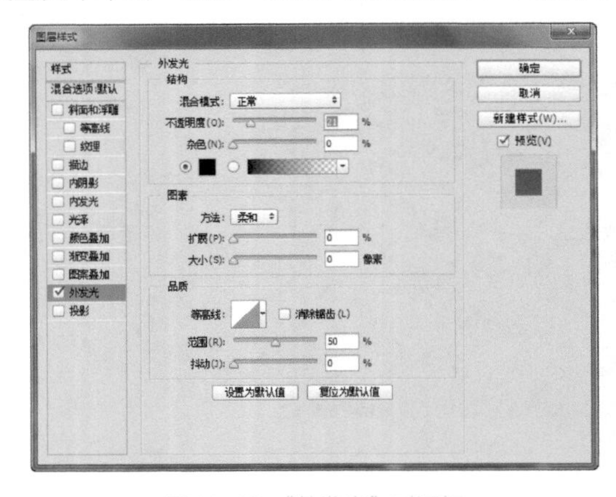

图11-49 “外发光”对话框

图11-50 添加外发光

16 使用同样的方法将其他文字制作出来，至此本例制作完毕，效果如图11-51所示。

图11-51 最终效果

实例 122 特效文字4

实例目的

通过制作如图11-52所示的流程效果图，了解“载入选区”命令与段落文本在本例中的应用。

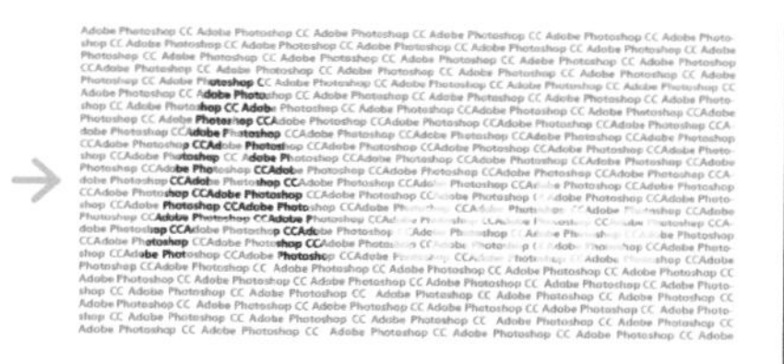

图11-52 流程效果图

实例要点

- 新建文档键入段落文本
- 键入文字，调出选区
- 通过“载入选区”命令载入相交部分的区域

操作步骤

01 新建一个大小适合的空白文档，选择T（横排文字工具）后从左上角向右下角拖动光标创建一个段落文本框，如图11-53所示。

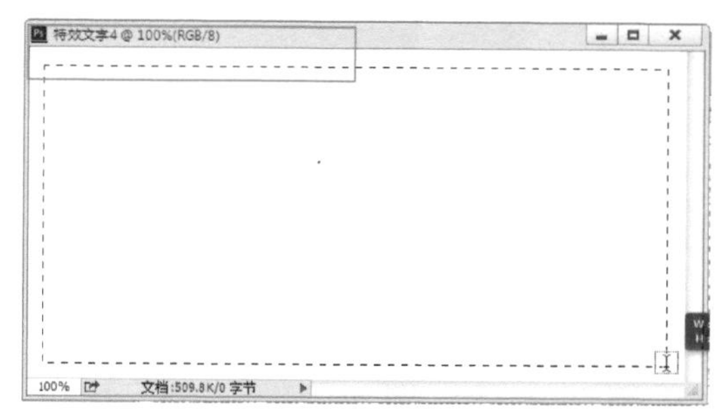

图11-53 新建的空白文档

技巧

按住 Alt 键在页面中拖动光标或者单击鼠标左键会出现“段落文字大小”对话框，设置“高度”与“宽度”后，单击“确定”按钮，可以设置更为精确的文字定界框。

02 执行菜单中“窗口/字符”和“窗口/段落”命令，分别打开“字符”和“段落”面板，在其中设置文字与段落的文本属性，如图11-54所示。

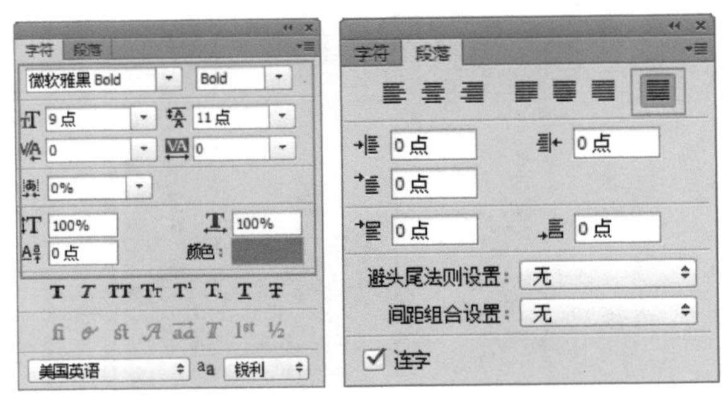

图11-54 “字符”和“段落”面板

03 设置完毕后，在文本框中键入文字，如图11-55所示。

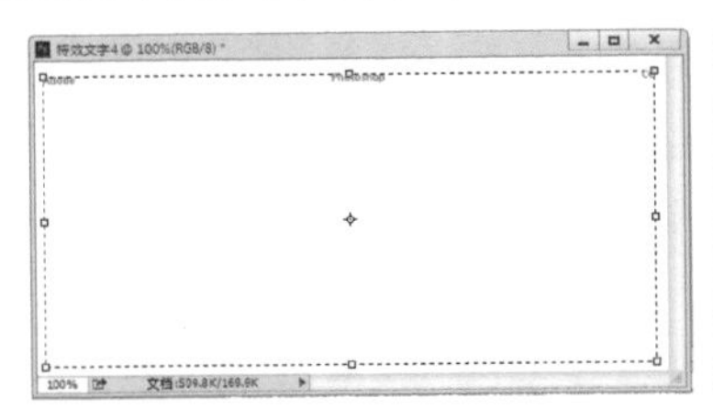

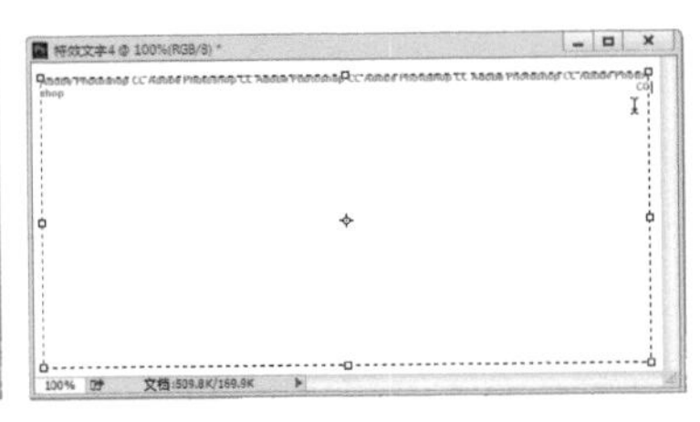

图11-55 键入文字

04 选择T（横排文字工具），在页面中分别键入文字，如图11-56所示。

A

Adobe Photoshop CC Adobe Photoshop CC Adobe Photoshop CC Adobe Photoshop CC Adobe Photoshop CC Adobe Photo-

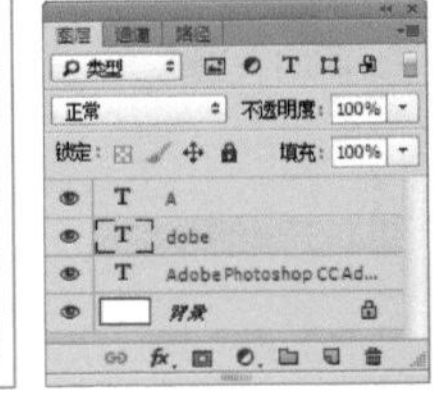

图11-56 键入文字

05 将“A”图层和“dobe”图层隐藏，按住Ctrl键单击“A”图层的缩略图调出选区，如图11-57所示。

Adobe Photoshop CC Adobe Photoshop CC Adobe Photoshop CC Adobe Photoshop CC Adobe Photoshop CC Adobe Photo-

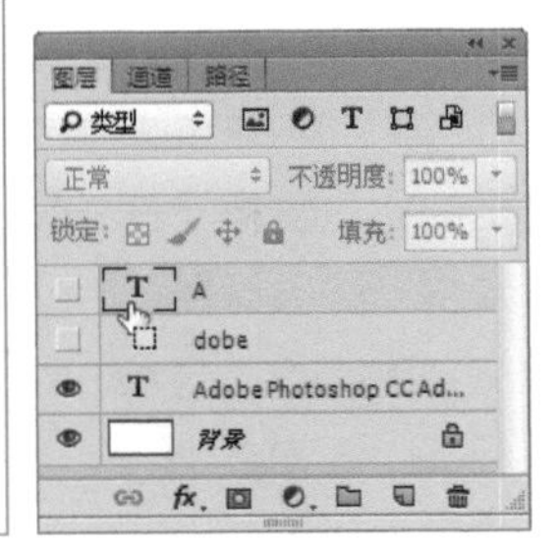

图11-57 调出选区

技巧

调出选区还可以通过执行菜单中“选择 / 载入选区”命令来将当前图层中的像素调出选区。

06 选择“Adobe Photoshop CC”图层，执行菜单中“选择/载入选区”命令，打开“载入选区”对话框，其中的参数值设置如图11-58所示。

07 设置完毕单击“确定”按钮，效果如图11-59所示。

图11-58 “载入选区”对话框

Adobe Photoshop CC Adobe Photoshop CC Adobe Photoshop CC Adobe Photoshop CC Adobe Photoshop CC Adobe Photo-
shop CC Adobe Photoshop CC Adobe Photoshop CC Adobe Photoshop CC Adobe Photoshop CC Adobe Photoshop CC Adobe
Photoshop CC Adobe Photoshop CC Adobe Photoshop CC Adobe Photoshop CC Adobe Photoshop CC Adobe Photoshop
CCAdobe Photoshop CC Adobe Photoshop CC Adobe Photoshop CC Adobe Photoshop CC Adobe Photoshop CC Adobe
Photoshop CC Adobe Photoshop CC Adobe Photoshop CC Adobe Photoshop CC Adobe Photoshop CC Adobe Photoshop CC
Adobe Photoshop CC Adobe Photoshop CC Adobe Photoshop CC Adobe Photoshop CC Adobe Photoshop CC Adobe Photo-
shop CC Adobe Photoshop CC Adobe Photoshop CC Adobe Photoshop CCAdobe Photoshop CC Adobe Photoshop CCAdobe
Photoshop CC Adobe Photoshop CCAdobe Photoshop CCAdobe Photoshop CCAdobe Photoshop CCAdobe Photoshop CCA-
dobe Photoshop CCAdobe Photoshop CCAdobe Photoshop CCAdobe Photoshop CCAdobe Photoshop CCAdobe Photoshop
CCAdobe Photoshop CCAdobe Photoshop CCAdobe Photoshop CCAdobe Photoshop CCAdobe Photoshop CCAdobe Photo-
shop CCAdobe Photoshop CC Adobe Photoshop CCAdobe Photoshop CCAdobe Photoshop CCAdobe Photoshop CCAdobe
Photoshop CCAdobe Photoshop CCAdobe Photoshop CCAdobe Photoshop CCAdobe Photoshop CCAdobe Photoshop CCA-
dobe Photoshop CC Adobe Photoshop CC Adobe Photoshop CCAdobe Photoshop CCAdobe Photoshop CCAdobe Photoshop
CCAdobe Photoshop CCAdobe Photoshop CCAdobe Photoshop CCAdobe Photoshop CCAdobe Photoshop CCAdobe Photo-
shop CCAdobe Photoshop CCAdobe Photoshop CCAdobe Photoshop CCAdobe Photoshop CCAdobe Photoshop CCAdobe
Photoshop CCAdobe Photoshop CCAdobe Photoshop CCAdobe Photoshop CCAdobe Photoshop CCAdobe Photoshop CCA-
dobe Photoshop CCAdobe Photoshop CCAdobe Photoshop CCAdobe Photoshop CCAdobe Photoshop CCAdobe Photoshop
CCAdobe Photoshop CCAdobe Photoshop CCAdobe Photoshop CCAdobe Photoshop CCAdobe Photoshop CCAdobe Photo-
shop CCAdobe Photoshop CCAdobe Photoshop CCAdobe Photoshop CCAdobe Photoshop CCAdobe Photoshop CCAdobe
Photoshop CCAdobe Photoshop CC Adobe Photoshop CC Adobe Photoshop CC Adobe Photoshop CC Adobe Photoshop CC
Adobe Photoshop CC Adobe Photoshop CC Adobe Photoshop CC Adobe Photoshop CC Adobe Photoshop CC Adobe Photo-
shop CC Adobe Photoshop CC Adobe Photoshop CC Adobe Photoshop CC Adobe Photoshop CC Adobe Photoshop CC
Adobe Photoshop CC Adobe Photoshop CC Adobe Photoshop CC Adobe Photoshop CC Adobe Photoshop CC Adobe Photo-
shop CC Adobe Photoshop CC Adobe Photoshop CC Adobe Photoshop CC Adobe Photoshop CC Adobe Photoshop CC
Adobe Photoshop CC Adobe Photoshop CC Adobe Photoshop CC Adobe Photoshop CC Adobe Photoshop CC Adobe

图11-59 载入选区

08 新建“图层1”图层，将选区填充为黑色，按Ctrl+D键去掉选区，效果如图11-60所示。

Adobe Photoshop CC Adobe Photoshop CC Adobe Photoshop CC Adobe Photoshop CC Adobe Photoshop CC Adobe Photo-
shop CC Adobe Photoshop CC Adobe Photoshop CC Adobe Photoshop CC Adobe Photoshop CC Adobe Photoshop CC Adobe
Photoshop CC Adobe Photoshop CC Adobe Photoshop CC Adobe Photoshop CC Adobe Photoshop CC Adobe Photoshop
CCAdobe Photoshop CC Adobe Photoshop CC Adobe Photoshop CC Adobe Photoshop CC Adobe Photoshop CC Adobe
Photoshop CC Adobe Photoshop CC Adobe Photoshop CC Adobe Photoshop CC Adobe Photoshop CC Adobe Photoshop CC
Adobe Photoshop CC Adobe Photoshop CC Adobe Photoshop CC Adobe Photoshop CC Adobe Photoshop CC Adobe Photo-
shop CC Adobe Photoshop CC Adobe Photoshop CC Adobe Photoshop CCAdobe Photoshop CC Adobe Photoshop CCAdobe
Photoshop CC Adobe Photoshop CCAdobe Photoshop CCAdobe Photoshop CCAdobe Photoshop CCAdobe Photoshop CCA-
dobe Photoshop CCAdobe Photoshop CCAdobe Photoshop CCAdobe Photoshop CCAdobe Photoshop CCAdobe Photoshop
CCAdobe Photoshop CCAdobe Photoshop CCAdobe Photoshop CCAdobe Photoshop CCAdobe Photoshop CCAdobe Photo-
shop CCAdobe Photoshop CC Adobe Photoshop CCAdobe Photoshop CCAdobe Photoshop CCAdobe Photoshop CCAdobe
Photoshop CCAdobe Photoshop CCAdobe Photoshop CCAdobe Photoshop CCAdobe Photoshop CCAdobe Photoshop CCA-
dobe Photoshop CC Adobe Photoshop CC Adobe Photoshop CCAdobe Photoshop CCAdobe Photoshop CCAdobe Photoshop
CCAdobe Photoshop CCAdobe Photoshop CCAdobe Photoshop CCAdobe Photoshop CCAdobe Photoshop CCAdobe Photo-
shop CCAdobe Photoshop CCAdobe Photoshop CCAdobe Photoshop CCAdobe Photoshop CCAdobe Photoshop CCAdobe
Photoshop CCAdobe Photoshop CCAdobe Photoshop CCAdobe Photoshop CCAdobe Photoshop CCAdobe Photoshop CCA-
dobe Photoshop CCAdobe Photoshop CCAdobe Photoshop CCAdobe Photoshop CCAdobe Photoshop CCAdobe Photoshop
CCAdobe Photoshop CCAdobe Photoshop CCAdobe Photoshop CCAdobe Photoshop CCAdobe Photoshop CCAdobe Photo-
shop CCAdobe Photoshop CCAdobe Photoshop CCAdobe Photoshop CCAdobe Photoshop CCAdobe Photoshop CCAdobe
Photoshop CCAdobe Photoshop CC Adobe Photoshop CC Adobe Photoshop CC Adobe Photoshop CC Adobe Photoshop CC
Adobe Photoshop CC Adobe Photoshop CC Adobe Photoshop CC Adobe Photoshop CC Adobe Photoshop CC Adobe Photo-
shop CC Adobe Photoshop CC Adobe Photoshop CC Adobe Photoshop CC Adobe Photoshop CC Adobe Photoshop CC
Adobe Photoshop CC Adobe Photoshop CC Adobe Photoshop CC Adobe Photoshop CC Adobe Photoshop CC Adobe Photo-
shop CC Adobe Photoshop CC Adobe Photoshop CC Adobe Photoshop CC Adobe Photoshop CC Adobe Photoshop CC
Adobe Photoshop CC Adobe Photoshop CC Adobe Photoshop CC Adobe Photoshop CC Adobe Photoshop CC Adobe

图11-60 填充选区

09 使用同样的方法将与dobe相交的区域填充为淡绿色，至此本例制作完毕，效果如图11-61所示。

Adobe Photoshop CC Adobe Photoshop CC Adobe Photoshop CC Adobe Photoshop CC Adobe Photoshop CC Adobe Photo-
shop CC Adobe Photoshop CC Adobe Photoshop CC Adobe Photoshop CC Adobe Photoshop CC Adobe Photoshop CC Adobe
Photoshop CC Adobe Photoshop CC Adobe Photoshop CC Adobe Photoshop CC Adobe Photoshop CC Adobe Photoshop
CCAdobe Photoshop CC Adobe Photoshop CC Adobe Photoshop CC Adobe Photoshop CC Adobe Photoshop CC Adobe
Photoshop CC Adobe Photoshop CC Adobe Photoshop CC Adobe Photoshop CC Adobe Photoshop CC Adobe Photoshop CC
Adobe Photoshop CC Adobe Photoshop CC Adobe Photoshop CC Adobe Photoshop CC Adobe Photoshop CC Adobe Photo-
shop CC Adobe Photoshop CC Adobe Photoshop CC Adobe Photoshop CCAdobe Photoshop CC Adobe Photoshop CCAdobe
Photoshop CC Adobe Photoshop CCAdobe Photoshop CCAdobe Photoshop CCAdobe Photoshop CCAdobe Photoshop CCA-
dobe Photoshop CCAdobe Photoshop CCAdobe Photoshop CCAdobe Photoshop CCAdobe Photoshop CCAdobe Photoshop
CCAdobe Photoshop CCAdobe Photoshop CCAdobe Photoshop CCAdobe Photoshop CCAdobe Photoshop CCAdobe Photo-
shop CCAdobe Photoshop CC Adobe Photoshop CCAdobe Photoshop CCAdobe Photoshop CCAdobe Photoshop CCAdobe
Photoshop CCAdobe Photoshop CCAdobe Photoshop CCAdobe Photoshop CCAdobe Photoshop CCAdobe Photoshop CCA-
dobe Photoshop CC Adobe Photoshop CC Adobe Photoshop CCAdobe Photoshop CCAdobe Photoshop CCAdobe Photoshop
CCAdobe Photoshop CCAdobe Photoshop CCAdobe Photoshop CCAdobe Photoshop CCAdobe Photoshop CCAdobe Photo-
shop CCAdobe Photoshop CCAdobe Photoshop CCAdobe Photoshop CCAdobe Photoshop CCAdobe Photoshop CCAdobe
Photoshop CCAdobe Photoshop CCAdobe Photoshop CCAdobe Photoshop CCAdobe Photoshop CCAdobe Photoshop CCA-
dobe Photoshop CCAdobe Photoshop CCAdobe Photoshop CCAdobe Photoshop CCAdobe Photoshop CCAdobe Photoshop
CCAdobe Photoshop CCAdobe Photoshop CCAdobe Photoshop CCAdobe Photoshop CCAdobe Photoshop CCAdobe Photo-
shop CCAdobe Photoshop CCAdobe Photoshop CCAdobe Photoshop CCAdobe Photoshop CCAdobe Photoshop CCAdobe
Photoshop CCAdobe Photoshop CC Adobe Photoshop CC Adobe Photoshop CC Adobe Photoshop CC Adobe Photoshop CC
Adobe Photoshop CC Adobe Photoshop CC Adobe Photoshop CC Adobe Photoshop CC Adobe Photoshop CC Adobe Photo-
shop CC Adobe Photoshop CC Adobe Photoshop CC Adobe Photoshop CC Adobe Photoshop CC Adobe Photoshop CC
Adobe Photoshop CC Adobe Photoshop CC Adobe Photoshop CC Adobe Photoshop CC Adobe Photoshop CC Adobe Photo-
shop CC Adobe Photoshop CC Adobe Photoshop CC Adobe Photoshop CC Adobe Photoshop CC Adobe Photoshop CC
Adobe Photoshop CC Adobe Photoshop CC Adobe Photoshop CC Adobe Photoshop CC Adobe Photoshop CC Adobe

图11-61 最终效果

实例 123 特效文字5

实例目的

通过制作如图11-62所示的流程效果图，了解“剪贴蒙版与图层样式”命令在本例中的应用。

图11-62 流程效果图

实例要点

- 打开文档填充颜色后编辑蒙版
- 创建剪贴蒙版
- 键入文字并应用“斜面和浮雕”图层样式
- 合并选择图层并保留原有图层
- 绘制画笔笔触
- 垂直翻转制作倒影

操作步骤

01 执行菜单中“文件/打开”命令，打开随书下载资源中“素材文件/第11章/奶牛”素材，如图11-63所示。

02 新建“图层1”图层，在整个文档的三分之二处绘制一个白色矩形，如图11-64所示。

图11-63 素材

图11-64 绘制矩形

03 单击“添加图层蒙版”按钮，为图层添加一个空白蒙版，选择（渐变工具）在蒙版中从上向下拖动填充一个从白色到黑色的线性渐变，然后设置“不透明度”为60%，如图11-65所示。

图11-65 编辑蒙版

04 选择（横排文字工具），再选择自己喜欢的文字字体并设置相应大小后，在文档中键入文字，如图11-66所示。

05 执行菜单中“选择/载入选区”命令，打开“载入选区”对话框，其中的参数值设置如图11-67所示。

图11-66 键入文字

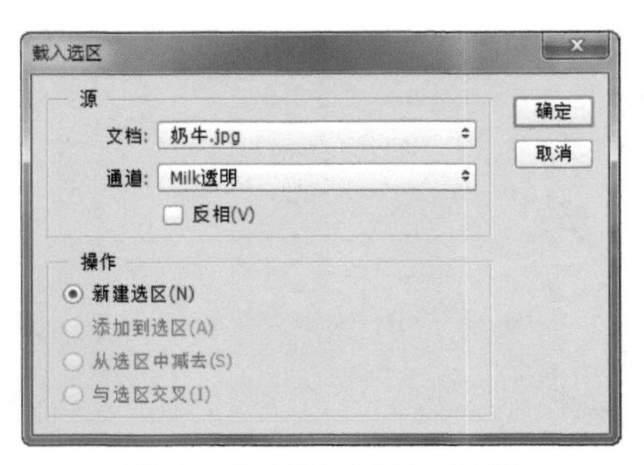

图11-67 “载入选区”对话框

06 设置完毕单击“确定”按钮，调出文字的选区，再执行菜单中“选择/修改/平滑”命令，在打开的“平滑选区”对话框中设置“取样半径”为10像素，如图11-68所示。

07 将文字图层隐藏，新建“图层2”图层并将选区填充为白色，如图11-69所示。

图11-68 平滑选区

图11-69 填充选区

08 按Ctrl+D键去掉选区，执行菜单中“图层/图层样式/斜面和浮雕”命令，打开“斜面和浮雕”对话框，其中的参数值设置如图11-70所示。

09 设置完毕单击“确定”按钮，效果如图11-71所示。

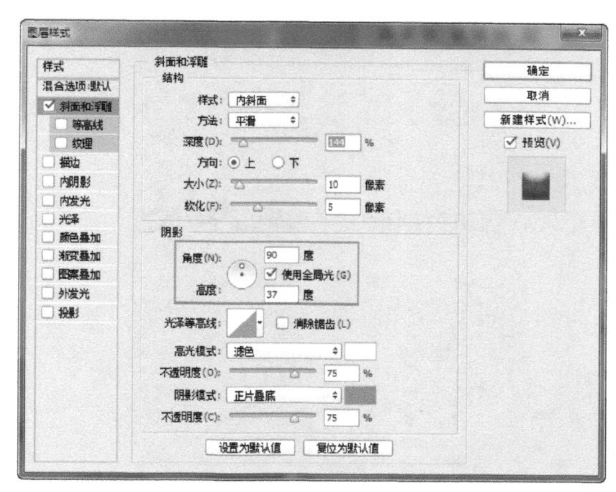

图11-70 “斜面和浮雕”对话框

图11-71 增加立体感

10 新建“图层3”图层，选择（画笔工具），按F5键打开“画笔”面板并设置参数值后，在图层中绘制黑色画笔笔触，如图11-72所示。

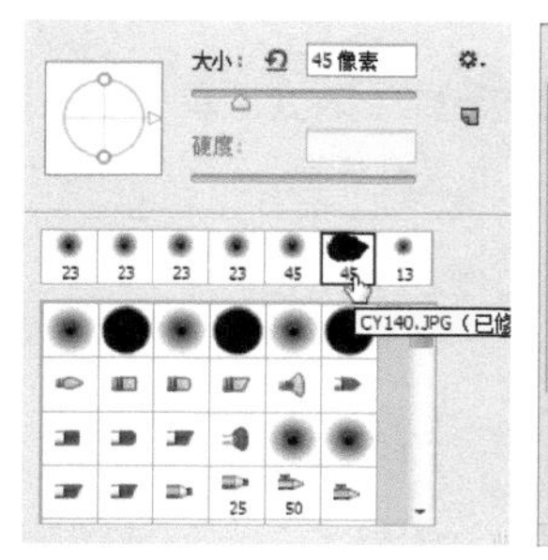

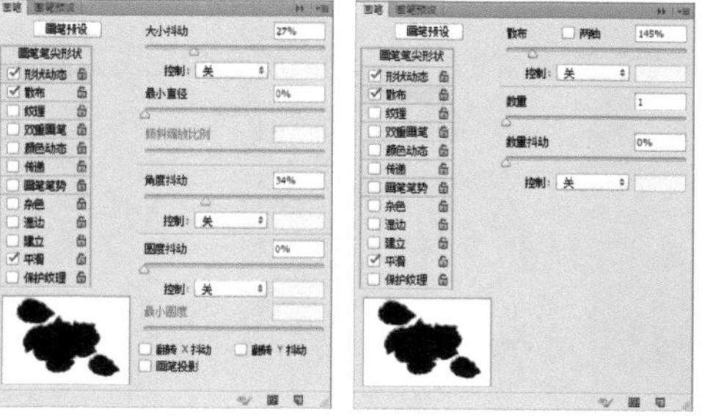

图11-72 绘制画笔

11 画笔绘制完毕后，执行菜单中“图层/创建剪贴蒙版”命令，为“图层3”图层中的像素创建剪贴蒙版，效果如图11-73所示。

图11-73 “图层”面板

12 将“图层2”图层和“图层3”图层一同选取，按Alt+Ctrl+E键将选择的图层复制一个合并图层，如图11-74所示。

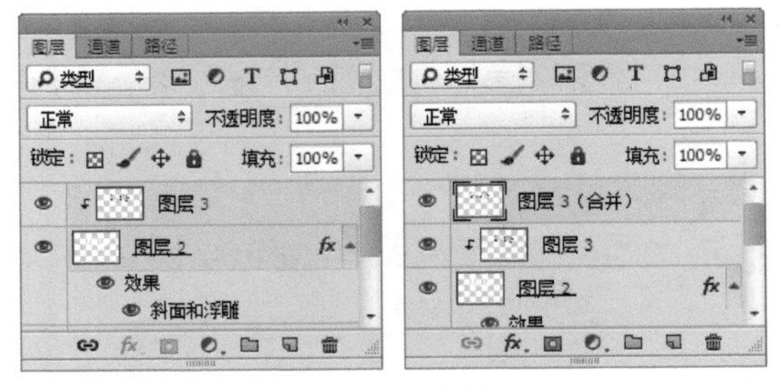

图11-74 合并

13 执行菜单中“编辑/变换/垂直翻转”命令，将图像垂直翻转，再执行菜单中“编辑/变换/透视”命令，效果如图11-75所示。

图11-75 垂直翻转并变换

14 按Enter键完成变换，单击“添加图层蒙版”按钮，为图层添加一个空白蒙版，选择（渐变工具）在蒙版中从上向下拖动填充一个从白色到黑色的线性渐变，效果如图11-76所示。

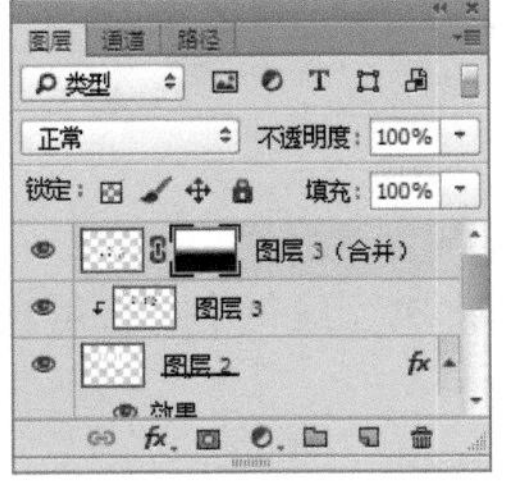

图11-76 编辑蒙版

15 在“图层2”图层的下方新建一个“图层4”图层，选择（渐变工具）绘制一个从黑色到透明的线性渐变，如图11-77所示。

16 单击“添加图层蒙版”按钮，为中间的透明渐变添加一个图层蒙版，选择（渐变工具）在蒙版中从左向右填充一个“黑色、白色、黑色”的渐变，设置“不透明度”为29%，如图11-78所示。

图11-77 填充渐变

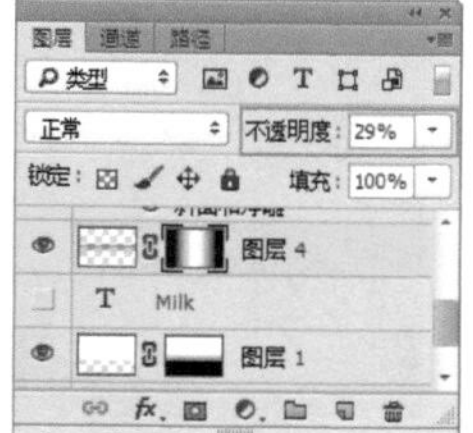

图11-78 蒙版

17 选择（画笔工具）选择一个画笔笔触设置“硬度”为0，在蒙版中使用黑色画笔进行再次编辑，效果如图11-79所示。

图11-79 编辑蒙版

18 打开随书下载资源中“素材文件/第11章/铁链”素材，如图11-80所示。

19 选择（移动工具）将“铁链”素材移动到“奶牛”文档中，复制一个副本移到相应位置，至此本例制作完毕，最终效果如图11-81所示。

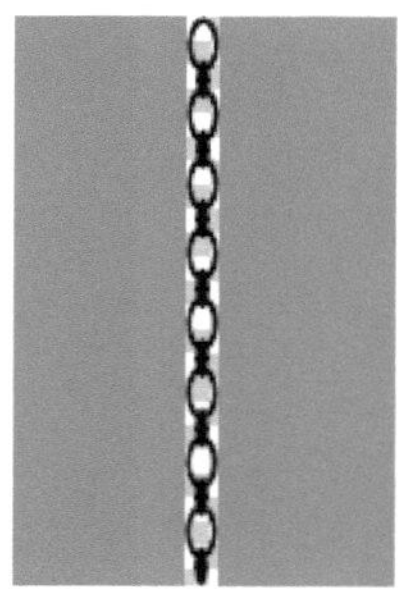

图11-80 素材

图11-81 最终效果

技巧

在 Photoshop CC 中按住 Alt 键的同时选择（移动工具）拖动图层中的图像时，系统会自动复制一个当前图像的副本。

实例124 特效文字6

实例目的

通过制作如图11-82所示的流程效果图，了解“添加样式”命令在本例中的应用。

图11-82 流程效果图

实例要点

- 打开文档复制选区内容
- 绘制圆形并添加图层样式
- 添加“斜面和浮雕”样式并复制图像
- 合并图层添加投影

操作步骤

01 执行菜单中“文件/打开”命令，打开随书下载资源中“素材文件/第11章/钢板”素材，如图11-83所示。

02 选择▭（矩形选框工具）在文档绘制一个矩形选区，按Ctrl+J键复制选区内容得到“图层1”图层，如图11-84所示。

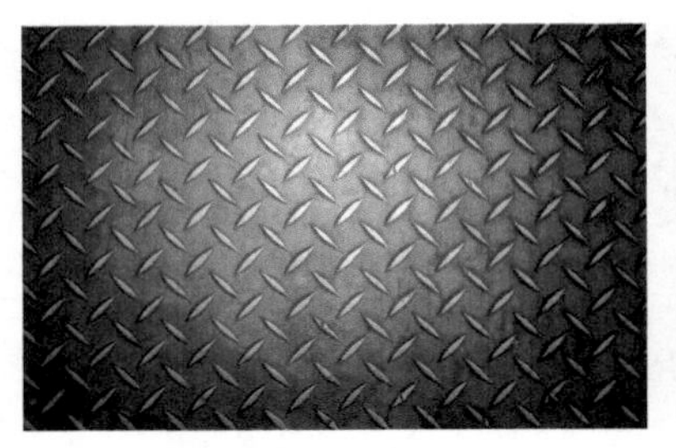

图11-83 素材

图11-84 绘制选区并复制

03 按Ctrl+T键调出变换框，拖动控制点将图像缩小，如图11-85所示。

图11-85 变换

04 按Enter键确定。执行菜单中“图层/图层样式/斜面和浮雕”命令，打开“斜面和浮雕”对话框，其中的参数值设置如图11-86所示。

05 设置完毕单击“确定”按钮，效果如图11-87所示。

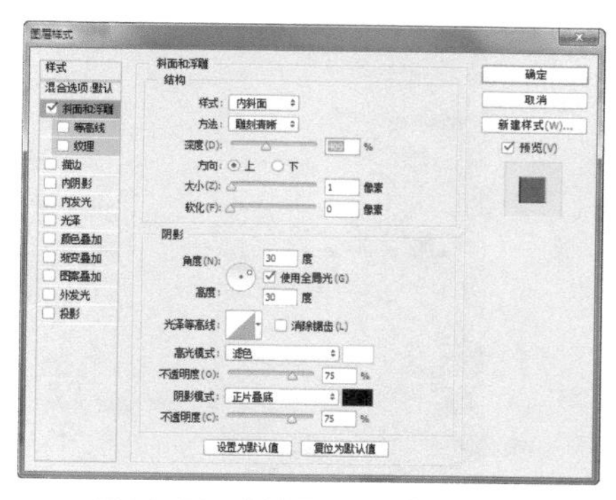
图11-86 “斜面和浮雕”对话框

图11-87 添加斜面和浮雕

06 按住Alt键，选择 （移动工具）拖动图像复制副本后，对其进行旋转变换调整位置，复制多个图像将其摆为文字的形状，如图11-88所示。

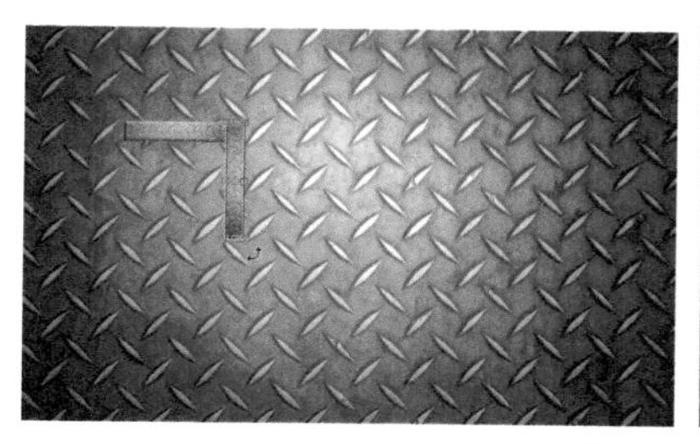

图11-88 复制

07 新建图层绘制一个白色圆形，此圆形为金属螺丝，如图11-89所示。

08 执行菜单中“窗口/样式”命令，打开“样式”面板，在弹出面板中选择“Web样式”，在其中选择“光面铬黄”样式，效果如图11-90所示。

图11-89 绘制圆形

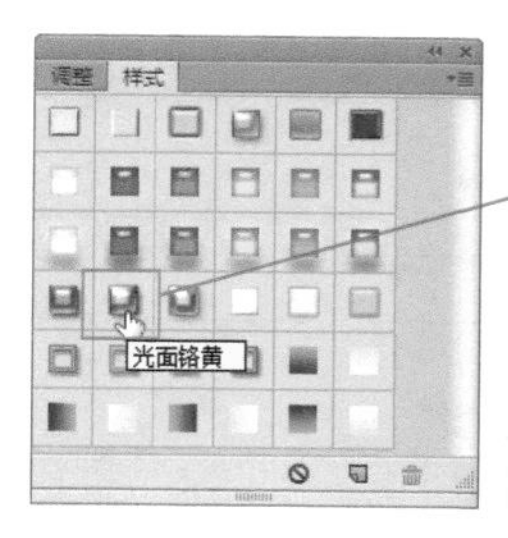

图11-90 效果

09 复制螺丝到每个可折叠的位置，如图11-91所示。

10 将除了背景以外的所有图层一同选取，按Ctrl+Alt+E键复制图层并合并，选择合并的图层，执行菜单中“图层/图层样式/投影”命令，打开“投影”对话框，其中的参数值设置如图11-92所示。

图11-91 复制

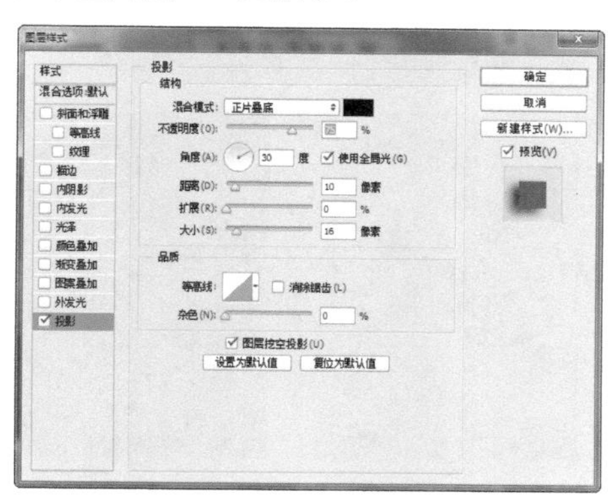
图11-92 “投影”对话框

11 设置完毕单击“确定”按钮，至此本例制作完毕，效果如图11-93所示。

图11-93 最终效果

实例 125 特效文字7

实例目的

通过制作如图11-94所示的流程效果图，了解“风”滤镜以及图层样式在本例中的应用。

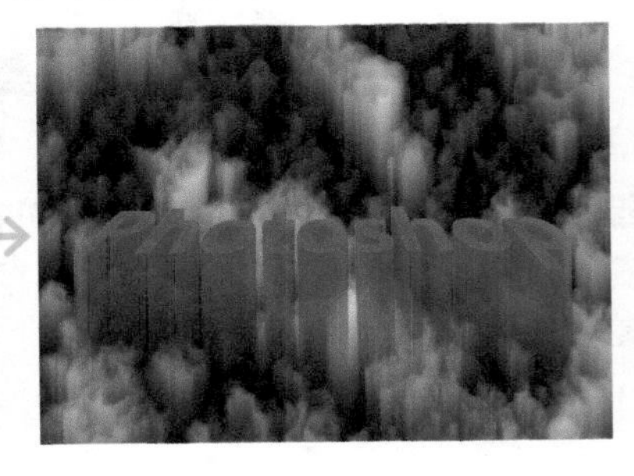

图11-94 流程效果图

实例要点

- 新建文件并应用“云彩”与“分层云彩”滤镜
- 键入文字并栅格化后进行透视变换
- 创建“渐变映射”调整图层
- 旋转图像应用“风”滤镜
- 为文字添加图层样式

操作步骤

01 新建一个“宽度”为18厘米、“高度”为13.5厘米、“分辨率”为150像素/英寸的空白文档，执行菜单中“滤镜/渲染/云彩”命令，再执行菜单中“滤镜/渲染/分层云彩”命令，效果如图11-95所示。

02 按Ctrl+F键6次，效果如图11-96所示。

图11-95 新建文档应用云彩和分层云彩

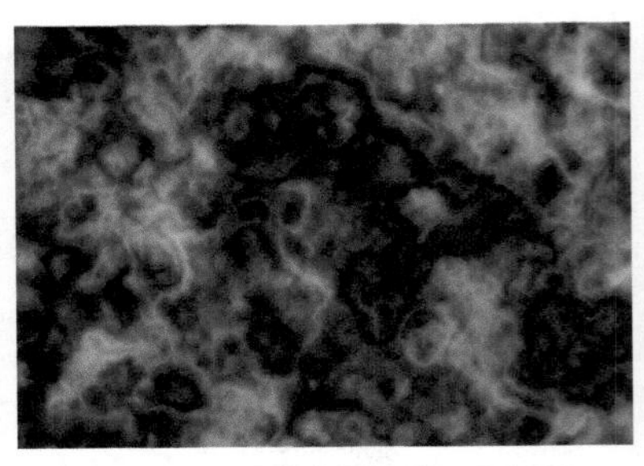

图11-96 反复应用分层云彩滤镜

03 执行菜单中“图像/图像旋转/顺时针旋转90度”命令，如图11-97所示。

04 执行菜单中“滤镜/风格化/风”命令，打开“风”对话框，其中的参数值设置如图11-98所示。

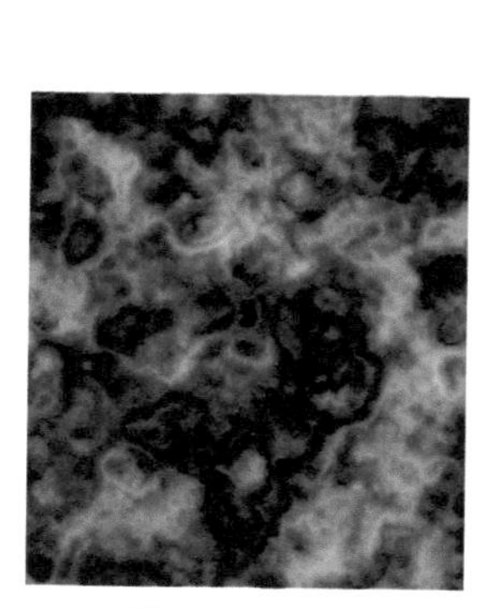

图11-97 旋转

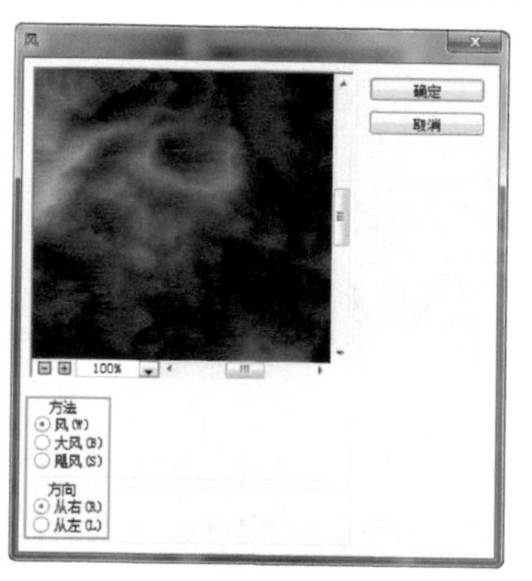

图11-98 “风”对话框

05 设置完毕单击“确定”按钮，再按Ctrl+F键3次，然后再执行菜单中“图像/图像旋转/逆时针旋转90度”命令，此时背景部分制作完毕，效果如图11-99所示。

06 选择T（横排文字工具），选择自己喜欢的文字字体并设置相应大小后，在文档中键入文字，如图11-100所示。

图11-99 风命令后

图11-100 键入文字

07 执行菜单中“文字/栅格化文字图层”命令，将文字图层变为普通图层，再执行菜单中“编辑/变换/透视”命令，拖动控制点将文字进行透视处理，如图11-101所示。

08 按Enter键完成变换，复制一个文字图层副本，执行菜单中“图像/图像旋转/顺时针旋转90度”命令，再执行菜单中“滤镜/风格化/风”命令，打开“风”对话框，其中的参数值设置如图11-102所示。

图11-101 变换

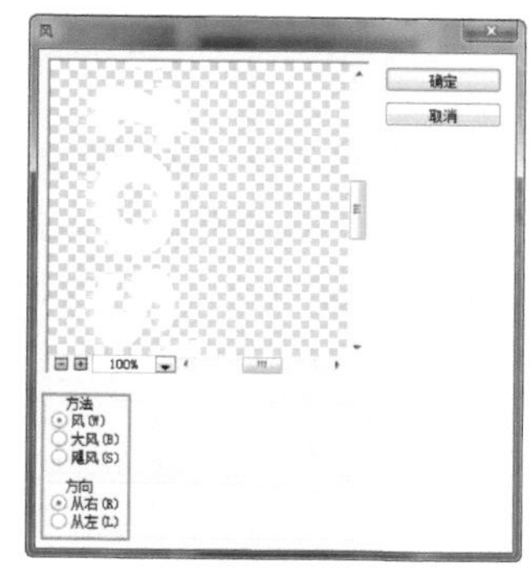

图11-102 “风”对话框

09 设置完毕单击“确定”按钮，再按Ctrl+F键6次，然后再执行菜单中“图像/图像旋转/逆时针旋转90度”命令，此时背景部分制作完毕，效果如图11-103所示。

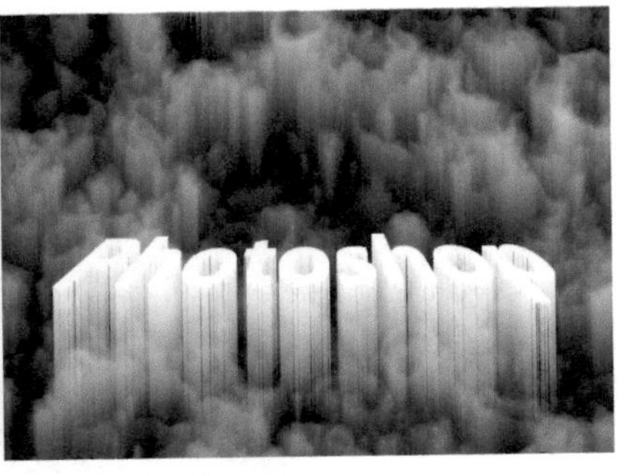

图11-103 刮风效果

10 选择刮风的文字图层，执行菜单中“图层/图层样式/内发光、光泽和颜色叠加”命令，分别打开“内发光、光泽和颜色叠加”对话框，其中的参数值设置如图11-104所示。

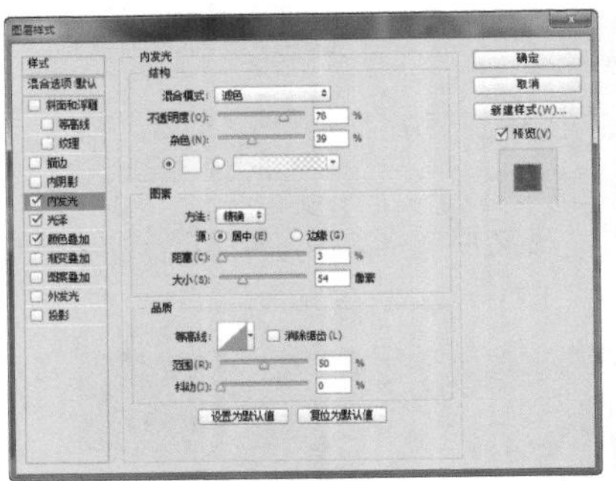
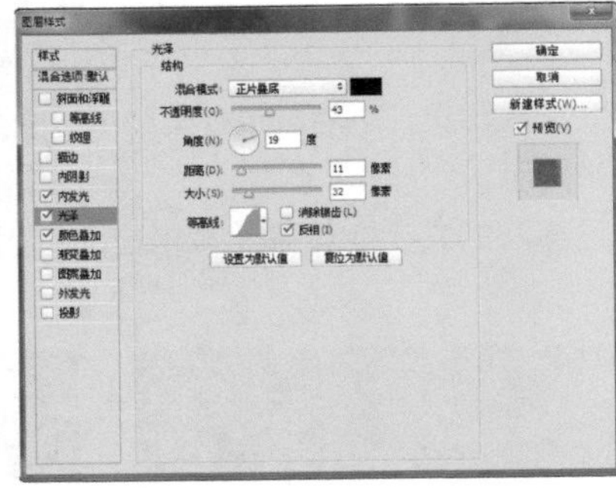
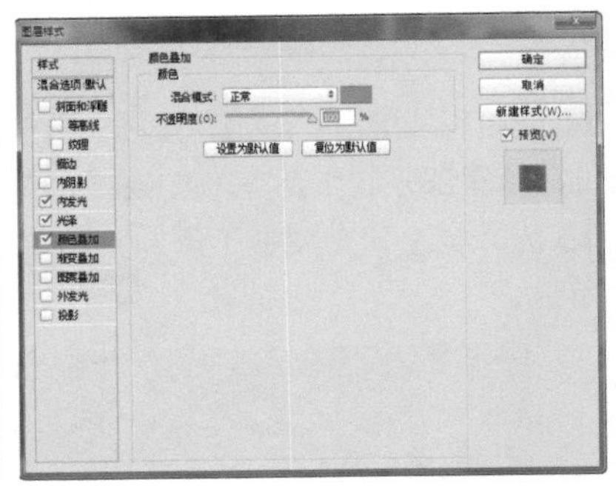

图11-104 “图层样式”对话框

11 设置完毕单击“确定”按钮，效果如图11-105所示。

图11-105 添加样式

12 选择上面文字图层，执行菜单中“图层/图层样式/内发光、光泽和颜色叠加”命令，分别打开“内发光、光泽和颜色叠加”对话框，其中的参数值设置如图11-106所示。

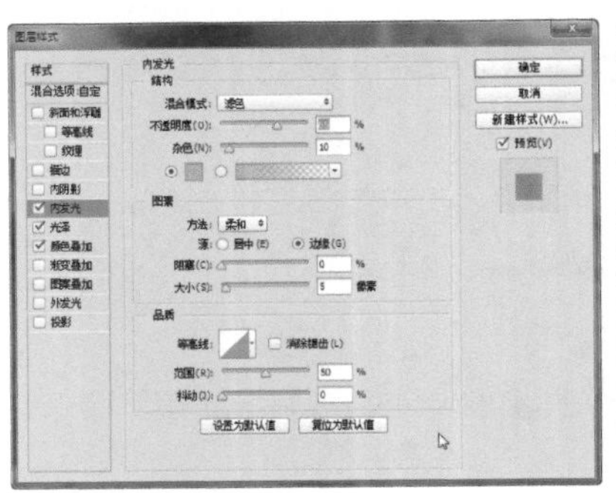
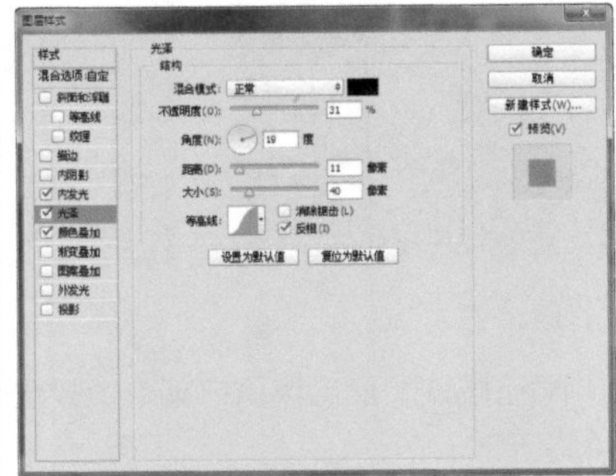
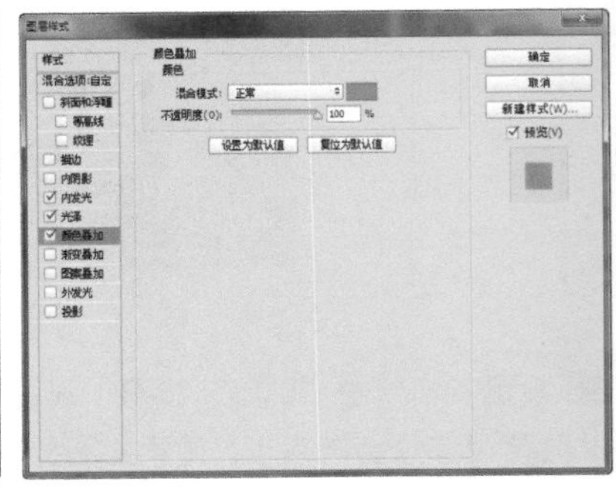

图11-106 “图层样式”对话框

13 设置完毕单击“确定”按钮，设置“不透明度”为42%，效果如图11-107所示。

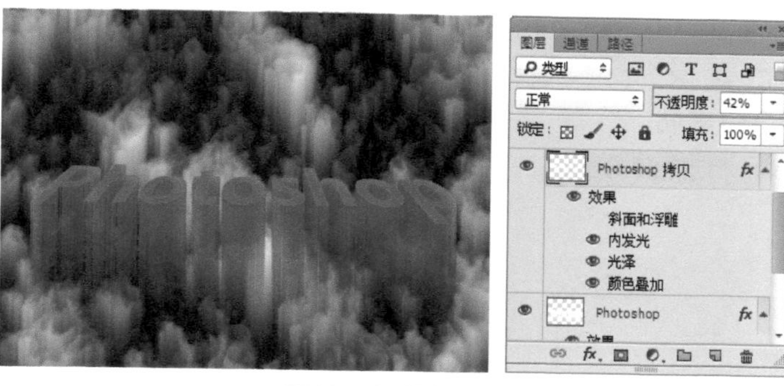

图11-107 添加样式

14 执行菜单中“图层/新建调整图层/渐变映射”命令，打开“属性”面板，单击渐变颜色条，在“渐变编辑器”中设置从左到右的颜色为黑色、红色、橘色和白色，如图11-108所示。

15 设置完毕单击“确定”按钮，至此本例制作完毕，效果如图11-109所示。

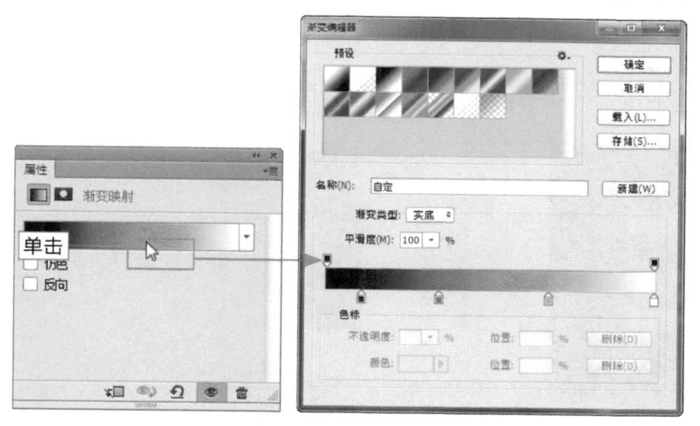

图11-108 渐变映射

图11-109 最终效果

实例 126 特效文字8

实例目的

通过制作如图11-110所示的流程效果图，了解“通道”面板以及“彩色半调”滤镜以在本例中的应用。

图11-110 流程效果图

实例要点

- 新建文件
- 键入文字并栅格化后进行透视变换
- 为文字添加图层样式
- 转换到“通道”面板新建“Alpha1”通道
- 旋转图像应用“风”滤镜
- 创建“渐变映射”调整图层

操作步骤

01 新建一个“宽度”为18厘米、“高度”为9厘米、“分辨率”为150像素/英寸的空白文档，将文档背景填充为黑色。执行菜单中“窗口/通道”命令，转换到“通道”面板中，单击“创建新通道”按钮，新建“Alpha1”通道，如图11-111所示。

02 选择T（横排文字工具），选择自己喜欢的文字字体并设置相应大小后，在通道中键入文字，效果如图11-112所示。

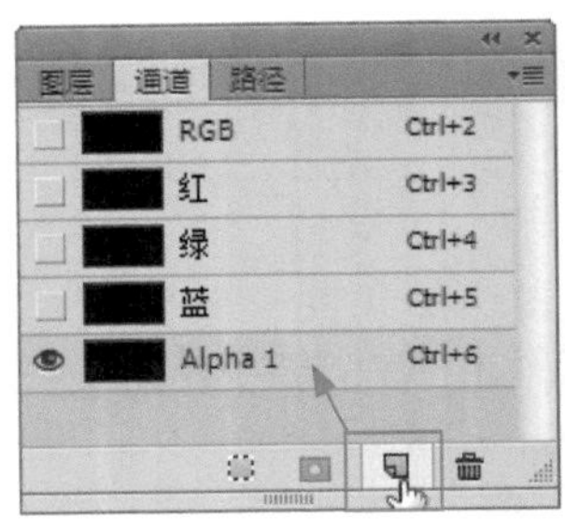

图11-111 新建通道

图11-112 键入文字

03 移动位置后，按Ctrl+D键去掉选区，如图11-113所示。

04 执行菜单中“滤镜/模糊/高斯模糊”命令，打开“高斯模糊”对话框，其中的参数值设置如图11-114所示。

图11-113 调整位置

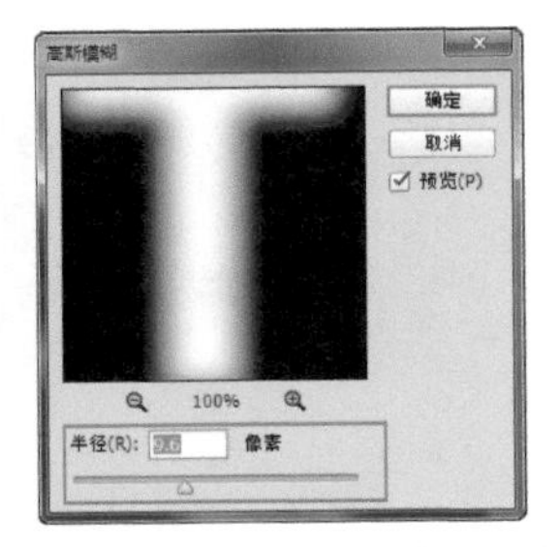

图11-114 “高斯模糊”对话框

05 设置完毕单击“确定”按钮，再复制“Alpha1”通道，效果如图11-115所示。

图11-115 模糊后复制通道

06 执行菜单中“图像/调整/反相”命令或按Ctrl+I键，将通道颜色进行反相处理，如图11-116所示。

07 执行菜单中“滤镜/像素化/彩色半调”命令，打开“彩色半调”对话框，其中的参数值设置如图11-117所示。

图11-116 反相

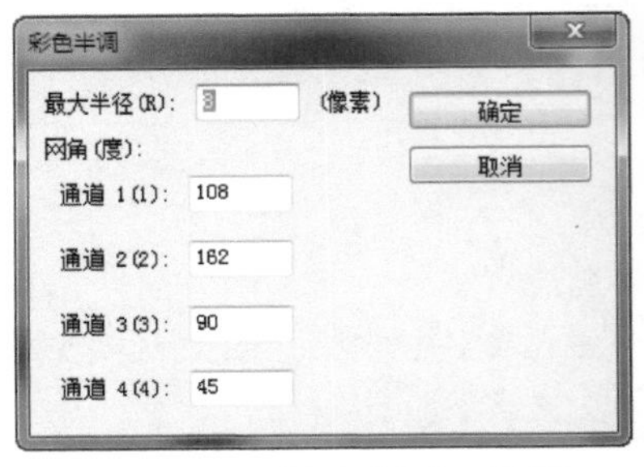

图11-117 “彩色半调”对话框

08 设置完毕单击“确定”按钮，选择“Alpha1”通道，按Ctrl+F键为该通道也应用一次彩色半调，效果如图11-118所示。

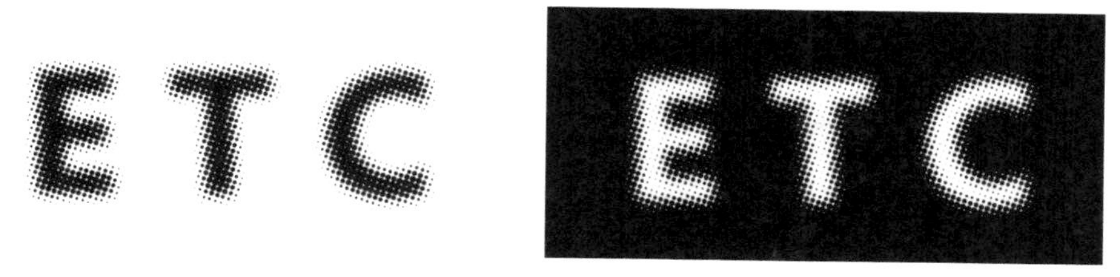

图11-118 彩色半调

09 按住Ctrl键单击“Alpha1拷贝”通道，调出选区后，再按Ctrl+Shift+I键反选选区，转换到“图层”面板中，新建一个图层，将选区填充为“白色”，效果如图11-119所示。

图11-119 填充选区

10 按住Ctrl键单击“Alpha1”通道，调出选区后，转换到“图层”面板中，新建一个“图层2”图层，将选区填充为“粉色”，如图11-120所示。

图11-120 填充选区

11 按Ctrl+D键去掉选区，选择“图层1”图层，执行菜单中“图层/图层样式/投影”命令，打开“投影”对话框，其中的参数值设置如图11-121所示。

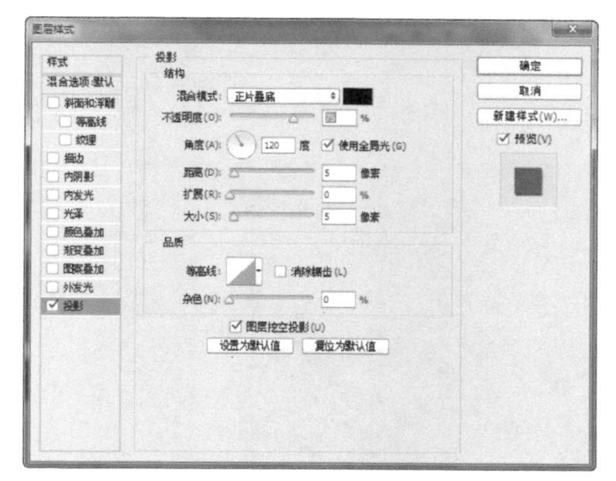

图11-121 添加样式

12 设置完毕单击“确定”按钮，至此本例制作完毕，效果如图11-122所示。

图11-122 最终效果

实例 127 特效文字9

实例目的

通过制作如图11-123所示的流程效果图，了解“3D”命令以在本例中的应用。

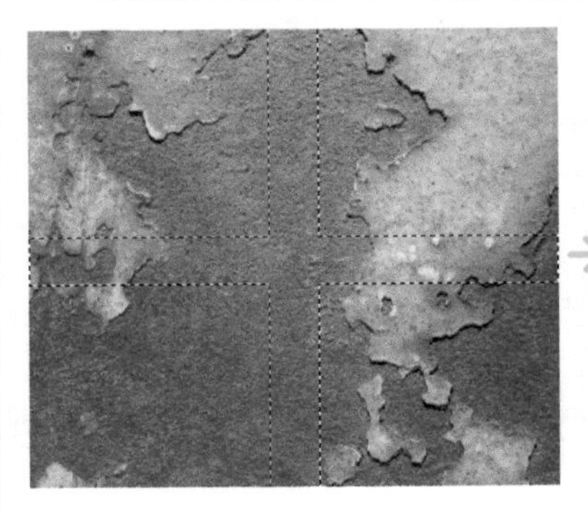

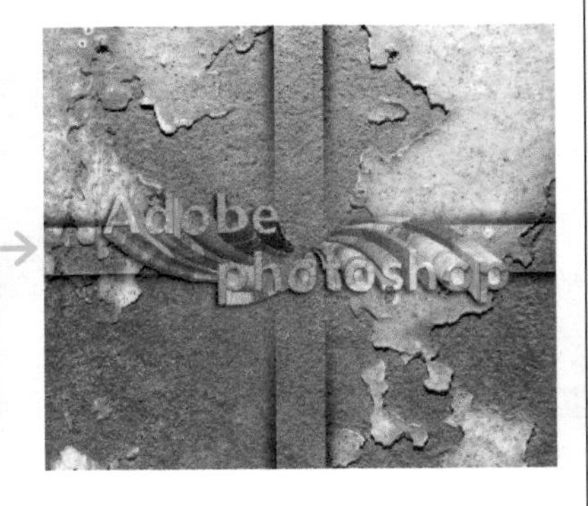

图11-123 流程效果图

实例要点

- 打开素材通过复制以及“投影”样式制作背景
- 键入文字
- 通过“渐变映射”调整整体图像
- 设置3D为文字添加立体效果

操作步骤

01 执行菜单中“文件/打开”命令，打开随书下载资源中“素材文件/第11章/锈迹”素材，如图11-124所示。

02 选择 (矩形选框工具)在文档中绘制一个十字线选区，如图11-125所示。

03 按Ctrl+J键复制选区内的图像，此时会得到“图层1”图层，执行菜单中“图层/图层样式/投影”命令，打开“投影”对话框，其中的参数值设置如图11-126所示。

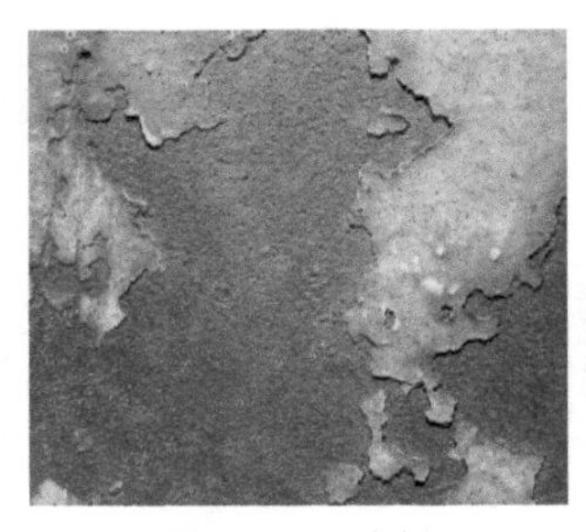

图11-124 素材

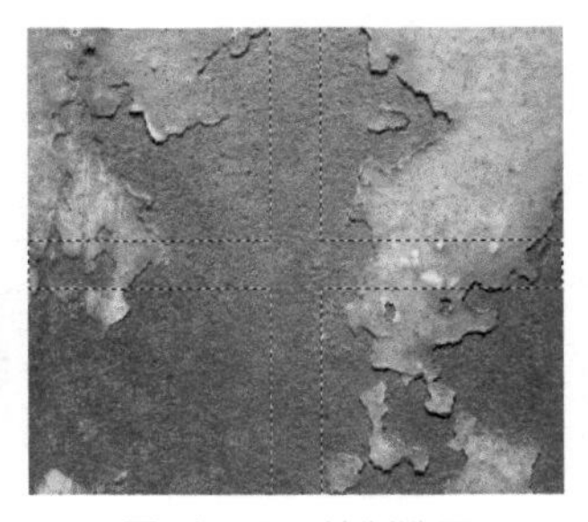

图11-125 绘制选区

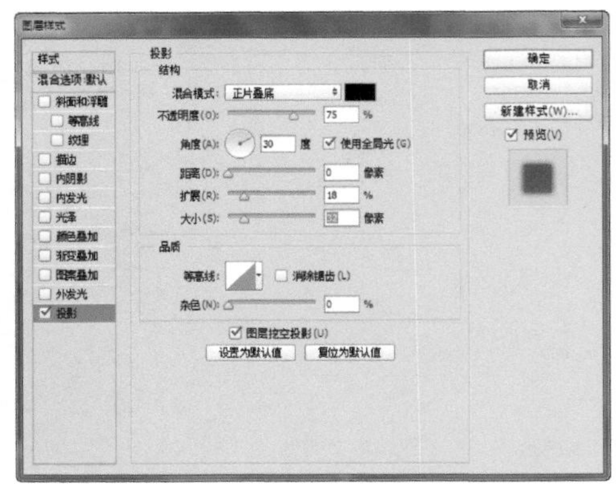

图11-126 “投影”对话框

04 设置完毕单击“确定”按钮，效果如图11-127所示。

05 执行菜单中“图层/图层样式/创建图层”命令，此时会将投影进行分离，如图11-128所示。

图11-127 添加投影

图11-128 创建图层

06 选择“图层1的投影”图层，单击“添加图层蒙版”按钮，为图层添加一个空白蒙版，选择（渐变工具）在蒙版中从上向下拖动填充一个从黑色到白色的径向渐变，设置“不透明度”为75%，效果如图11-129所示。

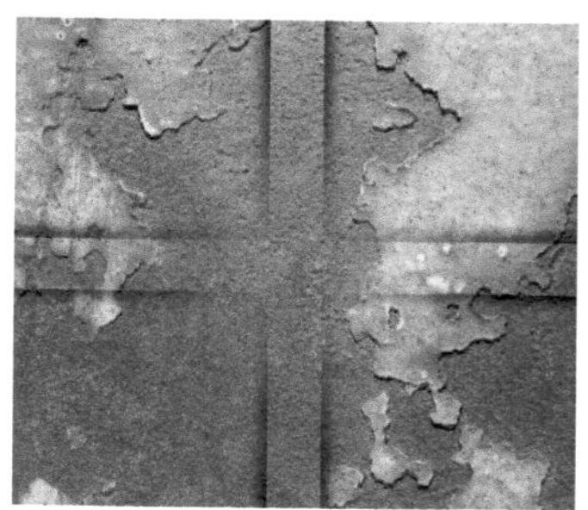

图11-129 编辑蒙版

07 执行菜单中“图层/新建调整图层/渐变映射”命令，打开“属性”面板，设置映射颜色为从黑色到白色，再选择（渐变工具）在蒙版中从上向下拖动填充一个从黑色到白色的径向渐变，效果如图11-130所示。

图11-130 渐变映射

08 选择（横排文字工具）选择自己喜欢的文字字体并设置相应大小后，在文档中键入文字，如图11-131所示。

09 执行菜单中“3D/从所选图层创建3D模型”命令，进入3D编辑状态，如图11-132所示。

图11-131 键入文字

图11-132 3D效果

10 在“属性”面板中设置“形状预设”，如图11-133所示。

11 在“变形”标签中设置“扭转”为-34°，“锥度”为30%，如图11-134所示。

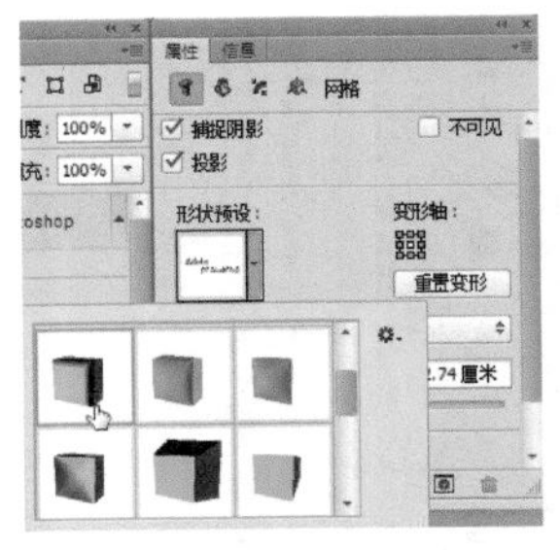

图11-133 预设

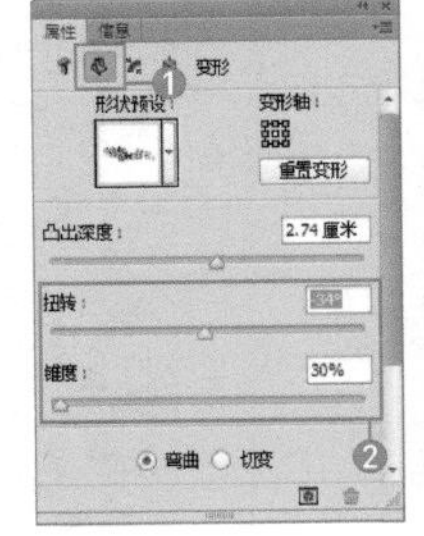

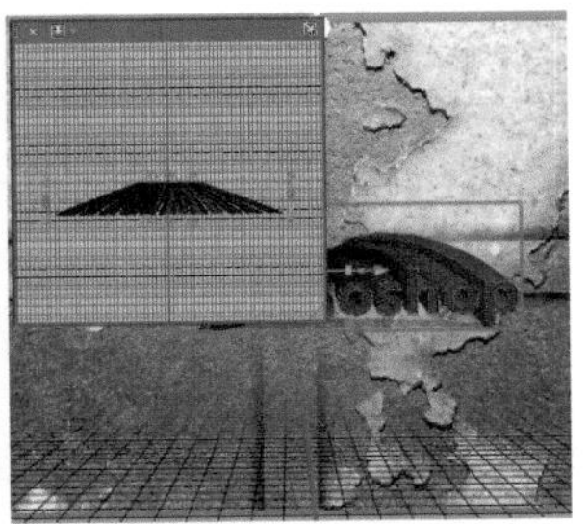
图11-134 设置属性

12 在“3D”面板中选择“材质”标签，再选择前膨胀材质，然后在“属性”面板中，单击“漫射”后面的下拉列表按钮，在弹出的下拉列表中选择“载入纹理”选项，如图11-135所示。

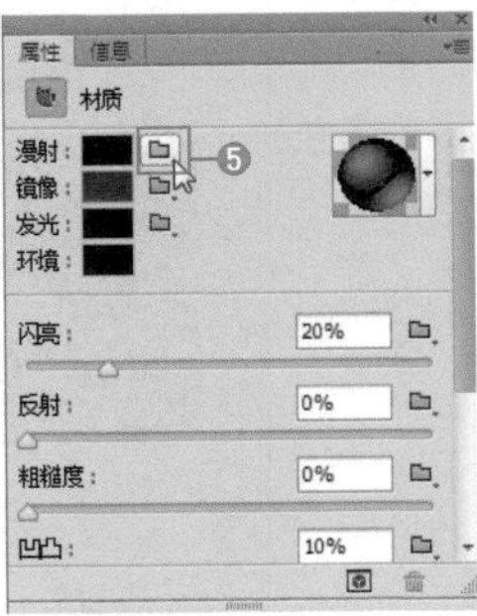

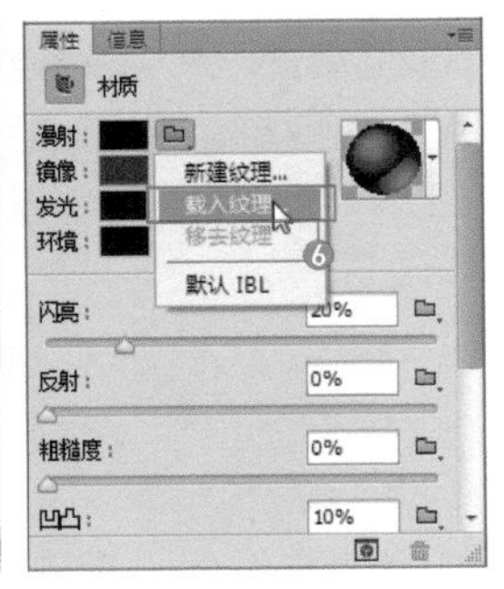

图11-135 设置

13 选择“载入纹理”选项后，在打开的对话框中选择“锈迹”文件，如图11-136所示。

14 单击“打开”按钮，会将纹理添加到3D文字中，如图11-137所示。

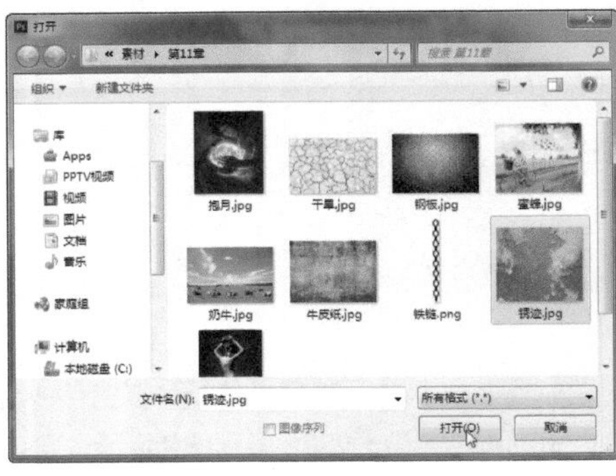

图11-136 载入纹理

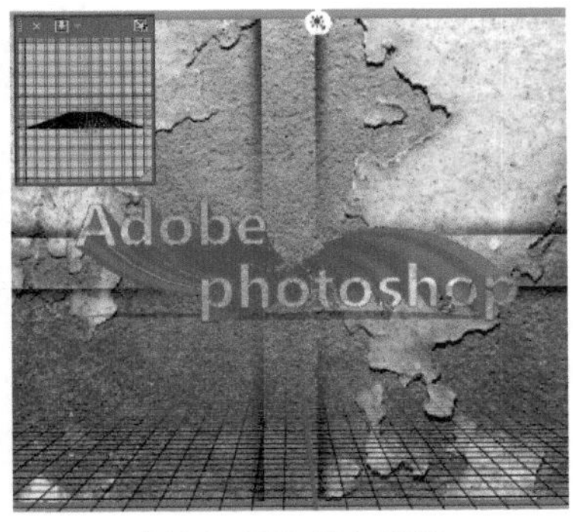

图11-137 载入纹理

15 使用同样的方法，为“凸出材质”添加纹理，如图11-138所示。

16 为文字添加一个“投影”样式，至此本例制作完毕，效果如图11-139所示。

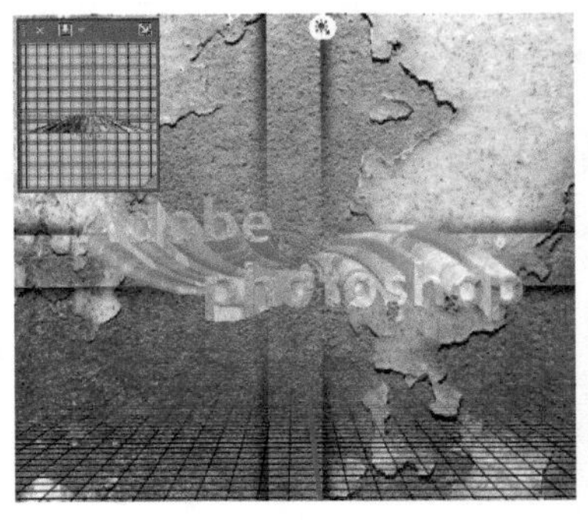
图11-138 添加凸出材质

图11-139 最终效果

实例 128 特效文字10

实例目的

通过制作如图11-140所示的流程效果图，了解“风”滤镜及其在本例中的应用。

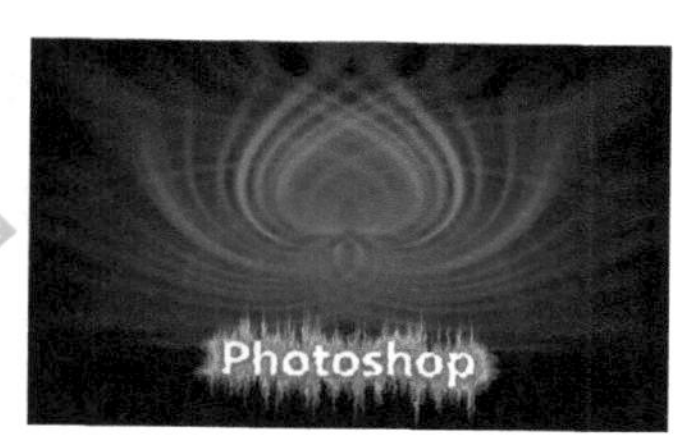

图11-140 流程效果图

实例要点

- 新建文档
- 应用“波纹”滤镜
- 键入文字并应用“风”滤镜
- 应用“渐变映射”调整图像

操作步骤

01 新建一个黑色背景的空白文档，选择 T（横排文字工具）选择自己喜欢的文字字体并设置相应大小后，在文档中键入白色文字，如图11-141所示。

02 执行菜单中“滤镜/风格化/风”命令，打开“风”对话框，其中的参数值设置如图11-142所示。

图11-141 素材

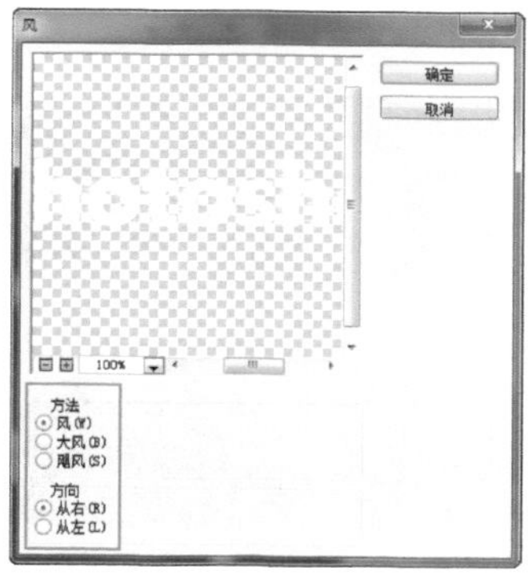

图11-142 “风”对话框

03 设置完毕单击“确定”按钮，按Ctrl+F键，效果如图11-143所示。

04 执行菜单中 “滤镜/风格化/风”命令，打开“风”对话框，改变刮风方向后，其他参数不变，按Ctrl+F键，效果如图11-144所示。

图11-143 风滤镜后

图11-144 刮风

05 执行菜单中“图像/图像旋转/顺时针旋转90度”命令，再按Ctrl+F键两次，效果如图11-145所示。

06 执行菜单中 “滤镜/风格化/风”命令，打开“风”对话框，改变刮风方向后，其他参数不变，按Ctrl+F键，如图11-146所示。

07 执行菜单中“图像/图像旋转/逆时针旋转90度”命令，再执行菜单中“滤镜/扭曲/波纹”命令，打开“波纹”对话框，其中的参数值设置如图11-147所示。

图11-145 风

图11-146 风

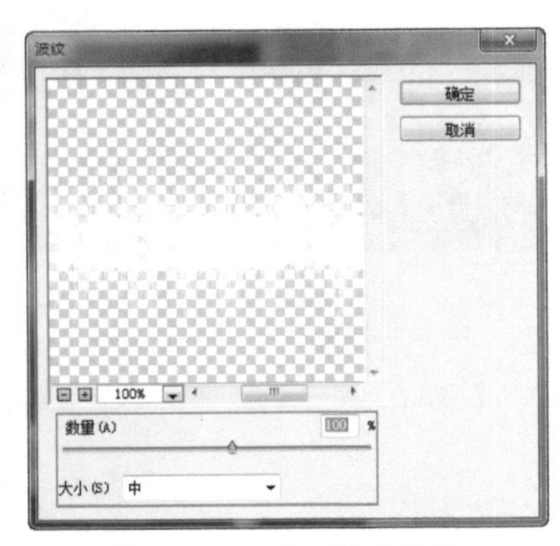

图11-147 “波纹”对话框

08 设置完毕单击“确定”按钮，效果如图11-148所示。

09 执行菜单中“图层/新建调整图层/渐变映射”命令，打开“属性”面板，单击渐变颜色条，在“渐变编辑器”中设置从左到右的颜色为黑色、蓝色、青色、淡黄色和白色，如图11-149所示。

图11-148 应用波纹后

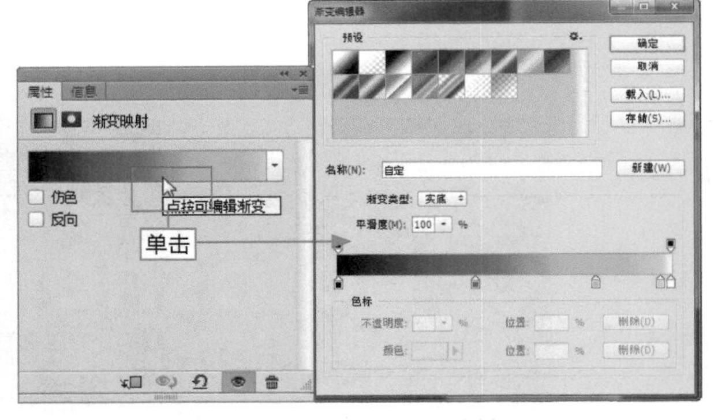

图11-149 编辑渐变映射

10 至此本例制作完毕，效果如图11-150所示。

11 此时的文字可以替换到其他图片中，效果如图11-151所示。

图11-150 最终效果

图11-151 最终效果

实例 129　特效文字11

实例目的

通过制作如图11-152所示的流程效果图，了解“图层样式”和“液化”滤镜以及“栅格化图层样式”在实例中的应用。

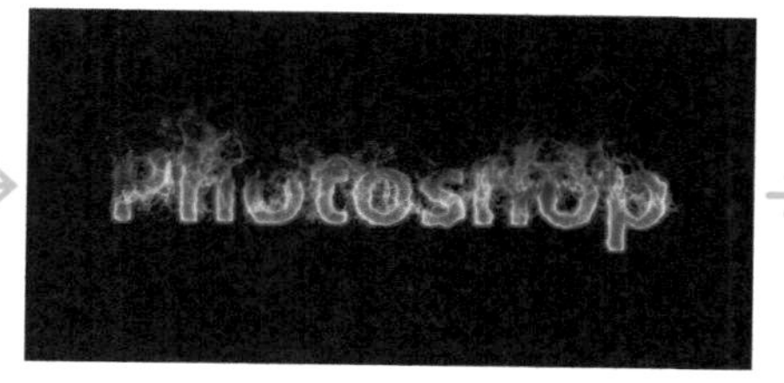

图11-152 流程效果图

实例要点

- 新建文档
- 键入文字应用“外发光、颜色叠加、光泽和内发光”图层样式
- 栅格化图层样式
- 应用“液化”滤镜制作边缘不平整效果
- 添加蒙版编辑文字图像
- 打开素材进入通道调出“绿”通道选区
- 转换到复合通道将选区内的图像移到新建文档中
- 创建蒙版编辑边缘
- 复制图层调整大小和位置
- 盖印图层设置混合模式
- 制作倒影

操作步骤

01 新建一个空白文档，使用T（横排文字工具）在页面中键入文字，并为文字添加“外发光”“颜色叠加”“光泽”和“内发光”图层样式。设置和效果如图11-153所示。

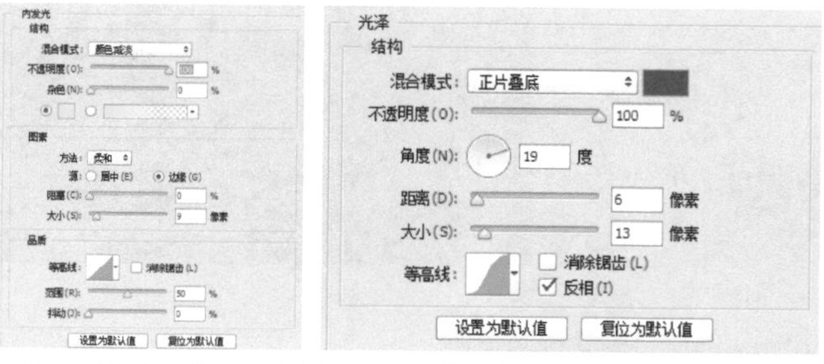

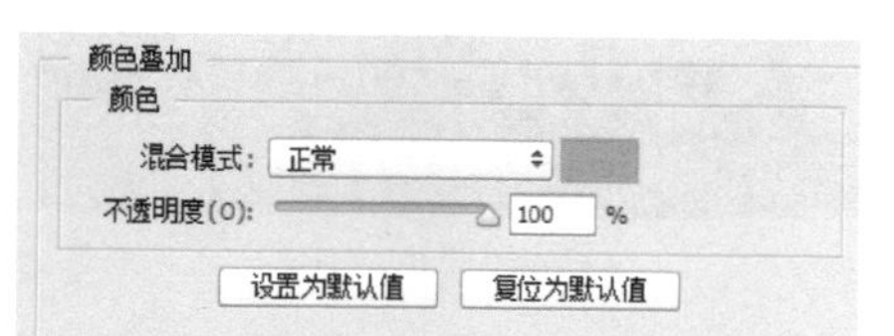

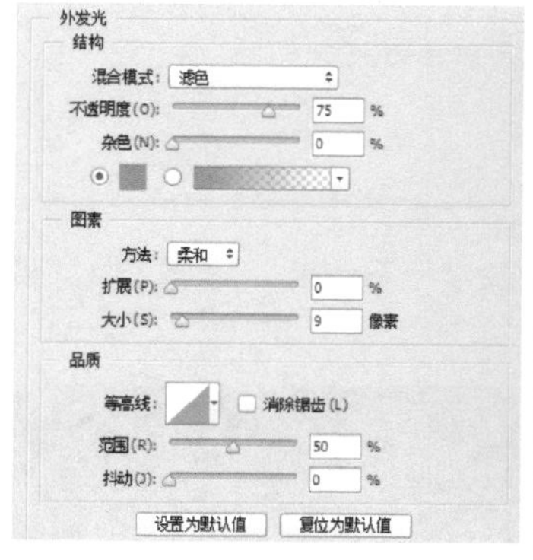

图11-153 添加图层样式

02 执行菜单中的“图层/栅格化/图层样式”命令，再执行菜单中的“滤镜/液化”命令，打开“液化”对话框，使用 （向前变形工具）在文字上拖动为其创建变形，如图11-154所示。

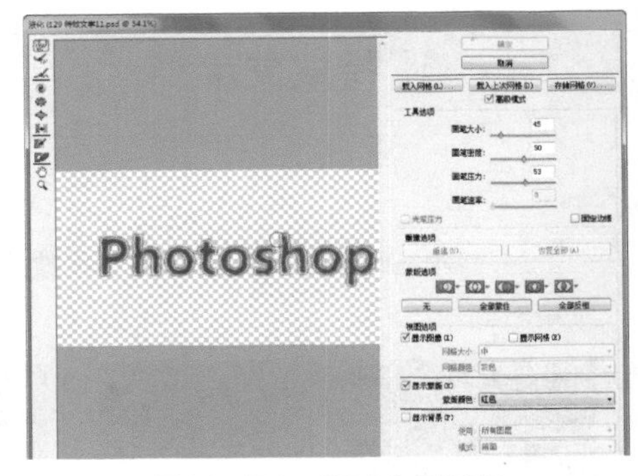

图11-154 “液化”对话框

03 设置完毕单击“确定”按钮，为其添加“图层蒙版”，打开“火焰”素材将其移入文字文档中，添加“图层蒙版”并使用 （画笔工具）编辑蒙版，如图11-155所示。

图11-155 编辑蒙版

04 复制图层制作文字倒影，再合并图层，将其移入到“街”素材中，设置“混合模式”为线性减淡，设置和效果如图11-156所示。

图11-156 设置和最终效果

实例 130 特效文字12

实例目的

通过制作如图11-157所示的流程效果图，了解“图层样式”“栅格化文字”及使用“画笔工具”将编辑文字在实例中的应用。

图11-157 流程效果图

实例要点

- 新建文档
- 键入文字应用“描边和内阴影”图层样式
- 应用“透视”变换制作倒影
- 栅格化文字
- 通过渐变编辑蒙版
- 使用“画笔工具”编辑个别文字
- 复制图层垂直翻转

操作步骤

01 新建一个空白文档，使用T（横排文字工具）在页面中键入文字，执行菜单中的“文字/栅格化文字图层”，再使用（画笔工具）在个别文字上进行涂抹，效果如图11-158所示。

图11-158 栅格化文字并涂抹

02 为文字添加“描边”和“内阴影”图层样式，设置“填充”为0%。设置和效果如图11-159所示。

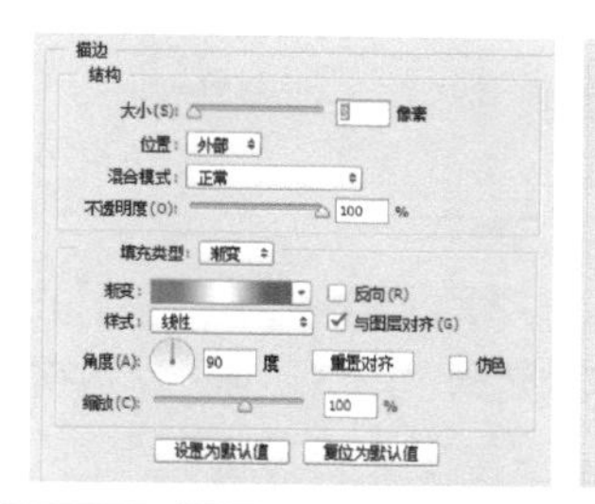

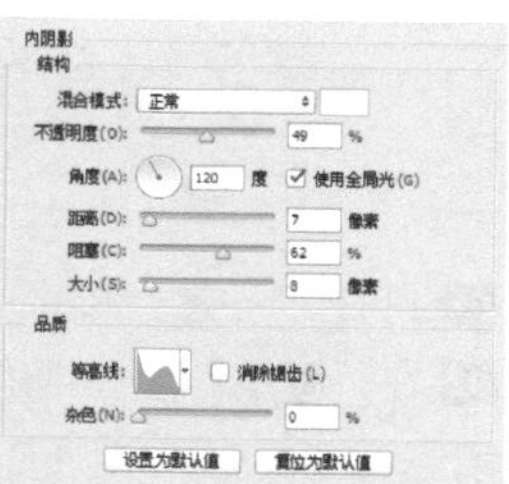

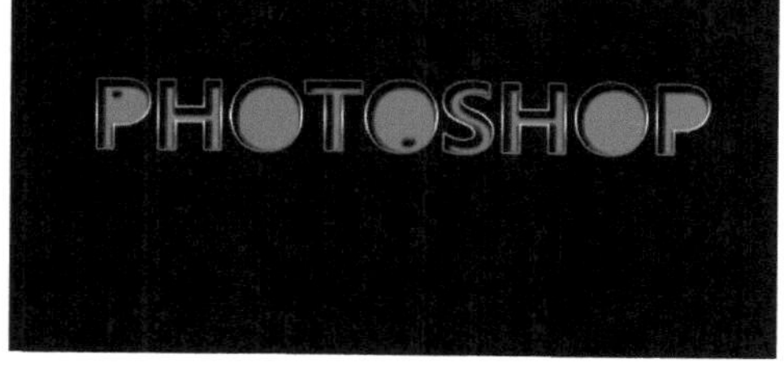

图11-159 添加图层样式

03 复制图层，执行菜单中的“编辑/变换/垂直翻转”命令，再执行菜单中的“编辑/变换/透视”命令，拖动控制点，添加透视效果，如图11-160所示。

04 按Enter键完成变换，为透视图层添加图层样式，通过（渐变工具）编辑蒙版，效果如图11-161所示。

图11-160 添加透视效果

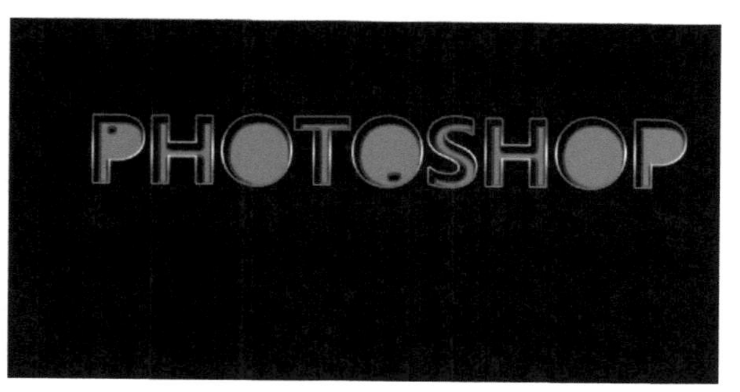

图11-161 最终效果

实例 131 特效文字13

实例目的

通过制作如图11-162所示的效果图，了解“画笔”面板在实例中的应用。

图11-162 效果图

实例要点

- 打开文档
- 按F5键打开“画笔”面板并设置各项参数
- 使用“画笔工具”
- 使用“画笔工具”绘制文字

操作步骤

01 打开“天空”素材，选择 （画笔工具）后，按F5键打开“画笔”面板，如图11-163所示。

02 在“画笔”面板中依次选择“形状动态”“散布”“纹理”和“传递”，再分别设置各个参数值，如图11-164所示。

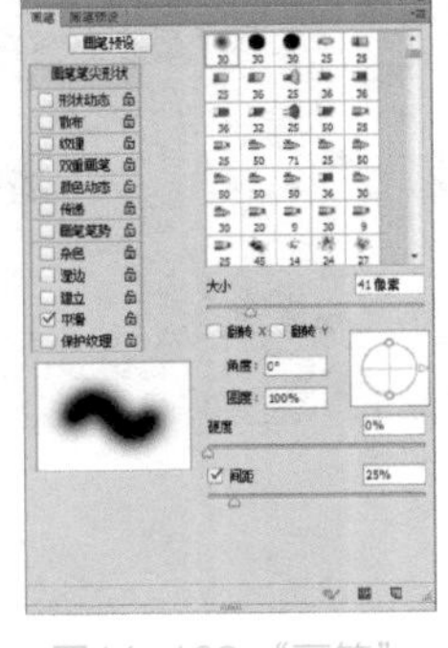

图11-163 “画笔”面板

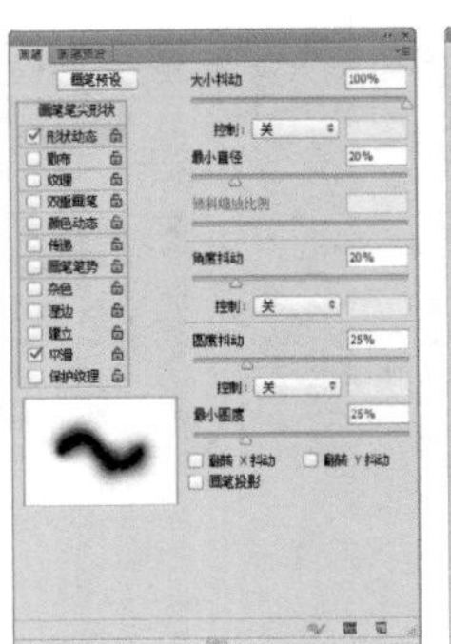

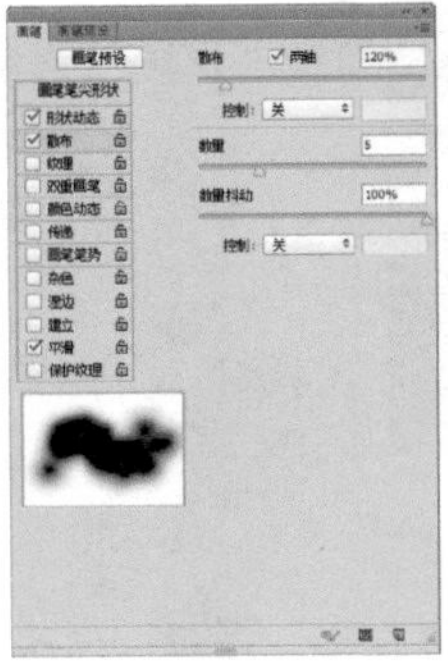

图11-164 设置参数值

03 将“前景色”设置为白色，新建一个图层，使用 （画笔工具）在文档中上绘画文字，如图11-165所示。

04 依次绘制“I”“o”“v”“e”，至此本例制作完毕，效果如图11-166所示。

图11-165绘制

图11-166最终效果

实例 132 特效文字14

实例目的

通过制作如图11-167所示的流程效果图，了解“添加图层样式”和“创建剪贴蒙版”在实例中的应用。

图11-167 流程效果图

实例要点

- 打开文档
- 键入文字添加“外发光和内阴影”图层样式
- 将两个素材移到同一文档内
- 创建剪贴蒙版

操作步骤

01 打开“墙”和“座舱”素材，在“墙”素材中键入文字“FedEx”，再将“座舱”素材拖曳到“墙”文档中。设置和效果如图11-168所示。

图11-168 键入文字并移入素材

02 执行菜单中的“图层/创建剪贴蒙版”命令，将“座舱”素材剪贴到文字中。设置和效果如图11-169所示。

图11-169 创建剪贴蒙版

03 为文字添加“外发光”和“内阴影”图层样式，设置如图11-170所示。

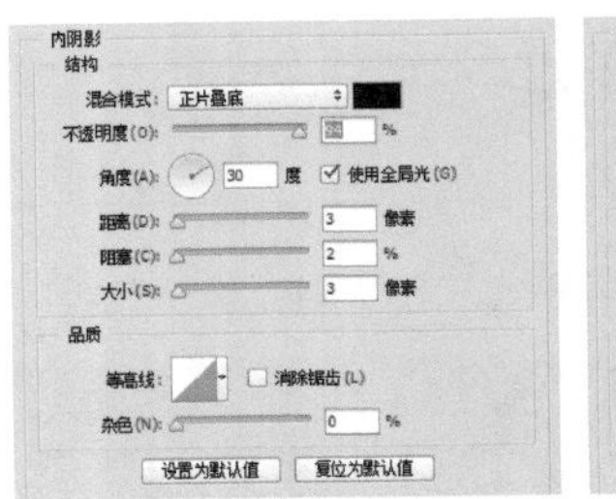

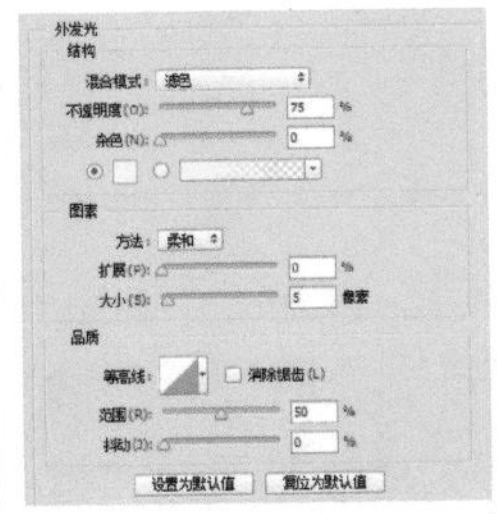

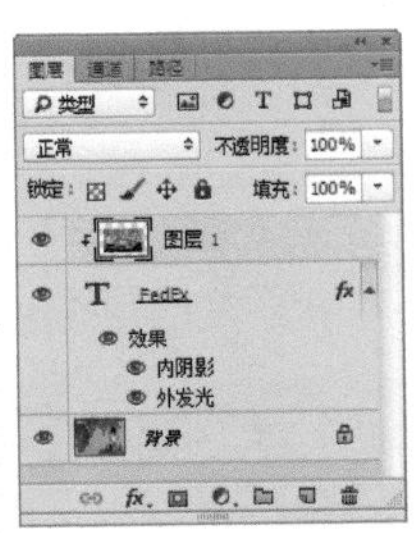

图11-170添加图层样式

04 设置完毕单击“确定”按钮，至此本例制作完毕，效果如图11-171所示。

图11-171 最终效果

实例 133 特效文字15

实例目的

通过制作如图11-172所示的流程效果图，了解“添加图层样式”和“编辑蒙版”在实例中的应用。

图11-172 流程效果图

实例要点

- 打开文档键入文字
- 复制图层“栅格化图层样式”
- 添加“斜面和浮雕、光泽、颜色叠加和投影”图层样式
- 添加蒙版后使用“画笔工具”进行编辑

操作步骤

01 打开“金属字背景”素材，使用T（横排文字工具）在背景上键入文字，如图11-173所示。

图11-173 键入文字

02 执行菜单中的“图层/图层样式”的“斜面和浮雕、光泽、颜色叠加、投影”命令，分别打开“斜面和浮雕”“光泽”“颜色叠加”“投影”对话框，其中的参数值设置如图11-174所示。

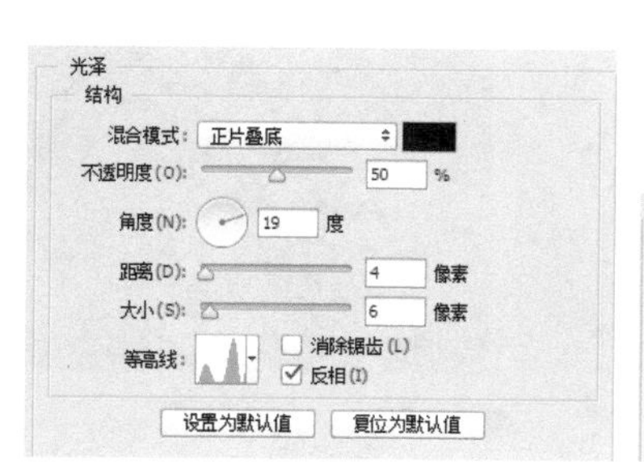

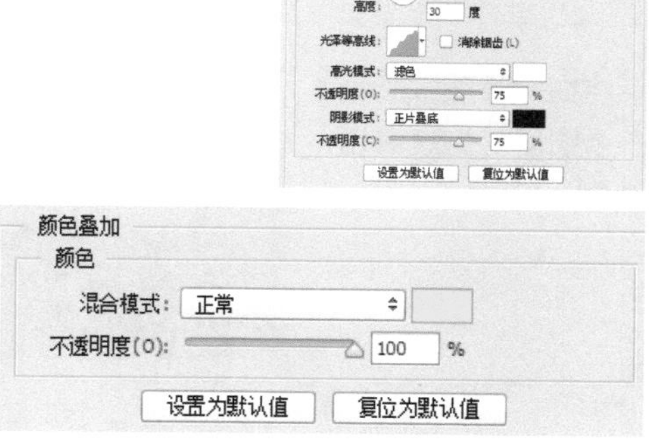

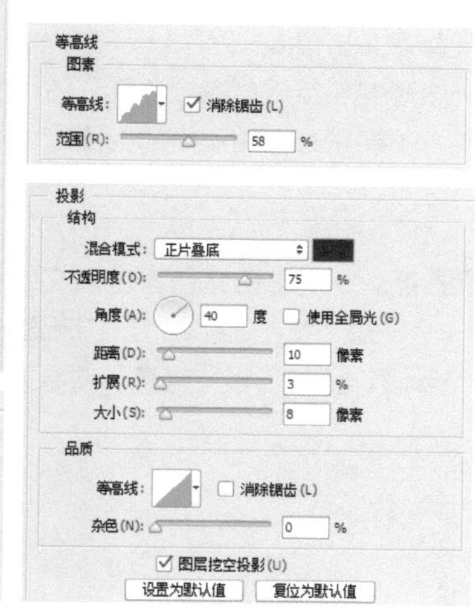

图11-174 添加图层样式

03 设置完毕单击“确定”按钮，在“图层”面板中复制文字图层，并隐藏下面图层中的“颜色叠加”，设置如图11-175所示。

04 执行菜单中的“文字/栅格化/图层样式”命令，为其添加一个图层蒙版，使用（画笔工具）在蒙版中绘制烟雾笔触，至此本例制作完毕。设置和效果如图11-176所示。

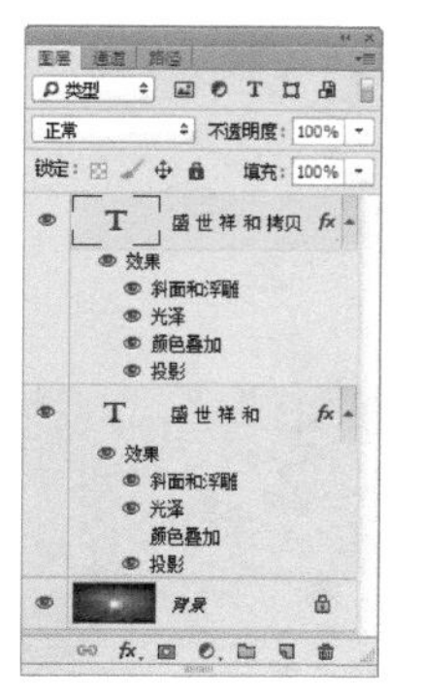

图11-175 隐藏“颜色叠加”

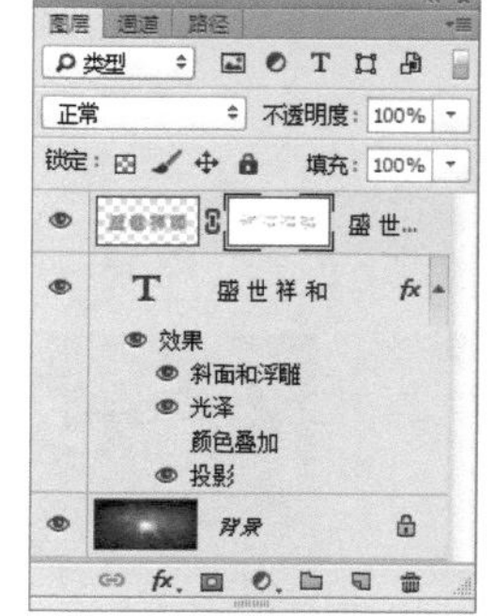

图11-176设置和最终效果

实例 134 特效文字16

实例目的

通过制作如图11-177所示的流程效果图，了解 “云彩、分层云彩”滤镜以及调整在实例中的应用。

图11-177 流程效果图

实例要点

- 新建文档键入文字
- 新建图层组后创建“色阶”和“曲线”调整图像
- 单独调整每个图层中的图像
- 应用“云彩、分层云彩”滤镜
- 复制图层组

操作步骤

01 新建一个空白文档，键入文字后将文字隐藏，新建一个“组1”，在“组1”内新建一个图层，为其应用“云彩、分层云彩”滤镜，效果如图11-178所示。

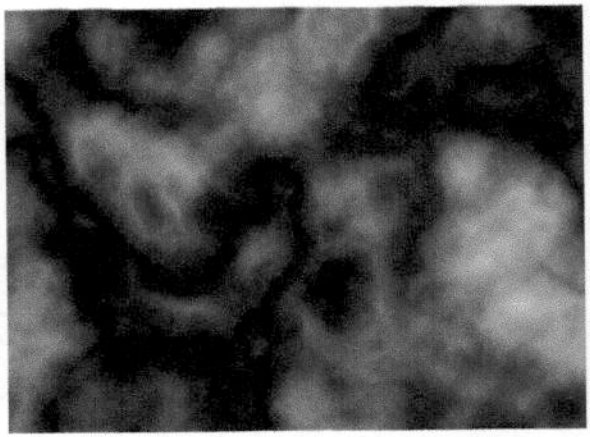

图11-178 应用滤镜

02 将文字复制到“组1”内，设置“不透明度”，再为其应用“高斯模糊”滤镜。设置和效果如图11-179所示。

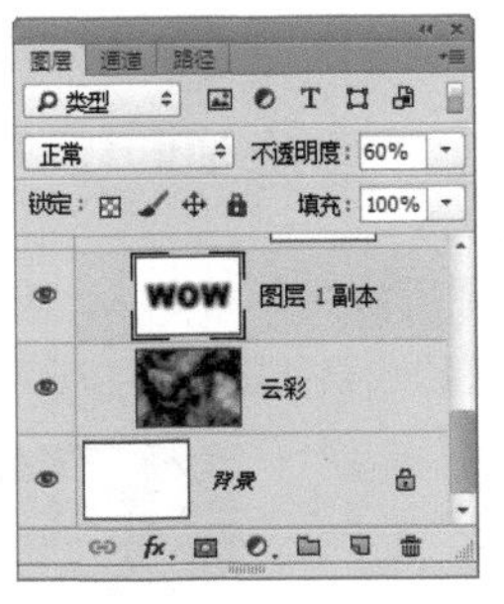

图11-179 设置不透明度并模糊

03 为“组1”添加“色阶”和“曲线”调整图层。设置和效果如图11-180所示。

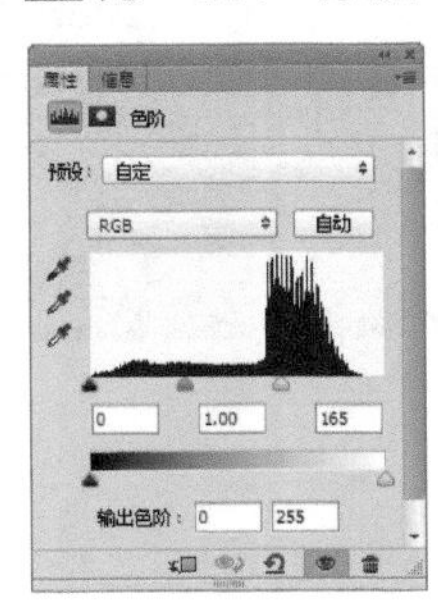

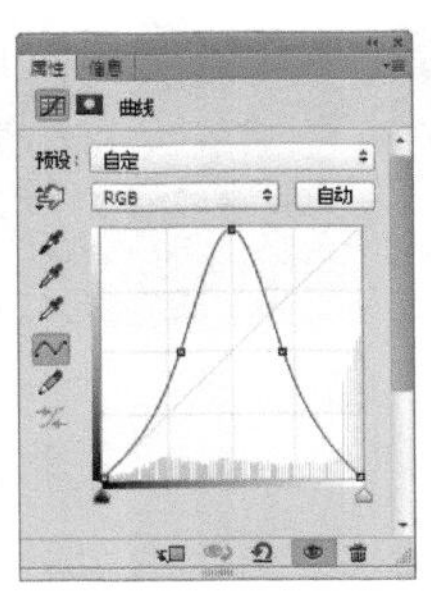

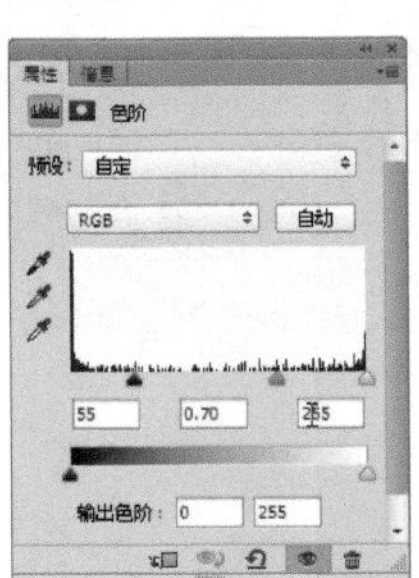

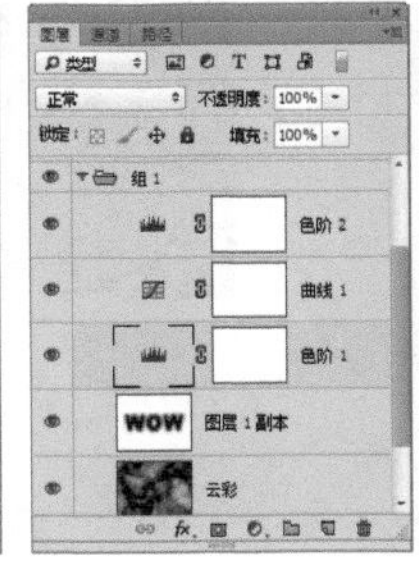

图11-180 添加调整图层

04 再新建“组2”和“组3”，制作相同的效果，再设置“组2”和“组3”的“混合模式”为滤色，至此本例制作完毕，效果如图11-181所示。

图11-181 最终效果

实例 135 特效文字17

实例目的

通过制作如图11-182所示的流程效果图，了解变换图像以及按Alt键单击方向键复制图层图像在实例中的应用。

图11-182 流程效果图

实例要点

- 打开素材
- 变换图像
- 键入文字调出选区
- 按Alt键单击方向键复制图层图像
- 将选区内的图像拖动到另一背景中

操作步骤

01 打开“金属背景”和“锈迹”素材，在“金属背景”文档中，键入文字，效果如图11-183所示。

02 执行“文字/栅格化文字”命令，将文字图层转换为普通图层，按Ctrl+T键调出变换框，按住Alt键拖动控制点调整文字进行扭曲变形，再将“锈迹”素材移入文档中，调出文字选区，复制内容，效果如图11-184所示。

图11-183键入文字

图11-184 应用“栅格化文字”命令

03 为图层添加一个一个小一点的黑色投影，按住Alt键再单击键盘上的方向键，为图层进行一个像素高度的复制。设置和效果如图11-185所示。

04 调出最上层的选区，复制背景图层，设置“混合模式”为正片叠底，至此本例制作完毕。设置和效果如图11-186所示。

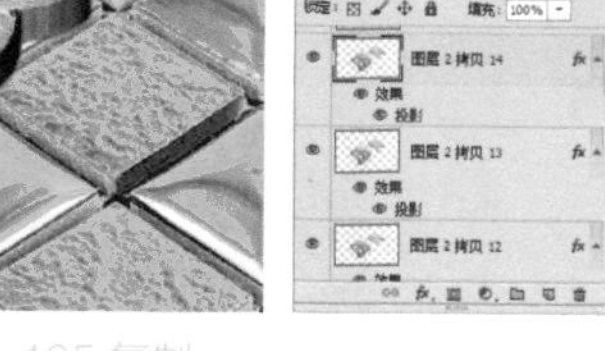

图11-185 复制

图11-186 最终效果

实例 136 特效文字18

实例目的

通过制作如图11-187所示的流程效果图，了解“径向模糊、风”滤镜在实例中的应用。

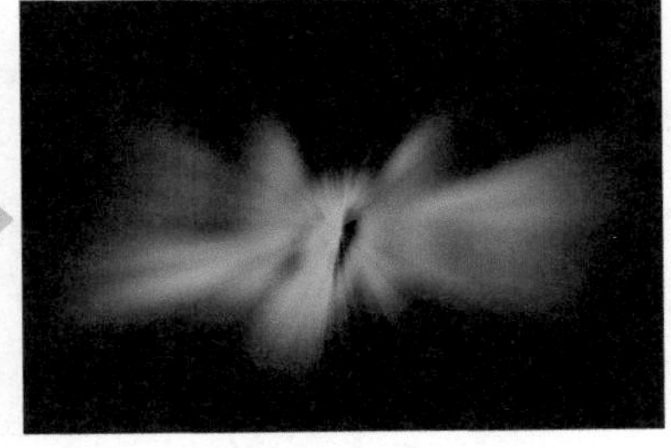

图11-187 流程效果图

实例要点

- 新建文件并填充黑色
- 合并图层并旋转画布
- 键入文字并添加外发光样式
- 应用“风”滤镜再旋转画布
- 复制图层并调整“不透明度”
- 应用“径向模糊”滤镜和“渐变映射”调整图层

操作步骤

01 新建一个空白文档将背景填充黑色，再使用T（横排文字工具）键入文字并为文字添加“外发光”图层样式，在“图层”面板中设置“填充”为0%。设置和效果如图11-188所示。

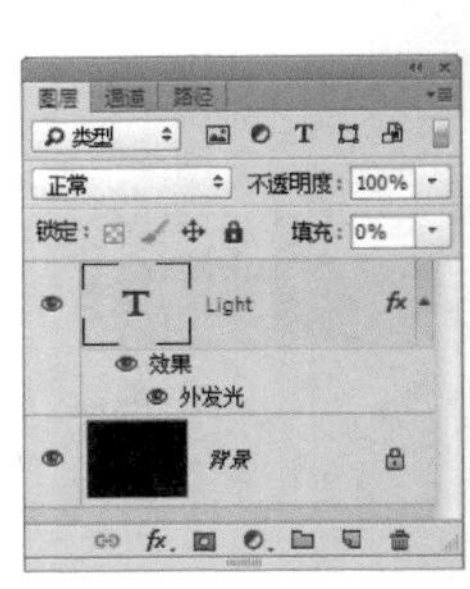

图11-188 键入文字并添加图层样式

02 复制图层，将文字图层与背景合并，隐藏文字副本，设置如图11-189所示。

03 先执行菜单中的“图像/图像旋转/顺时针90度”命令，将画布进行90度旋转，再执行菜单中的“滤镜/风格化/风”命令，打开“风”对话框，参数值设置和效果如图11-190所示。

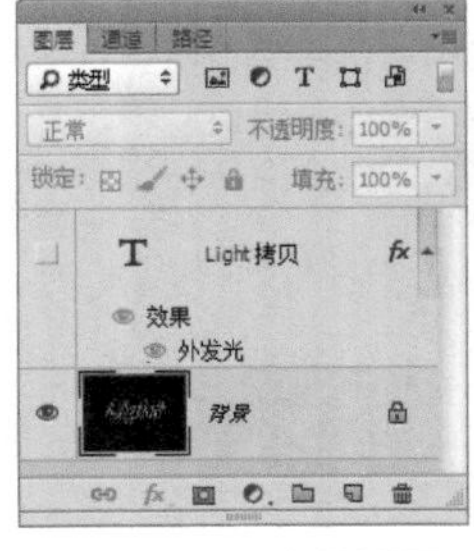

图11-189 合并图层并隐藏副本

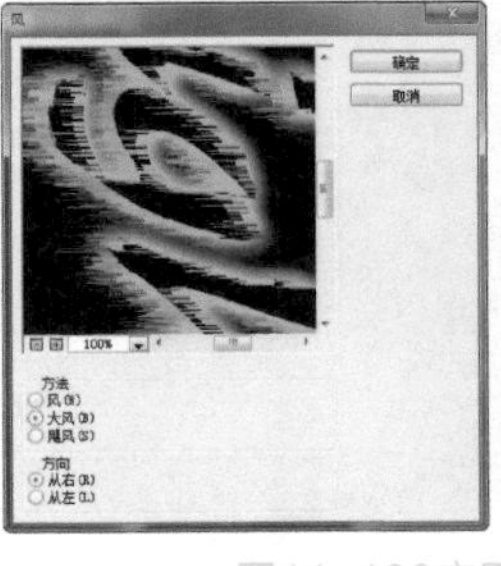

图11-190应用“风”滤镜

04 再反方向进行“风”设置，然后将画布逆时针旋转90度，效果如图11-191所示。

05 旋转回来后，执行菜单中的“滤镜/模糊/径向模糊”命令，参数设置和效果如图11-192所示。

图11-191 反向应用“风”滤镜

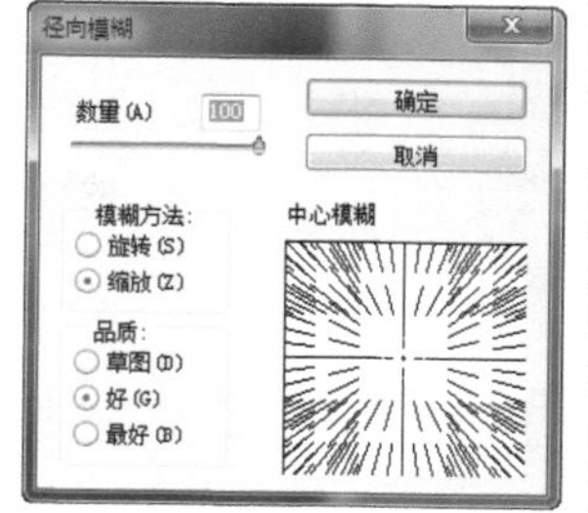

图11-192 应用“径向模糊”滤镜

06 显示文字副本，再为其应用“色相/饱和度”调整图层调整颜色，最终效果如图11-193所示。

图11-193 径向模糊

实例 137 特效文字19

实例目的

通过制作如图11-194所示的流程效果图，了解“收缩和羽化”命令在实例中的应用。

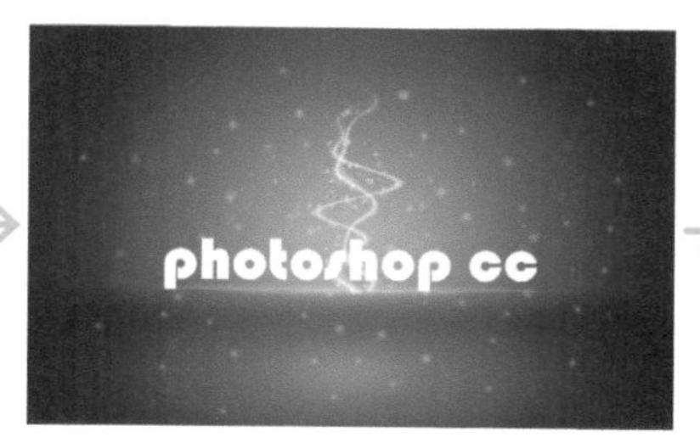

图11-194 流程效果图

实例要点

- 新建文件并填充渐变色
- 复制背景调整形状并使用“亮度/对比度”调整图像
- 绘制画笔笔触
- 键入文字应用“铬黄”样式
- 调出文字选区后复制一个文字副本栅格化图层样式
- 应用“收缩和羽化”命令对选区进行调整
- 删除选区内容
- 绘制白色画笔调整不透明度
- 按Ctrl+Shift+Alt+E键盖印图层

操作步骤

01 新建文件并填充渐变色，复制背景调整形状并使用“亮度/对比度”调整图像，使用 （画笔工具）绘制一些圆点，效果如图11-195所示。

02 键入文字后为其添加“光面铬黄”图层样式。设置和效果如图11-196所示。

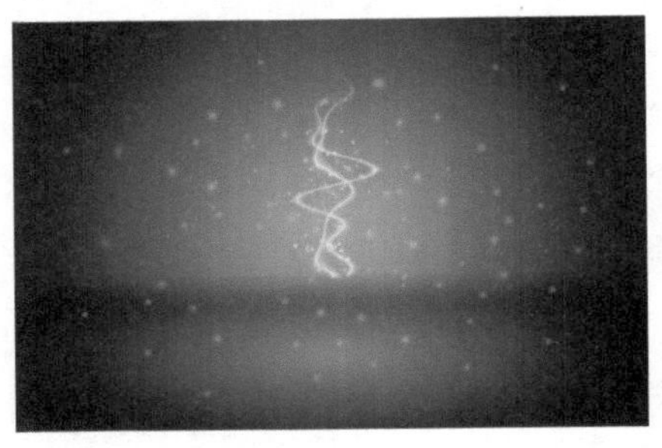

图11-195制作背景

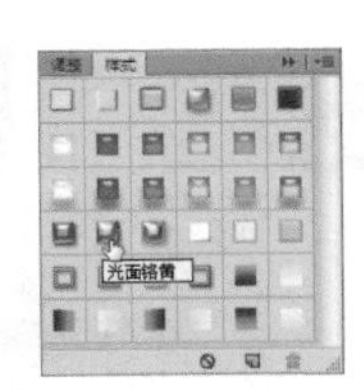

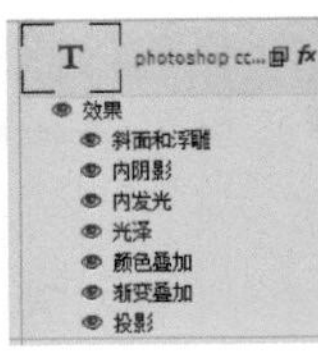

图11-196 添加图层样式

03 复制图层，执行菜单中的“图层/栅格化/图层样式”命令，调出选区，再通过“收缩和羽化”命令对选区进行调整，效果如图11-197所示。

04 为文字添加一个倒影，至此本例制作完毕，效果如图11-198所示。

图11-197 调整选区

图11-198最终效果

实例138 特效文字20

实例目的

通过制作如图11-199所示的流程效果图，了解“纤维与置换”滤镜在实例中的应用。

图11-199 流程效果图

实例要点

- 打开文档应用“拼缀图”滤镜
- 选择键入的文字
- 键入文字后，再新建一个空白文档应用“纤维”滤镜并存储为psd格式
- 应用“置换”滤镜
- 设置“混合模式”

操作步骤

01 打开“地面”素材，执行菜单中的“滤镜/滤镜库”命令，打开“滤镜库”对话框，在“纹理”标签中选择“拼缀图”命令，设置参数后，单击“确定”按钮。设置和效果如图11-200所示。

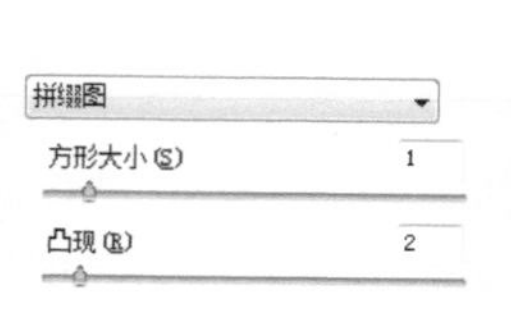

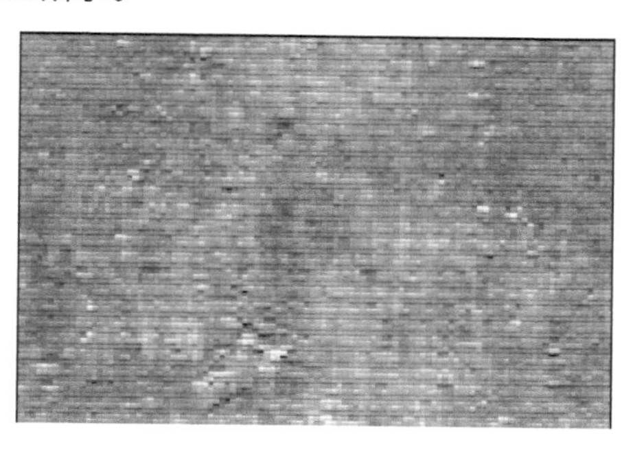

图11-200 制作背景

02 新建一个空白文档，执行菜单中的“滤镜/渲染/纤维”命令，打开“纤维”对话框，设置参数后单击“确定”按钮。设置和效果如图11-201所示。将应用“纤维”滤镜的文档储存为PSD格式。

03 选择“地面”文档，键入文字，效果如图11-202所示。

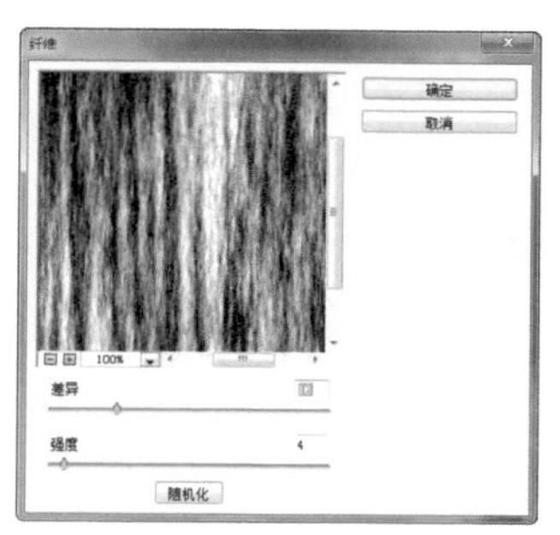

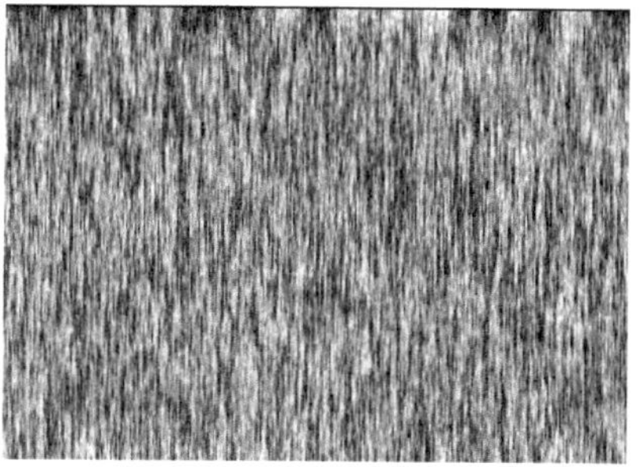

图11-201 应用“纤维”滤镜

图11-202 键入文字

04 选择文字图层执行菜单中的“滤镜/扭曲/置换”命令，至此本例制作完毕。设置和效果如图11-203所示。

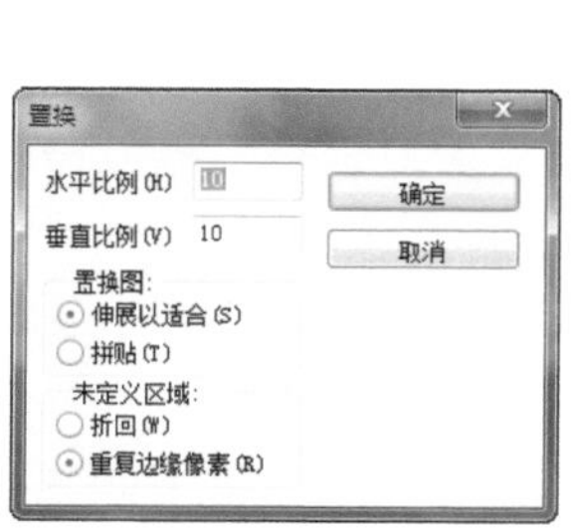

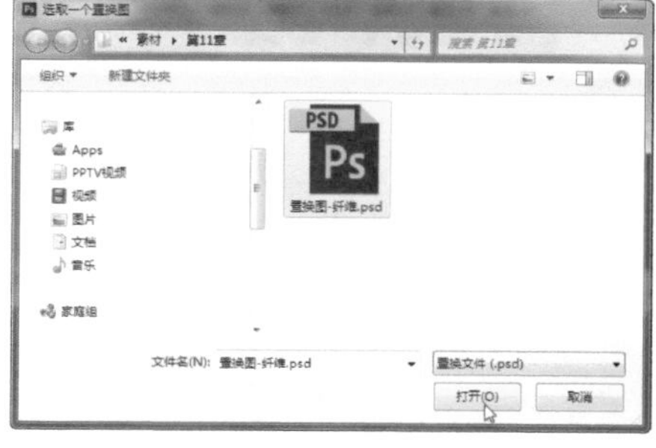

图11-203 最终效果

本章的练习与习题

练习

沿路径创建文字。

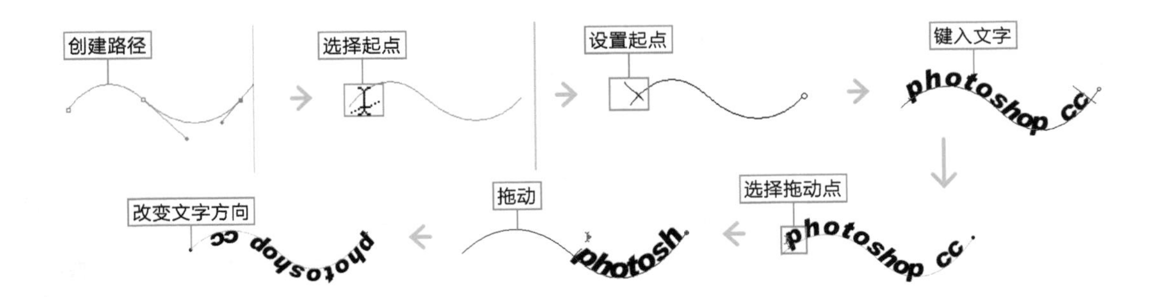

习题

1. 下面哪个是可以调整依附路径文字位置的工具？（　　）

A. 钢笔工具　　B. 矩形工具　　C. 形状工具　　D. 路径选择工具

2. 以下哪个工具可以创建文字选区？（　　）

A. 横排文字蒙版工具　　B. 路径选择工具　　C. 直排文字工具　　D. 直排文字蒙版工具

3. 以下哪个样式为上标样式？（　　）

A. <u>qq</u>　　B. q^{q}　　C. qq　　D. q_{q}

第12章

纹理特效

本章内容

特效纹理1~15

通过对前面章节的学习，大家已经对Photoshop软件绘制与编辑图像的强大功能有了初步了解，下面带领大家使用Photoshop对纹理特效部分进行编辑与应用，使大家了解平面设计中纹理的魅力。

实例139 特效纹理1

实例目的

通过制作如图12-1所示的流程效果图，了解“玻璃”滤镜在本例中的应用。

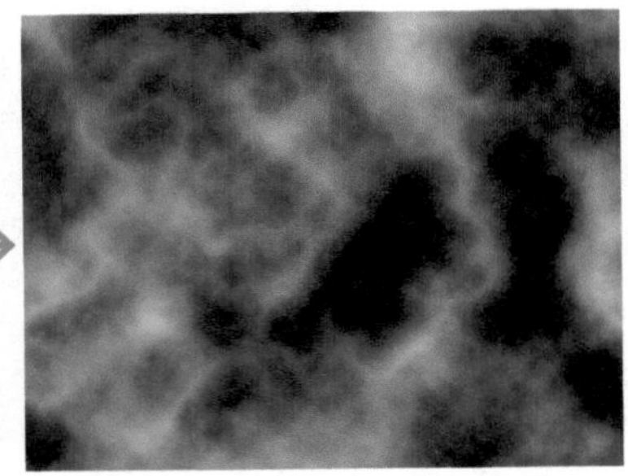
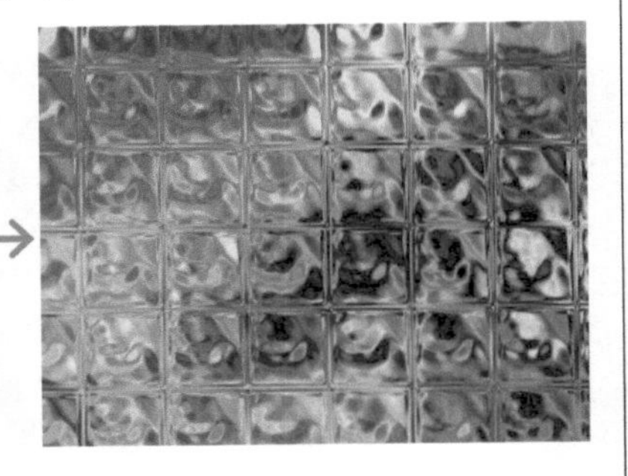

图12-1 流程效果图

实例要点

- 使用“新建”命令新建文件
- 使用“云彩”滤镜制作背景纹理
- 使用“玻璃”滤镜制作玻璃墙的效果

操作步骤

01 执行菜单中“文件/新建”命令，打开“新建”对话框，参数设置如图12-2所示。

02 单击“确定”按钮，新建文档，按D键将“前景色”设置为黑色、“背景色”设置为白色，执行菜单中“滤镜/渲染/云彩”命令，效果如图12-3所示。

03 执行菜单中“滤镜/渲染/分层云彩”命令，再按Ctrl+F键，效果如图12-4所示。

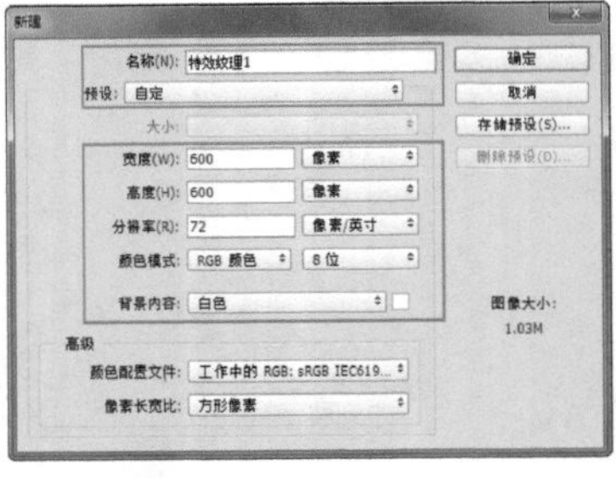

图12-2 “新建”对话框

图12-3 云彩

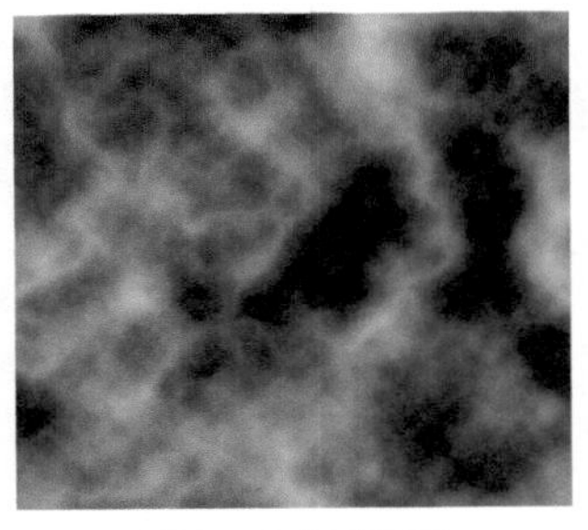

图12-4 分层云彩

04 执行菜单中“滤镜/滤镜库”命令，在打开的“滤镜库”对话框中，选择“扭曲/玻璃”命令，设置“扭曲度”为 17，“平滑度”为3，“纹理”为块状，“缩放”为70%，如图12-5所示。

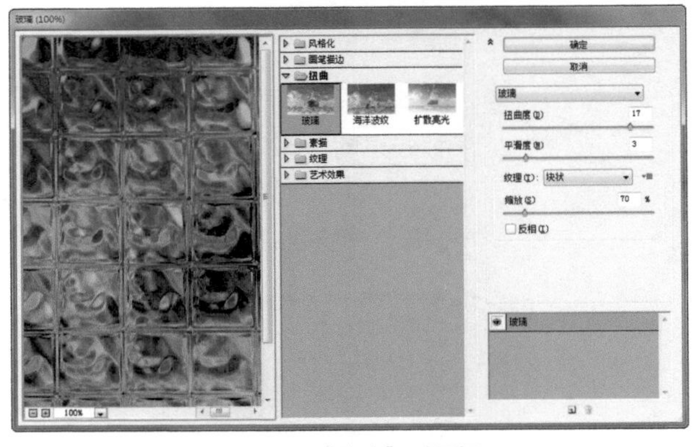

图12-5 “玻璃”对话框

技巧

在“玻璃”对话框中的“纹理”下拉列表中有 4 个选项，分别是“块状”“画布”“磨砂”和“小镜头”，选择不同的纹理，可以产生不同的玻璃纹理效果。

05 设置完毕单击“确定”按钮，效果，如图12-6所示。

06 执行菜单中“图层/新建调整图层/色阶”对话框，打开“属性”面板，其中的参数值设置如图12-7所示。

07 至此本例制作完毕，效果如图12-8所示。

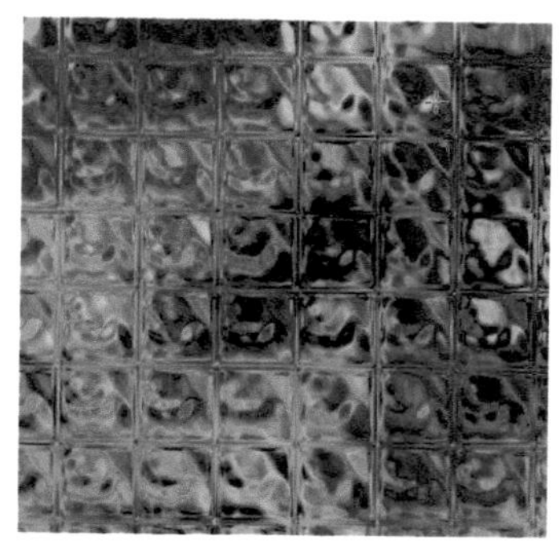

图12-6 应用玻璃后效果

图12-7 “属性”面板

图12-8 最终效果

实例 140 特效纹理2

实例目的

通过制作如图12-9所示的流程效果图，了解“基底凸现”和“铬黄渐变”滤镜在实例中的应用。

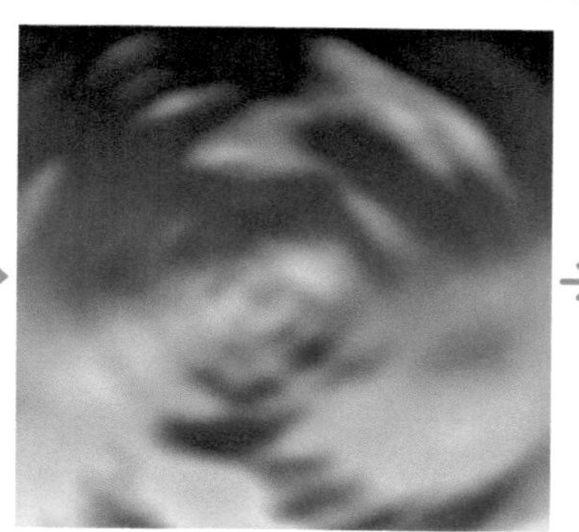

图12-9 流程效果图

实例要点

- 使用“新建”命令新建文件
- 使用“云彩”滤镜制作背景纹理
- 使用“径向模糊”滤镜对背景纹理进行处理
- 使用“基底凸现”和“铬黄渐变”滤镜制作水的纹理效果
- 使用“旋转扭曲”和“水波”滤镜制作水波纹理
- 使用“照片滤镜”调整图片色温

操作步骤

01 执行菜单中“文件/新建”命令，打开“新建”对话框，参数设置如图12-10所示。

02 单击“确定”按钮，新建文档，按D键将“前景色”设置为黑色，“背景色”设置为白色，执行菜单中“滤镜/渲染/云彩”命令，效果如图12-11所示。

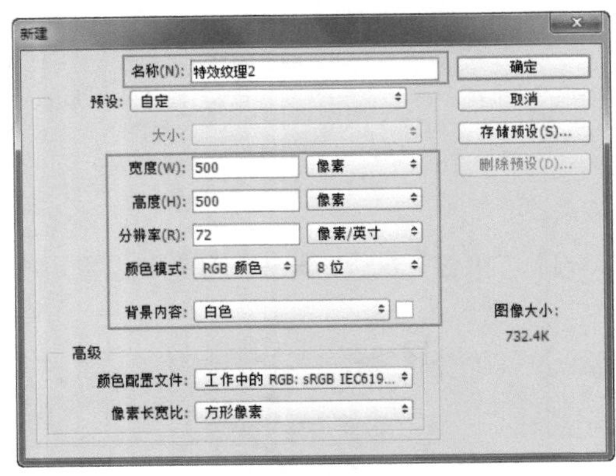

图12-10 “新建”对话框

图12-11 云彩

技巧

在使用“云彩”滤镜制作纹理时，在工具箱中所设置的前景颜色和背景颜色直接影响到生成云彩的颜色，每次的云彩效果都是随机生成的，并不都是一样的。

03 执行菜单中“滤镜/模糊/径向模糊”命令，打开“径向模糊”对话框，其中的参数值设置如图12-12所示。

04 设置完毕单击“确定”按钮，效果如图12-13所示。

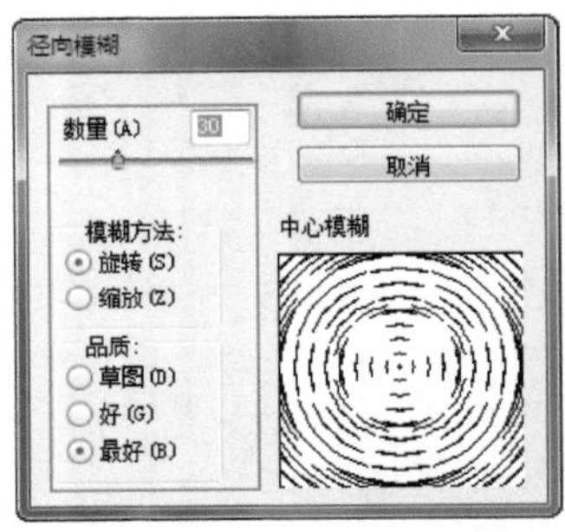

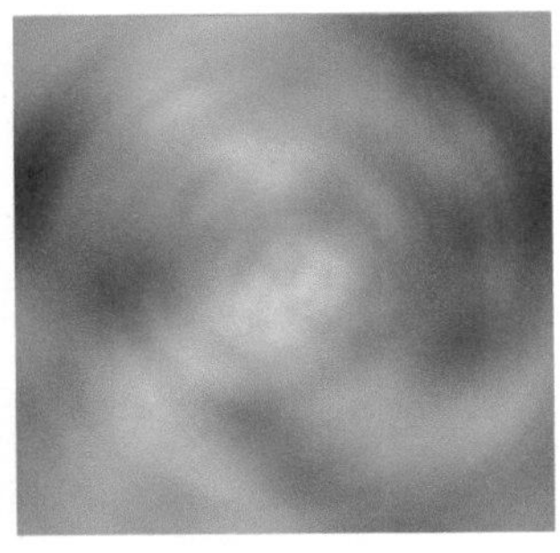

图12-12 “径向模糊”对话框

图12-13 模糊后效果

05 执行菜单中“滤镜/滤镜库”命令，在打开的“滤镜库”对话框中，选择“素描/基底凸现”选项，设置“细节”为12，“平滑度”为10，“光照”为下，如图12-14所示。

06 设置完毕单击“确定”按钮，效果如图12-15所示。

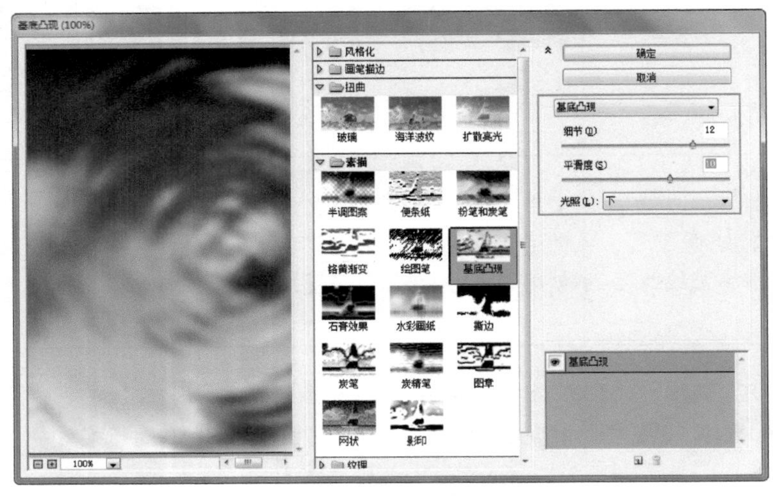

图12-14 “基底凸现”对话框

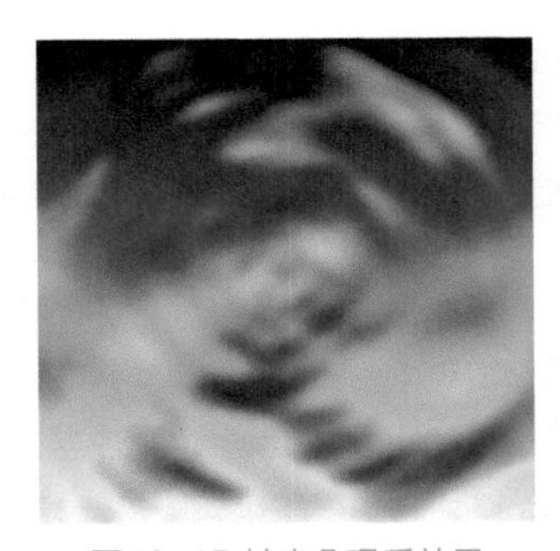

图12-15 基底凸现后效果

07 执行菜单中“滤镜/滤镜库”命令，在打开的“滤镜库”对话框中，选择“素描/铬黄渐变”选项，设置“细节”为7，“平滑度”为4，如图12-16所示。

08 设置完毕单击“确定”按钮，效果如图12-17所示。

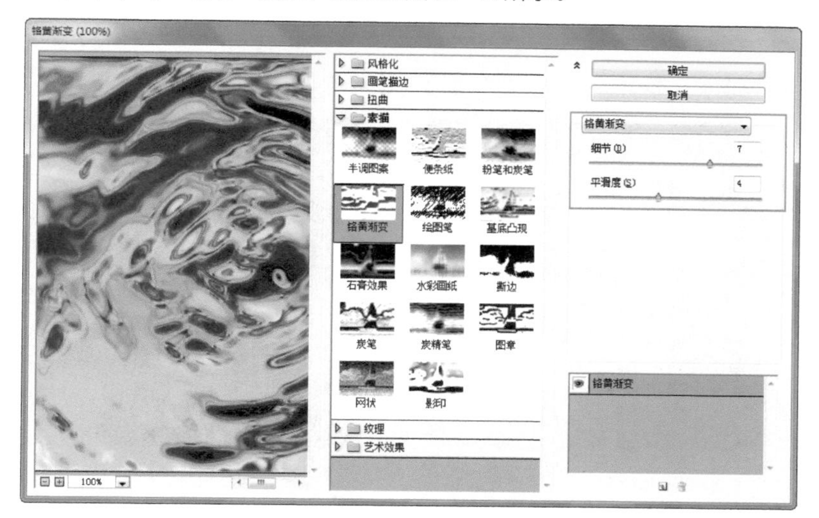

图12-16 “铬黄渐变”对话框

图12-17 铬黄渐变后效果

09 执行菜单中“滤镜/扭曲/旋转扭曲”命令，打开“旋转扭曲”对话框，设置“角度”为120，如图12-18所示。

10 设置完毕单击“确定”按钮，效果如图12-19所示。

11 执行菜单中“滤镜/扭曲/水波”命令，打开“水波”对话框，设置“数量”为12，“起伏”为5，“样式”为围绕中心，如图12-20所示。

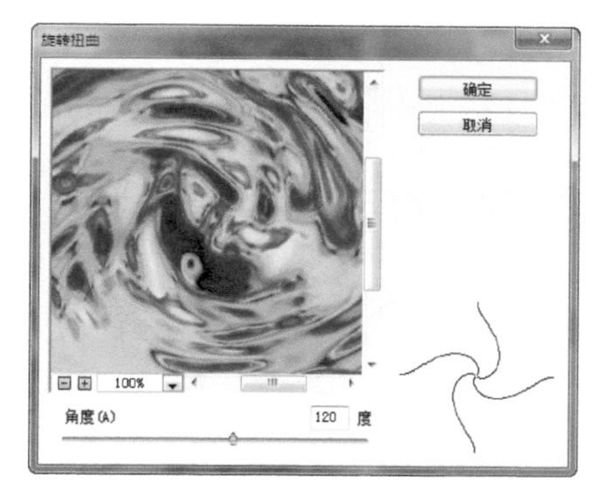

图12-18 “旋转扭曲”对话框

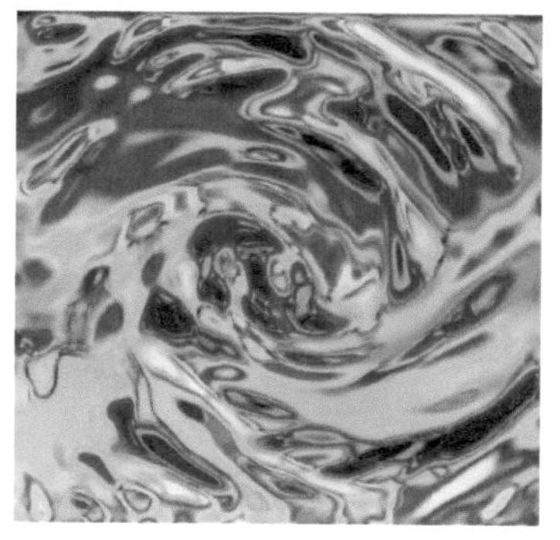

图12-19 旋转扭曲后效果

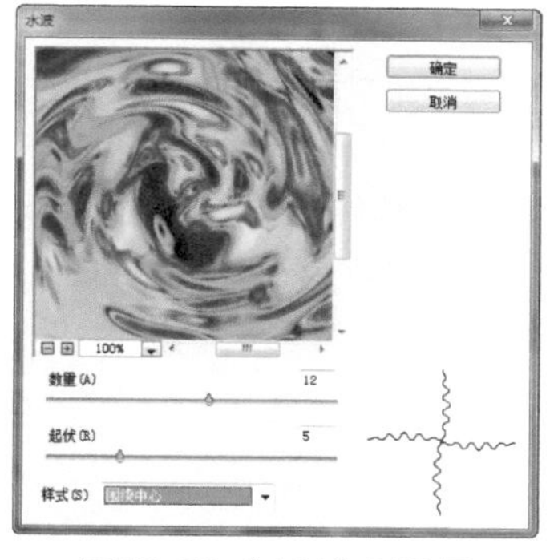

图12-20 “水波”对话框

12 设置完毕单击“确定”按钮，效果如图12-21所示。

13 执行菜单中“图像/调整/照片滤镜”命令，打开“照片滤镜”对话框，其中的参数值设置如图12-22所示。

14 设置完毕单击“确定”按钮，存储本文件。至此本例制作完毕，效果如图12-23所示。

图12-21 水波

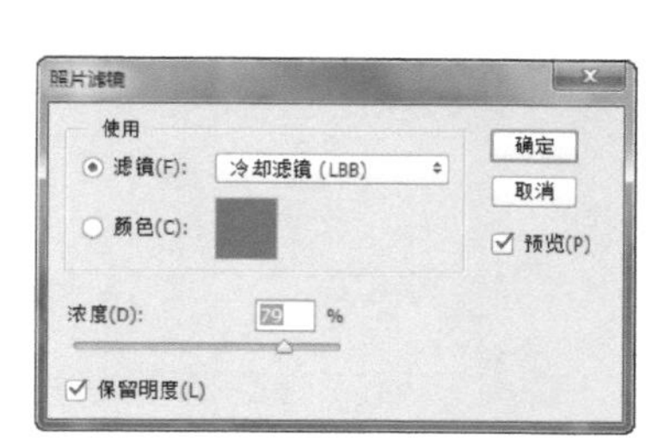

图12-22 “照片滤镜”对话框

图12-23 最终效果

实例 141 特效纹理3

实例目的

通过制作如图12-24所示的流程效果图，了解“波纹与波浪”滤镜在纹理特效中的应用。

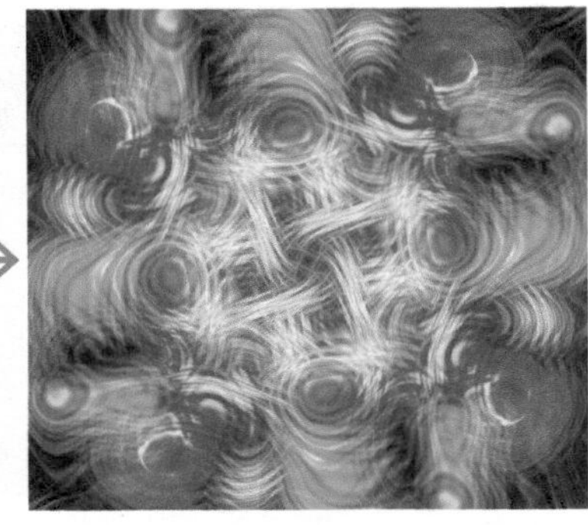
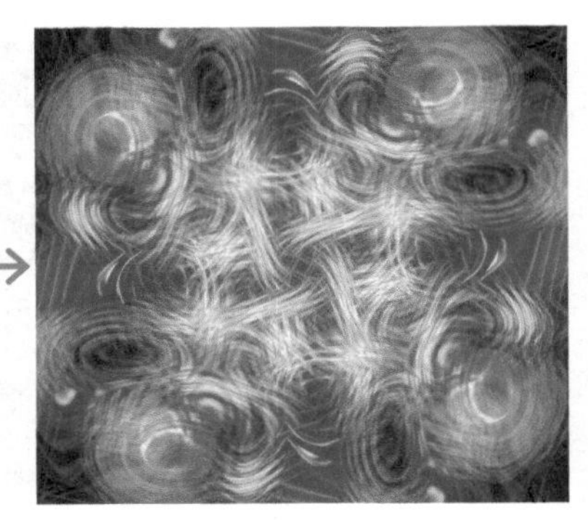

图12-24 流程效果图

实例要点

- 新建文档填充从白色到黑色的径向渐变
- 应用“波纹”与“波浪”滤镜
- 栅格化图层样式
- 将背景层转换为智能滤镜
- 应用“渐变叠加”图层样式
- 复制图层旋转90° 设置“混合模式”为变亮

操作步骤

01 新建一个“宽度”与“高度”都为600像素、“分辨率”为150像素/英寸的空白文档，选择（渐变工具）在文档中填充“从白色到黑色”的径向渐变，效果如图12-25所示。

02 执行菜单中“滤镜/转换为智能滤镜”命令，将背景图层转换为智能对象，如图12-26所示。

图12-25 新建文档填充渐变色

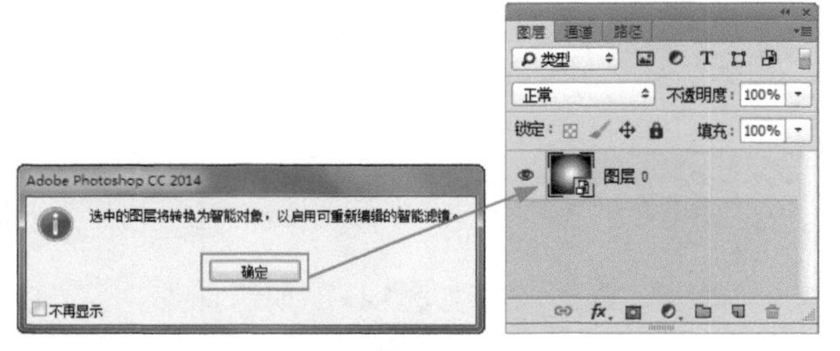

图12-26 新建图层组键入文字

03 执行菜单中“滤镜/扭曲/波纹”命令，打开“波纹”对话框，其中的参数值设置如图12-27所示。

04 设置完毕单击“确定”按钮，效果如图12-28所示。

图12-27 “波纹”对话框

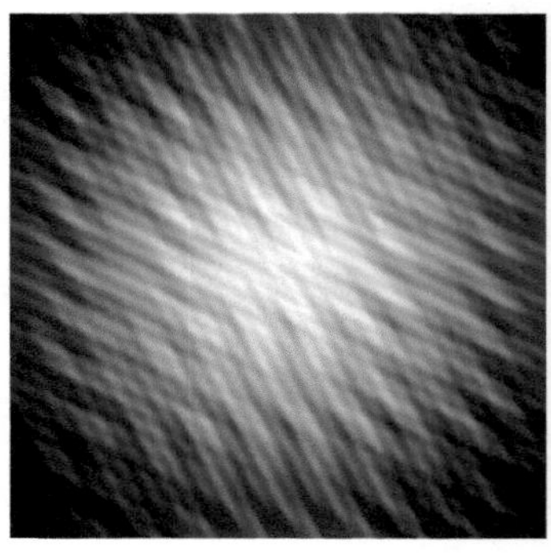

图12-28 波纹

05 执行菜单中“滤镜/扭曲/波浪”命令，打开“波浪”对话框，其中的参数值设置如图12-29所示。

06 设置完毕单击“确定”按钮，效果如图12-30所示。

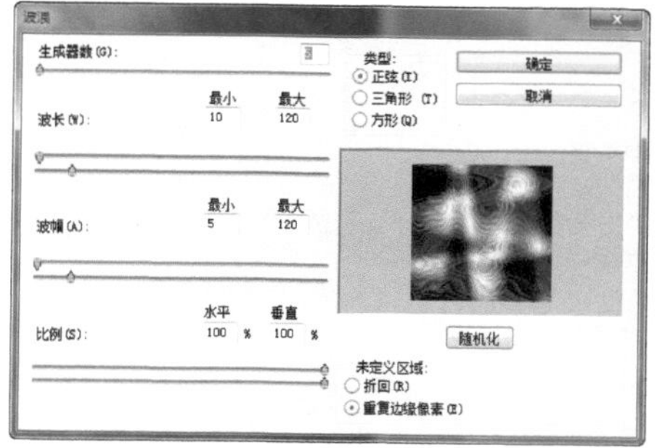

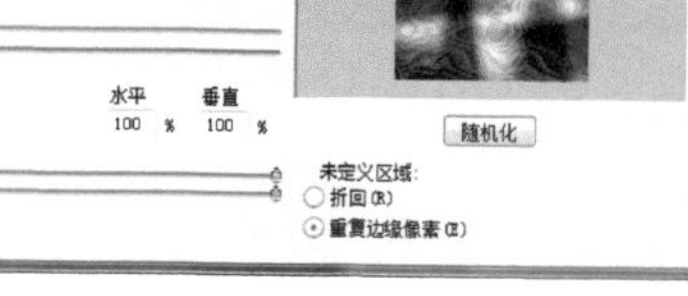

图12-29 “波浪”对话框

图12-30 波浪

07 执行菜单中“图层/图层样式/渐变叠加”命令，打开“渐变叠加”对话框，其中的参数值设置如图12-31所示。

08 设置完毕单击“确定”按钮，效果如图12-32所示。

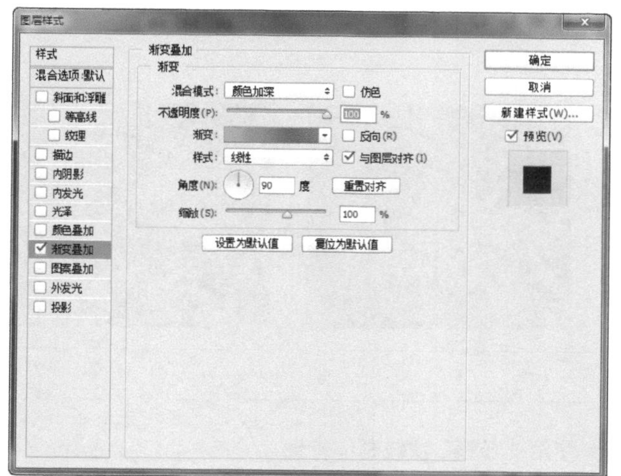

图12-31 “渐变叠加”对话框

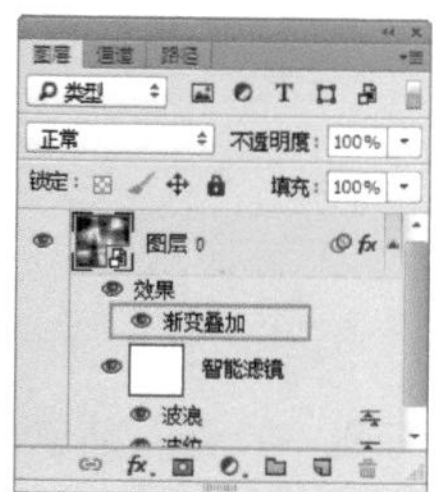

图12-32 添加图层样式后效果

09 执行菜单中“图层/栅格化/图层样式”命令，将智能对象图层转换普通图层，效果如图12-33所示。

10 复制图层，执行菜单中“编辑/变换/顺时针旋转90度”命令，设置“混合模式”为变亮，如图12-34所示。

图12-33 栅格化

图12-34 复制图层旋转并设置混合模式

11 再复制两个图层都进行顺时针90度旋转，效果如图12-35所示。

12 创建一个“色相/饱和度”调整图层，可以改变整个图像的色调，如图12-36所示。

图12-35 剪贴蒙版

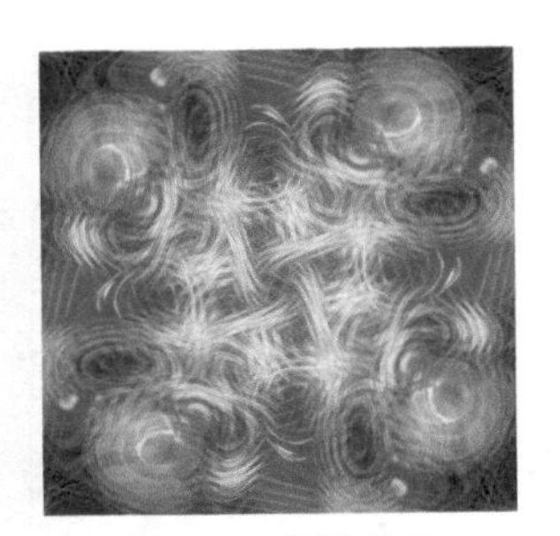
图12-36 最终效果

技巧

创建的纹理不仅可以使用“色相 / 饱和度”调整色调，还可以通过“色阶”和“照片滤镜”等色调调整命令改变整体的色调。

实例 142 特效纹理4

实例目的

通过制作如图12-37所示的流程效果图，了解“粗糙蜡笔”滤镜在实例中的应用。

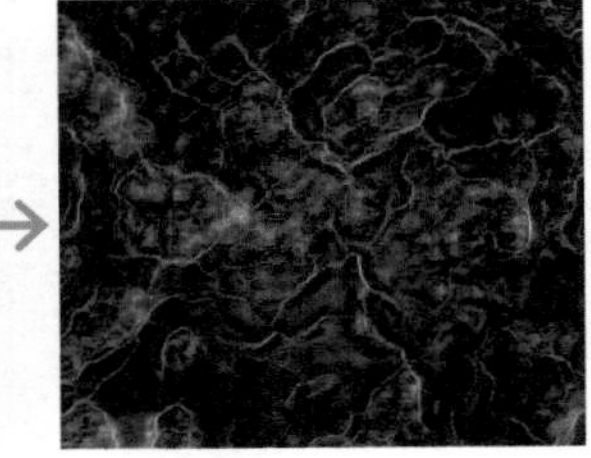

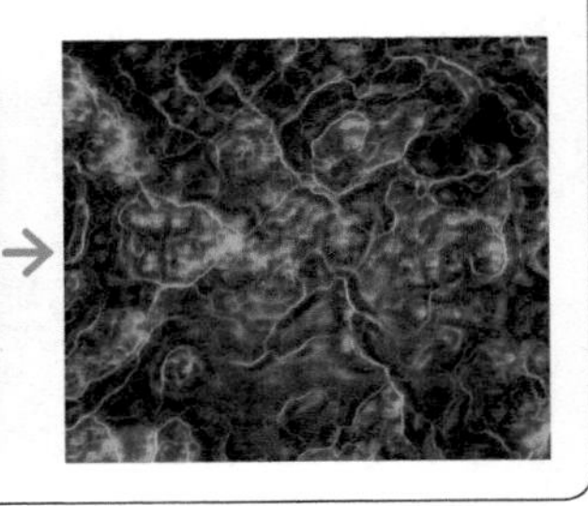

图12-37 流程效果图

实例要点

- 使用“打开”菜单命令打开素材文件
- 使用“云彩”滤镜制作背景
- 使用“调色刀”和“粗糙蜡笔”滤镜制作背景纹理
- 使用“照亮边缘”“扩散亮光”和“塑料包装”滤镜

操作步骤

01 新建一个“宽度”与“高度”都为500像素、“分辨率”为72像素/英寸的空白文档，按D键将工具箱中的“前景色”设置为黑色，“背景色”设置为白色，执行菜单中的“滤镜/渲染/云彩”命令，效果如图12-38所示。

02 执行菜单中“滤镜/滤镜库”命令，在打开的“滤镜库”对话框中选择“艺术效果/调色刀”命令，设置“描边”大小为41，“描边细节”为3，“软化度”为0，如图12-39所示。

图12-38 新建对话框并应用“云彩”滤镜

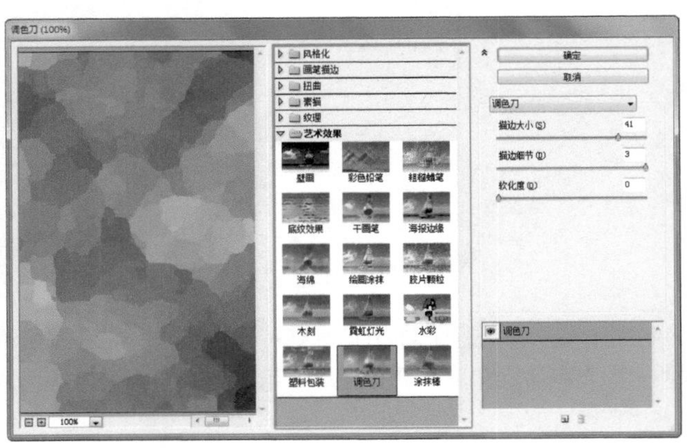

图12-39 调色刀

技巧

在“调色刀”对话框中设置各项参数后，应用“调色刀”滤镜后的图像与前景色和背景色无关。

03 单击“新建效果图层”按钮。选择“艺术效果/粗糙蜡笔”选项，设置“描边长度”为2，“描边细节”为7，“纹理”设置为画布，“缩放”设置为100%，“凸现”设置为20，“光照”设置为下，如图12-40所示。

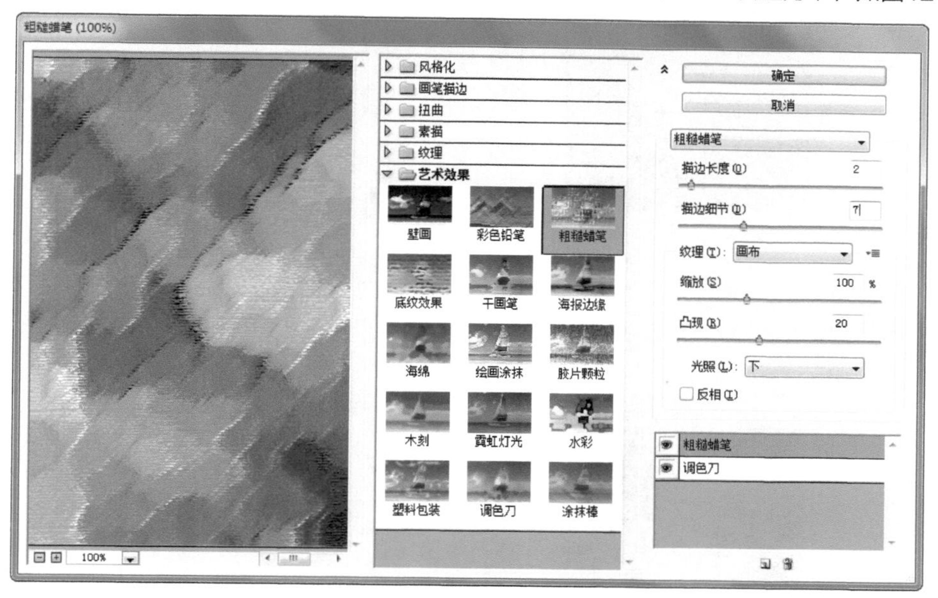

图12-40　“粗糙蜡笔”对话框

04 单击“新建效果图层”按钮。选择“风格化/照亮边缘”选项，设置“边缘宽度”为1，“边缘亮度”为11，“平滑度”为10，如图12-41所示。

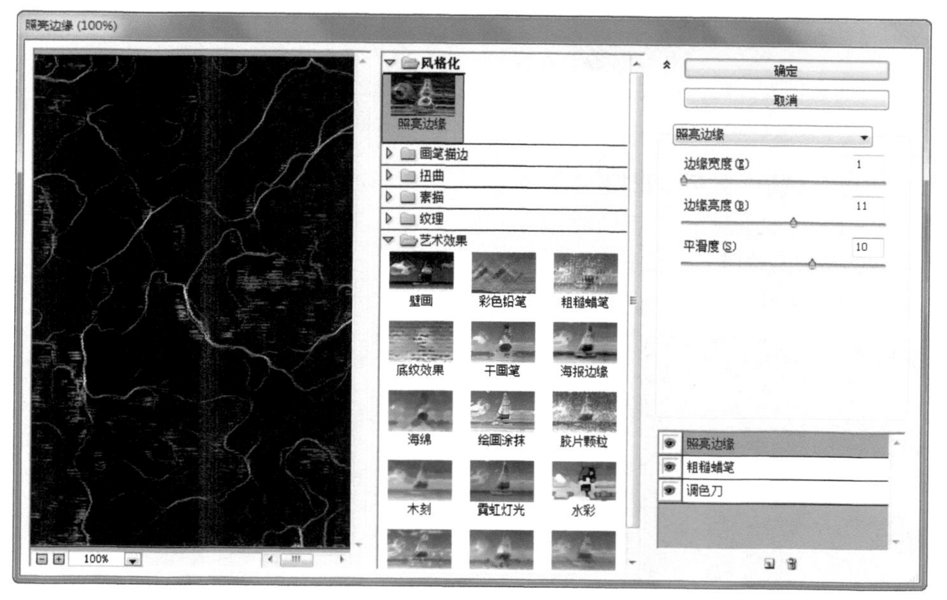

图12-41　“照亮边缘”对话框

05 单击“新建效果图层”按钮。选择“扭曲/扩散亮光”选项，设置“粒度”为0，“发光量”为14，“清除数量”为6，如图12-42所示。

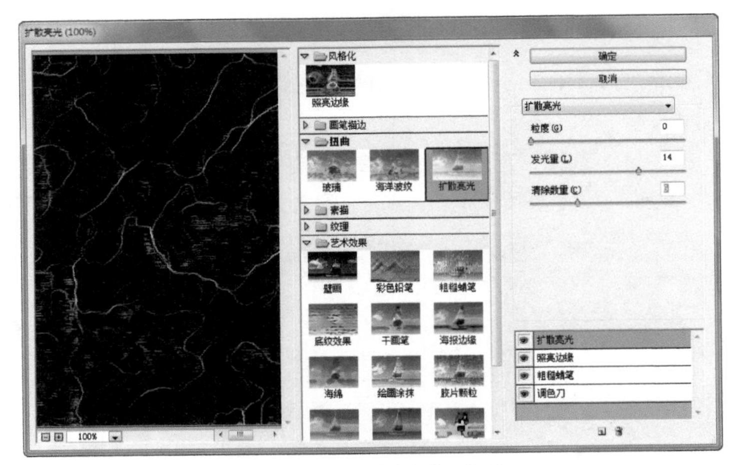

图12-42 “扩散亮光”对话框

06 单击“新建效果图层”按钮。选择“艺术效果/塑料包装”选项，设置“高光强度”为6，“细节”为1，“平滑度”为6，如图12-43所示。

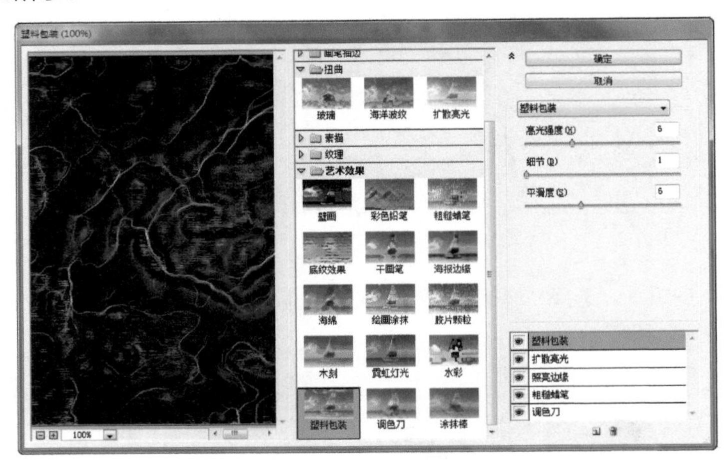

图12-43 “塑料包装”对话框

07 设置完毕单击“确定”按钮，效果如图12-44所示。

08 单击“图层”面板上的“创建新的填充或调整图层”按钮，在打开菜单中选择“色相/饱和度”选项，打开“属性”面板，其中的参数值设置如图12-45所示。

09 调整完毕后，本例制作完成，效果如图12-46所示。

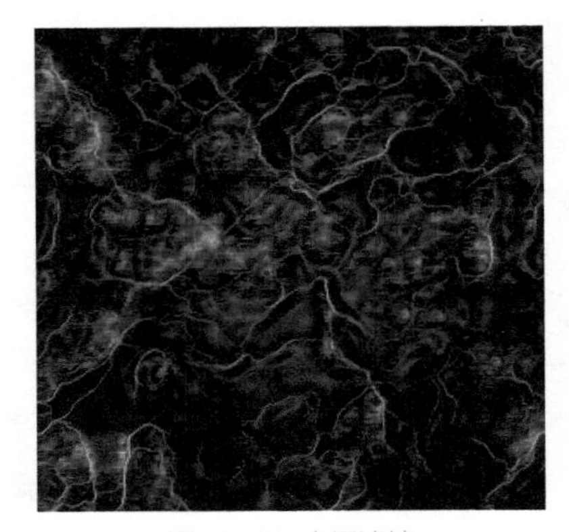

图12-44 应用滤镜

图12-45 属性面板

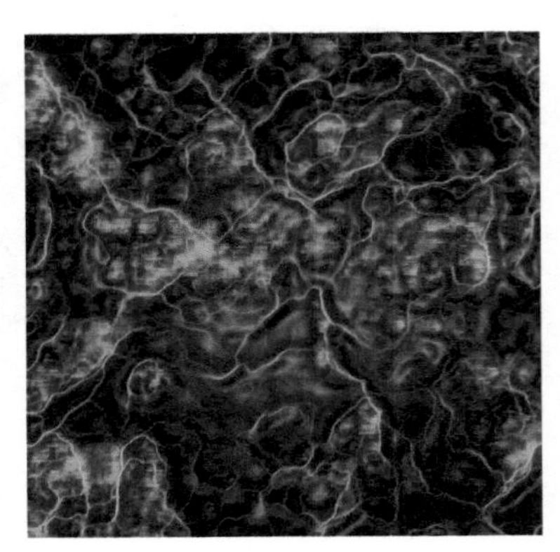

图12-46 最终效果

实例 143

特效纹理5

实例目的

通过制作如图12-47所示的流程效果图，了解“剪贴蒙版与图层样式”命令在本例中的应用。

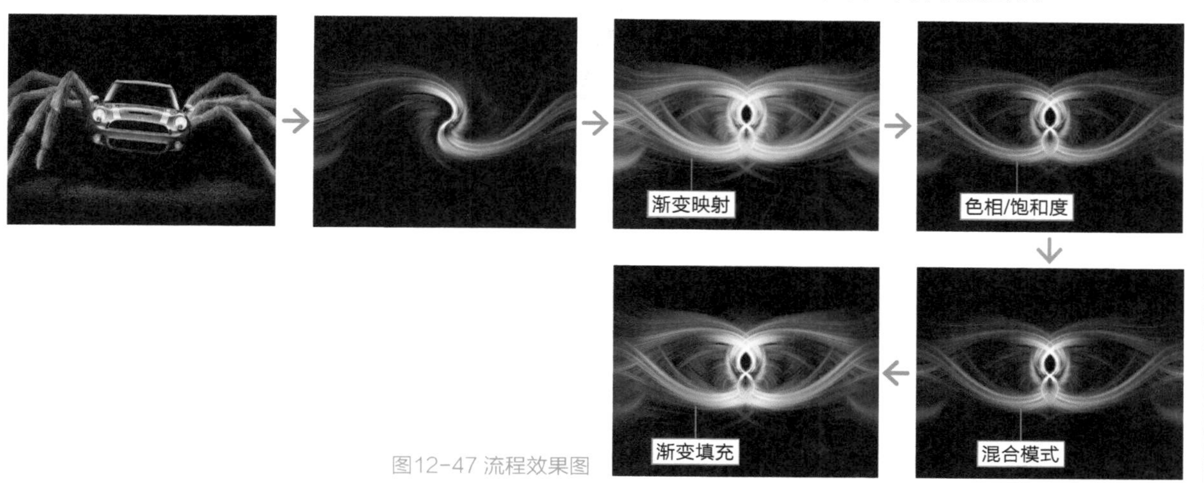

图12-47 流程效果图

实例要点

- 打开文档
- 应用“旋转扭曲”滤镜
- 设置调整
- 应用“铜版雕刻”滤镜
- 复制图层水平翻转
- 应用“径向模糊”滤镜
- 设置混合模式

操作步骤

01 在菜单中执行“文件/打开”命令或按Ctrl+O键，打开随书下载资源中的“素材文件/第12章/蜘蛛汽车.jpg”素材，如图12-48所示。

02 在菜单中执行“滤镜/像素化/铜版雕刻”命令，打开“铜版雕刻”对话框，设置“类型”为中长直线，如图12-49所示。

03 设置完毕单击“确定”按钮，效果如图12-50所示。

图12-48 蜘蛛汽车素材

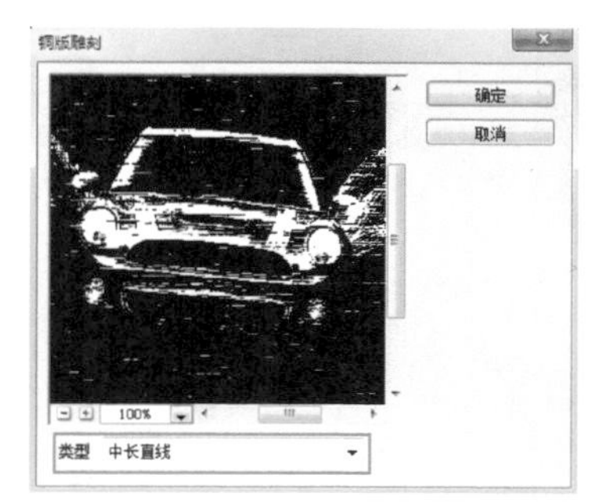

图12-49 设置画笔

图12-50 铜版雕刻后效果

04 在菜单中执行“滤镜/模糊/径向模糊”命令，打开“径向模糊”对话框，其中的参数值设置如图12-51所示。

05 设置完毕单击“确定”按钮，按Ctrl+F键再应用一次“径向模糊”滤镜，得到如图12-52所示的效果。

06 在菜单中执行“滤镜/扭曲/旋转扭曲”命令，打开“旋转扭曲”对话框，设置“角度”为140°，如图12-53所示。

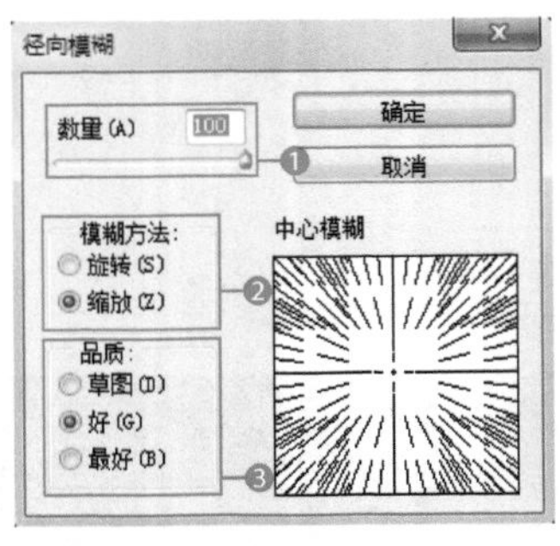

图11-51 “径向模糊”对话框

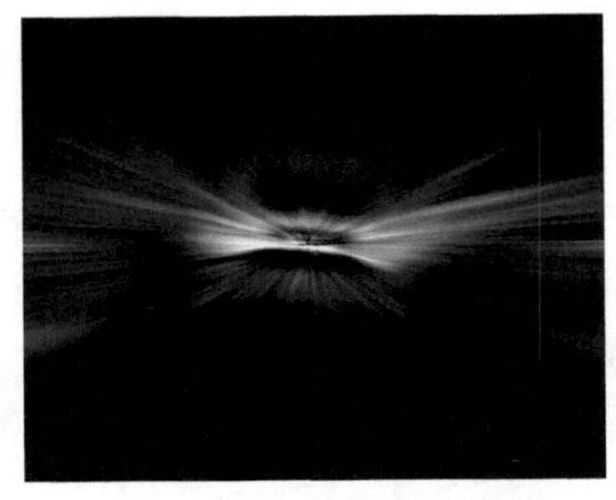

图12-52 径向模糊后效果

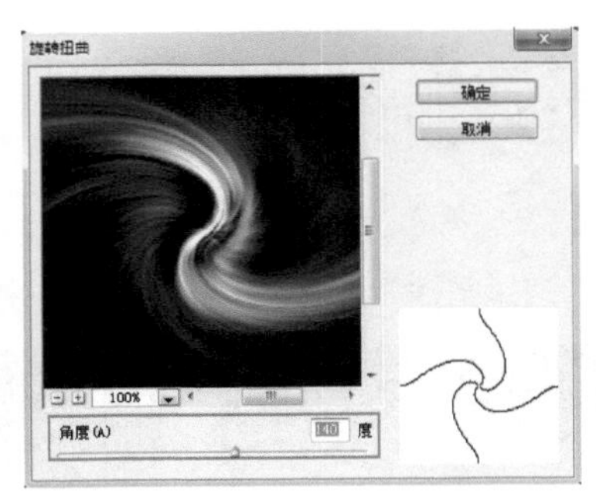

图12-53 编辑蒙版

07 设置完毕单击“确定”按钮，效果如图12-54所示。

08 按Ctrl+J键复制“背景”图层得到“图层1”图层，如图12-55所示。

图12-54 旋转扭曲后效果

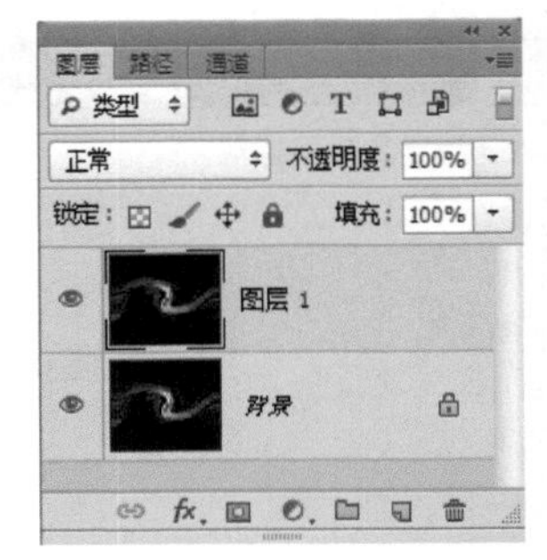

图12-55 复制

09 在菜单中执行“编辑/变换/水平翻转”命令，将“图层1”图层中的图像进行水平翻转，设置“混合模式”为变亮，效果如图12-56所示。

10 在“图层”面板中单击“创建新的填充或调整图层”按钮，在弹出的菜单中选择“渐变映射”命令，打开“渐变映射”属性调整面板，设置渐变颜色条，如图12-57所示。

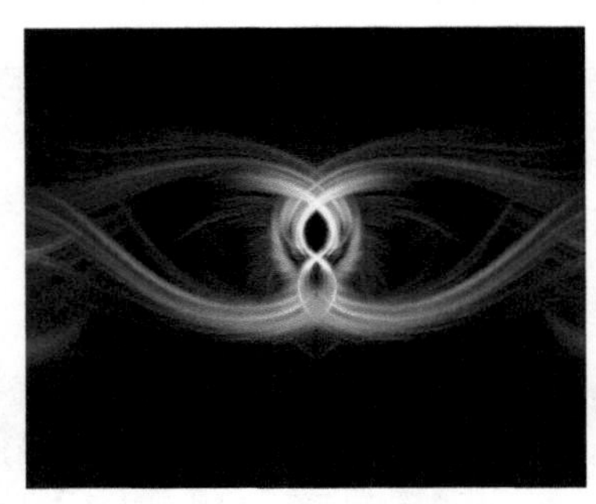

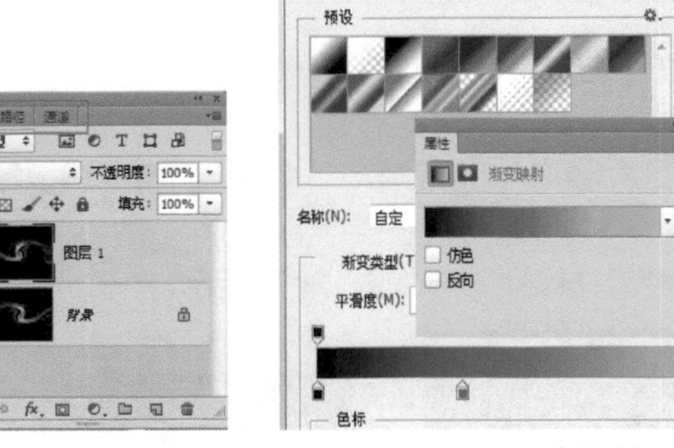

图12-56 变换并设置混合模式

图12-57 设置渐变映射

11 应用渐变映射后图像被映射为渐变的光纹理，还可以为图像设置“色相/饱和度”调整图层，如图12-58所示，填充“渐变”填充图层，如图12-59所示，此时的“图层”面板如图12-60所示。

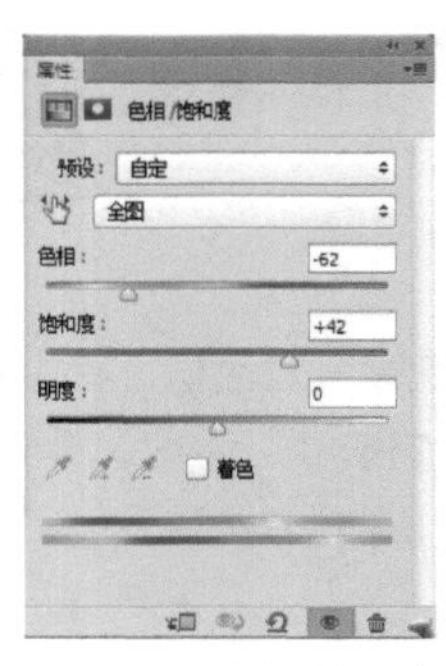

图12-58 色相/饱和度

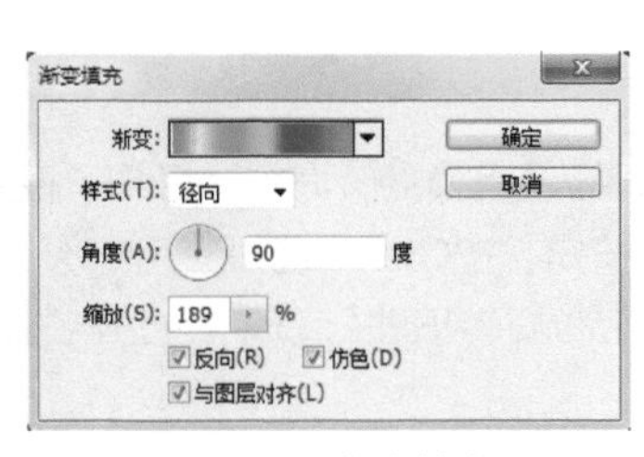

图12-59 渐变填充

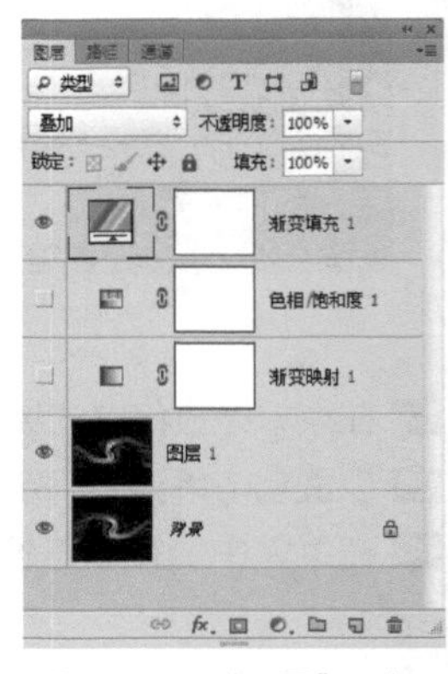

图12-60 “图层”面板

12 应用渐变映射、色相/饱和度以及直接设置混合模式的效果，如图12-61所示。

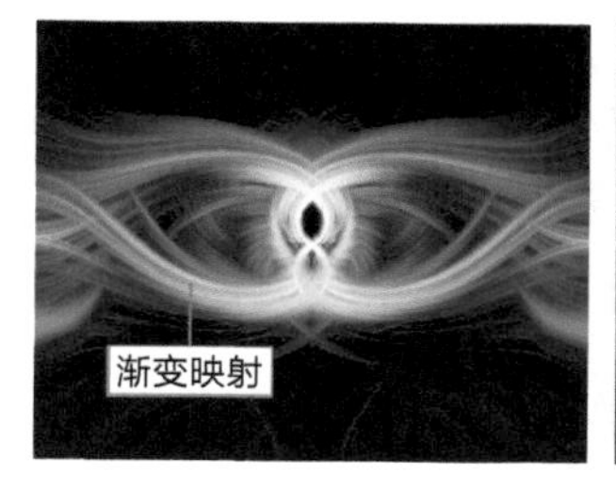

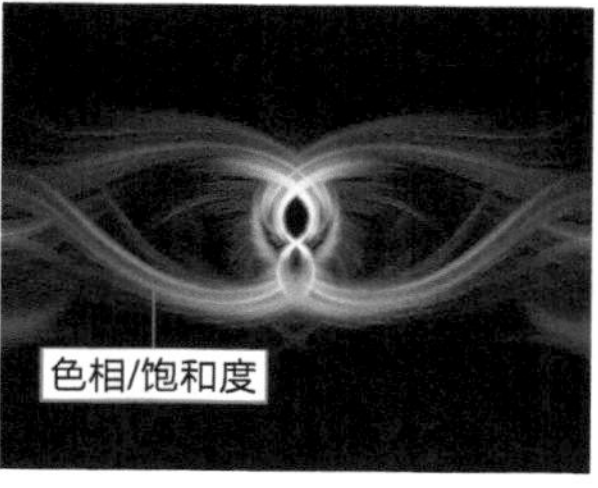

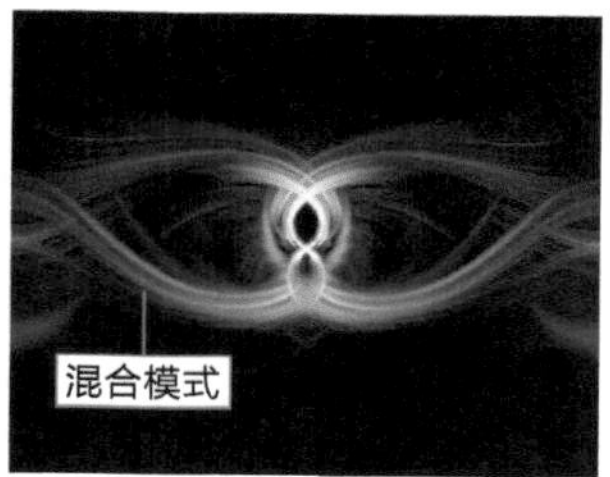

图12-61 光纹理效果

实例 144 特效纹理6

实例目的

通过制作如图12-62所示的流程效果图，了解“USM锐化”滤镜在本例中的应用。

图12-62 流程效果图

实例要点

- 使用“打开”菜单命令打开素材文件
- 将图像去色，并使用“旋转扭曲”滤镜
- 使用“径向模糊”滤镜和“USM锐化”滤镜制作背景图像效果

操作步骤

01 打开随书下载资源中的“素材文件/第12章/蝴蝶”素材，如图12-63所示。

02 在“图层”面板中拖动“背景”图层至“创建新图层”按钮 上，复制“背景”图层得到“背景 拷贝”图层，效果如图12-64所示。

03 执行菜单中“滤镜/模糊/径向模糊”命令，打开“径向模糊”对话框，参数设置如图12-65所示。

图12-63 素材

图12-64 复制背景

图12-65 “径向模糊”对话框

04 单击“确定”按钮，完成“径向模糊”对话框的设置，图像效果如图12-66所示。

05 用相同的方法，再对图像使用两次“径向模糊”滤镜，图像效果如图12-67所示。

图12-66 径向模糊后效果

图12-67 径向模糊两次后效果

06 拖动“背景 拷贝”图层至“创建新图层”按钮上，复制“背景 拷贝”图层得到“背景 拷贝2”图层，设置“背景 拷贝2”图层的“混合模式”为叠加，如图12-68所示。

图12-68 混合模式

07 选中“背景 拷贝”图层，执行菜单中“滤镜/锐化/USM锐化”命令，打开“USM锐化”对话框，具体设置如图12-69所示。

08 单击“确定”按钮，完成“USM锐化”对话框的设置，图像效果如图12-70所示。

图12-69 “USM锐化”对话框

图12-70 应用USM锐化滤镜后效果

09 拖动“背景 拷贝”图层至“创建新图层”按钮上，复制“背景 拷贝”图层得到“背景 拷贝3”图层，调整“背景 拷贝3”图层至“背景 拷贝2”图层之上，执行菜单中“图像/调整/去色”命令，效果如图12-71所示。

图12-71 复制并去色

10 设置“背景 拷贝3”图层的“混合模式”为正片叠底，效果如图12-72所示。

图12-72 混合模式

11 选中“背景 拷贝3”图层，执行菜单中“滤镜/扭曲/旋转扭曲”命令，打开“旋转扭曲”对话框，具体设置如图12-73所示。

12 单击“确定”按钮，完成“旋转扭曲”对话框的设置，图像效果如图12-74所示。

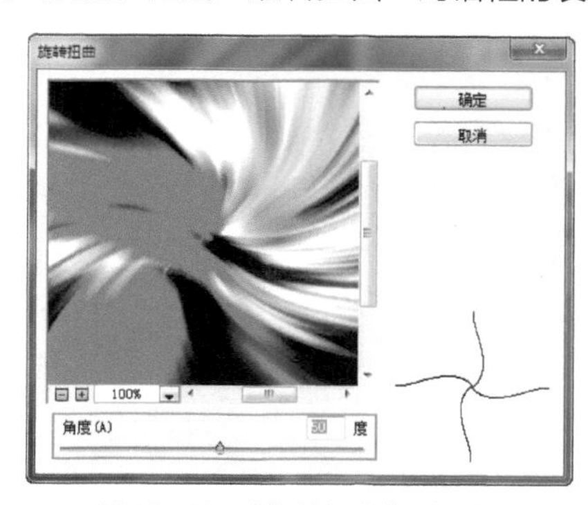

图12-73 “旋转扭曲”对话框

图12-74 旋转扭曲后效果

13 选择（裁剪工具）对图像进行局部裁剪，此时得到最终效果，如图12-75所示。

14 还可以执行菜单中“图像/调整/色相/饱和度”命令，对纹理图像进行色调调整，如图12-76所示。

图12-75 最终效果

图12-76 最终效果

实例 145 特效纹理7

实例目的

通过制作如图12-77所示的流程效果图，了解“光照效果”滤镜在本例中的应用。

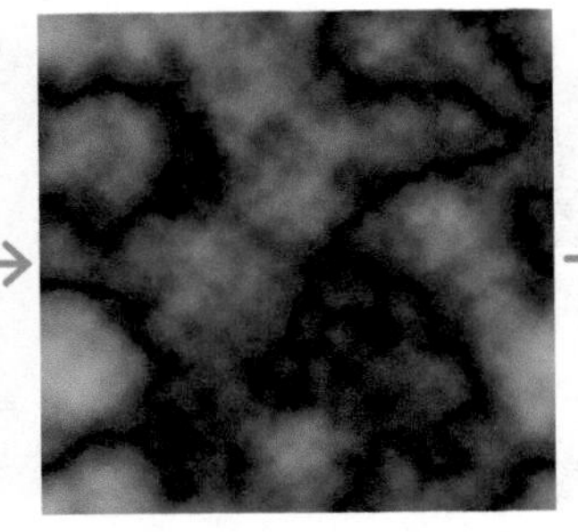

图12-77 流程效果图

实例要点

- 使用“新建”命令新建文件
- 使用“云彩”滤镜制作背景纹理
- 转换到“通道”面板中新建通道，并对新建的通道运用“分层云彩”滤镜
- 使用色阶调整
- 使用“光照效果”滤镜制作岩石纹理效果

操作步骤

01 新建一个“宽度”与“高度”都为500像素、“分辨率”为72像素/英寸的空白文档，按D键将工具箱中的“前景色”设置为黑色，“背景色”设置为白色，执行菜单中“滤镜/渲染/云彩”命令，效果如图12-78所示。

02 执行菜单中“窗口/通道”命令，打开“通道”面板，单击“创建新通道”按钮，新建“Alpha1”通道，如图12-79所示。

03 执行菜单中“滤镜/渲染/分层云彩”命令，对“Alpha1”通道运用“分层云彩”滤镜，按Ctrl+F键，效果如图12-80所示。

图12-78 新建文档应用云彩和分层云彩

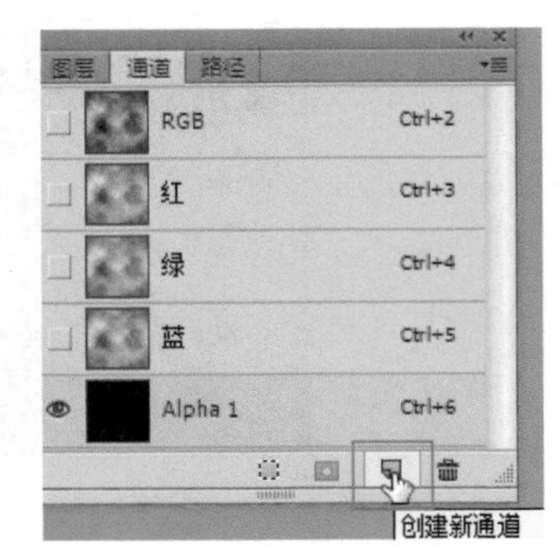

图12-79 新建通道

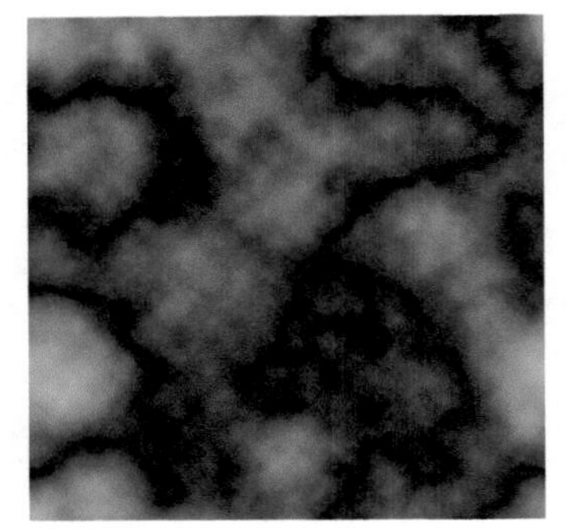

图12-80 分层云彩后效果

> **技巧**
>
> 在通道中应用分层云彩后的效果如果不满意的话，可以多执行几次“分层云彩”滤镜，此时会得到一些意想不到纹理效果。

04 执行菜单中“图像/调整/色阶”命令，打开“色阶”对话框，其中的参数值设置如图12-81所示。

05 设置完毕单击“确定”按钮，效果如图12-82所示。

06 单击“RGB”通道缩览图，返回“图层”面板，执行菜单中“滤镜/渲染/光照效果”命令，打开“光照效果”对话框，其中的参数值设置如图12-83所示。

07 设置完毕单击“确定”按钮，至此本例制作完毕，效果如图12-84所示。

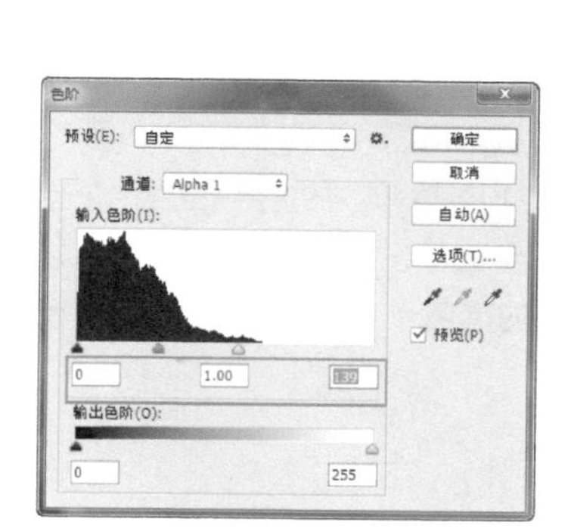

图12-81 “色阶”对话框

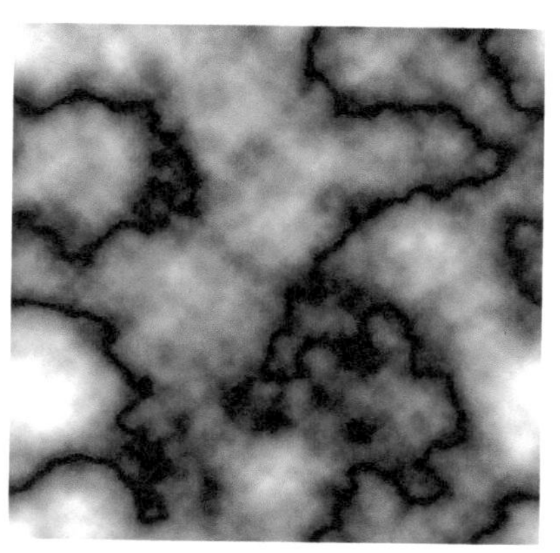
图12-82 色阶调整后效果

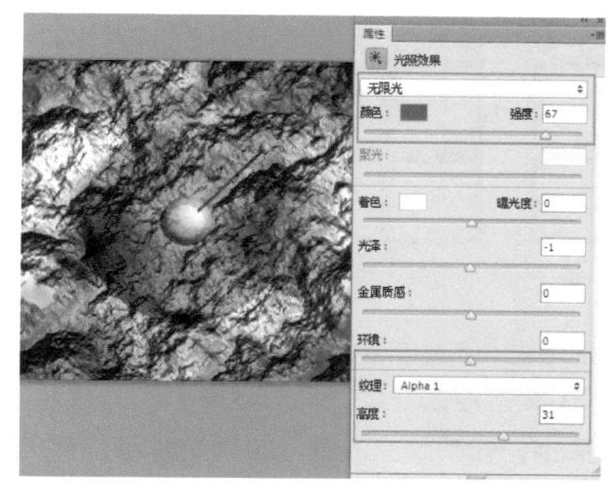

图12-83 “光照效果”对话框

图12-84 光照效果

实 例 146　特效纹理8

实例目的

通过制作如图12-85所示的流程效果图，了解“通道”以及“彩色半调”滤镜在本例中的应用。

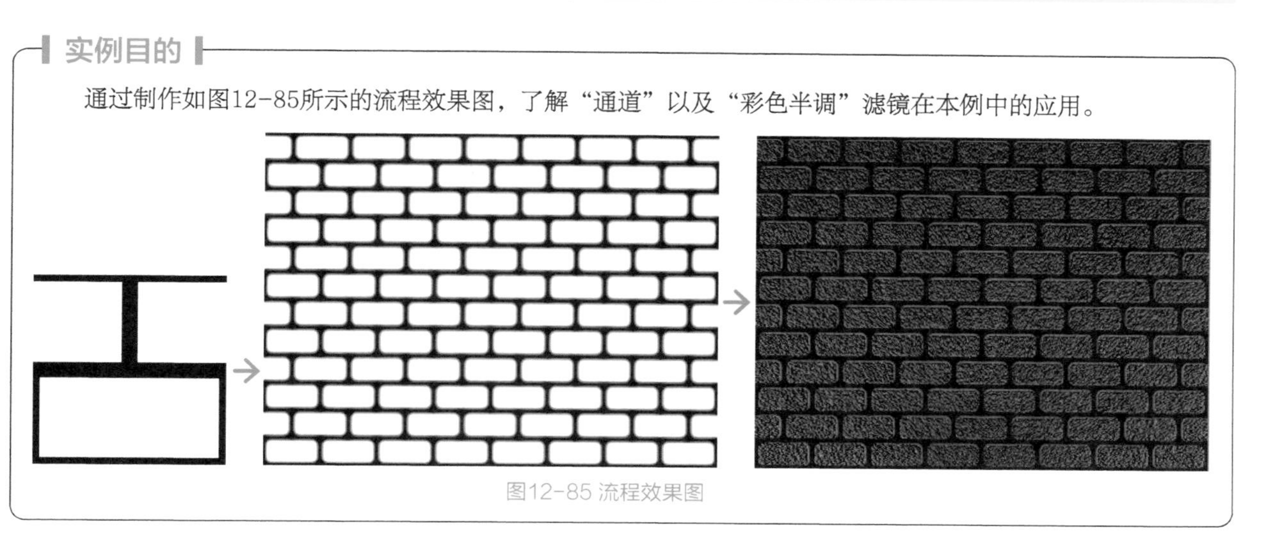
图12-85 流程效果图

实例要点

- 新建文件
- 自定义填充图案
- 新建通道并填充图案
- 在通道中使用“高斯模糊、色阶、添加杂色”命令
- 使用“渐变工具”创建背景并应用“光照效果”滤镜制作纹理
- 复制选区内容并添加投影

操作步骤

01 新建一个“宽度”与“高度”都为50像素、“分辨率”为100像素/英寸的空白文档，按Ctrl+A键调出选区后，执行菜单中“编辑/描边”命令，打开“描边”对话框，其中的参数值设置如图12-86所示。

02 设置完毕单击“确定”按钮，在文档中间绘制一个4像素宽的黑色十字线，如图12-87所示。

03 擦除线条，效果如图12-88所示。

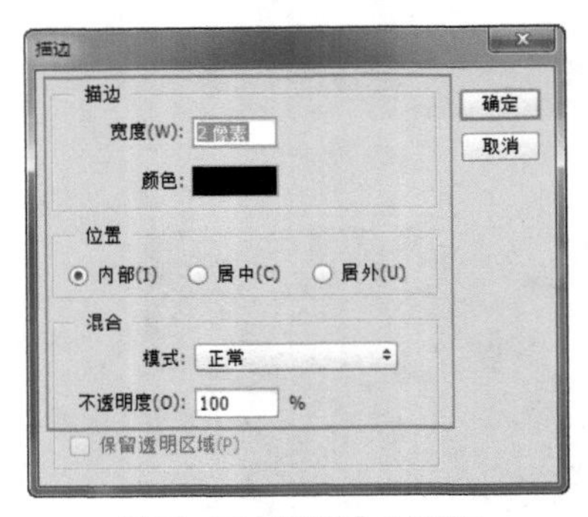

图12-86 “描边”对话框

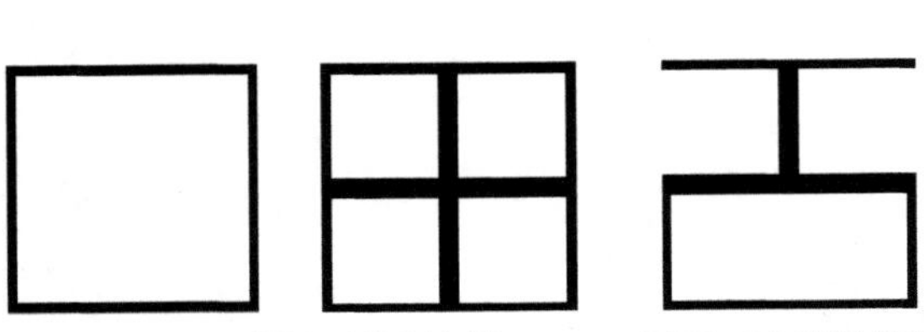

图12-87 描边后绘制直线　图12-88 删除线条

04 执行菜单中“编辑/定义图案”命令，打开“图案名称”对话框，其中的参数值设置如图12-89所示。

05 设置完毕单击“确定”按钮，此时就会将图案定义到“图案拾色器”中，再新建一个“宽度”为400像素、“高度”为300像素，“分辨率”为100像素/英寸的空白文档，转换到“通道”面板中新建一个“Alphe1”通道。执行菜单中“编辑/填充”命令，打开“填充”对话框，其中的参数值设置如图12-90所示。

图12-89 “图案名称”对话框

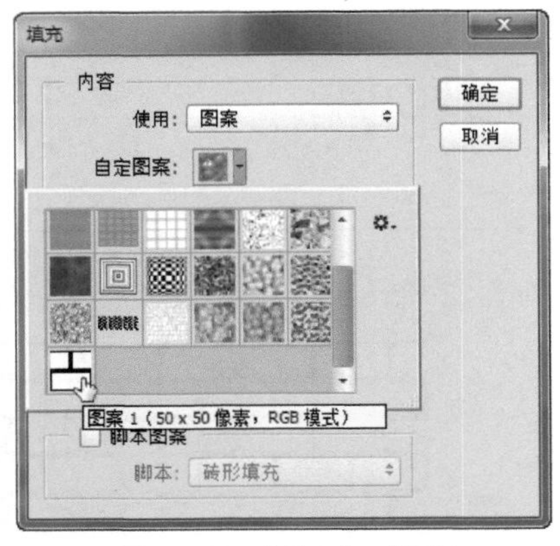

图12-90 “填充”对话框

> **技巧**
>
> 定义后的图案会在“填充”对话框中看到。

06 单击“确定”按钮，为空白文档填充图案，效果如图12-91所示。

07 执行菜单中“滤镜/模糊/高斯模糊”命令，打开“高斯模糊”对话框，其中的参数值设置如图12-92所示。

图12-91 填充图案

图12-92 “高斯模糊”对话框

08 设置完毕单击“确定”按钮，通道效果如图12-93所示。

09 执行菜单中“图像/调整/色阶”命令，打开“色阶”对话框，其中的参数值设置如图12-94所示。

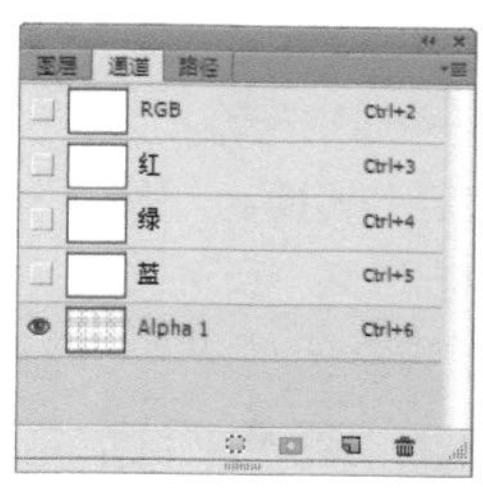

图12-93 模糊

图12-94 “色阶”对话框

10 设置完毕单击“确定”按钮，效果如图12-95所示。

图12-95 调整后效果

技巧

在“通道”面板中填充的砖墙纹理，自由结合“高斯模糊”和“色阶”命令后，才能更接近生活中所见到的砖形纹理。

11 按住Ctrl键单击“Alpha1”通道，调出选区并将选区填充为灰色，如图12-96所示。

12 执行菜单中“滤镜/杂色/添加杂色”命令，打开“添加杂色”对话框，其中的参数值设置如图12-97所示。

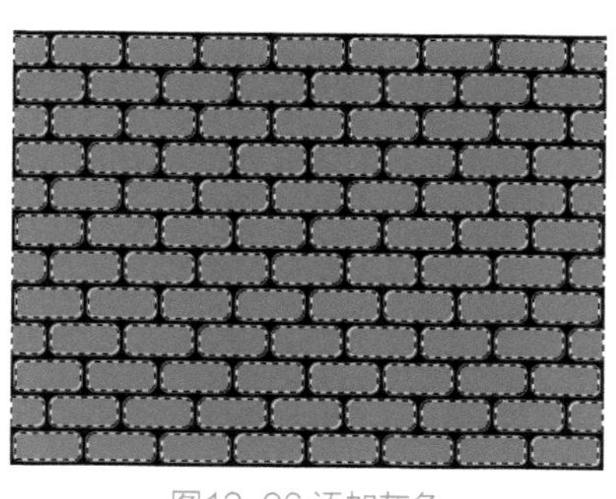

图12-96 添加灰色

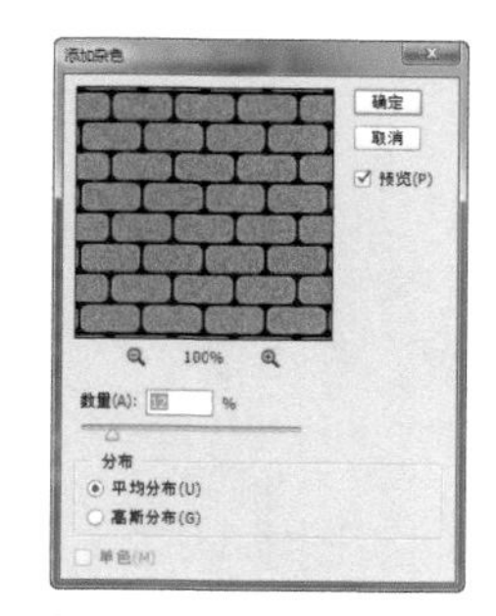

图12-97 “添加杂色”对话框

技巧

制作砖墙纹理时，在“通道”面板中执行“添加杂色”命令时，一定要选中“平均分布”，单选按钮设置的数值也不应太大（在“通道”面板中“单色”复选框是处于不可用状态的）。

13 设置完毕单击“确定”按钮，按Ctrl+D键去掉选区。转换到“图层”面板中，选择▣（渐变工具）绘制一个从灰色到白色的线性渐变，如图12-98所示。

14 执行菜单中“滤镜/渲染/光照效果”命令，打开“光照效果”对话框，其中的参数值设置如图12-99所示。

图12-98 渐变填充

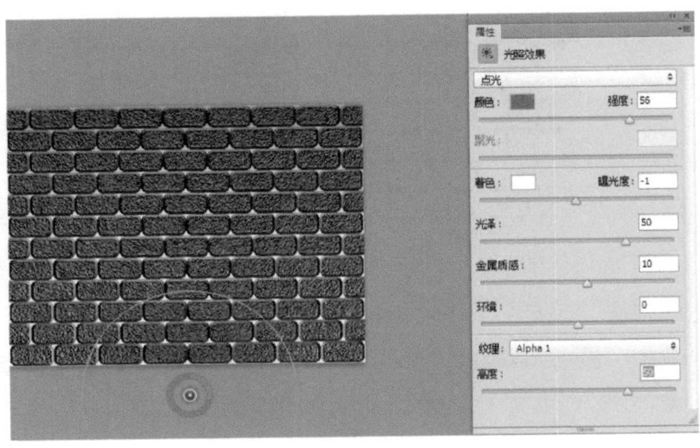

图12-99 “光照效果”对话框

15 设置完毕单击“确定”按钮，效果如图12-100所示。

16 按住Ctrl键单击“Alpha1”通道调出选区后，转换到“图层”面板中，按Ctrl+J键复制选区内容到“图层1”图层，为“图层1”图层添加一个黑色投影，调出选区，反选选区并填充黑色，至此本例制作完毕，效果如图12-101所示。

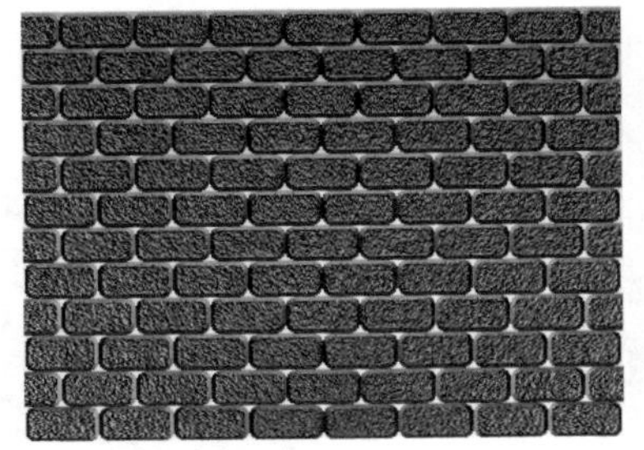

图12-100 光照效果

图12-101 最终效果

实例 147 特效纹理9

实例目的

通过制作如图12-102所示的流程效果图，了解“3D”命令以在本例中的应用。

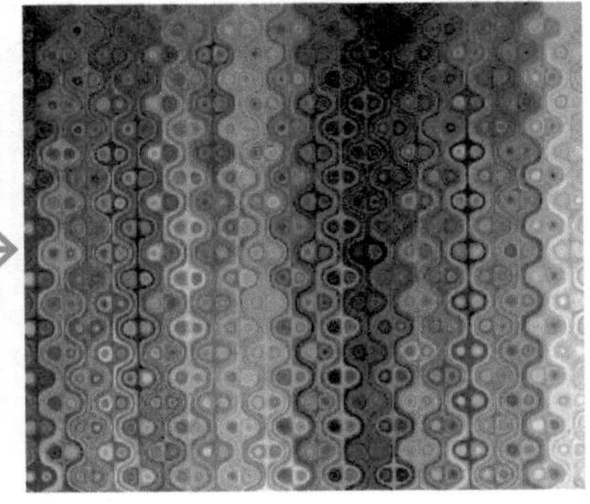

图12-102 流程效果图

实例要点

- 新建文档
- 应用“玻璃”滤镜
- 应用“云彩”滤镜
- “色相/饱和度”调整图像

操作步骤

01 新建一个空白文档，按D键默认前景色为黑色、背景色为白色，执行菜单中的“滤镜/渲染/云彩”命令，效果如图12-103所示。

02 执行菜单中的“滤镜/渲染/纤维”命令。设置和效果如图12-104所示。

图12-103 应用“云彩”滤镜

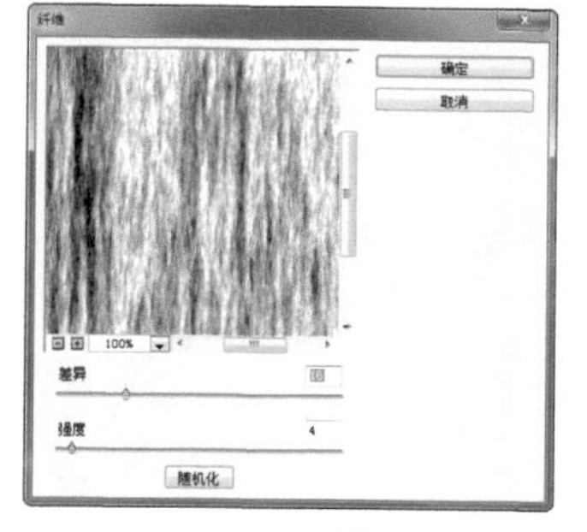

图12-104 应用“纤维”滤镜

03 再执行菜单中的“滤镜/滤镜库”命令，在“扭曲”标签中选择“玻璃”，其中的参数值设置如图12-105所示。

04 为图层添加“色相/饱和度”调整色调，效果如图12-106所示。

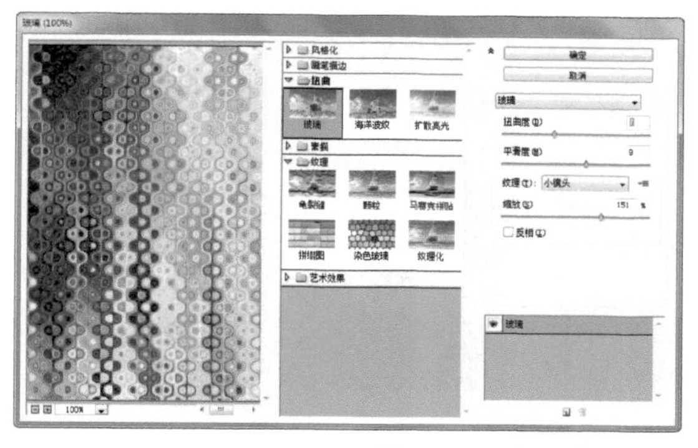

图12-105 应用“玻璃”滤镜

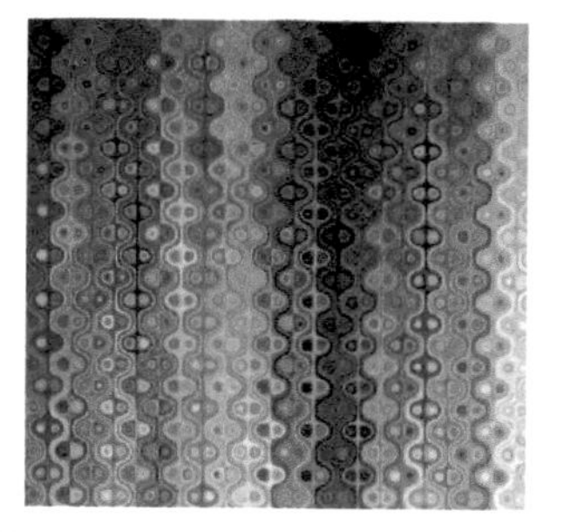

图12-106 最终效果

实例 148 特效纹理10

实例目的

通过制作如图12-107所示的流程效果图，了解“纹理化”滤镜以在本例中的应用。

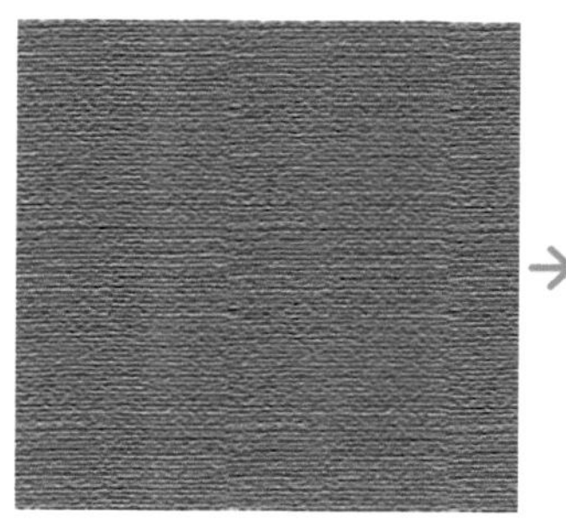

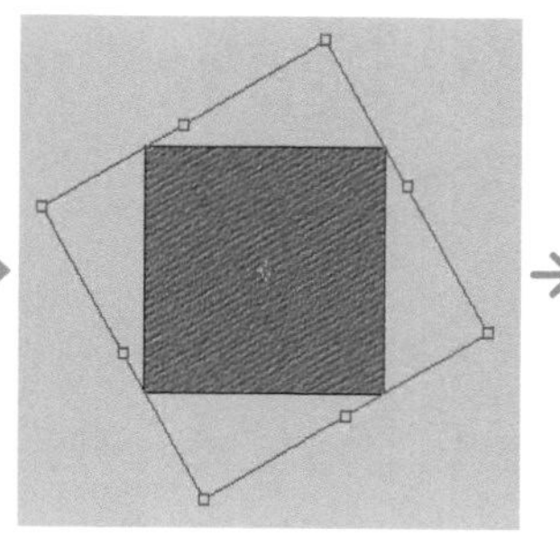

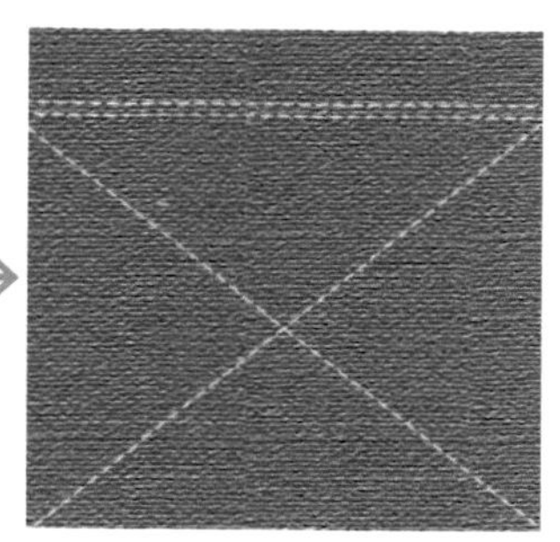

图12-107 流程效果图

实例要点

- 新建文档应用“纹理化”滤镜
- 设置“混合模式”为变暗
- 应用“USM锐化”滤镜
- 设置画笔绘制线条

操作步骤

01 新建一个空白文档，将背景填充为青蓝色，执行菜单中的“滤镜/滤镜库”命令，打开“滤镜库”对话框，选择“纹理”标签下的“纹理化”命令，设置参数后，单击“确定”按钮。设置和效果如图12-108所示。

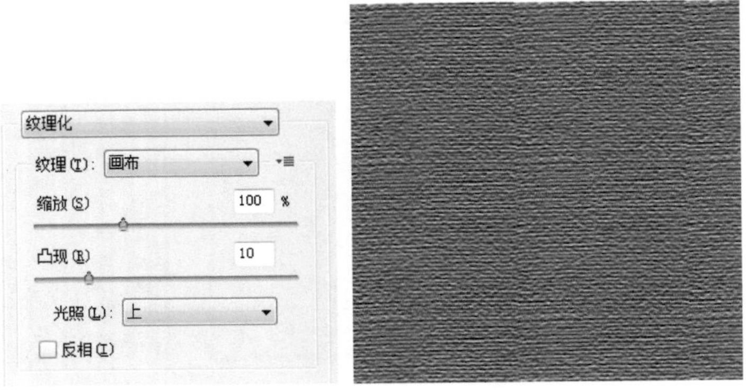

图12-108 应用“纹理化”滤镜

02 复制背景图层，按Ctrl+T键调出变换框，将副本进行旋转并放大变换，效果如图12-109所示。

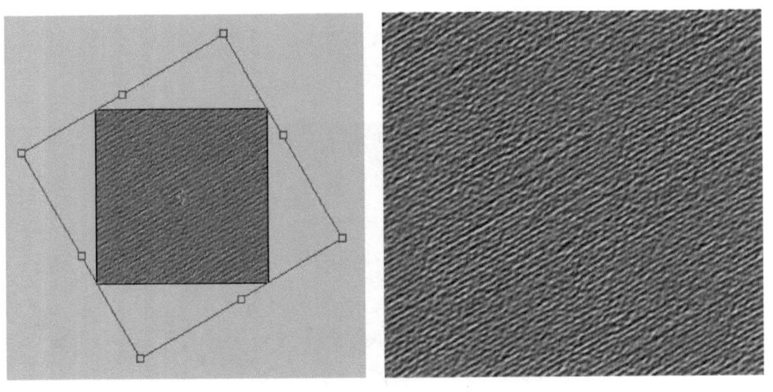

图12-109 旋转放大

03 执行菜单中的“滤镜/锐化/USM锐化”命令，设置参数后，单击“确定”按钮，设置“混合模式”为变暗，效果如图12-110所示。

04 再使用（画笔工具）绘制白色线条，至此本例制作完毕，效果如图12-111所示。

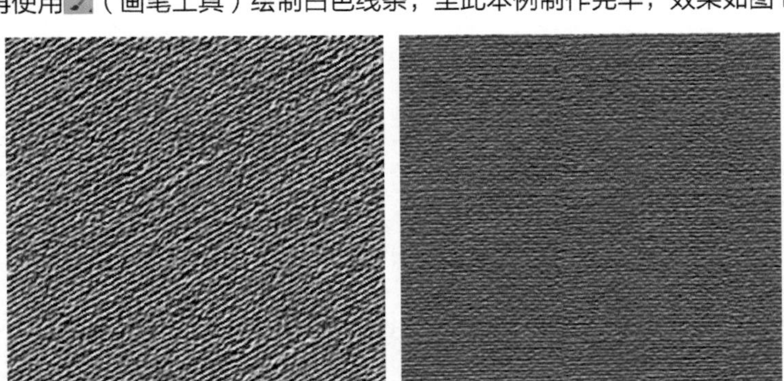

图12-110 锐化变暗效果

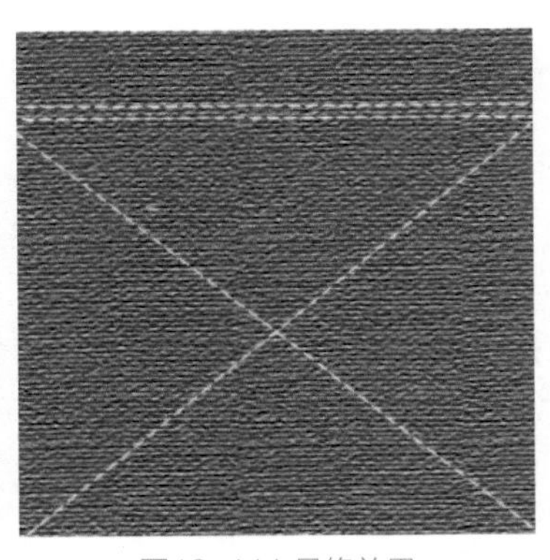

图12-111 最终效果

实例 149　特效纹理11

实例目的

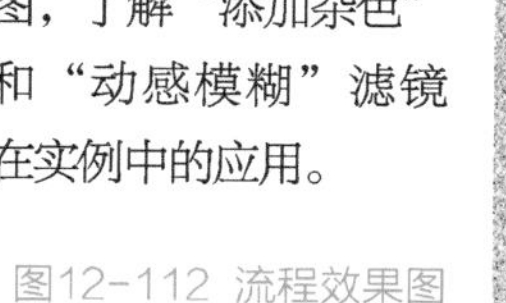

通过制作如图12-112所示的流程效果图，了解“添加杂色”和“动感模糊”滤镜在实例中的应用。

图12-112 流程效果图

实例要点

- 新建文档应用“添加杂色”滤镜
- 调整图像色调
- 填充定义图案
- 应用“动感模糊”滤镜
- 新建文档绘制圆形定义图案
- 应用“光照效果”滤镜

操作步骤

01 新建一个空白文档，将背景填充为灰色，执行菜单中的“滤镜/杂色/添加杂色”命令，打开“添加杂色”对话框，设置参数后，单击“确定”按钮。设置和效果如图12-113所示。

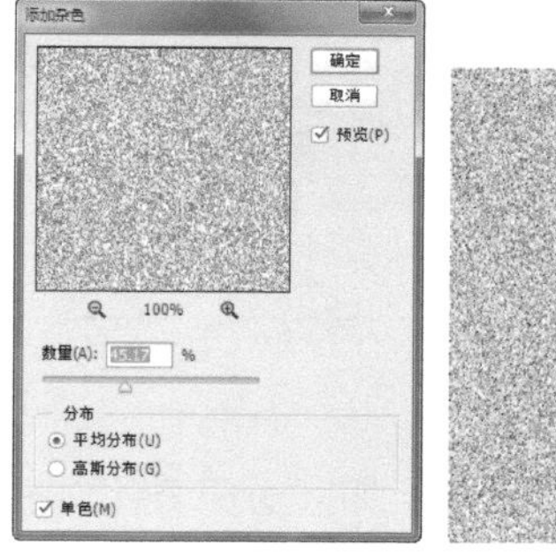

图12-113 应用“添加杂色”命令

02 执行菜单中的“滤镜/模糊/动感模糊”命令，打开“动感模糊”对话框，设置参数后，单击“确定”按钮，再使用“色相/饱和度”调整色调。设置和效果如图12-114所示。

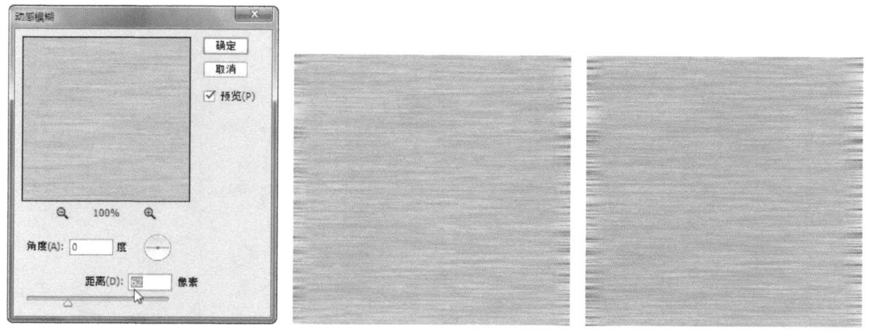

图12-114 应用“动感模糊”命令

03 新建一个小正方形，绘制一个白色正圆，将其定义为图案，在之前的文档中新建一个图层，将图案填充到新图层内，效果如图12-115所示。

04 执行菜单中的“滤镜/渲染/光照效果”，打开“光照效果”对话框，至此本例制作完毕。设置和效果如图12-116所示。

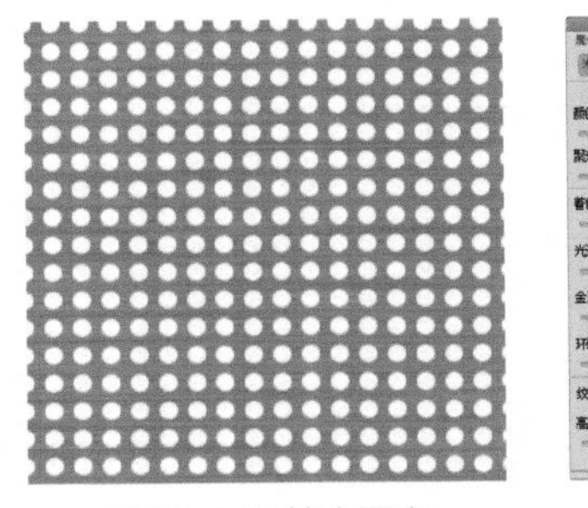

图12-115 填充图案

图12-116 最终效果

实例150 特效纹理12

实例目的

通过制作如图12-117所示的流程效果图，了解“云彩”和“分层云彩”滤镜在实例中的应用。

图12-117 流程效果图

实例要点

- 新建文档
- 在通道中应用“云彩”和“分层云彩”滤镜
- 调出通道选区
- 转换到“图层”面板中填充选区
- 绘制渐变背景

操作步骤

01 新建一个空白文档，按D键默认前景色为黑色、背景色为白色，执行菜单中的“滤镜/渲染/云彩”命令，再执行菜单中的“滤镜/渲染/分成云彩”命令，按Ctrl+F键多次，效果如图12-118所示。

图12-118应用“云彩”滤镜

02 执行菜单中的“图像/调整/色阶”命令，打开“色阶”对话框，调整参数后，单击“确定”按钮，在“通道”面板中按住Ctrl键并单击通道，调出选区。设置和效果如图12-119所示。

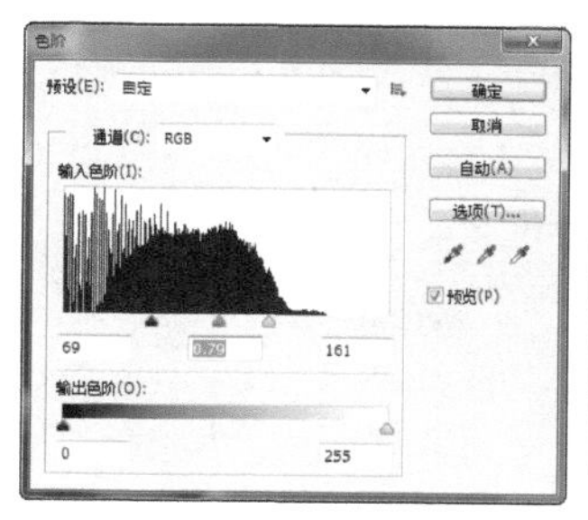

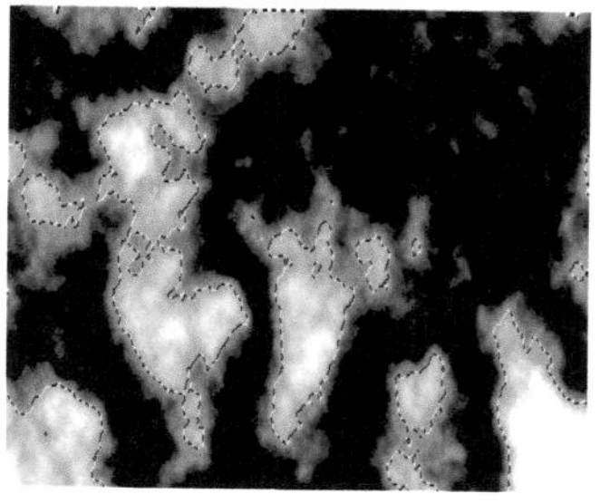

图12-119 调整色阶并调出选区

03 转换到“图层”面板中，新建一个图层，填充“白色”，按Ctrl+D键去掉选区，选择背景将其填充天空颜色的渐变色，至此本例制作完毕。效果如图12-120所示。

图12-120 最终效果

实例 151 特效纹理13

实例目的

通过制作如图12-121所示的流程效果图，了解“染色玻璃、木刻和扩散”滤镜在实例中的应用。

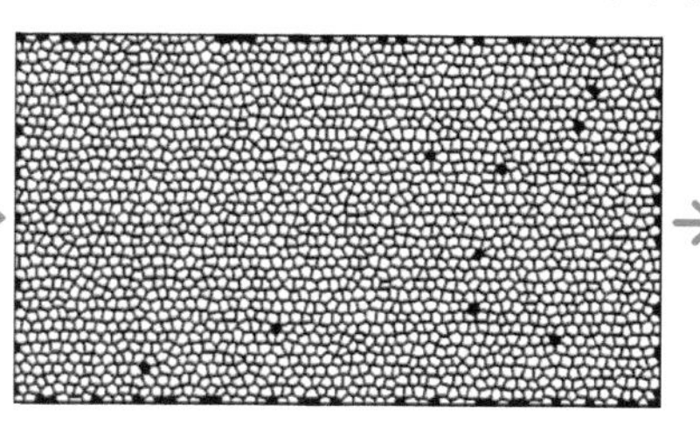

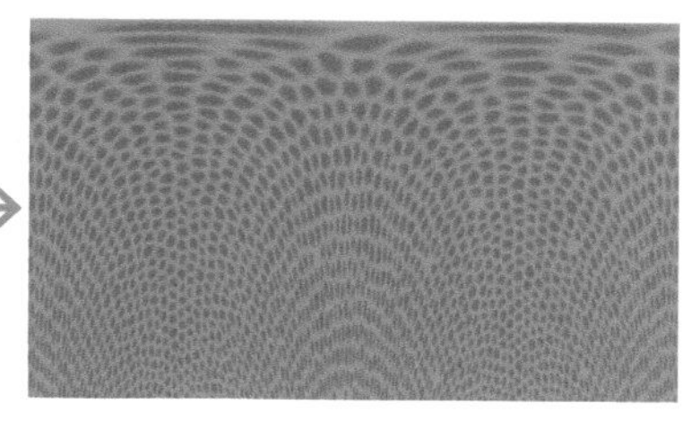

图12-121 流程效果图

实例要点

- 新建文档填充颜色
- 调出通道选区在图层中填充选区
- 在通道中新建通道应用“染色玻璃、木刻和扩散”滤镜
- 盖印图层
- 应用“极坐标”滤镜

操作步骤

01 新建一个空白文档，将背景填充为红棕色，转换到“通道”面板中，将前景色设置为白色、背景色设置为黑色，执行菜单中的“滤镜/滤镜库”命令，打开“滤镜库”对话框，选择“纹理”标签中的“染色玻璃”命令，设置参数后，单击“确定”按钮。设置和效果如图12-122所示。

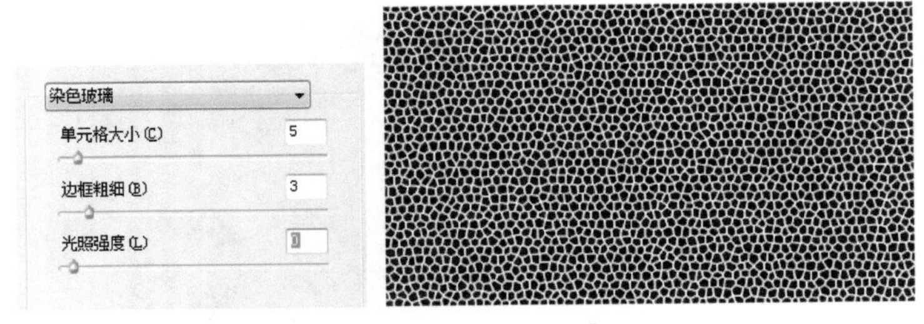

图12-122 应用“染色玻璃”滤镜

02 复制“Alpha1”通道将副本命名为“Alpha2”，按Ctrl+I键反相显示，再执行菜单中的“滤镜/滤镜库”命令，打开“滤镜库”对话框，选择“艺术效果”标签中的“木刻”命令，设置参数后，单击“确定”按钮。设置和效果如图12-123所示。

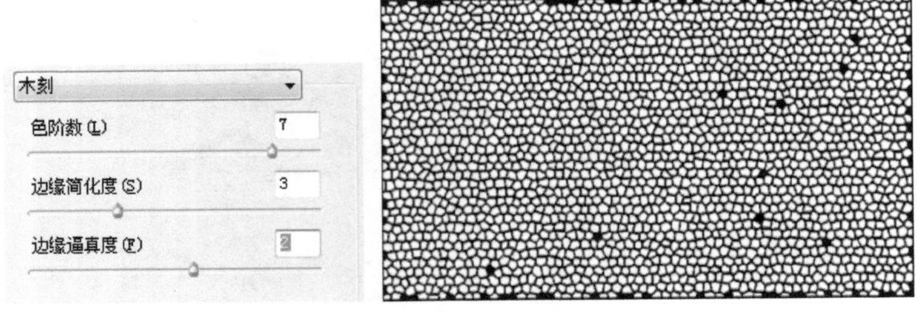

图12-123 应用“木刻”滤镜

03 复制“Alpha2”通道将副本命名为“Alpha3”，执行菜单中的“滤镜/风格化/扩散”命令，打开“扩散”对话框，设置参数后，单击“确定”按钮。设置和效果如图12-124所示。

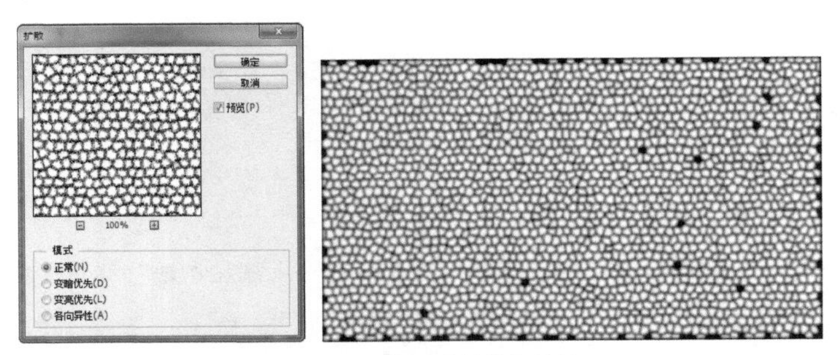

图12-124 应用“扩散”滤镜

04 为“Alpha3”通道应用“模糊”滤镜，分别调出选区，在“图层”面板中新建图层填充不同颜色。设置和效果如图12-125所示。

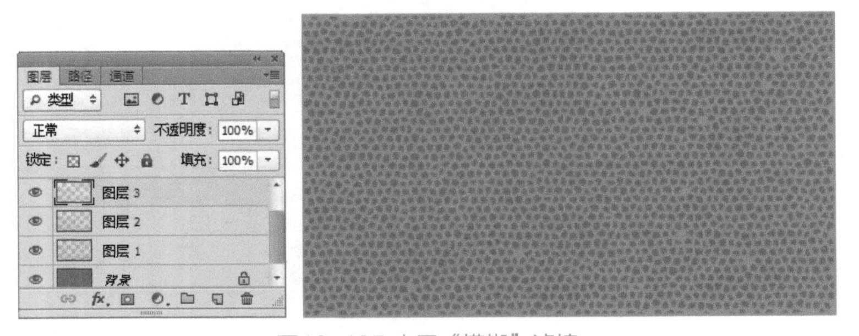

图12-125 应用“模糊”滤镜

05 按Ctrl+Alt+Shift+E键进行图层盖印，再执行菜单中的“滤镜/扭曲/极坐标”命令，设置参数后，单击“确定”按钮，至此本例制作完毕。设置和最终效果如图12-126所示。

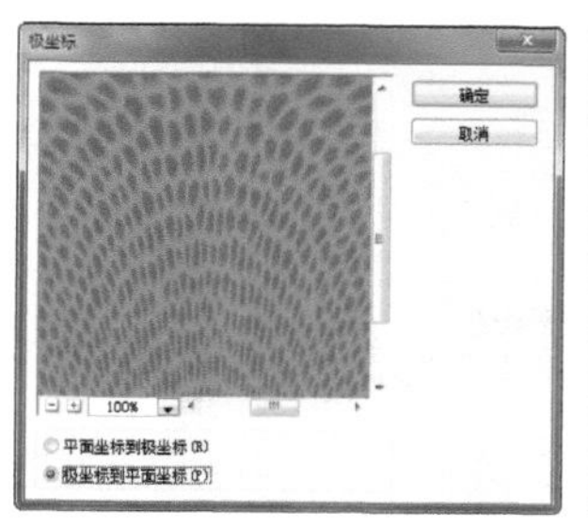
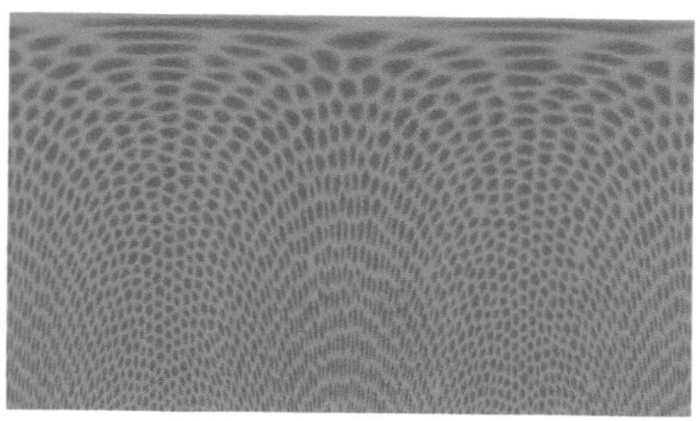

图12-126 设置和最终效果

实例 152 特效纹理14

实例目的

通过制作如图12-127所示的流程效果图，了解“添加图层样式”和“编辑蒙版”在实例中的应用。

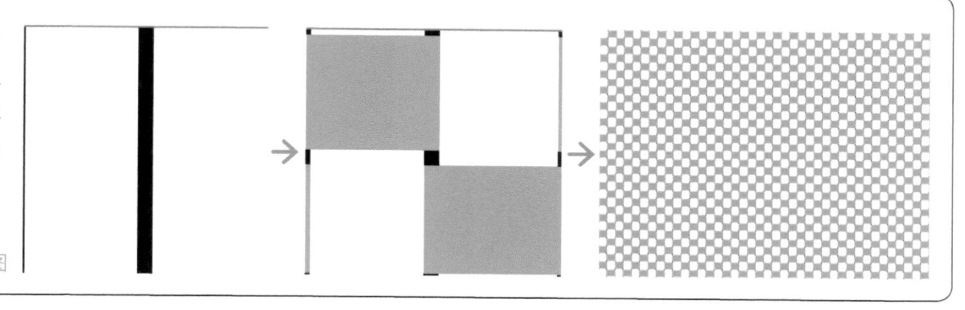

图12-127 流程效果图

实例要点

- 新建文档绘制一个相互交错的图案
- 定义图案
- 创建填充图层

操作步骤

01 新建一个正方形的空白文档，使用 （矩形选框工具），绘制矩形选区后填充颜色，如图12-128所示。

02 创建一个矩形选区，将灰色区域删除，效果如图12-129所示。

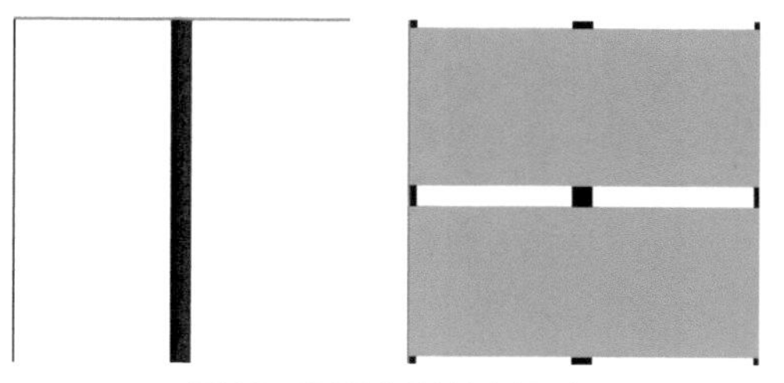

图12-128绘制并填充矩形

图12-129 删除灰色区域

03 执行菜单中的“编辑/定义图案”命令，将小矩形中的图像定义为一个图案，新建一个空白文档，将之前定义的图案进行填充，至此本例制作完毕。效果如图12-130所示。

图12-130 最终效果

实例 153 特效纹理15

实例目的

通过制作如图12-131所示的流程效果图，了解“染色玻璃和木刻”在实例中的应用。

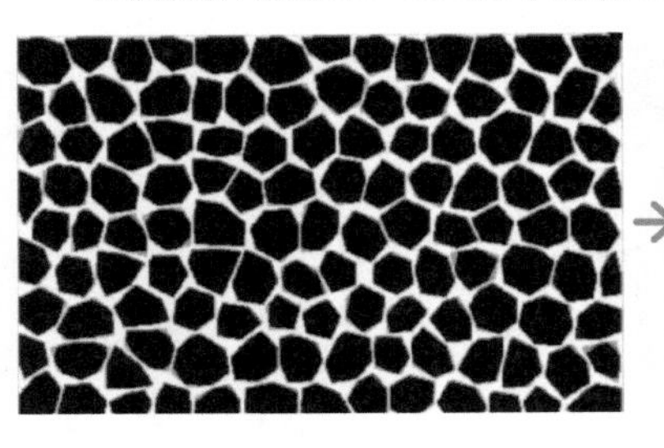
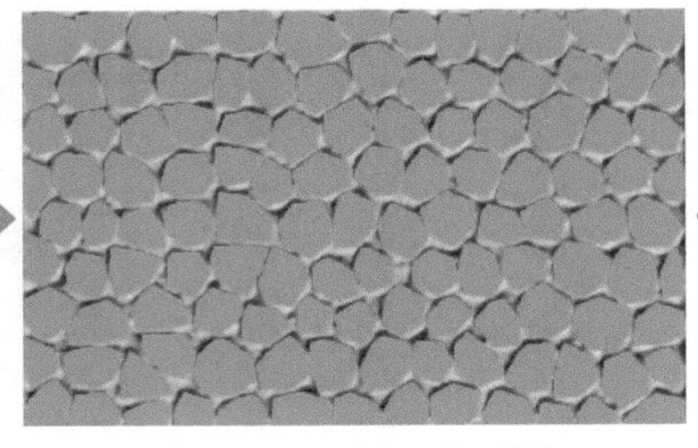

图12-131 流程效果图

实例要点

- 新建一个400像素×300像素的文件
- 转换到“通道”面板中使用“染色玻璃和木刻”命令制作纹理
- 调出选区后，转换到“图层”面板，在选区中填充相应的颜色并使用“斜面和浮雕”“纹理”和“投影”图层样式命令制作石头效果

操作步骤

01 新建一个空白文档，转换到“通道”面板中，执行菜单中的“滤镜/滤镜库”命令，打开“滤镜库”对话框，选择“纹理”标签中的“染色玻璃”命令，设置参数后，单击“确定”按钮，再执行菜单中的“滤镜/滤镜库”命令，打开“滤镜库”对话框，选择“艺术效果”标签中的“木刻”命令，参数设置和效果如图12-132所示。

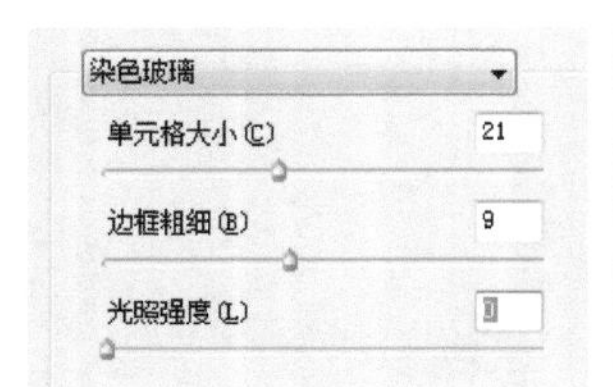

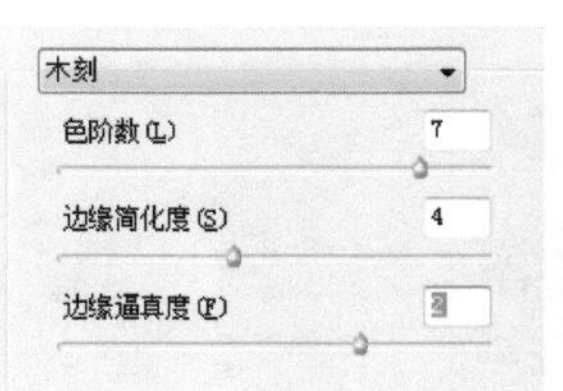

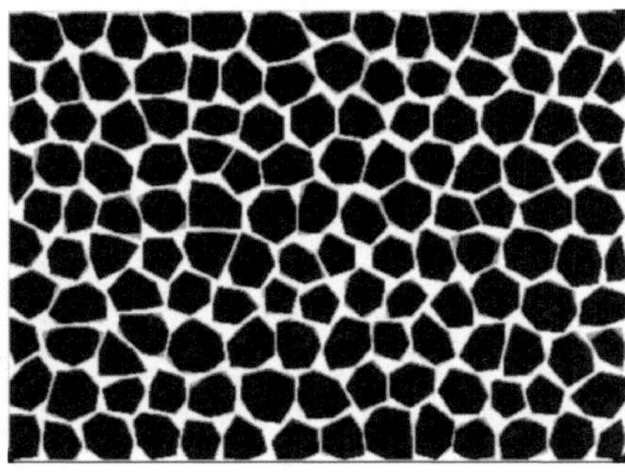

图12-132 应用滤镜后

02 复制通道按Ctrl+I键反相显示，调出选区后，转换到“图层”面板中填充颜色，如图12-133所示。

图12-133 填充颜色

03 为边框和内部区域同样应用“斜面和浮雕”“纹理”和“投影”图层样式，参数设置如图12-134所示。

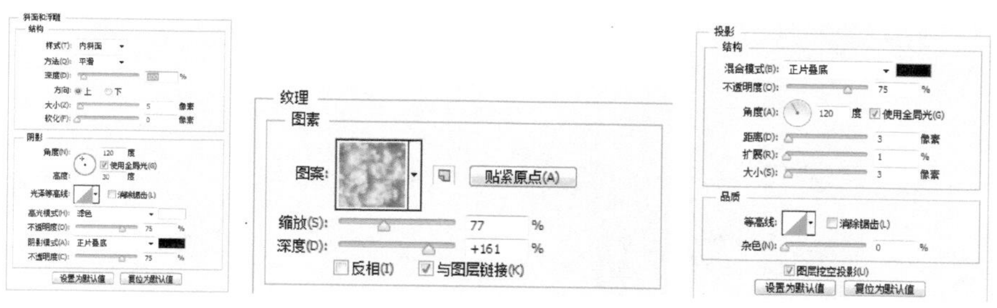

图12-134 图层样式

04 设置完毕单击“确定”按钮，至此本例制作完毕，效果如图12-135所示。

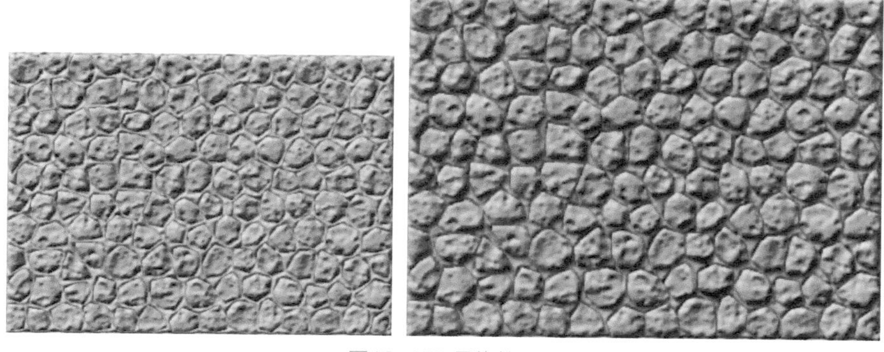

图12-135 最终效果

第13章

按钮制作

本章内容

按钮1~10

通过对前面章节的学习，大家已经对Photoshop软件绘制与编辑图像的强大功能有了初步了解，下面带领大家使用Photoshop进行按扭制作方面的操作，使大家了解平面设计中按钮的魅力。

实例 154 按钮1

实例目的

通过制作如图13-1所示的流程效果图，了解圆角矩形的绘制与渐变颜色的填充。

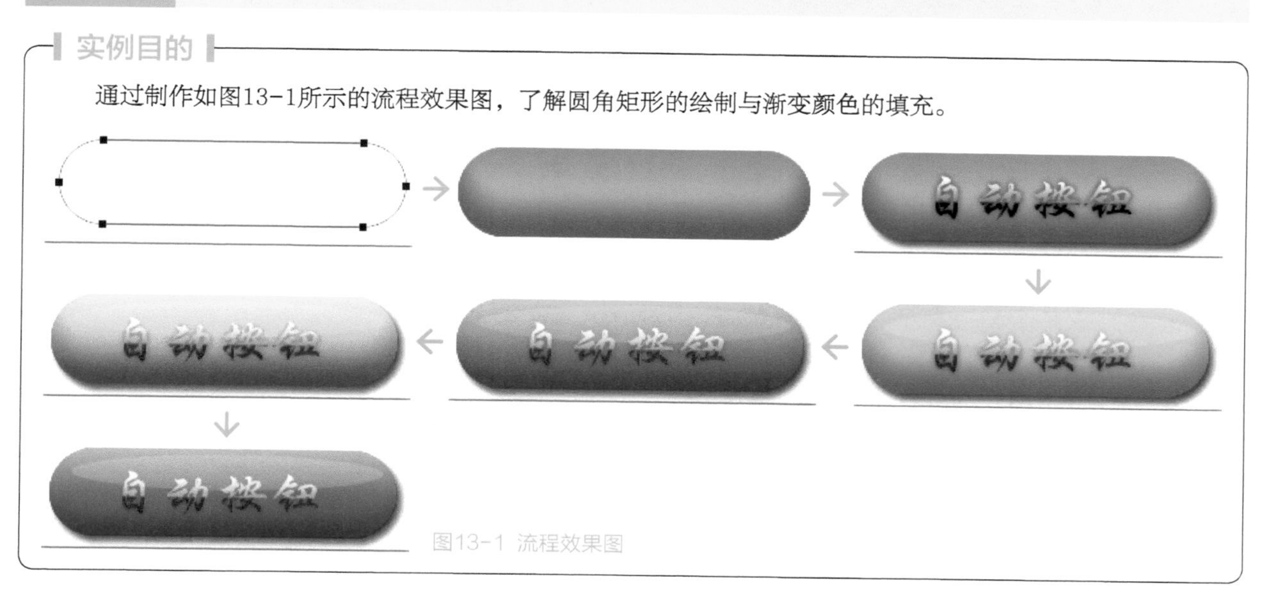

图13-1 流程效果图

实例要点

- 使用“新建”命令新建文件
- 添加“内阴影、投影和渐变叠加”图层样式
- 绘制圆角矩形路径
- 绘制图形并调整不透明度
- 填充渐变色

操作步骤

01 执行菜单中的“文件/新建”命令，打开“新建”对话框，参数设置如图13-2所示。

02 设置完毕单击“确定”按钮，选择（圆角矩形工具）选择“工具模式”为路径，设置“半径”为50像素，在文档中绘制圆角矩形路径，效果如图13-3所示。

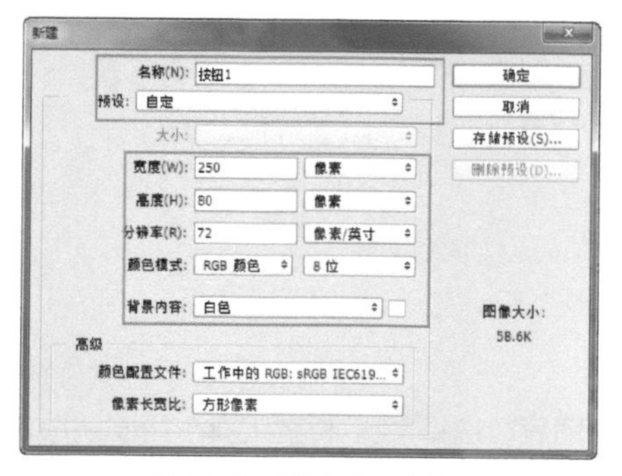

图13-2 “新建”对话框

图13-3 绘制圆角矩形路径

03 按Ctrl+Enter键将路径转换为选区，将“前景色”设置为RGB（39，152，253）、“背景色”为RGB(38，241，242)，选择（渐变工具）绘制从前景色到背景色的线性渐变，效果如图13-4所示。

图13-4 绘制渐变

04 执行菜单中的“图层/图层样式/内阴影和投影”命令，分别打开“内阴影和投影”对话框，其中的参数值设置如图13-5所示。

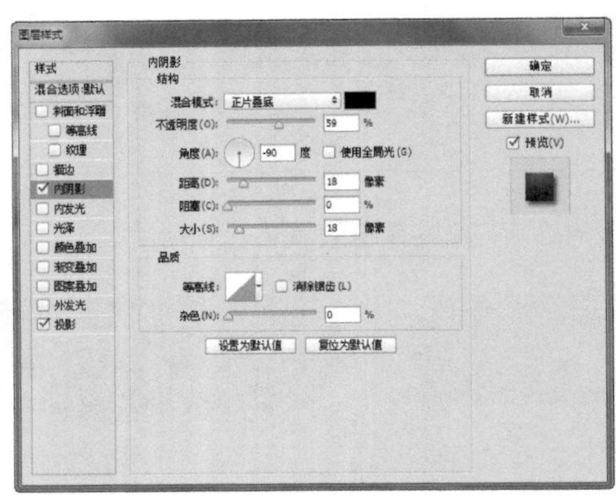
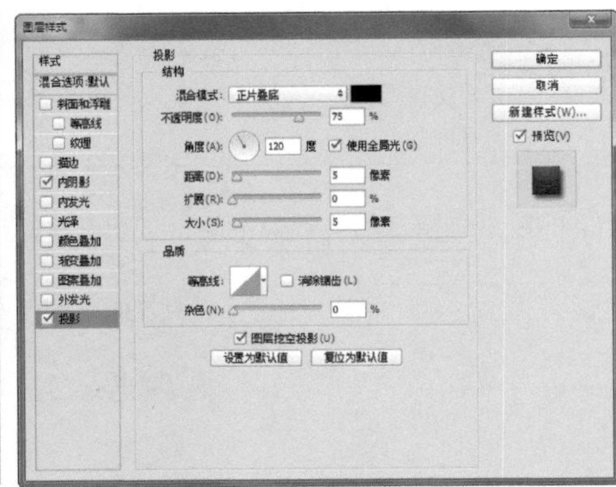

图13-5 “图层样式”对话框

05 设置完毕单击“确定”按钮，效果如图13-6所示。

06 选择T.（横排文字工具）在按钮上键入文字，如图13-7所示。

图13-6 添加图层样式后效果

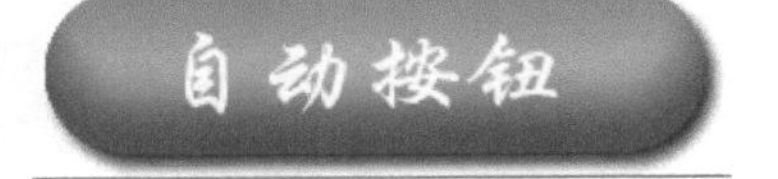

图13-7 键入文字

07 执行菜单中的“图层/图层样式/内阴影和投影”命令，分别打开“内阴影和投影”对话框，其中的参数值设置如图13-8所示。

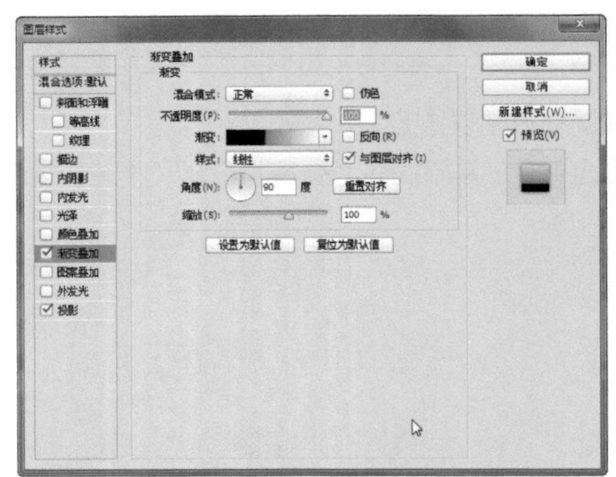
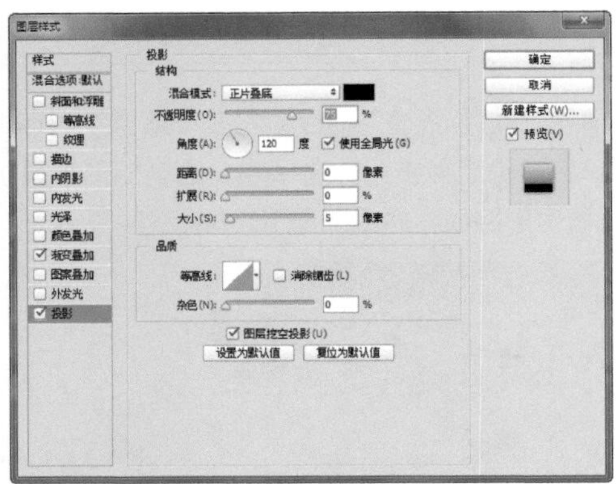

图13-8 “图层样式”对话框

08 设置完毕单击“确定”按钮，效果，如图13-9所示。

09 按住Ctrl键单击“图层1”图层的缩略图，调出选区后新建“图层2”图层，选择（渐变工具）绘制从白色到透明的线性渐变，效果如图13-10所示。

10 按Ctrl+D键去掉选区。新建“图层3”图层，绘制一个白色椭圆并设置“不透明度”为17%，至此本例制作完毕，效果如图13-11所示。

图13-9 添加图层样式后效果

图13-10 绘制渐变

图13-11 最终效果

11 调整“色相/饱和度”后可以改变按钮的颜色，效果如图13-12所示。

图13-12 不同色调

实例 155 按钮2

实例目的

通过制作如图13-13所示的流程效果图，了解“图层样式”在实例中的应用。

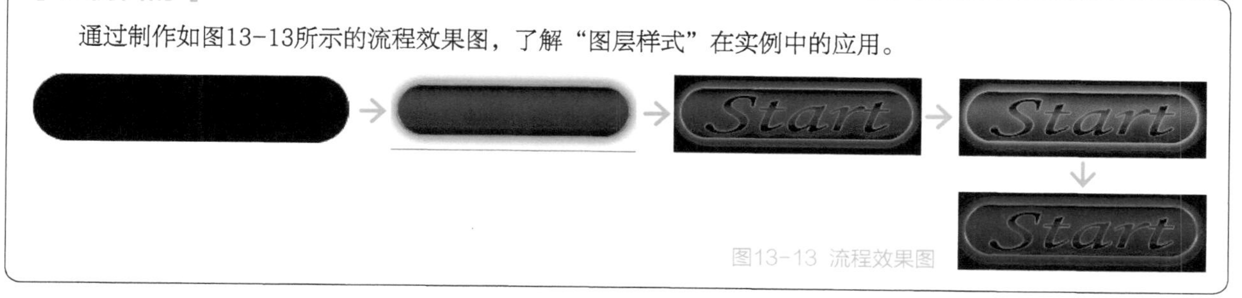

图13-13 流程效果图

实例要点

- 使用“新建”命令新建文件
- 添加“描边、外发光和渐变叠加”图层样式
- 绘制圆角矩形像素
- 键入文字后复制与粘贴图层样式

操作步骤

01 新建一个“宽度”为250像素、“宽度”为80像素、“分辨率”为72像素/英寸的空白文档，新建一个“图层1”图层选择（圆角矩形工具）并将“工具模式”设置为像素，设置“半径”为50像素，在文档中绘制圆角矩形，如图13-14所示。

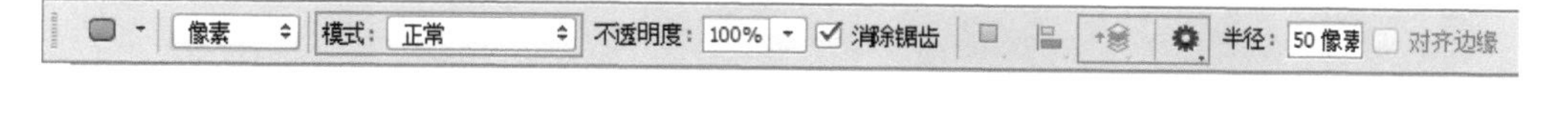

图13-14 绘制圆角矩形

02 执行菜单中的“图层/图层样式/描边、渐变叠加和外发光”命令，分别打开“描边、渐变叠加和外发光”对话框，其中的参数值设置如图13-15所示。

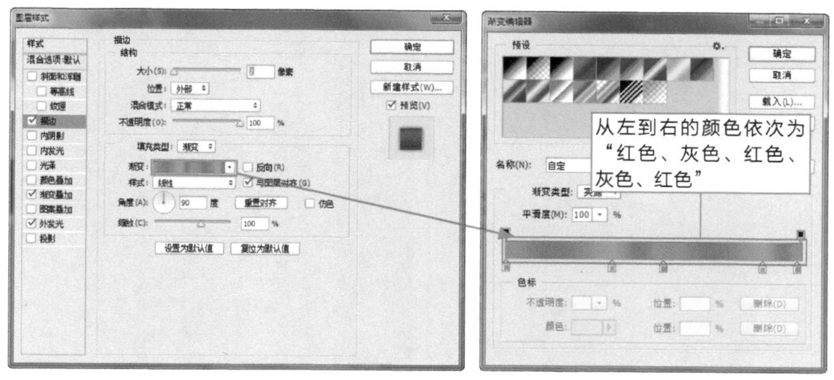

图13-15 “图层样式”对话框

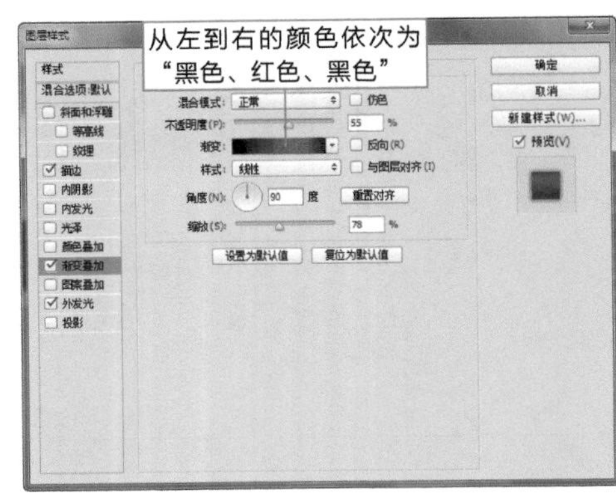

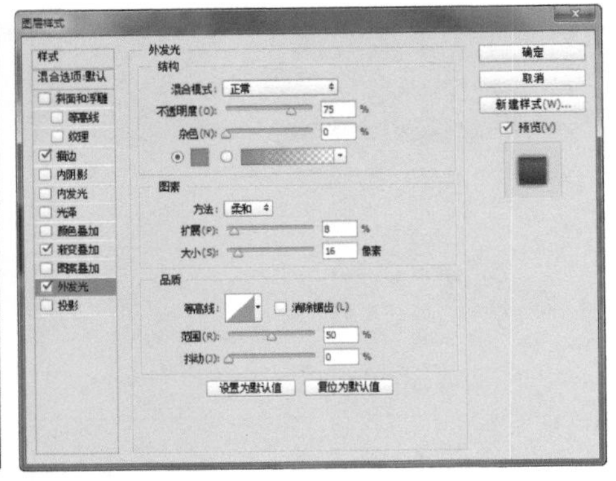

图13-15 "图层样式"对话框（续）

03 设置完毕单击"确定"按钮，将背景填充为黑色，效果如图13-16所示。

04 选择T（横排文字工具）在按钮上键入文字，如图13-17所示。

图13-16 添加图层样式后效果

图13-17 键入文字

05 在"图层1"图层上单击鼠标右键，在弹出的菜单中选择"拷贝图层样式"选项，再选择文字图层单击鼠标右键后在弹出的菜单中选择"粘贴图层样式"，如图13-18所示。

06 粘贴图层样式后，效果如图13-19所示。

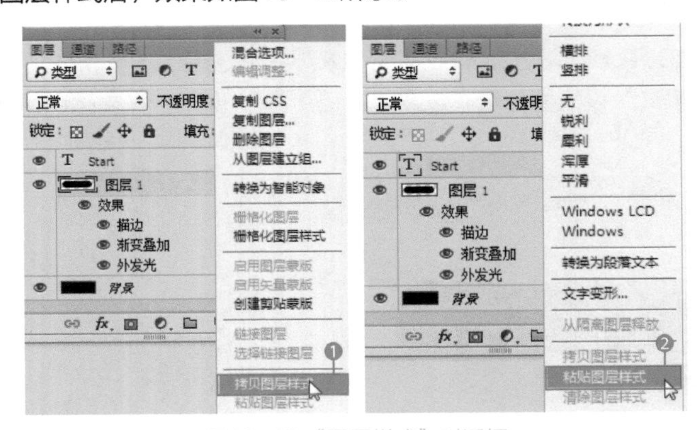

图13-18 "图层样式"对话框

图13-19 粘贴图层样式后效果

07 双击文字图层的图层样式名称，在对话框中将"描边和外发光"的参数调整得小一点，如图13-20所示。

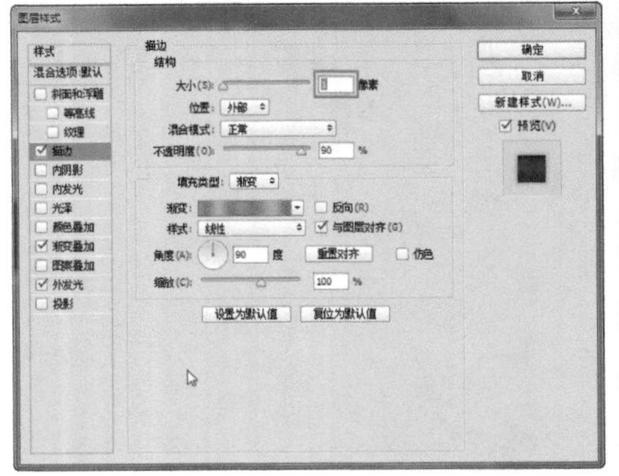
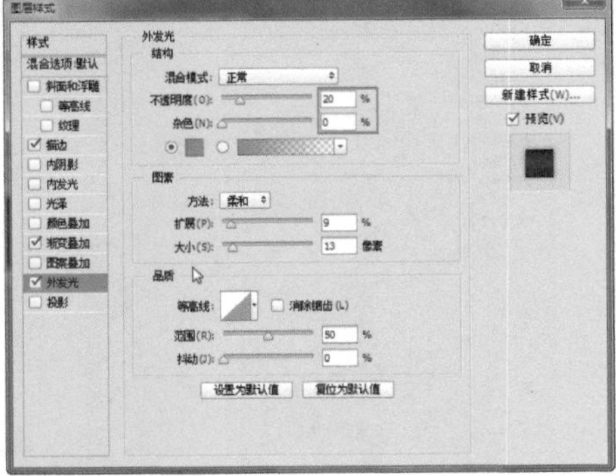

图13-20 编辑图层样式

08 设置完毕单击“确定”按钮，至此本例制作完毕，效果如图13-21所示。

09 调整“色相/饱和度”后可以改变按钮的颜色，效果如图13-22所示。

图13-21 最终效果

图13-22 不同色调

实例156 按钮3

实例目的

通过制作如图13-23所示的流程效果图，了解通过属性将矩形转换为圆角矩形的操作方法。

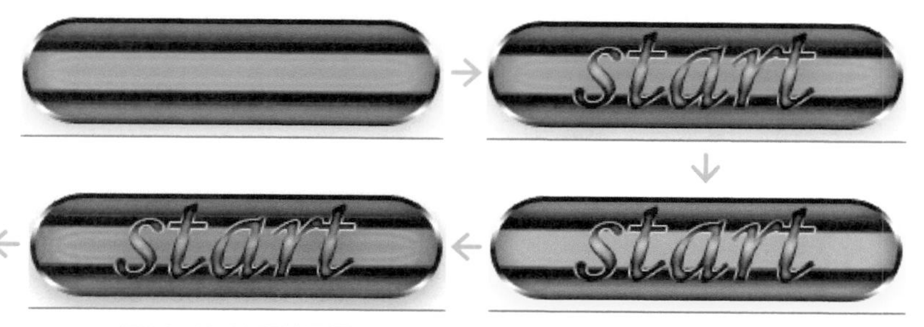

图13-23 流程效果图

实例要点

- 新建文档新建图层
- 绘制矩形调整属性
- 添加“描边、投影、光泽、渐变叠加和内阴影”图层样式
- 键入文字
- 添加“描边、投影、光泽、渐变叠加、内发光”

操作步骤

01 新建一个“宽度”为250像素、“宽度”为80像素、“分辨率”为72像素/英寸的空白文档，新建“图层1”图层选择▭（矩形工具）并将“工具模式”设置为路径，绘制路径后，在“属性”面板中将四个角的圆角值都设置为30像素，效果如图13-24所示。

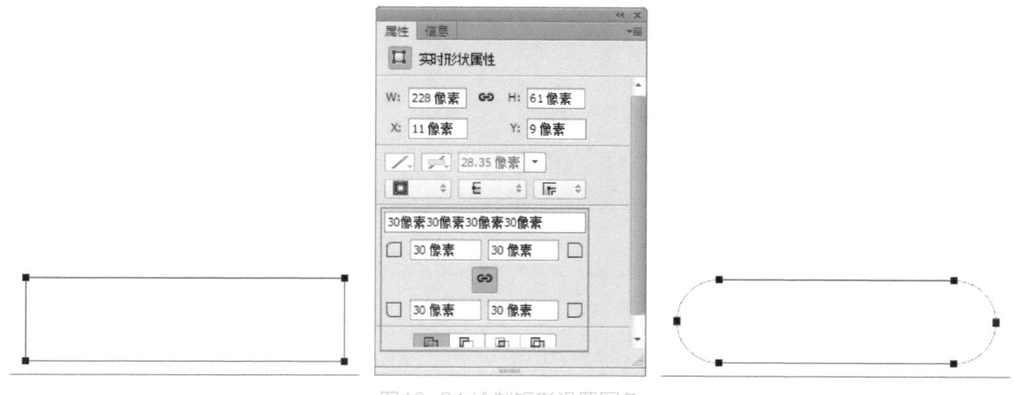

图13-24 绘制矩形设置圆角

02 按Ctrl+Enter键将路径转换为选区，新建“图层1”图层将选区填充为黑色，效果如图13-25所示。

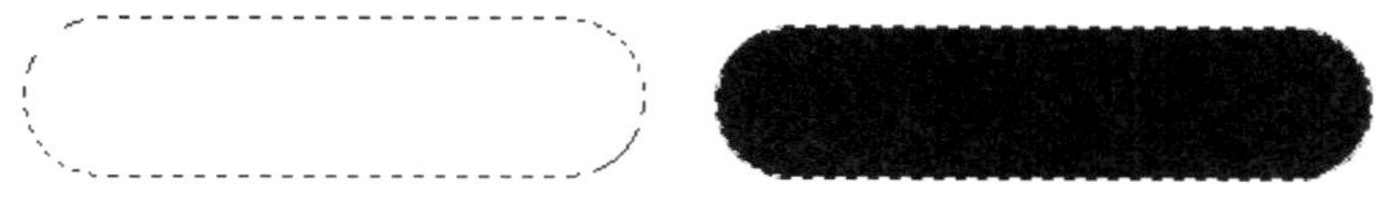

图13-25 转换路径为选区填充黑色

03 按Ctrl+D键去掉选区。执行菜单中“图层/图层样式/描边、投影、光泽、渐变叠加和内阴影”命令，分别打开“描边、投影、光泽、渐变叠加和内阴影”对话框，其中的参数值设置如图13-26所示。

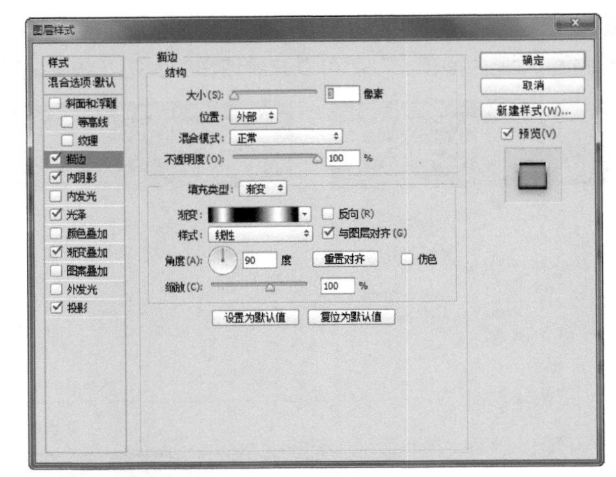

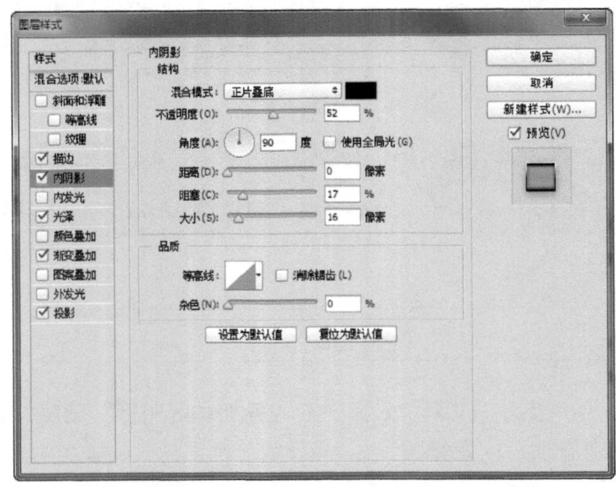

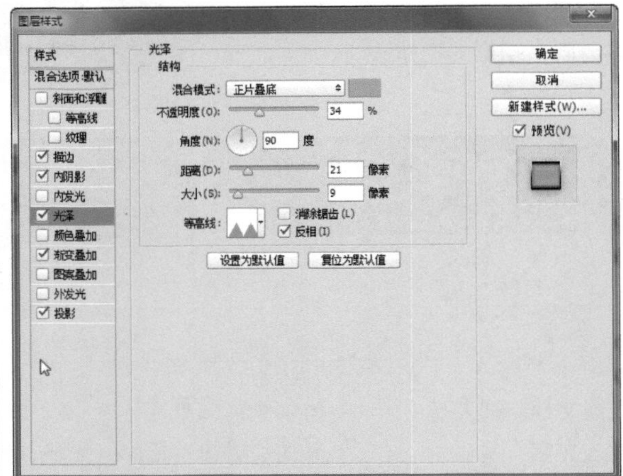

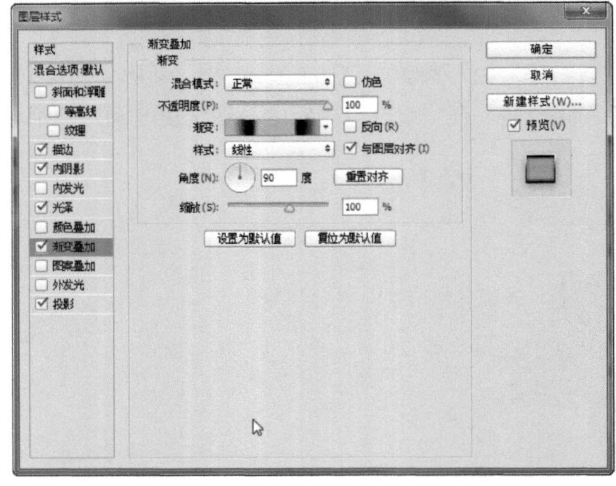

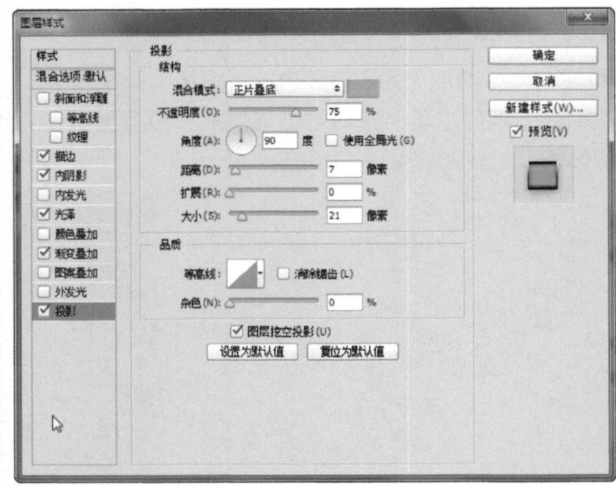

图13-26 “图层样式”对话框

04 设置完毕单击“确定”按钮，效果如图13-27所示。

05 选择T.（横排文字工具）在按钮上键入文字，如图13-28所示。

图13-27 添加图层样式后效果

图13-28 键入文字

06 执行菜单中“图层/图层样式/描边、内发光、光泽、渐变叠加和投影”命令，分别打开“描边、内发光、光泽、渐变叠加和投影”对话框，其中的参数值设置如图13-29所示。

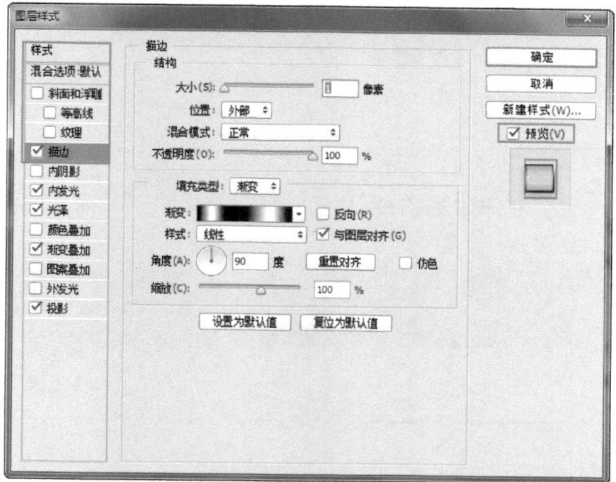

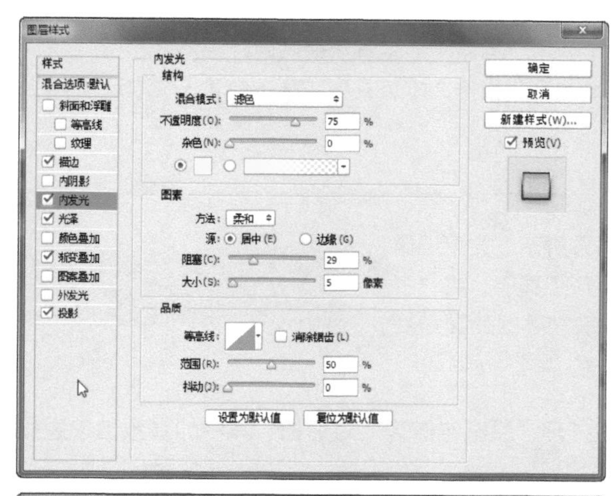

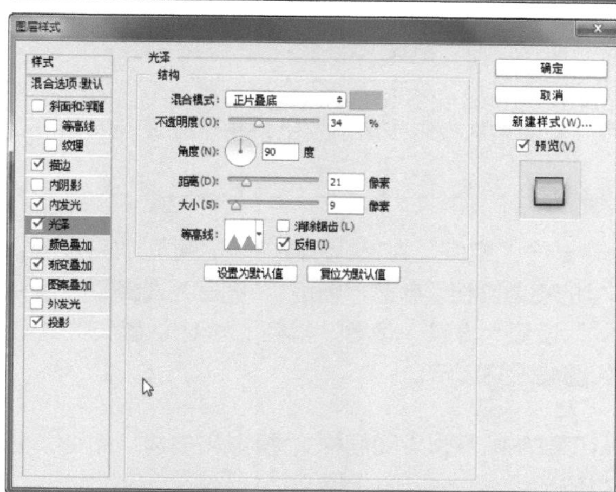

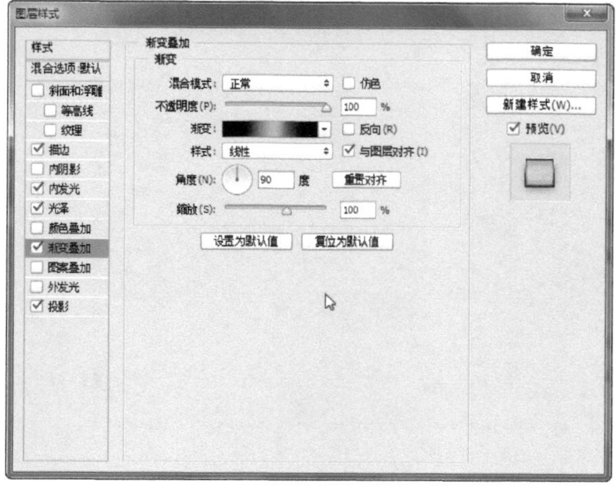

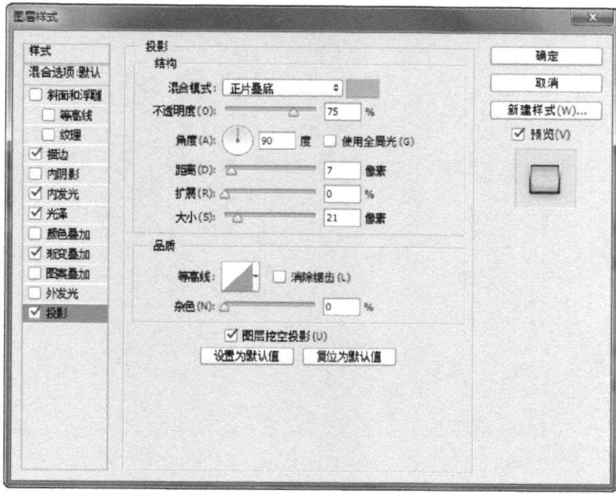

图13-29 编辑图层样式

07 设置完毕单击“确定”按钮，至此本例制作完毕，效果如图13-30所示。

08 调整“色相/饱和度”后可以改变按钮的颜色，效果如图13-31所示。

图13-30 最终效果

图13-31 不同色调

实例 157 按钮4

实例目的

通过制作如图13-32所示的流程效果图，了解“动画”面板在实例中的应用。

图13-32 流程效果图

实例要点

- 使用“新建”命令新建文件
- 使用“渐变工具”填充高光部分
- 使用“动画”面板制作动画按钮，并导出GIF动画
- 使用“圆角矩形工具”绘制圆角矩形
- 使用“横排文本工具”在画布中输入文本

操作步骤

01 新建一个“宽度”为250像素、“宽度”为80像素、“分辨率”为150像素/英寸的空白文档，新建“图层1”图层并选择（圆角矩形工具），将“工具模式”设置为像素，设置“半径”为15像素，在文档中绘制草绿色圆角矩形，如图13-33所示。

图13-33 新建文档并绘制圆角矩形

02 执行菜单中“图层/图层样式/投影和描边”命令，分别打开“投影和描边”对话框，其中的参数值设置如图13-34所示。

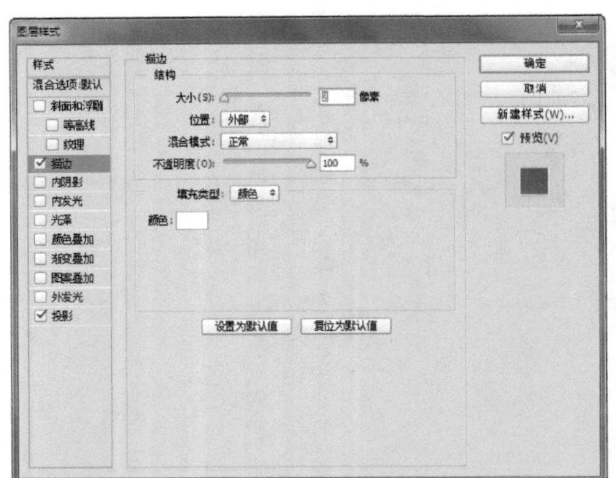

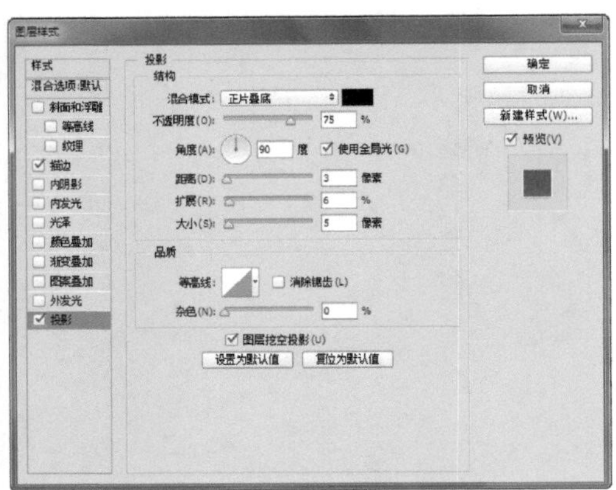

图13-34 “图层样式”对话框

03 设置完毕单击“确定”按钮，效果如图13-35所示。

04 按住Ctrl键并单击“图层1”图层的缩略图调出选区，新建“图层2”图层，将“前景色”设置为淡黄色，选择（渐变工具）绘制从前景色到透明的线性渐变，如图13-36所示。

05 按Ctrl+D键去掉选区，再选择（钢笔工具）绘制路径，如图13-37所示。

图13-35 添加图层样式

图13-36 填充渐变

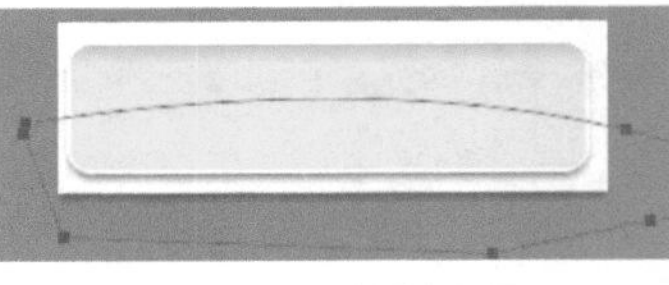

图13-37 绘制路径

06 按Ctrl+Enter键将路径转换为选区，按Delete键清除选区内容，如图13-38所示。

07 调整“不透明度”为31%，按Ctrl+D键去掉选区，效果如图13-39所示。

图13-38 清除选区　　图13-39 设置不透明度

08 执行菜单中“图层/图层样式/投影”命令，打开“投影”对话框，其中的参数值设置如图13-40所示。

09 设置完毕单击“确定”按钮，效果如图13-41所示。

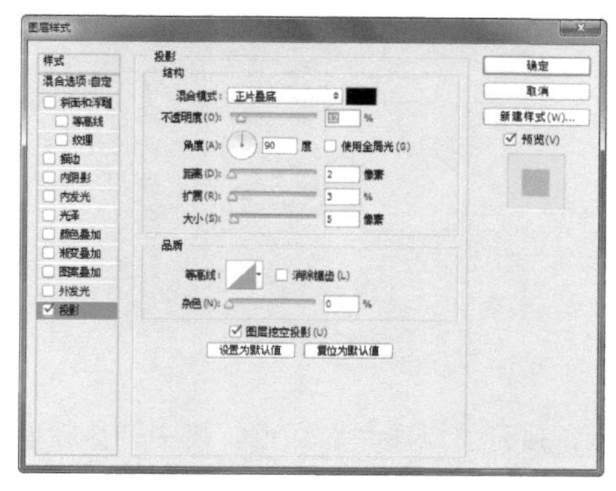

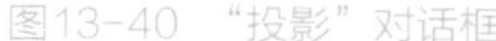

图13-40 “投影”对话框　　图13-41 添加投影

10 选择T（横排文字工具）在按钮上键入文字，如图13-42所示。

11 将“前景色”设置为白色，选择（自定形状工具）绘制一个白色箭头，按Ctrl+T键调出变换框拖动控制点改变旋转角度，如图13-43所示。

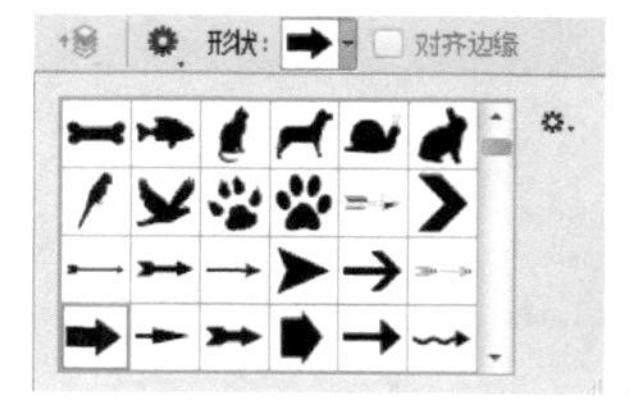

图13-42 键入文字　　图13-43 绘制箭头

12 执行菜单中“图层/图层样式/投影”命令，打开“投影”对话框，其中的参数值设置如图13-44所示。

13 设置完毕单击“确定”按钮，效果如图13-45所示。

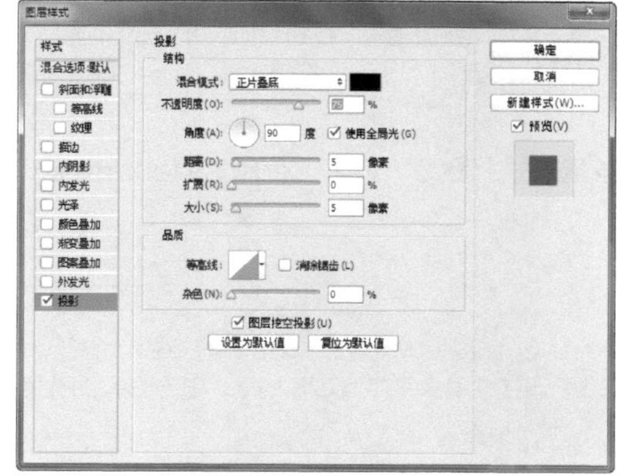

图13-44 “投影”对话框　　图13-45 添加投影

14 执行菜单中“窗口/时间轴”命令，打开“时间轴”面板，如图13-46所示。

15 在“动画”面板上单击两次“复制所选帧”按钮，复制所选帧，在“图层”面板复制“图层3”图层得到一个“图层3拷贝”图层，如图13-47所示。

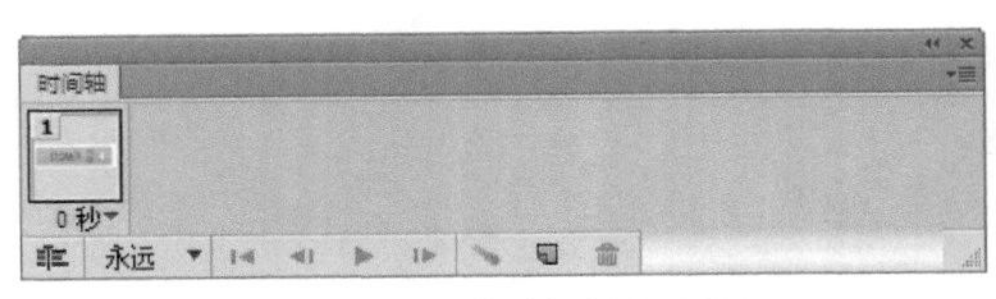

图13-46 “时间轴”面板

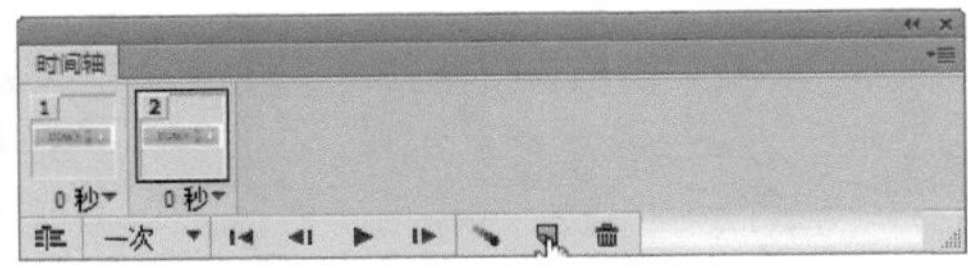

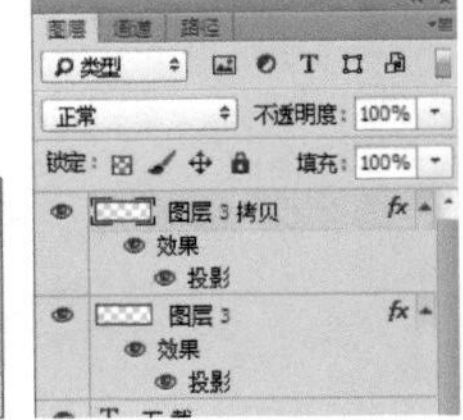

图13-47 复制帧和复制图层

16 选择第2帧，将“图层3拷贝”图层中的图像向下移动，将“图层3”图层隐藏，选择第1帧，在“图层”面板中隐藏“图层3拷贝”图层，如图13-48所示。

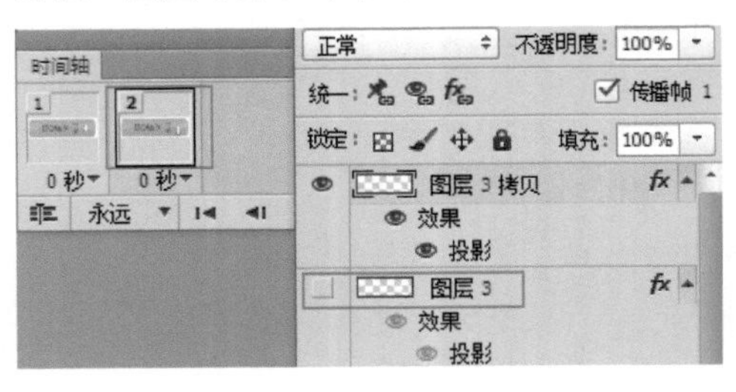

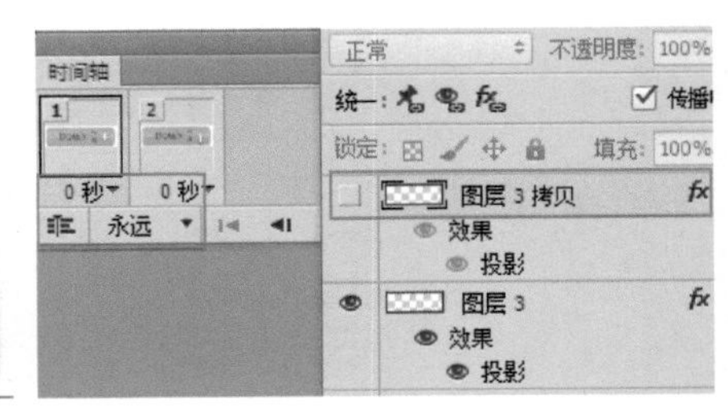

图13-48 编辑动画

17 在“时间轴”面板上单击“过渡动画帧”按钮，打开“过渡”对话框，其中的参数值设置如图13-49所示。

18 设置完毕单击“确定”按钮，“时间轴”面板上会自动生成过渡帧，如图13-50所示。

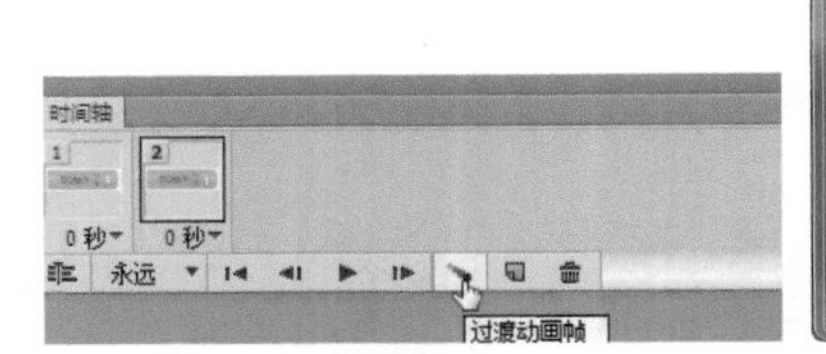

图13-49 “过渡”对话框

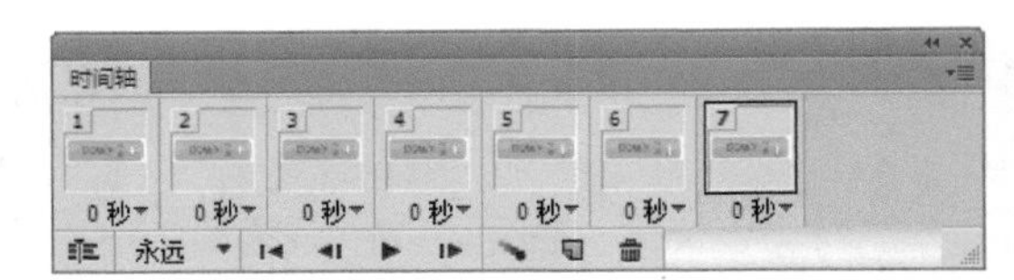

图13-50 添加过渡帧

技巧

在动画制作完成后，在“时间轴”面板上单击“播放动画”按钮，可以在文档窗口中直接看到动画效果。如果要停止播放，单击“停止动画”按钮，即可停止动画播放，也可以按空格键来控制动画的“播放”或“停止”。

19 执行菜单中“文件/存储为Web所用格式”命令，打开“存储为Web所用格式”对话框，设置“存储格式”为GIF，其他设置如图13-51所示。

技巧

在这里必须执行菜单中“文件 / 存储为 Web 和设备所用格式”命令，打开 GIF 动画，这样导出来的 GIF 图片才会是动态的。如果执行菜单中“文件 / 存储为”命令，直接将图像保存为 GIF 格式，则该 GIF 图片是不会动的。

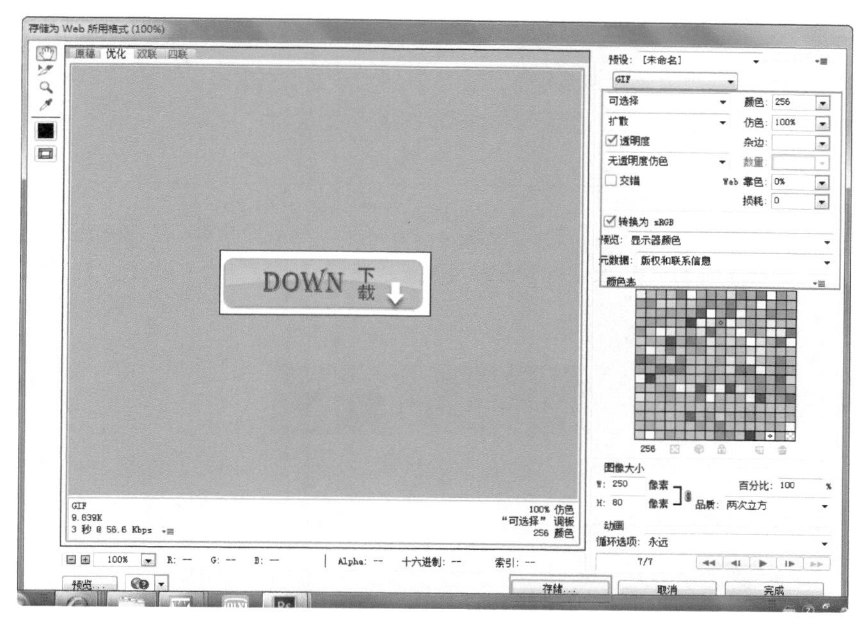

图13-51　“存储为Web所用格式”对话框

20 单击“存储”按钮，打开“将优化结果储存为”对话框，其中的参数值设置如图13-52所示。

21 设置完毕单击“确定”按钮。至此本例制作完毕，使用浏览器可以打开当前的动画，效果如图13-53所示。

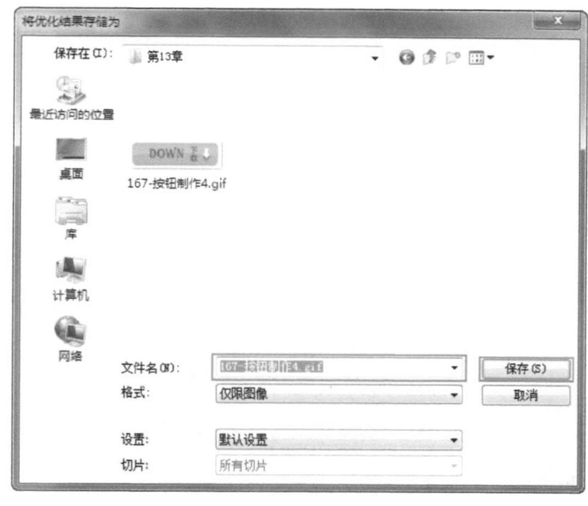

图13-52 存储

图13-53 动画预览

实例 158 按钮5

实例目的

通过制作如图13-54所示的流程效果图，了解“减淡工具”在本例中的应用。

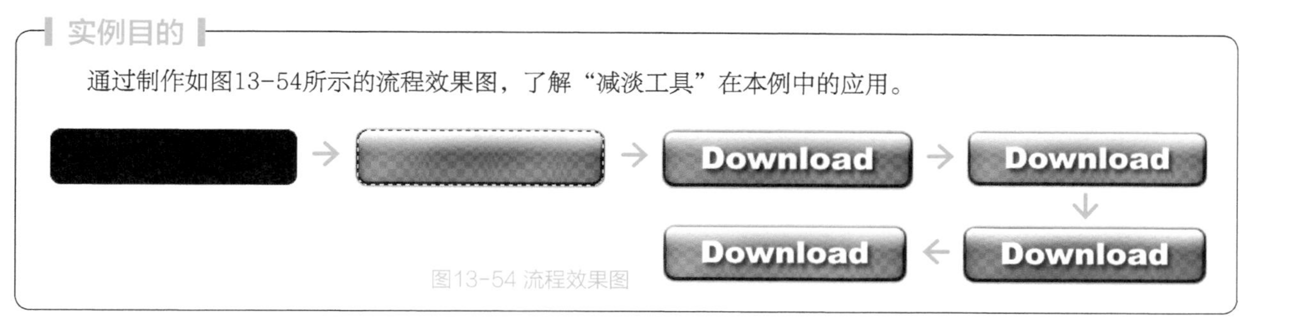

图13-54 流程效果图

实例要点

- 新建文档后新建图层
- 绘制圆角矩形
- 渐变填充高光
- 键入文字
- 添加“描边、投影、内发光、图案叠加、斜面与浮雕和内阴影”图层样式

操作步骤

01 新建一个“宽度”为250像素、“宽度”为80像素、“分辨率”为150像素/英寸的空白文档，新建“图层1”图层选择▢（圆角矩形工具）并将“工具模式”设置为像素，设置“半径”为10像素，在文档中绘制黑色圆角矩形，如图13-55所示。

图13-55 绘制圆角矩形

02 选择▢（减淡工具）设置“范围”为阴影，在黑色圆角矩形上涂抹进行减淡，效果如图13-56所示。

图13-56 减淡

03 执行菜单中“图层/图层样式/描边、投影、内发光、图案叠加、斜面与浮雕和内阴影”命令，分别打开“描边、投影、内发光、图案叠加、斜面与浮雕和内阴影”对话框，其中的参数值设置如图13-57所示。

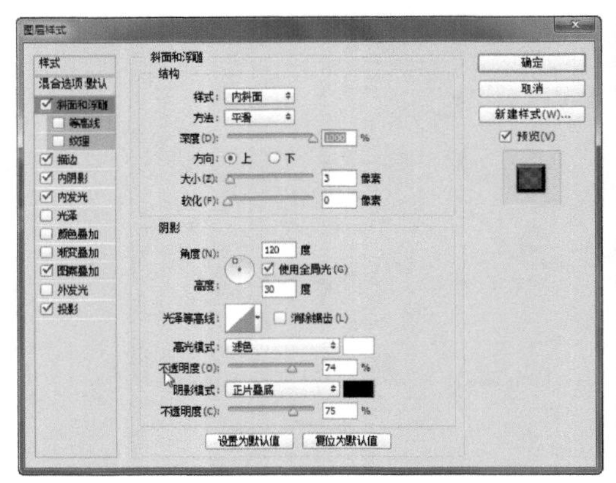

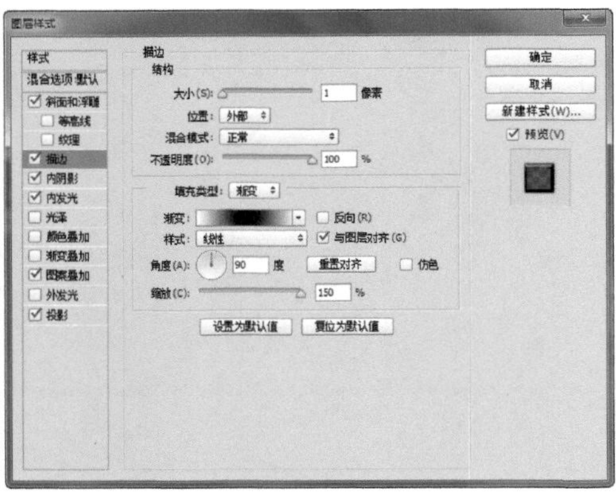

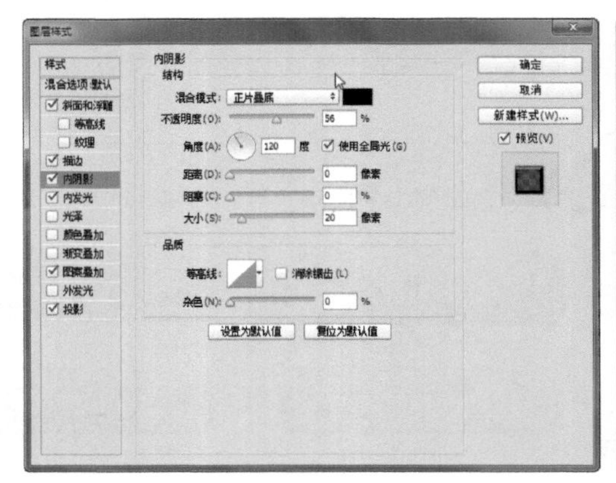

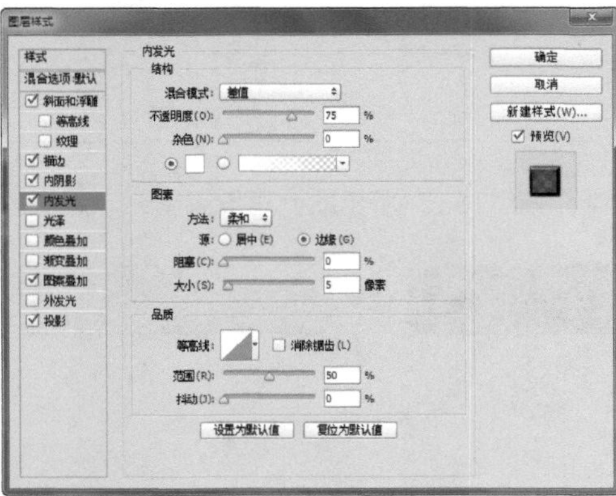

图13-57 “图层样式”对话框

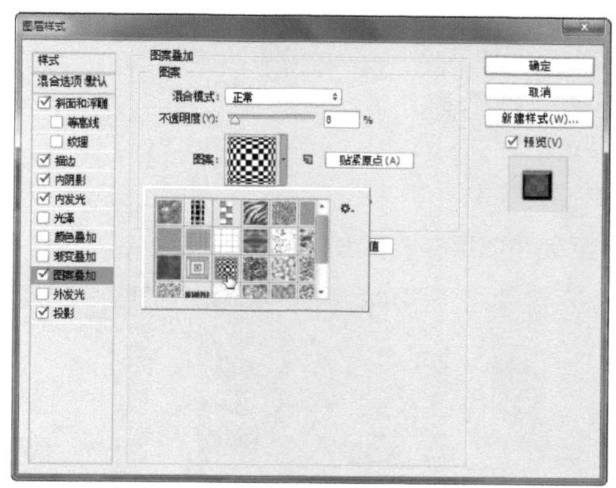
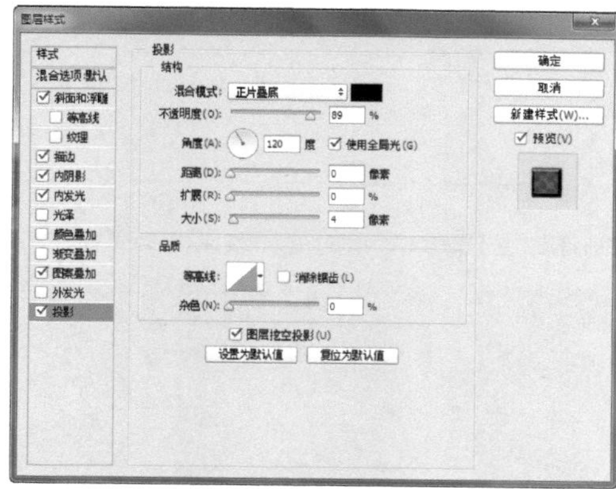

图13-57 “图层样式”对话框（续）

04 设置完毕单击“确定”按钮，效果如图13-58所示。

05 按住Ctrl键并单击“图层1”图层的缩略图调出选区，新建“图层2”图层，将“前景色”设置为白色，选择（渐变工具）绘制从前景色到透明的线性渐变，如图13-59所示。

06 按Ctrl+D键去掉选区，选择（横排文字工具）在按钮上键入文字，如图13-60所示。

图13-58 添加图层样式后效果

图13-59 填充渐变

图13-60 键入文字

07 执行菜单中“图层/图层样式/投影”命令，打开“投影”对话框，其中的参数值设置如图13-61所示。

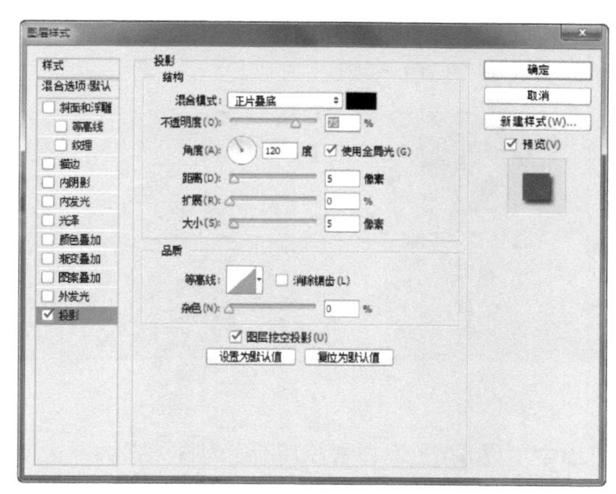

图13-61 “投影”对话框

08 设置完毕单击“确定”按钮，至此本例制作完毕，效果如图13-62所示。

图13-62 最终效果

09 调整“色相/饱和度”后可以改变按钮的颜色，效果如图13-63所示。

图13-63 不同色调

实例 159 按钮6

实例目的

通过制作如图13-64所示的流程效果图，了解“剪贴蒙版和图层样式”在本例中的应用。

图13-64 流程效果图

实例要点

- 新建文档绘制选区填充径向渐变
- 添加“斜面和浮雕、描边、内阴影、内发光和投影”图层样式
- 载入画笔绘制笔触
- 应用“剪贴蒙版”命令
- 设置“混合模式”为柔光

操作步骤

01 新建一个“宽度”为250像素、“宽度”为250像素、“分辨率”为72像素/英寸的空白文档将背景填充为灰色，新建“图层1”图层，选择（椭圆选框工具）按住Shift+Alt键，在文档中绘制一个圆形选区，如图13-65所示。

02 将“前景色”设置为RGB（89，247，253）、“背景色”为RGB(15，177，198)，选择（渐变工具）绘制从前景色到背景色的径向渐变，效果如图13-66所示。

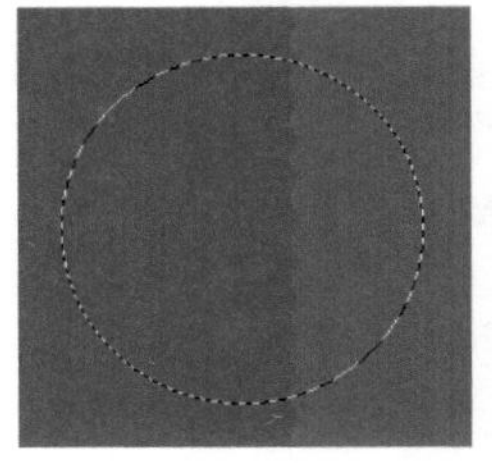

图13-65 绘制圆形选区

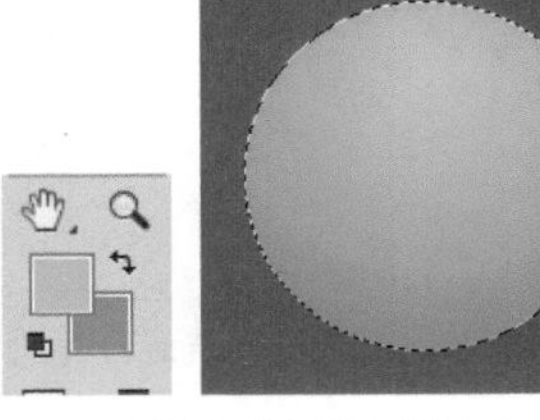

图13-66 填充渐变色

03 按Ctrl+D键去掉选区。执行菜单中“图层/图层样式/斜面和浮雕、描边、内阴影、内发光和投影”命令，分别打开“斜面和浮雕、描边、内阴影、内发光和投影”对话框，其中的参数值设置如图13-67所示。

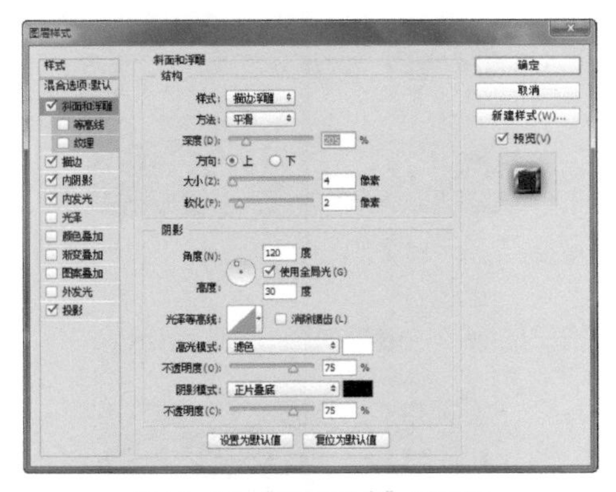

图13-67 “图层样式”对话框

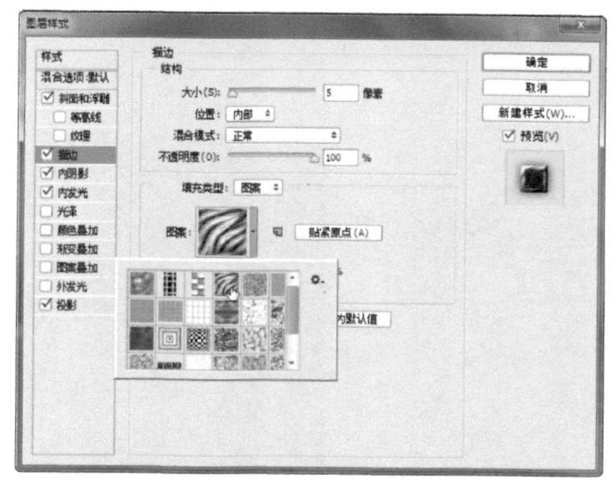
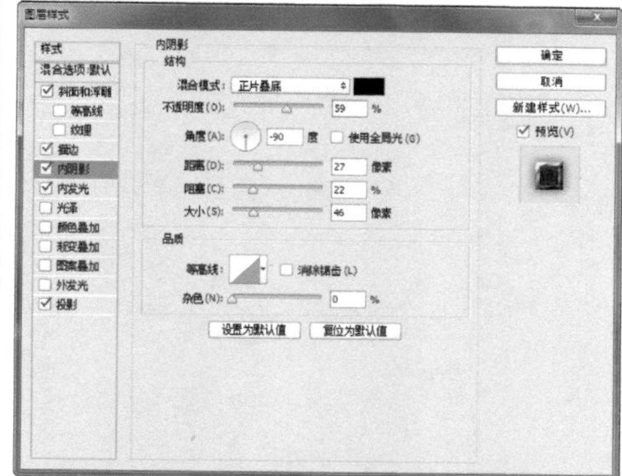
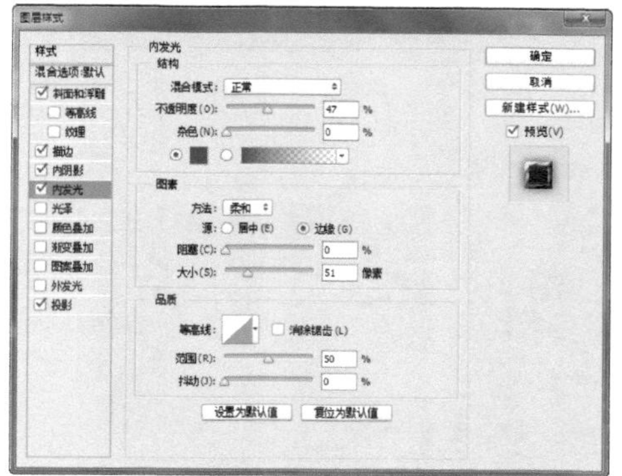
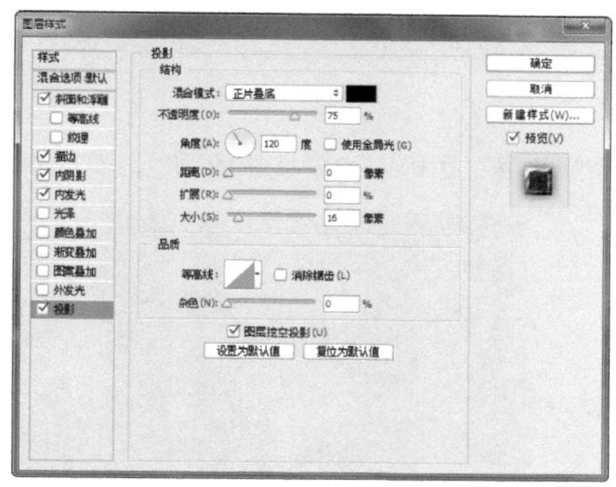

图13-67 “图层样式”对话框（续）

04 设置完毕单击“确定”按钮，效果如图13-68所示。

05 新建“图层2”图层，选择（画笔工具）载入“梦幻烟雾笔刷”后，在“画笔”拾色器中找到烟雾笔触，如图13-69所示。

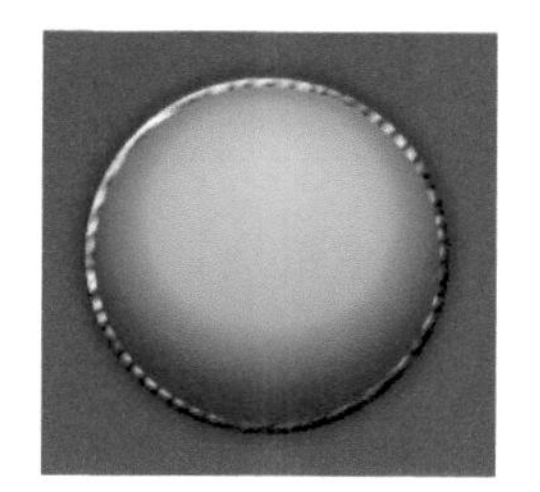

图13-68 添加图层样式后效果

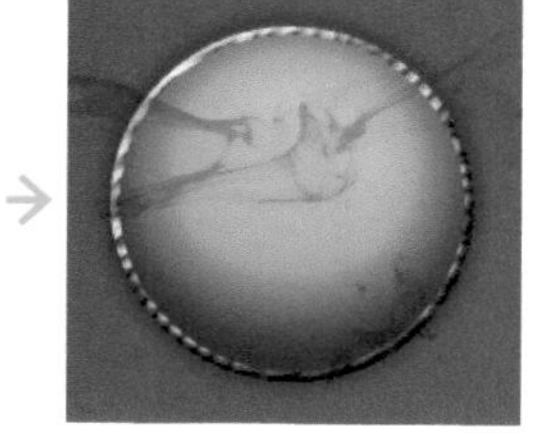

图13-69 画笔拾色器

06 执行菜单中“图层/创建剪贴蒙版”命令，为“图层2”图层创建剪贴蒙版，效果如图13-70所示。

07 选择（横排文字工具）在按钮上键入文字，如图13-71所示。

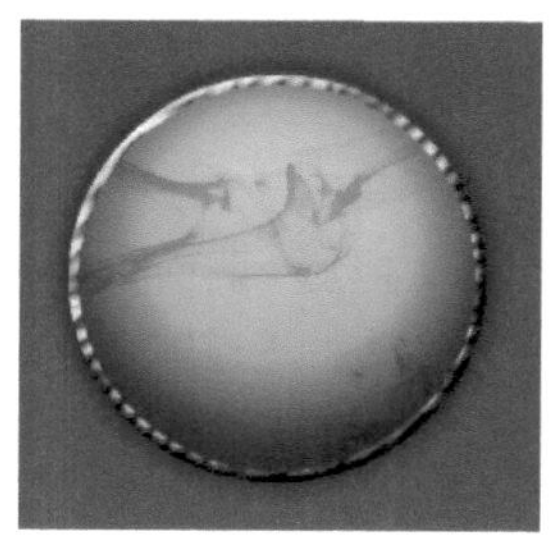

图13-70 创建剪贴蒙版

图13-71 键入文字

08 执行菜单中“图层/图层样式/投影”命令，打开“投影”对话框，其中的参数值设置如图13-72所示。

09 设置完毕单击“确定”按钮，设置“混合模式”为柔光，效果如图13-73所示。

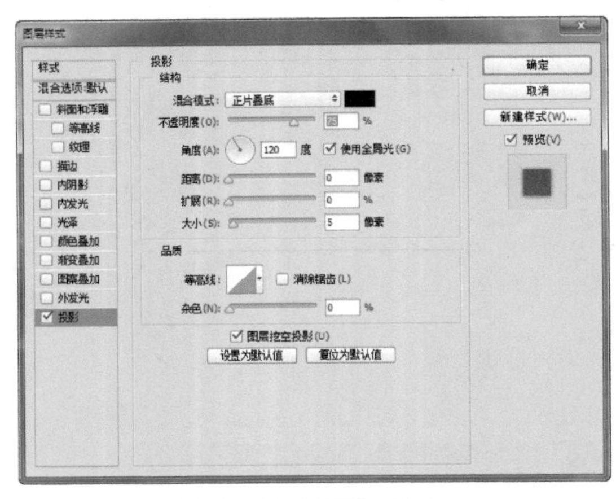

图13-72 “投影”对话框

图13-73 最终效果

10 调整“色相/饱和度”后可以改变按钮的颜色，效果如图13-74所示。

图13-74 不同色调

实例 160 按钮7

实例目的

通过制作如图13-75所示的流程效果图，了解“图层样式”在实例中的应用。

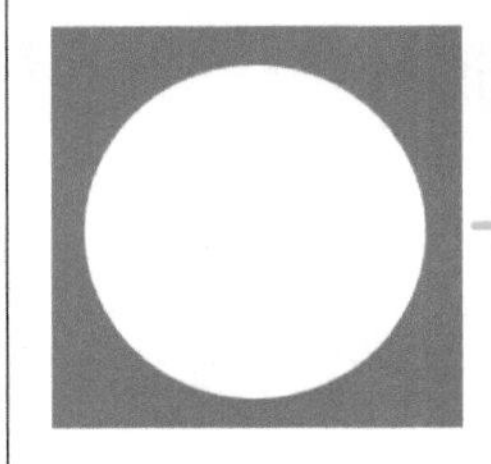

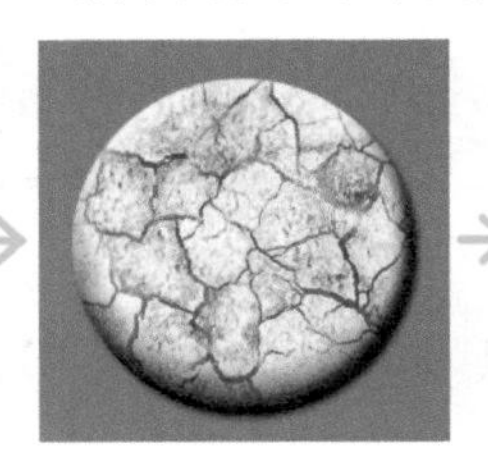

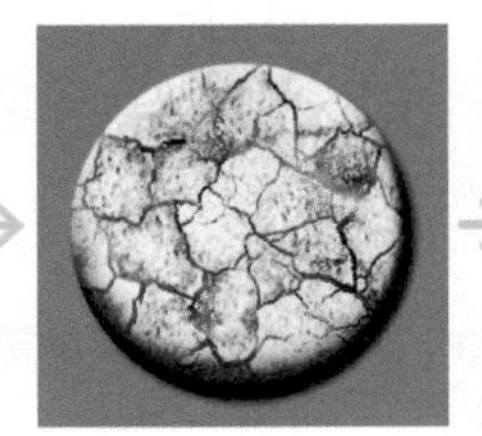

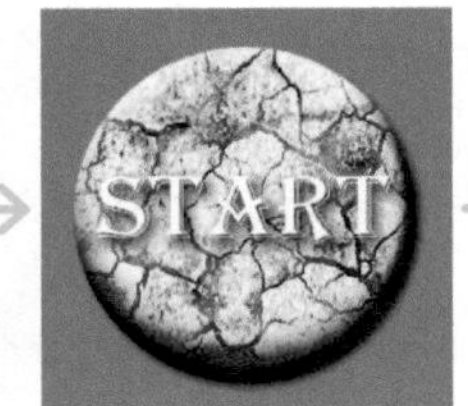

图13-75 流程效果图

实例要点

- 新建文档在新图层中绘制白色圆形
- 打开素材移入文档中创建“剪贴蒙版”
- 载入选区，反选填充黑色
- 键入文字添加“投影和描边”图层样式
- 添加“斜面和浮雕、投影和内阴影”图层样式
- 在“通道”中复制“蓝”通道调出选区
- 设置混合模式为柔光

操作步骤

01 新建一个灰色空白文档，再新建一个图层，绘制一个白色正圆，为其添加“斜面和浮雕”“投影”“内阴影”图层样式，效果如图13-76所示。

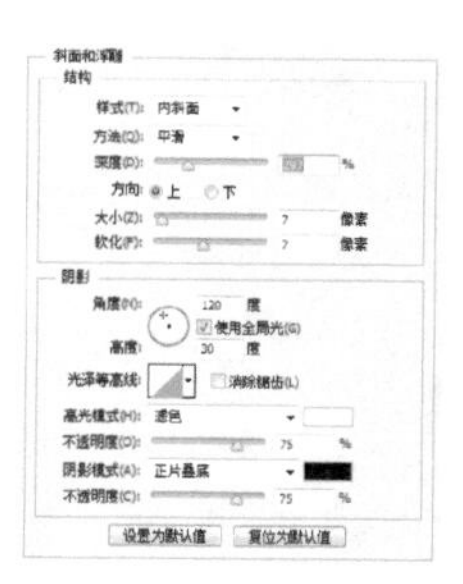
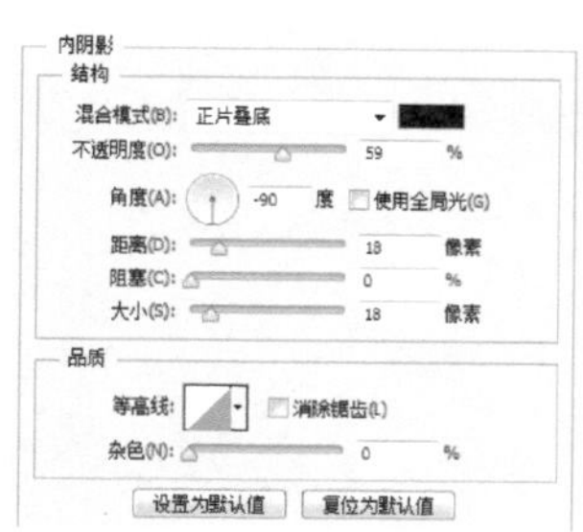

图13-76 添加图层样式

02 打开“熔岩”和“干旱”素材，将其拖到文档中，为其创建剪贴蒙版，设置和效果如图13-77所示。

03 在通道中调出选区，新建图层并填充为黑色，效果如图13-78所示。

04 键入文字，为文字添加“投影”和“描边”图层样式，至此本例制作完毕，效果如图13-79所示。

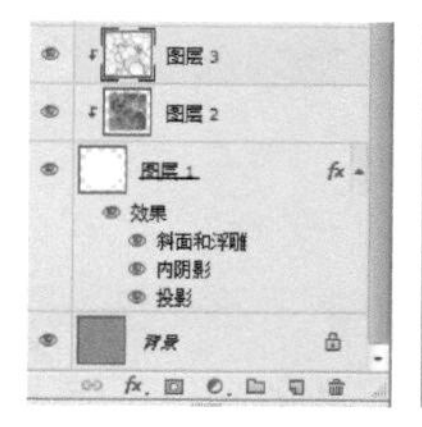

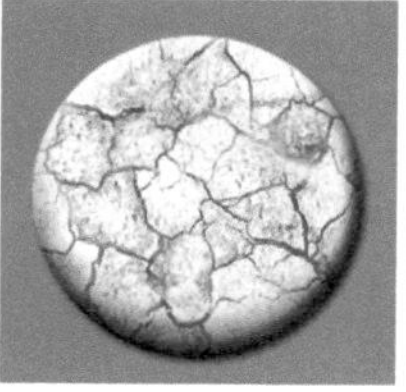

图13-77 创建剪贴蒙版

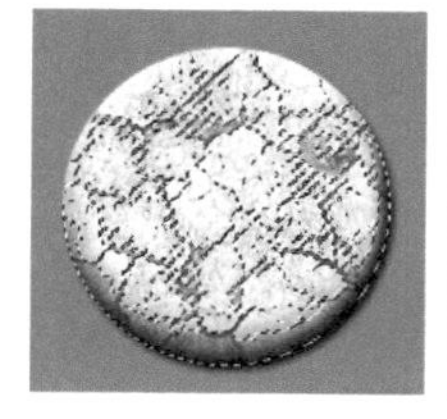
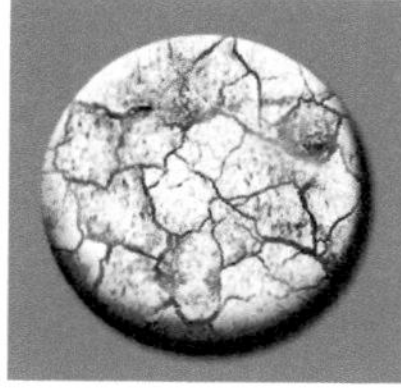

图13-78 填充黑色

图13-79 最终效果

实例 161 按钮8

实例目的

通过制作如图13-80所示的流程效果图，了解“不透明度和图层样式”在实例中的应用。

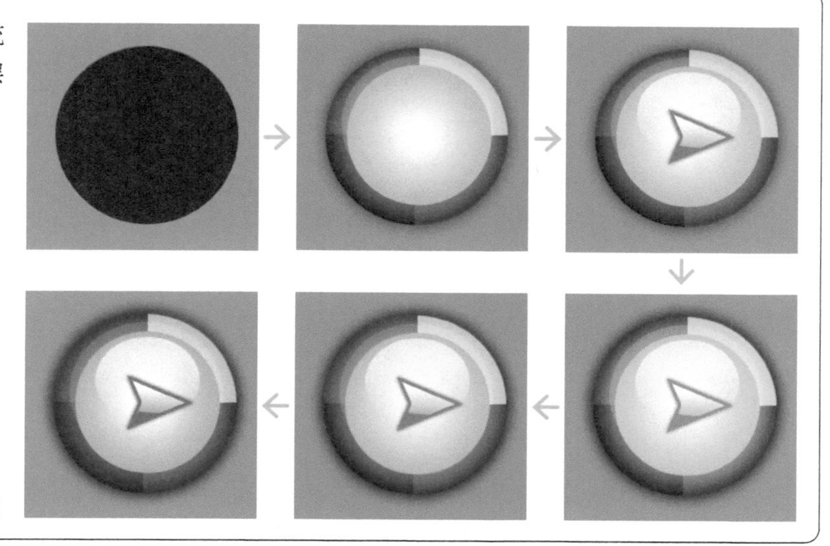

图13-80 流程效果图

实例要点

- 新建文档并新建图层，然后绘制圆形
- 绘制椭圆并调整不透明度
- 添加“投影和内阴影”图层样式
- 绘制上角形添加“投影”图层样式
- 填充渐变色
- 制作白色高光

操作步骤

01 新建一个灰色空白文档，新建一个图层，绘制一个黑色正圆，为其添加“投影”和“内发光”图层样式。设置和效果如图13-81所示。

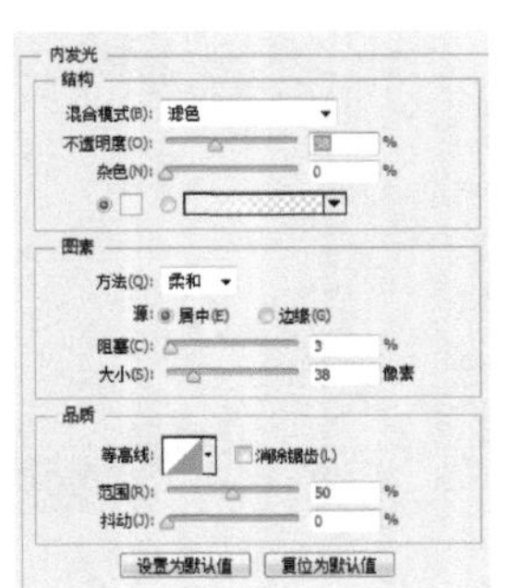

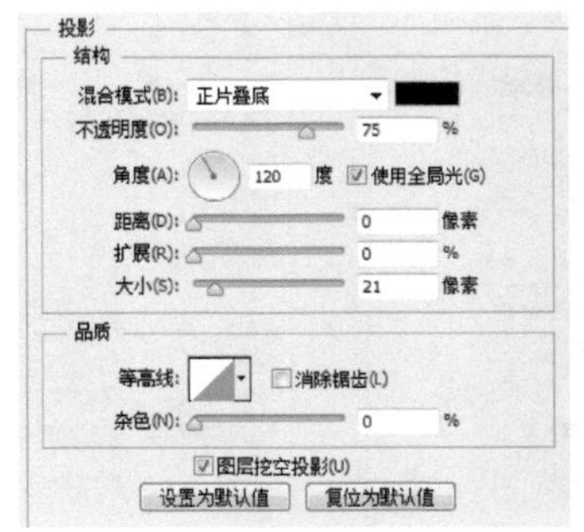

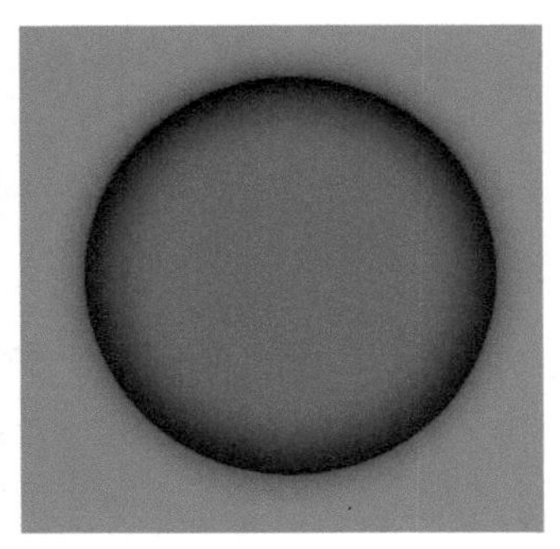

图13-81应用图层样式

02 绘制矩形并应用"剪贴蒙版"调整不透明度，绘制一个正圆填充从白色到灰色的渐变色，在绘制一个白色椭圆，添加图层蒙版后，使用■（渐变工具）编辑蒙版。设置和效果如图13-82所示。

03 新建图层绘制一个三角形，再新建一个图层绘制一个白色图形，并应用"创建剪贴蒙版"命令，效果如图13-83所示。

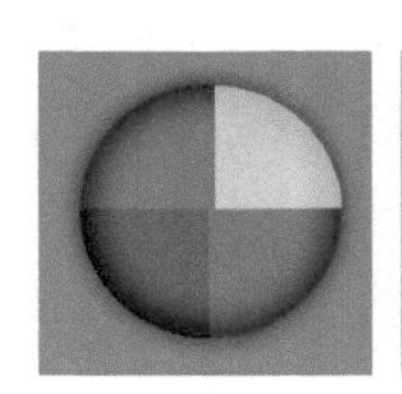
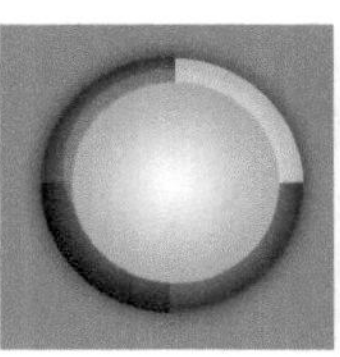

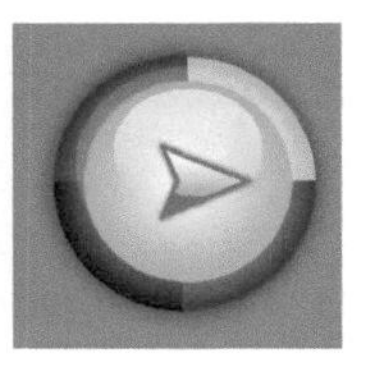

图13-82 剪贴编辑蒙版

图13-83 创建剪贴蒙版

04 使用"色相/饱和度"调整色调，至此本例制作完毕。效果如图13-84所示。

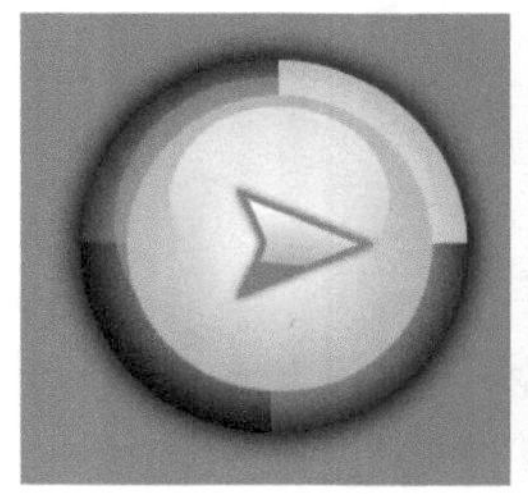

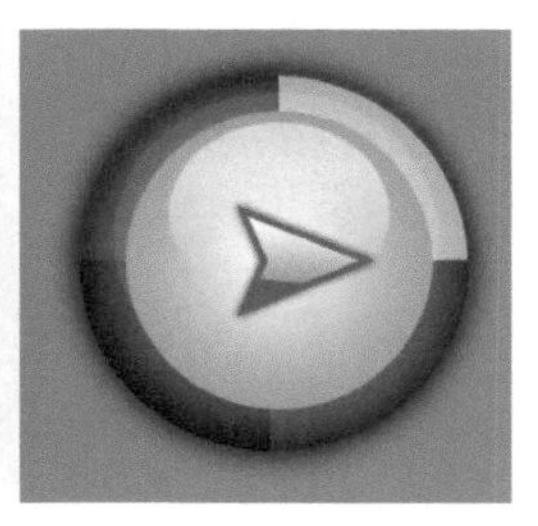

图13-84 最终效果

实例 162 按钮9

实例目的

通过制作如图13-85所示的流程效果图，了解"添加图层样式"在实例中的应用。

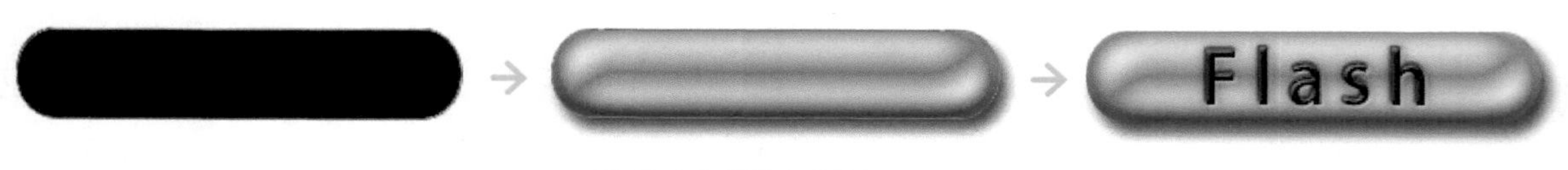

图13-85 流程效果图

实例要点

- 新建文档绘制一个圆角矩形
- 键入文字
- 添加"投影、内阴影、颜色叠加和光泽"图层样式
- 添加"斜面和浮雕及投影"图层样式

操作步骤

01 新建一个灰色空白文档，再新建一个图层，绘制一个圆角矩形，为其添加“投影”“渐变叠加”“光泽”“内阴影”图层样式。设置和效果如图13-86所示。

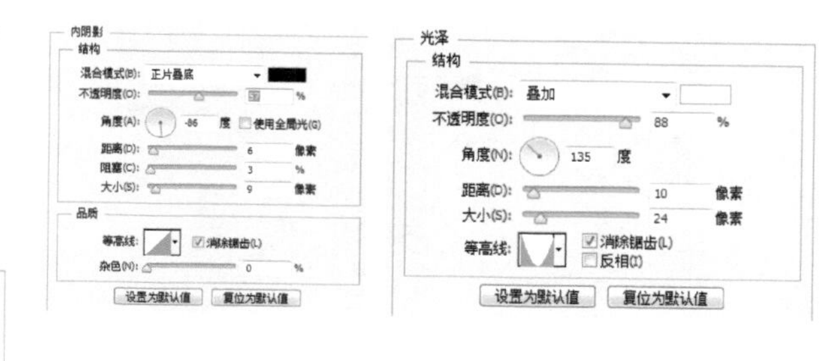

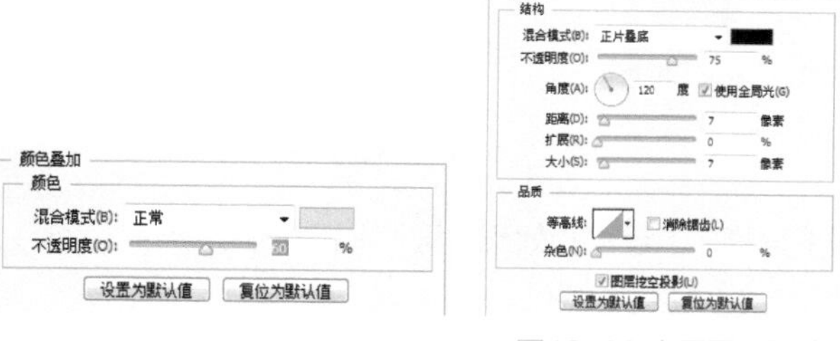

图13-86 应用图层样式

02 在按钮上键入文字，为文字添加“斜面和浮雕”“投影”图层样式，如图13-87所示。

03 设置完毕单击“确定”按钮，至此本例制作完毕，效果如图13-88所示。

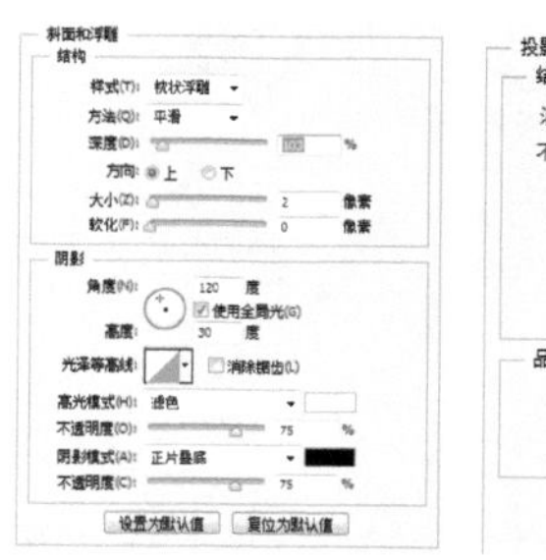

图13-87 添加图层样式

图13-88 最终效果

实例 163 按钮10

实例目的

通过制作如图13-89所示的流程效果图，了解“图层顺序”在实例中的应用。

图13-89 流程效果图

实例要点

- 新建一个250像素×250像素的文件
- 绘制圆形选区填充渐变色
- 复制图层调整顺序
- 添加“内发光”图层样式
- 绘制椭圆应用“高斯模糊”制作阴影

操作步骤

01 新建一个250像素×250像素的文档，再新建一个图层，绘制一个正圆，创建选区调整亮度，为其添加“投影”图层样式。设置和效果如图13-90所示。

02 新建图层，绘制正圆并填充渐变色，如图13-91所示。

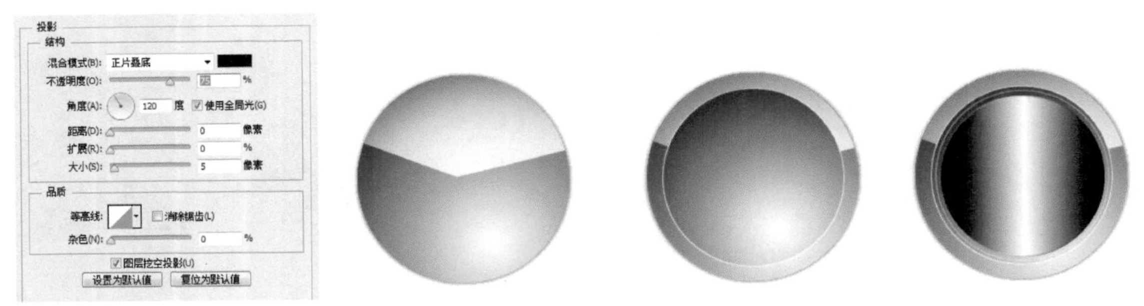

图13-90 应用图层样式　　图13-91 填充渐变色

03 再新建图层绘制正圆填充为黄色，为其添加“内发光”图层样式。设置和效果如图13-92所示。

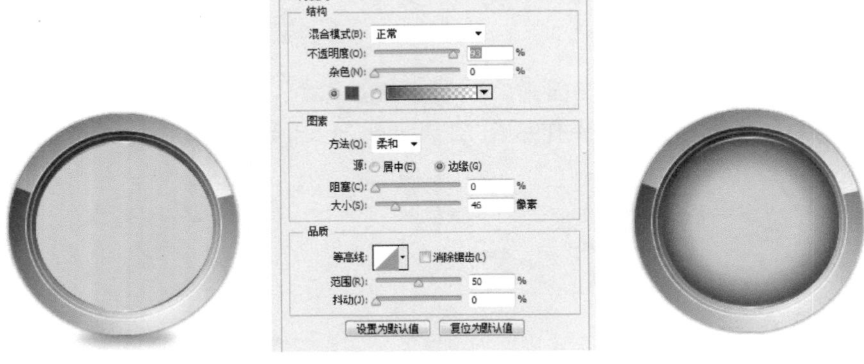

图13-92添加图层样式

04 新建图层并绘制高光图案，再绘制一个放置到按钮上的图案，并为按钮调整“色相/饱和度”改变色调，至此本例制作完毕。效果如图13-93所示。

图13-93最终效果

第14章

矢量绘制与实物制作

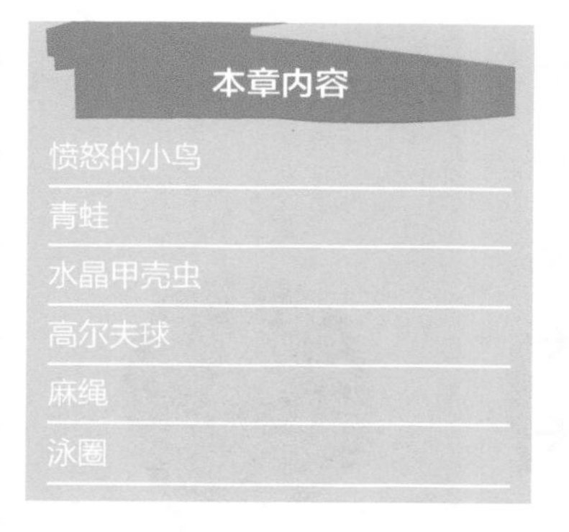

通过对前面章节的学习，大家已经对Photoshop软件绘制与编辑图像的强大功能有了初步了解，下面带领大家使用Photoshop进行矢量绘制以及实物制作方面的操作，使大家了解平面设计中实物与绘制的魅力。

实例 164 愤怒的小鸟

实例目的

通过制作如图14-1所示的流程效果图，了解“椭圆工具以及钢笔工具”在本例中的应用。

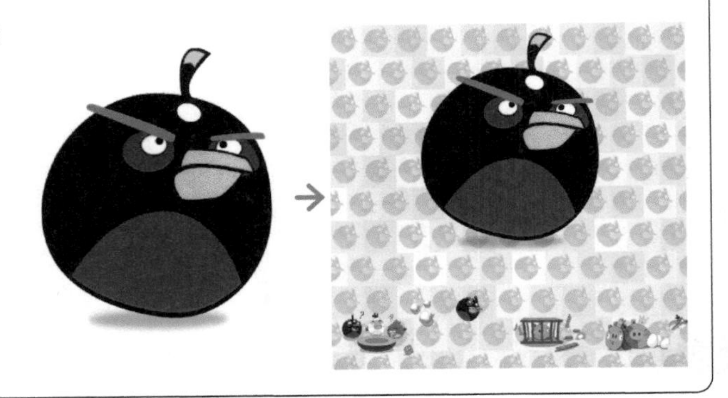

图14-1 流程效果图

实例要点

- 使用“新建”命令新建文件
- 使用“椭圆工具”绘制圆形形状
- 使用“直接选择工具”调整形状
- 使用“钢笔工具”绘制图形
- 定义图案填充图案

操作步骤

01 新建一个“宽度”为15厘米、“宽度”为15厘米、“分辨率”为150像素/英寸的空白文档，选择（椭圆工具）在文档中绘制黑色一个圆形，将其作为小鸟的身体，如图14-2所示。

02 选择（直接选择工具）调整形状，效果如图14-3所示。

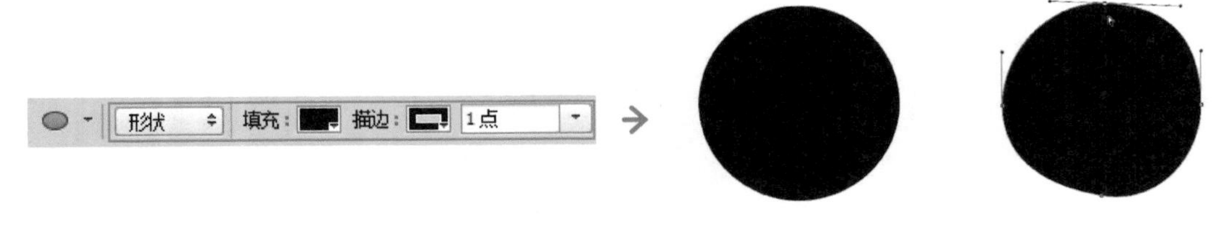

图14-2 新建文档后绘制黑色圆形　　图14-3 调整形状

03 选择（椭圆工具）在身体上绘制灰色椭圆，复制后得到一个副本，选择（直接选择工具）调整形状，效果如图14-4所示。

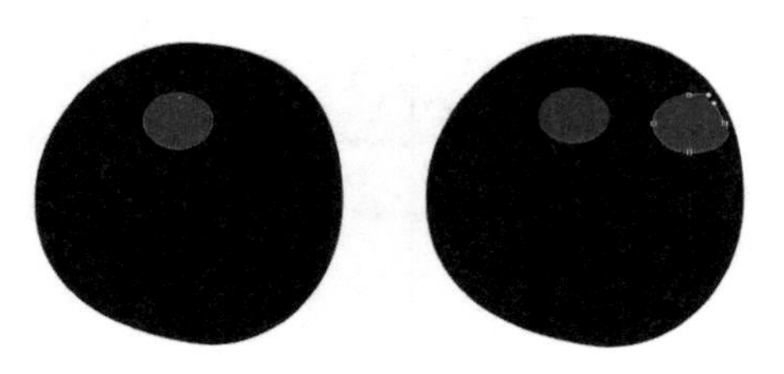

图14-4 绘制椭圆并调整形状

> **技巧**
>
> 在Photoshop中选择（移动工具）移动对像时按住Alt键，可以直接复制一个该对象的副本。

04 绘制白色与黑色椭圆，此时眼睛绘制完成，如图14-5所示。

05 选择（椭圆工具）绘制脑门中间的白色圆形，如图14-6所示。

06 选择 （钢笔工具）在身体上部绘制黑色和黄色羽毛以及橘色眼眉，如图14-7所示。

图14-5 绘制眼睛

图14-6 白色圆形

图14-7 绘制羽毛及眼眉

07 选择 （钢笔工具）在身体的灰色肚子上填充黄色和黑色描边的嘴，此时小鸟绘制完毕，如图14-8所示。

08 对绘制的小鸟进行修饰，在身体的底部绘制一个椭圆作为阴影，如图14-9所示。

图14-8 绘制嘴和肚子

图14-9 绘制椭圆

09 执行菜单中“滤镜/模糊/高斯模糊”命令，打开“高斯模糊”对话框，其中的参数值设置如图14-10所示。

10 设置完毕单击“确定”按钮，设置“不透明度”为35%，效果如图14-11所示。

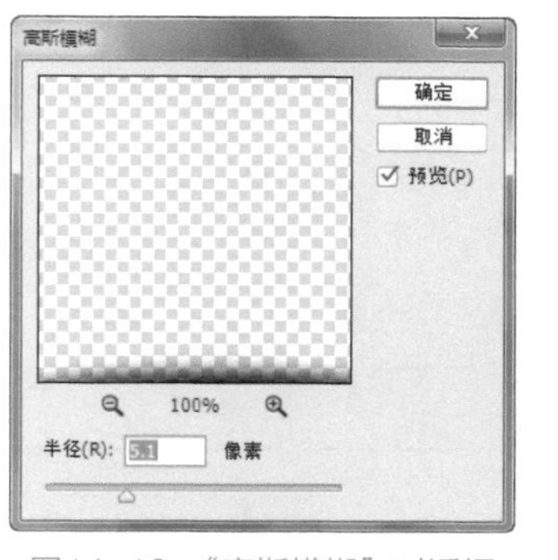

图14-10 “高斯模糊”对话框

图14-11 模糊后效果

11 打开随书下载资源中“素材文件/第14章/愤怒的小鸟多角色”素材，将素材拖动到新建的小鸟文档中，在下面的小黑鸟上绘制一个矩形选区，如图14-12所示。

12 执行菜单中“编辑/定义图案”命令，打开“图案名称”对话框，如图14-13所示。

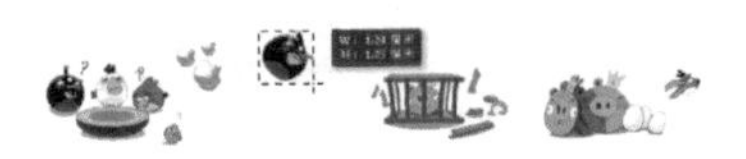

图14-12 移动素材

图14-13 “图案名称”对话框

13 设置完毕单击“确定”按钮，再执行菜单中“编辑/填充”命令，打开“填充”对话框，其中的参数值设置如图14-14所示。

14 设置完毕单击“确定”按钮，此时会打开“砖形填充”对话框，其中的参数值设置如图14-15所示。

15 设置完毕单击“确定”按钮，至此本例制作完毕，效果如图14-16所示。

图14-14 “填充”对话框

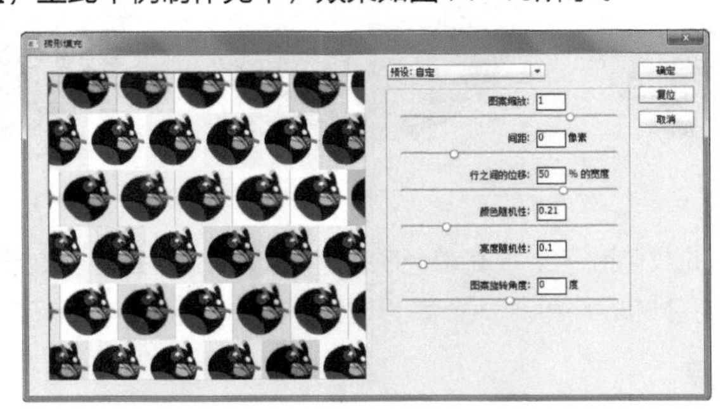

图14-15 “砖形填充”对话框

图14-16 最终效果

实例 165 青蛙

实例目的

通过制作如图14-17所示的流程效果图，了解“多边形工具以及变换复制命令”在实例中的应用。

图14-17 流程效果图

实例要点

- 使用“新建”命令新建文件
- 使用“钢笔工具”绘制青蛙的脚
- 绘制梯形旋转复制一周
- 绘制三角形路径使用转换点工具调整圆角
- 使用“渐变工具”填充背景
- 对图形进行模糊处理

操作步骤

01 新建一个“宽度”为15厘米、“宽度”为15厘米、“分辨率”为150像素/英寸的空白文档，选择 （多边形工具）在文档中绘制一个三角形路径，再选择▶.（转换点工具）将三个角转换为圆角，最后按Ctrl+Enter键填充深绿色，如图14-18所示。

02 执行菜单中“选择/变换选区”命令，调出变换选区变换框调整控制点变换选区，按Enter键完成变换后填充淡绿色，如图14-19所示。

图14-18 绘制三角形路径后编辑路径并填充颜色　　图14-19变换选区填充颜色

提示

在绘制任意一个图像时最好先新建一个图层，将新绘制的图像放置到新图层中这样便于管理与重新编辑。

03 按Ctrl+D键去掉选区，选择✎（钢笔工具）绘制青蛙脚的路径再填充路径为深绿色，效果如图14-20所示。

04 复制青蛙脚，将其水平翻转移动到另一边，使用同样的方法绘制上面的两只脚，效果如图14-21所示。

图14-20 绘制青蛙脚1　　图14-21 绘制青蛙脚2

05 依次绘制青蛙的其他部分，如图14-22所示。

图14-22 绘制其他部分

06 在青蛙的下面新建一个图层，绘制一个椭圆作为阴影，如图14-23所示。

07 执行菜单中“滤镜/模糊/高斯模糊”命令，打开“高斯模糊”对话框，其中的参数值设置如图14-24所示。

08 设置完毕单击“确定”按钮，设置“不透明度”为28%，效果如图14-25所示。

图14-23 绘制椭圆

图14-24 “高斯模糊”对话框

图14-25 模糊后

09 选择青蛙的各个部分所在的图层，按Ctrl+E键合并为一个图层，执行菜单中“图层/图层样式/投影和描边”命令，分别打开“投影和描边”的对话框，其中的参数值设置如图14-26所示。

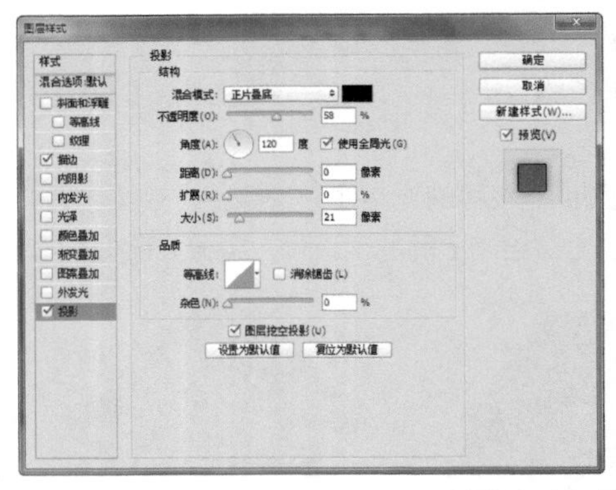
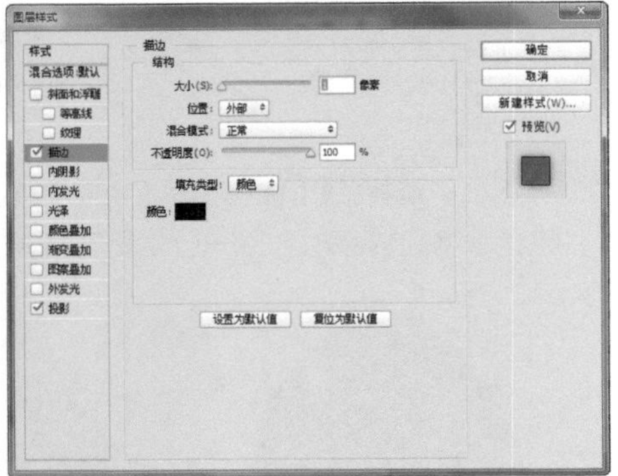

图14-26 编辑图层样式

10 设置完毕单击“确定”按钮，再为青蛙绘制一个阴影区域，至此青蛙部分制作完毕，效果如图14-27所示。

11 制作青蛙的背景部分，在背景图层中选择（渐变工具）绘制一个从淡绿色到绿色到深绿色的径向渐变，效果如图14-28所示。

图14-27 青蛙

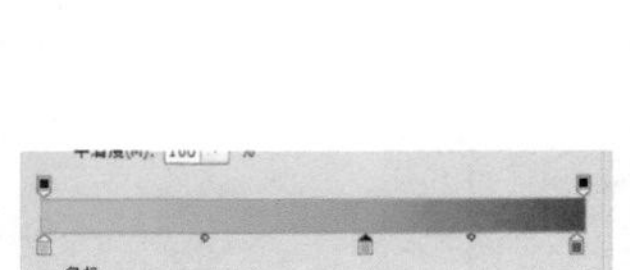

图14-28 绘制渐变

12 新建图层绘制一个淡黄色的梯形，如图14-29所示。

13 按Ctrl+T键调出变换框将旋转中心点移到左边，设置“角度”为45°，如图14-30所示。

14 按Enter键确定，再按Ctrl+Shift+Alt+T键多次进行变换复制，直到复制一圈为止，如图14-31所示。

图14-29 绘制梯形

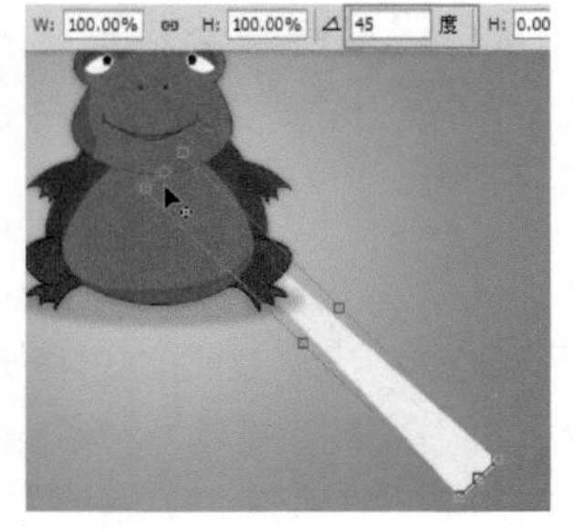

图14-30 设置角度

图14-31 变换

15 将旋转的图层一同选取，按Ctrl+E键将其合并为一个图层，再将其变大，按Ctrl+F键再应用一次本例刚才应用的高斯模糊，效果如图14-32所示。

16 添加一个图层蒙版，选择（渐变工具）绘制一个从白色到黑色的径向渐变，对蒙版进行编辑后，设置“不透明度”为35%，使用同样的方法制作一个旋转为30° 的背景，效果如图14-33所示。

17 键入文字添加一个椭圆阴影，至此本例制作完毕，效果如图14-34所示。

图14-32 变换应用模糊

图14-33 蒙版后效果

图14-34 最终效果

实例 166 水晶甲壳虫

实例目的

通过制作如图14-35所示的流程效果图，了解“羽化选区”在本例中的应用。

图14-35 流程效果图

实例要点

- 新建文档新建图层
- 绘制圆形并填充渐变色
- 应用“内发光”图层样式制作头部以及触须的立体感效果
- 应用“染色玻璃”滤镜制作效果
- 羽化选区清除多余图像，制作立体感图像
- 使用“渐变工具”制作倒影

操作步骤

01 将“前景色”设置为淡绿色、“背景色”设置为绿色。新建一个“宽度”为18厘米、“宽度”为13.5厘米、“分辨率”为150像素/英寸的空白文档，按Ctrl+Delete键将背景填充为“绿色”，如图14-36所示。

02 执行菜单中“滤镜/转换为智能滤镜”命令，在弹出的对话框中单击“确定”按钮，将背景转换为智能对象，如图14-37所示。

图14-36 新建文档填充绿色

图14-37 转换智能对象

03 执行菜单中“滤镜/滤镜库”命令，打开“滤镜库”对话框，在其中选择“纹理/染色玻璃”选项，其中的参数值设置如图14-38所示。

04 设置完毕单击“确定”按钮，效果如图14-39所示。

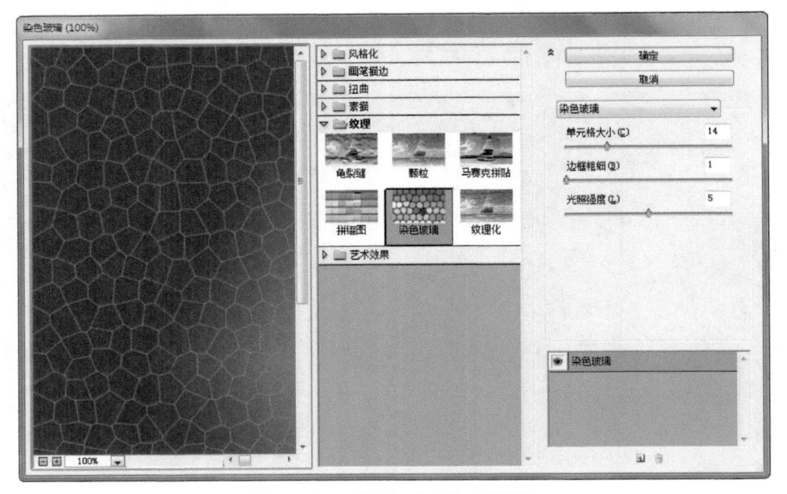

图14-38 “染色玻璃”对话框

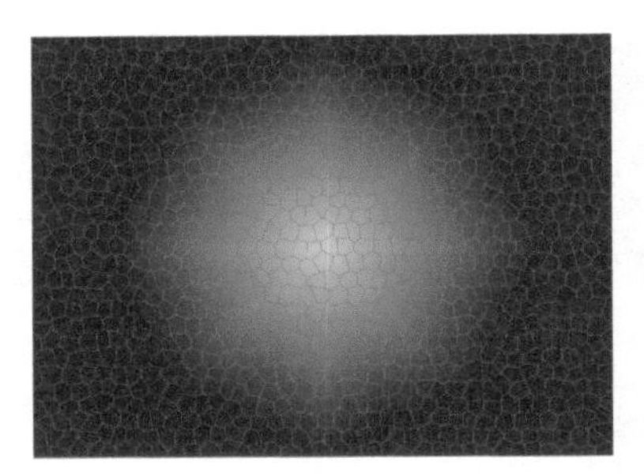
图14-39 添加图层样式后效果

05 新建“图层1”图层，选择（套索工具）设置“羽化”为40像素，在文档中绘制一个封闭选区，按Alt+Delete键将选区填充为淡绿色，设置“不透明度”为50%，效果如图14-40所示。

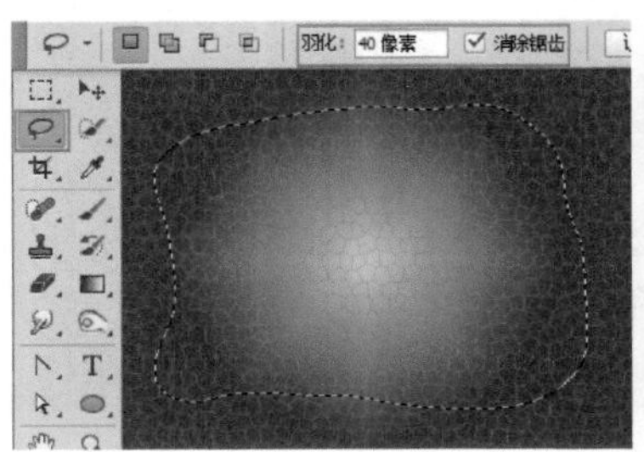

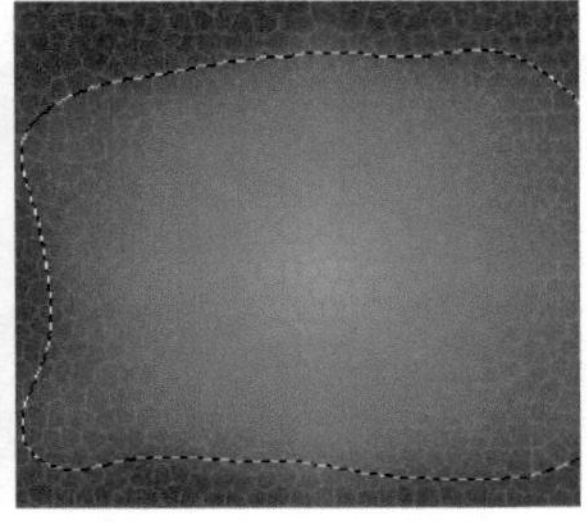

图14-40 绘制选区填充淡绿色

06 新建“图层2”图层，选择（渐变工具）绘制一个从前景色到背景色的线性渐变，设置“不透明度”为40%，此时背景制作完毕，效果如图14-41所示。

07 将“前景色”设置为白色、“背景色”设置为红色，新建“图层3”图层绘制一个圆形选区后，选择（渐变工具）绘制一个从前景色到背景色的径向渐变，效果如图14-42所示。

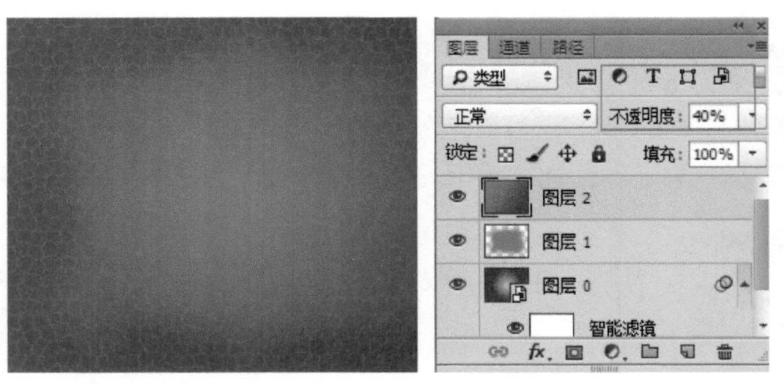
图14-41 填充渐变色设置不透明度

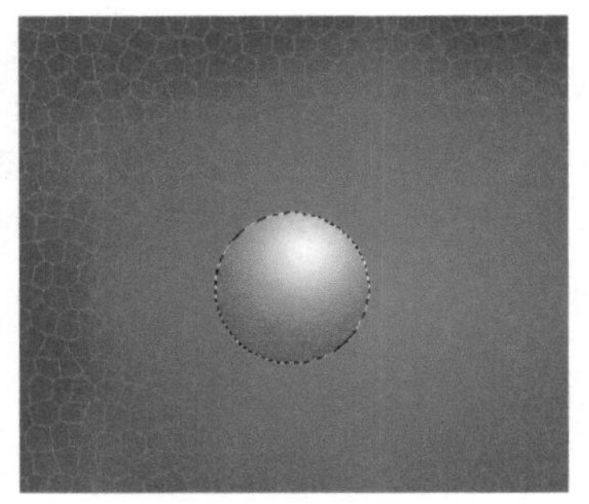
图14-42 填充渐变色

08 执行菜单中“图层/图层样式/投影”命令，打开“投影”对话框，其中的参数值设置如图14-43所示。

09 设置完毕单击“确定”按钮，新建一个图层，将选区填充为黑色，如图14-44所示。

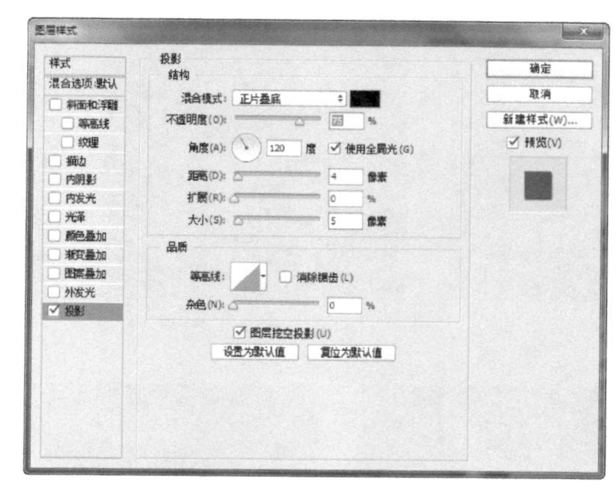

图14-43 “投影”对话框

图14-44 添加投影以及黑色

10 执行菜单中“选择/修改/羽化”命令，打开“羽化选区”对话框，单击“确定”按钮后，按Delete键清除选区内容，效果如图14-45所示。

11 新建一个图层，按Ctrl+D键去掉选区，绘制一个椭圆选区填充白色，将“不透明度”设置为14%，效果如图14-46所示。

12 新建一个图层，按Ctrl+D键去掉选区，绘制一个黑色椭圆，再新建一个图层绘制两小圆形和选择（画笔工具）绘制触须，效果如图14-47所示。

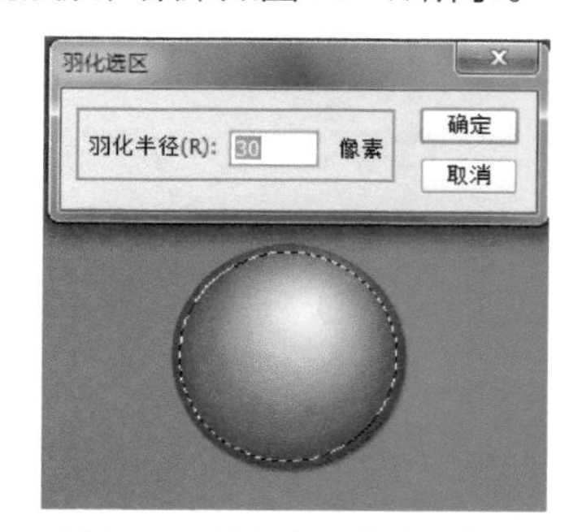

图14-45 羽化选区清除内容

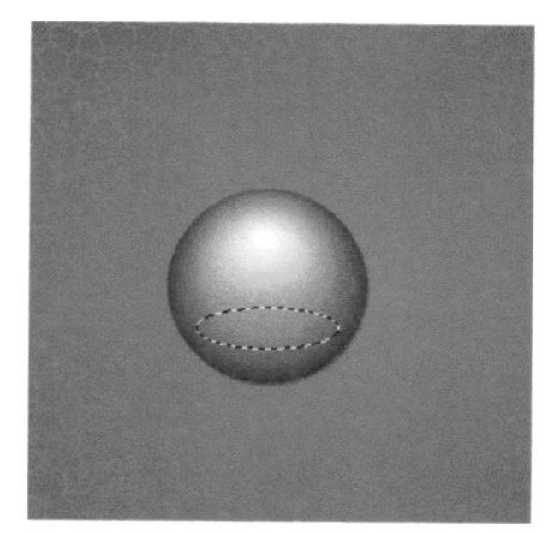

图14-46 填充椭圆

图14-47 绘制黑色头部以及触须

13 分别选择两个图层执行菜单中“图层/图层样式/内发光”命令，打开“内发光”对话框，其中的参数值设置如图14-48所示。

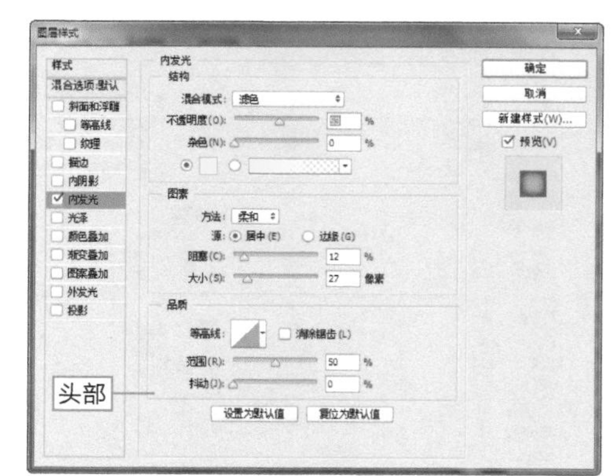

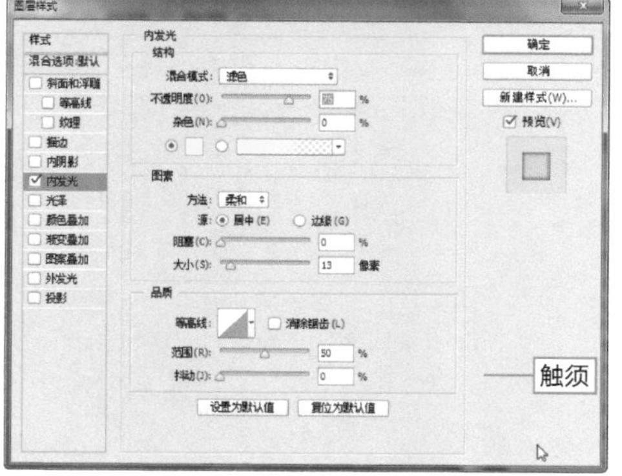

图14-48 “内发光”对话框

14 设置完毕单击“确定”按钮，效果如图14-49所示。

15 在身体上面绘制6个黑色圆形，调整合适的不透明度，效果如图14-50所示。

16 将甲壳虫所有的图层一同选取，按Ctrl+E键合并图层，按Ctrl+T键调出变换框，将甲壳虫进行旋转，按Enter键变换完毕，复制图像执行菜单中“编辑/变换/垂直翻转”命令，移动图像到甲壳虫下部，效果如图14-51所示。

图14-49 添加内发光

图14-50 绘制圆形

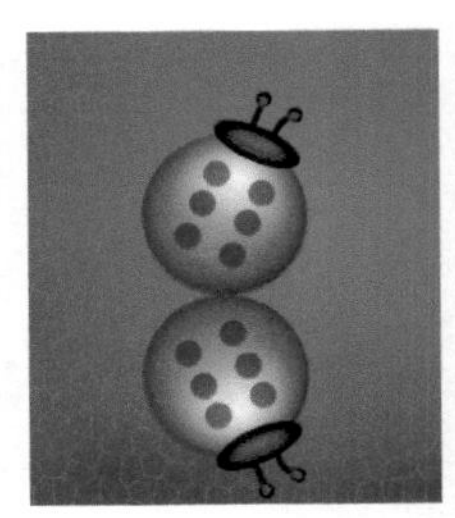

图14-51 变换

17 为倒影添加一个图层蒙版，选择 （渐变工具）填充从白色到黑色的线性渐变，设置不透明度，效果如图14-52所示。

18 使用同样的方法制作另一个甲壳虫，在相应位置键入文字，如图14-53所示。

图14-52 变换

图14-53 键入文字

19 执行菜单中“图层/图层样式/描边、渐变叠加、外发光和投影”命令，分别打开“描边、渐变叠加、外发光和投影”对话框，其中的参数值设置如图14-54所示。

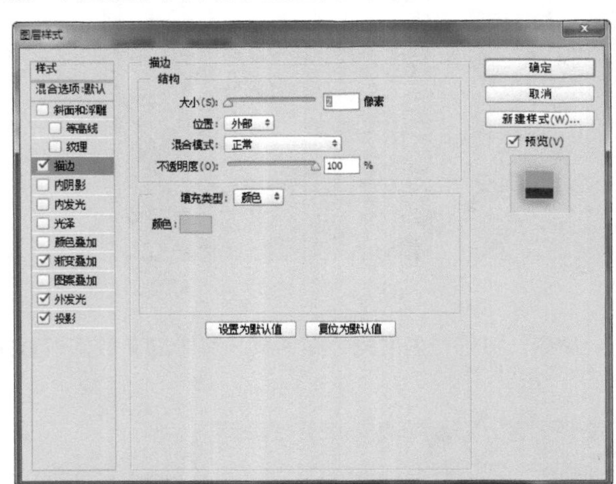

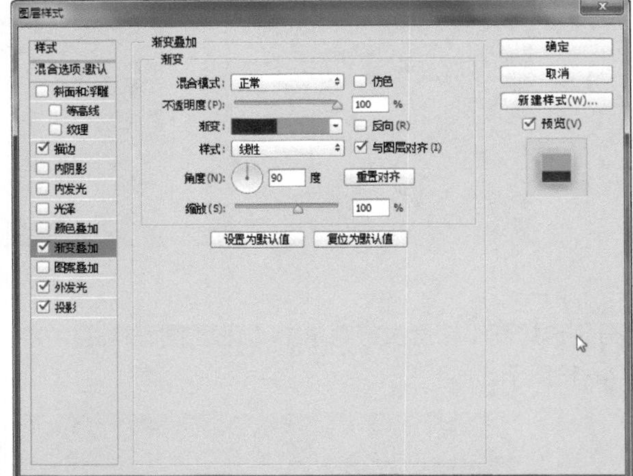

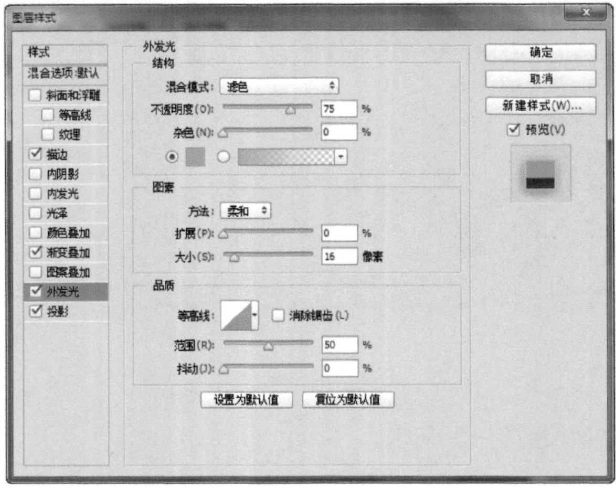

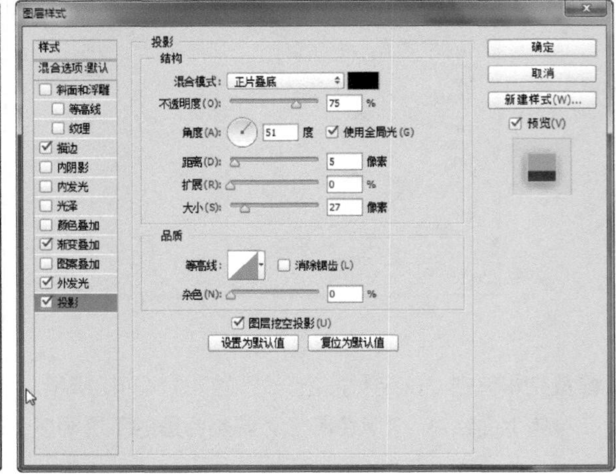

图14-54 编辑渐变样式

20 设置完毕单击“确定”按钮，效果如图14-55所示。

21 复制文字图层，执行菜单中“图层/栅格化/图层样式”命令，将文字图层样式进行栅格化处理，再执行菜单中“编辑/变换/垂直翻转”命令，移动图像到相应位置，效果如图14-56所示。

22 为倒影添加一个图层蒙版，选择（渐变工具）填充从白色到黑色的线性渐变，设置不透明度，至此本例制作完毕，效果如图14-57所示。

图14-55 添加图层样式

图14-56 添加图层样式

图14-57 最终效果

实例 167 高尔夫球

实例目的

通过制作如图14-58所示的流程效果图，了解“玻璃以及球面化”滤镜在实例中的应用。

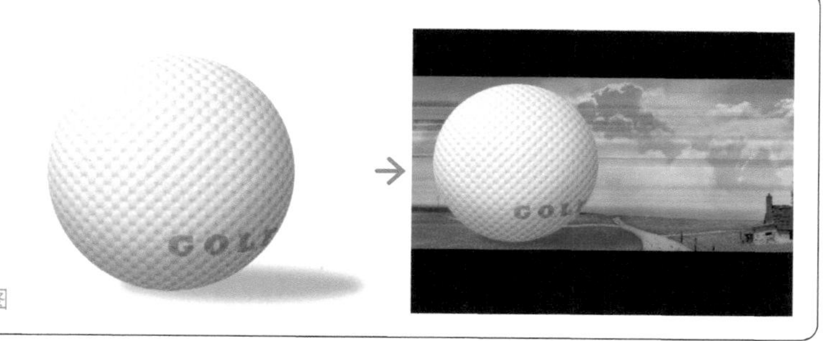

图14-58 流程效果图

实例要点

- 新建文件填充径向渐变
- 应用“玻璃以及球面化”滤镜
- 使用“渐变工具”填充高光部分
- 使用“横排文字工具”在画布中输入文本
- 使用“动画”面板制作动画按钮，并导出GIF动画

操作步骤

01 新建一个“宽度”为15厘米、“宽度”为15厘米、“分辨率”为150像素/英寸的空白文档，选择（渐变工具）填充从白色到黑色的径向渐变，如图14-59所示。

02 执行菜单中“滤镜/滤镜库”命令，打开“滤镜库”对话框，选择“扭曲/玻璃”命令，其中的参数值设置如图14-60所示。

图14-59 新建文档填充渐变色

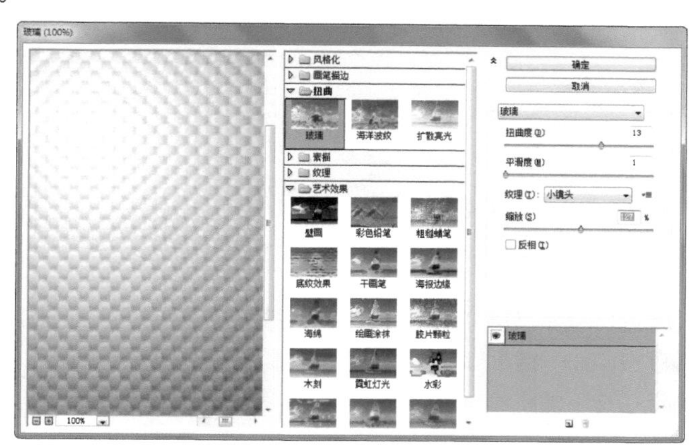

图14-60 “玻璃”对话框

03 设置完毕单击“确定”按钮，在上面绘制一个圆形选区，效果如图14-61所示。

04 按Ctrl+J键得到一个“图层1”图层，将背景填充为白色，如图14-62所示。

05 按Ctrl键并单击“图层1”图层的缩略图调出选区，执行菜单中“滤镜/扭曲/球面化”命令，打开“球面化”对话框，其中的参数值设置如图14-63所示。

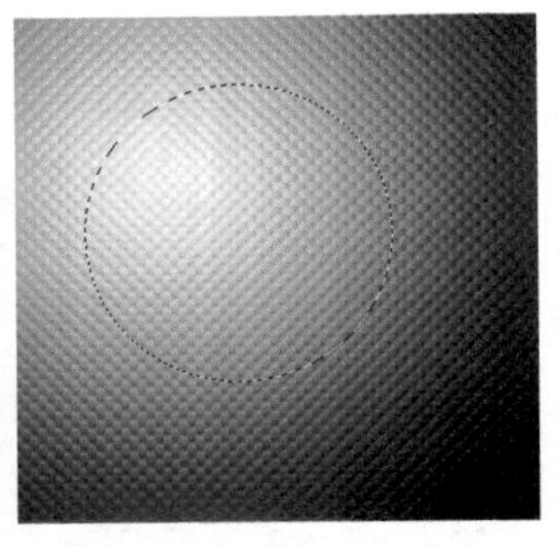

图14-61 添加图层样式

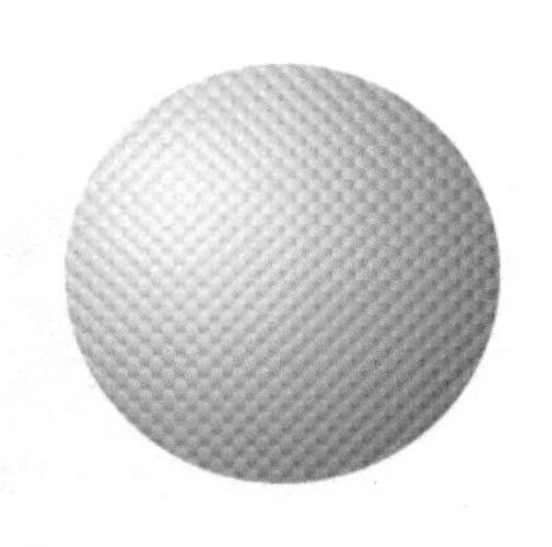

图14-62 复制

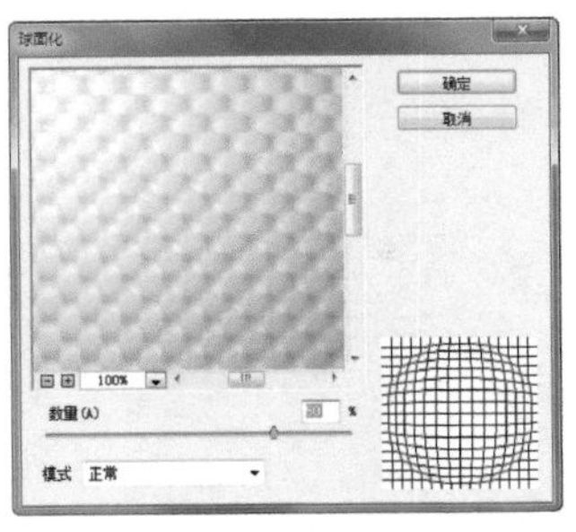

图14-63 “球面化”对话框

06 设置完毕单击“确定”按钮，效果如图14-64所示。

07 按Ctrl+D键去掉选区，执行菜单中“图层/图层样式/内阴影”命令，打开“内阴影”对话框，其中的参数值设置如图14-65所示。

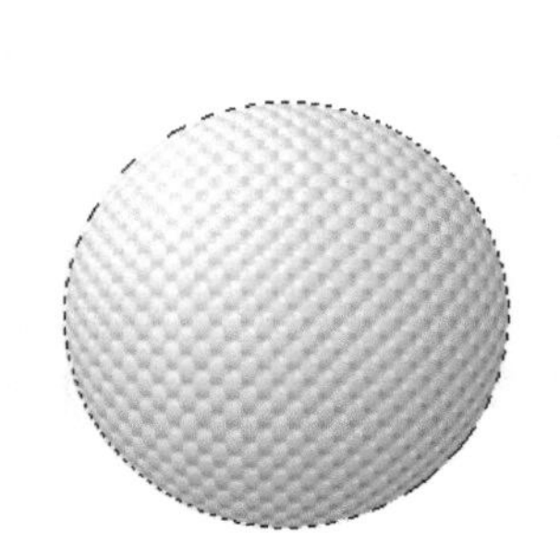

图14-64 球面化

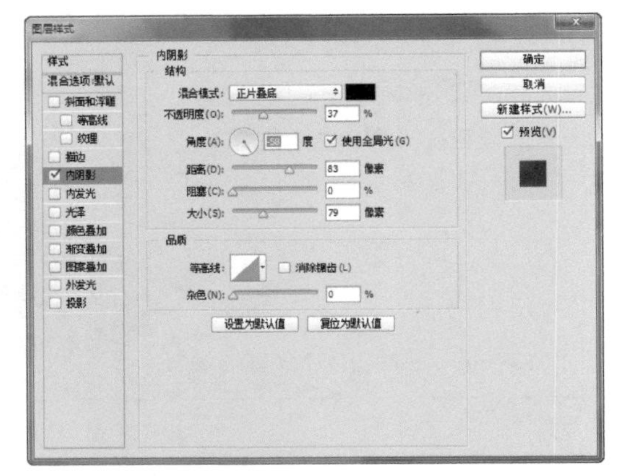

图14-65 “内阴影”对话框

08 设置完毕单击“确定”按钮，效果如图14-66所示。

09 按Ctrl键并单击“图层1”图层的缩略图调出选区，新建“图层2”图层，将选区填充为白色，设置“混合模式”为柔光、“不透明度”为42%，效果如图14-67所示。

图14-66 添加内阴影

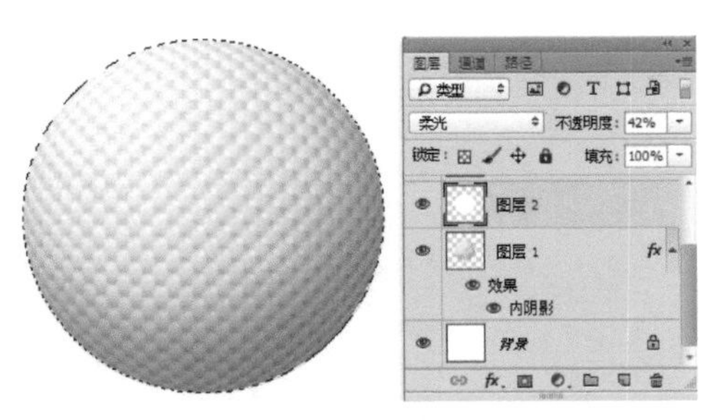

图14-67 混合模式

10 选择T.（横排文字工具）在球上键入文字，如图14-68所示。

11 按Ctrl+F键再应用一次“球面化”滤镜，调整不透明度，效果如图14-69所示。

12 在球下面新建一个图层，绘制黑色椭圆应用“高斯模糊”滤镜，设置不透明度，此时得到投影效果如图14-70所示。

图14-68 键入文字

图14-69 球面化后效果

图14-70 添加投影

13 将除背景以外的所有图层一同选取，按Ctrl+E键合并图层。打开随书下载资源中“素材文件/第14章/风景背景”素材，将球移到背景中，效果如图14-71所示。

图14-71 最终效果

实例 168 麻绳

实例目的

通过制作如图14-72所示的流程效果图，了解“半调图案”在本例中的应用。

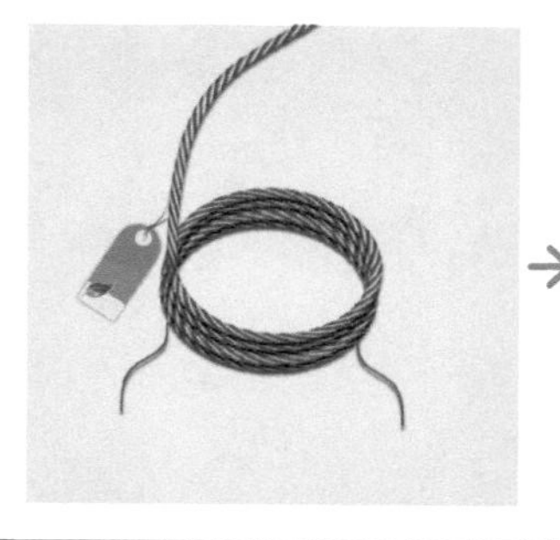
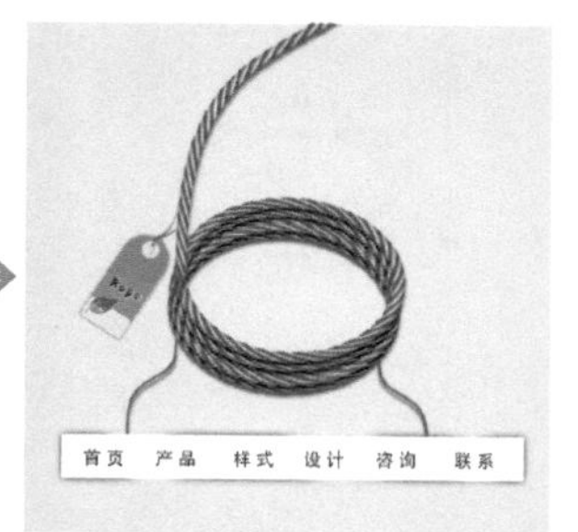

图14-72 流程效果图

实例要点

- 新建文档设置前景色
- 应用“扩散”滤镜
- 添加“投影和内阴影”图层样式
- 创建图层
- 应用“半调图案”滤镜
- 在快速蒙版中应用“喷溅”滤镜
- 应用“切变”滤镜
- 键入文字
- 旋转图像选取长方形
- 应用“极坐标”滤镜
- 移入素材

操作步骤

01 新建一个空白文档，将前景色设置为深灰色，执行菜单中的“滤镜/滤镜库”命令，打开“滤镜库”对话框，在“画笔描边”的标签中选择“半调图案”命令，设置参数后，单击“确定”按钮，再复制背景，按Ctrl+T键调出变换框，拖动控制点进行旋转。设置和效果如图14-73所示。

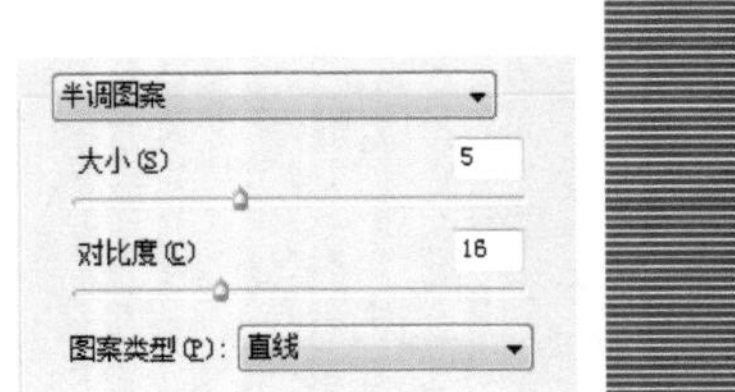

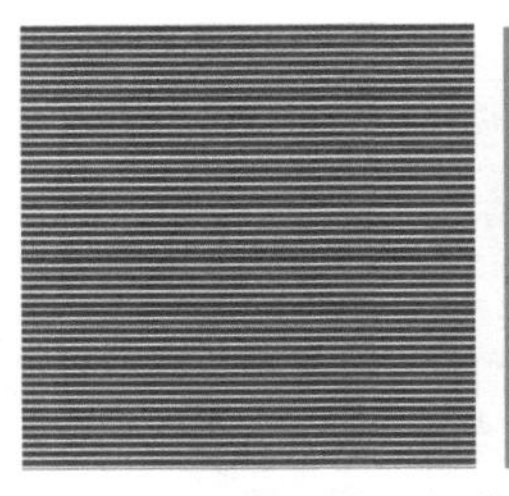
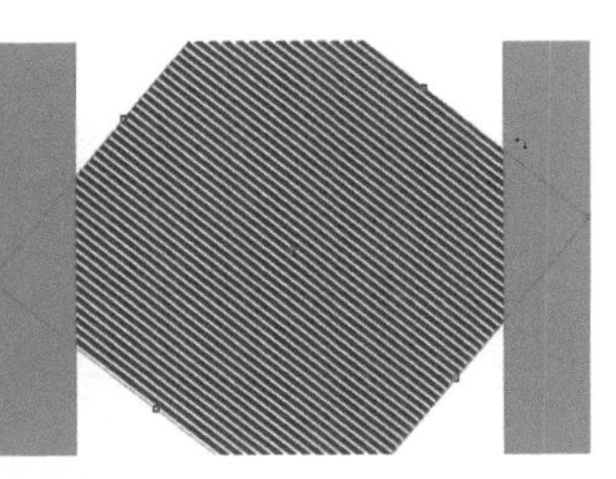

图14-73 应用半调图案并旋转变换框

02 使用 (矩形选框工具)选区中间一条，进行复制，隐藏剩余部分的图层，复制绳子图层，执行菜单中的“滤镜/扭曲/极坐标”命令，打开“极坐标”对话框，设置参数后，单击“确定”按钮。设置和效果如图14-74所示。

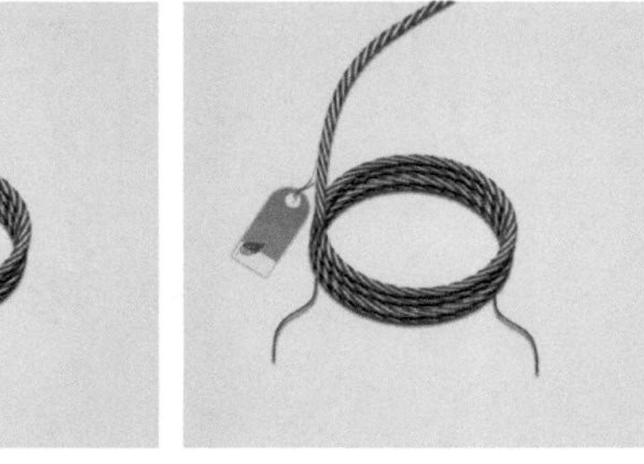

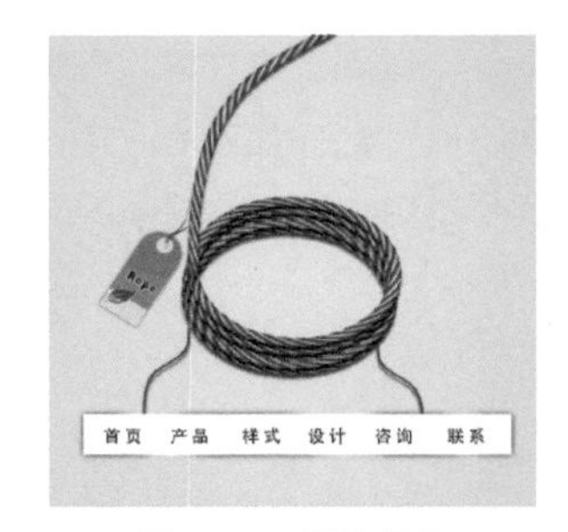

图14-74 应用“极坐标”滤镜

03 复制几个图像调整位置，在选择绳子另一个图层，将其旋转90度后执行菜单中的“滤镜/扭曲/切变”命令，调整后，单击“确定”按钮，打开“标签”素材将其移到合适位置，效果如图14-75所示。

04 绘制矩形，键入文字，至此本例制作完毕，效果如图14-76所示。

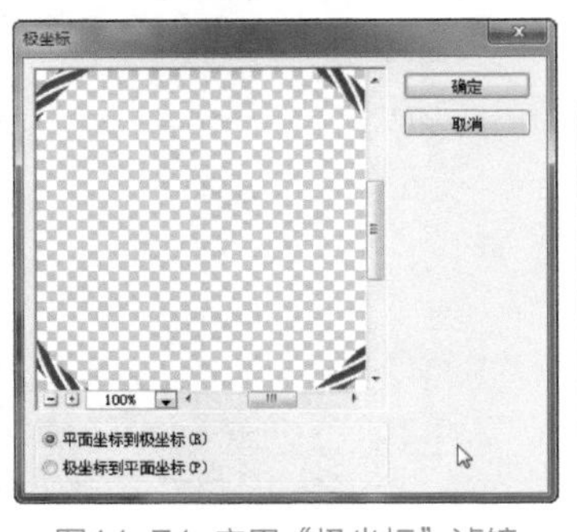
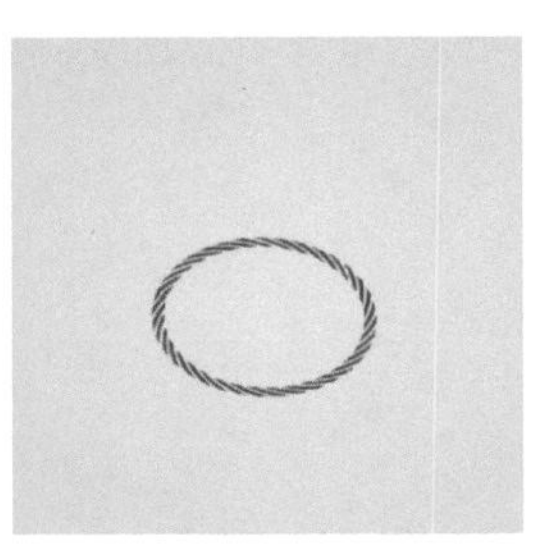

图14-75 应用“切变”滤镜

图14-76 最终效果

实例 169 泳圈

实例目的

通过制作如图14-77所示的流程效果图，了解“剪贴蒙版”命令在本例中的应用。

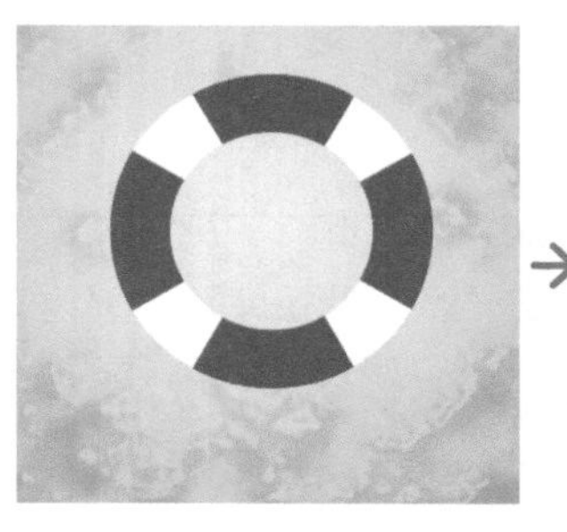

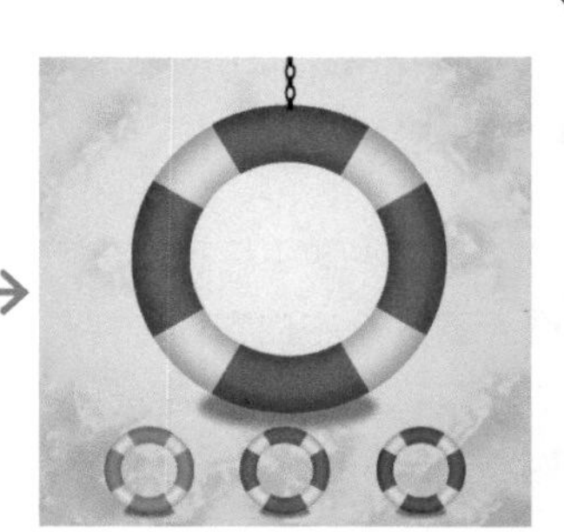

图14-77 流程效果图

实例要点

- 新建文档填充径向渐变
- 缩小选区
- 旋转复制
- 添加“内阴影和内发光”图层样式
- 复制图层应用“云彩和塑料包装”滤镜
- 删除缩小选区的内容
- 创建剪贴蒙版
- 绘制圆形选区
- 绘制三角形
- 合并图层

操作步骤

01 打开“背景”素材，新建图层绘制一个正圆选区，将其填充为白色，再将选区缩小并删除选区内的图像，效果如图14-78所示。

02 按Ctrl+D键去掉选区，新建图层绘制一个红色的三角形，旋转并复制上个副本，为其“创建剪贴蒙版”，效果如图14-79所示。

图14-78 删除选区内图像

图14-79 复制并创建剪贴蒙版

03 合并剪贴蒙版图层，为图层添加“内阴影”“内发光”图层样式。设置和效果如图14-80所示。

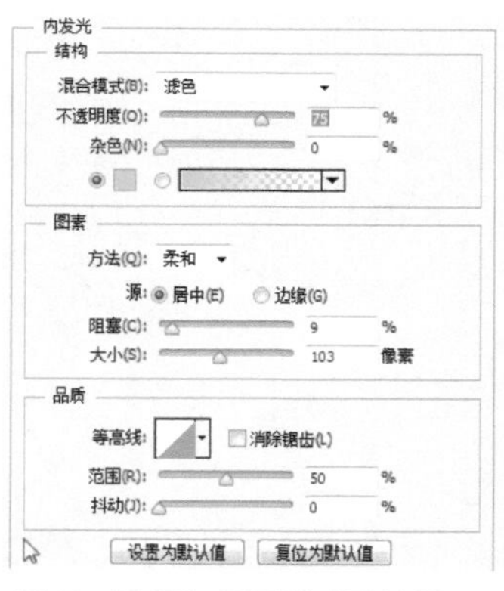

图14-80 添加图层样式及效果

04 为泳圈添加一个阴影，合并泳圈所在的图层，调整为不同色调效果，导入“铁链”素材。至此本例制作完毕，效果如图14-81所示。

图14-81 最终效果

第15章 图像特效

本章内容

- 溜宠物
- 绿色地球
- 树下学习
- 印象
- 幼苗
- 幸福生活
- 桌面
- 天使
- 爆炸
- 色彩背景
- 拼贴效果

通过对前面章节的学习，大家已经对Photoshop软件绘制与编辑图像的强大功能有了初步了解，下面带领大家使用Photoshop进行处理图像的操作。

实例 170 溜宠物

实例目的

通过制作如图15-1所示的流程效果图，了解“创建蒙版以及修复图像”在本例中的应用。

图15-1 流程效果图

实例要点

- 打开素材
- 创建选区后添加蒙版
- 移动图像
- 修复图像中多余部分

操作步骤

01 打开随书下载资源中“素材文件/第15章/鳄鱼猪和牵狗”素材，如图15-2所示。

02 选择（移动工具）将“鳄鱼猪”素材中的图像拖动“牵狗”文档中，如图15-3所示。

图15-2 素材

图15-3 移动

03 结合多个选区工具在猪身上创建一个完整的选区，效果如图15-4所示。

04 执行菜单中“图层/图层蒙版/显示选区”命令，为图层添加蒙版，效果如图15-5所示。

图15-4 创建选区

图15-5 图层蒙版

05 隐藏小猪所在的图层，复制背景图层，选择 （修复画笔工具）将图像中的小狗消除，如图15-6所示。

图15-6 修复

06 显示小猪所在的图层，如图15-7所示。

07 至此本例制作完毕，效果如图15-8所示。

图15-7 “图层”面板

图15-8 最终效果

实例 171 绿色地球

实例目的

通过制作如图15-9所示的流程效果图，了解“智能滤镜中的混合选项”在实例中的应用。

图15-9 流程效果图

实例要点

- 打开素材转换为智能滤镜
- 设置“混合选项”模式为绿色、“不透明度”为62%
- 创建“色相/饱和度”调整图层
- 应用“凸出和查找边缘”滤镜
- 创建文字选区
- 使用画笔编辑蒙版

操作步骤

01 打开随书下载资源中“素材文件/第15章/树林天空和草球”素材，如图15-10所示。

图15-10 素材

02 选择“树林天空”素材，执行菜单中“滤镜/转换为智能滤镜”命令，将背景图层转换为智能对象，再执行菜单中“滤镜/风格化/凸出”命令，打开“凸出”对话框，其中的参数值设置如图15-11所示。

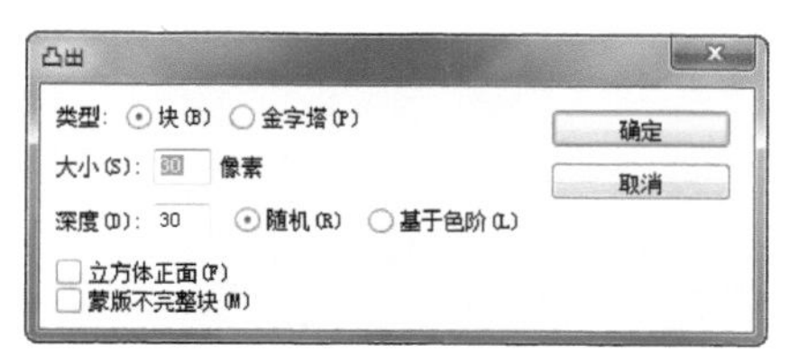

图15-11 “凸出”对话框

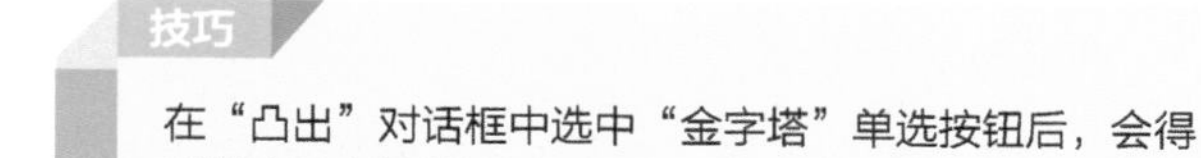

在“凸出”对话框中选中“金字塔”单选按钮后，会得到塔尖凸出的效果。

03 设置完毕单击“确定”按钮，效果如图15-12所示。

04 在执行菜单中“滤镜/风格化/查找边缘”命令，效果如图15-13所示。

05 在“图层”面板中“查找边缘”名称上单击鼠标右键，在弹出的菜单中选择“编辑智能滤镜混合选项”选项，如图15-14所示。

图15-12 凸出后效果

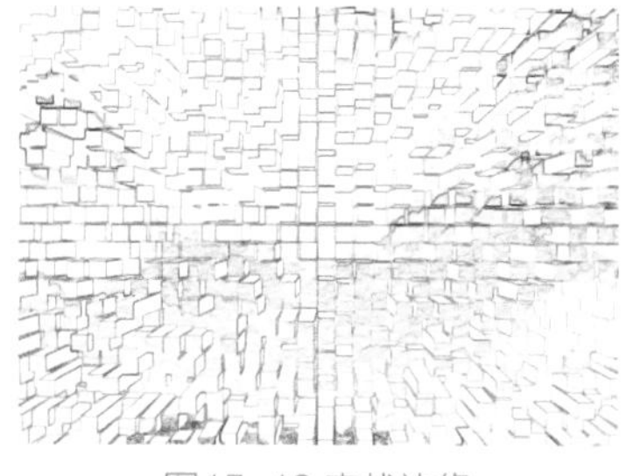

图15-13 查找边缘

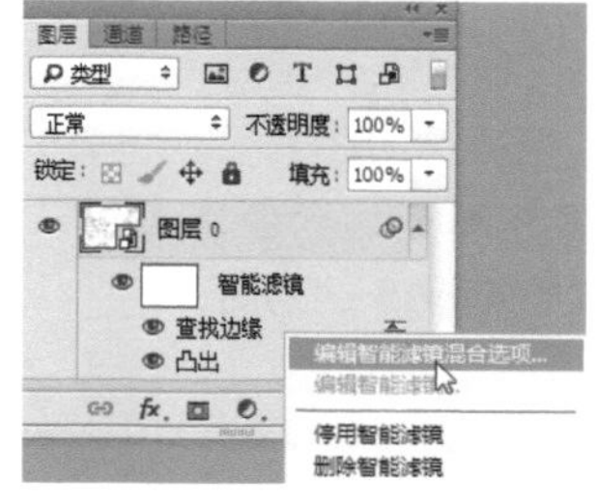

图15-14 “图层”面板

06 选择选项后，系统会打开“混合选项（查找边缘）”对话框，设置参数如图15-15所示。

07 设置完毕单击“确定”按钮，效果如图15-16所示。

图15-15 设置参数

图15-16 混合选项后效果

08 将“草球”素材中的图像拖动到“树林天空”对话框中，设置“混合模式”为线性加深，效果如图15-17所示。

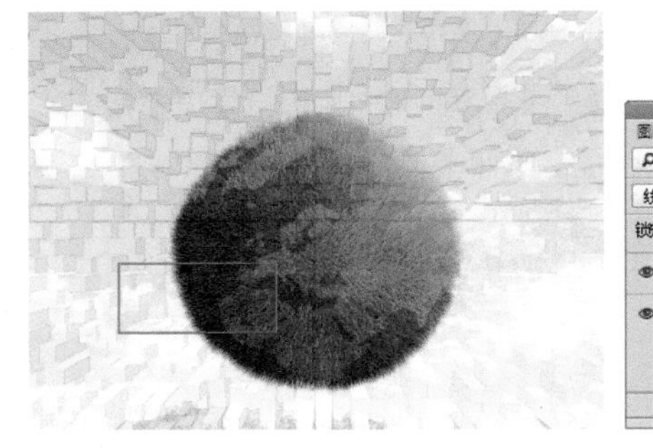

图15-17 混合模式

09 复制“图层1”图层将“混合模式”设置为正常，选择（魔术橡皮擦工具）在白色背景上单击，效果如图15-18所示。

图15-18 清除背景

10 单击“添加图层蒙版”按钮为图层创建一个蒙版，选择（画笔工具）在图像边缘绘制黑色用来编辑蒙版，效果如图15-19所示。

图15-19 编辑蒙版

11 新建“图层2”图层，绘制一个“羽化”为40的椭圆，将其填充为黑色，设置“不透明度”为49%，效果如图15-20所示。

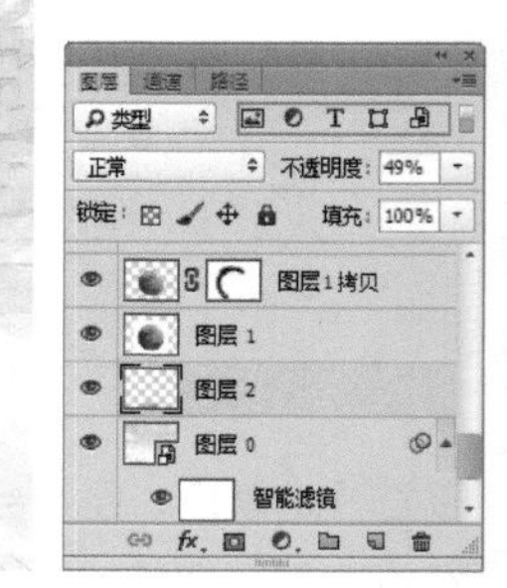

图15-20 影子

12 按Ctrl+D键去掉选区，选择（横排文字蒙版工具）在草球上创建文字选区，如图15-21所示。

13 在“图层”面板中，单击“创建新的填充或调整图层”按钮，在弹出的菜单中选择“色相/饱和度”命令，在弹出“属性”面板中设置“色相/饱和度”的参数，如图15-22所示。

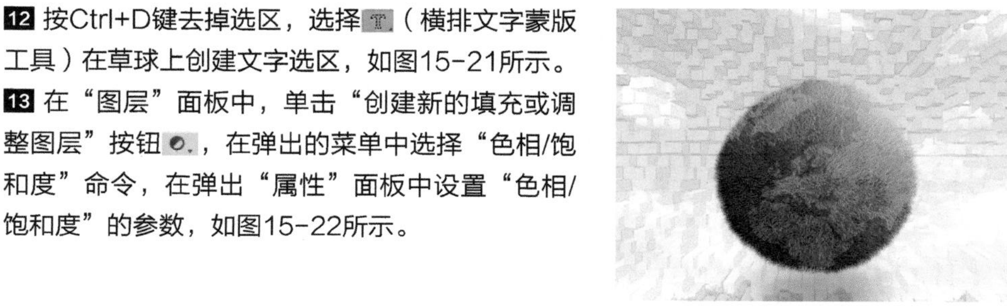
图15-21 创建文字选区

图15-22 “属性”面板

14 调整完毕后，在“图层”面板中设置“填充”为50%，效果如图15-23所示。

图15-23 调整后效果

15 执行菜单中“图层/图层样式/内阴影”命令，打开“内阴影”对话框，其中的参数值设置如图15-24所示。

16 设置完毕单击“确定”按钮，效果如图15-25所示。

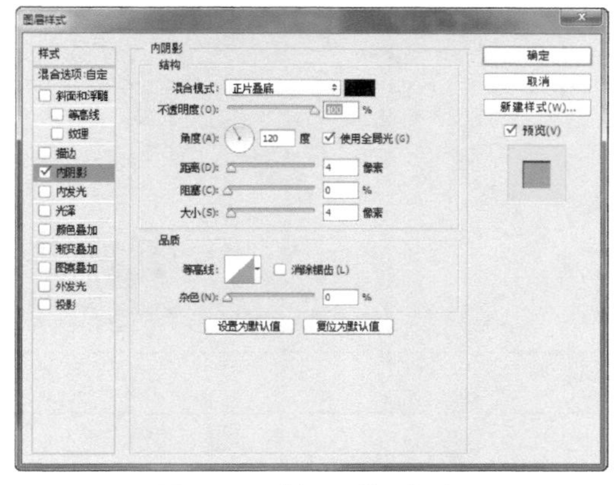

图15-24 “内阴影”对话框

图15-25 添加内阴影并移入素材

17 选择蒙版缩略图，选择（画笔工具）在文字边缘处绘制黑色草笔触，效果如图15-26所示。

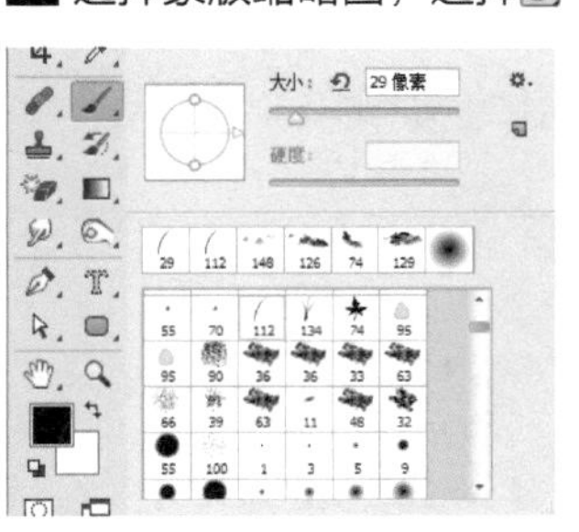

图15-26 画笔编辑蒙版

18 在本章对应素材文件夹中打开所有要用到的素材，依次将素材拖动到“树林天空”文档中，至此本例制作完毕，效果如图15-27所示。

图15-27 最终效果

实例 172 树下学习

实例目的

通过制作如图15-28所示的流程效果图，了解“内容识别缩放”命令在本例中的应用。

图15-28 流程效果图

实例要点

- 打开素材
- 移入素材调整位置
- 应用“内容识别缩放”命令加高树身
- 键入文字添加图层样式

操作步骤

01 打开随书下载资源中“素材文件/第15章/天空背景”和“素材文件/第15章/草地”素材，如图15-29所示。

图15-29 新建文档填充绿色

02 将“草地”素材中的图像拖动到“天空背景”文档中，再次打开“大树”素材，如图15-30所示。

图15-30 拖动素材并再次打开素材

03 将大树移到“天空背景”文档中，绘制一个矩形选区，如图15-31所示。

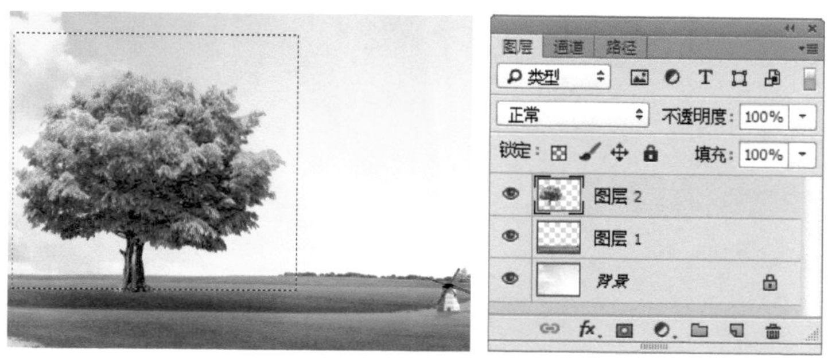

图15-31 绘制矩形选区

04 执行菜单中“编辑/内容识别缩放”命令，调出变换框后将大树拉高，效果如图15-32所示。

图15-32 内容识别变换

05 按Enter键完成变换，按Ctrl+D键去掉选区，将大树向左移动到相应位置，效果如图15-33所示。

06 打开本章素材文件夹中的“自行车2、书、学习”素材，将素材移到“天空背景”文档的相应位置，效果如图15-34所示。

图15-33 移动

图15-34 移入素材

07 打开“阳光”素材，移到文档中设置“混合模式”为绿色、“不透明度”为88%，效果如图15-35所示。

图15-35 移入素材

08 键入文字，执行菜单中“图层/图层样式/描边和外发光”命令，分别打开“描边和外发光”对话框，其中的参数值设置如图15-36所示。

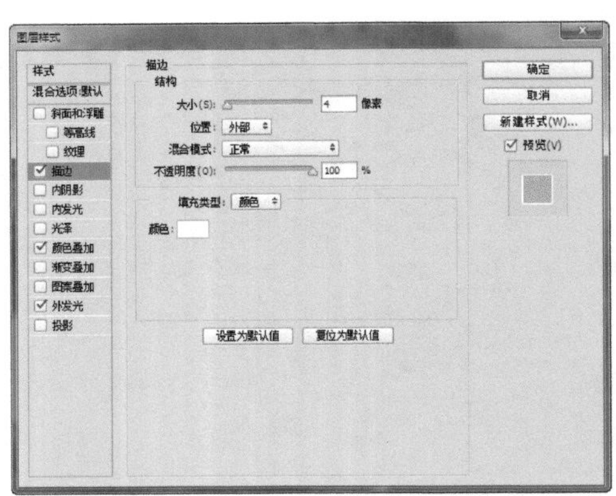

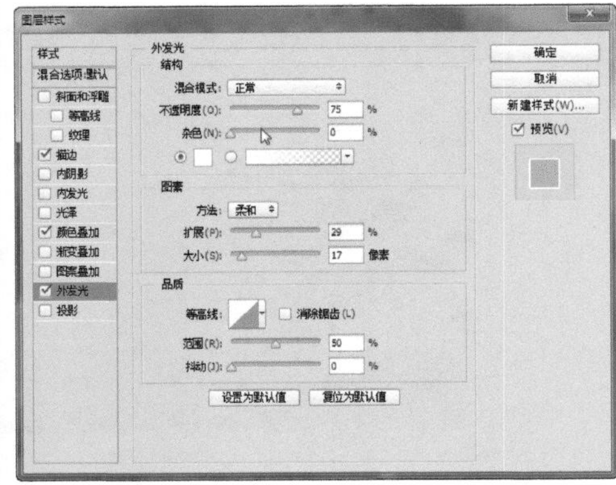

图15-36 “图层样式”对话框

09 设置完毕单击“确定”按钮，至此本例制作完毕，效果如图15-37所示。

图15-37 最终效果

实例 173 印象

实例目的

通过制作如图15-38所示的流程效果图，了解“撕边滤镜以及混合模式”在实例中的应用。

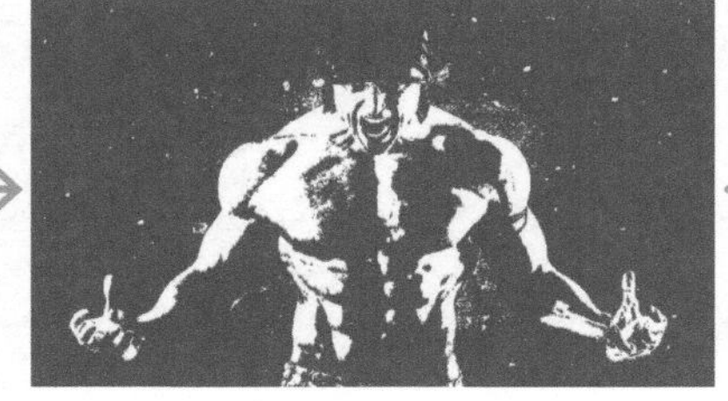

图15-38 流程效果图

实例要点

- 打开素材
- 应用“去色”命令
- 使用“色阶”调整图像
- 使用“撕边”滤镜
- 使用“动感模糊”滤镜
- 设置“混合模式”

操作步骤

01 执行菜单中“文件/打开”命令，打开随书下载资源中“素材文件/第15章/人物”素材，如图15-39所示。

02 执行菜单中“图像/调整/去色”命令或按 Ctrl+Shift+U键，将照片变为灰度效果，如图15-40所示。

03 执行菜单中“图像/调整/色阶”命令，打开“色阶”对话框，其中的参数值设置如图15-41所示。

图15-39 素材

图15-40 去色

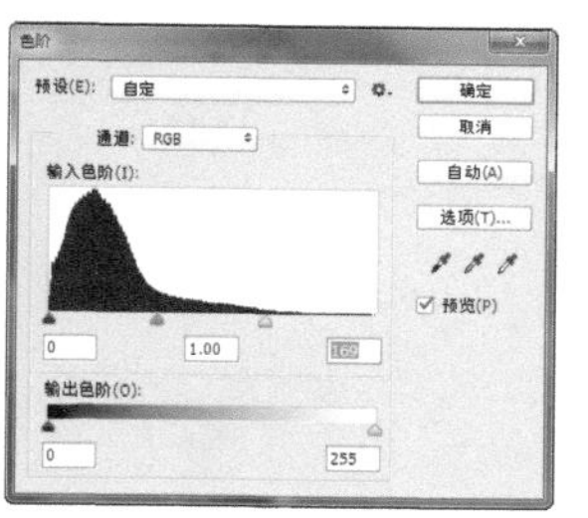

图15-41 “色阶”对话框

04 设置完毕单击“确定”按钮，效果如图15-42所示。

05 将“前景色”设置为红色，执行菜单中“滤镜/滤镜库”命令，打开“滤镜库”对话框，选择“素描/撕边”选项，其中的参数值设置如图15-43所示。

图15-42 色阶调整后效果

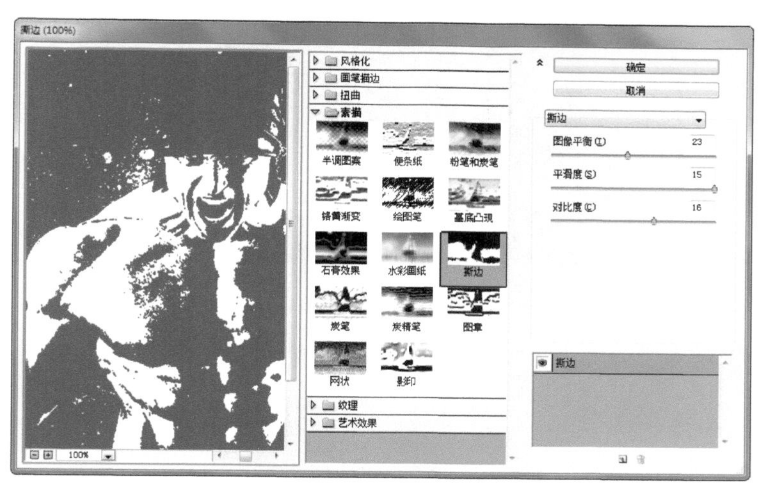

图15-43 “撕边”对话框

06 设置完毕单击“确定”按钮，效果如图15-44所示。

07 打开本书对应素材文件夹中的“铁锈”文件，如图15-45所示。

08 复制“背景”图层得到“背景 拷贝”图层，执行菜单中“滤镜/模糊/动感模糊”命令，打开“动感模糊”对话框，其中的参数值设置如图15-46所示。

图15-44 撕边后效果

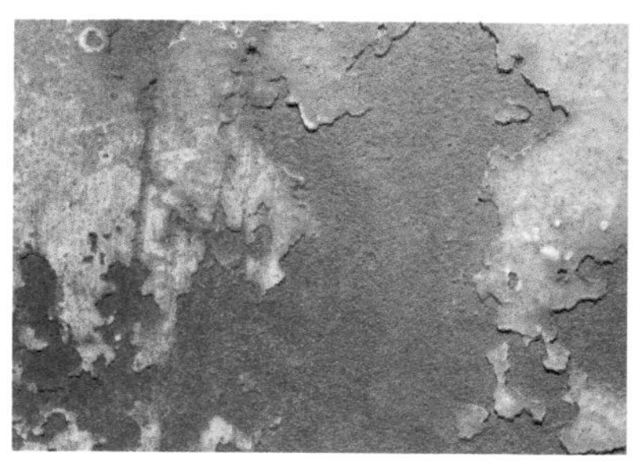
图15-45 打开文件

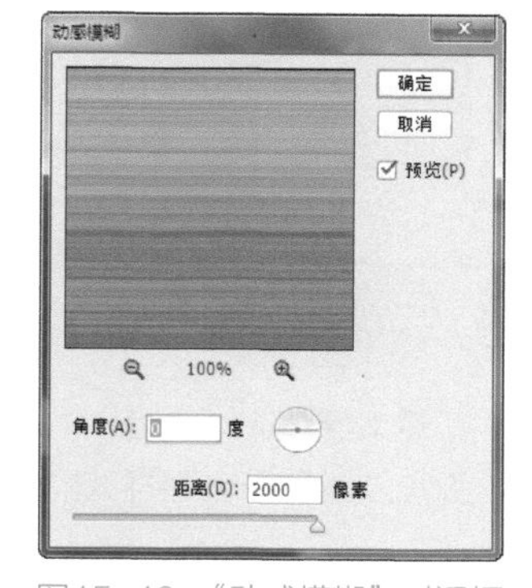

图15-46 “动感模糊”对话框

09 设置完毕单击“确定”按钮，设置“混合模式”为差值，效果如图15-47所示。

图15-47 混合模式

10 将处理过的“人物”素材拖动到“铁锈”文档中，设置“混合模式”为浅色，效果如图15-48所示。

11 新建“图层2”图层，在文档下部绘制一个红色矩形，设置“不透明度”为50%，至此本例制作完毕，效果如图15-49所示。

图15-48 移入素材设置混合模式

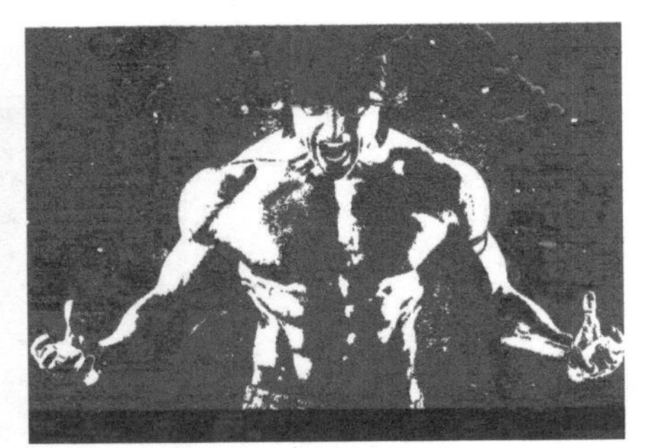

图15-49 最终效果

实例 174 幼苗

实例目的

通过制作如图15-50所示的流程效果图，了解“渐变填充以及创建图层”在本例中的应用。

图15-50 流程效果图

实例要点

- 新建文档填充渐变色
- 变换图层图像
- 绘制画笔
- 添加“投影”图层样式
- 创建图层

操作步骤

01 执行菜单中“文件/新建”命令，新建一个“宽度”为18厘米、“高度”为13.5厘米、“分辨率”为150像素/英寸，选择（渐变工具）在文档中间向边缘拖动填充一个从RGB(1，202，238)到RGB(10，145，165)颜色的径向渐变，效果如图15-51所示。

02 复制背景图层得到“背景 拷贝”图层，按Ctrl+T键调出变换框，拖动控制点将图像变窄，如图15-52所示。

图15-51 新建文档填充渐变色

图15-52 变换

03 新建图层绘制黑色矩形并选择（画笔工具）绘制载入的“云朵.abr”画笔中的“书法画笔”笔触，如图15-53所示。

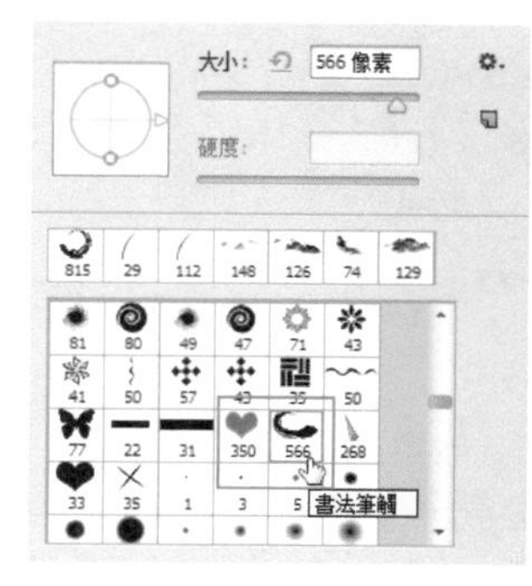

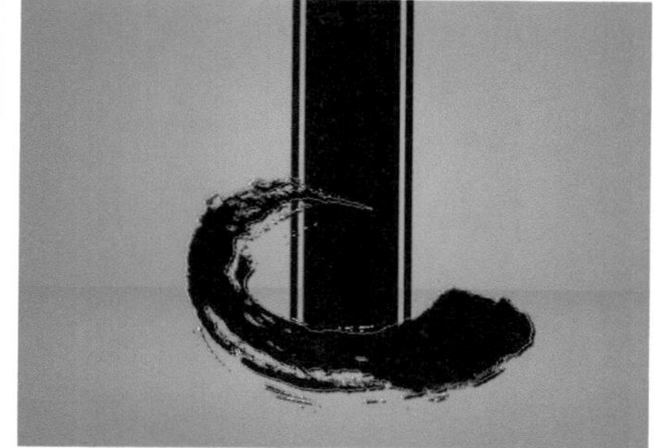
图15-53 绘制画笔

04 设置 “混合模式”为柔光、“不透明度”为48%，效果如图15-54所示。

图15-54 混合模式

05 打开随书下载资源中素材中第15章的文件夹，打开本例需要的“热气球”“蝴蝶”“长颈鹿”“树”“幼苗”和“叶子”素材，选择（移动工具）将素材都移动到新建的文档中并调整位置，如图15-55所示。

06 选择“树叶”所在的图层，执行菜单中“图层/图层样式/投影”命令，打开“投影”对话框，其中的参数值设置如图15-56所示。

图15-55 移入素材

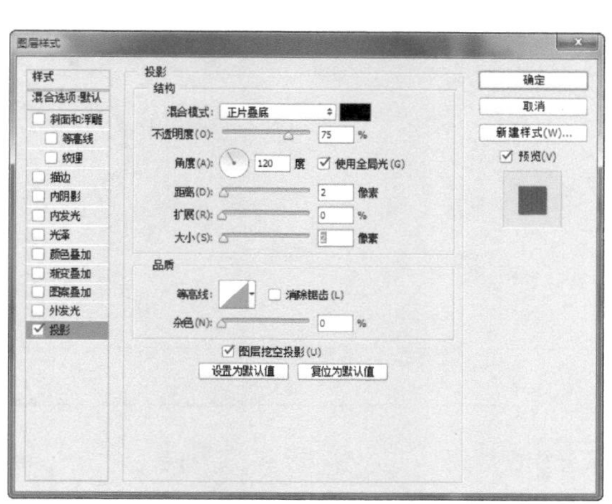

图15-56 “投影”对话框

07 设置完毕单击“确定”按钮，效果如图15-57所示。

08 执行菜单中“图层/图层样式/创建图层”命令，此时会将投影单独作为图层出现在“图层”面板中，如图15-58所示。

图15-57 添加投影

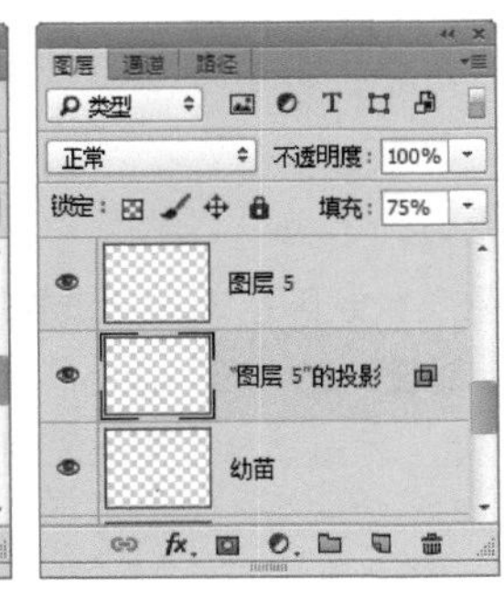

图15-58 创建图层

09 选择（橡皮擦工具）擦除阴影的局部，效果如图15-59所示。

10 选择（画笔工具）绘制载入的“云朵.abr”画笔中的“云彩”笔触，效果如图15-60所示。

11 至此本例制作完毕，效果如图15-61所示。

图15-59 擦除

图15-60 绘制云彩

图15-61 最终效果

实例 175 幸福生活

实例目的

通过制作如图15-62所示的流程效果图，了解“渐变蒙版”在本例中的应用。

图15-62 流程效果图

实例要点

- 新建文档填充线性渐变
- 移入素材应用“高斯模糊”滤镜
- 移入素材使用“渐变工具”编辑蒙版
- 键入文字

操作步骤

01 执行菜单中“文件/新建”命令，新建一个“宽度”为18厘米、“高度”为13.5厘米、“分辨率”为150，选择 （渐变工具）在文档中从上向下填充一个从RGB(203，212，222)到RGB(255，255，255)颜色的线性渐变，效果如图15-63所示。

02 打开随书下载资源中“素材文件/第15章/天空背景”素材，选择 （移动工具）将“天空背景”素材中的图像拖动到新建文档中，如图15-64所示。

图15-63 新建文档填充渐变色

图15-64 移入素材

03 单击“添加图层蒙版”按钮 ，“图层1”图层会被添加一个空白蒙版，选择 （渐变工具）从上向下填充从白色到黑色的线性渐变，设置“不透明度”为72%，效果如图15-65所示。

图15-65 渐变编辑蒙版

04 打开“地图”素材将其移动到新建文档中，设置“混合模式”为正片叠底、“不透明度”为20%，效果如图15-66所示。

图15-66 移入素材设置混合模式

05 打开随书下载资源中素材中第15章的文件夹，打开本例需要的“楼群1”和“楼群2”素材，选择 （移动工具）将素材都移动到新建的文档中，设置名称后并调整位置，如图15-67所示。

图15-67 移入素材

06 选择“楼盘1”所在的图层，执行菜单中“滤镜/模糊/高斯模糊”命令，打开“高斯模糊”对话框，其中的参数值设置如图15-68所示。

07 设置完毕单击“确定”按钮，效果如图15-69所示。

08 打开随书下载资源中素材中第15章的文件夹，打开本例需要的“飞机”“鸟”“鼠标”“电脑”“蝴蝶”“阳光2”和“箭头”素材，选择 （移动工具）将素材都移动到新建的文档中并调整位置，如图15-70所示。

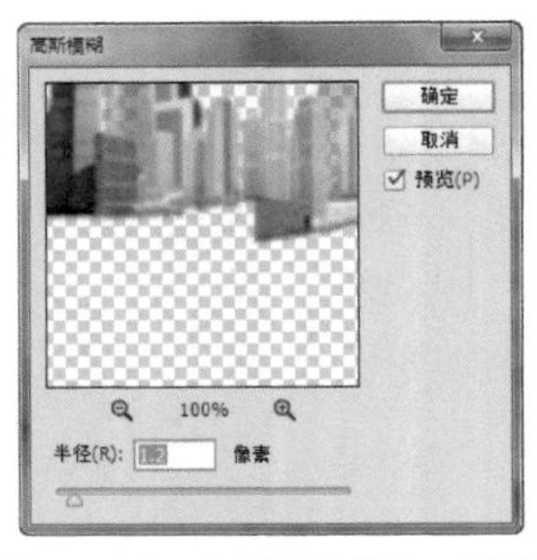

图15-68 “高斯模糊”对话框

图15-69 模糊后效果

图15-70 移入素材

09 新建一个图层，选择（画笔工具）绘制载入的“云朵.abr”画笔中的“云彩”笔触，效果如图15-71所示。

图15-71 绘制云彩

10 选择（横排文字工具）在文档相应位置键入文字，效果如图15-72所示。

11 复制文字图层，将后面的文字设置为白色，至此本例制作完毕，效果如图15-73所示。

图15-72 键入文字

图15-73 最终效果

实例 176 桌面

实例目的

通过制作如图15-74所示的流程效果图，了解“混合模式以及图层蒙版”在本例中的应用。

→

→

图15-74 流程效果图

实例要点

- 新建文档填充径向渐变
- 调整不透明度
- 添加“外发光”图层样式
- 移入素材设置“混合模式”为正片叠底
- 移入素材创建图层蒙版，使用选区编辑蒙版
- 制作模糊阴影

操作步骤

01 新建一个空白文档，为其填充为从灰色到青色的径向渐变，打开“熊猫1”和“熊猫2”素材，将其拖曳到新建文档中，设置“混合模式”为正片叠底，调整“不透明度”，效果如图15-75所示。

02 为“熊猫1”所在的图层添加“图层蒙版”，使用（画笔工具）编辑蒙版，为其添加“外发光”图层样式。设置和效果如图15-76所示。

图15-75混合模式

图15-76 添加图层样式

03 新建图层绘制一个黑色椭圆，为熊猫添加一个阴影，效果如图15-77所示。

04 打开“熊猫文字”素材，将其拖动到文档中，设置“混合模式”为“深色”。至此本例制作完毕，效果如图15-78所示。

图15-77 添加阴影

图15-78 最终效果

实例 177 天使

实例目的

通过制作如图15-79所示的流程效果图，了解“球面化与旋转扭曲”滤镜在本例中的应用。

图15-79 流程效果图

实例要点

- 打开素材
- 创建圆形选区复制图像
- 应用“球面化与旋转扭曲”滤镜
- “收缩与羽化”选区清除内容
- 在通道中应用“铜版雕刻”滤镜制作雪花
- 调出通道内的选区在图层中填充白色
- 绘制画笔

操作步骤

01 打开“冰封”素材，绘制一个正圆选区，复制选区内的图像得到一个新图层，为其添加“内阴影”“外发光”图层样式。设置和效果如图15-80所示。

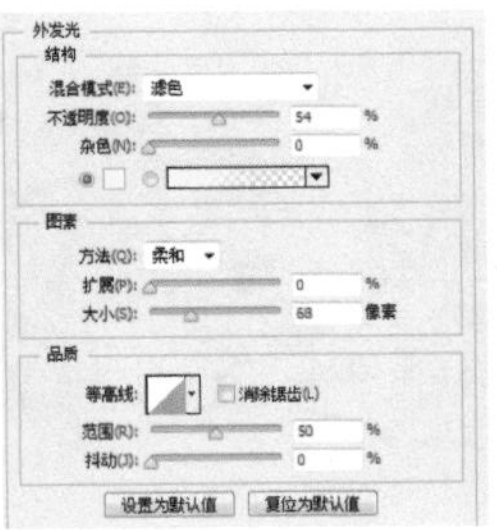

图15-80 添加图层样式

02 调出选区，执行菜单中的“滤镜/扭曲/球面化和旋转扭曲”命令，分别打开“球面化和旋转扭曲”对话框，设置参数值后，单击“确定”按钮。设置和效果如图15-81所示。

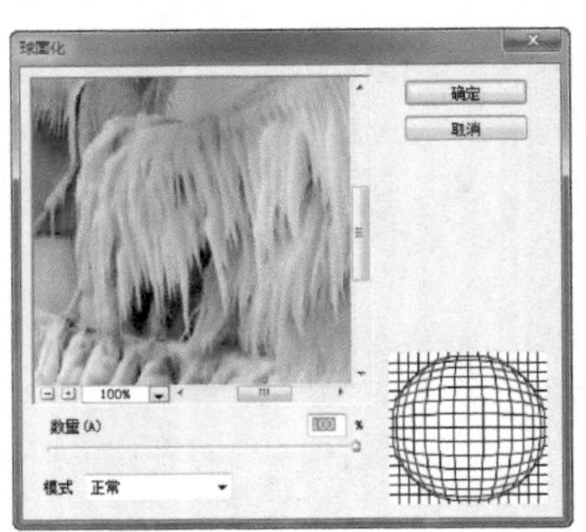

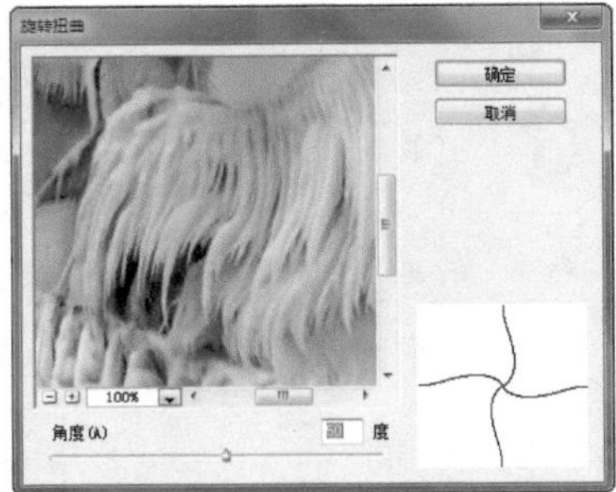

图15-81 应用“球面化”和“旋转扭曲”滤镜

03 转换到“通道”面板中，执行菜单中的“滤镜/像素化/铜版雕刻”命令，打开“铜版雕刻”对话框，设置参数后单击“确定”按钮，在执行菜单中的“滤镜/模糊/模糊”命令。设置和效果如图15-82所示。

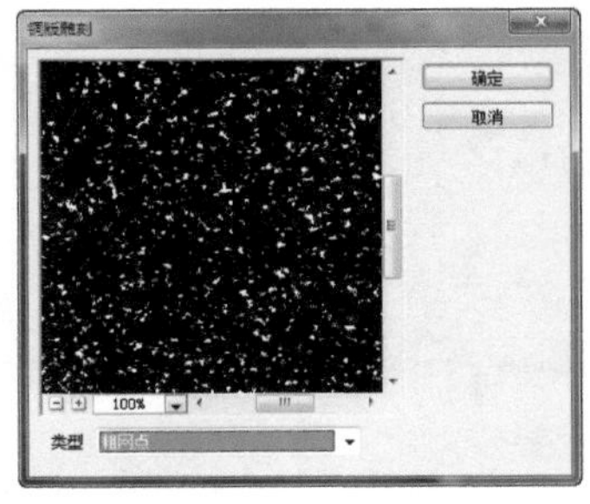

图15-82 应用“铜版雕刻”滤镜

04 调出选区后，转换到“图层”面板中，新建图层后填充为白色，再打开“精灵”素材，将其移到文档中，为其添加图层蒙版，使用（画笔工具）编辑蒙版。复制制作的圆球对应的图层，将其旋转90度后，为其应用“风”滤镜，再将旋转回来。至此本例制作完毕。设置和最终效果如图15-83所示。

图15-83 设置和最终效果

实例 178 爆炸

实例目的

通过制作如图15-84所示的流程效果图，了解“木刻以及壁画”滤镜在本例中的应用。

图15-84 流程效果图

实例要点

- 使用“渐变工具”填充渐变色
- 应用“颗粒”滤镜
- 复制背景应用“分成云彩”滤镜
- 应用“渐变映射”调整图层
- 添加“描边、外发光和投影”图层样式
- 应用“木刻”滤镜
- 应用“径向模糊”滤镜
- 设置“混合模式”为深色
- 应用“壁画”滤镜

操作步骤

01 新建一个空白文档，为其添加从白色到黑色的径向渐变，再为其应用“木刻”“颗粒”和“径向模糊”滤镜。设置和效果如图15-85所示。

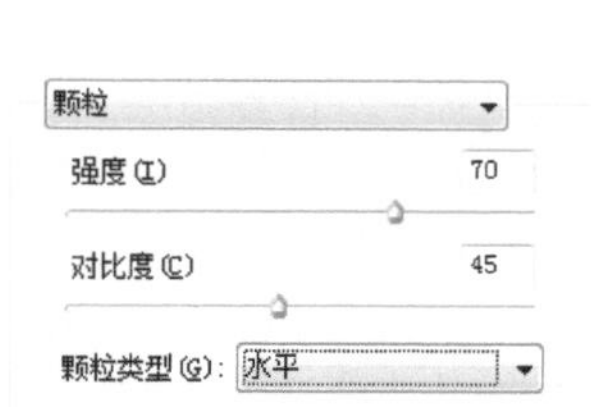

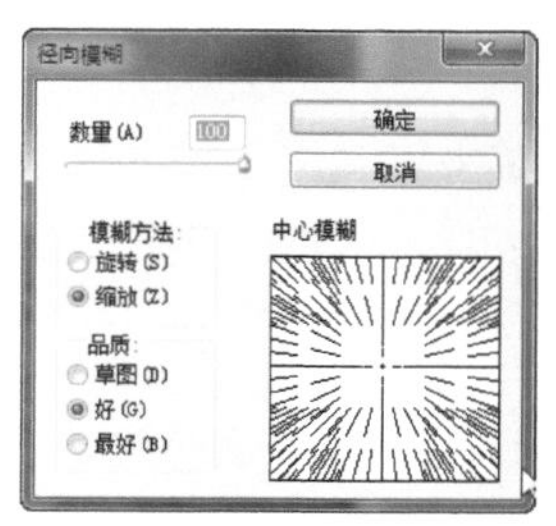

图15-85 应用滤镜

02 复制背景图层，应用“分成云彩”滤镜，设置“混合模式”为深色，创建一个“渐变映射”调整图层。设置和效果如图15-86所示。

03 打开“模特”素材，应用“壁画”滤镜并为其添加“描边”“外发光”“投影”图层样式，效果如图15-87所示。

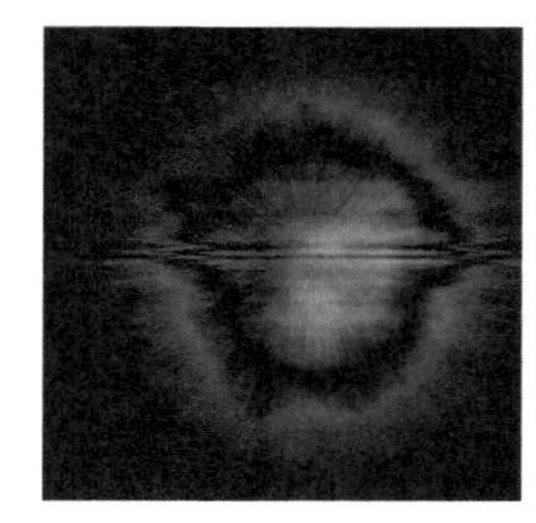

图15-86 创建渐变映射

图15-87 添加图层样式

04 键入合适的文字。至此本例制作完毕，效果如图15-88所示。

图15-88最终效果

实例 179 色彩背景

实例目的

通过如图15-89所示的流程效果图，了解“智能滤镜”在本例中的应用。

图15-89 流程效果图

实例要点

- 打开素材转换为智能滤镜
- 钢笔绘制路径填充白色调整不透明度
- 应用“色相/饱和度”调整图像
- 键入文字添加投影
- 应用“添加杂色、动感模糊、水波和旋转扭曲”滤镜
- 应用“曲线”调整图像
- 填充黑色应用“径向渐变”编辑蒙版

操作步骤

01 打开“海边石子”素材，复制背景，将其转换为“智能对象”并为其应用“添加杂色”“动感模糊”“水波”“旋转扭曲”。设置和效果如图15-90所示。

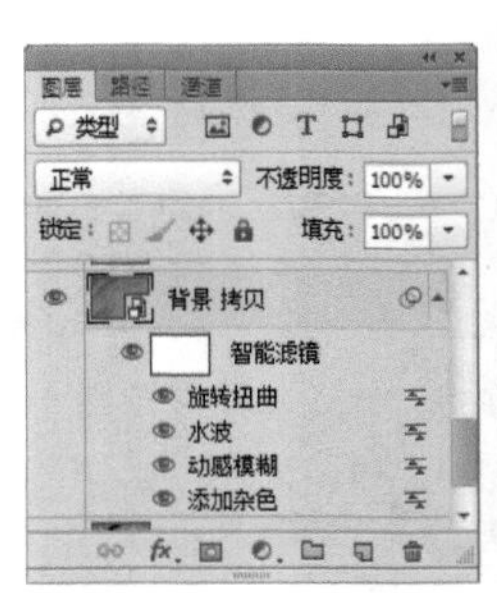

图15-90 应用智能滤镜

02 创建一个“曲线”“色相/饱和度”并调整图层。设置和效果如图15-91所示。

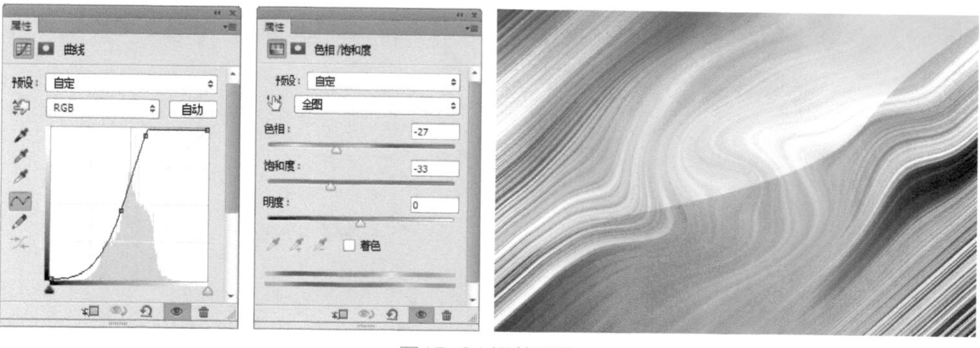

图15-91 调整图层

03 新建一个图层并填充为黑色，创建“图层蒙版”，使用（渐变工具）编辑蒙版。设置和效果如图15-92所示。

04 键入合适的文字。至此本例制作完毕，效果如图15-93所示。

图15-92 编辑蒙版

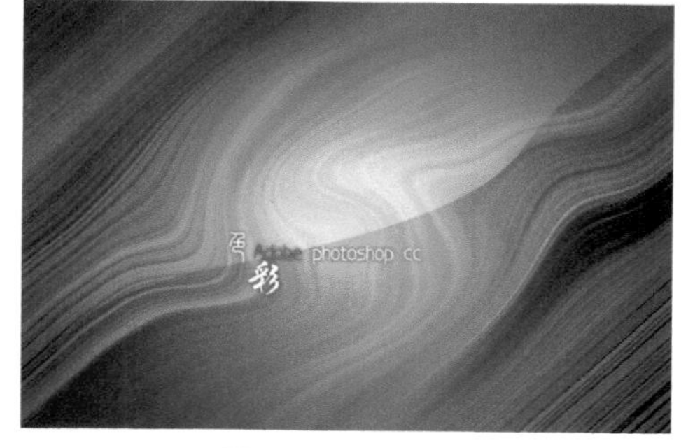

图15-93 最终效果

实例 180 拼贴效果

实例目的

通过制作如图15-94所示的流程效果图，了解“图层蒙版”在本例中的应用。

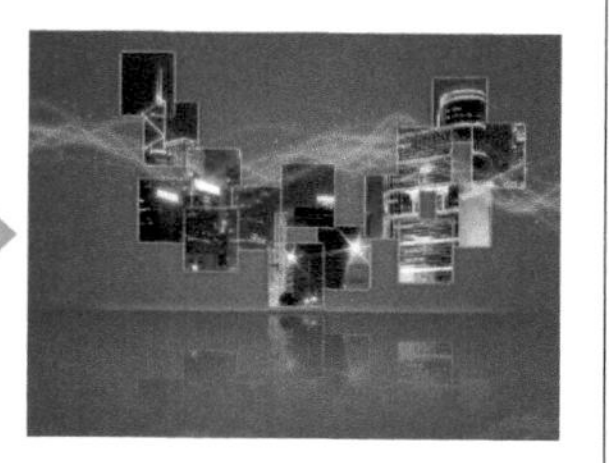

图15-94 流程效果图

实例要点

- 打开素材移入同一文档
- 应用“外发光和投影”图层样式
- 反复复制移动
- 垂直翻转后添加蒙版使用“渐变工具”编辑蒙版
- 添加图层蒙版
- 复制图层取消图层与蒙版链接移动蒙版位置
- 合并图层
- 绘制画笔设置混合模式

操作步骤

01 打开“背景”和“夜景”素材，将其移到同一文档中，为其添加一个矩形蒙版。设置和效果如图15-95所示。

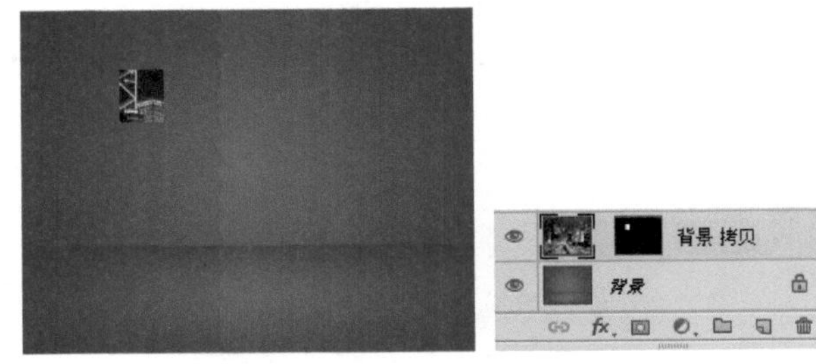

图15-95 添加矩形蒙版

02 为图层添加“外发光”和“投影”图层样式。设置和效果如图15-96所示。

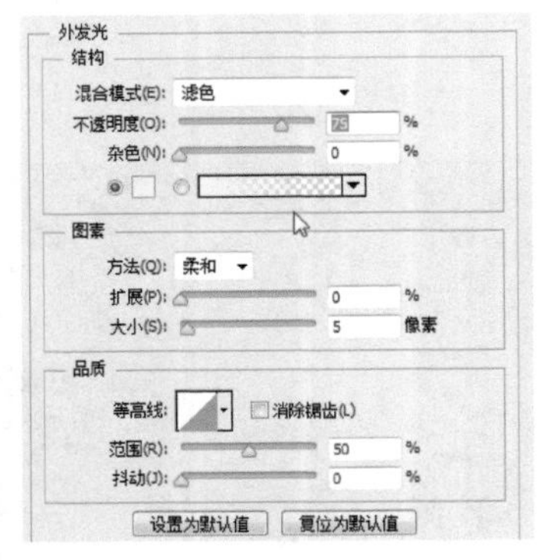

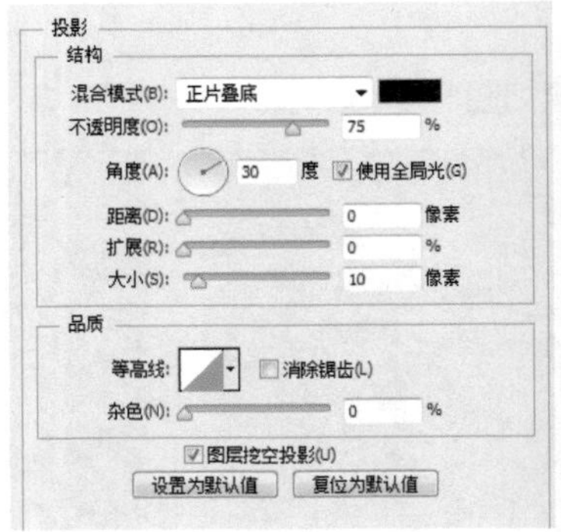

图15-96 添加图层样式

03 复制图层，将图像缩略图与蒙版缩略图之间的链接取消，之后选择蒙版缩略图，拖动蒙版，此时会得到如图15-97所示。

04 合并图层并复制图层，将图像进行垂直翻转，添加图层蒙版后，使用■（渐变工具）编辑蒙版编辑蒙版，再运用画笔工具绘制线条。至此本例制作完毕，效果如图15-98所示。

图15-97 拖动蒙版

图15-98 最终效果

第16章

照片修饰与调整

本章内容

- 彩色头发
- 合成全景照片
- 蓝色素描
- 将模糊照片调整清晰
- 加强照片颜色鲜艳度
- 单色格调老照片
- 调整照片的色调
- 美瞳制作
- 塑身抚平肚腩
- 制作人物与背景的景深

通过对前面章节的学习，大家已经对Photoshop软件绘制与编辑图像的强大功能有了初步了解，下面带领大家使用Photoshop进行照片修饰与调整操作。

实例 181 彩色头发

实例目的

通过制作如图16-1所示的流程效果图，了解“画笔工具以及混合模式”在本例中的应用。

图16-1 流程效果图

实例要点

- 打开素材
- 使用“画笔工具”绘制相应颜色的画笔图案
- 新建图层
- 为图层设置“混合模式”，使图像看起来更加逼真

操作步骤

01 打开随书下载资源中的“素材文件/第16章/模特”素材，如图16-2所示。

02 单击“创建新图层”按钮，新建“图层1”图层，选择（画笔工具），设置相应的画笔“大小” 和“硬度”后，在页面中人物的头发上绘制红色、蓝色、粉色和绿色画笔图案，如图16-3所示。

图16-2 素材

图16-3 绘制不同颜色画笔

03 在“图层”面板中设置“图层1”图层的“混合模式”为柔光，“不透明度”为51%，效果如图16-4所示。

04 新建“图层2”图层，将“前景色”设置为蓝色，选择（画笔工具）在人物的眼睛上绘制画笔，如图16-5所示。

图16-4 混合模式

图16-5 绘制蓝色画笔

05 在“图层”面板中设置“图层2”图层的“混合模式”为柔光，“不透明度”为36%，效果如图16-6所示。

图16-6 混合模式

06 单击“添加图层蒙版”按钮，“图层1”图层会被添加一个空白蒙版，选择（画笔工具）在人物的眼球上涂抹黑色，使眼球显示原有的颜色，效果如图16-7所示。

07 存储本文件。至此本例制作完毕，效果如图16-8所示。

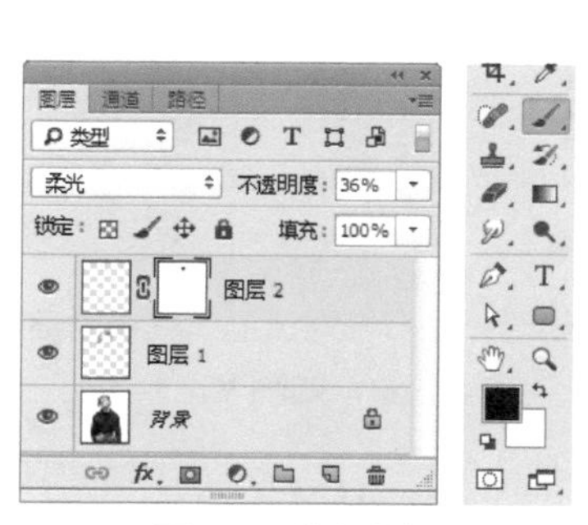

图16-7 编辑蒙版

图16-8 最终效果

实例 182 合成全景照片

实例目的

通过制作如图16-9所示的流程效果图，了解“自动对齐图层”命令在实例中的应用。

图16-9 流程效果图

实例要点

- 打开素材移到同一文档中
- 全选图层应用“自动对齐图层”命令
- 转换颜色模式
- 应用“USM锐化”滤镜
- 创建“色相/饱和度”调整图层

操作步骤

01 打开随书下载资源中“素材文件/第16章”的“1”“2”“3”“4”素材，如图16-10所示。

图16-10 素材

02 选中其中的一个素材，选择（移动工具）将另外的三张图片拖动到选择文档中，如图16-11所示。

03 按住Ctrl键在每个图层上单击，将所有图层一同选取，如图16-12所示。

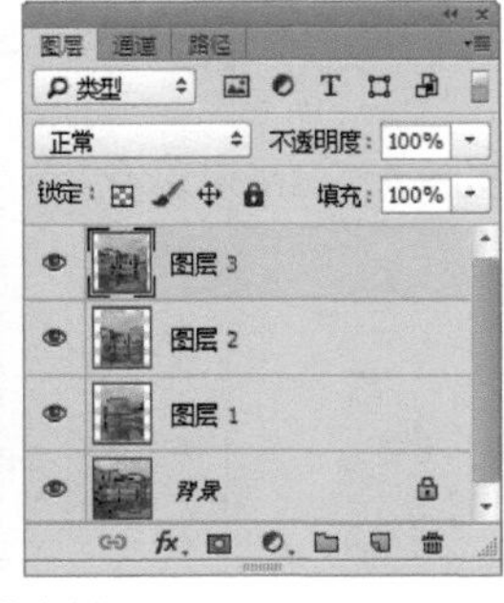

图16-11 移动素材 图16-12 选择图层

04 在执行菜单中“编辑/自动对齐图层”命令，打开“自动对齐图层”对话框，其中的参数值设置如图16-13所示。

05 设置完毕单击“确定”按钮，此时会将图像拼合成一个整体图像，如图16-14所示。

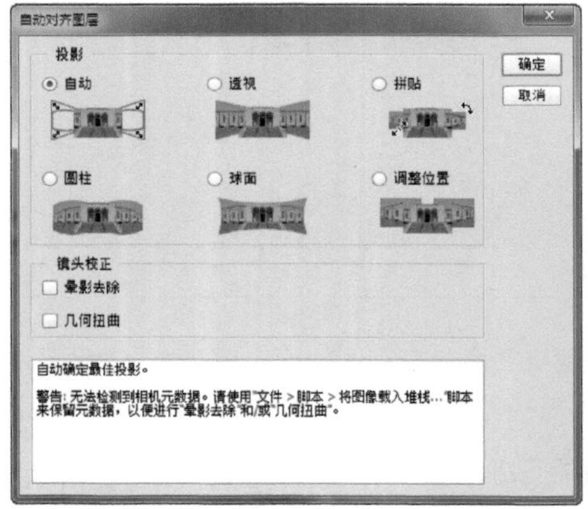

图16-13 “自动对齐图层”对话框 图16-14 拼合

06 选择（裁剪工具）在图像中创建裁剪框，按Enter键完成裁剪，效果如图16-15所示。

图16-15 裁剪

07 执行菜单中“图像/模式/Lab颜色”命令，系统会弹出如图16-16所示的警告对话框。

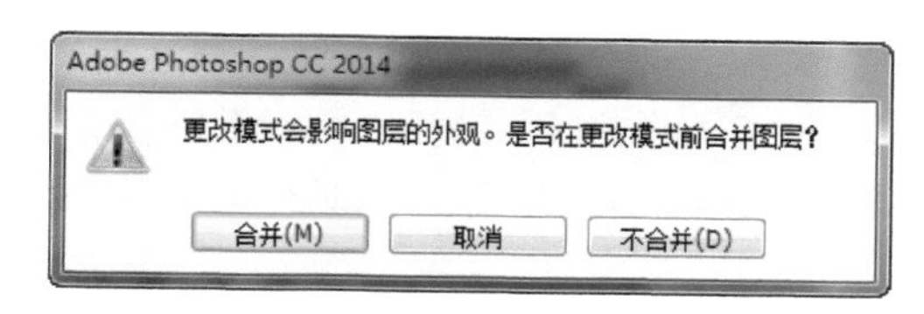

图16-16 警告对话框

08 单击“合并”按钮，将“RGB颜色转换为Lab颜色”，在“通道”中选择“明度”通道，如图16-17所示。

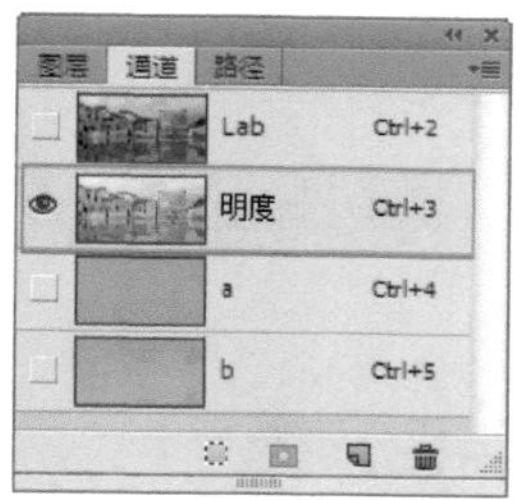

图16-17 选择通道

技巧

在“Lab 颜色”模式中的“明度”通道中编辑图像会最大限度地保留原有图像的像素。

09 执行菜单中“滤镜/锐化/USM锐化”命令，打开“USM锐化”对话框，其中的参数值设置如图16-18所示。

图16-18 “USM锐化”对话框

技巧

使用“USM 锐化”滤镜对模糊图像进行清晰处理时，可根据照片中的图像进行参数设置，近身半身像参数可以比本例的参数设置得小一些，可以设定为（数量：75%、半径：2 像素、阈值：6 色阶）；若图像为主体柔和的花卉、水果、昆虫和动物建议设置（数量：150%、半径：1 像素、阈值：根据图像中的杂色分布情况，数值大一些也可以）；若图像为线条分明的石头、建筑、机械建议设置半径为 3 或 4 像素，但是同时要将数量值稍微减弱，这样才能不导致像素边缘出现光晕或杂色，阈值则不宜设置太高。

10 设置完毕单击“确定”按钮，效果如图16-19所示。

11 执行菜单中“图像/模式/RGB颜色”命令，将Lab颜色转换为RGB颜色，效果如图16-20所示。

图16-19 锐化后效果

图16-20 转换模式

12 单击“创建新的填充或调整图层”按钮 ，在弹出的菜单中选择“色相/饱和度”选项，在弹出“属性”面板中设置“色相/饱和度”的参数，如图16-21所示。

13 至此本例制作完毕，效果如图16-22所示。

图16-21 创建文字选区

图16-22 最终效果

实例 183 蓝色素描

实例目的

通过制作如图16-23所示的流程效果图，了解“照片滤镜以及高斯模糊”命令在本例中的应用。

图16-23 流程效果图

实例要点

- 打开素材复制背景
- 设置“混合模式”为划分
- 应用“高斯模糊”命令模糊图像
- 应用“照片滤镜”调整图层

操作步骤

01 打开随书下载资源中的“素材文件/第16章/红衣模特”素材，如图16-24所示。

02 按Ctrl+J键复制图层得到一个图层，并命名为“背景 拷贝”，执行菜单中“滤镜/模糊/高斯模糊”命令，打开“高斯模糊”对话框，其中的参数值设置如图16-25所示。

图16-24 素材

图16-25 “高斯模糊”对话框

03 设置完毕单击“确定”按钮，设置“混合模式”为划分，如图16-26所示。

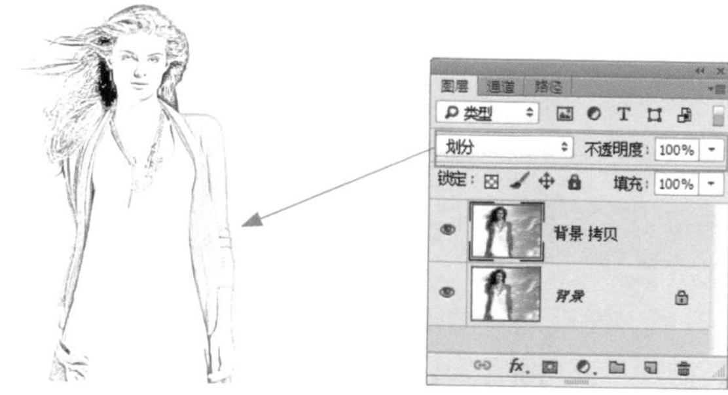

图16-26 模糊后效果

04 单击“创建新的填充或调整图层”按钮，在弹出的菜单中选择“照片滤镜”选项，在弹出“属性”面板中设置“照片滤镜”的参数，如图16-27所示。

图16-27 “属性”面板

05 复制“照片滤镜”调整图层，此时的“图层”面板如图16-28所示。

06 至此本例制作完毕，效果如图16-29所示。

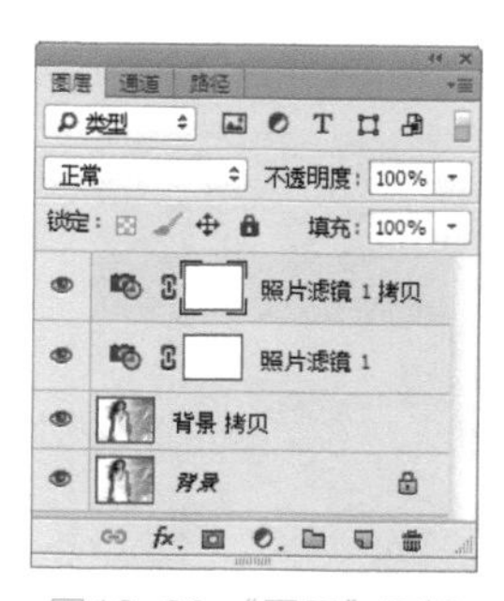

图16-28 “图层”面板

图16-29 最终效果

实例 184 将模糊照片调整清晰

实例目的

通过制作如图16-30所示的流程效果图，了解“智能锐化”命令在实例中的应用。

图16-30 效果流程图

实例要点

- 打开素材
- 应用“智能锐化”命令
- 复制图层再次应用“智能锐化”命令
- 设置“不透明度”

操作步骤

01 在菜单中执行“文件/打开”命令或按Ctrl+O键，打开随书下载资源中的“素材文件/第16章/数码照片”素材，如图16-31所示。

02 素材打开后，发现照片清晰度不是很理想，现在就快速对其进行锐化处理，执行菜单中“滤镜/锐化/智能锐化”命令，打开“智能锐化”对话框，其中的参数值设置如图16-32所示。

图16-31 素材

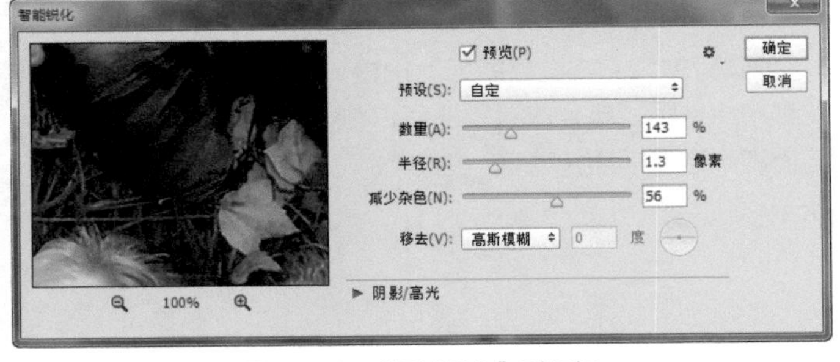

图16-32 “智能锐化”对话框

03 设置完毕单击“确定”按钮，此时会发现照片的轮廓比之前清晰了很多，效果如图16-33所示。

04 按Ctrl+J键可以快速复制出当前图层的副本图层，如图16-34所示。

图16-33 锐化后效果

图16-34 复制图层

05 复制图层后，按Ctrl+F键再次执行一遍“智能锐化”命令，使当前图层中的图像变得更加锐利，效果如图16-35所示。

06 此时发现图像有些锐化过度了，但只要将上面一层的图像变得透明一些，图像就会变得非常完美，此时“图层”面板如图16-36所示。

07 至此本例本例制作完毕，效果如图16-37所示。

图16-35 再一次智能锐化

图16-36 降低不透明度

图16-37 最终效果

温馨提示

对于整体照片都需要锐化的图片，我们可以使用相应的锐化命令，但是对于照片中只想将局部变得清晰一点的话，我们就不能再使用命令，此时工具箱中的△（锐化工具）将会是非常便利的“武器”，只要使用工具轻轻一涂就会将经过的地方变得清晰。

实例 185　加强照片颜色鲜艳度

实例目的

通过制作如图16-38所示的流程效果图，了解“调整图层”在本例中的应用。

图16-38 流程效果图

实例要点

- 新建文档填充渐变色
- 添加“投影”图层样式
- 变换图层图像
- 创建图层
- 绘制画笔

操作步骤

01 在菜单中执行“文件/打开”命令或按Ctrl+O键，打开随书下载资源中的“素材文件/第16章/小女孩”素材，如图16-39所示。

图16-39 素材

02 单击“创建新的填充或调整图层”按钮，在弹出的菜单中选择“色阶”选项，在弹出“属性”面板中设置“色阶”的参数，效果如图16-40所示。

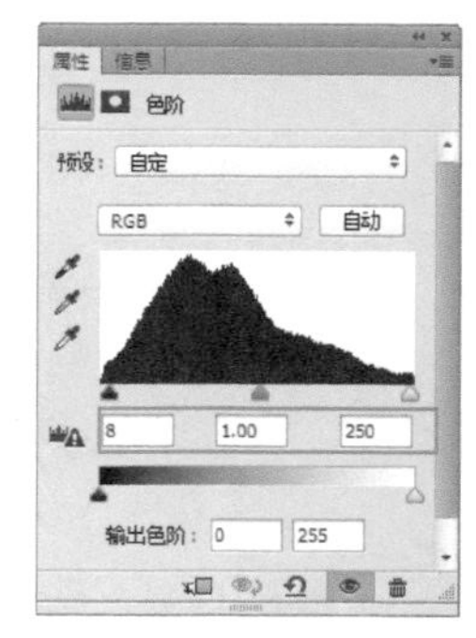

图16-40 色阶调整

03 单击“创建新的填充或调整图层”按钮 ，在弹出的菜单中选择“曲线”选项，在弹出“属性”面板中设置“曲线”的参数，效果如图16-41所示。

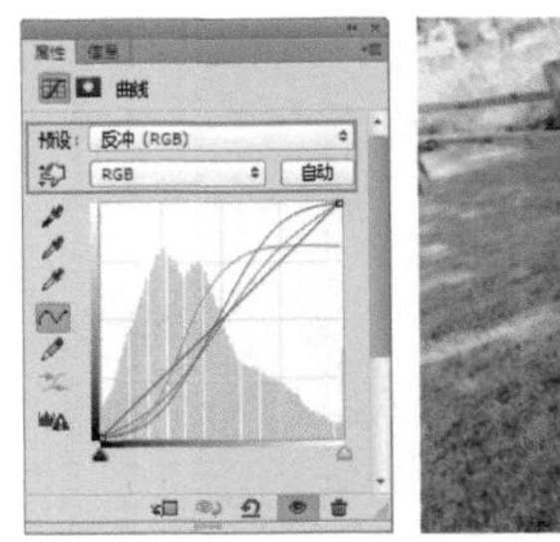

图16-41 曲线调整

04 设置 “混合模式”为柔光、 “不透明度”为55%，效果如图16-42所示。

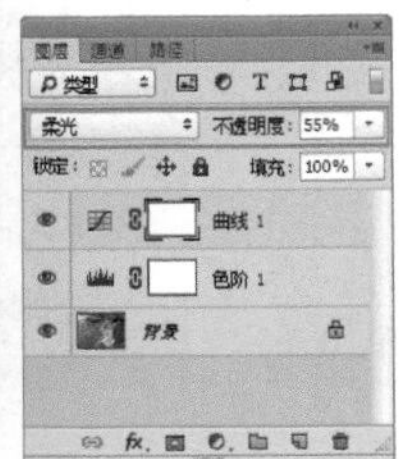

图16-42 混合模式

05 单击“创建新的填充或调整图层”按钮 ，在弹出的菜单中选择“自然饱和度”命令，在弹出“属性”面板中设置“自然饱和度”的参数，此时“图层”面板如图16-43所示。

06 至此本例制作完毕，效果如图16-44所示。

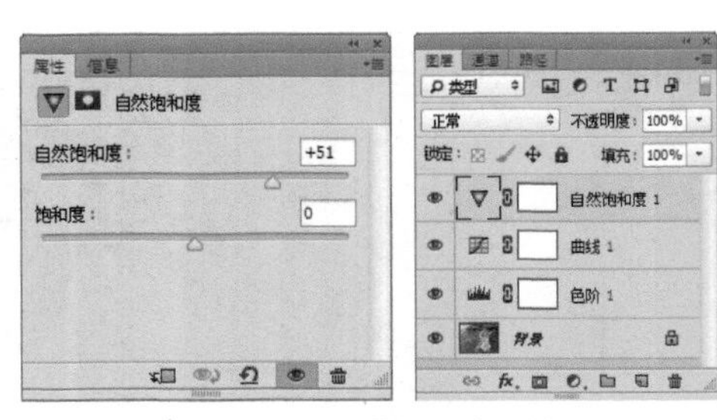

图16-43 自然饱和度调整

图16-44 最终效果

实例 186 单色格调老照片

实例目的

通过制作如图16-45所示的流程效果图，了解“颗粒”在本例中的应用。

图16-45 流程效果图

实例要点

- 打开素材
- 设置“混合模式”为正片叠底
- 应用“色阶”调整对比
- 应用“颗粒”滤镜
- 应用“渐变映射”调整色调
- 编辑蒙版

操作步骤

01 在菜单中执行“文件/打开”命令或按Ctrl+O键，打开随书下载资源中的“素材文件/第16章/船上照片”素材，如图16-46所示。

02 执行菜单中“图像/调整/色阶”命令，打开“色阶”对话框，其中的参数值设置如图16-47所示。

图16-46 素材

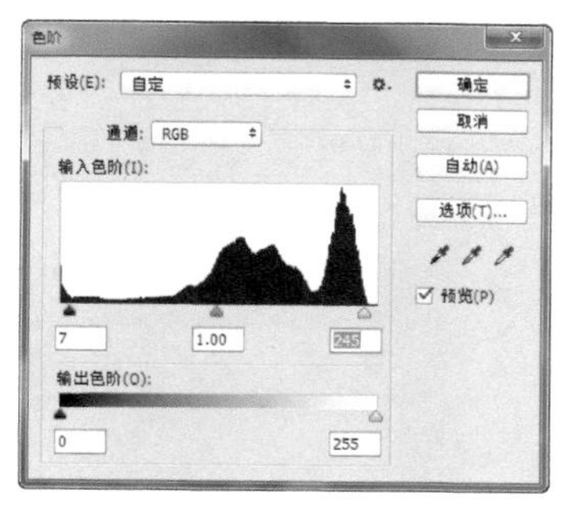

图16-47 “色阶”对话框

> **技巧**
>
> 使用“色阶”命令调整图像的目的是为了增加图片的对比度，加强整体的层次感。

03 设置完毕单击“确定”按钮，效果如图16-48所示。

04 执行菜单中“图像/调整/渐变映射”命令，打开“渐变映射”对话框，其中的参数值设置如图16-49所示。

图16-48 色阶调整后

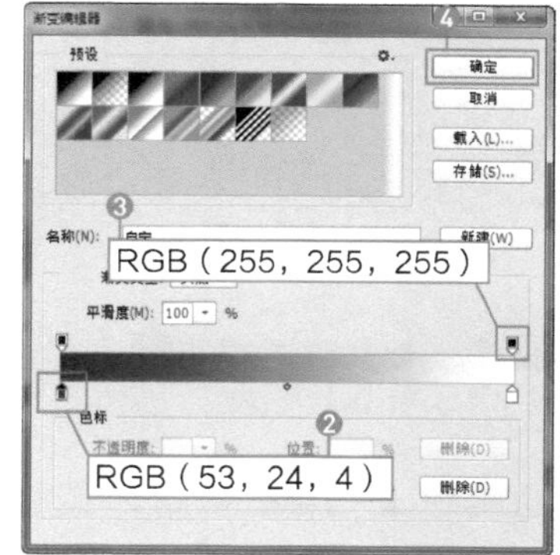

渐变映射
灰度映射所用的渐变
单击
确定
取消
预览(P)
渐变选项
仿色(D)
反向(R)

图16-49 渐变映射

05 调整完毕后单击“确定”按钮，效果如图16-50所示。

06 复制背景图层，得到“背景 拷贝”图层，设置“混合模式”为正片叠底，效果如图16-51所示。

图16-50 渐变映射后效果

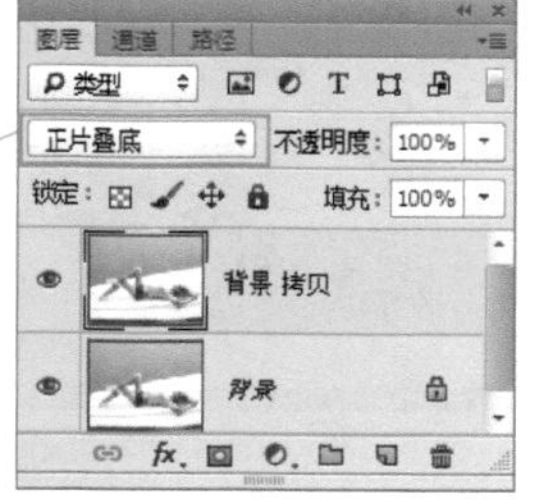

图16-51 混合模式

07 新建“图层1”图层，将其填充为白色，执行菜单中“滤镜/滤镜库”命令，打开“滤镜库”对话框，选择“纹理/颗粒”选项，其中的参数值设置如图16-52所示。

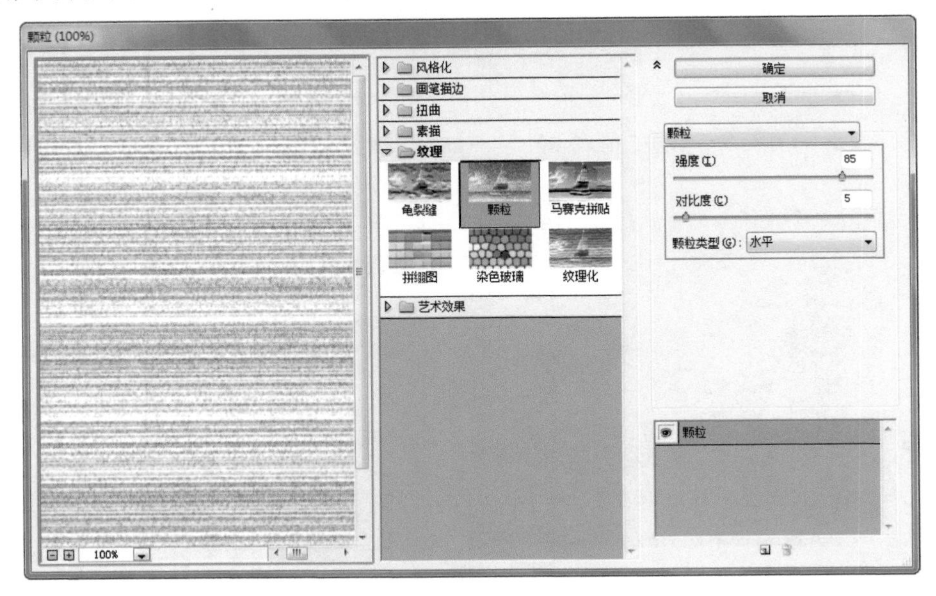

图16-52 “颗粒”对话框

08 设置完毕单击“确定”按钮，设置“混合模式”为划分、“不透明度”为24%，效果如图16-53所示。

图16-53 颗粒后效果

09 单击“添加图层蒙版”按钮，“图层1”图层会被添加一个空白蒙版，选择（画笔工具），设置“前景色”为黑色，在“图层1”图层中人物上进行涂抹，效果如图16-54所示。

10 至此本例制作完毕，效果如图16-55所示。

图16-54 绘制云彩

图16-55 最终效果

实例 187 调整照片的色调

实例目的

通过制作如图16-56所示的流程效果图，了解“混合模式以及调整图层”在本例中的应用。

图16-56 流程效果图

实例要点

- 打开素材将其放在一个文档内
- 创建“渐变映射”调整图层
- 设置混合模式添加图层蒙版
- 创建“照片滤镜”调整图层

操作步骤

01 在菜单中执行“文件/打开”命令或按Ctrl+O键，打开随书下载资源中的“素材文件/第16章/岩石上的美女”和“素材文件/第16章/天空”素材，如图16-57所示。

图16-57 素材

02 选择（移动工具）将“天空”素材中的图像拖动到“岩石上的美女”素材中，设置“混合模式”为点光、“不透明度”为44%，如图16-58所示。

03 单击“添加图层蒙版”按钮，“图层1”图层会被添加一个空白蒙版，选择（画笔工具），设置“前景色”为黑色，在“图层1”图层中进行涂抹编辑蒙版，如图16-59所示。

图16-58 混合模式

图16-59 编辑蒙版

04 将“前景色”设置为蓝色、“背景色”设置为白色，单击“创建新的填充或调整图层”按钮 ，在弹出的菜单中选择“渐变映射”选项，在弹出“属性”面板中设置“渐变映射”为从前景色到背景色，效果如图16-60所示。

05 设置“混合模式”为变暗、“不透明度”为55%，效果如图16-61所示。

图16-60 渐变映射

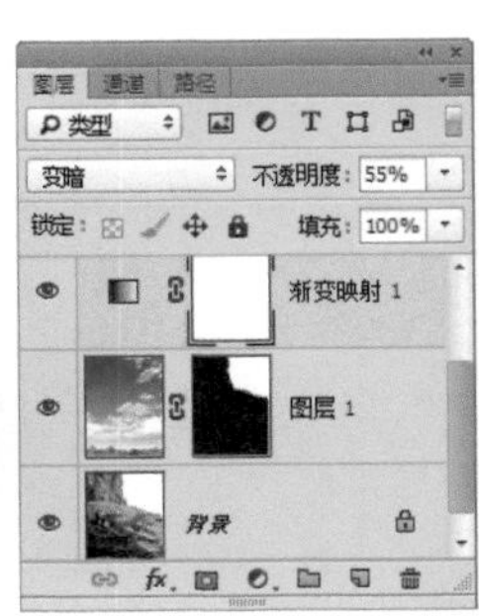

图16-61 混合模式

06 单击“创建新的填充或调整图层”按钮 ，在弹出的菜单中选择“照片滤镜”选项，在弹出的“属性”面板中设置“照片滤镜”，设置参数值效果如图16-62所示。

07 设置“混合模式”为叠加、“不透明度”为42%，设置如图16-63所示。

08 至此本例制作完毕，效果如图16-64所示。

图16-62 属性

图16-63 图层设置

图16-64 最终效果

实例 188 美瞳制作

实例目的

通过制作如图16-65所示的流程效果图，了解“混合模式”滤镜在本例中的应用。

图16-65 流程效果图

实例要点

- 打开素材
- 使用“画笔工具”绘制相应颜色的画笔颜色
- 绘制蓝色圆点设置“混合模式”为减去
- 新建图层
- 为图层设置“混合模式”，使图像看起来更加逼真

操作步骤

01 打开“模特2”素材，新建一个图层，使用（画笔工具）在头发上绘制不同的颜色线条，如图16-66所示。

02 设置“混合模式”为柔光。设置和效果如图16-67所示。

图16-66 应用画笔工具

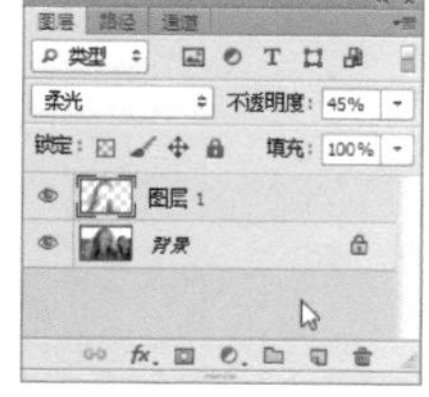

图16-67 设置混合模式

03 新建图层，在眼球上绘制蓝色圆点，效果如图16-68所示。

04 设置“混合模式”为减去，调整“不透明度”。至此本例制作完毕，效果如图16-69所示。

图16-68 绘制蓝色圆点

图16-69 最终效果

实例 189 塑身抚平肚腩

实例目的

通过制作如图16-70所示的流程效果图，了解“液化”在本例中的应用。

图16-70 流程效果图

实例要点

- 打开素材转换为智能滤镜
- 钢笔绘制路径填充白色调整不透明度
- 应用“色相/饱和度”调整图像
- 键入文字添加投影
- 应用“添加杂色、动感模糊、水波和旋转扭曲”滤镜
- 应用“曲线”调整图像
- 填充黑色应用“径向渐变”编辑蒙版

操作步骤

01 打开“塑身模特”素材，使用（钢笔工具）沿肚皮创建路径，如图16-71所示。

02 按Ctrl+Enter键将路径转换为选区，效果如图16-72所示。

图14-71绘制路径

图16-72 转换为选区

03 执行菜单中的“滤镜/液化”命令，打开“液化”对话框，先使用（冻结蒙版工具）将衣服处进行冻结，再使用（向前变形工具）将肚腩向里推。设置和效果如图16-73所示。

04 设置完毕单击“确定”按钮。至此本例制作完毕，效果如图16-74所示。

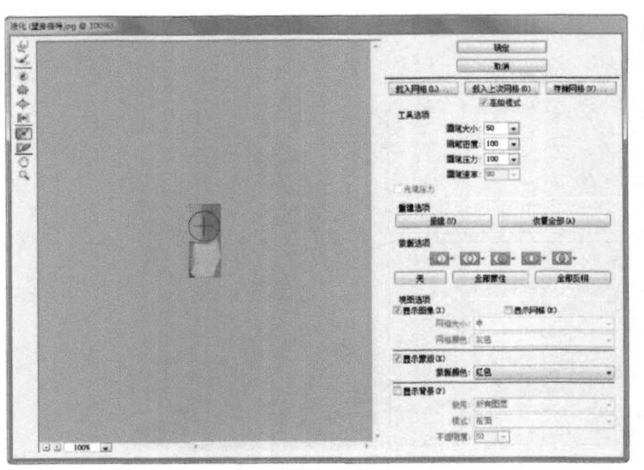

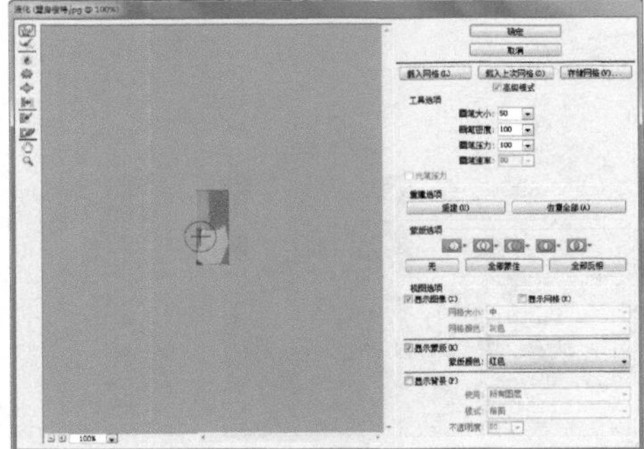

图16-73“液化”对话框

图16-74 最终效果

实例 190 制作人物与背景的景深

实例目的

通过制作如图16-75所示的流程效果图，了解“镜头模糊”在本例中的应用。

图16-75 流程效果图

实例要点

- 打开素材创建选区
- 反选选区填充渐变色
- 转换到“通道”面板中
- 返回“图层”面板中
- 新建“Alphal”通道
- 应用“镜头模糊”滤镜

操作步骤

01 打开“印度美女”素材，沿人物边缘创建选区，如图16-76所示。

02 转换到“通道”面板中，将选区填充黑色，反选选区将其填充从白色到黑色的线性渐变，效果如图16-77所示。

图16-76 创建选区

图16-77 填充黑色

03 执行菜单中的“滤镜/模糊/镜头模糊”命令，打开“镜头模糊”对话框，其中的参数值设置如图16-78所示。

04 设置完毕单击“确定”按钮。至此本例制作完毕，效果如图16-79所示。

图16-78 “镜头模糊”对话框

图16-79 最终效果

第17章

平面设计综合应用

本章内容

- Logo
- 公益广告
- 插画
- 手机广告
- 电影海报
- 旅游海报
- 创意设计
- 啤酒广告
- 房产3折页
- 网页设计

在完成前面章节的学习后，本章通过10个综合实例来讲解平面设计中软件的综合应用。

实例 191　Logo

实例目的

通过制作如图17-1所示的流程效果图，了解“画笔工具以及混合模式”在本例中的应用。

图17-1 流程效果图

实例要点

- 新建文档
- 绘制矩形调整旋转中心点
- 旋转复制
- 调出选区填充渐变设置“混合模式”
- 创建剪贴蒙版

操作步骤

01 执行菜单中“文件/新建”命令，新建一个“宽度”为500像素、“高度”为500像素、“分辨率”为150像素/英寸的空白文档并将文档填充为黑色，新建一个图层组在组中新建“图层1”图层，选择（矩形工具）在文档中绘制一个白色像素的矩形，如图17-2所示。

02 按Ctrl+T键调出变换框，调整旋转中心点，在“属性”栏中设置“角度”30、“大小”为90%，如图17-3所示。

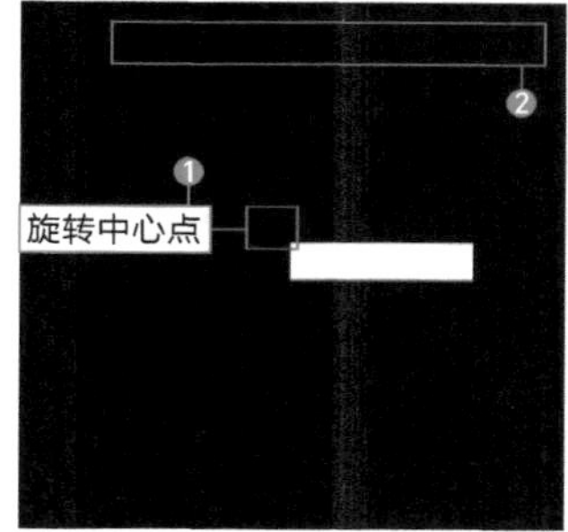

图17-2 新建文档绘制矩形

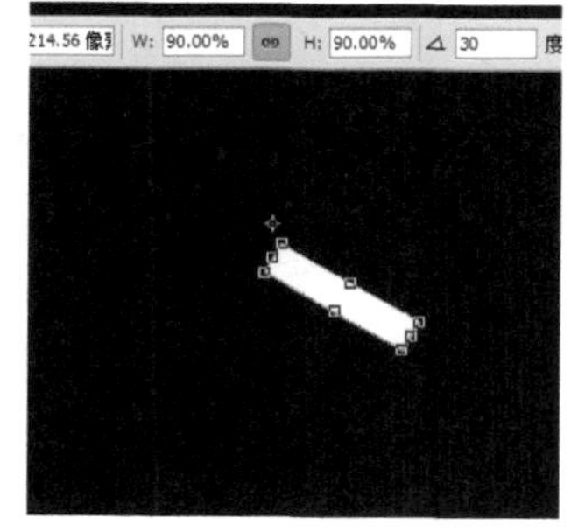

图17-3 设置变换

03 按Enter键完成变换，再按Ctrl+Shift+Alt+T键8次，进行旋转变换复制，再分别按住Ctrl键单击图层的缩略图，调出选区依次填充由浅到深的灰色，效果如图17-4所示。

图17-4 旋转变换复制并填充颜色

04 按住Ctrl+Shift键的同时单击组1中的每个图层的缩略图，调出组合后的选区，新建“图层2”图层，选择（渐变工具）在选区内填充一个径向渐变的“铬黄渐变”，效果如图17-5所示。

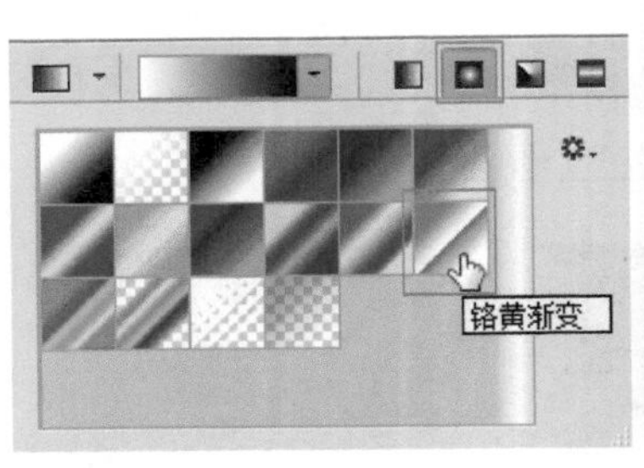

图17-5 调出选区填充渐变色

技巧

按住 Ctrl 键并单击图层缩略图可以调出选取图层的选区，按住 Shift+Ctrl 键单击多个图层的缩略图，可以调出多个图层添加到一起的选区。

05 在“图层”调板中设置“图层2”图层的“混合模式”为明度、“不透明度”为25%，效果如图17-6所示。

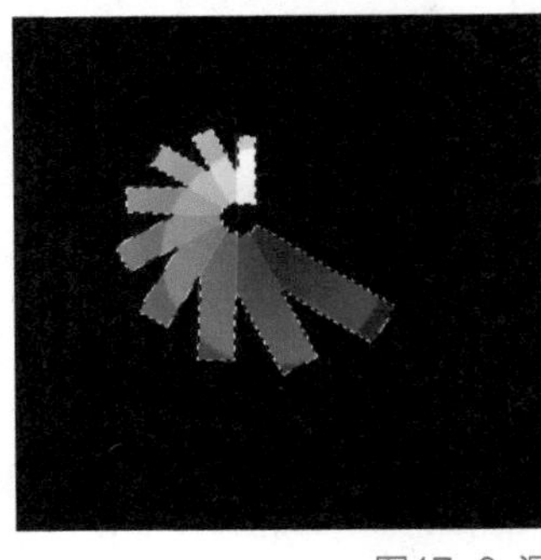

图17-6 混合模式

06 按Ctrl+D键去掉选区，新建“图层3”图层，再选择（椭圆工具）在变换图像中心位置绘制一个黑色圆形，设置“不透明度”为61%，执行菜单中“图层/创建剪贴蒙版”命令，效果如图17-7所示。

图17-7 绘制正圆设置不透明度

07 将“组1”“图层2”和“图层3”一同选取，执行菜单中“编辑/变换/垂直翻转”将图像进行垂直翻转，效果如图17-8所示。

08 按Ctrl+T键调出变换框，将图像进行小角度的旋转，效果如图17-9所示。

图17-8 垂直翻转

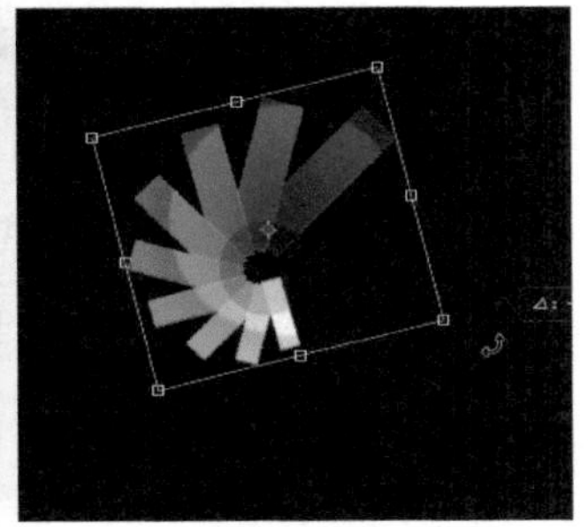

图17-9 旋转

09 按Enter键完成变换，在图标右面键入文字，如图17-10所示。

10 在文字上方新建图层并绘制黑色椭圆，调整不透明度后，为其创建剪贴蒙版，效果如图17-11所示。

图17-10 键入文字

图17-11 为文字创建剪贴蒙版

11 使用同样的方法为英文创建剪贴蒙版，此时Logo制作完毕，效果如图17-12所示。

12 为Logo制作一个背景和倒影，使其看起来更加吸引人，选择（渐变工具）在背景中填充一个从灰色到黑色的径向渐变，复制背景按Ctrl+T键调出变换框，将图像进行缩放处理，效果如图17-13所示。

图17-12 Logo

图17-13 渐变

13 在“背景”图层与“背景 拷贝”图层之间新建一个图层，绘制一个“羽化”为10像素的椭圆，填充为白色按Ctrl+D键去掉选区，效果如图17-14所示。

14 选择“背景拷贝”图层，单击“创建新的填充或调整图层”按钮，在弹出的菜单中选择“色相/饱和度”选项，在弹出的“属性”面板中设置“色相/饱和度”的参数，如图17-15所示。

15 将所有Logo层一同选取，按Ctrl+Alt+E键复制一个选取图层的合并图层，如图17-16所示。

图17-14 绘制直线光

图17-15 调整色相/饱和度

图17-16 合并图层

16 执行菜单中“图层/图层样式/投影”命令，打开“投影”对话框，其中的参数值设置如图17-17所示。

17 设置完毕单击“确定”按钮，效果如图17-18所示。

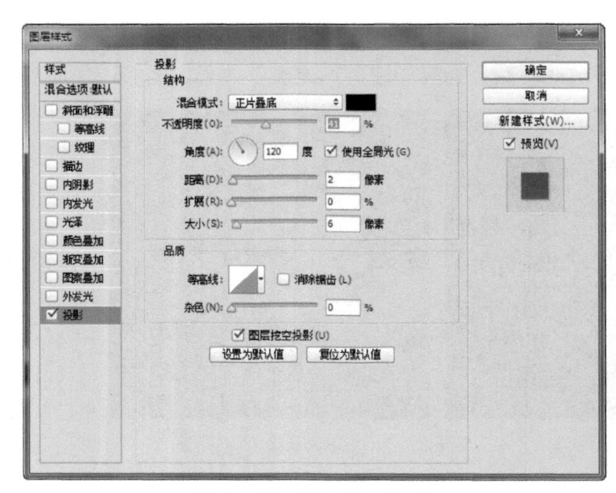
图17-17 “投影”对话框

图17-18 添加投影

18 复制合并后的图层，执行菜单中“编辑/变换/垂直翻转”命令，将副本进行垂直翻转，移动到相应位置，单击“添加图层蒙版”按钮，添加一个空白蒙版，选择（渐变工具）填充一个从上向下的“从白色到黑色”的线性渐变，设置“不透明度”为63%，此时的“图层”面板如图17-19所示。

19 至此本例制作完毕，效果如图17-20所示。

图17-19 “图层”面板

图17-20 最终效果

实例 192 公益广告

实例目的

通过制作如图17-21所示的流程效果图，了解Photoshop的综合运用。

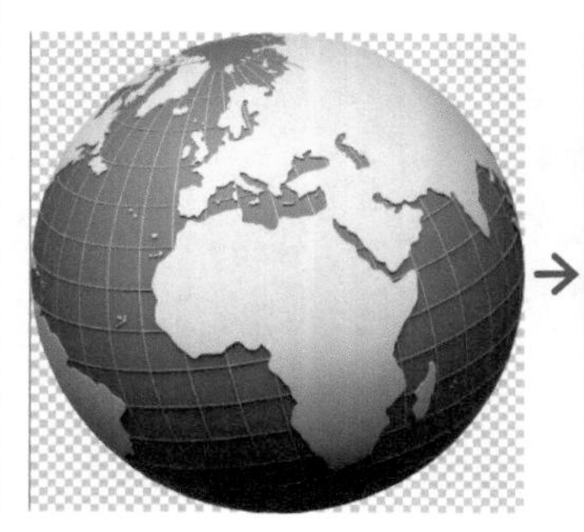

图17-21 流程效果图

实例要点

- 新建文档填充渐变色移入素材
- 创建图层蒙版使用画笔和渐变编辑蒙版
- 创建剪贴蒙版
- 绘制画笔
- 设置混合模式

操作步骤

01 执行菜单中“文件/新建”命令，新建一个“宽度”为18厘米、“高度”为13.5厘米、“分辨率”为150像素/英寸的空白文档，选择（渐变工具）在文档中绘制一个从RGB(133，156，198)到RGB(255，255，255)的线性渐变，效果如图17-22所示。

02 打开随书下载资源中“素材文件/第17章/地球”和“素材文件/第17章/熔岩”素材，如图17-23所示。

图17-22 新建文档填充渐变色

图17-23 打开素材

03 选择（移动工具）将打开的两个素材都移动到新建的文档中，将“熔岩”放到“地球”的上面，执行菜单中“图层/创建剪贴蒙版”命令，设置“不透明度”为59%，效果如图17-24所示。

图17-24 移动素材创建剪贴蒙版

04 打开“火焰”素材将其拖动到新建文档中，设置“混合模式”为滤色，如图17-25所示。

图17-25 混合模式

05 单击“添加图层蒙版”按钮，添加一个空白蒙版，选择（画笔工具）在蒙版中涂抹黑色，效果如图17-26所示。

图17-26 编辑蒙版

06 复制“图层1”图层，得到一个“图层1 拷贝”图层，单击“添加图层蒙版”按钮，添加一个空白蒙版，选择（渐变工具）在蒙版中绘制一个“白色到黑色”的线性渐变，效果如图17-27所示。

图17-27 编辑蒙版

07 打开“草球”素材将其拖动到新建的文档中，设置“混合模式”为变暗。单击“添加图层蒙版”按钮，添加一个空白蒙版，选择（渐变工具）在蒙版中绘制一个“白色到黑色”的线性渐变，效果如图17-28所示。

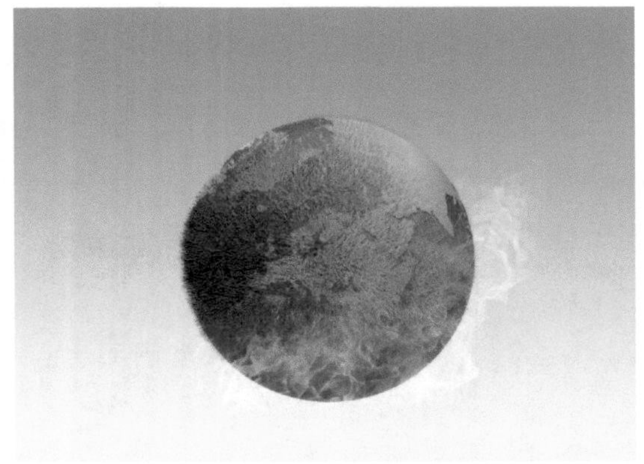

图17-28 编辑蒙版

08 打开“大树”素材，将其拖动到新建文档中，效果如图17-29所示。

图17-29 打开素材并移动

09 新建一个图层，选择 ✓（画笔工具），然后选择载入的“树”画笔中的一个笔触，如图17-30所示。

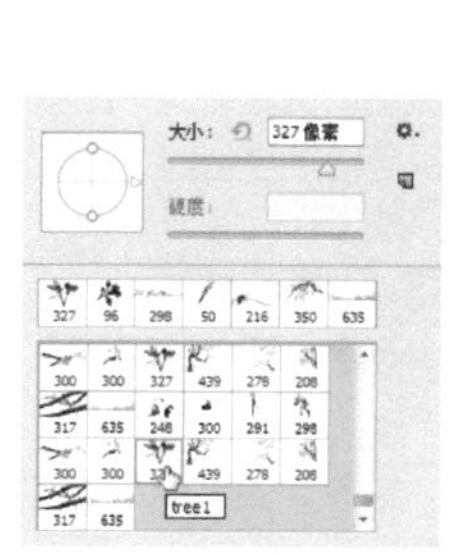

图17-30 绘制画笔

10 按Ctrl+T键调出变换框，将绘制的树笔触进行变换，效果如图17-31所示。

11 按Enter键完成变换，新建一个图层，选择 ✓（画笔工具），然后选择载入的“云朵”画笔中的云彩，设置大小后在文档中进行绘制，效果如图17-32所示。

图17-31 变换

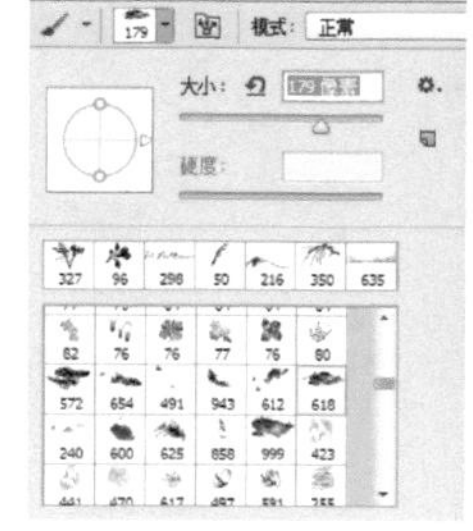

图17-32 绘制云彩

12 绘制一个青色圆角矩形，在上面键入文字，至此本例制作完毕，效果如图17-33所示。

图17-33 最终效果

实例 193 插画

实例目的

通过制作如图17-34所示的流程效果图，了解综合命令在本例中的应用。

图17-34 流程效果图

实例要点

- 新建文档填充渐变
- 调整“色相/饱和度”
- 绘制圆形添加“内发光和外发光”图层样式
- 调出选区在新图层中应用“云彩”滤镜
- 绘制画笔和图形

操作步骤

01 执行菜单中“文件/新建”命令，新建一个“宽度”为18厘米、“高度”为13.5厘米、“分辨率”为150像素/英寸的空白文档，选择（渐变工具）在文档中绘制一个从RGB(0，18，25)到RGB(72，32，223)的线性渐变，效果如图17-35所示。

02 单击“创建新的填充或调整图层”按钮，在弹出的菜单中选择“色相/饱和度”选项，在弹出“属性”面板中设置“色相/饱和度”的参数，如图17-36所示。

图17-35 新建文档填充渐变

图17-36 “色相/饱和度”调整

03 新建一个图层，选择（椭圆工具）绘制一个白色圆形，如图17-37所示。

图17-37 绘制圆形

04 执行菜单中“图层/图层样式/内发光和外发光”命令，分别打开“内发光和外发光”对话框，其中的参数值设置如图17-38所示。

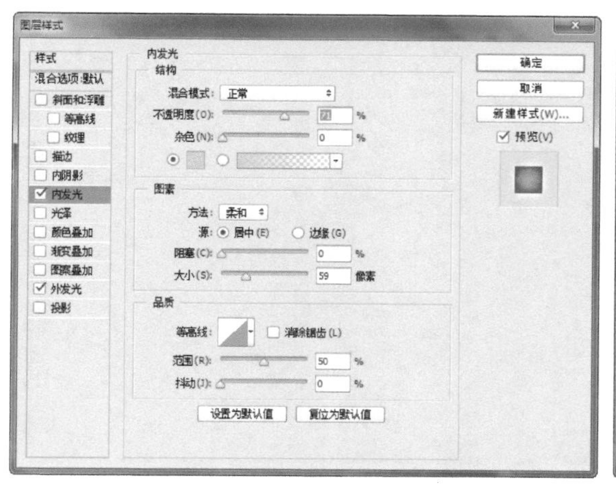

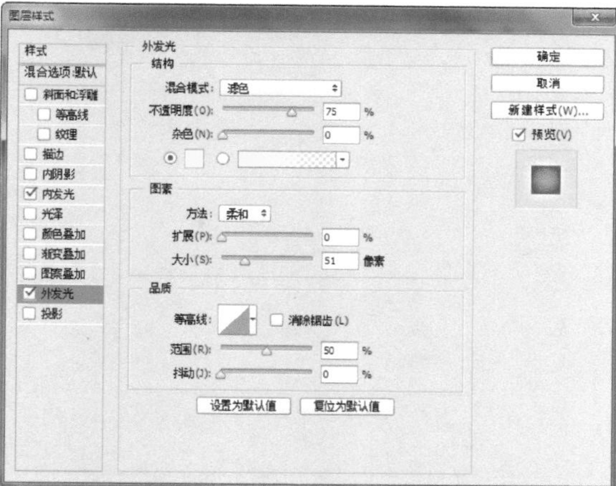

图17-38 图层样式

05 设置完毕单击“确定”按钮，效果如图17-39所示。

06 将“前景色”设置为白色、“背景色”设置为黑色。按住Ctrl键单击白色圆形所对的图层缩略图，调出选区，新建一个图层执行菜单中“滤镜/渲染/云彩”命令，设置“混合模式”为颜色加深、“不透明度”为25%，效果如图17-40所示。

图17-39 添加图层样式

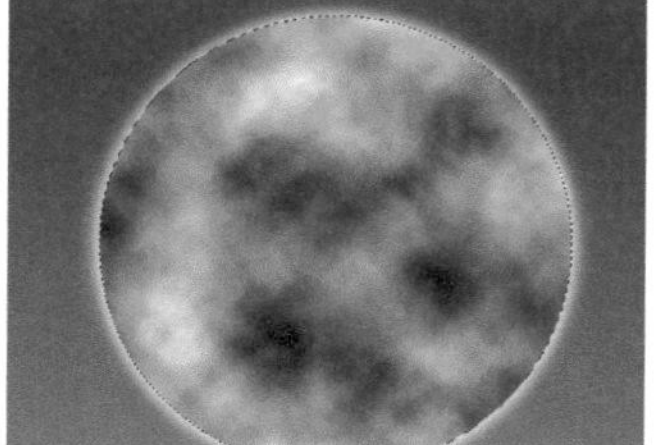

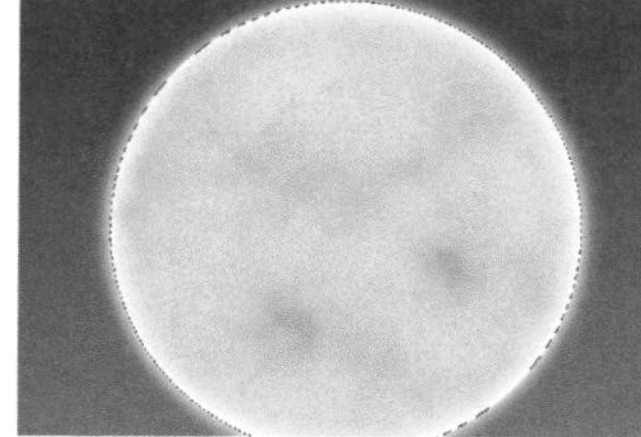

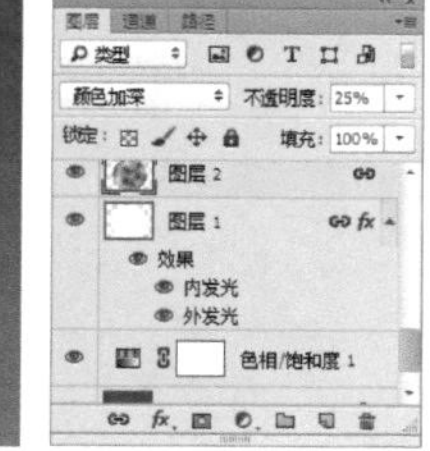

图17-40 云彩滤镜后设置混合模式

07 按Ctrl+D键去掉选区，将“前景色”设置为黑色，新建一个图层，绘制古堡选区填充黑色，效果如图17-41所示。

08 按Ctrl+D键去掉选区，将“前景色”设置为白色，新建一个图层，在古堡上绘制白色圆角矩形和圆形的窗口，效果如图17-42所示。

图17-41 绘制古堡

图17-42 绘制窗口

09 执行菜单中“图层/图层样式/内发光和外发光”命令，分别打开“内发光和外发光”对话框，其中的参数值设置如图17-43所示。

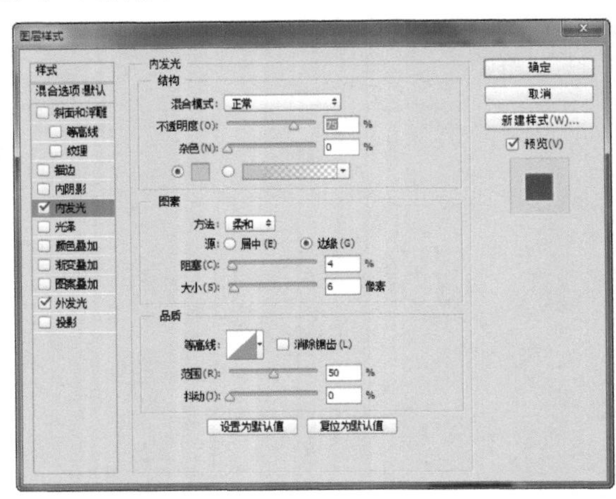

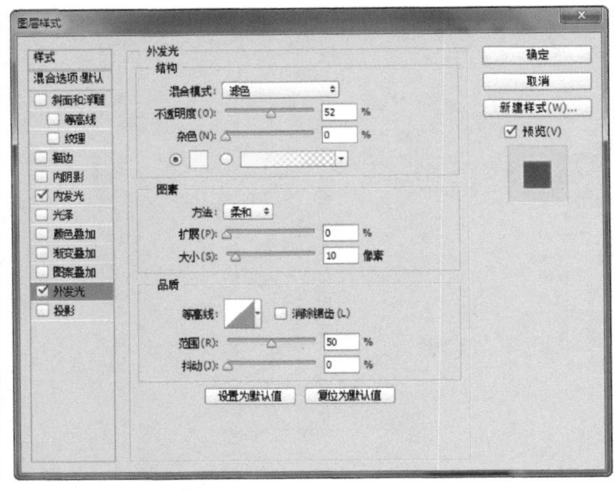

图17-43 图层样式

10 设置完毕单击“确定”按钮，效果如图17-44所示。

11 新建一个图层，选择 (画笔工具)，选择“草”笔触，在文档下部绘制黑色的草，效果如图17-45所示。

图17-44 应用图层样式后效果

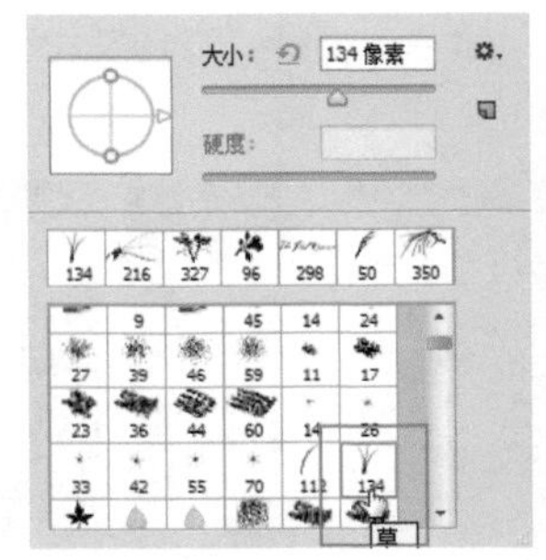

图17-45 绘制草

12 新建一个图层，选择 (画笔工具)，然后选择载入的“树”画笔，在文档中绘制其他的杂草和树，效果如图17-46所示。

13 打开随书下载资源中的“叶”素材，将其拖动到文档中，如图17-47所示。

图17-46 绘制杂草和树

图17-47 移入素材

14 新建图层选择 (画笔工具)绘制黑色树杈和树叶，如图17-48所示。

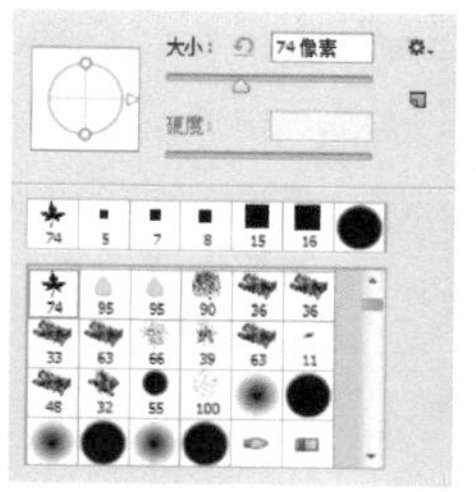

图17-48 绘制树杈和树叶

15 新建图层通过选区以及椭圆绘制猫头鹰，如图17-49所示。

16 新建图层选择 （画笔工具）绘制载入的“云朵”笔触中的云彩和星星，至此本例制作完毕，效果如图17-50所示。

图17-49 绘制猫头鹰

图17-50 最终效果

实例 194 手机广告

实例目的

通过制作如图17-51所示的流程效果图，了解综合命令在实例中的应用。

图17-51 流程效果图

实例要点

- 新建文档填充渐变
- 移入素材添加蒙版清除背景
- 复制合并图层
- 创建“亮度/对比度”调整图层编辑蒙版
- 创建剪贴蒙版
- 垂直翻转制作倒影
- 绘制画笔笔触

操作步骤

01 执行菜单中“文件/新建”命令，新建一个“宽度”为18厘米、“高度”为13.5厘米、“分辨率”为150像素/英寸的空白文档，选择 （渐变工具）在文档中绘制一个从RGB(50，64，101)到RGB(5，124，132)的线性渐变，效果如图17-52所示。

02 单击“创建新的填充或调整图层”按钮，在弹出的菜单中选择“亮度/对比度”选项，在弹出“属性”面板中设置“亮度/对比度”的参数如图17-53所示，再选择（画笔工具）在蒙版中涂抹黑色画笔。

图17-52 新建文档填充渐变

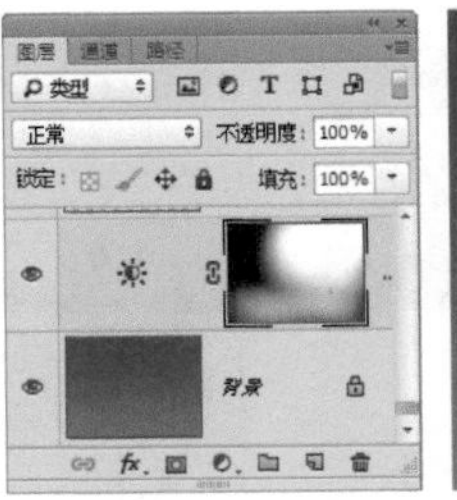

图17-53 调整

03 新建一个图层绘制边缘较柔和的画笔，效果如图17-54所示。

04 打开“手机”素材将其移动到新建文档中，如图17-55所示。

图17-54 绘制画笔

图17-55 移入素材

05 单击“添加图层蒙版”按钮，添加一个空白蒙版，选择（画笔工具）在蒙版中绘制黑色，对手机蒙板进行编辑，效果如图17-56所示。

图17-56 使用画笔编辑蒙版

06 执行菜单中“图层/图层样式/外发光”命令，打开“外发光”对话框，其中的参数值设置如图17-57所示。

07 设置完毕单击“确定”按钮，效果如图17-58所示。

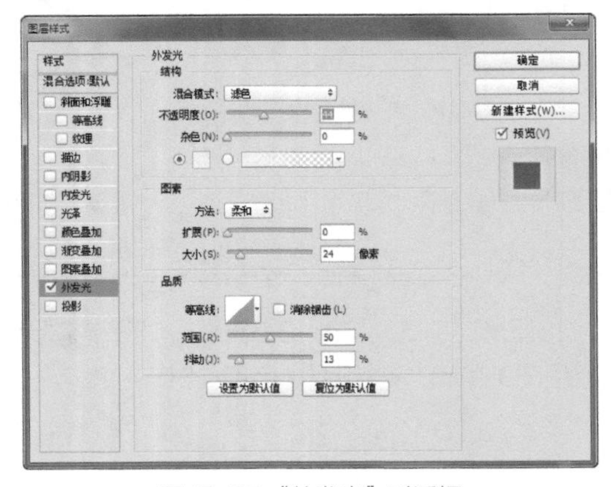

图17-57 “外发光”对话框

图17-58 外发光效果

08 打开“熊猫1”素材，选择（魔术橡皮擦工具）在白色背景上单击清除白色背景，效果如图17-59所示。

容差：20　☑ 消除锯齿　☑ 连续　☐ 对所有图层取样　不透明度：100%

图17-59 为素材去掉背景

09 将去掉背景的图像移到新建文档中，执行菜单中“编辑/变换/水平翻转”命令，在单击“添加图层蒙版”按钮，添加一个空白蒙版效果，如图17-60所示。

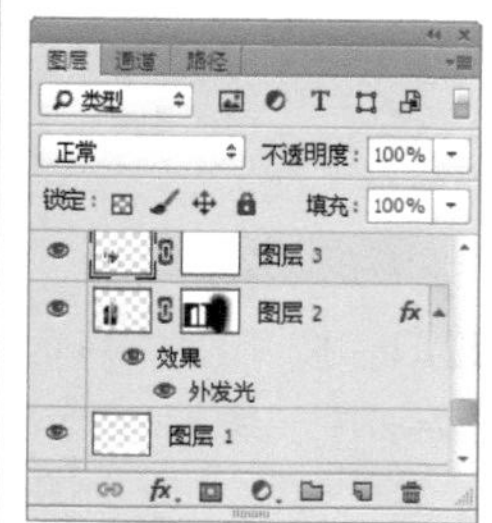

图17-60 移入素材翻转图像添加蒙版

10 选择（画笔工具）在两个手机之间涂抹黑色，效果如图17-61所示。

图17-61 编辑蒙版

11 将不透明度降低一点，新建一个图层并选择（钢笔工具）勾出一个打开书的路径，按Ctrl+Enter键将路径转换为选区，将选区填充为白色，效果如图17-62所示。

12 打开“合成图像”素材将其拖动到新建文档中，执行菜单中“图层/创建剪贴蒙版”命令，效果如图17-63所示。

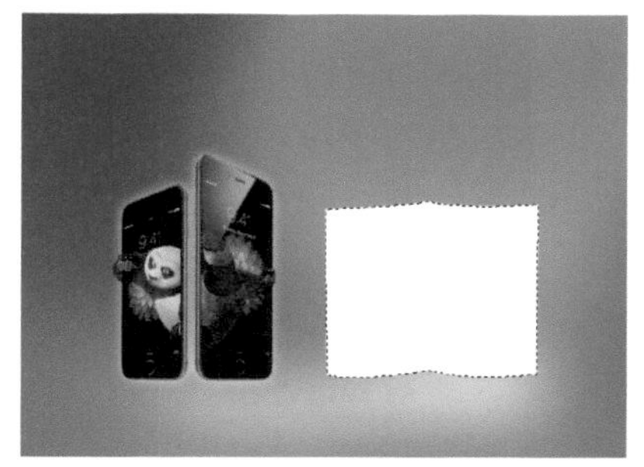

图17-62 绘制书形

图17-63 创建剪贴蒙版

图17-64 创建剪贴蒙版

13 打开“楼群”素材将其拖动到新建文档中，执行菜单中“图层/创建剪贴蒙版”命令，效果如图17-64所示。

14 新建图层，绘制矩形选区填充从白色到黑色的渐变色，为其创建剪贴蒙版，设置“混合模式”为正片叠底、“不透明度”为63%，效果如图17-65所示。

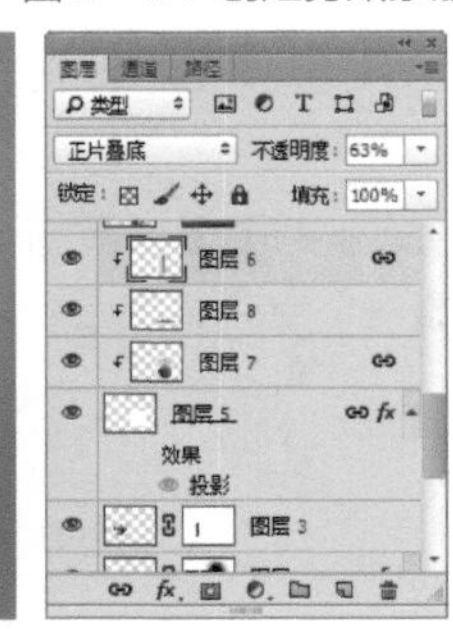

图17-65 创建剪贴蒙版

15 将与书有关的图层一同选取，按Ctrl+Alt+E键新建一个合并后的图层，执行菜单中“编辑/变换/垂直翻转”命令，移动到相应位置，单击“添加图层蒙版”按钮，添加一个空白蒙版，选择（渐变工具）填充一个从白色到黑色的渐变色，降低不透明度，效果如图17-66所示。

图17-66 倒影

16 使用同样的方法为手机创建倒影，效果如图17-67所示。

17 使用黑色画笔在倒影与事物之间绘制淡淡的黑色画笔，效果如图17-68所示。

图17-67 倒影

图17-68 影

18 键入文字，绘制一个月牙，效果如图17-69所示。

图17-69 文字

19 新建一个图层，绘制一个橘色椭圆，创建剪贴蒙版，效果如图17-70所示。

图17-70 剪贴蒙版

20 为文字添加一个阴影，再使用画笔绘制纹理，效果如图17-71所示。

21 为图层添加一个空白蒙版，在两个手机之间的画笔纹理处绘制黑色画笔，此时的效果如图17-72所示。

图17-71 绘制画笔

图17-72 编辑蒙版

22 选择 （画笔工具）并选择载入的“云朵”画笔中的“气泡”笔触，如图17-73所示。

23 至此本例制作完毕，效果如图17-74所示。

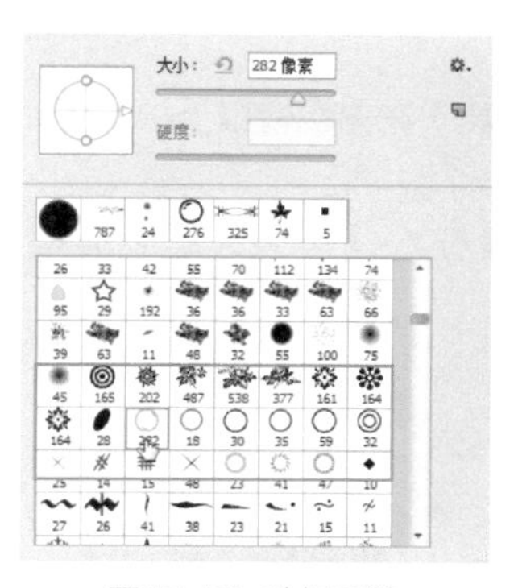

图17-73 选择画笔

图17-74 最终效果

实例 195 电影海报

实例目的

通过制作如图17-75所示的流程效果图，了解综合命令在本例中的应用。

→

→

→

图17-75 流程效果图

实例要点

- 打开素材移入素材
- 清除图像背景
- 添加蒙版
- 添加“投影”图层样式
- 创建图层
- 混合模式

操作步骤

01 在菜单中执行“文件/打开”命令或按Ctrl+O键，打开随书下载资源中的“素材文件/第17章/蓝天草地”素材，如图17-76所示。

02 新建一个图层，选择（多边形工具）绘制一个倒三角的青色图形，设置“ 不透明度”为29%，效果如图17-77所示。

图17-76 素材

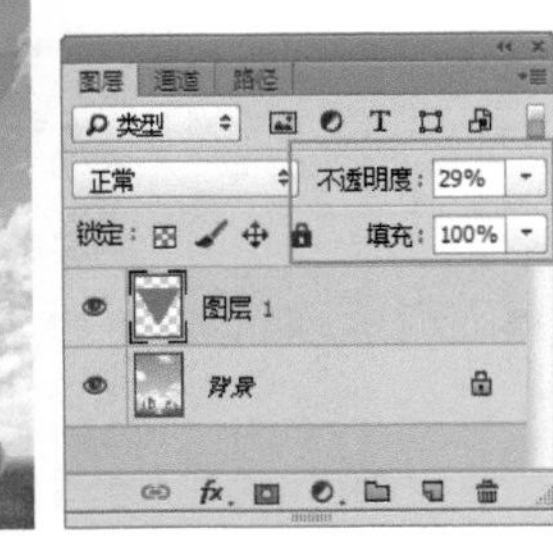

图17-77 绘制倒三角形

03 打开“岛”素材，选择（魔术橡皮擦工具）在白色背景上单击去掉背景，再选择（橡皮擦工具）擦除多余图像，效果如图17-78所示。

图17-78 打开素材擦除多余图像

04 选择（移动工具）将去掉背景的图像拖动到“天空草地”文档中，复制图层得到一个副本，将图像向下移动一下，效果如图17-79所示。

图17-79 移动

05 按住Alt键单击“创建图层蒙版”按钮添加一个黑色蒙版，将“前景色”设置为白色，选择（画笔工具）按F5键打开“画笔”面板，设置画笔后，再蒙版中对黑色蒙版进行编辑，效果如图17-80所示。

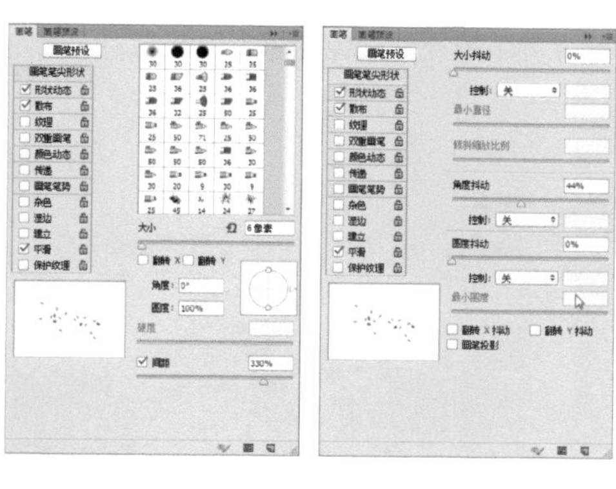
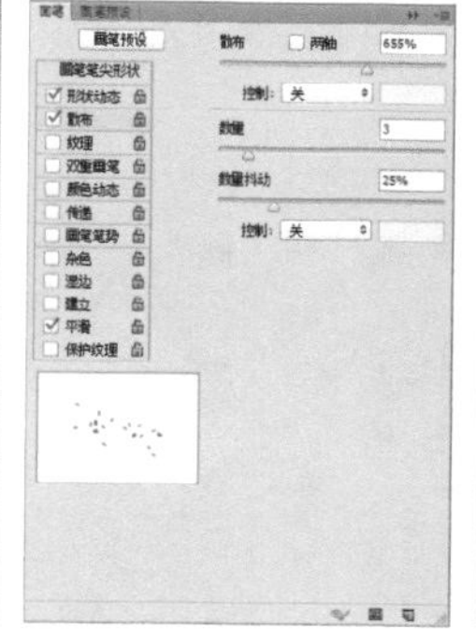

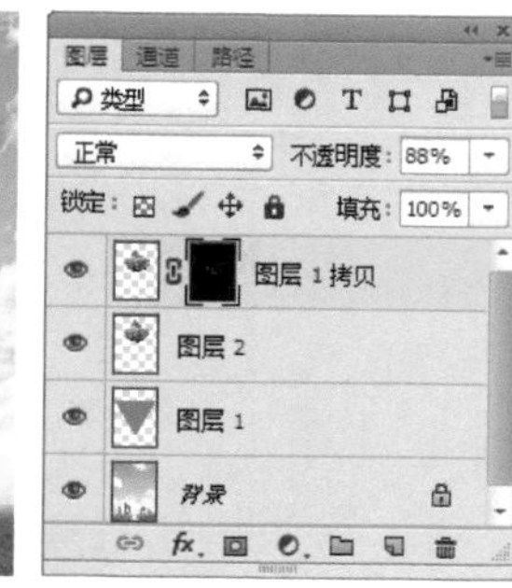

图17-80　编辑蒙版

06 所有图层一同选取，按Ctrl+Alt+Shift+E键盖印图层，在图像中选择▢（圆角矩形工具）在文档中绘制一个“半径”为20像素的圆角矩形路径，效果如图17-81所示。

图17-81　盖印图层绘制路径

07 按Ctrl+Enter键将路径转换为选区，按Ctrl+J键复制选区内的图像，效果如图17-82所示。

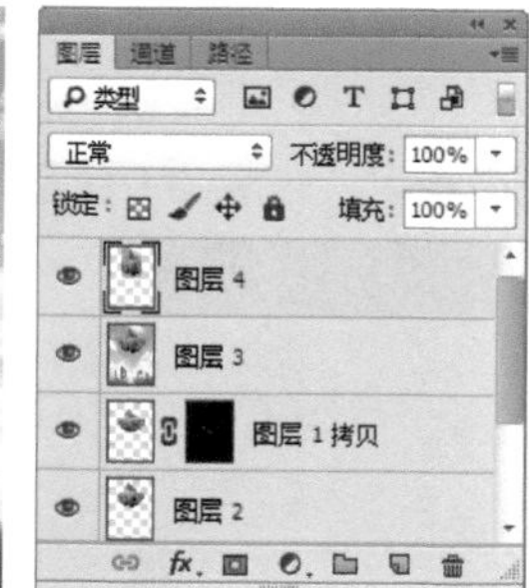

图17-82　盖印图层绘制路径

08 执行菜单中“编辑/描边”命令，打开“描边”对话框，其中的参数值设置如图17-83所示。

09 设置完毕单击“确定”按钮，选择盖印后的图层，按Shift+Ctrl+U键将图像变为黑白效果，如图17-84所示。

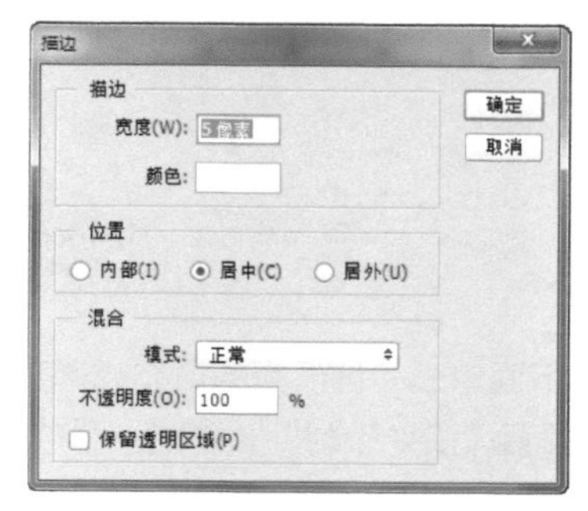

图17-83　“描边”对话框

图17-84　描边后将盖印图层去色

10 为去色后的图层添加一个空白蒙版，选择■（渐变工具）在蒙版中从上向下填充从白色到黑色的渐变，效果如图17-85所示。

图17-85 编辑蒙版

11 选择“图层4”图层，执行菜单中“图层/图层样式/投影”命令，打开“投影”对话框，其中的参数值设置如图17-86所示。

12 设置完毕单击“确定”按钮，在执行菜单中“图层/图层样式/创建图层”命令，效果如图17-87所示。

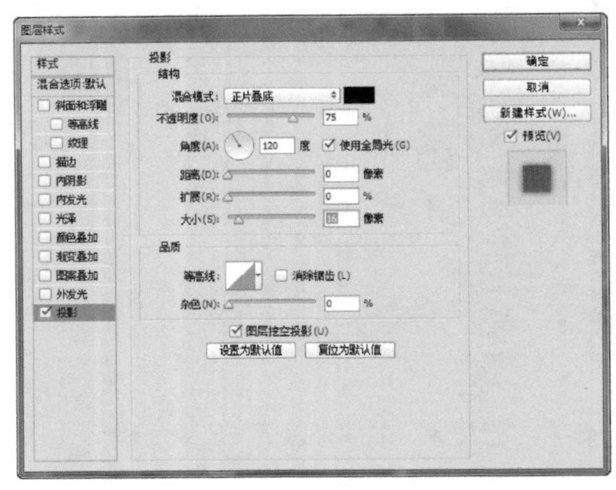

图17-86 “投影”对话框

图17-87 创建图层

13 为投影层添加一个空白蒙版，选择◯（椭圆选框工具）在蒙版中绘制“羽化”为40像素的椭圆选区并将其填充为黑色，效果如图17-88所示。

图17-88 编辑蒙版

14 在“图层4”图层的下面单击“创建新的填充或调整图层”按钮◐，在弹出的菜单中选择“渐变映射”选项，在弹出“属性”面板中设置“渐变映射”，创建一个“渐变映射”调整图层，设置“混合模式”为浅色，效果如图17-89所示。

15 键入文字为文字添加投影，效果如图17-90所示。

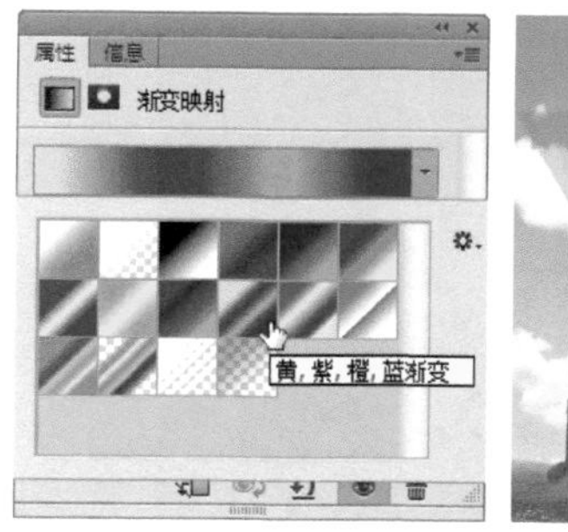

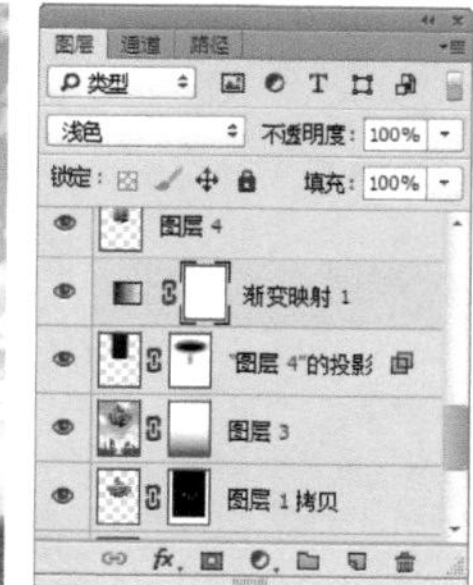

图17-89 创建渐变映射

图17-90 键入文字

16 再键入一个“笔”字，执行菜单中“图层/图层样式/内发光和渐变叠加”命令，分别打开“内发光和渐变叠加”对话框，其中的参数值设置如图17-91所示。

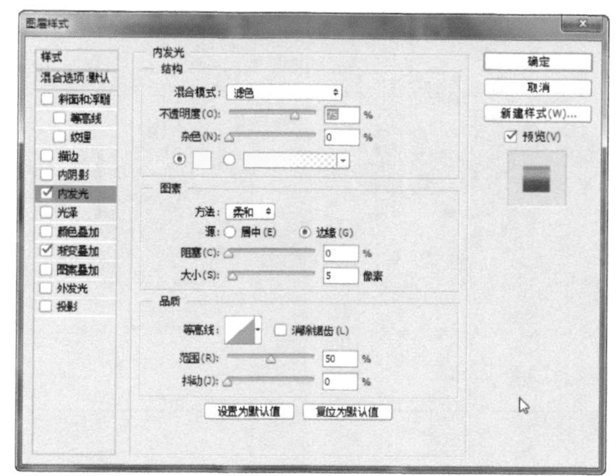

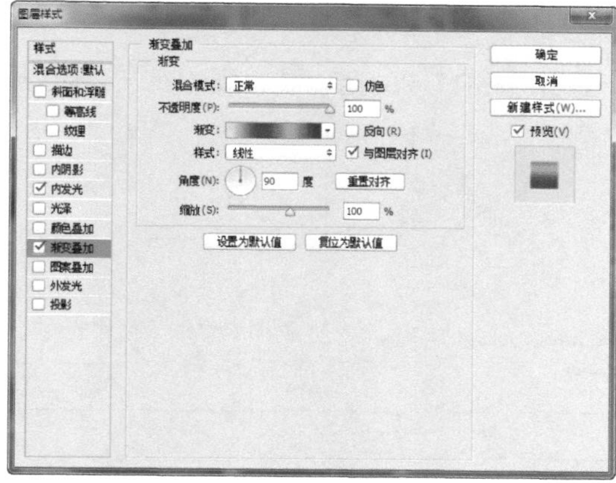

图17-91 图层样式

17 设置完毕单击“确定”按钮，效果如图17-92所示。

18 打开“火焰”素材，将其移动到“天空草地”素材中，设置“混合模式”为排除，为图层添加一个空白蒙版，使用黑色画笔对火焰进行涂抹编辑，效果如图17-93所示。

图17-92 添加图层样式

图17-93 编辑蒙版

19 复制“火”图层，设置“混合模式”为滤色，效果如图17-94所示。

20 打开“三维卡通人”将其拖动到“天空草地”文档中，再绘制一个“不透明度”为30%的黑色矩形最后键入文字，至此本例制作完毕，效果如图17-95所示。

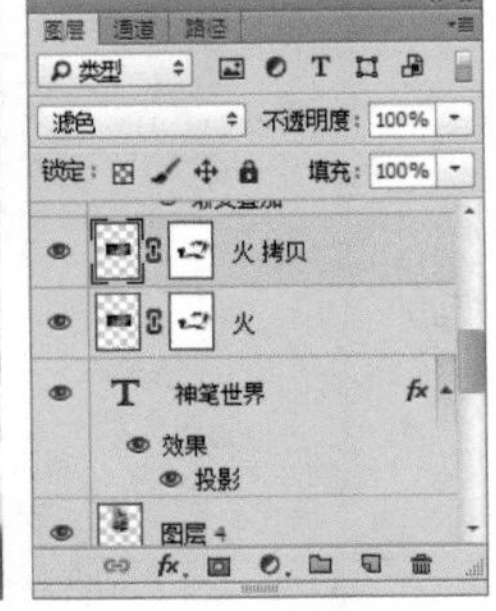

图17-94 混合模式

图17-95 最终效果

实例 196 旅游海报

实例目的

通过制作如图17-96所示的流程效果图，了解综合命令在本例中的应用。

图17-96 流程效果图

实例要点

- 打开素材绘制选区进行填充
- 扩展选区
- 用“圆角矩形工具”制作梯子
- 设置画笔
- 创建剪贴蒙版
- 画笔描边路径

操作步骤

01 在菜单中执行“文件/打开”命令或按Ctrl+O键，打开随书下载资源中的“素材文件/第17章/树林天空”素材，如图17-97所示。

02 新建图层，在文档中绘制一个矩形选区填充“灰色”，如图17-98所示。

图17-97 素材

图17-98 绘制矩形选区填充灰色

03 执行菜单中“编辑/描边”命令，打开“描边”对话框，其中的参数值设置如图17-99所示。

04 设置完毕单击“确定”按钮，再按Ctrl+D键去掉选区，效果如图17-100所示。

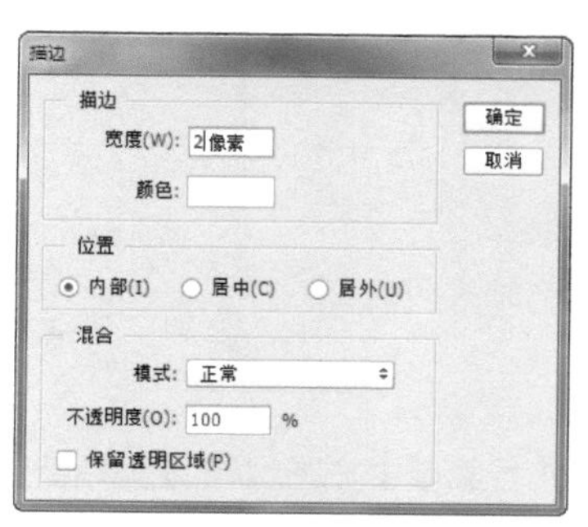

图17-99 “描边”对话框

图17-100 描边后

05 新建一个图层，绘制一个矩形选区后，选择 （渐变工具）在选区内从上向下拖动填充一个从灰色到白色的线性渐变，效果如图17-101所示。

06 按Ctrl+D键去掉选区。选择 （圆角矩形工具）绘制一个“半径”为10像素的圆角矩形路径，按Ctrl+Enter键将路径转换为选区，选择 （渐变工具）在选区内填充灰色、白色、灰色的线性渐变，效果如图17-102所示。

图17-101 渐变填充后效果

图17-102 绘制圆角矩形填充渐变

07 按Ctrl+D键去掉选区，为其添加一个小一点的“投影”样式，按住Alt键向右拖动进行复制，如图17-103所示。

08 复制一个圆角矩形，按Ctrl+T键调出变换框，拖动控制点对圆角矩形进行旋转并将其缩短，效果如图17-104所示。

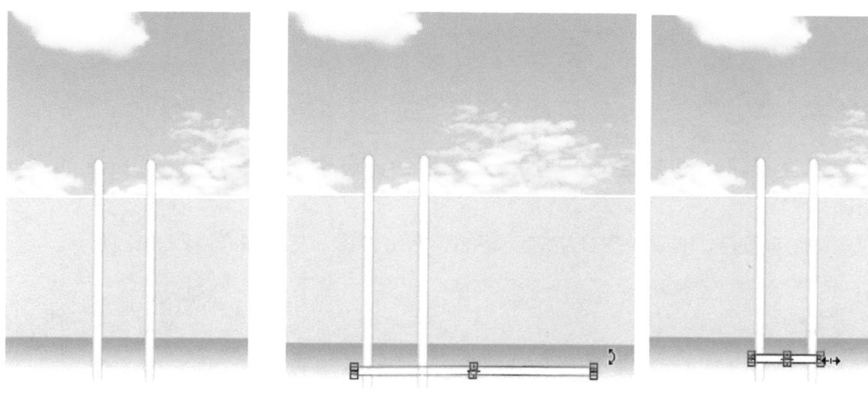

图17-103 复制　　图17-104 变换

09 按Enter键确定，在上面绘制两个圆形灰色，再复制多个将其移动到相应位置，效果如图17-105所示。

10 在梯子下面新建图层，选择 （套索工具）绘制“羽化”为10像素的选区，将其填充为灰色，按Ctrl+D键去掉选区，此时梯子制作完毕，效果如图17-106所示。

11 新建图层在天空处绘制白色矩形，效果如图17-107所示。

图17-105 复制

图17-106 影子

图17-107 绘制矩形

12 打开“牡丹江03”素材，将其拖动到“树林天空”文档中，再执行菜单中“图层/创建剪贴蒙版”命令，效果如图17-108所示。

图17-108 移入素材创建剪贴蒙版

13 选择“白色矩形”所在的图层，为其添加一个“描边和投影”，效果如图17-109所示。

14 按住Ctrl键单击“白色矩形”图层缩略图调出选区，执行菜单中“选择/修改/扩展”命令，在打开的“扩展选区”对话框中设置“扩展量”为20像素，单击“确定”按钮，效果如图17-110所示。

图17-109 添加图层样式

图17-110 扩展选区

15 在“白色矩形”下面新建一个图层，将选区填充为青色，设置“混合模式”为线性加深、“不透明度”为39%，效果如图17-111所示。

16 去掉选区后，键入文字按住Ctrl键单击文字的缩略图，调出选区，效果如图17-112所示。

图17-111 填充

图17-112 键入文字调出选区

17 选择（画笔工具），按F5键调出“画笔”面板，其中的参数值设置如图17-113所示。

18 在文字上面新建图层，转换到“路径”面板中，单击“从选区生成工作路径”按钮，将选区转换为路径，效果如图17-114所示。

19 单击“用画笔描边路径”按钮，效果如图17-115所示。

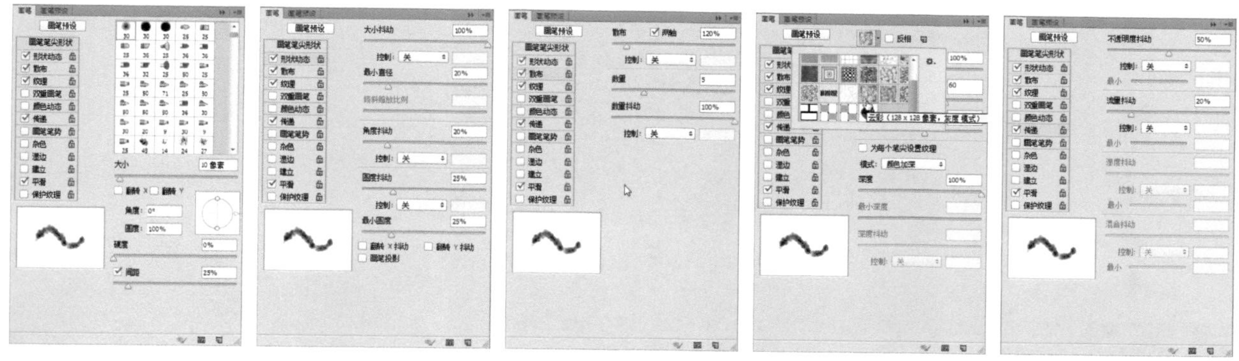

图17-113 设置画笔

图17-114 将选区转换为路径

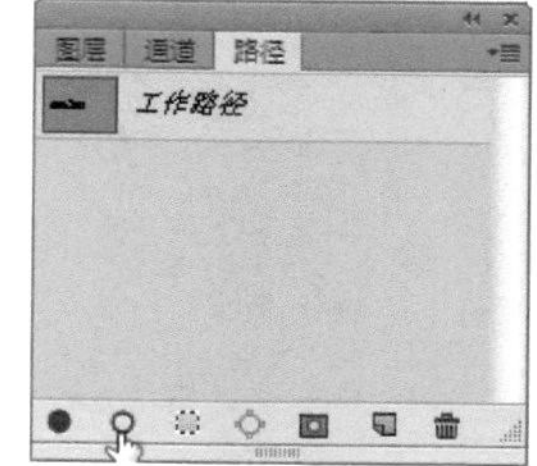

图17-115 画笔描边路径

20 在“路径”面板中单击空白处。打开“小孩”素材，将其拖动“树林天空”文档中，将其拖动到相应位置，在小孩脚底下新建图层绘制灰色阴影，效果如图17-116所示。

图17-116 移入素材

21 在文档的下部新建图层绘制“青色”圆角矩形，在上面键入文字，效果如图17-117所示。

图17-117 绘制圆角矩形键入文字

22 数字圆角矩形，在上面键入与之对应的文字，至此本例制作完毕，效果如图17-118所示。

图17-118 最终效果

实例 197 创意设计

实例目的

通过制作如图17-119所示的流程效果图，了解综合命令在本例中的应用。

图17-119 流程效果图

实例要点

- 新建文档填充渐变
- 移入素材
- 键入文字
- 绘制矩形透视变换后进行旋转复制
- 为乐器创建蒙版
- 调整图层制作舞台
- 绘制三角形

操作步骤

01 新建一个空白文档，填充渐变色作为背景，再绘制长条矩形，复制矩形得到一个副本，再按Ctrl+Shift+Alt+T键进行旋转复制，再绘制一个深色三角形，再将上面的旋转复制图像向下拖动，效果如图17-120所示。

02 打开“模特人物和翅膀”，将其移动到新建的文档中，效果如图17-121所示。

图17-120 制作背景

图17-121 移入素材

03 依次将其他素材移入进来，效果如图17-122所示。

图17-122 移入素材

04 键入合适的文字。至此本例制作完毕，效果如图17-123所示。

图17-123 最终效果

实例198 啤酒广告

实例目的

通过制作如图17-124所示的流程效果图，了解综合命令在本例中的应用。

→

→

→

图17-124 流程效果图

实例要点

- 新建文档填充渐变移入素材
- 移入素材制作倒影
- 绘制路径
- 设置画笔笔触
- 使用画笔描边路径
- 绘制画笔移入素材
- 键入文字通过蒙版制作倒影

操作步骤

01 新建一个空白文档，移入素材，垂直翻转后添加图层蒙版，使用（渐变工具）编辑倒影，效果如图17-125所示。

02 使用（钢笔工具）沿瓶子创建一个路径，效果如图17-126所示。

图17-125 制作背景

图17-126 创建路径

03 选择（画笔工具）设置云彩画笔，单击“路径”面板中的（用画笔描边路径）按钮，再为其添加图层蒙版，并使用（画笔工具）编辑蒙版，效果如图17-127所示（设置云彩画笔可以参考实例131）。

图17-127 应用画笔工具

04 打开其他素材，将其移入到文档中，再键入合适的文字。至此本例制作完毕，效果如图17-128所示。

图17-128 最终效果

实例 199 房产3折页

实例目的

通过制作如图17-129所示的流程效果图，了解综合命令在本例中的应用。

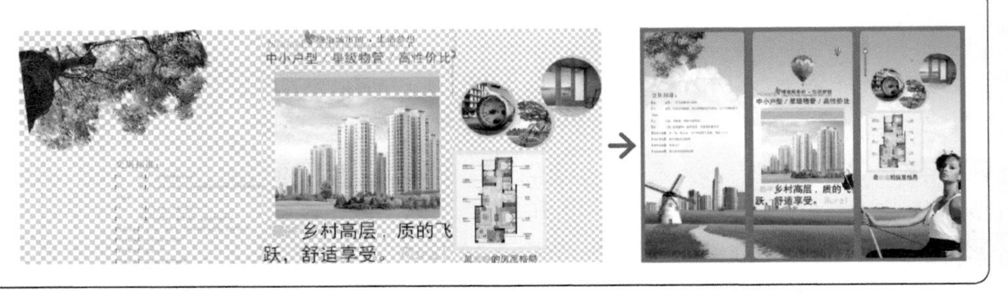

图17-129 流程效果图

实例要点

- 新建文档制作边框
- 移入素材
- 调整位置

操作步骤

01 新建一个空白文档，打开素材，效果如图17-130所示。

图17-130 打开素材

02 将素材移入新建的文档中，效果如图17-131所示。

03 将全部素材移入并调整位置。至此本例制作完毕，效果如图17-132所示。

图17-131 导入素材

图17-132 最终效果

实例 200 网页设计

实例目的

通过制作如图17-133所示的流程效果图，了解综合命令在本例中的应用。

图17-133 流程效果图

实例要点

- 打开素材
- 将不同素材移到相应位置
- 绘制圆角矩形
- 添加图层样式
- 键入文字

操作步骤

01 新建一个空白文档，打开素材，效果如图17-134所示。

02 绘制一个圆角矩形，效果如图17-135所示。

图17-134 制作背景

图17-135 绘制矩形

03 将全部素材移入并调整位置，再键入相应的文字。至此本例制作完毕，效果如图17-136所示。

图17-136 最终效果